数学名著译丛

代数特征值问题

〔英〕J.H.威尔金森 著

石钟慈 邓健新 译

毛祖范 校

科学出版社

北京

图字：01-2000-2677 号

内 容 简 介

本书是一本计算数学名著.作者用摄动理论和向后误差分析方法系统地论述代数特征值问题以及有关的线性代数方程组、多项式零点的各种解法,并对方法的性质作了透彻的分析.本书的内容为研究代数特征值及有关问题提供了严密的理论基础和强有力的工具.全书共分九章.第一章叙述矩阵理论,第二、三章介绍摄动理论和向后舍入误差分析方法,第四章分析线性代数方程组解法,第五章讨论 Hermite 矩阵的特征值问题,第六、七章研究如何把一般矩阵化为压缩型矩阵及压缩型矩阵的特征值的问题,第八章论述 LR 和 QR 算法,最后一章讨论各种迭代法.

本书可作为高等院校计算数学专业的教学参考书,也可供计算数学工作者、工程技术人员及有关科学计算人员参考.

图书在版编目(CIP)数据

代数特征值问题/(英)威尔金林(Wilkinson, J. H.)著;石钟慈,邓健新译. −北京:科学出版社,2001.8
(数学名著译丛)

ISBN 978-7-03-009352-3

Ⅰ.代… Ⅱ.①威… ②石… ③邓… Ⅲ.特征值-研究
Ⅳ.O151.21

中国版本图书馆 CIP 数据核字(2000)第 23740 号

责任编辑:林　鹏/责任校对:陈玉凤
责任印制:赵　博/封面设计:张　放

科 学 出 版 社 出版
北京东黄城根北街 16 号
邮政编码: 100717
http://www.sciencep.com

北京华宇信诺印刷有限公司印刷
科学出版社发行　各地新华书店经销

*

2001 年 11 月第 一 版　　开本:850×1168　1/32
2024 年 9 月第八次印刷　　印张:21 7/8
字数: 568 000

定价: 88.00 元
(如有印装质量问题,我社负责调换)

序　言

代数特征值问题的解法长期以来对我有一种特殊的魅力，因为它充分地显示出所谓经典数学与实用数值分析之间的差异．特征值问题具有貌似简单的提法，而且其基本理论多年来已为人们所熟知；然而欲求其精确解就会遇到各种挑战性问题．

L. Fox 教授与 E. F. Goodwin 博士基于我在计算机上工作的早期经验，建议我写一本关于这个主题的书，纳入数值分析专著丛书．如果不是 W. J. Givins 教授邀请我参加 1957 年于底特律召开的矩阵讨论会，因而相继被邀请在密执安大学举办的夏季讨论班作题为"解线性方程组及计算特征值和特征向量的实际技巧"的讲演，撰写本书恐怕只能是一个良好的愿望．每年为这些讲演提供一套讲义的规定业已证明确有特定的价值，本书的许多材料就是以这种方式通过讲演得以介绍．

我原来的意图是叙述解此问题的大部分已为人们知晓的技巧以及对其优点作出评价，并尽可能附以相应的误差分析．基于上述想法的原稿于 1961 年差不多就完成了．然而，在准备原稿的那段时间内，特征值问题与误差分析获得了重大进展，使我对原先的各章日益感到不满．1962 年我决定按照业已改变的客观情况改写全书．我感到，要包含几乎所有的已知方法并给出它们的误差分析已不再切合实际，因此决定主要叙述我有着广泛实际经验的那些方法．同时，我插进附加的一章，给出相当一般的误差分析，它适用于后面提出的几乎所有的方法．多年的经验使我确信，一种方法，如果没有使用过，就很难对它作出可靠的评价，并且一个实际过程在细节方面的相当微小的变动常常会对此方法的效果产生很大的影响．

写数值分析书的作者面临着一个特殊的困难问题，这就是如何确定该书的读者对象．特征值问题的实用性论述可能使许多人都感兴趣，其中包括设计工程师、理论物理学家、经典应用数学家以及那些旨在矩阵领域进行研究的数值分析家．一本主要面向后一类读者的书可能会使前一类读者感到难以接受．我不会单纯因某些读者可能感到太困难而省略掉任何东西，但是只要题材许可，我尽量把一切写得初等一些．左右为难的处境在第一章中表现得最为突出．我希望，那里所采用的初等叙述不至于冒犯严谨的数学家，而且如果他还拟从本书其余部分汲取营养，那么希望他把这仅仅看作是他所熟悉的经典材料的一种粗浅表示．我从一开始就假定读者熟悉向量空间、线性相关以及秩的基本概念．对于本书内容而言，L. Fox 的《数值线性代数引论》（Oxford，本丛书之一）是一部极好的入门书．在此领域中的研究工作者将在 A. S. Householder 的《数值分析中的矩阵论》（Blaisdell，1964 年）一书中找到非常珍贵的资料．

前面业已提到，我决定只讲述那些我具有广泛经验的方法，这就难免使得一些重要的算法被省略掉．然而，这些省略的严重性实际上也许是比较小的，因为 Durand 的著作《代数方程数值解》（Masson，1960 年，1961 年）以及 D. K. Faddeev 与 V. N. Faddeeva 的著作《线性代数计算方法》（Moscow，1963 年）提出了非常广泛的叙述．不过有两处省略需要特别提到，第一处是由 P. J. Eberlein 发展的 Jacobi 型方法以及由 H. Rutishauser 独立地发展的 Jacobi 型方法的各种变型．我认为，这些方法有意外地成功的希望，或许正好能提供一般特征值问题的最满意的解．倘若不首先对它们进行应有的详细研究，那么我不愿意将它们包括在内，因为不能直接用我所给出的一般误差分析来概括它们，这一认识更坚定了我的决心．第二处省略是 Rutishauser 关于 QD 算法的一般论述，它有很广泛的应用．我觉得，我不能在特征值问题的局部范围内对此项工作做出完全公正的评价．读者可参阅 Rutishauser 与 Henrici 的论文．特征值问题的文献非常丰富，我把文献目录主要限于正文中直接引用过的那些文章．前面提到过的 Faddeev 与 Faddeeva 的书以及 Householder 的书都有非常详细的文献目录可资利用．

在改写本书时，我曾试图把算法用 ALGOL 语言表出，但后来我断定，要提供一个在每个细节上都是正确的过程，其困难在现阶段是无法克服的．因此，我使用了经典数学的语言，而采用一种易于翻译成 ALGOL 语言以及有关的计算机语言的文字形式．

本书取材广泛，而密执安大学夏季讨论班对我有显著的影响，特别是 F. L. Bauer, G. E. Forsythe, J. W. Givens, P. Henrici, A. S.Householder, O. Taussky, J. Todd 以及 R. S. Varga 等人的工作．除此之外，H. Rutishauser 在算法方面的才能是我灵感的主要源泉．

（致谢略）

J. H. 威尔金森

目　　录

第一章　理论基础

引言

1. 在这第一章中，我们将对标准型的经典理论以及本书后面将要用到的其他若干理论问题作一概要的叙述。

因为全面论述超出本章范围，所以我们集中说明一个矩阵的特征系如何与其他各种标准型相联系。因此，本书与通常著作中所讲的重点有所不同。我们不打算给出所有基本定理的严格证明，而一般地仅限于叙述其结果，仅当它们与后面要用到的实际技巧特别密切相关时，才给出其证明。

为了避免重复说明，我们在此规定一些在全书中均将使用的若干记号。

我们用大写字母表示矩阵，如果不作另外的说明，矩阵假定为 n 阶方阵，矩阵 A 的 (i, j) 元素记为 a_{ij}. 向量用小写字母表示，一般假定为 n 维. 向量 x 的第 i 个分量记为 x_i.

单位矩阵用 I 表示，它的 (i, j) 元素记为 δ_{ij}，即 Kroneker 符号，而不用 i_{ij}. 于是我们有

$$\delta_{ij} = 0(i \neq j), \qquad \delta_{ii} = 1. \tag{1.1}$$

I 的第 i 列记为 e_i，用 e 表示向量 $e_1 + e_2 + \cdots + e_n$，它的每个分量等于 1.

我们将经常碰到 n 个向量 $x_1, x_2, \cdots, x_n$ 组成的向量系. 此时，我们将 x_i 的第 i 个元素记为 x_{ii}，并将以 x_i 作为第 i 列的矩阵记为 X，对此不再作特别说明.

记号 $|A|$ 表示 (i, j) 元素等于 $|a_{ij}|$ 的矩阵，记号

$$|A| \leqslant |B| \tag{1.2}$$

意即

$$|a_{ij}| \leqslant |b_{ij}| \quad \text{对一切 } i, j. \tag{1.3}$$

由于这一规定，以及用 $\|A\|$ 表示 A 的范数（见 §52），所以 A 的行列式将记为 $\det(A)$。据此，(i,i) 元素等于 λ_i 的 $(n \times n)$ 对角矩阵，将记为 $\mathrm{diag}(\lambda_i)$。

转置矩阵记为 A^{T}，其 (i,j) 元素等于 a_{ji}。类似地，x^{T} 表示行向量，它的第 i 个分量等于 x_i。因为印刷行向量比列向量更方便，所以我们将常常引进列向量 x，然后用 x^{T} 的显式表达式来表示它。

虽然在计算过程中，如有可能在实数域上讨论将更为有利，但是我们假定各处都是在复数域上进行讨论。

定义

2. 代数特征值的基本问题就是确定 λ 的值，使得 n 个未知量的 n 个齐次线性方程组

$$Ax = \lambda x \qquad (2.1)$$

有非零解。方程 (2.1) 可以写成形式

$$(A - \lambda I)x = 0. \qquad (2.2)$$

对任意的 λ，这个方程组只有解 $x = 0$。根据联立线性代数方程组的一般理论，当且仅当矩阵 $(A - \lambda I)$ 为奇异时存在非零解，亦即

$$\det(A - \lambda I) = 0. \qquad (2.3)$$

展开方程 (2.3) 左端的行列式，得到显式的多项式方程

$$\alpha_0 + \alpha_1 \lambda + \cdots + \alpha_{n-1} \lambda^{n-1} + (-1)^n \lambda^n = 0. \qquad (2.4)$$

方程 (2.4) 称为矩阵 A 的特征方程，方程左端的多项式称为特征多项式。因为 λ^n 的系数不为零，而且我们假定各处都是在复数域上进行讨论，所以此方程总有 n 个根。一般而言，即使矩阵 A 是实的，其根也可能是复的，而且根的重数可以是任意的，一直到 n 重。这 n 个根称为矩阵 A 的特征值或固有值。

对应于每个特征值 λ，方程组 (2.2) 至少有一个非零解 x。这样的解称为对应于此特征值的特征向量或固有向量。若矩阵 $(A - \lambda I)$ 的秩小于 $(n-1)$，则有一个以上独立向量满足方程

(2.2). 关于这点我们将在 §6~§9 中详细讨论. 显然,若 x 是方程 (2.2) 的解,则对任何一值 k, kx 也是解. 因此,即使 $(A - \lambda I)$ 的秩等于 $(n-1)$, 对应于 λ 的特征向量可以相差一个常数因子. 可以选取这个因子使得特征向量具有所需要的数值特性,这样的向量称为规范化向量. 规范化的最方便形式有以下几种:

(i) 分量的模之平方和等于 1;

(ii) 向量的按模最大分量等于 1;

(iii) 分量的模之和等于 1.

规范化 (i) 与 (iii) 的缺点在于可以相差一个模为 1 的复数因子.

本书所述的许多方法,其第一步是导出非规范化的特征向量. 通常将这些向量乘以 10 (或 2) 的幂次,使得最大的元素按模界于 0.1 与 1.0 $\left(\text{或 } \frac{1}{2} \text{ 与 } 1\right)$ 之间. 经过这样处理的向量称为标准化向量.

转置矩阵的特征值与特征向量

3. 转置矩阵的特征值与特征向量在一般理论中是相当重要的. 根据定义, A^T 的特征值就是使得方程组

$$A^T y = \lambda y \tag{3.1}$$

有非零解的那些 λ 的值,亦即使得

$$\det(A^T - \lambda I) = 0 \tag{3.2}$$

的那些值. 因为矩阵的行列式等于其转置矩阵的行列式,所以 A^T 的特征值与 A 的特征值相同. 它们的特征向量一般是不相同的. 我们通常用 y_i 表示 A^T 对应于 λ_i 的特征向量,亦即

$$A^T y_i = \lambda_i y_i \tag{3.3}$$

方程 (3.3) 可以写成为

$$y_i^T A = \lambda_i y_i^T, \tag{3.4}$$

所以 y_i^T 有时称为 A 对应于 λ_i 的左特征向量,而满足

$$A x_i = \lambda_i x_i \tag{3.5}$$

的向量 x_i 称为 A 对应于 λ_i 的右特征向量. 转置矩阵的特征向量的重要性主要来自下列结果.

设 x_i 是 A 对应于特征值 λ_i 的特征向量, y_j 是 A^T 对应于 λ_j 的特征向量, 则

$$x_i^T y_j = 0 \quad (\text{若} \lambda_i \neq \lambda_j). \tag{3.6}$$

事实上,我们可以将 (3.5) 写为

$$x_i^T A^T = \lambda_i x_i^T, \tag{3.7}$$

并且我们有

$$A^T y_j = \lambda_j y_j, \tag{3.8}$$

(3.7) 右乘以 y_j, (3.8) 左乘以 x_i^T, 相减得

$$0 = \lambda_i x_i^T y_j - \lambda_j x_i^T y_j, \tag{3.9}$$

由此导出方程 (3.6).

注意,因为 x_i 与(或) y_j 可以是复向量, $x_i^T y_j$ 不是通常理解的内积. 事实上,我们有的是

$$x_i^T y_j = y_j^T x_i, \tag{3.10}$$

而不是

$$x_i^T y_j = \overline{(y_j^T x_i)}. \tag{3.11}$$

当 x 是复的时候,我们可以有

$$x^T x = 0, \tag{3.12}$$

然而一个真正的内积,对于一切非零 x, 它总是正的.

不相同的特征值

4. 当 n 个特征值各不相同时,特征系的一般理论最简单,我们首先考虑这种情形,记特征值为 $\lambda_1, \lambda_2, \cdots, \lambda_n$. 对每个 λ_i, 方程 (2.2) 至少必有一个解,所以我们可以假定存在一组特征向量,记为 $x_1, x_2, \cdots, x_n$. 我们要证明这些向量中的每一个,除一任意因子外,都是唯一的.

首先证明,这组向量必为线性无关. 事实上,如若不然,设 r 是线性相关向量的最小个数,我们可以将向量编号,使得这些线性相关的向量为 $x_1, x_2, \cdots, x_r$. 根据假定,它们之间有关系式

$$\sum_1^r \alpha_i x_i = 0, \qquad (4.1)$$

其中 α_i 均不为零. 显然 $r \geqslant 2$, 因为按定义, 所有 x_i 均为非零向量. 方程 (4.1) 左乘以 A, 我们有

$$\sum_1^r \alpha_i \lambda_i x_i = 0. \qquad (4.2)$$

方程 (4.1) 乘以 λ_r 再减去 (4.2), 得

$$\sum_1^{r-1} \alpha_i (\lambda_r - \lambda_i) x_i = 0, \qquad (4.3)$$

上式中的每个系数均不为零. 方程 (4.3) 意味着 $x_1, x_2, \cdots, x_{r-1}$ 线性相关, 这与假定相矛盾, 所以 n 个特征向量线性无关, 它们张成整个 n 维空间. 因此, 它们可以作为一组基用来表示任意向量.

根据这后一结论, 立即可推出特征向量的唯一性. 事实上, 若有第二个特征向量 z_1 对应于 λ_1, 我们可写成

$$z_1 = \sum_1^n \alpha_i x_i, \qquad (4.4)$$

其中至少有一个 α_i 不为零. (4.4) 乘以 A, 得

$$\lambda_1 z_1 = \sum_1^n \alpha_i \lambda_i x_i. \qquad (4.5)$$

(4.4) 乘以 λ_1 再从 (4.5) 减去, 我们有

$$0 = \sum_2^n \alpha_i (\lambda_i - \lambda_1) x_i, \qquad (4.6)$$

又因 x_i 线性无关, 从而

$$\alpha_i (\lambda_i - \lambda_1) = 0 \qquad (i = 2, 3, \cdots, n),$$

由此得出

$$\alpha_i = 0 \qquad (i = 2, 3, \cdots, n). \qquad (4.7)$$

所以, 非零的 α_i 必为 α_1. 这表明 z_1 是 x_1 的一个倍数.

类似地可以证明, A^T 的特征向量是唯一的并且线性无关. 前面我们已经证明

$$x_i^T y_j = 0 \qquad (\lambda_i \neq \lambda_j), \qquad (4.8)$$

所以这两组向量构成双正交系. 此外,我们有

$$x_i^T y_i \neq 0 \qquad (i = 1, 2, \cdots, n). \qquad (4.9)$$

事实上,若 x_i 与 y_i 正交,则它就与 $y_1, y_2, \cdots, y_n$ 都正交,从而与整个 n 维空间正交. 这是不可能的,因为 x_i 是非零向量.

方程 (4.8) 与 (4.9) 使我们能够将任意向量 v 用 x_i 或 y_i 显式表出. 事实上,若记

$$v = \sum_{i=1}^{n} \alpha_i x_i, \qquad (4.10)$$

则

$$y_j^T v = \sum_{i=1}^{n} \alpha_i y_j^T x_i = \alpha_j y_j^T x_j. \qquad (4.11)$$

因此

$$\alpha_i = y_j^T v / y_j^T x_j. \qquad (4.12)$$

在上式中,因为分母不为零,除法是允许的.

相似变换

5. 如果我们选取 x_i 与 y_i 中的任意因子,使得

$$y_i^T x_i = 1 \qquad (i = 1, 2, \cdots, n), \qquad (5.1)$$

则关系式 (4.8) 与 (5.1) 意味着以 y_i^T 作为第 i 行的矩阵 Y^T 是以 x_i 作为第 i 列的矩阵 X 的逆. n 个方程组

$$A x_i = \lambda_i x_i \qquad (5.2)$$

可以写成矩阵形式

$$AX = X \operatorname{diag}(\lambda_i). \qquad (5.3)$$

刚才我们已知,矩阵 X 的逆存在,并且等于 Y^T. 所以方程 (5.3) 给出

$$X^{-1} A X = Y^T A X = \operatorname{diag}(\lambda_i). \qquad (5.4)$$

矩阵 A 的变换 $H^{-1}AH$,其中 H 是非奇异的,称为相似变换,而矩阵 A 与 $H^{-1}AH$ 称为相似的. 相似变换无论在理论上还是在实际上都是极为重要的. 显然,HAH^{-1} 也是 A 的相似变换. 我们业已证明:若矩阵 A 的特征值各不相同,则存在相似变换将 A

化为对角型,变换矩阵的列等于 A 的特征向量. 反之,若我们有

$$H^{-1}AH = \text{diag}(\mu_i), \qquad (5.5)$$

则

$$AH = H\text{diag}(\mu_i). \qquad (5.6)$$

这后一方程意味着 μ_i 是 A 的按某种次序排列的特征值,而 H 的第 i 列就是对应于 μ_i 的特征向量.

矩阵的特征值关于相似变换是不变的. 事实上,有

$$Ax = \lambda x, \qquad (5.7)$$

则

$$H^{-1}Ax = \lambda H^{-1}x,$$

由此得出

$$H^{-1}A(HH^{-1})x = \lambda H^{-1}x, \quad (H^{-1}AH)H^{-1}x = \lambda H^{-1}x. \quad (5.8)$$

所以特征值不变,而特征向量被乘以 H^{-1}.

求矩阵特征系的许多数值方法,实质上就是求相似变换,将一般形式的矩阵 A 简化为特殊形式的矩阵 B,使得由 A 引出的特征问题较易解决.

相似关系具有传递性,亦即,若

$$B = H_1^{-1}AH_1, \quad C = H_2^{-1}BH_2, \qquad (5.9)$$

则

$$C = H_2^{-1}H_1^{-1}AH_1H_2 = (H_1H_2)^{-1}A(H_1H_2). \qquad (5.10)$$

一般而言,将一般矩阵化为某种特殊形式可以用一系列简单的相似变换来实现.

重特征值与一般矩阵的标准型

6. 有一个或多个重特征值的矩阵,其特征向量系的结构,与上述情况相比,远非如此简单. 不过仍有可能存在一个相似变换将 A 化为对角型. 在可对角化时对某一非奇异矩阵 H,我们有

$$H^{-1}AH = \text{diag}(\lambda_i). \qquad (6.1)$$

所以 λ_i 应为 A 的特征值,并且每个 λ_i 必定出现适当的次数. 事实上,

$$H^{-1}(A - \lambda I)H = H^{-1}AH - \lambda H^{-1}IH = \text{diag}(\lambda_i - \lambda), \quad (6.2)$$

两边取行列式,我们有

$$\det(H^{-1})\det(A - \lambda I)\det(H) = \Pi(\lambda_i - \lambda), \qquad (6.3)$$

由此得

$$\det(A - \lambda I) = \Pi(\lambda_i - \lambda). \qquad (6.4)$$

所以 λ_i 是 A 的特征方程的根. 将 (6.1) 写成形式

$$AH = H\mathrm{diag}(\lambda_i). \qquad (6.5)$$

我们看到, H 的列就是 A 的特征向量. 因为 H 是非奇异的, 它的各列是独立的. 例如, 设 λ_1 是二重根, 记 H 的前二列为 x_1 与 x_2, 则有

$$Ax_1 = \lambda_1 x_1, \qquad Ax_2 = \lambda_1 x_2, \qquad (6.6)$$

此处 x_1 与 x_2 是独立的. 从方程 (6.6) 可知, 由 x_1 与 x_2 张成的子空间中的任一向量也是特征向量. 事实上, 我们有

$$A(\alpha_1 x_1 + \alpha_2 x_2) = \alpha_1 \lambda_1 x_1 + \alpha_2 \lambda_1 x_2 = \lambda_1(\alpha_1 x_1 + \alpha_2 x_2). \qquad (6.7)$$

能用相似变换化为对角型的矩阵, 其重根所对应的特征向量有某种不确定性. 不过我们仍可选取一组特征向量, 使它们张成整个 n 维空间, 所以它们可以当作一组基用来表示任意向量.

这样, 对角矩阵

$$\Lambda = \begin{bmatrix} 1 & & & & \\ & 1 & & & \\ & & 2 & & \\ & & & 2 & \\ & & & & 3 \end{bmatrix} \qquad (6.8)$$

有 5 个独立的特征向量 e_1, e_2, e_3, e_4, e_5. e_1 与 e_2 的任一组合是特征向量, 它对应 $\lambda = 1$; e_3 与 e_4 的任一组合也是特征向量, 它对应 $\lambda = 2$. 对任一相似于 Λ 的矩阵, 存在非奇异矩阵 H, 使得

$$H^{-1}AH = \Lambda. \qquad (6.9)$$

A 的特征向量是 $He_1, He_2, He_3, He_4, He_5$, 头两个的任一组合仍将是 A 的特征向量, 它对应 $\lambda = 1$; 第三与第四两个的任一组合也是 A 的特征向量, 对应于 $\lambda = 2$.

亏损特征向量系

7. 相似于对角矩阵但有重特征值的矩阵, 其性质在许多方面

与具有不同特征值的矩阵是相同的。然而，并非所有具有重特征值的矩阵都是如此。

矩阵

$$C_2(a) = \begin{bmatrix} a & 1 \\ 0 & a \end{bmatrix} \qquad (7.1)$$

有二重特征值 $\lambda = a$。若 x 是 $C_2(a)$ 的特征向量，其分量为 x_1 与 x_2，则应有

$$\begin{cases} 0x_1 + x_2 = 0 \\ 0x_1 + 0x_2 = 0. \end{cases} \qquad (7.2)$$

这些方程表明 $x_2 = 0$。所以只有一个特征向量对应于 $\lambda = a$，即向量 e_1。我们可将 $C_2(a)$ 看作是矩阵

$$B_2 = \begin{bmatrix} a & 1 \\ 0 & b \end{bmatrix} \qquad (7.3)$$

当 $b \to a$ 时的极限。当 $b \neq a$ 时，此矩阵有两个特征值 a 与 b，对应的特征向量是

$$\begin{bmatrix} 1 \\ 0 \end{bmatrix} \quad \text{与} \quad \begin{bmatrix} 1 \\ b-a \end{bmatrix}.$$

当 $b \to a$ 时，这两个特征值与特征向量相重合。

更一般地，若我们定义矩阵

$$C_1(a) = [a], \quad C_r(a) = \begin{bmatrix} a & 1 & & & \\ & a & 1 & & \\ & & a & 1 & \\ & & & \ddots & \ddots & \\ & & & & a & 1 \\ & & & & & a \end{bmatrix}, \qquad (7.4)$$

则 $C_r(a)$ 有一个重数为 r 的特征值 a，但只有一个 特征向量 $x = e_1$。我们可以像证明 $C_2(a)$ 的相应结果那样来证明这一点。另一方面，还可以从 $[C_r(a) - aI]$ 的秩为 $(r-1)$ 这个事实得到证明。（右上 $r-1$ 阶矩阵的行列式等于 1.）转置矩阵 $[C_r(a)]^T$ 也只有一个特征向量 $y = e_r$。我们立即得到

$$x^T y = e_1^T e_r = 0,\qquad\qquad (7.5)$$

这与具有不同特征值的矩阵所得到的结果是不一样的。

矩阵 $C_r(a)$ $(r > 1)$ 不能用相似变换化为对角型。事实上，若存在 H，使得

$$H^{-1}C_rH = \mathrm{diag}(\lambda_i),\qquad\qquad (7.6)$$

亦即

$$C_rH = H\mathrm{diag}(\lambda_i),\qquad\qquad (7.7)$$

则根据 §6 所证，λ_i 应等于 $C_r(a)$ 的特征值，从而所有 λ_i 均应等于 a。于是，由方程 (7.7) 可知，矩阵 H 的各列均为 $C_r(a)$ 的特征向量。因为 H 是非奇异的，所以这些列应是独立的。因此关于存在这种矩阵 H 的假定是错的。

矩阵 $C_r(a)$ 称为 r 阶初等 Jordan 子矩阵，有时称为 r 阶初等经典子矩阵。下一节我们会看到这种形式的矩阵在理论上是非常重要的。

Jordan（经典的）标准型

8. 我们看到，具有重特征值的矩阵不一定相似于对角矩阵。自然要问，用相似变换可以将矩阵 A 化为哪一种最紧凑的形式。答案就包含在下面定理之中。

设 A 是 n 阶矩阵，有 r 个不同的特征值 $\lambda_1, \lambda_2, \cdots, \lambda_r$，重数为 $m_1, m_2, \cdots, m_r$，于是

$$m_1 + m_2 + \cdots + m_r = n.\qquad\qquad (8.1)$$

则存在一个相似变换，变换矩阵为 H，使得矩阵 $H^{-1}AH$ 为初等 Jordan 子矩阵所构成，这些子矩阵分布在对角线上，所有其余元素均为零。对应于 λ_i 的那些子矩阵阶数之和等于 m_i。除了对角线上子矩阵的次序外，变换矩阵是唯一的。我们称 $H^{-1}AH$ 为初等 Jordan 子矩阵的直接和。

这样，一个 6 阶矩阵，若有 5 个特征值等于 λ_1，一个特征值等于 λ_2，并相似于

$$C = \begin{bmatrix} C_2(\lambda_1) & & & \\ & C_2(\lambda_1) & & \\ & & C_1(\lambda_1) & \\ & & & C_1(\lambda_2) \end{bmatrix}, \quad (8.2)$$

它就不能再相似于矩阵

$$\begin{bmatrix} C_3(\lambda_1) & & \\ & C_2(\lambda_1) & \\ & & C_1(\lambda_2) \end{bmatrix}, \quad (8.3)$$

虽然后者也有 5 个根等于 λ_1, 一个根等于 λ_2. 由初等 Jordan 子矩阵所构成的矩阵称为矩阵 A 的 Jordan 标准型或经典标准型.

作为一种特殊情况, 当 Jordan 标准型中的所有 Jordan 子矩阵均为 1 阶时, 此标准型变成对角矩阵. 我们已经看到, 若矩阵的特征值各不相同, 则其 Jordan 标准型必为矩阵 $\mathrm{diag}(\lambda_i)$.

独立的特征向量的总数等于 Jordan 标准型中子矩阵的个数. 这样, 若矩阵 A 能化为由等式 (8.2) 所定义的 C, 则它有 4 个独立的特征向量. C 的特征向量是 e_1, e_3, e_5, e_6, 因而 A 的特征向量是 He_1, He_3, He_5, He_6. 特征值 λ_1 的重数等于 5, 但对应的特征向量只有三个.

我们不去证明 Jordan 标准型的存在唯一性, 因为证明方法与后面几章要讲述的方法不甚相关. 在 r 阶初等 Jordan 子矩阵中, 我们取了对角线上面一条的元素等于 1. 尚有一种相应的标准型, 其对角线下面一条的元素取成等于 1. 我们将等式 (7.4) 的型称为上 Jordan 型, 而另一种型称为下 Jordan 型. 这些元素取值为 1 并没有特殊含义. 显然, 用一个适当的对角矩阵作相似变换, 这些元素可取任意的非零值.

初等因子

9. 设 C 是 A 的 Jordan 标准型, 考虑矩阵 $(C - \lambda I)$. 例如, 相应于等式 (8.2) 的矩阵 C, 我们有

$$(C - \lambda I) = \begin{bmatrix} C_2(\lambda_1 - \lambda) & & & \\ & C_2(\lambda_1 - \lambda) & & \\ & & C_1(\lambda_1 - \lambda) & \\ & & & C_1(\lambda_2 - \lambda_1) \end{bmatrix}$$

$$\tag{9.1}$$

显然，一般地讲，$(C - \lambda I)$ 是形如 $C_r(\lambda_i - \lambda)$ 矩阵的直接和. 标准型 $(C - \lambda I)$ 的子矩阵的行列式称为矩阵 A 的初等因子. 这样，与等式 (8.2) 中的 C 相似的任一矩阵的初等因子为

$$(\lambda_1 - \lambda)^2, \ (\lambda_1 - \lambda)^2, \ (\lambda_1 - \lambda), \ (\lambda_2 - \lambda). \tag{9.2}$$

显然可见，矩阵的初等因子的乘积等于它的特征多项式. 当 Jordan 标准型是对角矩阵时，初等因子为

$$(\lambda_1 - \lambda), \ (\lambda_2 - \lambda), \cdots, \ (\lambda_n - \lambda), \tag{9.3}$$

所以它们都是线性的. 具有不同特征值的矩阵，其初等因子总是线性的. 但是我们已经看到，若矩阵有一个或多个重特征值，则它可以有也可以没有线性初等因子.

若矩阵有一个或多个非线性初等因子，这表明，在 Jordan 标准型中至少有一个子矩阵的阶数大于 1，因此独立的特征向量的个数小于 n. 这种矩阵称为亏损的.

A 的特征多项式的友矩阵

10. 我们记 A 的特征方程为

$$(-1)^n[\lambda^n - p_{n-1}\lambda^{n-1} - p_{n-2}\lambda^{n-2} - \cdots - p_0] = 0. \tag{10.1}$$

容易验证，矩阵

$$C = \begin{bmatrix} p_{n-1} & p_{n-2} & \cdots & p_1 & p_0 \\ 1 & 0 & \cdots & 0 & 0 \\ 0 & 1 & \cdots & 0 & 0 \\ \vdots & \vdots & & \vdots & \vdots \\ 0 & 0 & \cdots & 1 & 0 \end{bmatrix} \tag{10.2}$$

的特征方程与 A 的特征方程相同. 矩阵 C 称为 A 的特征多项式的友矩阵. 因为 C 与 A 有相同的特征多项式，自然要问，一般地讲，

它们是否相似？下一节我们给出这个问题的答案。注意，我们可以用其他三种形式给出友矩阵。例如，可以取

$$\begin{bmatrix} 0 & 0 & 0 & \cdots & 0 & p_0 \\ 1 & 0 & 0 & \cdots & 0 & p_1 \\ 0 & 1 & 0 & \cdots & 0 & p_2 \\ \vdots & \vdots & \vdots & & \vdots & \vdots \\ 0 & 0 & 0 & \cdots & 1 & p_{n-1} \end{bmatrix}, \tag{10.3}$$

或者可以将元素 p_i 置于第一列或最后一行，而将对角线上面一条的元素置 1。我们将把这几种形式都看作为友矩阵，而应用其中最方便的一种。

非减次矩阵

11. 设矩阵 A 有不同的特征值 $\lambda_1, \lambda_2, \cdots, \lambda_n$，则 A 相似于 $\mathrm{diag}(\lambda_i)$。我们要证明，此时 $\mathrm{diag}(\lambda_i)$ 相似于友矩阵。我们找出将 C 变换为 $\mathrm{diag}(\lambda_i)$ 的矩阵来证明这一点。考虑 $n = 4$ 的情形就可充分显示出一般的情形。

考虑矩阵

$$H = \begin{bmatrix} \lambda_1^3 & \lambda_2^3 & \lambda_3^3 & \lambda_4^3 \\ \lambda_1^2 & \lambda_2^2 & \lambda_3^2 & \lambda_4^2 \\ \lambda_1 & \lambda_2 & \lambda_3 & \lambda_4 \\ 1 & 1 & 1 & 1 \end{bmatrix}. \tag{11.1}$$

若 λ_i 各不相同，则矩阵是非奇异的，我们有

$$H\mathrm{diag}(\lambda_i) = \begin{bmatrix} \lambda_1^4 & \lambda_2^4 & \lambda_3^4 & \lambda_4^4 \\ \lambda_1^3 & \lambda_2^3 & \lambda_3^3 & \lambda_4^3 \\ \lambda_1^2 & \lambda_2^2 & \lambda_3^2 & \lambda_4^2 \\ \lambda_1 & \lambda_2 & \lambda_3 & \lambda_4 \end{bmatrix}. \tag{11.2}$$

并且有关系式

$$\begin{bmatrix} p_3 & p_2 & p_1 & p_0 \\ 1 & 0 & 0 & 0 \\ 0 & 1 & 0 & 0 \\ 0 & 0 & 1 & 0 \end{bmatrix} H = \begin{bmatrix} \lambda_1^4 & \lambda_2^4 & \lambda_3^4 & \lambda_4^4 \\ \lambda_1^3 & \lambda_2^3 & \lambda_3^3 & \lambda_4^3 \\ \lambda_1^2 & \lambda_2^2 & \lambda_3^2 & \lambda_4^2 \\ \lambda_1 & \lambda_2 & \lambda_3 & \lambda_4 \end{bmatrix}, \tag{11.3}$$

上式根据

$$\lambda_i^4 = p_3 \lambda_i^3 + p_2 \lambda_i^2 + p_1 \lambda_i + p_0 \qquad (11.4)$$

可立即推得. 因此

$$CH = H\mathrm{diag}(\lambda_i), \qquad (11.5)$$

所以 C 相似于 $\mathrm{diag}(\lambda_i)$，从而相似于 λ_i 为特征值的任一矩阵.

现在转到有几个重特征值的情形. 我们立即可见，若 A 有一个以上独立的特征向量对应于 λ_i，则它就不能相似于 C. 事实上，对于任意值 λ，$(C - \lambda I)$ 的秩至少为 $n - 1$，因为左下角 $n - 1$ 阶矩阵的行列式显然等于 1. 对应于特征值 λ_i 的特征向量 x_i 有

$$x_i^T = [\lambda_i^{n-1}, \lambda_i^{n-2}, \cdots, \lambda_i, 1], \qquad (11.6)$$

这一点可以从解方程组

$$(C - \lambda_i I)x_i = 0 \qquad (11.7)$$

得到.

因此，要使一个矩阵相似于其特征多项式的友矩阵，必要条件是: 对应于每个不同的特征值，Jordan 标准型中只含有一个 Jordan 子矩阵. 现在我们证明，这个条件也是充分的. 同样只要对一种简单情形加以证明就足够了.

12. 考虑一个 4 阶矩阵，其初等因子为 $(\lambda_1 - \lambda)^2$，$(\lambda_3 - \lambda)$，$(\lambda_4 - \lambda)$. 这个矩阵相似于 A_4.

$$A_4 = \begin{bmatrix} \lambda_1 & 1 & & \\ 0 & \lambda_1 & & \\ & & \lambda_3 & \\ & & & \lambda_4 \end{bmatrix}. \qquad (12.1)$$

若 $\lambda_1, \lambda_2, \lambda_3, \lambda_4$ 不相同，则矩阵

$$H = \begin{bmatrix} \lambda_1^3 & 3\lambda_1^2 & \lambda_3^3 & \lambda_4^3 \\ \lambda_1^2 & 2\lambda_1 & \lambda_3^2 & \lambda_4^2 \\ \lambda_1 & 1 & \lambda_3 & \lambda_4 \\ 1 & 0 & 1 & 1 \end{bmatrix} \qquad (12.2)$$

显然是非奇异的，我们有

$$HA_4 = \begin{bmatrix} \lambda_1^4 & 4\lambda_1^3 & \lambda_3^4 & \lambda_4^4 \\ \lambda_1^3 & 3\lambda_1^2 & \lambda_3^3 & \lambda_4^3 \\ \lambda_1^2 & 2\lambda_1 & \lambda_3^2 & \lambda_4^2 \\ \lambda_1 & 1 & \lambda_3 & \lambda_4 \end{bmatrix}. \tag{12.3}$$

因为 λ_1 是特征方程 $f(\lambda) = 0$ 的二重根，故有 $f'(\lambda_1) = 0$，由此得

$$4\lambda_1^3 = 3p_3\lambda_1^2 + 2p_2\lambda_1 + p_1, \tag{12.4}$$

因此

$$CH = HA_4. \tag{12.5}$$

完全类似地，我们可以处理 n 阶矩阵的 r 阶 Jordan 子矩阵。若 λ_1 是有关的特征值，则相应的矩阵 H 有 r 个列。

$$\begin{bmatrix} \lambda_1^{n-1} & \binom{n-1}{1}\lambda_1^{n-2} & \cdots & \binom{n-1}{r-1}\lambda_1^{n-r} \\ \lambda_1^{n-2} & \binom{n-2}{1}\lambda_1^{n-3} & \cdots & \binom{n-2}{r-1}\lambda_1^{n-r-1} \\ \vdots & \vdots & & \vdots \\ \lambda_1 & 1 & \cdots & 0 \\ 1 & 0 & \cdots & 0 \end{bmatrix}. \tag{12.6}$$

因此，若对应于每个不同特征值 λ_i 只有一个 Jordan 子矩阵，也就是对应于每个不同的特征值 λ_i 只有一个特征向量。则此矩阵就相似于其特征多项式的友矩阵。这种矩阵称为非减次的。

Frobenius（有理的）标准型

13. 若对某个 i，对应于 λ_i 的 Jordan 子矩阵有一个以上（因而有一个以上的特征向量），这样的矩阵称为减次的。我们已经看到，减次矩阵不可能相似于其特征多项式的友矩阵，现在我们研究减次矩阵的类似友矩阵那样的标准型。

我们定义 r 阶 Frobenius 矩阵 B_r 为如下形式的矩阵

$$B_r = \begin{bmatrix} b_{r-1} & b_{r-2} & \cdots & b_1 & b_0 \\ 1 & 0 & \cdots & 0 & 0 \\ 0 & 1 & \cdots & 0 & 0 \\ \vdots & \vdots & & \vdots & \vdots \\ 0 & 0 & \cdots & 1 & 0 \end{bmatrix}. \tag{13.1}$$

一般矩阵的基本定理可以表达如下.

每个矩阵 A 可以用相似变换化为 s 个 Frobenius 矩阵, 记为 $B_{r_1}, B_{r_2}, \cdots, B_{r_s}$ 的直接和. 每个 B_{r_i} 的特征多项式能除尽所有位于前面的 B_{r_j} 的特征多项式. 在非减次矩阵的情况, $s = 1$, 且 $r_1 = n$. Frobenius 矩阵的直接和称为 Frobenius (或有理的)标准型. 有理标准型的称呼来源于这一事实, 即它可用 A 的元素域中的有理变换导出.

我们不打算给出 Frobenius 标准型存在性的直接证明, 不过我们要指明它与 Jordan 标准型的联系. 这并不能说明这一变换的有理本质, 因为导出 Jordan 标准型的运算, 一般而言, 在 A 的域中是无理的.

Jordan 标准型与 Frobenius 标准型的关系

14. 用例子也许最能说明两种标准型之间的关系. 设一个 10 阶矩阵 A 有下列初等因子

$$(\lambda_1 - \lambda)^3, (\lambda_2 - \lambda)^2, (\lambda_3 - \lambda)$$
$$(\lambda_1 - \lambda), (\lambda_2 - \lambda)^2, \tag{14.1}$$
$$(\lambda_1 - \lambda).$$

其 Jordan 标准型可写成

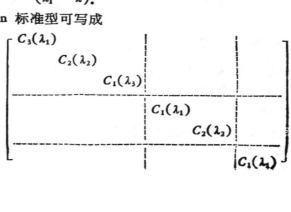

$$= \begin{bmatrix} G_1 & & \\ \hdashline & G_2 & \\ \hdashline & & G_3 \end{bmatrix}, \qquad (14.2)$$

这里我们将每个特征值所对应的最高阶 Jordan 子矩阵聚集在一起,给出矩阵 G_1,然后,次高阶的聚集一起给出 G_2,等等.

所以,每个矩阵 G_i 只有一个 Jordan 子矩阵对应于每个 λ_i,因而可用相似变换 H_i 将它化为同阶的单个 Frobenius 矩阵.在本例中,

$$\begin{cases} H_1^{-1} G_1 H_1 = B_6 & (6 \text{ 阶 Frobenius 矩阵}) \\ H_2^{-1} G_2 H_2 = B_3 & (3 \text{ 阶 Frobenius 矩阵}) \\ H_3^{-1} G_3 H_3 = B_1 & (1 \text{ 阶 Frobenius 矩阵}) \end{cases} \qquad (14.3)$$

因此

$$\begin{bmatrix} H_1^{-1} & & \\ & H_2^{-1} & \\ & & H_3^{-1} \end{bmatrix} \begin{bmatrix} G_1 & & \\ & G_2 & \\ & & G_3 \end{bmatrix} \begin{bmatrix} H_1 & & \\ & H_2 & \\ & & H_3 \end{bmatrix}$$

$$= \begin{bmatrix} B_6 & & \\ & B_3 & \\ & & B_1 \end{bmatrix}, \qquad (14.4)$$

B_6 的特征多项式是 $(\lambda_1 - \lambda)^3 (\lambda_2 - \lambda)^2 (\lambda_3 - \lambda)$,$B_3$ 的是 $(\lambda_1 - \lambda)(\lambda_2 - \lambda)^2$,$B_1$ 的是 $(\lambda_1 - \lambda)$.这些多项式中的每一个均为前一个多项式的因子,这可由 G_i 的定义推出,在一般情况下此结论也是成立的.显然,矩阵的初等因子是 Frobenius 标准型中子矩阵的特征多项式的因子.注意,若矩阵 A 是实的,则复特征值以复共轭数对出现.因此,每个 G_i 显然是实的.这是可以预料到的,因为我们已经讲过,Frobenius 标准型可由 A 的域中的有理变换导出.

相抵变换

15. 我们已经看到,矩阵的特征值关于相似变换是不变的.现

在我们简略地考察一类更广泛的变换. 若存在非奇异矩阵(必为方阵)P 与 Q，使得

$$PAQ = B, \qquad (15.1)$$

则称矩阵 B 与矩阵 A 相抵. 注意，A 与 B 不必为方阵，但维数应该相同. 根据对应的矩阵定理 (有时称为 Binet-Cauchy 定理，例如参见 Gantmacher, 1959a, Vol. 1)* 可知，相抵的阵有相同的秩.

我们所讨论的相抵关系对解线性方程组是很重要的. 事实上，若 x 满足

$$Ax = b, \qquad (15.2)$$

则显然，对任一可相乘矩阵 P，它也满足

$$PAx = Pb. \qquad (15.3)$$

其次，若 P 是非奇异的，则将 (15.3) 乘以 P^{-1} 可知，(15.3) 的任一解也是 (15.2) 的解.

现在考虑变量代换

$$x = Qy, \qquad (15.4)$$

其中 Q 是非奇异矩阵. 于是有

$$PAQy = Pb, \qquad (15.5)$$

由 (15.5) 的任一解 y 我们可以得出 (15.2) 的解 x，反之亦然. 因此，方程 (15.2) 与 (15.5) 可以看作是相抵的.

λ 矩阵

16. 我们现在将相抵概念推广到元素为 λ 的多项式的矩阵，这种矩阵称为 λ 矩阵. 若 $A(\lambda)$ 是 ($m \times n$) 矩阵，其元素是次数不大于 k 的多项式，则可写为

$$A(\lambda) = A_k \lambda^k + A_{k-1} \lambda^{k-1} + \cdots + A_0, \qquad (16.1)$$

---

* 中译本: 甘特马赫著，柯召译，矩阵论，高等教育出版社. 1951.

其中 A_k，A_{k-1}，$\cdots$，A_0 均为 $(m \times n)$ 矩阵，元素不依赖于 λ. λ 矩阵的秩等于这样一些子式的最大次数，这些子式是 λ 的非零多项式.

两个 λ 矩阵 $A(\lambda)$ 与 $B(\lambda)$ 称为相抵，如果存在的 λ 方阵 $P(\lambda)$ 与 $Q(\lambda)$，它们有不依赖于 λ 的非零行列式，使

$$P(\lambda)A(\lambda)Q(\lambda) = B(\lambda). \qquad (16.2)$$

注意，因为 $P(\lambda)$ 有不依赖于 λ 的非零行列式，所以 $[P(\lambda)]^{-1}$ 也是一个具有同样性质的 λ 矩阵.

初等运算

17. 我们将对下面几种简单的非奇异的 λ 矩阵 $P(\lambda)$ 感兴趣.

(i) $p_{ii}(\lambda) = 1 (i \neq p, q)$，$p_{pq}(\lambda) = p_{qp}(\lambda) = 1$，其余的 $p_{ij}(\lambda) = 0$；

(ii) $p_{ii}(\lambda) = 1 (i = 1, \cdots, n)$，$p_{pq}(\lambda) = f(\lambda)$，其余的 $p_{ij}(\lambda) = 0$；

(iii) $p_{ii}(\lambda) = 1 (i \neq p)$，$p_{pp}(\lambda) = k \neq 0$，其余的 $p_{ij}(\lambda) = 0$.

显然，第 (i) 种矩阵的行列式等于-1，第 (ii) 种的等于$+1$，而第 (iii) 种的等于 k.

将 $A(\lambda)$ 分别左乘以第 (i)，(ii)，(iii) 种矩阵，其效果为:

(i) 第 p 行与 q 行互换，

(ii) 第 q 行乘以 $f(\lambda)$ 加到 p 行，

(iii) 第 p 行乘以非零常数 k.

右乘对列产生相应的效果，$A(\lambda)$ 的这些变换称为初等运算.

Smith 标准型

18. 相抵 λ 矩阵的基本定理如下:

每个秩为 r 的 λ 矩阵 $A(\lambda)$ 可用初等运算($A(\lambda)$元素域中的有理运算)化为相抵的对角型

$$D = \begin{bmatrix} E_1(\lambda) & & & & & \\ & E_2(\lambda) & & & & \\ & & \ddots & & & \\ & & & E_r(\lambda) & & \\ & & & & 0 & \\ & & & & & \ddots \\ & & & & & & 0 \end{bmatrix}, \qquad (18.1)$$

其中每个 $E_i(\lambda)$ 是 λ 的规格化多项式，并且 $E_i(\lambda)$ 能除尽 $E_{i+1}(\lambda)$.（规格化多项式的最高次项系数为 1.）除了 $E_i(\lambda)$ 之外，D 的所有元素均为零.

证明如下：我们将用一系列初等运算来导出对角型，并且把每一阶段中正在被变换的矩阵的 (i, j) 元素记为 $a_{ij}(\lambda)$.

设 $a_{ii}(\lambda)$ 是 $A(\lambda)$ 中次数最低的元素之一，交换第 1 行与 i 行及第 1 列与 i 列，可将此元素变为元素 $a_{11}(\lambda)$. 现在我们令

$$\begin{cases} a_{i1}(\lambda) = a_{11}(\lambda) q_{i1}(\lambda) + r_{i1}(\lambda) & (i = 2, 3, \cdots, m), \\ a_{1j}(\lambda) = a_{11}(\lambda) q_{1j}(\lambda) + r_{1j}(\lambda) & (j = 2, 3, \cdots, n), \end{cases} \qquad (18.2)$$

其中 $r_{i1}(\lambda)$ 与 $r_{1j}(\lambda)$ 是余项，故其次数低于 $a_{11}(\lambda)$ 的次数. 若不是所有的 $r_{i1}(\lambda)$ 与 $r_{1j}(\lambda)$ 均为零，则设 $r_{k1}(\lambda)$ 不是零. 从 k 行中减去第 1 行乘以 $q_{k1}(\lambda)$，并交换第 1 行与 k 行. 于是元素 $a_{11}(\lambda)$ 变成 $r_{k1}(\lambda)$，它不等于零，并且其次数低于上一次位于此处的元素.

如此继续下去，元素 $a_{11}(\lambda)$ 总是不等于零，而其次数则逐步减少. 最终，当前的 $a_{11}(\lambda)$ 必能除尽所有当前的 $a_{i1}(\lambda)$ 与 $a_{1j}(\lambda)$，这有两种可能：或者当 $a_{11}(\lambda)$ 变成不依赖于 λ，或者在更早的阶段. 当此情况出现时，从第 2 行到 m 行减去第 1 行乘以适当的因子，然后再从第 2 列到 n 列减去第 1 列乘以适当的因子，就可以将矩阵化为形式

$$\begin{bmatrix} a_{11}(\lambda) & O \\ O & A_2(\lambda) \end{bmatrix}. \qquad (18.3)$$

在这一阶段上的 $a_{11}(\lambda)$ 可能除尽 $A_2(\lambda)$ 的所有元素，如若

不然,假定对某元素 $a_{ii}(\lambda)$ 有

$$a_{ii}(\lambda) = a_{11}(\lambda)q_{ii}(\lambda) + r_{ii}(\lambda) \ (r_{ii}(\lambda) \neq 0), \qquad (18.4)$$

于是将第 i 行加到第 1 行后,我们可以应用上述过程再次得到形式 (18.3),其中 $a_{11}(\lambda)$ 仍然不是零但次数更低. 如此继续下去,我们一定能达到形式 (18.3),其中 $a_{11}(\lambda)$ 能除尽 $A_2(\lambda)$ 的每个元素. 这种情况必定会出现,或者当 $a_{11}(\lambda)$ 变成不依赖于 λ,或者在某个更早的阶段上.

若 $A_2(\lambda)$ 不恒等于零,我们对此矩阵应用类似刚才用于 $A(\lambda)$ 的步骤. 我们可以设想. 这时的运算只是对矩阵 (18.3) 的第 2 行到 m 行以及第 2 列到 n 列进行;第 1 行与第 1 列整个保持不变. 在这一步骤的各个阶段上,$A_2(\lambda)$ 的所有元素显然仍能被 $a_{11}(\lambda)$ 除尽. 因此,我们得到形式

$$\left[\begin{array}{cc|c} a_{11}(\lambda) & O & \\ O & a_{22}(\lambda) & O \\ \hline & O & A_3(\lambda) \end{array}\right], \qquad (18.5)$$

其中 $a_{11}(\lambda)$ 能除尽 $a_{22}(\lambda)$,而 $a_{22}(\lambda)$ 能除尽 $A_3(\lambda)$ 的所有元素.

如此继续下去,我们得到形式

$$\left[\begin{array}{cccc|c} a_{11}(\lambda) & & & & \\ & a_{22}(\lambda) & & & O \\ & & \ddots & & \\ & & & a_{ss}(\lambda) & \\ \hline & O & & & O \end{array}\right], \qquad (18.6)$$

其中每个 $a_{ii}(\lambda)$ 能除尽它的后继者,当 $s = m$ 或 n,或者 $A_{s+1}(\lambda)$ 是零矩阵时,步骤中止. 但是我们一定有 $s = r$,因为根据对应的矩阵定理,当 λ 矩阵乘以非奇异阵时,其秩不变. 因为 $a_{ii}(\lambda)$ 是非零多项式,各行乘以适当常数,可以使得每个多项式中最高次项的系数变为 1. 于是 $a_{ii}(\lambda)$ 就成为规格化多项式 $E_i(\lambda)$,并且每个 $E_i(\lambda)$ 能除尽 $E_{i+1}(\lambda)$,定理证毕. 显然,这里只使用

了有理运算. 因为 D 是用初等运算得出的,我们有

$$P(\lambda)A(\lambda)Q(\lambda) = D, \tag{18.7}$$

其中 $P(\lambda)$ 与 $Q(\lambda)$ 都是非奇异矩阵,其行列式不依赖于 λ.
(18.1) 中的 D 通常称为相抵 λ 矩阵的 Smith 标准型.

λ 矩阵的 k 行子式的最大公因子

19. 现在考察 Smith 标准型的 k 行子式. 若 $k > r$,则所有 k 行子式均为零. 反之,唯一的非零 k 行子式就是 k 个 $E_i(\lambda)$ 的乘积. 因为每个 $E_i(\lambda)$ 是 $E_{i+1}(\lambda)$ 的因子,所以 k 行子式的最大因子(简写为 H. C. F.)$G_k(\lambda)$ 等于 $E_1(\lambda)E_2(\lambda)\cdots E_k(\lambda)$. 因此,若记 $G_0(\lambda) = 1$,则

$$E_i(\lambda) = \frac{G_i(\lambda)}{G_{i-1}(\lambda)} \qquad (i = 1, 2, \cdots, r). \tag{19.1}$$

我们现在证明,矩阵的 k 行子式的 H. C. F. (我们取 λ 的最高次项系数等于 1) 关于相抵变换是不变的. 事实上,若

$$P(\lambda)A(\lambda)Q(\lambda) = B(\lambda), \tag{19.2}$$

则 $B(\lambda)$ 的任一 k 行子式可表为形如 $P_\alpha A_\beta Q_\gamma$ 诸项之和,此处 P_α, A_β, Q_γ 分别表示 $P(\lambda)$, $A(\lambda)$, $Q(\lambda)$ 的 k 行子式. 因此, $A(\lambda)$ 的 k 行子式的 H. C. F. 能除尽 $B(\lambda)$ 的任一 k 行子式. 然而,因为

$$A(\lambda) = [P(\lambda)]^{-1}B(\lambda)[Q(\lambda)]^{-1},$$

且 $[P(\lambda)]^{-1}$ 与 $[Q(\lambda)]^{-1}$ 也均为 λ 矩阵,所以 $B(\lambda)$ 的 k 行子式的 H. C. F. 能除尽 $A(\lambda)$ 的任一 k 行子式. 因此, 两个 H. C. F. 必相等.

这样,所有相抵 λ 矩阵具有相同的 Smith 标准型. 多项式 $E_i(\lambda)$ 称为 $A(\lambda)$ 的不变因子或不变多项式.

$(A - \lambda I)$ 的不变因子

20. 若 A 是方阵,则 $A - \lambda I$ 是秩 n 的 λ 矩阵,因此有 n 个不

变因子 $E_1(\lambda), E_2(\lambda), \cdots, E_n(\lambda)$，每一个能除尽后一个。 现在我们将 $A - \lambda I$ 的不变因子与 Frobenius 标准型中 Frobenius 矩阵的行列式联系起来。 设 B 是 A 的 Frobenius 标准型，因而存在 H，使得

$$H^{-1}AH = B, \tag{20.1}$$

所以

$$H^{-1}(A - \lambda I)H = B - \lambda I. \tag{20.2}$$

因为矩阵 H^{-1} 与 H 都是非奇异的，并且与 λ 无关，所以 $B - \lambda I$ 与 $A - \lambda I$ 相抵。

我们现在考察 $B - \lambda I$ 的不变因子。其一般形式可用一简单例题来充分说明。设 $B - \lambda I$ 的形式为

$$
= \begin{bmatrix}
\begin{array}{cccc}
p_3 - \lambda & p_2 & p_1 & p_0 \\
1 & -\lambda & 0 & 0 \\
0 & 1 & -\lambda & 0 \\
0 & 0 & 1 & -\lambda
\end{array} & & \\
& \begin{array}{ccc}
q_2 - \lambda & q_1 & q_0 \\
1 & -\lambda & 0 \\
0 & 1 & -\lambda
\end{array} & \\
& & \begin{array}{cc}
r_1 - \lambda & r_0 \\
1 & -\lambda
\end{array}
\end{bmatrix}
$$

$$
= \begin{bmatrix}
B_1 - \lambda I & & \\
& B_2 - \lambda I & \\
& & B_3 - \lambda I
\end{bmatrix}. \tag{20.3}
$$

由 §14 可知，序列 $\det(B_1 - \lambda I), \det(B_2 - \lambda I), \det(B_2 - \lambda I)$ 中的每个多项式可被后一个除尽。

通过考察非零子式，我们看到，i 行子式的 H. C. F.，即 $G_i(\lambda)$，是

$G_0(\lambda) = 1$（按定义），$G_1(\lambda) = G_2(\lambda) = \cdots = G_6(\lambda) = 1$,
$G_7(\lambda) = \det(B_3 - \lambda I), G_8(\lambda) = \det(B_3 - \lambda I)\det(B_2 - \lambda I)$,
$G_9(\lambda) = \det(B_3 - \lambda I)\det(B_2 - \lambda I)\det(B_1 - \lambda I)$.

$$\tag{20.4}$$

因此不变因子是

$$E_1(\lambda) = E_2(\lambda) = \cdots = E_6(\lambda) = 1;$$
$$E_7(\lambda) = \det(B_3 - \lambda I); \quad E_8(\lambda) = \det(B_2 - \lambda I); \qquad (20.5)$$
$$E_9 = \det(B_1 - \lambda I).$$

我们的结果显然具有普遍性，所以 $(A - \lambda I)$ 的不等于 1 的不变因子等于 Frobenius 标准型中子阵的特征多项式. 联系相似与 λ 相抵的基本结果是:

A 与 B 相似的充要条件是 $(A - \lambda I)$ 与 $(B - \lambda I)$ 相抵. 由于这个原因，$(A - \lambda I)$ 的不变因子有时称为 A 的相似不变量.

再由 §14 可知,若记

$$E_i(\lambda) = (\lambda_1 - \lambda)^{i_1}(\lambda_2 - \lambda)^{i_2} \cdots (\lambda_s - \lambda)^{i_s}, \qquad (20.6)$$

其中 $\lambda_1, \lambda_2, \cdots, \lambda_s$ 为 A 的不同特征值，则 (20.6) 右端的因子均为 A 的初等因子.

三角标准型

21. 化 Jordan 标准型提供特征值与特征向量两者的全部信息. 它是三角标准型的一种特殊情形. 后者无论从理论上还是从实际计算上都要简单得多. 其重要性可由下列定理以及 §25 中的定理看出.

每个矩阵相似于三角形矩阵，亦即所有位于对角线以上的元素全为零的矩阵. 我们称这样的矩阵为下三角形矩阵. 与 Jordan 型的情况一样，另有一种变换化为对角线以下全为零的矩阵(上三角形矩阵). 证明相当简单，我们把它放在 §42 中讨论，那里将引入相应的变换矩阵.

显然,对角元素就是具有相应重数的特征值. 事实上,若这些元素为 μ_i，则三角形矩阵的特征多项式即为 $\Pi(\mu_i - \lambda)$，而我们已知,特征多项式关于相似变换是不变的.

Hermite 矩阵与对称矩阵

22. 我们在 §31 中将看到,实对称矩阵在应用上特别重要. 我们本可将这类矩阵扩充到包括所有复元素的对称矩阵. 但是, 这样的扩充没有多大意义, 因为扩充后的矩阵类不具有实对称矩阵的许多极为重要的特性. 最有用的扩充是包括形如 $P + iQ$ 的矩阵类, 其中 P 为实对称矩阵, Q 为实反对称矩阵, 即

$$Q^\mathrm{T} = -Q. \tag{22.1}$$

这类矩阵称为 Hermite 矩阵. 若 A 是 Hermite 矩阵, 按定义有

$$\overline{A}^\mathrm{T} = A, \tag{22.2}$$

其中 $\overline{A}$ 表示矩阵, 其元素为 A 元素的复共轭. 矩阵 $\overline{A}^\mathrm{T}$ 通常记作 A^H, 称为 Hermite 转置矩阵. 类似地, x^H 是行向量, 其分量等于列向量 x 的分量的复共轭. 这种记号很方便, 并有如下优点, 即若将 A^T 代替 A^H, x^T 代替 x^H, 则对 Hermite 矩阵证明了的结果便可变成实对称矩阵的相应结果. 若 a 是一个数, 则 a^H 定义为 a 的共轭复数, 由定义立即可得

$$(A^\mathrm{H})^\mathrm{H} = A$$
$$(x^\mathrm{H})^\mathrm{H} = x \tag{22.3}$$
$$(ABC)^\mathrm{H} = C^\mathrm{H}B^\mathrm{H}A^\mathrm{H},$$

并且, 若 A 是 Hermite 矩阵, 则

$$A^\mathrm{H} = A. \tag{22.4}$$

注意, $y^\mathrm{H}x$ 是通常意义下 y 与 x 的内积, 且有

$$\overline{y^\mathrm{H}x} = (y^\mathrm{H}x)^\mathrm{H} = x^\mathrm{H}y. \tag{22.5}$$

内积 $x^\mathrm{H}x$ 对一切非零向量 x 均为正实数, 因为他等于 x 各分量的模的平方和.

Hermite 矩阵的基本性质

23. Hermite 矩阵的特征值都是实数. 事实上, 若

$$Ax = \lambda x, \tag{23.1}$$

则

$$x^\mathrm{H}Ax = \lambda x^\mathrm{H}x. \tag{23.2}$$

我们曾经指出, 对一切非零 x, $x^\mathrm{H}x$ 是正实数. 其次, 我们有

$$(x^H A x)^H = x^H A^H x^{HH} = x^H A x, \qquad (23.3)$$

又因 $x^H A x$ 是一个数，由上式知它是实的。因此 λ 是实的。对于实对称矩阵，实特征值意味着特征向量也是实的。但是，复 Hermite 矩阵的特征向量一般说来是复的。

若 $Ax = \lambda x$，则对 Hermite 矩阵有

$$A^H x = \lambda x, \qquad (23.4)$$

两边取复共轭，得

$$A^T \bar{x} = \bar{\lambda} \bar{x}. \qquad (23.5)$$

所以 Hermite 矩阵转置的特征向量即为原矩阵特征向量的复共轭。用 §3 的记号，有

$$y_i = \bar{x}_i. \qquad (23.6)$$

量 $y_i^T x_i$ 在理论上具有重要意义。对于 Hermite 矩阵，它就变成 $x_i^H x_i$。根据 §3 的一般理论立即可知，若 Hermite 矩阵有不同的特征值，则其特征向量满足

$$x_i^H x_j = 0 \quad (i \neq j). \qquad (23.7)$$

若我们将 x_i 规范化，使得

$$x_i^H x_i = 1, \qquad (23.8)$$

则等式 (23.7) 与 (23.8) 意味着，由特征向量构成的矩阵 X 满足

$$X^H X = I, \quad 即 \quad X^H = X^{-1}. \qquad (23.9)$$

满足等式 (23.9) 的矩阵称为酉矩阵。实的酉矩阵称为正交矩阵。

这样，我们对于有不同特征值的 Hermite 矩阵和实对称矩阵证明了下列结论。

(I) 若 A 是 Hermite 矩阵，则存在酉矩阵 U，使得

$$U^H A U = \text{diag}(\lambda_i) \quad (实 \ \lambda_i).$$

(II) 若 A 是实对称矩阵，则存在正交矩阵 U，使得

$$U^T A U = \text{diag}(\lambda_i) \quad (实 \ \lambda_i).$$

Hermite（实对称）矩阵的最重要性质也许在于，我们刚才仅对不同特征值的情况证明的性质 (I)(II) 对重特征值的情况也同样成立。证明放在 §47 中讨论。

由这一重要结果立即可得：

(i) Hermite 矩阵的初等因子均为线性;

(ii) 若 Hermite 矩阵有重特值,则它是减次的;

(iii) Hermite 矩阵不可能是亏损的.

复对称矩阵

24. 实对称矩阵的许多重要性质是复对称矩阵所不具备的,这一点可从下面的矩阵 A 看出:

$$A = \begin{bmatrix} 2i & 1 \\ 1 & 0 \end{bmatrix}. \tag{24.1}$$

特征方程是 $\lambda^2 - 2i\lambda - 1 = 0$, 所以 $\lambda = i$ 是一个二重特征值. 对应的特征向量的分量 x_1, x_2 满足

$$ix_1 + x_2 = 0, \quad x_1 - ix_2 = 0, \tag{24.2}$$

所以只有一个特征向量,其分量为 $(1, -i)$.

我们可得出如下结论,即对应于 $\lambda = i$ 的是一个二次因子. 事实上,Jordan 标准型是

$$\begin{bmatrix} i & 1 \\ 0 & i \end{bmatrix}, \tag{24.3}$$

且有

$$\begin{bmatrix} 2i & 1 \\ 1 & 0 \end{bmatrix} \begin{bmatrix} 1 & 0 \\ -i & 1 \end{bmatrix} = \begin{bmatrix} 1 & 0 \\ -i & 1 \end{bmatrix} \begin{bmatrix} i & 1 \\ 0 & i \end{bmatrix}. \tag{24.4}$$

用酉变换化成三角型

25. 因为 Hermite 矩阵总可以用酉相似变换化为对角型,但饶有趣味的是,用这种变换可将一般矩阵化为何种形式. 可以证明,任一矩阵可用酉相似变换化为三角型. 因为三角矩阵的特征值立即可得,而特征向量也比较容易求出,并且因为酉变换具有合乎需要的数值特性, 所以这个结果有重要的实际意义. 我们把证明放在 §47 中讨论,那里将引入相应的变换矩阵.

二次型

26. 每个实对称矩阵 A 可以对应一个有 n 个变量 $x_1, x_2, \cdots,$

x_n 的二次型

$$x^{\mathrm{T}}Ax = \sum_{i,j=1}^{n} a_{ij}x_ix_j,\qquad (26.1)$$

其中 x 是向量,其分量为 x_i. 相应于每个二次型,我们可以定义一个双线性型 $x^{\mathrm{T}}Ay$ 如下:

$$x^{\mathrm{T}}Ay = \sum_{i,j=1}^{n} a_{ij}x_iy_j = y^{\mathrm{T}}Ax.\qquad (26.2)$$

如下的几类二次型特别有意义. 矩阵 A 的二次型称为

$$\begin{cases} \text{正定,若 } x^{\mathrm{T}}Ax > 0, \\ \text{负定,若 } x^{\mathrm{T}}Ax < 0, \\ \text{非负,若 } x^{\mathrm{T}}Ax \geqslant 0, \\ \text{非正,若 } x^{\mathrm{T}}Ax \leqslant 0, \end{cases} \quad \text{对一切实 } x \neq 0.$$

正定二次型的矩阵称为正定矩阵.

$x^{\mathrm{T}}Ax$ 为正定的充要条件是 A 的所有特征值都是正的. 事实上,我们知道,存在一个正交矩阵 R,使得

$$R^{\mathrm{T}}AR = \mathrm{diag}(\lambda_i).\qquad (26.3)$$

因此,若记

$$x = Rz,\quad \text{即 } z = R^{\mathrm{T}}x,\qquad (26.4)$$

则有

$$x^{\mathrm{T}}Ax = z^{\mathrm{T}}R^{\mathrm{T}}ARz = \sum_{i=1}^{n} \lambda_i z_i^2,\qquad (26.5)$$

而 $\sum_{i=1}^{n} \lambda_i z_i^2$ 对一切非零的 z 都是正的当且仅当所有的 λ_i 都是正的. 由 (26.4) 可知,非零的 z 对应于非零的 x,反之亦然,因此结论成立. 因为矩阵的行列式等于特征值的乘积,所以正定矩阵的行列式必为正.

由等式 (26.4) 与 (26.5) 可以看出,求正交矩阵 R,亦即 A 的特征向量的问题等价于求二次曲面

$$\sum_{i,j=1}^{n} a_{ij}x_ix_j = 1\qquad (26.6)$$

的主轴问题，λ_i 就是主轴平方的倒数. 重特征值与主轴的不确定性有关，作为一个典型例子，我们可取具有二个相等主轴的三维椭球. 它的一个主截面是圆，我们可以取此圆的任意两个互相垂直的直径作为主轴.

正定性的充要条件

27. 令 $x^T A x$ 中的 $x_{r+1}, x_{r+2}, \cdots, x_n$ 等于零，由此得出的二次型我们记为 $x^T A_r x$. 所以，$x^T A_r x$ 是 r 个变量 $x_1, x_2, \cdots, x_r$ 的二次型，这个二次型矩阵 A_r 就是 A 的 r 阶主导主子矩阵. 显然，若 $x^T A x$ 是正定的，则 $x^T A_r x$ 必为正定. 事实上，若存在一组不全为零的值 $x_1, \cdots, x_r$，使得 $x^T A_r x$ 是非正的，则对于由

$$x^T = (x_1, x_2, \cdots, x_r, 0, \cdots, 0) \qquad (27.1)$$

所确定的向量 x，$x^T A x$ 为非正. 因此，正定矩阵的所有主导主子式一定是正的.

注意，用完全类似的方法可以证明，正定矩阵的任一主子矩阵都是正定的. 因此，它的行列式是正的. 然而，具有 n 个正的主导子式也是正定性的一个充分条件. 我们用归纳法证明如下：

假定对 $(n-1)$ 阶矩阵此结论成立，我们证明对 n 阶矩阵也成立. 如若不然，即假定 n 阶矩阵 A 有 n 个正的主导主子式而 A 不是正定的. 设 R 是正交矩阵，使得 $R^T A R = \operatorname{diag}(\lambda_i)$，记 $x = Rz$，于是有

$$x^T A x = z^T R^T A R z = \sum_i \lambda_i z_i^2. \qquad (27.2)$$

根据假定 A 不是正定的，由于 $\prod_{i=1}^{n} (\lambda_i) = \det(A) > 0$，所以必有偶数个负的 λ_i. 设前 r 个是负的，今考察方程组

$$z_{r+1} = z_{r+2} = \cdots = z_n = x_n = 0. \qquad (27.3)$$

因为 i 是 x_i 的线性函数，我们得到 n 个变量 $x_1, x_2, \cdots, x_n$ 的 $(n-r+1)$ 个线性齐次方程. 它至少有一个非零解 x，我们可以将它记为 $(x_1, x_2, \cdots, x_{n-1}, 0)$. 相应的 z 也是非零向量，可记为 $(z_1, \cdots, z_r, 0, 0, \cdots, 0)$. 对于这个 x 与 z，我们有

$$x^T A x = \sum_1^n \lambda_i z_i^2 = \sum_1^r \lambda_i z_i^2 < 0. \qquad (27.4)$$

又因 $x_n = 0$，此即表示，对于向量 $(x_1, x_2, \cdots, x_{n-1})$，$x^T A_{n-1} x$ 是负的，这与归纳假定相矛盾，对一阶矩阵这一结果显然是成立的，所以对任意阶矩阵成立。

实对称矩阵对应一个二次型，同样，Hermite 矩阵可以对应一个 Hermite 型

$$x^H A x = \sum_{i,j=1}^n a_{ij} x_i \bar{x}_j. \qquad (27.5)$$

我们有

$$(x^H A x)^H = x^H A^H x^{HH} = x^H A x, \qquad (27.6)$$

因此 $x^H A x$ 是实的。正定性等概念可立即推广到 Hermite 型，并有类似于我们刚对实二次型所证明的那些结果。

常系数微分方程

28. 代数特征值问题的解与常系数线性联立常微分方程组的解有密切关系。n 个未知函数 $y_1, y_2, \cdots, y_n$ 的一阶齐次方程组的一般形式可写成为

$$B \frac{d}{dt}(y) = Cy, \qquad (28.1)$$

其中 t 是自变量，y 是向量，其分量是 y_i，而 B 与 C 都是 $n \times n$ 矩阵。若 B 是奇异矩阵，则左端的 n 个方程满足一种线性关系，右端也必须满足同样的关系，因此 y_i 不是独立的。所以此方程组可以降阶。我们不讨论这种情况而假定 B 是非奇异矩阵。

于是方程 (28.1) 可写为

$$\frac{d}{dt}(y) = Ay, \qquad (28.2)$$

其中

$$A = B^{-1}C. \qquad (28.3)$$

我们设 (28.2) 有形如

$$y = xe^{\lambda t} \tag{28.4}$$

的解,其中 x 是不依赖于 t 的向量. 于是有

$$\lambda x e^{\lambda t} = A x e^{\lambda t},$$

所以

$$\lambda x = A x. \tag{28.5}$$

若 λ 是 A 的特征值,而 x 是对应的特征向量,则等式 (28.4) 给出 (28.2) 的一个解. 若 A 有 r 个独立的特征向量,我们则得到 (28.2) 的 r 个独立的解,不管对应的特征值是否不同均是如此. 可是, (28.2) 应有 n 个独立的解. 所以若 $r < n$,亦即 A 的某些初等因子是非线性的,则方程 (28.2) 必有一些非纯指数型的解.

对应于非线性初等因子的解

29. 当有非线性初等因子时,解的性质可用 Jordan 标准型来考察. 设 X 是将 A 化为 Jordan 型的相似变换矩阵,若我们引进新变量 z,令

$$y = Xz, \tag{29.1}$$

则 (28.2) 变成

$$X \frac{d}{dt}(z) = AXz, \tag{29.2}$$

亦即

$$\frac{d}{dt}(z) = X^{-1}AXz. \tag{29.3}$$

注意,方程组的矩阵经过了一次相似变换,它现在是 A 的 Jordan 标准型.

例如,设 A 是一个 6 阶矩阵,它的下 Jordan 标准型是

$$\begin{bmatrix} C_3(\lambda_1) & & \\ & C_2(\lambda_1) & \\ & & C_1(\lambda_2) \end{bmatrix}.$$

于是方程 (29.3) 是

$$\left[\begin{matrix} \dfrac{dz_1}{dt} = \lambda_1 z_1 \\[2mm] \dfrac{dz_2}{dt} = z_1 + \lambda_1 z_2 \\[2mm] \dfrac{dz_3}{dt} = z_2 + \lambda_1 z_3 \\[2mm] \dfrac{dz_4}{dt} = \qquad\quad \lambda_1 z_4 \\[2mm] \dfrac{dz_5}{dt} = \qquad\quad z_4 + \lambda_1 z_5 \\[2mm] \dfrac{dz_6}{dt} = \qquad\qquad\qquad \lambda_2 z_6. \end{matrix}\right. \tag{29.4}$$

这些方程中的第一,第四,第六个的解是

$$z_1 = a_1 e^{\lambda_1 t}, \quad z_4 = a_4 e^{\lambda_1 t}, \quad z_6 = a_6 e^{\lambda_2 t}, \tag{29.5}$$

其中 a_1, a_4, a_6 均为任意常数。第二个方程的通解是

$$z_2 = a_2 e^{\lambda_1 t} + a_1 t e^{\lambda_1 t}, \tag{29.6}$$

第三个是

$$z_3 = a_3 e^{\lambda_1 t} + a_2 t e^{\lambda_1 t} + \frac{1}{2} a_1 t^2 e^{\lambda_1 t}, \tag{29.7}$$

第五个是

$$z_5 = a_5 e^{\lambda_1 t} + a_4 t e^{\lambda_1 t}, \tag{29.8}$$

其中 a_2, a_3, a_5 都是任意常数。所以方程组的通解是

$$\left\{\begin{matrix} z_1 = a_1 e^{\lambda_1 t} \\[2mm] z_2 = a_1 t e^{\lambda_1 t} + a_2 e^{\lambda_1 t} \\[2mm] z_3 = \dfrac{1}{2} a_1 t^2 e^{\lambda_1 t} + a_2 t e^{\lambda_1 t} + a_3 e^{\lambda_1 t} \\[2mm] z_4 = \qquad\qquad\qquad\qquad\qquad a_4 e^{\lambda_1 t} \\[2mm] z_5 = \qquad\qquad\qquad\qquad\qquad a_4 t e^{\lambda_1 t} + a_5 e^{\lambda_1 t} \\[2mm] z_6 = \qquad\qquad\qquad\qquad\qquad\qquad\qquad a_6 e^{\lambda_2 t} \end{matrix}\right. \tag{29.9}$$

注意,这里只有三个独立的解具有纯指数形式,它们是

$$z = a_3 e^{\lambda_1 t} e_3, \quad z = a_5 e^{\lambda_1 t} e_5, \quad z = a_6 e^{\lambda_2 t} e_6, \quad (29.10)$$

这正是我们所期望的,因为 e_3, e_5, e_6 是 Jordan 标准型仅有的特征向量.

将 z 代入等式 (29.1) 得到原方程组的通解. 若将 X 的列记为 x_1, x_2, $\cdots$, x_6, 则 (28.2) 的通解是

$$y = a_1 e^{\lambda_1 t}\left(x_1 + t x_2 + \frac{1}{2} t^2 x_3\right) + a_2 e^{\lambda_1 t}(x_2 + t x_3)$$

$$+ a_3 e^{\lambda_1 t} x_3 + a_4 e^{\lambda_1 t}(x_4 + t x_5) + a_5 e^{\lambda_1 t} x_5 + a_6 e^{\lambda_2 t} x_6.$$

$$(29.11)$$

由此容易看出一般情况下的结果.

高阶微分方程

30. 现在我们考虑 n 个 r 阶的联立齐次微分方程

$$A_r \frac{d^r}{dt^r}(y_0) + A_{r-1} \frac{d^{r-1}}{dt^{r-1}}(y_0) + \cdots + A_0 y_0 = 0, \quad (30.1)$$

其中 A_r, A_{r-1}, $\cdots$, A_0 都是常数的 $(n \times n)$ 矩阵, 并且 $\det(A_r) \neq 0$; 而 y_0 表示由 n 个因变量组成的 n 维向量. (我们用 y_0 代替 y, 其理由马上便会清楚.) 引进 $n(r-1)$ 个新变量

$$y_1 = \frac{d}{dt}(y_0),$$

$$y_2 = \frac{d}{dt}(y_1),$$

$$\cdots\cdots \quad (30.2)$$

$$y_{r-1} = \frac{d}{dt}(y_{r-2}),$$

可以将方程组 (30.1) 化为一阶方程组.

若 A_r 是非奇异的,我们可将 (30.1) 写成

$$B_0 y_0 + B_1 y_1 + \cdots + B_{r-1} y_{r-1} = \frac{d}{dt}(y_{r-1}), \quad (30.3)$$

其中

$$B_s = -A_r^{-1} A_s. \quad (30.4)$$

方程 (30.2) 与 (30.3) 可以看作是 nr 个方程的单一方程组,共有

nr 个变量，即 $y_0, y_1, \cdots, y_{r-1}$ 的各分量. 我们可以将它写成形式

$$\begin{bmatrix} 0 & I & 0 & 0 & 0 \cdots 0 \\ 0 & 0 & I & 0 & 0 \cdots 0 \\ 0 & 0 & 0 & I & \cdots 0 \\ \vdots & \vdots & \vdots & \vdots & \vdots \\ 0 & 0 & 0 & 0 & \cdots I \\ B_0 & B_1 & B_2 & B_3 & \cdots B_{r-1} \end{bmatrix} \begin{bmatrix} y_0 \\ y_1 \\ y_2 \\ \vdots \\ y_{r-2} \\ y_{r-1} \end{bmatrix} = \frac{d}{dt} \begin{bmatrix} y_0 \\ y_1 \\ y_2 \\ \vdots \\ y_{r-2} \\ y_{r-1} \end{bmatrix}. \quad (30.5)$$

这个方程组可用上节方法求解. 这就需要求出 (30.5) 左端的 nr 阶矩阵 B 的 Jordan 标准型. 虽然这个矩阵是高阶的，但它的形式十分简单，并且有大量零元素. 设 λ 是 B 的特征值，x 是特征向量，将 x 划分成 r 个向量 $x_0, x_1, \cdots, x_{r-1}$，于是

$$x_i = \lambda x_{i-1} \quad (i = 1, \cdots, r-1),$$
$$B_0 x_0 + B_1 x_1 + \cdots + B_{r-1} x_{r-1} = \lambda x_{r-1}, \quad (30.6)$$

因此

$$(B_0 + B_1 \lambda + \cdots + B_{r-1} \lambda^{r-1}) x_0 = \lambda^r x_0. \quad (30.7)$$

若

$$\det(B_0 + B_1 \lambda + \cdots + B_{r-1} \lambda^{r-1} - I \lambda^r) = 0, \quad (30.8)$$

则方程组 (30.7) 有非零解. 在实际工作中，我们可选择，或者使用 rn 阶矩阵 B 并且解标准的特征值问题，或者使用行列式方程 (30.8) (它不再是标准的，但其中的矩阵只有 n 阶).

特殊形式的二阶方程

31. 一个力学系统在保守力系作用下于稳定平衡位置附近作微振动的运动方程具有形式

$$By = -Ay, \quad (31.1)$$

其中 A 与 B 都是对称正定矩阵. 假定解的形式为 $y = xe^{i\mu t}$，则应有

$$\mu^2 B x = A x. \quad (31.2)$$

记 $\mu^2 = \lambda$，上式化为

$$\lambda B x = A x. \quad (31.3)$$

现在我们证明，若 A 与 B 是对称的，并且 B 是正定的，则 $\det(A - \lambda B) = 0$ 的根都是实的.

因为 B 是正定的,所以存在正交矩阵 R,使得

$$R^T B R = \text{diag}(\beta_i^2), \tag{31.4}$$

其中 β_i^2 是 B 的特征值,必是正的. 记

$$\text{diag}(\beta_i) = D, \quad \text{diag}(\beta_i^2) = D^2. \tag{31.5}$$

我们有

$$(A - \lambda B) = RD(D^{-1}R^T ARD^{-1} - \lambda I)DR^T, \tag{31.6}$$

因此

$$\det(A - \lambda B) = (\det R)^2 (\det D)^2 \det(P - \lambda I), \tag{31.7}$$

其中 $\qquad P = D^{-1}R^T ARD^{-1}. \tag{31.8}$

因为 $(\det R)^2 = 1$,$(\det D)^2 = \Pi \beta_i^2$,所以 $\det(A - \lambda B)$ 的根与 $\det(P - \lambda I)$ 的根相同. 后者就是对称矩阵 P 的特征值 $\lambda_1, \lambda_2, \cdots, \lambda_n$,所以都是实的.

矩阵 P 有完全的特征向量系 z_i,可以取成正交的,所以有

$$Pz_i = \lambda_i z_i, \quad D^{-1}R^T ARD^{-1} z_i = \lambda_i z_i. \tag{31.9}$$

由此得出

$$
\begin{aligned}
A(RD^{-1}z_i) &= \lambda_i RDz_i = \lambda_i RD(DR^T RD^{-1})z_i \\
&= \lambda_i B(RD^{-1}z_i).
\end{aligned} \tag{31.10}
$$

因此,$x_i = RD^{-1}z_i$ 是"特征向量",它对应于由方程 (31.3) 所表示的广义特征值问题中的 λ_i. 注意,因为 z_i 是正交的,而 RD^{-1} 是实的,并且是非奇异的,所以 x_i 构成方程 (31.3) 的实特征向量的完全系. 其次,我们有

$$0 = z_i^T z_j = (DR^T x_i)^T DR^T x_j = x_i^T RDDR^T x_j = x_i^T B x_j. \tag{31.11}$$

这表明,向量 x_i 关于 B 是正交的.

若 A 也是正定矩阵,则 λ_i 是正的. 事实上,我们有

$$Ax_i = \lambda_i B x_i, \quad x_i^T A x_i = \lambda_i x_i^T B x_i, \tag{31.12}$$

而 $x_i^T A x_i$ 与 $x_i^T B x_i$ 都是正的.

$B\ddot{y} = -Ay$ 的显式解

32. 现在我们可以导出方程 (31.1) 当 A 与 B 均为正定矩阵时的显式解. 设 $x_1, x_2, \cdots, x_n$ 是 (31.3) 的 n 个独立解,对应于特

征值 $\lambda_1, \lambda_2, \cdots, \lambda_n$. 后者必是正的, 但不一定互异. 记

$$\lambda_i = \mu_i^2, \tag{32.1}$$

其中 μ_i 取正值, 方程组 (31.1) 的通解是

$$y = \sum_1^n (a_i e^{i\mu_i t} + b_i e^{-i\mu_i t}) x_i, \tag{32.2}$$

其中 a_i 与 b_i 是 $2n$ 个任意常数. 假定解是实的, 我们可以将它写成形式

$$y = \sum_1^n c_i \cos(\mu_i t + \varepsilon_i) x_i, \tag{32.3}$$

其中 c_i 与 ε_i 为任意常数.

形如 $(AB - \lambda I)x = 0$ 的方程

33. 在理论物理中, 我们刚才所考虑的问题常常以如下形式出现:

$$(AB - \lambda I)x = 0, \tag{33.1}$$

此处 A 与 B 都是对称的, 并且其中之一(或二者)是正定的. 若 A 是正定的, 则 (33.1) 等价于

$$(B - \lambda A^{-1})x = 0. \tag{33.2}$$

因为正定矩阵的行列式是正的, 因而是非奇异的. 若 B 是正定的, 则 (33.1) 可写成

$$(A - \lambda B^{-1})(Bx) = 0. \tag{33.3}$$

正定矩阵的逆仍是正的. 事实上, 若

$$A = R^{\mathrm{T}} \mathrm{diag}(\alpha_i^2) R, \tag{33.4}$$

则

$$A^{-1} = R^{\mathrm{T}} \mathrm{diag}(\alpha_i^{-2}) R. \tag{33.5}$$

因此, 方程 (33.1) 与方程 (31.3) 没有本质的差别.

不应低估两个矩阵之一是正定矩阵的重要性. 若 A 与 B 是实对称矩阵, 但二者都不是正定的, 则 AB 的特征值不一定是实的, 这也适用于 $\det(A - \lambda B) = 0$ 的根. 一个简单的例子可说明这一点. 设

$$A = \begin{bmatrix} a & 0 \\ 0 & b \end{bmatrix}, \quad B = \begin{bmatrix} 0 & 1 \\ 1 & 0 \end{bmatrix}, \qquad (33.6)$$

则

$$AB = \begin{bmatrix} 0 & a \\ b & 0 \end{bmatrix}. \qquad (33.7)$$

AB 的特征值满足方程

$$\lambda^2 = ab, \qquad (33.8)$$

若 a 与 b 的符号相反,则特征值是复的。

若 A 与 B 都不是正定的, 设 $(\alpha + i\beta)$ 是 $\det(A - \lambda B) = 0$ 的复根,则对某一非零 x,我们有

$$Ax = (\alpha + i\beta)Bx. \qquad (33.9)$$

因此

$$x^{\mathrm{H}} Ax = (\alpha + i\beta) x^{\mathrm{H}} Bx. \qquad (33.10)$$

因为 $x^{\mathrm{H}} Ax$ 与 $x^{\mathrm{H}} Bx$ 都是实的,所以等式 (33.10) 意味着

$$x^{\mathrm{H}} Ax = x^{\mathrm{H}} Bx = 0. \qquad (33.11)$$

向量的最小多项式

34. 矩阵的特征向量 x 可用下一事实来刻画,即在 x 与 Ax 之间存在线性关系。 对任一向量 b, 则没有这种关系存在。 然而,若我们形成序列 $b, Ab, A^2b, \cdots, A^r b$, 则一定存在 r 的一个最小值 m, 使得向量 $b, Ab, A^2b, \cdots, A^m b$ 线性相关;显然,$m \leqslant n$。 我们可将此种关系写成形式

$$(A^m + c_{m-1}A^{m-1} + \cdots + c_0 I)b = 0. \qquad (34.1)$$

根据 m 的定义,不存在关系式

$$(A^r + d_{r-1}A^{r-1} + \cdots + d_0 I)b = 0 \quad (r < m). \qquad (34.2)$$

对应于 (34.1) 左端的规格化多项式 $c(\lambda)$ 称为向量 b 关于 A 的最小多项式。 若 $s(A)$ 是 A 的任一其他的多项式并有 $s(A)b = 0$,则 $c(A)$ 必能除尽 $s(A)$。事实上, 如若不然, 则根据 Euclid 算法,一定存在多项式 $p(A)$, $q(A)$, $r(A)$, 使得

$$p(A)s(A) - q(A)c(A) = r(A), \qquad (34.3)$$

其中 $r(A)$ 的次数低于 $c(A)$ 的. 但由 (34.3) 可知, $r(A)b = 0$, 这与假定 $c(A)$ 是使得此关系式成立的最低次多项式相矛盾.

最小多项式是唯一的, 因为若有第二个 m 次的规格化多项式, 使得 $d(A)b = 0$, 则 $[c(A) - d(A)]b = 0$, 而且 $c(A) - d(A)$ 的次小于 m. $c(A)$ 的次数称为 b 关于 A 的级.

矩阵的最小多项式

35. 用类似的方法, 我们可以考察矩阵序列 $I, A, A^2, \cdots, A^r$. 同样也存在 r 的一个最小值 s, 使得矩阵 $I, A, A^2, \cdots, A^s$ 线性相关. 我们可将此种关系写成形式

$$A^s + m_{s-1}A^{s-1} + \cdots + m_0 I = 0. \qquad (35.1)$$

例如, 若

$$A = \begin{bmatrix} p_1 & p_0 \\ 1 & 0 \end{bmatrix}, \qquad (35.2)$$

则

$$A^2 = \begin{bmatrix} p_1^2 + p_0 & p_1 p_0 \\ p_1 & p_0 \end{bmatrix}. \qquad (35.3)$$

因此

$$A^2 - p_1 A - p_0 I = \begin{bmatrix} p_1^2 + p_0 & p_1 p_0 \\ p_1 & p_0 \end{bmatrix} - \begin{bmatrix} p_1^2 & p_1 p_0 \\ p_1 & 0 \end{bmatrix}$$
$$- \begin{bmatrix} p_0 & 0 \\ 0 & p_0 \end{bmatrix} = \begin{bmatrix} 0 & 0 \\ 0 & 0 \end{bmatrix}. \qquad (35.4)$$

因为

$$A + c_0 I = \begin{bmatrix} p_1 + c_0 & p_0 \\ 1 & c_0 \end{bmatrix}, \qquad (35.5)$$

且此式对任一 c_0 均不等于零, 所以不存在次数更低的关系式. 这个例子在后面几节里是很重要的.

对应于方程 (35.1) 左端的多项式 $m(\lambda)$ 称为矩阵 A 的最小多项式. 与 §34 完全一样, 我们可以证明它是唯一的, 并且能除尽

任何其他的使得 $p(A) = 0$ 的多项式 $p(\lambda)$。

任一向量 b 关于 A 的最小多项式 $c(\lambda)$ 能除尽 $m(\lambda)$，因为显然有 $m(A)b = 0$。设 $c_1(\lambda), c_2(\lambda), \cdots, c_n(\lambda)$ 是 $e_1, e_2, \cdots,$ e_n 关于 A 的最小多项式，并设 $g(\lambda)$ 是 $c_i(\lambda)$ 的最小公倍数 (L. C. M.)，则有

$$g(A)e_i = 0 \quad (i = 1, \cdots, n), \tag{35.6}$$

因此 $g(A) = 0$。这意味着对任一向量 $g(A)b = 0$，所以 $g(\lambda)$ 是所有向量的最小多项式的 L. C. M.。

事实上，我们必有 $g(\lambda) = m(\lambda)$。因为根据定义 $m(A) = 0$，所以 $m(A)e_i = 0$。因此，e_i 的最小多项式的 L. C. M. 必能除尽 $m(\lambda)$，从而 $g(\lambda)$ 能除尽 $m(\lambda)$。但根据定义，$m(\lambda)$ 是使 $m(A) = 0$ 成立的最低次多项式。

我们从列向量组 $b, Ab, A^2b, \cdots$ 出发发展了这套理论。类似地，考察行向量组 $b^T, b^T A, b^T A^2, \cdots$，我们可以确定 b^T 关于 A 的最小多项式。显然，b^T 关于 A 的最小多项式就是 b 关于 A^T 的最小多项式。

若记 $e_1^T, e_2^T, \cdots, e_n^T$ 的最小多项式的 L. C. M. 为 $h(\lambda)$，则我们可像上面一样证明 $h(A)$ 是零矩阵。因此，$h(\lambda)$ 也恒等于 $m(\lambda)$。不管考察行向量还是列向量，我们得到的是 A 的同一个最小多项式。后面 (§37) 使用行向量将更方便。

Cayley-Hamilton 定理

36. 因为 A 的每个幂次中有 n^2 个元素，所以 A 的最小多项式显然不能大于 n^2 次的。现在我们证明，若 A 的特征方程为

$$\lambda^n + c_{n-1}\lambda^{n-1} + \cdots + c_0 = 0, \tag{36.1}$$

则

$$A^n + c_{n-1}A^{n-1} + \cdots + c_0 I = 0. \tag{36.2}$$

这意味着矩阵的最小多项式不能大于 n 次。

为了证明这一点，我们引入矩阵 A 的伴随矩阵 B，这个矩阵的 (i, j) 元素等于 a_{ji} 的代数余因子，亦即在 $\det(A)$ 按 i 行的

展开式中 a_{ii} 的系数. 所以我们有

$$AB = \det(A)I. \tag{36.3}$$

这个结果对于任何一个矩阵都成立. 所以, 特别对矩阵 $(\lambda I - A)$ 也成立. $(\lambda I - A)$ 的伴随矩阵 $B(\lambda)$ 是 λ 矩阵, 它的每个元素是 $(\lambda I - A)$ 的 $(n-1)$ 阶子式, 所以是 λ 的多项式, 次数为 $n-1$ 或更低, 我们可写成

$$B(\lambda) = B_{n-1}\lambda^{n-1} + B_{n-2}\lambda^{n-2} + \cdots + B_0, \tag{36.4}$$

其中 B_i 是 $(n \times n)$ 常数矩阵. 将 (36.3) 的结果应用于 $(\lambda I - A)$, 得到

$$(\lambda I - A)(B_{n-1}\lambda^{n-1} + \cdots + B_0) = \det(\lambda I - A)I$$
$$= (\lambda^n + c_{n-1}\lambda^{n-1} + \cdots + c_0)I. \tag{36.5}$$

这个关系式关于 λ 是恒等的. 比较 λ 各次幂的系数, 得

$$\left\{\begin{array}{l} B_{n-1} = I \\ B_{n-2} - AB_{n-1} = c_{n-1}I \\ B_{n-3} - AB_{n-2} = c_{n-2}I \\ \cdots\cdots\cdots\cdots\cdots \\ -AB_0 = c_0I \end{array}\right. \tag{36.6}$$

将这些方程乘以 $A^n, A^{n-1}, \cdots, I$, 并相加, 得

$$0 = A^n + c_{n-1}A^{n-1} + \cdots + c_0I. \tag{36.7}$$

所以, 每个方阵满足自身的特征方程. 这一结果就是熟知的 Cayley-Hamilton 定理. 由此立即可知, 最小多项式能除尽特征多项式. 因此前者的次数不能大于 n.

最小多项式与标准型的关系

37. §34 的讨论有时可用来导出 Frobenius 标准型 (参见 Turnbull 与 Aitken, 1932). 我们不去做这些推导, 但从后面的工作来看, 了解矩阵的最小多项式与其 Frobenius 标准型以及 Jordan 标准型之间的关系是重要的.

我们注意到, 所有相似矩阵具有相同的最小多项式. 事实上, 若 $H^{-1}AH = B$, 则有

$$H^{-1}A^2H = H^{-1}AHH^{-1}AH = B^2, \tag{37.1}$$

类似地，

$$H^{-1}A'H = B',$$

由此得出

$$H^{-1}f(A)H = f(B),$$ (37.2)

其中 $f(A)$ 是 A 的任一多项式。若 $f(A) = 0$，则有 $f(B) = 0$，反之亦然。因此，A 的最小多项式能除尽 B 的最小多项式，反之亦然。所以这两个多项式必定恒等。

现在考虑由方程 (13.1) 所给出的 r 阶 Frobenius 矩阵 B_r。我们有

$$e_{s+1}^{\mathrm{T}}B_r = e_s^{\mathrm{T}} \quad (s = 1, 2, \cdots, r - 1),$$
$$e_1^{\mathrm{T}}B_r = (b_{r-1}, b_{r-2}, \cdots, b_0),$$ (37.3)

由此得

$$e_r^{\mathrm{T}}(B_r)^k = e_{r-k}^{\mathrm{T}} \quad (k = 0, 1, \cdots, r - 1).$$ (37.4)

所以

$$e_r^{\mathrm{T}}(\alpha_k B_r^k + \cdots + \alpha_0 I) = (0, \cdots, 0, \alpha_k, \alpha_{k-1}, \cdots, \alpha_0),$$
$$k \leqslant r - 1.$$ (37.5)

右端向量不可能为零，除非所有 α_i 等于零。所以 e_r^{T} 关于 B_r 的最小多项式的次数不小于 r。事实上，我们有

$$e_r^{\mathrm{T}}B_r^r = e_r^{\mathrm{T}}(b_{r-1}B_r^{r-1} + b_{r-2}B_r^{r-2} + \cdots + b_0 I),$$ (37.6)

因此 e_r^{T} 的最小多项式就是 B_r 的特征多项式。所以 B_r 的最小多项式也就是它的特征多项式。§35 的例子说明当 $r = 2$ 时的这种情况。

我们转到一般的 Frobenius 标准型，将它记为

$$B = \begin{bmatrix} B_{r_1} & & & \\ & B_{r_2} & & \\ & & \ddots & \\ & & & B_{r_s} \end{bmatrix},$$ (37.7)

其中每个 B_{r_i} 的特征多项式能被下一个的特征多项式除尽。对于 B 的任一多项式 $f(B)$，我们有

$$f(B) = \begin{bmatrix} f(B_{r_1}) & & & \\ & f(B_{r_2}) & & \\ & & \ddots & \\ & & & f(B_{r_s}) \end{bmatrix}. \tag{37.8}$$

若 $f(B)$ 是零矩阵，则每个矩阵 $f(B_{r_i})$ 应为零。 但 $f(B_{r_i})$ 是零矩阵当且仅当 $f(\lambda)$ 是 B_{r_i} 的特征多项式 $f_i(\lambda)$ 的倍数，又因每个 $f_i(\lambda)$ 能除尽 $f_1(\lambda)$，所以 $f_1(\lambda)$ 是 B 的最小多项式。 因以，$f_1(\lambda)$ 是与 B 相似的任一矩阵的最小多项式。

我们的论证表明，当且仅当在矩阵的 Frobenius 标准型中只有一个 Frobenius 矩阵，亦即矩阵为非减次的时候，矩阵的最小多项式等于它的特征多项式。特别当特征值各不相同时，这一结论成立。

38. 我们现在转到 Jordan 标准型。 首先考虑初等 Jordan 矩阵，例如

$$C_3(a) = \begin{bmatrix} a & 0 & 0 \\ 1 & a & 0 \\ 0 & 1 & a \end{bmatrix}, \tag{38.1}$$

为了简单起见，记这个矩阵为 C，我们有

$$C^2 = \begin{bmatrix} a^2 & 0 & 0 \\ 2a & a^2 & 0 \\ 1 & 2a & a^2 \end{bmatrix}, \quad C^3 = \begin{bmatrix} a^3 & 0 & 0 \\ 3a^2 & a^3 & 0 \\ 3a & 3a^2 & a^3 \end{bmatrix}. \tag{38.2}$$

（为了确定起见，此处我们取下 Jordan 标准型。）显然，C^2 不是 C 和 I 的线性组合，因此 $C_3(a)$ 的最小多项式的次数大于 2。 所以最小多项式就是特征多项式 $(a - \lambda)^3$。 今设 C 是 Jordan 标准型，则它是 Jordan 子矩阵的直接和。 我们将此标准型中的一般子矩阵记为 $C_{i_j}(\lambda_i)$。 当然，对特殊的 λ_i 值，可能有若干个对应的子矩阵，像 Frobenius 型一样，我们看到，C 的多项式 $f(C)$ 是矩阵 $f[C_{i_j}(\lambda_i)]$ 的直接和。 因此，当且仅当每个 $f[C_{i_j}(\lambda_i)]$ 为零时，$f(C)$ 为零。若记对应于 λ_i 的最高阶 Jordan 矩阵为 $C_{i_t}(\lambda_i)$，

则 C 的最小多项式应为 $\prod_i (\lambda - \lambda_i)^{l_i}$. 参照 §14 中所建立的 Jordan 标准型与 Frobenius 标准型之间的关系，可以证明我们已经证实过的事实：相似的 Jordan 标准型与 Frobenius 标准型具有相同的最小多项式.

需要验证的是，一个向量若与每个 λ_i 的最高阶 Jordan 子矩阵相对应的位置上的元素等于 1，其他元素均为零，则它的最小多项式就是 Jordan 型本身的最小多项式.

主向量

39. 若矩阵 A 的初等因子均为线性，则它有 n 个特征向量，张成整个 n 维空间. 但是假若 A 有非线性因子，则这一结论不成立，因为这时独立的特征向量少于 n 个. 然而，较为方便的是，有一组能张成整个 n 维空间的向量，并且选取它们，使得当 A 的初等因子为线性时即化为 n 个特征向量. 我们已经看到，在后一种情况下，可以取使得

$$X^{-1}AX = \mathrm{diag}(\lambda_i) \tag{39.1}$$

的矩阵 X 的列作为特征向量. 当矩阵有非线性因子时，一种自然的推广是取将 A 化为 Jordan 标准型的矩阵 X 的 n 个列作为基向量.

这些向量满足一些重要的关系式. 用一个 8 阶矩阵的简单例子就足以说明这一点. 假设矩阵 A 满足

$$AX = X \begin{bmatrix} C_3(\lambda_1) & & & \\ & C_2(\lambda_1) & & \\ & & C_2(\lambda_2) & \\ & & & C_1(\lambda_3) \end{bmatrix}, \tag{39.2}$$

并设 $x_1, x_2, \cdots, x_8$ 是 X 的列，令两端的列相等，我们有

$$Ax_1 = \lambda_1 x_1 + x_2, \quad Ax_4 = \lambda_1 x_4 + x_5, \quad Ax_6 = \lambda_2 x_6 + x_7, \quad Ax_8 = \lambda_3 x_8,$$
$$Ax_2 = \lambda_1 x_2 + x_3, \quad Ax_5 = \lambda_1 x_5, \qquad Ax_7 = \lambda_2 x_7,$$
$$Ax_3 = \lambda_1 x_3,$$

$$\tag{39.3}$$

由此可以推出

$$(A-\lambda_1 I)^3 x_1 = 0, \quad (A-\lambda_1 I)^2 x_4 = 0, \quad (A-\lambda_2 I)^2 x_6 = 0,$$
$$(A-\lambda_3 I) x_8 = 0,$$
$$(A-\lambda_1 I)^2 x_2 = 0, \quad (A-\lambda_1 I) x_5 = 0, \quad (A-\lambda_2 I) x_7 = 0, \quad (39.4)$$
$$(A-\lambda_1 I) x_3 = 0,$$

所以,每个向量 x_k 满足关系式

$$(A - \lambda_i I)^j x_k = 0. \quad (39.5)$$

一个向量,若满足方程(39.5),但不满足 $(A - \lambda_i I)$ 的次数更低的关系式,称为对应于 λ_i 的 j 级主向量. 注意,$(\lambda - \lambda_i)^j$ 是 x_k 关于 A 的最小多项式. 任一特征向量都是 1 级主向量,矩阵 X 的列都是 A 的主向量. 因为 X 的列是独立的,所以存在一组能张成整个 n 维空间的主向量. 一般说来,主向量不是唯一的,因为若 x 是对应于特征值 λ_i 的 r 级主向量,则此向量加上任意一个对应于同一特征值但级数不大于 r 的主向量的倍数,仍是 λ_i 的 r 级主向量. 对于 Jordan 标准型矩阵,向量 $e_1, e_2, \cdots, e_n$ 是一组完全的主向量系.

初等相似变换

40. 将一般形式的矩阵化为一种标准型或任一种压缩型,通常可用一系列简单的相似变换来逐步实现. 我们已经在 §17 中讨论过若干初等变换矩阵. 但是为了方便,我们要将它们稍加推广,并对每一种类型引入标准记号,在本书的其余部分均将使用.

我们称基于以下任一种矩阵的变换为初等变换,而矩阵称为初等矩阵. 这些变换矩阵通常有如下形式:

(i)矩阵 I_{ij},它与单位矩阵只相差第 i 行与 j 行以及第 i 列与 j 列,这些行列的形式为

$$\begin{array}{cc} i\text{列} & j\text{列} \end{array}$$
$$\begin{bmatrix} 0 & 1 \\ 1 & 0 \end{bmatrix} \begin{array}{c} i\text{行} \\ j\text{行} \end{array}. \quad (40.1)$$

特别是 $I_{ii} = I$. 显然,$I_{ij} I_{ij} = I$,所以 I_{ij} 的逆即为自身;它也

是正交的．左乘以 I_{ij} 使得第 i 行与第 j 行交换，右乘时使得第 i 列与第 j 列交换．因此，用矩阵 I_{ij} 作相似变换可使第 i 行与第 j 行交换，第 i 列与第 j 列交换．

(ii) 矩阵 $P_{\alpha_1 \alpha_2 \cdots \alpha_n}$ 定义为

$$p_{i\alpha_i} = 1, \quad \text{其余的 } p_{ii} = 0, \tag{40.2}$$

此处 $(\alpha_1, \alpha_2, \cdots, \alpha_n)$ 是 $(1, 2, \cdots, n)$ 的某个置换．这种矩阵称为置换矩阵．注意，在置换矩阵中，每行每列只有一个元素等于 1．置换矩阵的转置也是置换矩阵，并有

$$(P_{\alpha_1, \alpha_2, \cdots, \alpha_n})^{-1} = (P_{\alpha_1, \alpha_2, \cdots, \alpha_n})^T. \tag{40.3}$$

任一置换矩阵可以表为 I_{ij} 型矩阵的乘积，左乘以 P 使原来的第 α_i 行变为新的第 i 行；右乘以 P^T 使原来的第 α_i 列变成新的第 i 列．

(iii) 矩阵 R_i，它与单位矩阵只相差第 i 行，这行的形式为

$$(-r_{i1}, -r_{i2}, \cdots, r_{i,i-1}, 1, -r_{i,i+1}, \cdots, -r_{in}). \tag{40.4}$$

R_i 左乘 A 的结果是，从第 i 行减去其他各行乘以一个因子，第 i 行的因子等于 r_{ii}．另一方面，右乘的结果是，从各列减去第 i 列乘以一个因子．R_i 的逆与原矩阵有同一形式，只是其中每个元素 $-r_{ii}$ 换成 $+r_{ii}$．A 的相似变换 $R^{-1}AR$ 就是从 A 的各列减去第 i 列乘以一个适当的因子，然后对第 i 行加上其他各行乘以同一个因子．注意，在第一步中，除了第 i 列外，我们改变了所有其它的列，在第二步中，我们只改变第 i 行．

(iv) 矩阵 S_i，它是 R_i 的转置的形式．将 S_i 的 i 列写成行向量，即为

$$(-s_{1i}, -s_{2i}, \cdots, -s_{i-1,i}, 1, -s_{i+1,i}, \cdots, -s_{ni}). \tag{40.5}$$

它的性质可由 R_i 的性质经适当改变而得．

(v) 矩阵 M_i，它与单位矩阵只相差在第 i 行上，这行的形式为

$$(0, 0, \cdots, 0, 1, -m_{i,i+1}, \cdots, -m_{in}). \tag{40.6}$$

所以 M_i 是一个 R_i，其中的元素 $r_{i1}, \cdots, r_{i,i-1}$ 均等于零．

(vi) 矩阵 N_i，它是 M_i 的转置的形式．将其第 i 列写成行

向量,即为

$$(0, 0, \cdots, 0, 1, -n_{i+1,i}, \cdots, -n_{ni}). \qquad (40.7)$$

所以 N_i 是一个 S_i,其中第 i 列的前面部分元素为零.

(vii) 矩阵 M_{ii},除了 (i, i) 元素为 $-m_{ii}$ 外,它等于单位矩阵.因此,M_{ii} 是前面那些矩阵的特殊形式.

初等矩阵的性质

41. 读者容易验证初等矩阵有下列重要性质.

(i) 乘积 $M_{n-1}M_{n-2}\cdots M_1$ 是对角元素为 1 的上三角形矩阵. (i, i) 位置上的元素当 $j > i$ 时等于 $-m_{ii}$. 不出现元素 m_{pq} 的乘积.

(ii) 乘积 $M_1 M_2 \cdots M_{n-1}$ 也是对角元素为 1 的上三角形矩阵,但是 m_{pq} 的乘积出现在其他元素处,它的结构比别的乘积的结构更复杂.

(iii) 类似地,$N_1 N_2 \cdots N_{n-1}$ 与 $N_{n-1}N_{n-2}\cdots N_1$ 二者均为对角元素等于 1 的下三角形矩阵. 前者的 (i, i) 位置上的元素当 $i > j$ 时等于 $-n_{ii}$,并且不出现乘积项.后者具有类似于 $M_1 M_2 \cdots M_{n-1}$ 的复杂结构.

(iv) 矩阵

$$[I_{n-1, (n-1)'} \cdots I_{r+2, (r+2)'}I_{r+1, (r+1)'}]M_r$$
$$\cdot [I_{r+1, (r+1)'}I_{r+2, (r+2)'}\cdots I_{n-1, (n-1)'}]$$

(此处 $(r+1)' \geqslant r+1$, $(r+2)' \geqslant r+2$, $\cdots$, $(n-1)' \geqslant n-1$) 是与 M_r 同一类型的矩阵,它的第 r 行,第 $r+1$, $r+2$, $\cdots$, n 列的元素是 M_r 中同一位置上元素的一个置换. 这个置换是一系列代换 $[(r+1)', r+1], [(r+2)', r+2], \cdots, [(n-1)', n-1]$ 的结果.类似的结果对矩阵 N_r 也成立.

用初等相似变换化成三角标准型

42. 为了说明初等相似变换的用处,我们证明,任一矩阵可用相似变换化为三角型，其变换矩阵是些初等矩阵的乘积。我们用归纳法加以证明。

假定它对 $(n-1)$ 阶矩阵成立。设 A 是 n 阶矩阵，λ 是特征值。对应于 λ 至少有一个特征向量 x，即

$$Ax = \lambda x. \tag{42.1}$$

对任一非奇异矩阵 X，XAX^{-1} 的特征向量是 Xx。我们指出，如何选取 X，使得 Xx 等于 e_1。记

$$x^{\mathrm{T}} = (x_1, x_2, \cdots, x_{r-1}, 1, x_{r+1}, \cdots, x_n), \tag{42.2}$$

此处第 r 个元素是 x 的第一个非零元素，已选因子使此元素等于 1。我们有

$$(I_{1r}x)^{\mathrm{T}} = (1, y_2, y_3, \cdots, y_n) = y^{\mathrm{T}}, \tag{42.3}$$

其中 y_i 就是按某种次序的 x_i。注意，$r = 1$ 的情形包含在内，因为 $I_{11} = I$。现在若对 y 左乘以矩阵 N_1，其中 $n_{i1} = y_i$，则除了第一个元素外，所有元素均变为零。因此

$$N_1 y = N_1 I_{1r} x = e_1, \tag{42.4}$$

矩阵 $N_1 I_{1r} A I_{1r} N_1^{-1}$ 有一个特征值 λ，对应的特征向量为 e_1。由此可见，它必有形式

$$\begin{bmatrix} \lambda & b^{\mathrm{T}} \\ O & B \end{bmatrix}, \tag{42.5}$$

其中 B 是 $(n-1)$ 阶方阵。现在根据假定，存在方阵 H，它是初等阵的乘积，使得

$$HBH^{-1} = T, \tag{42.6}$$

其中 T 为三角型。因此

$$\begin{bmatrix} 1 & O \\ \hline O & H \end{bmatrix} \begin{bmatrix} \lambda & b^{\mathrm{T}} \\ \hline O & B \end{bmatrix} \begin{bmatrix} 1 & O \\ \hline O & H^{-1} \end{bmatrix} = \begin{bmatrix} \lambda & b^{\mathrm{T}}H^{-1} \\ \hline 0 & HBH^{-1} \end{bmatrix}$$

$$= \begin{bmatrix} \lambda & b^{\mathrm{T}}H^{-1} \\ \hline O & T \end{bmatrix}, \tag{42.7}$$

并且右端的矩阵是三角型，而对 $n = 1$ 的情形结论显然是成立的。所以，它对一般情形成立。

初等酉变换

43. 在上节中,我们利用初等矩阵将一个一般的非零向量变换成 ke_1. 现在我们叙述两类初等酉矩阵中的第一类,它也能用来达到同一目的.

考虑矩阵 R,其定义为

$$r_{ii} = e^{i\alpha}\cos\theta, \qquad r_{ij} = e^{i\beta}\sin\theta,$$
$$r_{ji} = e^{i\gamma}\sin\theta, \qquad r_{jj} = e^{i\delta}\cos\theta, \qquad (43.1)$$
$$r_{pp} = 1(p \neq i, j), \quad r_{pq} = 0 \text{ 对其余的 } p \text{ 与 } q$$

其中 $\theta, \alpha, \beta, \gamma, \delta$ 都是实数. 若

$$\alpha - \gamma \equiv \beta - \delta + \pi \quad (\text{mod}2\pi), \qquad (43.2)$$

则此矩阵是酉矩阵,为此作 $R^H R$ 即可验证.

我们并不需要关系式 (43.2) 所提供的充分一般性,而只取

$$\gamma = \pi - \beta, \quad \delta = -\alpha, \qquad (43.3)$$

由此得

$$r_{ii} = e^{i\alpha}\cos\theta, \qquad r_{ij} = e^{i\beta}\sin\theta,$$
$$r_{ji} = -e^{-i\beta}\sin\theta, \quad r_{jj} = e^{-i\alpha}\cos\theta, \qquad (43.4)$$

这类特殊的矩阵我们称为平面旋转. 显然,由 (43.4),我们可记

$$r_{ii} = \bar{c}, \quad r_{ij} = \bar{s}, \quad r_{ji} = -s, \quad r_{jj} = c, \qquad (43.5)$$

其中 $|c|^2 + |s|^2 = 1$.

R^H 本身也是一个平面旋转,所对应的 α' 与 β' 满足

$$\alpha' = -\alpha, \quad \beta' = \beta + \pi. \qquad (43.6)$$

所以平面旋转的逆也是平面旋转. 当 $\alpha = \beta = 0$ 时,矩阵是实的,因而是正交矩阵. 它与 (i, j) 平面上旋转一个角度 θ 的关系是明显的.

44. 若 x 是任一向量,则给定 i, j,我们可以选取一个平面旋转,使得 $(Rx)_i$ 是实的并且是非负的,而 $(Rx)_j$ 等于零. 显然,$(Rx)_s = x_s$ 对一切 $s \neq i, j$,我们有

$$(Rx)_j = -sx_i + cx_j. \qquad (44.1)$$

若记 $r^2 = |x_i|^2 + |x_j|^2$,则当 r 不为零时,可以令

$$s = \frac{x_j}{r}, \qquad c = \frac{x_i}{r}, \tag{44.2}$$

其中 r 取正值. 显然, 此时 $(Rx)_j = 0$, 并且

$$(Rx)_i = \bar{c}x_i + \bar{s}x_j = \frac{|x_i|^2}{r} + \frac{|x_j|^2}{r} = r > 0. \tag{44.3}$$

若 $r = 0$, 则可令 $c = 1$, $s = 0$. 若我们不需要 $(Rx)_i$ 是实的, 则可以略去等式 (43.1) 中的参数 α. 注意, 若 x_i 实的, 则等式 (44.2) 在任何情况下给出实值的 c.

向量 x 可以用依次左乘平面 $(1, 2)$, $(1, 3)$, $\cdots$, $(1, n)$ 中的 $(n - 1)$ 个平面旋转而变换成 ke_1. $(1, i)$ 平面中的旋转选得使第 i 个元素化为零. 从以上证明可知, 可以选取旋转, 使得 k 是实的并且是非负的. 显然

$$k = (|x_1|^2 + |x_2|^2 + \cdots + |x_n|^2)^{\frac{1}{2}} = (x^H x)^{\frac{1}{2}}. \tag{44.4}$$

由此立即可得, 若 x 与 y 满足 $(x^H x) = (y^H y)$, 则存在旋转矩阵的乘积 S, 使得

$$Sx = y. \tag{44.5}$$

这是由于 x 与 y 二者均可用平面旋转矩阵的乘积变换成 ke_1, 而平面旋转的逆仍为平面旋转.

初等酉 Hermite 矩阵

45. 第二类初等酉矩阵就是矩阵 P, 其定义为

$$P = I - 2ww^H, \quad w^H w = 1. \tag{45.1}$$

此矩阵是酉矩阵, 因为

$$\begin{aligned} PP^H &= (I - 2ww^H)(I - 2ww^H) \\ &= I - 4ww^H + 4w(w^H w)w^H = I. \end{aligned} \tag{45.2}$$

它显然也是 Hermite 矩阵. 这类矩阵我们称为初等 Hermite 矩阵. 当 w 是实向量时, P 是正交的并且是对称的.

若 y 与 x 满足关系式

$$y = Px = x - 2w(w^H x), \tag{45.3}$$

则有

$$y^H y = x^H P^H P x = x^H x, \qquad (45.4)$$

以及

$$x^H y = x^H P x, \qquad (45.5)$$

因为 P 是 Hermite 矩阵，所以 (45.5) 右端是实的。因此，给定 x 与 y，我们不能期望可以找到 P，使得 $y = Px$，除非 $x^H x = y^H y$ 并且 $x^H y$ 是实的。现在我们证明，当这些条件满足时，我们的确可以找到合适的 P。

若 $x = y$，则使 $w^H x = 0$ 的任一 w 就给出所需的 P。在其他情况下，由 (45.3) 可见，任一合适的 w 必落在 $y - x$ 的方向上，因此我们只要考虑由下式给出的

$$w = e^{i\alpha}(y - x)/[(y - x)^H(y - x)]^{\frac{1}{2}}. \qquad (45.6)$$

显然，因子 $e^{i\alpha}$ 不影响所对应的 P。可以立即证明，任一个这样的 w 都是满足要求的。事实上，我们有

$$(I - 2ww^H)x = x - \frac{2(y - x)(y - x)^H x}{(y - x)^H(y - x)}. \qquad (45.7)$$

而根据假定，$x^H y$ 是实的，且 $x^H x = y^H y$，所以

$$2(y - x)^H x = 2(y^H x - x^H x) = y^H x + x^H y - x^H x - y^H y$$
$$= -(y - x)^H(y - x), \qquad (45.8)$$

因此

$$(I - 2ww^H)x = x + (y - x) = y. \qquad (45.9)$$

46. 一般而言，左乘一个适当的 P 不可能将 x 变成 ke_1，此处 k 是实的。可是，若记 x 的分量为 $r_i e^{i\theta_i}$，则我们可以将 x 变成如下的 y，

$$y = \pm(x^H x)^{\frac{1}{2}} e^{i\theta_1} e_1, \qquad (46.1)$$

因为这是 $x^H y$ 显然是实的，作为相应的 P，我们可以取

$$w = (x - y)/[(x - y)^H(x - y)]^{\frac{1}{2}}. \qquad (46.2)$$

若 $r_1 = 0$，则 θ_1 可以看作是任意的；若取 $\theta_1 = 0$，则对应的 P 将 x 变为 e_1 乘以一个实因子。我们感兴趣的 P 往往是这样的，它所对应的 w 的前 r 个分量为零，此处 r 是 0 到 $n - 1$ 中的某个值。用这样的 P 左乘向量 x，则 x 的前 r 个分量不变。

若 x 是实的，则 (46.1) 与 (46.2) 中的 y 与 w 也都是实的，因此 P 是实的. 注意，利用形如 $e^{i\theta}P$ 的酉矩阵，我们可以将任一向量变成 ke_1 的形式，其中 k 是实数.

用初等酉变换化成三角型

47. 现在我们证明前面提到过的关于用正交（酉）变换化成标准型的两个结果（§§ 23, 25）. 我们首先证明，任一矩阵可以用酉变换化为三角型. 我们用归纳法加以证明.

假定它对 $(n-1)$ 阶矩阵成立. 设 A 是 n 阶矩阵，λ 与 x 是 A 的特征值与特征向量，亦即

$$Ax = \lambda x. \tag{47.1}$$

由 §45 及 §46 可知，存在酉矩阵 P 使

$$Px = ke_1. \tag{47.2}$$

P 可取为或者是 $(n-1)$ 个平面旋转矩阵的乘积，或者是一个初等 Hermite 阵. 由 (47.1)，

$$PAx = P\lambda x, \quad PA(P^H P)x = \lambda Px,$$

$$(PAP^H)ke_1 = \lambda ke_1, \quad (PAP^H)e_1 = \lambda e_1 \text{ 因为 } k \neq 0. \tag{47.3}$$

所以，矩阵 PAP^H 必有如下形式

$$A^{(1)} = \left[\begin{array}{c|c} \lambda & b^T \\ \hline O & A_{n-1} \end{array}\right], \tag{47.4}$$

其中 A_{n-1} 是 $(n-1)$ 阶的. 现在根据假定，存在酉矩阵 R，使得

$$RA_{n-1}R^H = T_{n-1}, \tag{47.5}$$

其中 T_{n-1} 为三角型，因此

$$\left[\begin{array}{c|c} 1 & O \\ \hline O & R \end{array}\right] A^{(1)} \left[\begin{array}{c|c} 1 & O \\ \hline O & R^H \end{array}\right] = \left[\begin{array}{c|c} \lambda & b^T R^H \\ \hline O & T_{n-1} \end{array}\right], \tag{47.6}$$

并且 (47.6) 右端的矩阵为三角型. 因为 $\left[\begin{array}{c|c} 1 & O \\ \hline O & R \end{array}\right] P$ 是酉矩阵，于是结论成立. 注意，若 A 是实的，并且特征值是实的，则其特征向

量也是实的,从而矩阵 P 是正交的,全部变换可以用正交矩阵来完成.

若 A 是 Hermite 矩阵,则三角形矩阵是对角型. 事实上,我们已知,存在酉矩阵 R 使

$$RAR^H = T, \qquad (47.7)$$

其中 T 是三角形矩阵,左端的矩阵是 Hermite 矩阵,因此 T 也是 Hermite 矩阵,从而是对角型.

正规矩阵

48. 我们刚才已经证明,对任一 Hermite 矩阵存在酉矩阵 R,使得

$$RAR^H = D, \qquad (48.1)$$

其中 D 为实对角矩阵. 现在我们来扩充这类矩阵,允许 D 是复的. 换句话说,我们考虑矩阵 A,它可表为形式 $R^H DR$,其中 R 是酉矩阵,D 是对角矩阵. 若

$$A = R^H DR, \qquad (48.2)$$

则

$$AA^H = R^H DRR^H D^H R = R^H (DD^H)R, \qquad (48.3)$$

$$A^H A = R^H D^H RR^H DR = R^H (D^H D)R. \qquad (48.4)$$

因为 DD^H 显然等于 $D^H D$,所以 $AA^H = A^H A$.

反之,我们证明,若

$$AA^H = A^H A, \qquad (48.5)$$

则 A 可分解为 (48.2) 的形式. 事实上,任一矩阵 A 可以表为形式 $R^H TR$,其中 R 是酉矩阵,而 T 是上三角形矩阵. 因此

$$R^H TRR^H T^H R = R^H T^H RR^H TR,$$

由此得

$$R^H TT^H R = R^H T^H TR. \qquad (48.6)$$

上式左乘以 R 并右乘以 R^H,得出

$$TT^H = T^H T. \qquad (48.7)$$

比较对角元素,我们发现 T 的所有非对角元素均为零,所以 T 是对

角矩阵.因此,能分解成形式 $R^H DR$ 的矩阵类与使得 $AA^H = A^H A$ 的矩阵类是相同的.这种矩阵称为正规矩阵.由关系式 (48.5) 显然可见,正规矩阵包括下列矩阵:

(i) $A^H = A$ (Hermite 矩阵),

(ii) $A^H = -A$ (反 Hermite 矩阵),

(iii) $A^H = A^{-1}$ (酉矩阵).

在实践中我们发现,很少需要求反 Hermite 矩阵或酉矩阵的特征值.

可交换矩阵

49. 正规矩阵具有 A 与 A^H 可交换的性质.由关系式

$$A = R^H DR, \tag{49.1}$$

我们有

$$AR^H = R^H D, \tag{49.2}$$

类似地

$$A^H R^H = R^H D^H. \tag{49.3}$$

所以矩阵 A 与 A^H 有公共的完全特征向量系,即 R^H 的列.

现在我们证明,若任意两个矩阵 A 与 B 有公共的完全特征向量系,则 $AB = BA$.事实上,若将此特征向量系作为矩阵 H 的列,则有

$$A = HD_1 H^{-1}, \quad B = HD_2 H^{-1}. \tag{49.4}$$

因此,

$$AB = HD_1 H^{-1} HD_2 H^{-1} = HD_1 D_2 H^{-1} \tag{49.5}$$

及

$$BA = HD_2 H^{-1} HD_1 H^{-1} = HD_2 D_1 H^{-1}. \tag{49.6}$$

因为对角矩阵是可以交换的,所以 $AB = BA$.

50. 反之,若 A 与 B 可交换,并且初等因子都是线性的,则它们有公共的特征向量系,事实上,设 A 的特征向量是 $h_1, h_2, \cdots, h_n$,并用它们构成矩阵 H,则

$$H^{-1} AH = \text{diag}(\lambda_i), \tag{50.1}$$

其中 λ_i 可以是相同的，也可以是不同的． 我们只要考虑 8 阶矩阵，其中 $\lambda_1 = \lambda_2 = \lambda_3$，$\lambda_4 = \lambda_5$，$\lambda_6$，$\lambda_7$，$\lambda_8$ 是单重的，就可明白证明的实质． 这时方程 (50.1) 可写为

$$
H^{-1}AH = \left[
\begin{array}{ccc|cc|ccc}
\lambda_1 I_3 & & & & & & & \\
\hline
& & \lambda_4 I_2 & & & & & \\
\hline
& & & & \lambda_6 & & & \\
& & & & & \lambda_7 & & \\
& & & & & & \lambda_8 &
\end{array}
\right].
\tag{50.2}
$$

现因 $Ah_i = \lambda_i h_i$，我们有

$$
BAh_i = \lambda_i Bh_i,
\tag{50.3}
$$

由此得出

$$
A(Bh_i) = \lambda_i(Bh_i).
\tag{50.4}
$$

这表明，若 h_i 是 A 的对应于 λ_i 的特征向量，则 Bh_i 落在对应于 λ_i 的特征向量的子空间中． 因此

$$
\left\{
\begin{array}{ll}
Bh_1 = p_{11}h_1 + p_{21}h_2 + p_{31}h_3, & \\
Bh_2 = p_{12}h_1 + p_{22}h_2 + p_{32}h_3, & Bh_6 = \mu_6 h_6 \\
Bh_3 = p_{13}h_1 + p_{23}h_2 + p_{33}h_3, & Bh_7 = \mu_7 h_7 \\
Bh_4 = q_{11}h_4 + q_{21}h_5, & Bh_8 = \mu_8 h_8 \\
Bh_5 = q_{12}h_4 + q_{22}h_5.
\end{array}
\right.
\tag{50.5}
$$

这些方程等价于一个矩阵方程

$$
H^{-1}BH = \left[
\begin{array}{ccc|cc|ccc}
P & & & & & & & \\
\hline
& & Q & & & & & \\
\hline
& & & & \mu_6 & & & \\
& & & & & \mu_7 & & \\
& & & & & & \mu_8 &
\end{array}
\right].
\tag{50.6}
$$

现因 B 的初等因子是线性的，所以方程 (50.6) 右端矩阵的初等因子也是线性的，从而 P 与 Q 也应如此． 因此，存在三阶矩阵 K 与二阶矩阵 L，使得

$$K^{-1}PK = \begin{bmatrix} \mu_1 & & \\ & \mu_2 & \\ & & \mu_3 \end{bmatrix}, \quad L^{-1}QL = \begin{bmatrix} \mu_4 & \\ & \mu_5 \end{bmatrix}. \quad (50.7)$$

若记

$$G = \begin{bmatrix} K & & \\ \hline & L & \\ \hline & & I_3 \end{bmatrix}, \quad (50.8)$$

则

$$G^{-1}H^{-1}BHG = \mathrm{diag}(\mu_i). \quad (50.9)$$

另一方面，由(50.2)可知

$$G^{-1}H^{-1}AHG = \mathrm{diag}(\lambda_i). \quad (50.10)$$

因此 B 与 A 有公共的特征向量系，即 HG 的列。

AB 的特征值

51. 注意，对所有方阵 A 与 B，AB 与 BA 的特征值是相同的。证明如下。我们有

$$\begin{bmatrix} I & O \\ \hline -B & \mu I \end{bmatrix} \begin{bmatrix} \mu I & A \\ \hline B & \mu I \end{bmatrix} = \begin{bmatrix} \mu I & A \\ \hline O & \mu^2 I - BA \end{bmatrix}, \quad (51.1)$$

及

$$\begin{bmatrix} \mu I & -A \\ \hline O & I \end{bmatrix} \begin{bmatrix} \mu I & A \\ \hline B & \mu I \end{bmatrix} = \begin{bmatrix} \mu^2 I - AB & O \\ \hline B & \mu I \end{bmatrix}. \quad (51.2)$$

(51.1) 与 (51.2) 两端各取行列式，并记

$$\begin{bmatrix} \mu I & A \\ \hline B & \mu I \end{bmatrix} = X, \quad (51.3)$$

得

$$\mu^n \det(X) = \mu^n \det(\mu^2 I - BA), \quad (51.4)$$

及

$$\mu^n \det(X) = \mu^n \det(\mu^2 I - AB). \quad (51.5)$$

方程 (51.4) 与 (51.5) 关于 μ^2 是恒等的. 记 $\mu^2 = \lambda$, 我们有
$$\det(\lambda I - BA) = \det(\lambda I - AB), \qquad (51.6)$$
这表明 AB 与 BA 有相同的特征值.

这一论证还表明, 若 A 是 $m \times n$ 矩阵, B 是 $n \times m$ 矩阵, 则 AB 与 BA 有相同的特征值. 只是阶数较高的那个乘积还有 $|m - n|$ 个零特征值.

向量与矩阵的范数

52. 用一个数来全面衡量一个向量或一个矩阵的大小, 这是很有用的, 其作用相当于复数的模. 为此目的, 我们将使用向量或矩阵元素的某些函数, 它们称之为范数.

向量范数将用 $\|x\|$ 表示, 我们所使用的范数均满足下列关系式
    (i) $\|x\| > 0$ 当 $x \neq 0$, 且 $\|0\| = 0$,
    (ii) $\|kx\| = |k| \|x\|$, 对任一复数 k,   (52.1)
    (iii) $\|x + y\| \leqslant \|x\| + \|y\|$.
由 (iii) 得
$$\|x - y\| \geqslant |\|x\| - \|y\||.$$
我们只使用三种简单的向量范数, 它们的定义是
$$\|x\|_p = (|x_1|^p + |x_2|^p + \cdots + |x_n|^p)^{\frac{1}{p}} \quad (p = 1, 2, \infty), \quad (52.2)$$
其中 $\|x\|_\infty$ 理解为 $\max|x_i|$. 范数 $\|x\|_2$ 就是通常意义下向量 x 的 Euclid 长度. 我们还有
$$x^H x = \|x\|_2^2 \qquad (52.3)$$
以及
$$|x^H y| \leqslant \Sigma |x_i| |y_i| \leqslant \|x\|_2 \|y\|_2, \qquad (52.4)$$
后一不等式是根据 Cauchy 定理得到的, 所以我们可以记为
$$x^H y = \|x\|_2 \|y\|_2 e^{i\mu} \cos\theta \qquad \left(0 \leqslant \theta \leqslant \frac{\pi}{2}\right). \qquad (52.5)$$
若 x 与 y 是实的, 则 θ 就是二向量之间的夹角; 在复的情形, 我们可以把由 (52.5) 所确定的 θ 作为二向量之间的广义夹角.

类似地，矩阵 A 的范数将用 $\|A\|$ 表示，我们所使用的范数均满足下列关系式

(i) $\|A\| > 0$ 当 $A \neq 0$，且 $\|0\| = 0$，

(ii) $\|kA\| = |k| \|A\|$，对任一复数 k，

(iii) $\|A + B\| \leqslant \|A\| + \|B\|$，

(iv) $\|AB\| \leqslant \|A\| \|B\|$.

(52.6)

从属的矩阵范数

53. 对应于任意一种向量范数，每个矩阵 A 可以联系一个非负的量 $\sup\limits_{x \neq 0} \|Ax\| / \|x\|$. 由 (52.1) 的关系式 (ii) 可知，它等价于 $\sup\limits_{\|x\|=1} \|Ax\|$. 这个量显然是矩阵 A 的函数，并且容易验证，它满足矩阵范数所需的条件. 它称为从属于该向量范数的矩阵范数. 因为

$$\|A\| = \sup_{\|x\| \neq 0} \|Ax\| / \|x\|, \qquad (53.1)$$

所以对一切非零 x，有

$$\|Ax\| \leqslant \|A\| \|x\|, \qquad (53.2)$$

上式对 $x = 0$ 显然是成立的. 对一切 A 与 x，使得 (53.2) 成立的矩阵与向量范数，称为相容的. 所以，向量范数与其从属的矩阵范数总是相容的.

根据定义，对任一种从属范数，我们有 $\|I\| = 1$. 其次，一定存在非零向量使得

$$\|Ax\| = \|A\| \|x\|.$$

根据 (52.1)，向量范数是变元各分量的连续函数，并且区域 $\|x\| = 1$ 是闭的. 因此，我们可用 $\max \|Ax\| / \|x\|$ 代替 $\sup \|Ax\| / \|x\|$.

从属于 $\|x\|_p$ 的矩阵范数用 $\|A\|_p$ 表示. 这种范数满足关系式

$$\|A\|_1 = \max_j \sum_i |a_{ij}|, \qquad (53.3)$$

$$\|A\|_\infty = \max_i \sum_j |a_{ij}|, \qquad (53.4)$$

$$\|A\|_2 = (A^H A \text{ 的最大特征值})^{\frac{1}{2}}. \tag{53.5}$$

前两个结果是显然的，并且有 $\|A\|_1 = \|A^H\|_\infty$. 第三个结果证明如下.

矩阵 $A^H A$ 是 Hermite 矩阵. 因为 $x^H A^H A x = (Ax)^H (Ax) \geqslant 0$，所以它的特征值都是非负的，记为 σ_i^2，并设 $\sigma_1^2 \geqslant \sigma_2^2 \geqslant \cdots \geqslant \sigma_n^2 \geqslant 0$. 根据定义

$$\|A\|_2 = \max_{x \neq 0} \frac{\|Ax\|_2}{\|x\|_2}, \tag{53.6}$$

$$\|A\|_2^2 = \max_{x \neq 0} \frac{\|Ax\|_2^2}{\|x\|_2^2} = \max \frac{x^H A^H A x}{x^H x}. \tag{53.7}$$

现在设 $u_1, u_2, \cdots, u_n$ 是 $A^H A$ 的正交特征向量系，我们可写

$$x = \sum \alpha_i u_i. \tag{53.8}$$

因此

$$\frac{x^H A^H A x}{x^H x} = \frac{\sum |\alpha_i|^2 \sigma_i^2}{\sum |\alpha_i|^2} \leqslant \sigma_1^2. \tag{53.9}$$

当 $x = u_1$ 时达到值 σ_1^2. 非负的量 σ_i 称为 A 的奇异值. 2 范数通常称为谱范数.

Euclid 范数与谱范数

54. 还有第二种与向量范数 $\|x\|_2$ 相容的重要范数，这就是所谓 Euclid 范数或 Schur 范数，用 $\|A\|_E$ 表示. 其定义为

$$\|A\|_E = \left(\sum_{i,j} |a_{ij}|^2 \right)^{\frac{1}{2}}. \tag{54.1}$$

显然，它不能从属于任一种向量范数，因为

$$\|I\|_E = n^{\frac{1}{2}}. \tag{54.2}$$

Euclid 范数在实用上是一种十分有用的范数，因为它容易计算. 此外，根据定义，我们有

$$\| |A| \|_E = \|A\|_E. \tag{54.3}$$

矩阵的 1 范数与 ∞ 范数也有类似的关系式，但一般而言

$$\| |A| \|_2 \neq \|A\|_2. \tag{54.4}$$

事实上,因为 $\|A\|_E^2$ 等于 $A^H A$ 的迹,后者等于 $\sum \sigma_i^2$,所以

$$\|A\|_2 \leqslant \|A\|_E \leqslant n^{\frac{1}{2}} \|A\|_2, \tag{54.5}$$

上式两端的界限是可以达到的. 因此我们有

$$\|\,|A|\,\|_2 \leqslant \|\,|A|\,\|_E = \|A\|_E \leqslant n^{\frac{1}{2}} \|A\|_2. \tag{54.6}$$

Euclid 范数的一个不方便之处在于

$$\|\mathrm{diag}(\lambda_i)\|_E = (\sum |\lambda_i|^2)^{\frac{1}{2}}, \tag{54.7}$$

而

$$\|\mathrm{diag}(\lambda_i)\|_p = \max |\lambda_i| \quad (p = 1, 2, \infty). \tag{54.8}$$

矩阵的 Euclid 范数以及向量的 2 范数与矩阵的 2 范数对于酉变换均有重要的不变性质.对任一 x 与 A 以及酉矩阵 R,我们有

$$\|Rx\|_2 = \|x\|_2, \tag{54.9}$$

因为

$$\|Rx\|_2^2 = (Rx)^H Rx = x^H R^H Rx = x^H x = \|x\|_2^2. \tag{54.10}$$

类似地,根据定义直接可知

$$\|RA\|_2 = \|A\|_2, \quad \|RAR^H\|_2 = \|A\|_2. \tag{54.11}$$

最后

$$\|RA\|_E = \|A\|_E, \tag{54.12}$$

这是由于 RA 每一列的 Euclid 长度等于 A 的相应各列的长度.

现在假定 $A = R^H \mathrm{diag}(\lambda_i) R$ 是一正规矩阵,于是有

$$\|AB\|_E = \|R^H \mathrm{diag}(\lambda_i) RB\|_E = \|\mathrm{diag}(\lambda_i) RB\|_E$$
$$\leqslant \max |\lambda_i| \|RB\|_E = \max |\lambda_i| \|B\|_E. \tag{54.13}$$

今后,凡是提到范数,均指我们已经讲过的某一种特殊的范数,我们将不把范数的概念作进一步的推广. 然而,即使在这种狭窄的定义下,对范数加以统一论述也是有利的,并且令人惊异的是,由于它们易于使用而获得很大的好处.

范数与极限

55. 建立关于矩阵序列收敛性的一些简单判别准则将是很有用的. 当结果可由定义立即推出时,我们略去证明.

(A) $\lim\limits_{r \to \infty} A^{(r)} = A$ 当且仅当 $\|A^{(r)} - A\| \to 0$.

若 $A^{(r)} \to A$, 则 $\|A^{(r)}\| \to \|A\|$.

(B) 若 $\|A\| < 1$, 则 $\lim\limits_{r \to \infty} A^r = 0$.

事实上,

$$\|A^r\| = \|AA^{r-1}\| \leqslant \|A\|\|A^{r-1}\|$$
$$\leqslant \|A\|^2\|A^{r-2}\| \leqslant \cdots \leqslant \|A\|^r.$$

(C) 若 λ 是 A 的特征值, 则 $|\lambda| \leqslant \|A\|$.

事实上, 对某个非零 x, 我们有 $Ax = \lambda x$. 因此, 对任何一对相容的矩阵与向量范数,

$$|\lambda|\|x\| = \|\lambda x\| = \|Ax\| \leqslant \|A\|\|x\|,$$
$$|\lambda| \leqslant \|A\|. \tag{55.1}$$

由此得

$\|A\|_2^2 = A^H A$ 的最大特征值

$$\leqslant \|A^H A\|_1 \leqslant \|A^H\|_1 \|A\|_1 = \|A\|_\infty \|A\|_1. \tag{55.2}$$

(D) $\lim\limits_{r \to 0} A^r = 0$ 当且仅当 $|\lambda_i| < 1$ 对一切特征值成立. 这可从考察 Jordan 标准型而得. 对一个典型的 Jordan 子矩阵, 我们有

$$\begin{bmatrix} a & & \\ 1 & a & \\ & 1 & a \end{bmatrix}^r = a^{r-2} \begin{bmatrix} a^2 & & \\ ra & a^2 & \\ \frac{1}{2} r(r-1)ra & a^2 \end{bmatrix}. \tag{55.3}$$

显然, 当且仅当 $|a| < 1$ 时它趋于零. 通常是用 (D) 证明结果 (C), 可是, 因为我们感兴趣的只是相容的矩阵与向量范数, 所以我们给出的证明似乎更为自然, 量

$$\rho(A) = \max |\lambda_i| \tag{55.4}$$

称为 A 的谱半径, 我们得

$$\rho(A) \leqslant \|A\|. \tag{55.5}$$

(E) 级数 $1 + A + A^2 + \cdots$ 当且仅当 $A^r \to 0$ 时收敛, 条件的充分性由 (D) 可得, 事实上, 若此条件成立, 则 A 的特征值均落在单位圆内,

因此 $(I - A)$ 是非奇异的. 关系式

$$(I - A)(I + A + A^2 + \cdots + A^r) = I - A^{r+1} \quad (55.6)$$

是恒等的,因此

$$I + A + A^2 + \cdots + A^r = (I - A)^{-1} - (I - A)^{-1}A^{r+1}.$$
$$(55.7)$$

右端第二项趋于零,所以

$$I + A + A^2 + \cdots \to (I - A)^{-1}.$$

条件的必要性不证自明.

（F）级数 $I + A + A^2 + \cdots$ 收敛的充分条件是 A 的任一种范数小于 1. 事实上,若此条件成立,则由（C）可知,对一切特征值,有

$$|\lambda_i| < 1.$$

因此,由（D）推出 $A^r \to 0$,再由（E）可知级数收敛.

注意,存在一种范数使 $\|A\| > 1$ 并不排除级数的收敛性. 例如,若

$$A = \begin{bmatrix} 0.9 & 0 \\ 0.3 & 0.8 \end{bmatrix}, \quad (55.8)$$

则 $\|A\|_\infty = 1.1$, $\|A\|_1 = 1.2$, $\|A\|_E = (1.54)^{\frac{1}{2}}$,然而 $A^r \to 0$,因为其特征值是 0.9 与 0.8.

当在实际中想要证明级数的收敛性时,我们可以任取一种最小的范数.

（G）（E）中级数收敛的充分条件是 A 的任一相似变换的任一种范数小于 1. 事实上,若 $A = HBH^{-1}$,则

$$I + A + \cdots + A^r = H(I + B + \cdots + B^r)H^{-1}. \quad (55.9)$$

右端级数当 $\|B\| < 1$ 时收敛.

我们可以利用相似变换得到一个矩阵,使它的某一种标准范数小于原始矩阵的范数. 对于（F）中给出的矩阵,我们可取

$$B = \begin{bmatrix} 3 & 0 \\ 0 & 1 \end{bmatrix} A \begin{bmatrix} \dfrac{1}{3} & 0 \\ 0 & 1 \end{bmatrix} = \begin{bmatrix} 0.9 & 0 \\ 0.1 & 0.8 \end{bmatrix}, \quad (55.10)$$

这时有 $\|B\|_\infty = 0.9$.

作为一个更有说服力的例子,考察

$$A = \begin{bmatrix} 0.1 & 0 & 1.0 \\ 0.2 & 0.3 & 0 \\ 0.2 & 0.1 & 0.4 \end{bmatrix}. \tag{55.11}$$

我们有 $\|A\|_\infty = 1.1$, $\|A\|_1 = 1.4$, $\|A\|_E = (1.35)^{\frac{1}{2}}$. 定义

$$B = \begin{bmatrix} \dfrac{1}{2} & 0 & 0 \\ 0 & 1 & 0 \\ 0 & 0 & 1 \end{bmatrix} A \begin{bmatrix} 2 & 0 & 0 \\ 0 & 1 & 0 \\ 0 & 0 & 1 \end{bmatrix} = \begin{bmatrix} 0.1 & 0 & 0.5 \\ 0.4 & 0.3 & 0 \\ 0.4 & 0.1 & 0.4 \end{bmatrix}, \tag{55.12}$$

我们看到 $\|B\|_\infty = 0.9$, 所以关于 A 的级数收敛. 用对角矩阵作相似变换在误差分析中往往有重要意义.

避免使用矩阵无穷级数

56. 利用范数的基本性质我们往往可以避免 使用矩阵的无穷级数. 例如, 若 $\|A\| < 1$, 我们可用如下办法得到 $\|(I + A)^{-1}\|$ 的界限.

因为 $\|A\| < 1$, A 的所有特征值均小于 1. 所以 $(I + A)$ 是非奇异的,故 $(I + A)^{-1}$ 存在,我们有

$$I = (I + A)^{-1}(I + A) = (I + A)^{-1} + (I + A)^{-1}A. \tag{56.1}$$

因此

$$\begin{aligned} \|I\| &\geqslant \|(I + A)^{-1}\| - \|(I + A)^{-1}A\| \\ &\geqslant \|(I + A)^{-1}\| - \|(I + A)^{-1}\|\|A\|, \end{aligned} \tag{56.2}$$

$$\|(I + A)^{-1}\| \leqslant \|I\|/(1 - \|A\|) = (I - \|A\|)^{-1},$$
$$\text{若 } \|I\| = 1. \tag{56.3}$$

另一种途径是,写出

$$(I + A)^{-1} = I - A + A^2 - \cdots, \tag{56.4}$$

此级数当 $\|A\| < 1$ 收敛. 由 (56.4) 得到

$$\|(I + A)^{-1}\| \leqslant \|I\| + \|A\| + \|A\|^2 + \cdots$$
$$= (1 - \|A\|)^{-1}, \quad 若 \quad \|I\| = 1. \quad (56.5)$$

附注

　　本章中，我只是设法给出本书后面将要用到的基本材料的一个概要．此领域中认真的研究工作者需要对本章补充进一步的读物．Gantmacher 的《矩阵论》上册包含有对经典理论的非常完整的叙述．我已经在文献中包括了此领域的一些标准教科书．Householder 的《数值分析中的矩阵论》(1964) 值得特别注意，因为它除了本章所讨论的许多内容之外，实际上包含了后面各章将要讨论的所有理论性材料．

第二章 摄 动 理 论

引言

1. 在第一章中我们论述了代数特征值问题的数学基础．本书其余部分致力于考察在计算机上计算特征值与特征向量以及确定计算出来的特征系的精确度时所产生的一些实际问题．主要的精力将集中于估计在问题形成及其解法中所固有的各种误差的影响．这里有三个主要课题．

(i) 所给矩阵的元素可能是由物理测量直接确定的，从而具有一切观察所固有的误差．这时，我们得到的矩阵 A 是精确测量所对应矩阵的一种近似．若能断定 A 的每个元素的误差界限为 δ，则我们可以说，真实的矩阵是 $(A+E)$，其中 E 是某个矩阵，它满足条件

$$|e_{ii}| \leqslant \delta. \tag{1.1}$$

实际问题的一个完全解答不仅在于确定 A 的特征值，而且还要估计所有的 $(A+E)$ 类矩阵特征值的变化范围，此处 E 满足条件 (1.1)．因此我们必须立即考察当矩阵元素摄动时特征值的相应摄动．

(ii) 矩阵元素可能是由数学公式精确给定的，但是实际上仍有可能无法在计算机上表示这个精确的矩阵．若矩阵的元素是无理数，则几乎必然如此．即使它们不是无理数，它们的精确表示可能需要比可供我们使用的更多的位数．例如，矩阵 A 可能是若干个矩阵的乘积，而每个矩阵的元素具有此计算机通常使用的全部位数．显然，我们面临着几乎与 (i) 中同样的问题．给定的矩阵将是 $A+E$，其中 E 是误差矩阵．

(iii) 即使我们可以将计算机上所表示的矩阵看作是精确的，但计算出来的解，一般而言将是不正确的．最常见的求解过程含

有原矩阵 A 的一系列相似变换 A_1, A_2, A_3, $\cdots$ 的计算,而执行每一个变换都将产生舍入误差.初看起来,由这些变换所产生的误差与 (i) 和 (ii) 中讨论过的误差具有不同的性质.然而,一般而言,情况并非如此.我们往往可以证明,计算出来的矩阵 A_i 精确地相似于矩阵 $(A + E_i)$.此处 E_i 的元素都很小,它们是舍入误差的函数.通常我们可以求出 E_i 的严格界限.所以,A_i 的特征值恰好就是 $(A + E_i)$ 的特征值,我们又回到了原来的问题,即考察当矩阵元素摄动时特征值的相应摄动.

关于特征值连续性的 Ostrowski 定理

2. Ostrowski (1957) 给出了特征值摄动的上界,他的结果可表述如下.

设 A 与 B 是两个矩阵,其元素满足关系式

$$|a_{ij}| < 1, \quad |b_{ij}| < 1. \tag{2.1}$$

若 λ' 是 $A + \varepsilon B$ 的特征值,则存在 A 的特征值 λ,使得

$$|\lambda' - \lambda| < (n + 2)(n^2 \varepsilon)^{\frac{1}{n}}. \tag{2.2}$$

其次,可以将 A 的特征值 λ 与 $(A + \varepsilon B)$ 的特征值 λ' 作一一对应,使得

$$|\lambda' - \lambda| < 2(n + 1)^2 (n^2 \varepsilon)^{\frac{1}{n}}. \tag{2.3}$$

虽然这些结果在理论上很重要,但它们的实用价值不大.假定我们有一个 20 阶矩阵 A,元素是无理数并满足关系式

$$|a_{ij}| < 1. \tag{2.4}$$

现在考察矩阵 $(A + E)$,它是由 A 的元素经第 10 位小数点的舍 λ 而得,所以

$$|e_{ij}| \leqslant \frac{1}{2} 10^{-10}, \tag{2.5}$$

式中的上界是可以达到的.根据 Ostrowski 的第二个结果得

$$|\lambda' - \lambda| < 2 \times 21^2 \times \left(400 \times \frac{1}{2} 10^{-10}\right)^{\frac{1}{20}}. \tag{2.6}$$

这一界限比用简单的范数理论能够得出的界限差得多.事实上,

我们有

$$|\lambda| \leqslant \|A\|_\infty < 20,$$
$$|\lambda'| \leqslant \|A + E\|_\infty < 20 + 10 \times 10^{-10}, \tag{2.7}$$

因此

$$|\lambda - \lambda'| \leqslant |\lambda| + |\lambda'| < 40 + 10^{-9}. \tag{2.8}$$

只有当

$$2(n + 1)^2 (n^2 \varepsilon)^{\frac{1}{n}} < 2n,$$

亦即当

$$\varepsilon < \frac{n^{n-2}}{(n + 1)^{2n}} \approx \frac{1}{e^2 n^{n+2}} \tag{2.9}$$

时，Ostrowski 的结果才能改进用简单的范数理论所得的结果. 对 $n = 20$，这意味着 ε 必须小于 10^{-27}. 要想从 Ostrowski 结果得到一个有用的界限，ε 甚至比这个值还应小得多.

显然，因子 $\varepsilon^{\frac{1}{n}}$ 是 Ostrowski 结果的主要弱点. 不过，Forsythe 有一个例子表明，在任何一般性的结果中，这个因子的出现是不可避免的. 例如，考察 n 阶 Jordan 子矩阵 $C_n(a)$，它有 n 个特征值等于 a，若我们将 $(1, n)$ 元素从 0 变到 ε，则特征方程变为

$$(a - \lambda)^n + (-1)^{n-1} \varepsilon = 0, \tag{2.10}$$

由此得 n 个特征值为

$$\lambda = a + \omega^r \varepsilon^{\frac{1}{n}} \ (r = 0, \cdots, n - 1) \tag{2.11}$$

其中 ω 是 1 的任一个 n 次原根.

代数函数

3. 后面的分析需要代数函数理论中的两个结果（例如参见 Goursat, 1933）. 我们叙述它，但是不加证明.

设

$$f(x, y) = y^n + p_{n-1}(x) y^{n-1} + p_{n-2}(x) y^{n-2} + \cdots +$$
$$p_1(x) y + p_0(x), \tag{3.1}$$

其中 $p_i(x)$ 是 x 的多项式. 对任一 x 值，方程 $f(x, y) = 0$ 有 n

个根 $y_1(x), y_2(x), \cdots, y_n(x)$，每个根出现的次数等于它的重数. $f(0, y) = 0$ 的根记为 $y_1(0), y_2(0), \cdots, y_n(0)$. 有以下两个定理.

定理 1 设 $y_i(0)$ 是 $f(0, y) = 0$ 的单根. 则存在正数 δ_i，使得 $f(x, y) = 0$ 有一个单根

$$y_i(x) = y_i(0) + p_{i1}x + p_{i2}x^2 + \cdots, \tag{3.2}$$

并且 (3.2) 右端的级数当 $|x| < \delta_i$ 时收敛.

注意：(i) 我们只要求所考察的 $y_i(0)$ 是单根. 至于 $f(0, y) = 0$ 其他各根的性质不作任何假定. (ii) (3.2) 右端的级数可以为有限次. (iii) 当 $x \to 0$ 时 $y_i(x) \to y_i(0)$.

定理 2 若 $y_1(0) = y_2(0) = \cdots = y_m(0)$ 是 $f(0, y) = 0$ 的 m 重根，则存在正数 δ，使得 $f(x, y) = 0$ 恰好有 m 个零点，当 $|x| < \delta$ 时它们具有以下性质：

这 m 个根分成 r 组，每组分别有 $m_1, m_2, \cdots, m_r$ 个根，此处

$$\sum m_i = m, \tag{3.3}$$

m_i 组中的那些根为级数

$$y_1(0) + p_{i1}z + p_{i2}z^2 + \cdots \tag{3.4}$$

的 m_i 个值，对应于 m_i 个不同的 z 值，而

$$z = x^{m_i^{-1}}. \tag{3.5}$$

注意： (i) (3.4) 中的任一级数仍然可以为有限次. (ii) 有可能 $r = 1$，此时 $m_1 = m$ 并且所有 m 个根由同一个分数次幂级数给出. (iii) 对某个 i，有可能 $m_i = 1$，此时 (3.4) 中相应的幂级数不含分数次幂. (iv) 当 x 趋于零时，所有 m 个根均趋于 $y_1(0)$.

数值例题

4. (i) $f(x, y) = y^2(1 + x) - 3y(1 + x^2) + (2 + x)$.

我们有

$$f(0, y) = y^2 - 3y + 2.$$

因此，例如 $y_1(0) = 1$ 是一个单根，相应的根 $y_1(x)$ 为

$$y_1(x) = [3(1 + x^2) - (1 - 12x + 14x^2 + 9x^4)^{\frac{1}{2}}] / 2(1 + x).$$

显然,当 $12|x| + 14|x|^2 + 9|x|^4 < 1$ 时, 可以将它展成收敛的 x 幂级数.

(ii) $f(x, y) = y^3 - y^2 - x(1 + x)^2$.

我们有 $f(0, y) = y^3 - y^2$, 所以 $y_1(0) = 1$ 是单根而 $y_2(0) = 0$ 是二重根. 显然

$$y_1(x) = 1 + x,$$

所以收敛的 x 级数只有有限项. 注意, 出现二重根并未导致 $y_1(x)$ 中有分数次幂.

相应于 $y_2(0) = 0$ 的根是方程

$$y^2 + yx + x(1 + x) = 0$$

的解, 即为

$$y = \frac{1}{2}\left[-x + (-4x - 3x^2)^{\frac{1}{2}}\right]$$

$$= \frac{1}{2}\left[-x + 2ix^{\frac{1}{2}}\left(1 + \frac{3}{4}x\right)^{\frac{1}{2}}\right]$$

的二个值, 因此幂级数中只含有 $x^{\frac{1}{2}}$ 的奇次幂; 当 $|x| < \frac{4}{3}$ 时,

此级数收敛.

(iii) $f(x, y) = y^4 - y^2x(1 + x)^2 + x^3(1 + x)^2$.

方程 $f(0, y) = 0$ 有四重根 $y = 0$. $f(x, y) = 0$ 的根为

$y = x^{\frac{1}{2}}(1 + x)^{\frac{1}{2}}$, $y = x(1 + x)^{\frac{1}{2}}$, $y = -x(1 + x)^{\frac{1}{2}}$.

按定理 2 的记号, 我们有 $m_1 = 2$, $m_2 = 1$, $m_3 = 1$.

注意, 虽然第三个多项式有一个四重零点, 但 y 的各次幂系数的摄动互相有关联, 以致没有一个根的摄动是 $x^{\frac{1}{4}}$ 阶的. 这种类型的相关摄动在特征值理论中是常有的.

单特征值的摄动理论

5. 现在讨论满足关系式 (2.1) 的二个矩阵 A 与 B, 并设 λ_1 是 A 的单特征值, 我们要考查 $(A + \varepsilon B)$ 的相应特征值. 设 A 的特征方程为

$$\det(\lambda I - A) \equiv \lambda^n + c_{n-1}\lambda^{n-1} + c_{n-2}\lambda^{n-2} + \cdots + c_0 = 0, \quad (5.1)$$

则 $(A + \varepsilon B)$ 的特征方程为

$$\det(\lambda I - A - \varepsilon B) \equiv \lambda^n + c_{n-1}(\varepsilon)\lambda^{n-1}$$
$$+ c_{n-2}(\varepsilon)\lambda^{n-2} + \cdots + c_0(\varepsilon) = 0, \quad (5.2)$$

其中 $c_r(\varepsilon)$ 是 ε 的 $(n - r)$ 次多项式，并且

$$c_r(0) = c_r. \quad (5.3)$$

如果我们考查 $\det(\lambda I - A - \varepsilon B)$ 的显式表达式，这一点是显而易见的. 我们可令

$$c_r(\varepsilon) = c_r + c_{r1}\varepsilon + c_{r2}\varepsilon^2 + \cdots + c_{r,n-r}\varepsilon^{n-r}. \quad (5.4)$$

现在因为 λ_1 是 (5.1) 的单根，由 §3 定理 1 知，对充分小 ε，(5.2) 有一个单根 $\lambda_1(\varepsilon)$，它可表为收敛的幂级数

$$\lambda_1(\varepsilon) = \lambda_1 + k_1\varepsilon + k_2\varepsilon^2 + \cdots. \quad (5.5)$$

显然，当 $\varepsilon \to 0$ 时 $\lambda_1(\varepsilon) \to \varepsilon_1$. 注意，

$$|\lambda_1(\varepsilon) - \lambda_1| = 0(\varepsilon) \quad (5.6)$$

不依赖于其他特征值的重数.

对应特征向量的摄动

6. 现在转到特征向量的摄动. 我们首先导出对应于 A 的单特征值 λ_1 的特征向量 x_1 的分量的显式表达式. 因为 λ_1 是单特征值，$(A - \lambda_1 I)$ 至少有一个非零的 $(n - 1)$ 阶子式. 不失一般性，假定它位于 $(A - \lambda_1 I)$ 的前 $(n - 1)$ 行，于是根据线性方程组理论，x 的分量可取为

$$(A_{n1}, A_{n2}, \cdots, A_{nn}). \quad (6.1)$$

其中 A_{ni} 表示 $(A - \lambda_1 I)$ 中元素 (n, i) 的代数余子式，因此它是 λ_1 的多项式，次数不大于 $(n - 1)$,

我们现在将这一结果应用于 $(A + \varepsilon B)$ 的单特征值 $\lambda_1(\varepsilon)$. 记 A 的特征向量为 x_1，$(A + \varepsilon B)$ 的特征向量为 $x_1(\varepsilon)$. 显然，$x_1(\varepsilon)$ 的元素是 $\lambda_1(\varepsilon)$ 与 ε 的多项式，又因 $\lambda_1(\varepsilon)$ 的幂级数对所有充分小 ε 均为收敛，所以 $x_1(\varepsilon)$ 的每个元素可表为 ε 的收敛幂级数，其中的常数项就是 x_1 的相应元素，我们可令

$$x_1(\varepsilon) = x_1 + \varepsilon z_1 + \varepsilon^2 z_2 + \cdots, \tag{6.2}$$

其中右端向量级数的每个分量是 ε 的收敛幂级数. 类似于 (5.6) 关于特征值的结果,我们得到关于特征向量的结果

$$|x_1(\varepsilon) - x_1| = 0(\varepsilon), \tag{6.3}$$

这里还是没有 ε 的分数次幂.

具有线性初等因子的矩阵

7. 若矩阵 A 的初等因子为线性,则可假定存在完全的右特征向量系与左特征向量系,分别记为 $x_1, x_2, \cdots, x_n$ 与 $y_1, y_2, \cdots, y_n$,并有

$$y_i^T x_j = 0 \quad (i \neq j). \tag{7.1}$$

虽然只有当所有特征值均为单重时,这些向量才是唯一的.

将 (6.2) 中每个向量 z_i 用 x_j 表示,即

$$z_i = \sum_{j=1}^{n} s_{ji} x_j, \tag{7.2}$$

我们有

$$x_1(\varepsilon) = x_1 + \varepsilon \sum_{j=1}^{n} s_{j1} x_j + \varepsilon^2 \sum_{j=1}^{n} s_{j2} x_j + \cdots, \tag{7.3}$$

将含向量 x_i 的各项合并在一起,得

$$\begin{aligned}
x_1(\varepsilon) = &(1 + \varepsilon s_{11} + \varepsilon^2 s_{12} + \cdots) x_1 \\
&+ (\varepsilon s_{21} + \varepsilon^2 s_{22} + \cdots) x_2 + \cdots \\
&+ (\varepsilon s_{n1} + \varepsilon^2 s_{n2} + \cdots) x_n.
\end{aligned} \tag{7.4}$$

上式括号中 n 个幂级数的收敛性是 (6.2) 中级数的绝对收敛性的简单推论.

因为 $x_1(\varepsilon)$ 可以相差一个因子,所以我们可除以 $(1 + \varepsilon s_{11} + \varepsilon^2 s_{12} + \cdots)$. 当 ε 充分小时,它不为零. 于是我们将这个新向量仍记为 $x_1(\varepsilon)$,亦即

$$\begin{aligned}
x_1(\varepsilon) = &x_1 + (\varepsilon t_{21} + \varepsilon^2 t_{22} + \cdots) x_2 + \cdots \\
&+ (\varepsilon t_{n1} + \varepsilon^2 t_{22} + \cdots) x_n,
\end{aligned} \tag{7.5}$$

上式括号中的表示式对充分小 ε 仍是收敛的幂级数.

这个关系式是在 x_i 的分量直接用行列式表示的假定下得出的. 不过,若我们将这些 x_i 换成新的规范化的 x_i, 使得

$$\|x_i\|_2 = 1, \tag{7.6}$$

这只不过在括号中的每个表示式引进一个常数因子,可将它吸收到 t_{i1} 中去. 于是, 等式 (7.5) 对规范化的 x_i 成立, 虽则当 $\varepsilon \neq 0$ 时 $x_i(\varepsilon)$ 不见得是规范化的.

特征值的一阶摄动

8. 现在我们通过 x_i 与 y_i 来导出一阶摄动的显式表达式. 首先引进量 s_i, 它在今后的分析中将反复使用, 其定义为

$$s_i = y_i^T x_i \quad (i = 1, 2, \cdots, n), \tag{8.1}$$

其中 y_i 与 x_i 是规范化的左向量与右向量. 若 y_i 与 x_i 是实的, 则 s_i 就是这二个向量之间的夹角.

若有重特征值, 则相应的 x_i 与 y_i 不是唯一确定的. 这时假定, 我们所使用的 s_i 对应于某个特殊选取的 x_i 与 y_i. 甚至当 x_i 与 y_i 相应于单特征值 λ_i 时, 它们还可以相差一个模为 1 的复数因子, 但在这种情况下 $|s_i|$ 是完全确定的.

在任何情况下, 我们有

$$|s_i| = |y_i^T x_i| \leqslant \|y_i\|_2 \|x_i\|_2 = 1. \tag{8.2}$$

再定义量 β_{ii} 为

$$\beta_{ii} = y_i^T B x_i, \tag{8.3}$$

因为 $\|B\|_2 < n$, 所以

$$|\beta_{ii}| = |y_i^T (B x_i)| \leqslant \|y_i\|_2 \|B x_i\| \leqslant \|B\|_2 \|y_i\|_2 \|x_i\|_2 \leqslant n. \tag{8.4}$$

9. 根据定义

$$(A + \varepsilon B) x_1(\varepsilon) = \lambda_1(\varepsilon) x_1(\varepsilon), \tag{9.1}$$

因为 $\lambda_1(\varepsilon)$ 以及 $x_1(\varepsilon)$ 的所有分量均可以用收敛的幂级数表示, 我们可令此等式两端 ε 的同次幂的项相等. 令 ε 的项相等, 由 (5.5) 与 (7.5) 得

$$A \left(\sum_{i=2}^{n} t_{i1} x_i \right) + B x_1 = \lambda_1 \left(\sum_{i=2}^{n} t_{i1} x_i \right) + k_1 x_1, \tag{9.2}$$

或者

$$\sum_{i=2}^{n} (\lambda_i - \lambda_1) t_{i1} x_i + B x_1 = k_1 x_1. \tag{9.3}$$

上式左乘 y_1^T 并记住 $y_1^T x_i = 0$ $(i \neq 1)$，得

$$k_1 = y_1^T B x_1 / y_1^T x_1 = \beta_{11}/s_1, \tag{9.4}$$

因此由 (8.4)

$$|k_1| \leqslant n / |s_1|. \tag{9.5}$$

对充分小的 ε，λ_1 摄动中的主项为 $k_1\varepsilon$. 由此可见，此特征值的敏感性主要依赖于 s_1. 可惜的是，s_i 可以为任意小。

特征向量的一阶摄动

10. (9.3) 左乘 y_i^T，得

$$(\lambda_i - \lambda_1) t_{i1} s_i + \beta_{i1} = 0 \quad (i = 2, 3, \cdots, n), \tag{10.1}$$

因此由 (7.5)，x_1 摄动中的一阶项为

$$\varepsilon \left[\frac{\beta_{21} x_2}{(\lambda_1 - \lambda_2) s_2} + \frac{\beta_{31} x_3}{(\lambda_1 - \lambda_3) s_3} + \cdots \right.$$
$$\left. + \frac{\beta_{n1} x_n}{(\lambda_1 - \lambda_n) s_n} \right]. \tag{10.2}$$

注意，除 s_1 外，这里包含所有的 s_i，并且在分母中还有 $(\lambda_1 - \lambda_i)$. s_i 的出现会引起一些误解，这一点我们将在 §26 加以说明. 不过，我们可以预料，若 λ_1 接近于任一其他的特征值，则相应于单特征值 λ_1 的特征向量对 A 的摄动将是十分敏感的，情况的确如此。

若 λ_1 与其他特征值相隔较远，并且没有一个 $s_i (i = 2, \cdots, n)$ 是小的，则我们可以肯定地说，特征向量 x_1 对 A 的摄动是比较不敏感的。

高阶摄动

11. 令等式 (9.1) 中 ε 的高次幂系数相等，我们可以得到高阶摄动的表达式. 例如，令 ε^2 的系数相等，则有

$$A \left(\sum_{i=2}^{n} t_{i2} x_i \right) + B \left(\sum_{i=2}^{n} t_{i1} x_i \right) = k_2 x_1 + k_1$$

$$\times \left(\sum_{i=2}^{n} t_{i1}x_i \right) + \lambda_1 \left(\sum_{i=2}^{n} t_{i2}x_i \right),$$

或者

$$\sum_{i=2}^{n} t_{i2}(\lambda_i - \lambda_1)x_i + B\left(\sum_{i=2}^{n} t_{i1}x_i \right)$$

$$= k_2 x_1 + k_1 \left(\sum_{i=2}^{n} t_{i1}x_i \right). \tag{11.1}$$

左乘 y_1^T，得

$$\sum_{i=2}^{n} t_{i1}\beta_{1i} = k_2 s_1, \tag{11.2}$$

因此由 (10.1)

$$k_2 = \frac{1}{s_1} \sum_{i=2}^{n} \frac{\beta_{i1}\beta_{1i}}{s_i(\lambda_1 - \lambda_i)}. \tag{11.3}$$

用同样的方法可以得到 x_1 摄动中的二阶项等，不过这些高价项的实用价值不大。

重特征值

12. 现在转到 m 重特征值 λ_1 的摄动。一种类似于 §5 的分析需要利用 §3 的定理 2。它表明，对应于这样一个特征值，存在 m 个特征值，它们一般分成若干组，每组可展开成 ε 的分数次幂级数。若只有一组，则每个特征值可表为 $\varepsilon^{\frac{1}{m}}$ 的幂级数；但如有若干组，则将出现其他的分数次幂。有时我们可能有 m 组，在此种情况下，不出现分数次幂，并且对这 m 个摄动特征值中的每一个 $\lambda_i(\varepsilon)$ 成立关系式

$$|\lambda_i(\varepsilon) - \lambda_1| = 0(\varepsilon). \tag{12.1}$$

依据特征多项式来分析多重零点是很粗糙的，因为它与原矩阵的形态相差太远了。在以下几节中，我们将使用一种更有力的，并且也有很大实用价值的方法来重新考虑摄动理论。

Gerschgorin 定理

13. 对于这种新方法我们需要二个定理，它应归功于

Gerschgorin (1931).

定理 3　矩阵 A 的每个特征值至少位于一个以 a_{ii} 为中心, 半径为 $\sum_{j \ne i} |a_{ij}|$ 的圆盘中.

证明很简单. 设 λ 是 A 的任一特征值, 则至少必有一个非零向量 x, 使得

$$Ax = \lambda x. \tag{13.1}$$

假定 x 的第 r 个分量的模为最大, 我们可将 x 规范化为

$$x^T = (x_1, x_2, \cdots, x_{r-1}, 1, x_{r+1}, \cdots, x_n), \tag{13.2}$$

其中

$$|x_i| \le 1 \quad (i \ne r). \tag{13.3}$$

令 (13.1) 两端的第 r 个分量相等, 得

$$\sum_{i=1}^{n} a_{ri} x_i = \lambda x_r = \lambda. \tag{13.4}$$

因此

$$|\lambda - a_{rr}| \le \sum_{j \ne r} |a_{ri} x_i| \le \sum_{j \ne r} |a_{ri}| |x_j|$$

$$\le \sum_{j \ne r} |a_{ri}|. \tag{13.5}$$

所以, λ 位于上述的一个圆盘中.

第二定理给出有关特征值在圆盘中分布的更详细的信息.

定理 4　若定理 3 中的 s 个圆盘组成一个连通域, 并与其余圆盘隔开, 则在此连通域中恰好有 s 个 A 的特征值.

证明基于连续性概念, 令

$$A = \mathrm{diag}(a_{ii}) + C = D + C, \tag{13.6}$$

其中 C 是一矩阵, 它的非对角元素等于 A 的相应元素, 而对角元素为零. 量 r_i 定义为

$$r_i = \sum_{j \ne i} |a_{ii}|. \tag{13.7}$$

现在考察矩阵 $(D + \varepsilon C)$, 其中 ε 满足

$$0 \le \varepsilon \le 1. \tag{13.8}$$

当 $\varepsilon = 0$ 时它为矩阵 D, 而当 $\varepsilon = 1$ 时它为矩阵 A. $(D + \varepsilon C)$

的特征多项式的系数是 ε 的多项式．根据代数函数理论，特征方程的根是 ε 的连续函数．按定理 3，对任一 ε，所有特征值均位于以 a_{ii} 为中心，半径为 εr_i 的圆盘中．若令 ε 从 0 连续地变到 1，则所有特征值均连续地变化．

不失一般性，我们可假定前 s 个圆盘组成连通域．由于以 r_{s+1}，r_{s+2}，$\cdots$，r_n 为半径的 $(n-s)$ 个圆盘与以 r_1，r_2，$\cdots$，r_s 为半径的圆盘是隔开的，因此对所有位于 (13.8) 范围中的 ε，以 εr_i 为半径的圆盘同样也有此性质．但当 $\varepsilon = 0$ 时，特征值是 a_{11}，a_{22}，$\cdots$，a_{nn}，它们之中的前 s 个落在相应于前 s 个圆盘的区域中，而其余的 $(n-s)$ 个特征值落在此区域之外．由此可见，对所有的 ε，包括 $\varepsilon = 1$ 在内，这一结论也成立．

特别地，若某个 Gerschgorin 圆盘是孤立的，则它恰好含有一个特征值．注意，用 A^{T} 代替 A 可得相应结果．

基于 Gerschgorin 定理的摄动理论

14. 现在我们利用 Jordan 标准型来研究 $(A + \varepsilon B)$ 的特征值，分为五种主要情形．

情形 1 具有线性初等因子矩阵的单特征值 λ_1 的摄动．

这时 Jordan 标准型为对角矩阵，存在矩阵 H 使得

$$H^{-1}AH = \operatorname{diag}(\lambda_i), \tag{14.1}$$

H 的列平行于完全的右特征向量系 x_i，而 H^{-1} 的行平行于完全的左特征向量系 y_i^{T}．若将这些向量规范化为

$$\|x_i\|_2 = \|y_i\|_2 = 1, \tag{14.2}$$

则可取 H 的 i 列作为 x_i，并按 §8 的记号，可取 H^{-1} 的 i 行作为 y_i^{T}/s_i．（注意，因为 λ_1 是单特征值，x_1 与 y_1 除了模为 1 的因子外是唯一的．）根据 H 的形式即得

$$H^{-1}(A + \varepsilon B)H = \operatorname{diag}(\lambda_i) + \varepsilon \begin{bmatrix} \beta_{11}/s_1 & \beta_{12}/s_1 & \cdots & \beta_{1n}/s_1 \\ \beta_{21}/s_2 & \beta_{22}/s_2 & \cdots & \beta_{2n}/s_2 \\ \vdots & \vdots & & \vdots \\ \beta_{n1}/s_n & \beta_{n2}/s_n & \cdots & \beta_{nn}/s_n \end{bmatrix}.$$

$$\tag{14.3}$$

应用定理3可知. 特征值位于以 $(\lambda_i + \varepsilon\beta_{ii}/s_i)$ 为中心,半径为 $\varepsilon \sum\limits_{j \neq i} |\beta_{ii}/s_i|$ 的圆盘中. 利用关系式 (8.4),我们看到,若 $|b_{ii}| < 1$,则第 i 个圆盘的半径小于 $n(n-1)\varepsilon/|s_i|$;又因 λ_1 假定是单的,对充分小 ε,第一个圆盘被孤立出来,所以恰好含有一个特征值.

15. 我们刚才得到的结果有点令人失望,因为根据以前的分析,我们原可预期,相应于 λ_1 的特征值会落在以 $(\lambda_1 + \varepsilon\beta_{11}/s_1)$ 为中心,但半径为 $O(\varepsilon^2)$ $(\varepsilon \to 0)$ 的圆盘中. 不过利用下面简单的办法,我们可以缩小 Gerschgorin 圆盘的半径.

若将任一矩阵的第 i 列乘以 m,第 i 行乘以 $1/m$,则其特征值不变. 将此结果应用于 (14.3) 右端矩阵的第一行与第一列,即 $i = 1$,并取 $m = k/\varepsilon$,于是它变为

$$\mathrm{diag}(\lambda_i) + \begin{bmatrix} \varepsilon\beta_{11}/s_1 & \varepsilon^2\beta_{12}/ks_1 & \varepsilon^2\beta_{13}/ks_1 \cdots \varepsilon^2\beta_{1n}/ks_1 \\ k\beta_{21}/s_2 & \varepsilon\beta_{22}/s_2 & \varepsilon\beta_{23}/s_2 \cdots \varepsilon\beta_{2n}/s_n \\ \vdots & \vdots & \vdots & \vdots \\ k\beta_{n1}/s_n & \varepsilon\beta_{n2}/s_n & \varepsilon\beta_{n3}/s_n \cdots \varepsilon\beta_{nn}/s_n \end{bmatrix}.$$

$$(15.1)$$

现在的第一行元素,除了 (1.1) 外,含有因子 ε^2;而第一列元素,除了 (1.1) 外,与 ε 无关,所有其他元素不变. 我们设法选取 k,使得第一个 Gerschgorin 圆盘尽可能地小,同时保持其他圆盘为充分小以避免与第一个相重迭.

显然,这对一切充分小 ε 均成立,只要我们取 k 为满足不等式

$$|k\beta_{i1}/s_i| \leqslant \frac{1}{2}|\lambda_1 - \lambda_i| \quad (i = 2, \cdots, n) \qquad (15.2)$$

的最大值. (关系式 (15.2) 中的因子 $\frac{1}{2}$ 没有特殊含义;它可用任一与 ε 无关且小于 1 的数代替.) 若取

$$k = \min|(\lambda_1 - \lambda_i)s_i/2\beta_{i1}| \quad (i = 2, \cdots, n), \qquad (15.3)$$

则这一要求得到满足. (若所有 β_{i1} 均为零,则 $\lambda_1 + \varepsilon\beta_{11}/s_1$ 就是一个精确特征值,我们无需更多地讨论这种情况.) 根据如此确定的 k,

我们得到第一个 Gerschgorin 圆盘的半径为

$$r_1 = \sum_{i=2}^{n} |\varepsilon^2 \beta_{1i}/ks_1| \leqslant n(n-1)\varepsilon^2/k|s_1|. \qquad (15.4)$$

同时有

$$k^{-1} = \max|2\beta_{i1}/(\lambda_1 - \lambda_i)s_i| \leqslant \max|2n/(\lambda_1 - \lambda_i)s_i|. \qquad (15.5)$$

我们在此提醒读者,这些界限是在假定 B 为规范化,即 $|b_{ii}| < 1$ 的基础上得到的.

16. 界限的显式表达式往往掩盖了基本技巧的简易性. 当我们考察数值例题时,这种简易性立即变得十分明显. 作为说明,我们首先考察矩阵 X:

$$X = \begin{bmatrix} 0.9 & & \\ & 0.4 & \\ & & 0.4 \end{bmatrix} + 10^{-5} \begin{bmatrix} 0.1234 & 0.4132 & -0.2167 \\ -0.1342 & 0.4631 & 0.1276 \\ 0.1567 & 0.1432 & 0.3125 \end{bmatrix}.$$

$$(16.1)$$

右端第一个矩阵有一个二重特征值,但初等因子是线性的.

将第一行乘以 10^{-5},第一列乘以 10^5,则 X 的特征值等于下列矩阵的特征值:

$$\begin{bmatrix} 0.9 & & \\ & 0.4 & \\ & & 0.4 \end{bmatrix} +$$

$$\begin{bmatrix} 10^{-5}(0.1234) & 10^{-10}(0.4132) & 10^{-10}(-0.2167) \\ -0.1342 & 10^{-5}(0.4631) & 10^{-5}(0.1276) \\ 0.1567 & 10^{-5}(0.1432) & 10^{-5}(0.3125) \end{bmatrix}. \quad (16.2)$$

相应的 Gerschgorin 圆盘为:

中心 $0.9 + 10^{-5}(0.1234)$

半径 $10^{-10}(0.4132 + 0.2167) = 10^{-10}(0.6299)$,

中心 $0.4 + 10^{-5}(0.4631)$

半径 $0.1342 + 10^{-5}(0.1276)$,

中心 $0.4 + 10^{-5}(0.3125)$

半径 $0.1567 + 10^{-5}(0.1432)$.

第一个圆盘显然是孤立的，所以恰好含有一个特征值．此圆盘中的半径为 10^{-10} 量级． 其余二个对角元素为相同这一事实全然不影响结果．

可是，若我们使其余二个特征值之一趋于第一个，则对此特征值的定位将产生不利的影响，考察矩阵 Y，

$$Y = \begin{bmatrix} 0.9 & & \\ & 0.89 & \\ & & 0.4 \end{bmatrix} + 10^{-5} \begin{bmatrix} 0.1234 & 0.4132 & -0.2167 \\ -0.1342 & 0.4631 & 0.1276 \\ 0.1576 & 0.1432 & 0.3125 \end{bmatrix}.$$

(16.3)

我们不能再使用因子 10^{-5}，因为这时前二个 Gerschgorin 圆盘就会重迭． 使用因子 10^{-3}，矩阵变为

$$\begin{bmatrix} 0.9 & & \\ & 0.89 & \\ & & 0.4 \end{bmatrix}$$

$$+ \begin{bmatrix} 10^{-5}(0.1234) & 10^{-8}(0.4132) & 10^{-8}(-0.2167) \\ 10^{-2}(-0.1342) & 10^{-5}(0.4631) & 10^{-5}(0.1276) \\ 10^{-2}(0.1567) & 10^{-5}(0.1432) & 10^{-5}(0.3125) \end{bmatrix}, \quad (16.4)$$

第一个圆盘被孤立出来． 因此有一个特征值位于以 $0.9 + 10^{-5}(0.1234)$ 为中心，半径为 $10^{-8}(0.6299)$ 的圆盘中．

17. 情形 2 具有线性初等因子矩阵的重特征值 λ_1 的摄动．

对这种情形，只要考察一个 6 阶矩阵，且有 $\lambda_1 = \lambda_2 = \lambda_3$，$\lambda_4 = \lambda_5$ 的简单例子便足以说明．因为矩阵 A 的初等因子为线性，所以 $(A + \varepsilon B)$ 相似于

$$\begin{bmatrix} \lambda_1 & & & & & \\ & \lambda_1 & & & & \\ & & \lambda_1 & & & \\ & & & \lambda_4 & & \\ & & & & \lambda_4 & \\ & & & & & \lambda_6 \end{bmatrix} + \varepsilon \begin{bmatrix} \beta_{11}/s_1 & \beta_{12}/s_1 \cdots \beta_{16}/s_1 \\ \beta_{21}/s_2 & \beta_{22}/s_2 \cdots \beta_{26}/s_2 \\ \vdots \\ \beta_{61}/s_6 & \beta_{62}/s_6 \cdots \beta_{66}/s_6 \end{bmatrix}. \quad (17.1)$$

在情形 1 中我们已经讨论了 λ_6．将第 6 列乘以 k/ε，第 6 行乘以

ε/k，我们可以界定一个单特征值，位于以 $\lambda_6 + \varepsilon\beta_{66}/s_6$ 为中心，半径为 $0(\varepsilon^2)$ $(\varepsilon \to 0)$ 的圆盘中．现在考察其余五个 Gerschgorin 圆盘． 有三个的中心为 $\lambda_1 + \varepsilon\beta_{ii}/s_i$ $(i = 1, 2, 3)$，有二个的中心为 $\lambda_4 + \varepsilon\beta_{ii}/s_i$ $(i = 4, 5)$，相应的半径均为 ε 量级．显然，对充分小 ε，三个一组的圆盘将与二个一组的圆盘分隔开来，但我们一般不能指望一组中的个别圆盘是孤立的．三重特征值 λ_1 的摄动，当 $\varepsilon \to 0$ 时，均为 ε 量级，但一般不能断定，以 $\lambda_1 + \varepsilon\beta_{ii}/s_i(i = 1, 2, 3)$ 为中心，半径为 ε^2 量级的三个圆盘中每个含有一特征值．

18. 然而，我们可以将这些圆盘的半径缩小一些，我们把注意力集中于三重特征值．记 (17.1) 为

$$\operatorname{diag}(\lambda_i) + \varepsilon\left[\begin{array}{c|c} P & Q \\ \hline R & S \end{array}\right], \qquad (18.1)$$

其中 P, Q, R, S 均为 (3×3) 矩阵．将前三行乘以 ε/k，前三列乘以 k/ε，得

$$\operatorname{diag}(\lambda_i) + \left[\begin{array}{c|c} \varepsilon P & k^{-1}\varepsilon^2 Q \\ \hline kR & \varepsilon S \end{array}\right]. \qquad (18.2)$$

我们可以选取与 ε 无关的 k 值，使得前三个圆盘与其余的分隔开来．因此，对某些适当的 k，有三个特征值位于下列三个圆盘的和集之中：

中心 $\lambda_1 + \varepsilon\beta_{11}/s_1$，半径 $\varepsilon(|\beta_{12}| + |\beta_{13}|)/|s_1| + \varepsilon^2(|\beta_{14}| + |\beta_{15}| + |\beta_{16}|)/k|s_1|$，

中心 $\lambda_1 + \varepsilon\beta_{22}/s_2$，半径 $\varepsilon(|\beta_{21}| + |\beta_{23}|)/|s_2| + \varepsilon^2(|\beta_{24}| + |\beta_{25}| + |\beta_{26}|)/k|s_2|$，

中心 $\lambda_1 + \varepsilon\beta_{33}/s_3$，半径 $\varepsilon(|\beta_{31}| + |\beta_{32}|)/|s_3| + \varepsilon^2(|\beta_{34}| + |\beta_{35}| + |\beta_{36}|)/k|s_3|$，

对于一个 6 阶矩阵，半径的这种缩小并不给人以深刻的印象，可是对高阶矩阵，它是很重要的．我们在后面（第九章，§68）将看到，把 (18.1) 的矩阵 P 化为标准型可以得到更精确的结果，但我们不在这里讨论它．

注意,我们已经证明,当 A 有重特征值,但初等因子为线性时,特征多项式的系数必定有一些特殊的联系,在摄动中不出现 ε 的分数次幂.

19. 情形 3 具有一个或多个非线性初等因子矩阵的单特征值的摄动.

因为 A 有某些非线性初等因子,所以不再存在完全的特征向量系. 我们首先研究对这种矩阵的 s_i 起作用的那些量. 考察简单的矩阵

$$A = \begin{bmatrix} a & 1 \\ 0 & b \end{bmatrix}. \tag{19.1}$$

特征值是 $\lambda_1 = a$ 与 $\lambda_2 = b$,相应的右向量与左向量是

$$\begin{aligned} x_1^T &= (1, 0), \alpha x_2^T = (1, b-a), \\ \alpha y_1^T &= (a-b, 1), y_2^T = (0, 1), \end{aligned} \tag{19.2}$$

其中 $\alpha = [1+(a-b)^2]^{\frac{1}{2}}$.因此有

$$s_1 = y_1^T x_1 = (a-b)/\alpha, \quad s_2 = y_2^T x_2 = (b-a)/\alpha, \tag{19.3}$$

并且当 $b \to a$ 时 s_1 与 s_2 均趋于零. 我们已经知道,单特征值对摄动的敏感性与 s_i^{-1} 成比例. 因此,当 b 趋于 a 时,两个特征值变得愈来愈敏感. 然而,我们注意到,对任意的 b 值,有 $s_1^{-1}+s_2^{-1}=0$,所以虽然 s_1^{-1} 与 s_2^{-1} 均趋于无穷大,但它们并不是独立的.

20. 对具有非线性初等因子的矩阵,可以利用 A 的 Jordan 标准型进行类似于前面几节的分析. 存在非奇异矩阵 H 使得

$$H^{-1}AH = C, \tag{20.1}$$

其中 C 是上 Jordan 标准型. 现在我们不能随意地假定 H 的各列均为规范化的,因为与非线性初等因子相关的那些列的比例因子受到如下约束,即要求 C 中的上对角线元素为 1 (第一章,§8).尽管如此,假定与线性初等因子相关的那些列为规范化仍是有利的,我们用 G 表示由 H^{-1} 的规范化行所构成的矩阵,并记

$g_i^T h_i = s_i$ 若 g_i 与 h_i 相应于线性因子;

$g_i^T h_i = t_i$,若 g_i 与 h_i 是相应于非线性因子的部分向量系.

单特征值的摄动用一个简单的例子便足以说明. 考察 4 阶矩

阵，具有初等因子 $(\lambda_1 - \lambda)^2$, $(\lambda_3 - \lambda)$, $(\lambda_4 - \lambda)$. 我们可令

$$H^{-1}(A + \varepsilon B)H = \begin{bmatrix} \lambda_1 & 1 & & \\ 0 & \lambda_1 & & \\ & & \lambda_3 & \\ & & & \lambda_4 \end{bmatrix}$$

$$+ \varepsilon \left[\begin{array}{cc|cc} \beta_{11}/t_1 & \beta_{12}/t_1 & \beta_{13}/t_1 & \beta_{14}/t_1 \\ \beta_{21}/t_2 & \beta_{22}/t_2 & \beta_{23}/t_2 & \beta_{24}/t_2 \\ \hline \beta_{31}/s_3 & \beta_{32}/s_3 & \beta_{33}/s_3 & \beta_{34}/s_3 \\ \beta_{41}/s_4 & \beta_{42}/s_4 & \beta_{43}/s_4 & \beta_{44}/s_4 \end{array} \right], \quad (20.2)$$

其中

$$\beta_{ij} = g_i^T B h_j (\text{一切 } i, j), \quad |\beta_{ij}| \leqslant n \ (i, j \geqslant 3). \quad (20.3)$$

自然要问，单特征值 λ_3 与 λ_4 的摄动是否为

$$\begin{cases} |\lambda_3(\varepsilon) - \lambda_3| = 0(\varepsilon), \\ |\lambda_4(\varepsilon) - \lambda_4| = 0(\varepsilon), \end{cases} \quad \text{当 } \varepsilon \to 0. \quad (20.4)$$

初看起来，Jordan 标准型中有元素 1 好像是很不利，因为对一切 ε，第一个 Gerschgorin 圆盘的半径大于 1. 从而，若 $|\lambda_1 - \lambda_3|$ 小于 1，则对任意的 ε，第三个圆盘便不能与第一个分隔开. 可是，若我们将 (20.2) 的第一行乘以 m，第一列乘以 $1/m$，则它变为

$$\begin{bmatrix} \lambda_1 & m & & \\ 0 & \lambda_1 & & \\ & & \lambda_3 & \\ & & & \lambda_4 \end{bmatrix} + \varepsilon \begin{bmatrix} \gamma_{11} & \gamma_{12} & \gamma_{13} & \gamma_{14} \\ \gamma_{21} & \gamma_{22} & \gamma_{23} & \gamma_{24} \\ \gamma_{31} & \gamma_{32} & \gamma_{33} & \gamma_{34} \\ \gamma_{41} & \gamma_{42} & \gamma_{43} & \gamma_{44} \end{bmatrix}, \quad (20.5)$$

其中 γ_{ij} 与 ε 无关. 选取

$$m = \min \left\{ \frac{1}{4} |\lambda_1 - \lambda_3|, \frac{1}{4} |\lambda_1 - \lambda_4| \right\} \quad (20.6)$$

便可排除这一困难. 为了孤立第三个 Gerschgorin 圆盘并使它的半径为 ε^2 量级，我们将第三列与第三行分别乘以 k/ε 与 ε/k，并取 k 使之满足

$$|k\gamma_{i3}| \leqslant \frac{1}{2}|\lambda_3 - \lambda_i| \quad (i \neq 3). \tag{20.7}$$

与 §15 完全相同，我们看到，对充分小 ε，以 $\lambda_3 + \varepsilon\gamma_{33}$ 为中心，半径为 $\varepsilon^2(|\gamma_{31}| + |\gamma_{32}| + |\gamma_{34}|)$ 的圆盘被孤立出来，所以恰好含有一个特征值. 因此单特征值 λ_3 的摄动为

$$|\lambda_3(\varepsilon) - \lambda_3 - \varepsilon\gamma_{33}| = 0(\varepsilon^2) \text{ 当 } \varepsilon \to 0, \tag{20.8}$$

这里的 γ_{33} 实际上就是 β_{33}/s_3. 由 (20.2) 得 $|\beta_{33}| \leqslant n$. 初等因子 $(\lambda_1 - \lambda)^2$ 的出现并未对异于 λ_1 的单特征值的性质产生实·质·性·的影响. 读者容易确信, 这个结果具有普遍性.

21. 情形 4 相应于非减次矩阵非线性因子的特征值的摄动.

我们可令非线性因子为 $(\lambda_1 - \lambda)^r$. 因为假定矩阵是非减次的, 所以不再有 $(\lambda_1 - \lambda)$ 幂次的其他因子. §20 中的矩阵可用来说明这种情形. 我们考察二重特征值 $\lambda = \lambda_1$ 的摄动. 在 (20.2) 中, 元素 1 位于元素 λ_1 所在的二行之一. 若要得到 Gerschgorin 圆盘, 其半径随 $\varepsilon \to 0$ 而趋于零, 则必须对此元素乘以某个因子. 事实上, 将第二列乘以 $\varepsilon^{\frac{1}{2}}$, 第二行乘以 $\varepsilon^{-\frac{1}{2}}$, 则矩阵和变为

$$\begin{bmatrix} \lambda_1 & \varepsilon^{\frac{1}{2}} & & \\ 0 & \lambda_1 & & \\ & & \lambda_3 & \\ & & & \lambda_4 \end{bmatrix} + \begin{bmatrix} \varepsilon & \varepsilon^{\frac{3}{2}} & \varepsilon & \varepsilon \\ \varepsilon^{\frac{1}{2}} & \varepsilon & \varepsilon^{\frac{1}{2}} & \varepsilon^{\frac{1}{2}} \\ \varepsilon & \varepsilon^{\frac{3}{2}} & \varepsilon & \varepsilon \\ \varepsilon & \varepsilon^{\frac{3}{2}} & \varepsilon & \varepsilon \end{bmatrix}, \tag{21.1}$$

其中第二个矩阵的每个元素省略了一个常数因子. 显然, Gerschgorin 圆盘的半径其主项为 $\varepsilon^{\frac{1}{2}}$. 对充分小 ε, 有两个特征值位于以 λ_1 为中心, 半径为 $\varepsilon^{\frac{1}{2}}$ 量级的圆盘中. 类似地, 对于三重初等因子, 将第二与第三列乘以 $\varepsilon^{\frac{1}{3}}$ 与 $\varepsilon^{\frac{2}{3}}$, 第二与第三行乘以 $\varepsilon^{-\frac{1}{3}}$ 与 $\varepsilon^{-\frac{2}{3}}$, 我们可以把矩阵和

$$\begin{bmatrix} \lambda_1 & 1 & 0 & \\ 0 & \lambda_1 & 1 & \\ 0 & 0 & \lambda_1 & \\ & & & \lambda_4 \end{bmatrix} + \begin{bmatrix} \varepsilon & \varepsilon & \varepsilon & \varepsilon \\ \varepsilon & \varepsilon & \varepsilon & \varepsilon \\ \varepsilon & \varepsilon & \varepsilon & \varepsilon \\ \varepsilon & \varepsilon & \varepsilon & \varepsilon \end{bmatrix} \tag{21.2}$$

变换成

$$
\begin{bmatrix}
\lambda_1 & \varepsilon^{\frac{1}{3}} & 0 & \\
0 & \lambda_1 & \varepsilon^{\frac{1}{3}} & \\
0 & 0 & \lambda_1 & \\
& & & \lambda_4
\end{bmatrix}
+
\begin{bmatrix}
\varepsilon & \varepsilon^{\frac{4}{3}} & \varepsilon^{\frac{2}{3}} & \varepsilon \\
\varepsilon^{\frac{2}{3}} & \varepsilon & \varepsilon^{\frac{4}{3}} & \varepsilon^{\frac{2}{3}} \\
\varepsilon^{\frac{1}{3}} & \varepsilon^{\frac{2}{3}} & \varepsilon & \varepsilon^{\frac{1}{3}} \\
\varepsilon & \varepsilon^{\frac{4}{3}} & \varepsilon^{\frac{2}{3}} & \varepsilon
\end{bmatrix}.
\tag{21.3}
$$

于是由 Gerschgorin 定理可知,对充分小 ε,有三个特征值位于以 λ_1 为中心,半径与 $\varepsilon^{\frac{1}{3}}$ 成比例的圆盘中.

对 n 阶初等因子的一般结果现在很清楚了. §2 给出的例子表明,若 B 是一个一般矩阵,我们不能避免出现因子 $\varepsilon^{\frac{1}{n}}$. 当然,也可能有 ε 量级的特殊摄动,使相应的特征值摄动是 ε 量级或甚至为零.

22. 情形 5 当有一个以上 $(\lambda_i - \lambda)$ 幂次的初等因子且至少有一个为非线性时,特征值 λ_i 的摄动.

在对此种情形给出一般结果之前,我们考察一个简单的矩阵例子,它的 Jordan 标准型为

$$
\begin{bmatrix}
\lambda_1 & 1 & 0 & & \\
0 & \lambda_1 & 1 & & \\
0 & 0 & \lambda_1 & & \\
\hline
& & & \lambda_1 & 1 \\
& & & 0 & \lambda_1
\end{bmatrix}.
\tag{22.1}
$$

自然要问,是否总有两个特征值位于以 λ_1 为中心,半径为 $0(\varepsilon^{\frac{1}{2}})$ $(\varepsilon \to 0)$ 的圆盘中. 答案显然是否定的. 因为,若在 $(3, 4)$ 与 $(5, 1)$ 位置上给以摄动 ε,则特征方程为

$$
(\lambda_1 - \lambda)^5 + \varepsilon^2 = 0,
\tag{22.2}
$$

从而所有的摄动均与 $\varepsilon^{\frac{2}{5}}$ 成比例.

然而,我们可以证明,至少有一个摄动,它的量级不大于 $\varepsilon^{\frac{2}{5}}$. 事实上,我们考察 (22.1) 的矩阵元素中所有可能的 ε 量级摄动. 我们可以将特征方程按 $(\lambda_1 - \lambda)$ 幂次展开,并考察展开式中的行列式. 显然可见,常数项的形式为

$$
A_2\varepsilon^2 + A_3\varepsilon^3 + A_4\varepsilon^4 + A_5\varepsilon^5.
\tag{22.3}
$$

这里没有 ε 项或者与 ε 无关的项,今若特征方程的根由下式给

出：

$$(\lambda - \lambda_i) = p_i, \qquad (22.4)$$

则有

$$\prod_{i=1}^{5} p_i = A_2 \varepsilon^2 + A_3 \varepsilon^3 + A_4 \varepsilon^4 + A_5 \varepsilon^5. \qquad (22.5)$$

因此，不可能所有 p_i 的量级均大于 $\varepsilon^{\frac{2}{5}}$. 再添加上异于 λ_1 的任意重数的特征值显然不影响此结果.

相应于非线性因子一般分布的摄动

23. 阶数高于 $(\lambda_1 - \lambda)$ 的初等因子的存在使得对应于线性初等因子 $(\lambda_1 - \lambda)$ 的特征值的敏感性受到影响，但它不影响异于 λ_1 的特征值. 以下两个结果作为练习留给读者证明.

设相应于 λ_1 的初等因子为

$$(\lambda_1 - \lambda)^{r_1}, (\lambda_1 - \lambda)^{r_2}, \cdots, (\lambda_1 - \lambda)^{r_s}, \qquad (23.1)$$

其中

$$r_1 \geqslant r_2 \geqslant \cdots \geqslant r_s, \quad \sum r_i = t. \qquad (23.2)$$

则对充分小 ε，摄动 $p_1, p_2, \cdots, p_t$ 满足

$$\prod_{i=1}^{t} p_i = A_s \varepsilon^s + A_{s+1} \varepsilon^{s+1} + \cdots + A_t \varepsilon^t. \qquad (23.3)$$

因此，至少有一个 λ 位于 λ_1 为中心，半径为 $K_1 \varepsilon^{s/t}$ 的圆盘中，其中 K_1 为某个数. 另一方面，所有相应的摄动特征值位于以 λ_1 为中心，半径为 $K_2 \varepsilon^{1/r_1}$ 的圆盘中，此处 K_2 为某个数.

根据 Jordan 标准型的特征向量的摄动理论

24. 考察 Jordan 标准型也可研究特征向量的摄动. 我们不打算全面讨论这个问题，而只限于 A 的初等因子是线性的情形. 这时有

$$H^{-1}AH = \text{diag}(\lambda_i), \qquad (24.1)$$

H 的列构成 A 的完全特征向量系 $x_1, x_2, \cdots, x_n$. 记 $(A + \varepsilon B)$ 的"相应"特征向量为 $x_1(\varepsilon), x_2(\varepsilon), \cdots, x_n(\varepsilon)$, $H^{-1}(A + \varepsilon B)H$

的特征向量为 $z_1(\varepsilon), z_2(\varepsilon), \cdots, z_n(\varepsilon)$，则有

$$x_i(\varepsilon) = Hz_i(\varepsilon). \tag{24.2}$$

因为 x_i 是完全特征向量系，所以存在一组 $\alpha_i(\varepsilon)$，使得

$$Hz_i(\varepsilon) = \alpha_1(\varepsilon)x_1 + \alpha_2(\varepsilon)x_2 + \cdots + \alpha_n(\varepsilon)x_n. \tag{24.3}$$

为使记号简单起见，考察 §17 中用过的 6 阶矩阵，我们有

$$
H^{-1}(A + \varepsilon B)H = \begin{bmatrix} \lambda_1 & & & & & \\ & \lambda_1 & & & & \\ & & \lambda_1 & & & \\ & & & \lambda_4 & & \\ & & & & \lambda_4 & \\ & & & & & \lambda_6 \end{bmatrix}
$$

$$
+ \varepsilon \begin{bmatrix} \beta_{11}/s_1 & \beta_{12}/s_1 & \beta_{13}/s_1 & \cdots & \beta_{16}/s_1 \\ \beta_{21}/s_2 & \beta_{22}/s_2 & \beta_{23}/s_2 & \cdots & \beta_{26}/s_2 \\ \vdots & \vdots & \vdots & & \vdots \\ \beta_{61}/s_6 & \beta_{62}/s_6 & \beta_{63}/s_6 & \cdots & \beta_{66}/s_6 \end{bmatrix}. \tag{24.4}
$$

现在考察单特征值 λ_6，我们看到 $z_6(0) = e_6$。将相应的 $z_6(\varepsilon)$ 规范化，使得最大分量等于 1，对充分小 ε，它必为第 6 分量。事实上，譬如说，假定它为第 4 分量，则令关系式

$$\lambda_6(\varepsilon)[z_{46}(\varepsilon)] = \lambda_4 z_{46}(\varepsilon) + \frac{\varepsilon}{s_4} \sum_{i=1}^{6} \beta_{4i} z_{i6}(\varepsilon) \tag{24.5}$$

中的 $z_{46}(\varepsilon) = 1$，得

$$\lambda_6(\varepsilon) - \lambda_4 = \frac{\varepsilon}{s_4} \sum_{i=1}^{6} \beta_{4i} z_{i6}(\varepsilon). \tag{24.6}$$

令 $\varepsilon \to 0$，左端趋于 $\lambda_6 - \lambda_4$，而右端趋于零。从而引出矛盾. 因此对充分小 ε，$z_{66}(\varepsilon) = 1$。

现在我们证明，当 $\varepsilon \to 0$ 时，其余的分量均小于 $K\varepsilon$，此处 K 为某个数。事实上，我们有

$$\lambda_6(\varepsilon)z_{i6}(\varepsilon) = \lambda_i z_{i6}(\varepsilon) + \frac{\varepsilon}{s_i} \sum_{j=1}^{6} \beta_{ij} z_{j6}(\varepsilon), \tag{24.7}$$

从而

$$|\lambda_6(\varepsilon) - \lambda_i| \, |z_{i6}(\varepsilon)| \leqslant \frac{\varepsilon}{|s_i|} \sum_{j=1}^{6} |\beta_{ij}|. \tag{24.8}$$

因此，当 $|\lambda_6(\varepsilon) - \lambda_i| \geqslant \frac{1}{2} |\lambda_6 - \lambda_i|$ 时，得

$$|z_{i6}(\varepsilon)| \leqslant \frac{2\varepsilon \sum\limits_{j=1}^{6} |\beta_{ij}|}{|s_i| \, |\lambda_6 - \lambda_i|} \quad (i = 1, \cdots, 5). \tag{24.9}$$

知道了 $z_{i6}(\varepsilon)$ $(i = 1, \cdots, 5)$ 是 ε 量级后，我们可以得到一个改进的界限. 实际上 (24.7) 给出

$$\{\lambda_6(\varepsilon) - \lambda_i\} z_{i6}(\varepsilon) = \frac{\varepsilon\beta_{i6}}{s_i} + \frac{\varepsilon}{s_i} \sum_{j=1}^{5} \beta_{ij} z_{i6}(\varepsilon), \tag{24.10}$$

右端第二项是 ε^2 量级. 所以

$$\left| z_{i6}(\varepsilon) - \frac{\varepsilon\beta_{i6}}{s_i(\lambda_6 - \lambda_i)} \right| = 0(\varepsilon^2). \tag{24.11}$$

这一结果本质上与 (10.2) 相同，但现在我们可以看出如何去获得 ε^2 项的精确界限. 这对数值例题是重要的.

相应于重特征值(线性初等因子)的特征向量的摄动

25. 对相应于重特征值的特征向量，我们不可能证明这么多. 事实上，若 $z_5(\varepsilon)$ 是与 $H^{-1}(A + \varepsilon B)H$ 的特征值 $\lambda_5(\varepsilon)$ 相应的规范化特征向量，如同 §24 一样，我们可以证明，$z_5(\varepsilon)$ 的最大分量不可能是第 1，2，3，6 元素，这些元素实际上为 ε 量级. 因此，规范化的 $z_5(\varepsilon)$ 应取下列二种形式之一：

$$[z_{15}(\varepsilon), z_{25}(\varepsilon), z_{35}(\varepsilon), k(\varepsilon), 1, z_{65}(\varepsilon)] \tag{25.1}$$

与

$$[z_{15}(\varepsilon), z_{25}(\varepsilon), z_{35}(\varepsilon), 1, k(\varepsilon), z_{65}(\varepsilon)], \tag{25.2}$$

其中 $|k(\varepsilon)| \leqslant 1$. $(A + \varepsilon B)$ 的相应特征向量 $x_5(\varepsilon)$ 在 x_1, x_2, x_3, x_6 方向上的分量为 ε 量级，但在由 x_4 与 x_5 张成的子空间中分量为 $x_4 + k(\varepsilon)x_5$ 或者 $k(\varepsilon)x_4 + x_5$，因为此子空间中的任一

向量都是 A 的特征向量,所以我们不能期望改进这个结果.

摄动理论的限度

26. 尽管我们在 §14~§25 中所发展的摄动理论有很大的实用价值,但在此阶段指出它的某些不足之处是有益的. 我们讨论了当 $\varepsilon \to 0$ 时摄动的性质,现在考察简单矩阵

$$\begin{bmatrix} a & 10^{-10} \\ 0 & a \end{bmatrix}. \tag{26.1}$$

此矩阵有非线性初等因子 $(a-\lambda)^2$. 若对 (26.1) 元素加上一个摄动 ε,则特征值变为 $a \pm (10^{-10}\varepsilon)^{\frac{1}{2}}$. 所以,特征值对 ε 的导数当 $\varepsilon \to 0$ 时趋于无穷大. 然而,若我们感兴趣的摄动为 10^{-10} 量级,这一点是可以避免的. 若摄动矩阵为

$$\begin{bmatrix} \varepsilon_1 & \varepsilon_2 \\ \varepsilon_3 & \varepsilon_4 \end{bmatrix}, \tag{26.2}$$

更自然的是将此问题看成矩阵

$$\begin{bmatrix} a & 0 \\ 0 & a \end{bmatrix} \tag{26.3}$$

有一个摄动

$$\begin{bmatrix} 0 & 10^{-10} \\ 0 & 0 \end{bmatrix} + \begin{bmatrix} \varepsilon_1 & \varepsilon_2 \\ \varepsilon_3 & \varepsilon_4 \end{bmatrix}, \tag{26.4}$$

而矩阵 (26.3) 已没有非线性因子.

现在转到特征向量,我们已将它们的摄动分解为 $x_1, x_2, \cdots, x_n$ 方向上的分量. 当 x_i 为正交时,这种分解是很有用的. 但若某些 x_i "几乎"线性相关,则可能在个别 x_i 方向上有大的分量,即使摄动向量本身很小. 我们在 §10 中已看到,相应于单特征值 λ_1 的摄动为

$$\varepsilon \sum_{i=2}^{n} \frac{\beta_{i1}}{s_i(\lambda_1 - \lambda_i)} x_i + O(\varepsilon^2). \tag{26.5}$$

因此,一般可以期望,若 s_i 很小,则 x_i 方向的分量将会很大. 这可能会引起误解,从以下矩阵即可看出:

$$\begin{bmatrix} 2 & 0 & 0 \\ 0 & 1 & 1 \\ 0 & 0 & 1+10^{-10} \end{bmatrix}. \qquad (26.6)$$

容易验证

$$s_1 = 1, \quad s_2 = -10^{-10}/(1 + 10^{-20})^{\frac{1}{2}},$$
$$s_3 = 10^{-10}/(1 + 10^{-20})^{\frac{1}{2}}. \qquad (26.7)$$

然而,相应于 $\lambda = 2$ 的向量 x_1 对矩阵的摄动决不是敏感的. 两个向量 x_2 与 x_3 几乎相同 (y_2 与 y_3 也是一样),而因子 β_{21}/s_2 ($\lambda_1 - \lambda_2$) 与 $\beta_{31}/s_3(\lambda_1 - \lambda_3)$ 按绝对值几乎相等,但符号相反. 因此,x_2 与 x_3 方向的摄动几乎相抵销.

s_i 之间的关系

27. 在以上例子中,$1/s_2$ 与 $1/s_3$ 两者都很大,但按绝对值是相等的而符号相反,现在我们证明,s_i 是互相依赖的,以致不可能仅有一个 $1/s_i$ 为很大. 若设

$$x_i = \sum_{j=1}^{n} \alpha_{ij} y_j, \quad y_i = \sum_{j=1}^{n} \beta_{ij} x_j, \quad \text{其中 } \|x_j\|_2 = \|y_j\|_2 = 1, \quad (27.1)$$

则有

$$\alpha_{ii} = x_i^T x_i / x_i^T y_i = x_i^T x_i / s_i, \quad \beta_{ii} = y_i^T y_i / y_i^T x_i = y_i^T y_i / s_i, \quad (27.2)$$

$$y_i^T x_i = \sum_{j=1}^{n} \beta_{ij} x_j^T \sum_{j=1}^{n} \alpha_{ij} y_j = \sum_{j=1}^{n} \beta_{ij} \alpha_{ij} s_j$$

$$= \sum_{j=1}^{n} (x_j^T x_j)(y_j^T y_j) s_j^{-1}. \qquad (27.3)$$

由此得

$$s_i = s_i^{-1} + \sum_{j \neq i} (\cos \theta_{ij} \cos \varphi_{ij}) s_j^{-1}, \qquad (27.4)$$

其中 θ_{ij} 为 x_i 与 x_j 之间的夹角,φ_{ij} 为 y_i 与 y_j 之间的夹角. 等式 (27.4) 对任一 i 均成立. 由此得

$$|s_i^{-1}| \leqslant |s_i| + \sum_{j \neq i} |(\cos \theta_{ij} \cos \varphi_{ij}) s_j^{-1}|$$

$$\leqslant 1 + \sum_{i \neq i} |s_i^{-1}|. \tag{27.5}$$

这表明,例如对一个 3 阶矩阵,我们不可能有一组 s_i 满足

$$|s_1^{-1}| = 10, \quad |s_2^{-1}| = 10^7, \quad |s_3^{-1}| = 10^8,$$

因为

$$|s_3^{-1}| \geqslant 1 + |s_1^{-1}| + |s_2^{-1}|.$$

计算问题的条件

28. 若要计算的值对数据的微小变化非常敏感,我们称此计算问题为坏条件的(通常称为病态的). 前面几节的讨论已明白地显示出决定矩阵特征系敏感性的许多因素. 显然,一个矩阵可以有某些特征值对矩阵元素的微小变化很敏感,而其余的则比较不敏感. 类似地,某些特征向量可以是好条件的(或称为良态的),而其余的是病态的;与此同时,一个特征向量可以是病态的,而对应的特征值则并非如此.

决定矩阵对特征值问题的解是否为病态的讨论与决定它对计算逆矩阵的条件的讨论是不同的. 我们在第四章 §11 将看到,一个规范矩阵若有很小的特征值,则对求逆矩阵无疑应看作为病态的,但这对特征值问题的条件并不相干. 适当选取 k,我们可以使得 $(A - kI)$ 恰好为奇异的,但是 $(A - kI)$ 的特征系的敏感性与 A 的是一样的. 然而,我们将证明,在这两类计算问题的条件之间有某种联系.

条件数

29. 有某个数能确定矩阵关于计算问题的条件,这是很方便的,此数称为"条件数".理论上它应给出当系数变化时,解的变化速度的某种"总体性估计",从而它应当在某种程度上与这一变化速度成比例.

从 §28 所述显然可知,即使我们仅限于特征值的计算问题,

这种单一的条件数也将会有严重的局限性.若某个特征值很敏感,即使其余特征值很不敏感,则条件数理应很大。不管它的明显的局限性,单一条件数已被广泛应用于初等因子是线性的矩阵.

矩阵A关于特征值问题的谱条件数

30. 设A的初等因子是线性的,H是一矩阵,它使得

$$H^{-1}AH = \text{diag}(\lambda_i). \quad (30.1)$$

若λ为$(A + \varepsilon B)$的特征值,则矩阵$(A + \varepsilon B - \lambda I)$是奇异的,因而其行列式为零,于是有

$$H^{-1}(A + \varepsilon B - \lambda I)H = \text{diag}(\lambda_i - \lambda) + \varepsilon H^{-1}BH. \quad (30.2)$$

两端取行列式可见,(30.2)右端矩阵也必定是奇异的. 我们分别讨论两种情形.

情形 1 $\lambda = \lambda_i$, 对某个 i;

情形 2 $\lambda \neq \lambda_i$, 对所有 i, 因此可写为

$$\text{diag}(\lambda_i - \lambda) + \varepsilon H^{-1}BH$$

$$= \text{diag}(\lambda_i - \lambda)[I + \varepsilon \text{diag}(\lambda_i - \lambda)^{-1}H^{-1}BH]. \quad (30.3)$$

再取行列式,我们可以看出,方括号中的矩阵必定是奇异的. 因为假若 $\|x\| < 1$, 则 $(I + X)$ 的特征值都不可能是零. 因此,特别有

$$\|\varepsilon \text{diag}(\lambda_i - \lambda)^{-1}H^{-1}BH\|_2 \geqslant 1. \quad (30.4)$$

由此得到

$$\varepsilon \max |(\lambda_i - \lambda)^{-1}| \|H^{-1}\|_2 \|B\|_2 \|H\|_2 \geqslant 1, \quad (30.5)$$

即

$$\min |\lambda_i - \lambda| \leqslant \varepsilon \|H^{-1}\|_2 \|H\|_2 \|B\|_2. \quad (30.6)$$

因此在两种情形下都有

$$|\lambda_i - \lambda| \leqslant \varepsilon \kappa(A) \|B\|_2, \text{至少对一个 } i, \quad (30.7)$$

其中

$$\kappa(H) = \|H^{-1}\|_2 \|H\|_2. \quad (30.8)$$

由于它依赖于谱范数, $\kappa(A)$ 通常称为谱条件数(参见第四章§3). 我们证明了A的特征值的总体敏感性依赖于 $\kappa(A)$ 的大小,所以 $\kappa(A)$ 可以看作为 A 关于特征值问题的条件数. 刚才我

们证明的结果属于 Bauer 与 Fike(1960).

注意,(30.6) 对任一种使得

$$\|\mathrm{diag}(\lambda_i - \lambda)^{-1}\| = \max|\lambda_i - \lambda|^{-1} \qquad (30.9)$$

的范数都成立,所以对 1 范数与 ∞ 范数成立. 因为它对 2 范数成立,对 Euclid 范数更加成立.

应用连续性概念,如同证明 Gerschgorin 第二定理那样的方法,我们可以更精确地界定根. 由此得出以下结果:若 s 个圆盘

$$|\lambda_i - \lambda| \leqslant \varepsilon \kappa(H)\|B\|_2 \qquad (30.10)$$

构成连通域,并与其余的隔离,则恰有 s 个特征值位于此区域中. 注意,在这些结果中我们不要求 ε 为很小.

谱条件数的性质

31. 因为矩阵 H 不是唯一的(即使特征值不相同,每列还可以乘上任意因子),我们定义 A 关于特征值问题的谱条件数为:在所有可取的 H 中 $\kappa(H)$ 的最小值,在任何情况下我们有

$$\kappa(H) = \|H^{-1}\|_2\|H\|_2 \geqslant \|H^{-1}H\|_2 = 1. \qquad (31.1)$$

若 A 是正规矩阵(第一章 §48), 特别是若它为 Hermite 矩阵或酉矩阵,我们可取 H 为酉矩阵,于是

$$\kappa(H) = 1. \qquad (31.2)$$

因此,正规矩阵的特征值问题必定是良好的,虽然对特征向量问题未必如此.

现在考察 $\kappa(H)$ 与 $|s_i^{-1}|$ 的关系,后者支配着单个特征值的敏感性. 相应于 λ_i 的规范化右特征向量与左特征向量为

$$x_i = He_i/\|He_i\|_2, \quad y_i = (H^{-1})^T e_i/\|(H^{-1})^T e_i\|_2. \qquad (31.3)$$

因此根据定义

$$|s_i| = |y_i^T x_i| = \frac{|e_i^T H^{-1} He_i|}{\|He_i\|_2\|(H^{-1})^T e_i\|_2}$$

$$= \frac{1}{\|He_i\|_2\|(H^{-1})^T e_i\|_2}, \qquad (31.4)$$

我们有

$$\|He_i\|_2 \leqslant \|H\|_2 \|e_i\|_2 = \|H\|_2, \qquad (31.5)$$

$$\|(H^{-1})^{T} e_i\|_2 \leqslant \|(H^{-1})^{T}\|_2 \|e_i\|_2 = \|(H^{-1})^{T}\|_2 = \|H^{-1}\|_2, \quad (31.6)$$

由此得

$$|s_i^{-1}| \leqslant \kappa(H). \qquad (31.7)$$

另一方面，我们可以将 H 的列取为 $x_i/s_i^{\frac{1}{2}}$，将 H^{-1} 的行取为 $y_i^{T}/s_i^{\frac{1}{2}}$，对如此选取的 H，

$$\kappa(H) = \|H\|_2 \|H^{-1}\|_2 \leqslant \|H\|_E \|H^{-1}\|_E$$

$$= \left(\sum_1^n |s_r^{-1}| \right)^{\frac{1}{2}} \left(\sum_1^n |s_r^{-1}| \right)^{\frac{1}{2}}$$

$$= \sum_1^n |s_r^{-1}|. \qquad (31.8)$$

要全面了解 A 的特征值关于矩阵元素摄动的敏感性，我们需要 n^3 个量 $\partial \lambda_i / \partial a_{kj}$，因为个别特征值关于 A 的个别元素摄动的敏感性可以很不相同. 计算这么多的一批数在实际工作中显然是不可能的. 一种合理的折衷方案是规定 n 个数 $|s_i^{-1}|$，我们称它为 A 关于特征值问题的 n **条件数**. 值得注意的是，为了求出 $\kappa(H)$ 的近似值，实际上我们往往不得不计算出近似的特征向量系. 得到了它们之后，要得到个别 s_i 的近似值比得到 $\kappa(H)$ 的近似值更简单些.

条件数的不变性

32. 无论是 κ 还是 n 条件数 $|s_i^{-1}|$，对酉相似变换都具有很重要的不变性. 事实上，若 R 是酉矩阵并且

$$B = RAR^{H}, \qquad (32.1)$$

则相应于

$$H^{-1}AH = \mathrm{diag}(\lambda_i) \qquad (32.2)$$

我们有

$$H^{-1}R^{H}BRH = \mathrm{diag}(\lambda_i) \ \text{或}$$

$$(RH)^{-1}B(RH) = \mathrm{diag}(\lambda_i). \qquad (32.3)$$

因此，B 的谱条件数 κ' 等于

$$\kappa' = \|(RH)^{-1}\|_2 \|RH\|_2 = \|H^{-1}\|_2 \|H\|_2 = \kappa. \qquad (32.4)$$

类似地，若 x_i 与 y_i 是 A 的右特征向量与左特征向量，则 B 的相应的特征向量是

$$x_i' = Rx_i, \quad y' = \bar{R}y_i,$$

因此

$$s_i' = (y_i')^T x_i' = y_i^T \bar{R}^T R x_i = y_i^T R^H R x_i = y_i^T x_i = s_i. \qquad (32.5)$$

这样，个别特征值的敏感性关于酉变换是不变的。

非常病态的矩阵

33. 相应于非线性初等因子的特征值一般应看作为病态的. 虽然我们应当记住 §26 的讨论，然而我们不应产生错觉，认为这是病态的主要形式. 即使特征值不同并且隔离得很好，它们仍可能是很病态的. 下面的例子足以说明这一点.

考察 20 阶矩阵 A:

$$A = \begin{bmatrix} 20 & 20 & & & & \\ & 19 & 20 & & & \\ & & 18 & 20 & & \\ & & & \ddots & \ddots & \\ & & & & 2 & 20 \\ & & & & & 1 \end{bmatrix}, \qquad (33.1)$$

这是一个三角形矩阵，所以其特征值等于对角元素. 若在 (20.1) 位置加上一个元素 ε，则特征方程变为

$$(20 - \lambda)(19 - \lambda) \cdots (1 - \lambda) = 20^{19} \varepsilon. \qquad (33.2)$$

我们在 §9 已经看到，对充分小 ε，特征值 $\lambda = r$ 的摄动不含有 ε 的分数次幂，若记

$$\lambda_r(\varepsilon) - r \sim K_r \varepsilon, \qquad (33.3)$$

由 (33.2)，显然可得

$$K_r = 20^{19}(-1)^r / (20 - r)! \, (r - 1)!. \qquad (33.4)$$

对所有的 r，这个常数是很大的. 最小绝对值为 K_1 与 K_{20}，最大绝对值为 K_{10} 与 K_{11}. 实际上，我们有

$$-K_1 = K_{20} \approx 10^7 (4.31), \quad -K_{11} = K_{10} \approx 10^{12} (3.98). \quad (33.5)$$

K_i 是如此之大，以致线性化理论无法应用，除非 ε 非常小。 当 $\varepsilon = 10^{-10}$ 时，特征值列于表 1 中，并以环绕着值 10.5 为对称形式出现。

表 1 摄动矩阵的特征值（$\varepsilon = 10^{-10}$）

0.99575439	$3.96533070 \pm i\,1.08773570$
20.00424561	$17.03466930 \pm i\,1.08773570$
2.10924184	$5.89397755 \pm i\,1.94852927$
18.89075816	$15.10602245 \pm i\,1.94852927$
2.57488140	$8.11807338 \pm i\,2.52918173$
18.42511860	$12.88192662 \pm i\,2.52918173$
	$10.50000000 \pm i\,2.73339736$

34. 相应于这一单个摄动的特征值的变化与对类似的摄动在 $C_{10}(a)$ 的特征值的变化是一样的，而后一矩阵有一个 10 阶初等因子。当 $\varepsilon \to 0$ 时，前一矩阵的摄动最终为 ε 量级而后一矩阵为 $\varepsilon^{\frac{1}{10}}$ 量级。这个事实只有当我们考察比 10^{-10} 更小得多的摄动时才变得重要起来。

（33.1）矩阵特征值的敏感性表明，s_i 必为很小。实际上，矩阵 A 相应于 $\lambda = r$ 的特征向量 x_r 的分量为

$$\left[1;\; \frac{20-r}{-20};\; \frac{(20-r)(19-r)}{(-20)^2};\; \cdots;\right.$$
$$\left. \frac{(20-r)!}{(-20)^{20-r}};\; 0;\; \cdots;\; 0, \right] \qquad (34.1)$$

而 y_r 的分量为

$$\left[0;\; \cdots;\; 0;\; \frac{(r-1)!}{20^{r-1}};\; \cdots;\; \frac{(r-1)(r-2)}{20^2};\right.$$
$$\left. \frac{r-1}{20};\; 1 \right]. \qquad (34.2)$$

这两个向量并不是完全按 2 范数规范化的，但是 $y_r^T x_r$ 给出 s_r 大小的一个很好估值。实际上，我们有

$$|y_r^T x_r| = (20 - r)!(r - 1)!/20^{19}. \qquad (34.3)$$

而 (34.3) 右端的倒数正好是等式 (33.4) 中的 $|K_r|$. 注意, A 与 A^T 相应的特征向量几乎是正交的. 虽然严格的正交性只有在非线性因子时才有, 但是甚至对特征值隔离得很好的矩阵, 我们显然能够很接近于正交性.

可以预料, 存在一个接近于 A 并且有某些非线性初等因子的矩阵, 很容易看出这是确实的. 事实上, 我们可以利用 (20, 1) 元素的摄动来构造这样的矩阵. 相应于摄动 ε, 特征值为方程 (33.2) 的根, 方程左端的函数关于 $\lambda = 10.5$ 是对称的并且有 9 个极大与 10 个极小. 若我们从零开始增大 ε, 则根 10 与 11 一起移动, 并且当

$$\left(\frac{1}{2} \cdot \frac{3}{2} \cdots \frac{19}{2}\right)^2 = 20^{19}\varepsilon \qquad (34.4)$$

时, 两根重合于 10.5. 由此得 ε 的值近似地为 7.8×10^{-14}. 相应的初等因子必为二次, 这是因为摄动矩阵 $(A - \lambda I)$ 的左上角的 19 阶矩阵的行列式等于 20^{19}, 所以对任意 λ 它的秩为 19. 若 ε 继续增大, 则根 8 与 9, 12 与 13 一起移动, 并且由于对称性, 对某个 ε 值它们相重合. 这时矩阵有两个二重根, 每一个都相应于二次初等因子. 类似地, 再继续增大 ε, 我们可以使 6 与 7, 14 与 15 相重合, 等等.

35. 我们刚才所考察的矩阵, 它所有的特征值都是病态的, 可是其中有几个比其余的更加病态. 现在我们给出一族矩阵例子, 每个矩阵的特征值具有极不相同的性态. 这就是由下式定义的 B_n 类矩阵:

$$B_n = \begin{bmatrix} n & (n-1) & (n-2) \cdots 3 & 2 & 1 \\ (n-1) & (n-1) & (n-2) \cdots 3 & 2 & 1 \\ & (n-2) & (n-2) \cdots 3 & 2 & 1 \\ & & \vdots & \vdots & \vdots \\ & & & 2 & 2 & 1 \\ & & & & 1 & 1 \end{bmatrix}. \qquad (35.1)$$

当 $n = 12$ 时，头几个 s_i 的量级为 1，而最后 3 个的量级为 10^{-7}。当 n 增大时，最小特征值的性态变得越来越坏。从以下讨论中可以清楚看出，有几个特征值对某些矩阵元素的微小变化非常敏感。对此矩阵的行进行简单运算可知，对所有 n，此矩阵的行列式等于 1。若将 $(1, n)$ 位置的元素换为 $(1 + \varepsilon)$，则行列式变为

$$1 \pm (n - 1)! \varepsilon. \tag{35.2}$$

若 $\varepsilon = 10^{-10}$，$n = 20$，则行列式从 1 变到 $(1 - 19! \, 10^{-10})$，后者约为 -1.216×10^7。但矩阵的行列式等于其特征值的乘积。摄动矩阵至少应有一个特征值与原矩阵的特征值差别极大。再有，当 $n = 12$ 时，$(1, 12)$ 位置上的元素的一个小于 10^{-9} 的摄动将产生一个二次因子。根据我的经验，我们刚才所讨论的这一类型的病态比与非线性因子直接相关的病态更为重要。正好有非线性因子的矩阵在实际工作中几乎是不存在的。甚至在理论工作中，这主要是一些形状十分特殊的矩阵，通常具有不大的整数系数。若这些矩阵元素为无理数，或者不可能在所使用的计算机上精确表出，舍入误差通常将导至一个已经不再有非线性初等因子的矩阵。另一方面，具有一些小 s_i 的矩阵是经常遇到的。

实对称矩阵的摄动理论

36. 以下几节中，我们专门讨论实对称矩阵的摄动理论。它比一般矩阵的摄动理论简单一些。这是由于两组向量 x_i 与 y_i 可以取成相同的（即使有重特征值），从而所有 s_i 等于 1。我们在 §31 已经指出，实对称矩阵的特征值问题总是好条件的。下面几节将要证明的某些结果显然可以立即推广到整个正规矩阵族，但有些只能推广到 Hermite 矩阵或者根本不能推广。我们将不加证明地指出各种场合下相应的推广。

非对称摄动

37. 有时我们对于对称矩阵的非对称摄动感到兴趣，为此讨论

（$A + \varepsilon B$）的特征值，此处 A 是对称的，但 B 是非对称的． 由 (30.6) 可知，（$A + \varepsilon B$）的每个特征值至少位于由下式给出的一个圆盘中：

$$|\lambda_i - \lambda| \leqslant \varepsilon \|H^{-1}\|_2 \|H\|_2 \|B\|_2, \qquad (37.1)$$

因为 H 可取为正交的，故有

$$|\lambda_i - \lambda| \leqslant \varepsilon \|B\|_2 \leqslant n\varepsilon \quad (\text{若 } |b_{ii}| \leqslant 1). \qquad (37.2)$$

其次，我们知道，若任意 s 个圆盘构成一连通域并与其余圆盘隔离，则此域中恰好有 s 个特征值．这些结果显然对所有正规矩阵均成立．

在实对称矩阵的情形，B 通常为实矩阵，因此（$A + \varepsilon B$）的任一复特征值必定以共轭复数对形式出现． 若 $|\lambda_i - \lambda_j| > 2n\varepsilon$（$j \neq i$），则第 i 个圆盘是孤立的，它恰好含有一个特征值，此特征值因而必定是实的．因此，若 A 的所有特征值隔间距大于 $2n\varepsilon$，则每个元素偶然有一个按模小于 ε 的非对称摄动时，仍然保持特征值是实的并且是单重的，从而特征向量也是实的并且构成完全系．

对称摄动

38. 计算实对称矩阵特征系的大多数最精确方法是基于利用正交相似变换．在相继的经过变换的矩阵中，严格地保持着对称性，这是由于我们只计算这些矩阵的上三角部分，并且使对角线下面的元素等于对角线上面的相应元素而形成整个矩阵．根据这个原因，我们将更多地讨论对称矩阵的对称摄动．

当摄动为对称时，摄动后矩阵必有实特征系，摄动矩阵也是如此．自然要找原矩阵、摄动矩阵、以及摄动后矩阵的特征值之间的关系．迄今为止，我们得到的大部分结果均要求摄动量很小．另一方面将看到，我们要证明的许多结果不受这一限制的约束．因此，我们可以省去 ε 而记

$$C = A + B, \qquad (38.1)$$

其中 A, B, C 都是实对称矩阵．

经典方法

39. 根据极小-极大原理,有一些非常有效的方法可用来研究两个对称矩阵之和的特征值. 我们从比较经典的分析方法开始,部分的原因是为了强调它们的功效.

我们首先导出加边对角矩阵的一个简单结果. 设对称矩阵 X 的形式为

$$X = \left[\begin{array}{c|c} \alpha & a^T \\ \hline a & \mathrm{diag}(\alpha_i) \end{array}\right] \quad (i = 1, \cdots, n-1), \quad (39.1)$$

其中 a 为 $(n-1)$ 维向量. 我们要找出 X 的特征值与 α_i 的关系.

设 a 只有 s 个分量不为零;若 a_i 为零,则 α_i 便是 X 的特征值. 适当选取只与后 $(n-1)$ 行有关的置换阵 P,我们可得矩阵

$$Y = P^T X P = \left[\begin{array}{c|c|c} a & b^T & O \\ \hline b & \mathrm{diag}(\beta_i) & O \\ \hline O & O & \mathrm{diag}(\gamma_i) \end{array}\right], \quad (39.2)$$

其中 b 的分量都不是零, $\mathrm{diag}(\beta_i)$ 是 s 阶的, $\mathrm{diag}(\gamma_i)$ 是为 $(n-1-s)$ 阶的, β_i 与 γ_i 合在一起是 α_i 的一个排列. 注意,某些 γ_i 可以是 $\mathrm{diag}(\alpha_i)$ 的重特征值.

因此, X 的特征值为 γ_i 以及矩阵

$$Z = \left[\begin{array}{c|c} \alpha & b^T \\ \hline b & \mathrm{diag}(\beta_i) \end{array}\right] \quad (39.3)$$

的特征值. 若 $s = 0$,则 Z 就是一个元素 α. 所以 X 的特征值为 $\mathrm{diag}(\alpha_i)$ 的特征值以及值 α. 反之,我们考察 Z 的特征多项式,即

$$(\alpha - \lambda) \prod_{i=1}^{s} (\beta_i - \lambda) - \sum_{j=1}^{s} b_j^2 \prod_{i \neq i} (\beta_i - \lambda) = 0. \quad (39.4)$$

假定 β_i 中只有 t 个不同的值,不失一般性,可令它们为 $\beta_1, \beta_2, \cdots, \beta_t$,并设其重数依次为 $r_1, r_2, \cdots, r_t$, 于是

$$r_1 + r_2 + \cdots + r_t = s, \quad (39.5)$$

（当然，有可能 $t = s$．这时所有 β_i 均为单的．）显然，(39.4) 左端有因子

$$\prod_{i=1}^{t} (\beta_i - \lambda)^{r_i - 1}. \tag{39.6}$$

因此，β_i 为 Z 的特征值，重数为 $(r_i - 1)$．

将 (39.4) 除以 $\prod\limits_{i=1}^{t} (\beta_i - \lambda)^{r_i}$，我们看到，$Z$ 的其余特征值是方程

$$0 = (\alpha - \lambda) - \sum_{1}^{t} c_i^2 (\beta_i - \lambda)^{-1} \equiv \alpha - f(\lambda) \tag{39.7}$$

的根，其中每一个 c_i^2 为 r_i 个与 β_i 有关的 b_i^2 之和，因而它严格地大于零．图 1 给出了 $f(\lambda)$ 的图形，其中不同的 β_i 按降序排列．

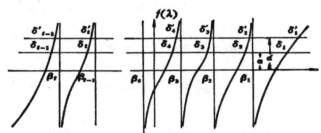

图　1

显然可见，$\alpha = f(\lambda)$ 的 $t + 1$ 个根——记为 $\delta_1, \delta_2, \cdots, \delta_{t+1}$——满足关系式

$$\infty > \delta_1 > \beta_1; \; \beta_{i-1} > \delta_i > \beta_i (i = 2, 3, \cdots, t);$$
$$\beta_t > \delta_{t+1} > -\infty. \tag{39.8}$$

因此，X 的 n 个特征值分成三组．

（i）相应于 a_i 等于零的特征值 $\gamma_1, \gamma_2, \cdots, \gamma_{n-1-s}$．它们等于 α_i 中的 $n - 1 - s$ 个数．

（ii）由 $(r_i - 1)$ 个等于 $\beta_i (i = 1, 2, \cdots, t)$ 的值所组成的 $s - t$ 个特征值，它们等于 α_i 中另外的 $s - t$ 个数．

(iii) $t+1$ 个特征值等于 δ_i 并满足关系式 (39.8). 若 $t = 0$, 则 $\delta_1 = \alpha$.

注意，在 (i), (ii) 两组中，或者一组或者二组可以是空集. 在任何情形下，这两组的元素与 α 无关. 若 X 的特征值记为 $\lambda_i(i=1,2,\cdots,n)$ 且以降序排列，并设 α_i 也以降序排列，则由上述列举的关于 λ_i 的性质立即可得

$$\lambda_1 \geqslant \alpha_1 \geqslant \lambda_2 \geqslant \alpha_2 \geqslant \cdots \geqslant \alpha_{n-1} \geqslant \lambda_n. \qquad (39.9)$$

换句话说，至少在弱意义下，α_i 分隔 λ_i.

40. 现在考察矩阵 X' 的特征值，这个矩阵是将 X 中的 α 换成 α' 而得到的. 就 (i), (ii) 两组而论，X' 的特征值与 X 的相同，记 X' 在 (iii) 组中的特征值为 $\delta_1', \delta_2', \cdots, \delta_{t+1}'$. 对 $\lambda > 0$, 有

$$\frac{df}{d\lambda} = 1 + \sum_1^t c_i^2 / (\beta_i - \lambda)^2 > 1 \, (\text{所有 } \lambda). \qquad (40.1)$$

所以，每个差数 $\delta_i' - \delta_i$ 位于 0 与 $\alpha' - \alpha$ 之间（见图 1）. 因此可令

$$\delta_i' - \delta_i = m_i(\alpha' - \alpha), \qquad (40.2)$$

其中

$$0 < m_i < 1, \quad \sum m_i = 1. \qquad (40.3)$$

若 $t = 0$, 则

$$\delta_1' = \alpha', \quad \delta_1 = \alpha, \quad \delta_1' - \delta_1 = \alpha' - \alpha. \qquad (40.4)$$

于是在所有情形下，我们可写

$$\delta_i' - \delta_i = m_i(\alpha' - \alpha), \qquad (40.5)$$

其中

$$0 < m_i \leqslant 1, \quad \sum m_i = 1. \qquad (40.6)$$

因为 X 与 X' 的其余特征值都相同，我们可以说已经建立了 X 的特征值 $\lambda_1, \lambda_2, \cdots, \lambda_n$ 与 X' 的特征值 $\lambda_1', \lambda_2', \cdots, \lambda_n'$ 之间的对应关系，即为

$$\lambda_i' - \lambda_i = m_i(\alpha' - \alpha), \qquad (40.7)$$

此处

$$0 \leqslant m_i \leqslant 1, \quad \sum m_i = 1,$$

其中,对 (i), (ii) 两组中的特征值,显然有 $m_i = 0$.

此外,若关系式(40.7)对 λ_i 与 λ_i' 各按降序排列更应成立.

秩为 1 的对称矩阵

41. 上节结果可用来估计

$$C = A + B \tag{41.1}$$

的特征值,此处 A 与 B 都是对称矩阵,并且 B 的秩为 1. 这时存在正交矩阵 R,使得

$$R^T B R = \left[\begin{array}{c|c} \rho & O \\ \hline O & O \end{array}\right], \tag{41.2}$$

其中 ρ 是 B 的唯一非零特征值. 若记

$$R^T A R = \left[\begin{array}{c|c} \alpha & a^T \\ \hline a & A_{n-1} \end{array}\right], \tag{41.3}$$

则存在 $(n-1)$ 阶正交矩阵 S,使得

$$S^T A_{n-1} S = \operatorname{diag}(\alpha_i). \tag{41.4}$$

若我们定义 Q 为

$$Q = R \left[\begin{array}{c|c} 1 & O \\ \hline O & S \end{array}\right], \tag{41.5}$$

则 Q 正交,并且

$$Q^T(A + B)Q = \left[\begin{array}{c|c} \alpha & b^T \\ \hline b & \operatorname{diag}(\alpha_i) \end{array}\right]$$
$$+ \left[\begin{array}{c|c} \rho & O \\ \hline O & O \end{array}\right], \tag{41.6}$$

其中 $b = S^T a$. 因此,A 与 $A + B$ 的特征值等于

$$\left[\begin{array}{c|c} \alpha & b^T \\ \hline b & \operatorname{diag}(\alpha_i) \end{array}\right] \quad \text{与} \quad \left[\begin{array}{c|c} \alpha + \rho & b^T \\ \hline b & \operatorname{diag}(\alpha_i) \end{array}\right] \tag{41.7}$$

的特征值. 若将这些特征值按降序记为 λ_i 与 λ_i',则它们满足关系式

$$\lambda_i' - \lambda_i = m_i \rho, \tag{41.8}$$

此处 $\qquad 0 \leqslant m_i \leqslant 1, \ \sum m_i = 1.$

所以，当 B 加到 A 上之后，A 的所有特征值得到一个改变量，它界于零与 B 的特征值 ρ 之间。

附带说一下，由 §39 末尾的附注以及 (41.7) 所给出的 A 的变换，显然可知：A 的主子式 A_{n-1} 的特征值至少在弱意义下分隔 A 的特征值。若 A 有一个 k 重特征值 λ_i，则 A_{n-1} 必有特征值 λ_i，其重数为 $k-1$, k 或 $k+1$.

特征值的极值性质

42. 在介绍特征值的极小-极大性质之前，我们考察函数 $x^{\mathrm{T}} A x$ 在条件 $x^{\mathrm{T}} x = 1$ 约束之下确定最大值 M 的问题。显然，M 也满足关系式

$$M = \max_{x \neq 0} (x^{\mathrm{T}} A x / x^{\mathrm{T}} x). \tag{42.1}$$

因为 A 是对称矩阵，所以存在正交矩阵 R，使得

$$R^{\mathrm{T}} A R = \mathrm{diag}(\lambda_i). \tag{42.2}$$

若引进新变量 y，令

$$x = R y, \ 即 \ y = R^{\mathrm{T}} x, \tag{42.3}$$

则

$$x^{\mathrm{T}} A x = y^{\mathrm{T}} R^{\mathrm{T}} A R y = y^{\mathrm{T}} \mathrm{diag}(\lambda_i) y$$

$$= \sum_1^n \lambda_i y_i^2, \tag{42.4}$$

$$x^{\mathrm{T}} x = y^{\mathrm{T}} R^{\mathrm{T}} R y = \sum_1^n y_i^2. \tag{42.5}$$

现因 (42.3) 建立了 x 与 y 之间的一一对应，原问题等价于求 $\sum_1^n \lambda_i y_i^2$ 在条件 $\sum_1^n y_i^2 = 1$ 之下的最大值。若假定 λ_i 按降序排列，则显然最大值为 λ_1，它在 $y = e_1$ 时达到。相应的向量 x 为 r_1，即 R 的第一列，它实际上就是 A 的相应于特征值 λ_1 的特征向

量.（注意，若 $\lambda_1 = \lambda_2 = \cdots = \lambda_r \neq \lambda_{r+1}$，则由 $e_1, e_2, \cdots, e_r$ 张成的子空间中的任一单位向量均给出值 λ_1.）类似地，λ_n 为 $x^T A x$ 在同一条件下的最小值.

现在我们考察同一个最大值问题，但加上约束条件，即 x 与 r_1 正交. 由关系式

$$0 = r_1^T x = r_1^T R y = e_1^T R^T R y = e_1^T y \qquad (42.6)$$

可知，加在 y 上的相应的约束条件为它的第一分量并且它应等于零. 于是，在此约束下，$x^T A x$ 的最大值为 λ_2，它在 $y = e_2$，亦即 $x = r_2$ 时达到. 类似地，我们得到，在附加约束 $r_1^T x = r_2^T x = \cdots = r_s^T x$ 之下 $x^T A x$ 的最大值为 λ_{s+1}，它在 $x = r_{s+1}$ 时达到.

特征值的这种刻划有一个缺点，即每个 λ_s 的确定都依赖于对 A 的相应于 $\lambda_1, \lambda_2, \cdots, \lambda_{s-1}$ 的特征向量 $r_1, r_2, \cdots, r_{s-1}$ 的了解.

特征值的极小–极大性质

43. 现在我们来刻划特征值（例如，参见 Courant 与 Hilbert，数学物理方法，第一卷），它没有上面所指出的缺点. 考察 $x^T A x$ 的最大值，条件是

$$\begin{cases} x^T x = 1 \\ p_i^T x = 0, \quad p_i \neq 0 \ (i = 1, 2, \cdots, s; s < n), \end{cases} \qquad (43.1)$$

其中 p_i 是任意的 s 个非零向量. 换句话说，只考察满足 s 个线性关系的 x 值. 对一切 x，我们有

$$\lambda_n \leqslant x^T A x \leqslant \lambda_1. \qquad (43.2)$$

所以 $x^T A x$ 有界，其最大值显然是 p_i 的 ns 个分量的函数. 现在我们问：“对于 s 个向量 p_i 的所有可能的选择，这一最大值所取的最小值是什么？”

与前面一样，我们可用（42.3）所定义的 y 来讨论. 关系式（43.1）变为

$$\begin{cases} y^\mathrm{T} y = 1, \\ q_i^\mathrm{T} y = 0, \quad q_i^\mathrm{T} = p_i^\mathrm{T} R \neq 0 \end{cases} \tag{43.3}$$

现在考察任一特殊的选取 $p_1, p_2, \cdots, p_s$. 它给出一组相应的 q_i. 所以 n 个变量 y_i 满足 s 个线性齐次方程. 若再附加以下关系式

$$y_{s+2} = y_{s+3} = \cdots = y_n = 0, \tag{43.4}$$

则得到 n 个未知量 $y_1, y_2, \cdots, y_n$ 的总共 $n-1$ 个齐次方程,因而至少有一个非零解

$$(y_1, y_2, \cdots, y_{s+1}, 0, 0, \cdots, 0) \tag{43.5}$$

可规范化为 $\sum\limits_{i=1}^{s+1} y_i^2 = 1$. 对这样选择的 y, 我们有

$$y^\mathrm{T} \mathrm{diag}(\lambda_i) y = \sum_{i=1}^{s+1} \lambda_i y_i^2 \geqslant \lambda_{s+1}. \tag{43.6}$$

这表明,不管如何选取 p_i, 总是有 y, 从而有 x, 使得

$$x^\mathrm{T} A x = y^\mathrm{T} \mathrm{diag}(\lambda_i) y \geqslant \lambda_{s+1}. \tag{43.7}$$

因此

$$\max(x^\mathrm{T} A x) \geqslant \lambda_{s+1}. \tag{43.8}$$

这意味着

$$\min \max x^\mathrm{T} A x \geqslant \lambda_{s+1}. \tag{43.9}$$

然而,若取 $p_i = R e_i$, 则 $q_i^\mathrm{T} = e_i^\mathrm{T}$. 关系式 (43.3) 变为

$$y_i = 0 \quad (i = 1, 2, \cdots, s). \tag{43.10}$$

因此,对任一满足这些特殊关系式的 y, 我们有

$$x^\mathrm{T} A x = y^\mathrm{T} \mathrm{diag}(\lambda_i) y = \sum_{s+1}^{n} \lambda_i y_i^2 \leqslant \lambda_{s+1}. \tag{43.11}$$

因此得

$$\max(x^\mathrm{T} A x) \leqslant \lambda_{s+1}. \tag{43.12}$$

关系式 (43.8) 与 (43.12) 合在一起表明,对这样选择的 p_i,

$$\max(x^\mathrm{T} A x) = \lambda_{s+1}. \tag{43.13}$$

这个值当 y 满足 (43.14) 时确实达到.

$$y_{s+1} = 1, \quad y_i = 0, \quad (i \neq s+1). \tag{43.14}$$

因此,当 x 满足 s 个线性关系时, $\mathrm{mix} \max(x^\mathrm{T} A x)$ 等于 λ_{s+1}. 这

个结果就是熟知的 Courant-Fischer 定理。需要强调的是，我们证明了至少存在一组 p_i 与一个相应的 x，达到这个极小-极大值。

完全类似地，我们可以证明

$$\begin{cases} \lambda_s = \max \ \min(x^T A x) \\ x^T x = 1, \ p_i^T x = 0 \ (i=1, 2, \cdots, n-s) \end{cases} \tag{43.15}$$

注意，在两种刻划中，各个向量组 p_i 中包括了某些相等的 p_i。然而，一般而言，最大值的真正最小是对不同的一组 p_i 达到的。若我们有任意的 s 个向量 p_i，则可断定

$$\lambda_{s+1} \leqslant \max(x^T A x) \tag{43.16}$$

当 $x^T x = 1, \ p_i^T x = 0 \ (i=1, 2, \cdots, s)$ 不论所有的 p_i 是否不同。

两个对称矩阵之和的特征值

44. 特征值的极小-极大性质可用来建立对称矩阵 A，B，C 的特征值之间的关系，此处

$$C = A + B. \tag{44.1}$$

记 A，B，C 的特征值分别为 α_i，β_i，γ_i，并设这三组的值均按降序排列。根据极小-极大定理，有

$$\begin{cases} \gamma_s = \min \ \max(x^T C x) \\ x^T x = 1, p_i^T x = 0 (i=1, 2, \cdots, s-1) \end{cases} \tag{44.2}$$

因此，若任取一组特殊的 p_i，则对于相应的 x，我们有

$$\gamma_s \leqslant \max(x^T C x) = \max(x^T A x + x^T B x). \tag{44.3}$$

若 R 是正交矩阵，它使得

$$R^T A R = \text{diag}(\alpha_i), \tag{44.4}$$

则取 $p_i = R e_i$ 便使下述关系式满足

$$0 = p_i^T x = e_i^T y \ (i=1, 2, \cdots, s-1). \tag{44.5}$$

由此组 p_i 得知，y 的前 $(s-1)$ 个分量为零。由 (44.3) 得

$$\gamma_s \leqslant \max(x^T A x + x^T B x) =$$

$$\max \left(\sum_{i=s}^{n} \alpha_i y_i^2 + x^{\mathrm{T}} B x \right). \tag{44.6}$$

但是

$$\sum_{i=s}^{n} \alpha_i y_i^2 \leqslant \alpha_s, \tag{44.7}$$

同时对于任何 x,

$$x^{\mathrm{T}} B x \leqslant \beta_1. \tag{44.8}$$

所以对相应于这组 p_i 的任何 x, 括号中的式子不大于 $\alpha_s + \beta_1$. 因此,它的最大值不大于 $\alpha_s + \beta_1$, 我们得到

$$\gamma_s \leqslant \alpha_s + \beta_1. \tag{44.9}$$

因为 $A = C + (-B)$, 然而 $(-B)$ 的特征值按降序排列为 $-\beta_n, -\beta_{n-1}, \cdots, -\beta_1$. 应用刚才证明的结果,得到

$$\alpha_s \leqslant \gamma_s + (-\beta_n) \text{ 或 } \gamma_s \geqslant \alpha_s + \beta_n. \tag{44.10}$$

关系式 (44.9) 与 (44.10) 表明,当 B 加到 A 上之后,A 的所有特征值得到一个改变量,它界于 B 的最小与最大特征值之间. 这与我们在 §41 中用分析方法对秩为 1 的矩阵 B 所证明的结果是一致的. 注意,我们这里没有特别假定摄动是很小,而且这些结果不受 A,B,C 的特征值重数的影响.

实际应用

45. 上节的结果是实际中最有用的结果之一. 通常 B 是很小的,而且我们仅有的信息是它的元素或某种范数的某个上界. 例如,若我们有

$$|b_{ii}| \leqslant \varepsilon, \tag{45.1}$$

则

$$-n\varepsilon \leqslant \beta_n \leqslant \beta_1 \leqslant n\varepsilon. \tag{45.2}$$

于是

$$|\gamma_r - \alpha_r| \leqslant n\varepsilon. \tag{45.3}$$

这比我们在 §37 中对非对称摄动的已有结果更强些,因为现在没有对 α_i,β_i,γ_i 的分隔加以限制. 以前我们只是当所有特征值

间隔大于 $2n\varepsilon$ 时能够证明关系式 (45.3).

极小-极大原理的进一步应用

46. § 44 所得的结果可以推广为
$$\gamma_{r+s-1} \leqslant \alpha_r + \beta_s \ (r + s - 1 \leqslant n).\quad (46.1)$$
证明如下.

至少存在一组 p_i, 使得
$$\max(x^{\mathrm{T}} A x) = \alpha_r, \text{ 条件为 } p_i^{\mathrm{T}} x = 0$$
$$(i = 1, 2, \cdots, r - 1).\quad (46.2)$$
以及一组 q_i, 使得
$$\max(x^{\mathrm{T}} B x) = \beta_s, \text{ 条件为 } q_i^{\mathrm{T}} x = 0$$
$$(i = 1, 2, \cdots, s - 1).\quad (46.3)$$
现在考虑同时满足 $p_i^{\mathrm{T}} x = 0$ 与 $q_i^{\mathrm{T}} x = 0$ 的 x 的集合. 这种非零 x 是存在的, 因为方程的总数是 $r + s - 2$, 而由 (46.1) 可知, 它不大于 $n - 1$. 对任一个这种 x, 我们有
$$x^{\mathrm{T}} C x = x^{\mathrm{T}} A x + x^{\mathrm{T}} B x \leqslant \alpha_r + \beta_s,\quad (46.4)$$
因此, 对所有满足 (46.2) 与 (46.3) 共 $r + s - 2$ 个线性方程的 x, 有
$$\max(x^{\mathrm{T}} C x) \leqslant \alpha_r + \beta_s.\quad (46.5)$$
于是
$$\gamma_{r+s-1} = \min \max(x^{\mathrm{T}} C x) \leqslant \alpha_r + \beta_s.\quad (46.6)$$
因为这里的最小值是在所有满足 $r + s - 2$ 个关系式的集合上取的.

分隔定理

47. 作为进一步应用极小-极大定理的例题, 我们证明, 矩阵 A_n 的前主子式 A_{n-1} 的特征值 $\lambda_1', \lambda_2', \cdots, \lambda_{n-1}'$ 分隔 A_n 的特征值 $\lambda_1, \lambda_2, \cdots, \lambda_n$. 在 § 41 中用分析方法对最下面一个 $(n - 1)$ 阶主子式证明过这个结果; 显然, 它既然对此主子式成立, 用置换矩阵作相似变换即可看出, 对一切 $(n - 1)$ 阶主子式也成立.

$x^{\mathrm{T}} A_{n-1} x$ 对一切 $(n-1)$ 维规范化向量 x 所取的值的集合，与 $x^{\mathrm{T}} A_n x$ 对一切满足条件 $x_n = 0$ 的 n 维规范化向量所取的值的集合是相同的. 因此

$$\cdot \begin{cases} \lambda_s' = \min \max(x^{\mathrm{T}} A_n x), \quad x^{\mathrm{T}} x = 1 \\ x_n = 0, \quad p_i^{\mathrm{T}} x = 0 \quad (i = 1, 2, \cdots, s-1) \end{cases} \tag{47.1}$$

此最大值将在某一组 p_i 上达到. 对这组 p_i, λ_s' 为 $x^{\mathrm{T}} A_n x$ 在 (47.1) 第二行的 s 个线性关系下的最大值. 然而，λ_{s+1} 为此最大值在任意 s 个线性关系下的最小值. 因此

$$\lambda_{s+1} \leqslant \lambda_s'. \tag{47.2}$$

现在考虑任选的一组 $s-1$ 个向量 p_i. 对满足相应的线性关系式的规范化向量 x，记 $x^{\mathrm{T}} A_n x$ 的最大值为 $f_n(p_i)$. 设在附加条件 $x_n = 0$ 之下，此最大值记为 $f_{n-1}(p_i)$，则显然有

$$f_{n-1}(p_i) \leqslant f_n(p_i), \tag{47.3}$$

从而

$$\min f_{n-1}(p_i) \leqslant \min f_n(p_i). \tag{47.4}$$

由此得　量

$$\lambda_s' \leqslant \lambda_s. \tag{47.5}$$

最后 6 节的全部理论可立即推广到一般的 Hermite 矩阵；将各处出现的上标 T 改为 H 即得到全部结果与证明.

Wielandt-Hoffman 定理

48. 有另一种类型的定理，它与我们已经讨论的不同，它将特征值的摄动与摄动矩阵的 Euclid 范数联系起来. 下面的定理属于 Hoffman 与 Wielandt (1953).

若 $C = A + B$，此处 A，B，C 均为对称矩阵，其特征值分别记为 α_i，β_i，γ_i 并按降序排列，则

$$\sum_{i=1}^{n} (\gamma_i - \alpha_i)^2 \leqslant \|B\|_E^2 = \sum_{i=1}^{n} \beta_i^2. \tag{48.1}$$

Hoffman 与 Wielandt 给了一个非常漂亮的证明，它与线性规划

理论有关。下面的证明不甚巧妙但较为初等。它实质上应归功于 Givens (1954)。

我们需要两个简单的引理。

(i) 若对称矩阵 X 的特征值为 λ_i，则

$$\|X\|_E^2 = \sum_1^n \lambda_i^2. \tag{48.2}$$

事实上，存在正交矩阵 R 使得

$$R^T X R = \mathrm{diag}(\lambda_i). \tag{48.3}$$

两端取 Euclid 范数，由 Euclid 范数关于正交变换的不变性即得所需结果。

(ii) 若 R_1，R_2，$\cdots$，为正交矩阵的一个无穷序列，则存在子序列 R_{t_1}，R_{t_2}，$\cdots$ 使得

$$\lim_{i \to \infty} R_{t_i} = R. \tag{48.4}$$

这是由于所有 R_i 的各个元素均位于区间 $[-1, 1]$ 之中，由 n^2 维空间的 Bolzano-Weistrass 定理即的所需结果。因为

$$R_{t_i}^T R_{t_i} = I, \tag{48.5}$$

取极限得

$$R^T R = I. \tag{48.6}$$

所以矩阵 R 必为正交。

49. 现设 R_1 与 R_2 为正交矩阵，它使得

$$R_1^T B R_1 = \mathrm{diag}(\beta_i), \quad R_2^T C R_2 = \mathrm{diag}(\gamma_i). \tag{49.1}$$

则

$$\begin{aligned}
\mathrm{diag}(\beta_i) = R_1^T B R_1 &= R_1^T [C - A] R_1 \\
&= R_1^T [R_2 \mathrm{diag}(\gamma_i) R_2^T - A] R_1 \\
&= R_1^T R_2 [\mathrm{diag}(\gamma_i) - R_2^T A R_2] R_2^T R_1,
\end{aligned} \tag{49.2}$$

两端取范数得到

$$\sum_{i=1}^n \beta_i^2 = \|\mathrm{diag}(\gamma_i) - R_2^T A R_2\|_E^2. \tag{49.3}$$

现在考察 $\|\mathrm{diag}(\gamma_i) - R^T A R\|_E^2 = f(R)$ 对一切正交矩阵 R 所取

之值的集合. 等式 (49.3) 表明, $\sum\limits_{i=1}^{n} \beta_i^2$ 属于此集合. 这个集显然是有界的, 因而存在有限的上界 u 与下界 l. 因为 $f(R)$ 是正交矩阵的紧集上的连续函数, 所以对某些 R 这两个界一定能达到.

50. 现在我们证明, l 必定在使 $R^T A R$ 为对角矩阵的 R 上达到. 设 γ_i 有 r 个不同的值, 分别用满足下式的 $\delta_i (i = 1, 2, \cdots, r)$ 表示

$$\delta_1 > \delta_2 > \cdots > \delta_r. \tag{50.1}$$

我们可写

$$\mathrm{diag}(\gamma_i) = \begin{bmatrix} \delta_1 I & & & \\ & \delta_2 I & & \\ & & \ddots & \\ & & & \delta_r I \end{bmatrix}, \tag{50.2}$$

其中各单位阵具有相应的阶数. 若将 $R^T A R$ 分块使之与 (50.2) 一致, 我们可写

$$R^T A R = \begin{bmatrix} X_{11} & X_{12} \cdots X_{1r} \\ X_{21} & X_{22} \cdots X_{2r} \\ \cdots \cdots \cdots \cdots \\ X_{r1} & X_{r2} \cdots X_{rr} \end{bmatrix} \equiv X. \tag{50.3}$$

首先证明: l 只能在使 (50.3) 的非对角块均为零的 R 上达到. 假定 $R^T A R$ 的 p 行 q 列有一个非零元素 x, 并假定此元素在 X_{ij} ($i \neq j$) 块中. 于是 $\mathrm{diag}(\gamma_i)$ 与 $R^T A R$ 的 p, q 两行两列交叉位置上的元素有如下形式

$$\tag{50.4}$$

其中为了简单起见省略了 X 中有关元素的足标. 我们证明, 可以选取初等正交矩阵 S, 它相应于 (p, q) 平面中的旋转, 使得

$$q(s) \equiv \|\mathrm{diag}(r_i) - S^T R^T A R S\|_E^2 - \|\mathrm{diag}(r_i)$$
$$- R^T A R\|_E^2 < 0. \tag{50.5}$$

记 $S^T R^T A R S$ 在 p, q 两行两列交叉处的相应元素为 a', x', b'. 由于

$$\|S^T R^T A R S\|_E^2 = \|R^T A R\|_E^2, \tag{50.6}$$

容易看出, 由 Euclid 范数的定义直接可得

$$g(S) = -2a'\delta_i - 2b'\delta_j + 2a\delta_i + 2b\delta_j$$
$$= 2(a - a')\delta_i + 2(b - b')\delta_j, \tag{50.7}$$

其余各项均已消去. 若旋转角为 θ, 则

$$\cdot\begin{cases} a' = a\cos^2\theta - 2x\cos\theta\sin\theta + b\sin^2\theta, \\ b' = a\sin^2\theta + 2x\cos\theta\sin\theta + b\cos^2\theta. \end{cases} \tag{50.8}$$

由此得

$$h(\theta) \equiv g(S) = 2\delta_i[(a - b)\sin^2\theta + x\sin 2\theta]$$
$$+ 2\delta_j[(b - a)\sin^2\theta - x\sin 2\theta]$$
$$= P\sin^2\theta + Q\sin 2\theta, \tag{50.9}$$

其中 $Q \neq 0$. 因为按假定 x 不为零, 同时 $\delta_i - \delta_j$ 也不为零, 后者由于 δ_i 与 δ_j 在不同的对角块上. 于是我们有

$$\frac{d}{d\theta} h(\theta) = P\sin 2\theta + 2Q\cos 2\theta. \tag{50.10}$$

因此, 当 $\theta = 0$ 时, 导数等于 $2Q$. 这表明, 选取适当的 θ, 可使 $g(S) > 0$ 或 $g(S) < 0$.

51. 这样, 我们证明了, $f(R)$ 不可能在使得 X 中的任一块 $X_{ij}(i \neq j)$ 有非零元素的 R 上达到极大或极小. 现在假定 R 为正交矩阵, 它使 $f(R)$ 达到极小值, 则必有

$$\mathrm{diag}(r_i) - R^T A R = \begin{bmatrix} \delta_1 I & & & \\ & \delta_2 I & & \\ & & \ddots & \\ & & & \delta_r I \end{bmatrix}$$

$$-\begin{bmatrix} X_{11} & & & \\ & X_{22} & & \\ & & \ddots & \\ & & & X_{rr} \end{bmatrix}.\qquad(51.1)$$

若 Q_i 为正交矩阵,使得

$$Q_i^T X_{ii} Q_i = D_i,\qquad(51.2)$$

其中 D_i 为对角矩阵. 记 Q_i 的直接和为 Q,则有

$$Q^T \mathrm{diag}(\gamma_i)Q - Q^T R^T A R Q$$

$$=\begin{bmatrix} \delta_1 I & & & \\ & \delta_2 I & & \\ & & \ddots & \\ & & & \delta_r I \end{bmatrix} - \begin{bmatrix} D_1 & & & \\ & D_2 & & \\ & & \ddots & \\ & & & D_r \end{bmatrix}$$

$$=\mathrm{diag}(\gamma_i) - Q^T R^T A R Q.\qquad(51.3)$$

因此

$$f(RQ) = f(R),\qquad(51.4)$$

并且极小值总是在使 A 化为对角型的矩阵 RQ 上达到. 显然, D_i 的元素为按某种次序的 α_i. 注意到具有适当重数的 δ_i 即为 γ_i, 我们有

$$\min_R f(R) = \sum (\gamma_i - \alpha_{p_i})^2,\qquad(51.5)$$

其中 $p_1, p_2, \cdots, p_n$ 为 $1, 2, \cdots, n$ 的一个排列.

现在证明,极小值当 $p_i = i$ 时达到. 我们对某种特殊排列, 记

$$x = \sum (\gamma_i - \alpha_{p_i})^2.\qquad(51.6)$$

若 $p_1 \neq 1$,则设 $p_s = 1$. 于是 γ_s 与 α_1 相匹配,在排列中交换 p_1 与 p_s, x 的改变由下式给定为

$$(\gamma_1 - \alpha_1)^2 + (\gamma_s - \alpha_{p_1})^2 - (\gamma_1 - \alpha_{p_1})^2 - (\gamma_s - \alpha_1)^2$$

$$= -2(\gamma_s - \gamma_1)(\alpha_{p_1} - \alpha_1) \leqslant 0.\qquad(51.7)$$

因此和数减少. 类似地,保持第一位置上的 α_1,并使 γ_2 与 α_2 结成对,我们仍然看到,和数不增大. 因此,若将每个 α_i 与相应的 γ_i 结成对,则和数不大于它的初始值.

这样，我们最后的结论是：$f(R)$ 的极小值等于 $\sum (r_i - \alpha_i)^2$. 然而在 (49.3) 中已证明了 $\sum \beta_i^2$ 为 $f(R)$ 可取的值，因此

$$\|B\|_E^2 = \sum_{i=1}^n \beta_i^2 \geqslant \sum_{i=1}^n (r_i - \alpha_i)^2. \tag{51.8}$$

证明完毕.

52. 这一证明显然可推广到 Hermite 矩阵，但其结果对任一正规矩阵也成立. 类似的证明方法可用于一般的情形. 可是如今在 (50.4) 中 (p, q) 与 (q, p) 位置上的元素不再为复共轭. 利用第一章等式 (43.4) 的平面旋转矩阵，我们可以证明，当 $R^H A R$ 为对角矩阵时相应的极小值被达到. 这一细节留作练习题.

附注.

虽然§5—§12 的材料实质上是经典摄动理论，但在文献中似乎不容易得到一种叙述简单而又严格的资料.

Gerschgorin 定理已被广泛用于特征值的定位，Taussky 是一位特别热心的提倡者；她（于 1949 年）对这个定理及其推广作了有意义的讨论. 在 Gerschgorin 的原来论文中 (1931)，讨论了利用对角相似变换来改进特征值的定位，但将这一方法推广到得出经典摄动理论的结果及其严格的误差界限似乎是新的.

Householder 在他的《数值分析中的矩阵论》一书的第三章中，通过范数的应用，给出了关于特征值的包含与排除区域的非常详尽的叙述. 这一章也包括了由极小-极大原理的推广所得出结果的讨论.

Wielandt 与 Hoffman 定理似乎没有像由范数的直接应用所得出的定理那样引起更多的注意. 根据我的经验，对于以浮点算术运算的正交变换为基础的误差分析是最有用的结果.

第三章 误 差 分 析

引言

1. 由于本书的主要目的是对求解代数特征值问题的各种方法作比较性评价，因而我们把许多比较重要的方法的误差分析包括在本书之中．做这样的分析自然需要了解基本算术运算在数字计算机上是怎样完成的．在 Wilkinson（1963b）的第一章中，我已相当详细地分析了这些运算中的舍入误差，并且讨论了现代计算机中所出现的各种主要变型．

我们假定读者熟悉这些内容，对本书要用到的结果我们只给出一个简明的摘要．由于我们得到的误差界对现有的各种舍入过程并不十分敏感，因此只限于讨论一组特定的舍入过程就较为简单．我们不仅讨论定点计算也讨论浮点计算，并假定自始至终使用二进制算术运算．然而，经常举些简单例子是有益的，几乎所有这些例子都是在十进制的台式计算机上完成的．由于从二进制转换为十进制可能引进舍入误差，因此在自动计算机上完成这样的计算是不能令人满意的．

定点运算

2. 假定在定点计算中凡是需要就引入比例因子，这样每个数 x 都属于标准范围

$$-1 \leqslant x \leqslant 1. \tag{2.1}$$

不必费心去排除其两个端点，因为这样会使误差分析非本质地复杂化．假定在二进位的小数点后有 t 位数字，尽管可能需要 $t+1$ 位才能表示一个数，我们还是说计算机有"t 位字长"．

形如

$$z = f_i \begin{pmatrix} & \times & \\ x & + & y \\ & - & \\ & \div & \end{pmatrix} \qquad (2.2)$$

的方程式,表示 x,y 和 z 都是标准定点数,并且 z 是 x 和 y 作适当定点运算得到的。对于加法、减法和除法,我们假定计算所得到的 z 不超出容许范围。

加法或减法没有舍入误差。所以,我们有

$$z = f_i(x \pm y) \equiv x \pm y, \qquad (2.3)$$

其中,(2.3) 的最后一项表示准确的和或差。等价符号用来强调已考虑了舍入误差,这有助于区别计算方程式和用于描述算法的数学方程式。乘法和除法一般有舍入误差。我们假定舍入过程使得

$$z = f_i \left(x \begin{array}{c} \times \\ \div \end{array} y \right) \equiv x \begin{array}{c} \times \\ \div \end{array} y + \varepsilon, \qquad (2.4)$$

其中

$$|\varepsilon| \leqslant 2^{-i-1}. \qquad (2.5)$$

我们强调一下,(2.4) 中右边的项 $x \begin{array}{c} \times \\ \div \end{array} y$ 表示准确的积或商。所以,符号"$\times$"和"$\div$"有其通常的算术意义。

内积的累加

3. 许多计算机上,不需要特殊的程序设计就可按定点运算准确地算出(只要不发生上溢)内积

$$x_1 \times y_1 + x_2 \times y_2 + \cdots + x_n \times y_n. \qquad (3.1)$$

一般来说,需要二进制小数点后有 $2t$ 位才能准确表示 (3.1) 中的和。若 z 为准确地累加 (3.1) 中的内积并将其结果舍入成标准的定点数所得出的数,则记为

$$z = f_{i_2}(x_1 \times y_1 + x_2 \times y_2 + \cdots + x_n \times y_n), \qquad (3.2)$$

这里下标"2"表示使用准确的累加。在我们的舍入过程下,就有

$$z = f_{i_2}(x_1 \times y_1 + x_2 \times y_2 + \cdots + x_n \times y_n)$$

$$\equiv \sum_{i=1}^{n} x_i y_i + \varepsilon, \qquad (3.3)$$

其中

$$|\varepsilon| \leqslant 2^{-i-1}, \qquad (3.4)$$

而 $fi(x_1 \times y_1 + x_2 \times y_2 + \cdots + x_n \times y_n) \equiv \sum\limits_{i=1}^{n} x_i y_i + \varepsilon,$

其中   (3.5)

$$|\varepsilon| \leqslant n 2^{-t-1}.$$ (3.6)

拥有内积累加设备的计算机，通常设计成可以接受二进制小数点后有 $2t$ 位的被除数，并用标准定点数去除它，得出舍入后的定点的商。我们将它记为

$$w = fi_2[(x_1 \times y_1 + x_2 \times y_2 + \cdots + x_n \times y_n)/z]$$

其中 $= \left[\left(\sum\limits_{i=1}^{n} x_i y_i \right)/z \right] + \varepsilon,$ (3.7)

$$|\varepsilon| \leqslant 2^{-t-1}.$$ (3.8)

因此

$$\left| wz - \sum_{i=1}^{n} x_i y_i \right| \equiv |z\varepsilon| \leqslant 2^{-t-1}|z|.$$ (3.9)

我们将很自由地使用记号 $fi(\ )$ 和 $fi_2(\ )$。例如，若

$$C = fi_2(A \times B),$$ (3.10)

其中 A，B，C 是矩阵，A，B，C 的所有元素都是定点数，并且每个 c_{ij} 定义为：

$$c_{ij} = fi_2(a_{i1} \times b_{1j} + a_{i2} \times b_{2j} + \cdots + a_{in} \times b_{ni}).$$ (3.11)

若 C 可以无上溢地表示，则有

$$\begin{cases} C = fi_2(A \times B) \equiv AB + F, \\ |f_{ij}| \leqslant 2^{-t-1}, \end{cases}$$ (3.12)

自然，这里 AB 表示准确的矩阵乘积。

应该注意，在 $fi(\ )$ 中括号内的表达式非常复杂时，得出的结果可能取决于运算完成的次序，这时就需要给它规定次序。

浮点运算

4. 浮点计算中，每个标准数 x 由有序数对 a 和 b 表示，即 $x = 2^b a$；其中 b 为正或负的整数，而 a 满足如下关系

$$-\frac{1}{2} \geqslant a \geqslant -1 \text{ 或 } \frac{1}{2} \leqslant a \leqslant 1.$$ (4.1)

我们把 b 称作指数，a 称作尾数．假定 a 在二进制小数点后有 t 位数字，则称计算机有"t 位尾数"．虽然实际上某些可用两种方式工作的计算机中，a 与 b 的位数合起来与定点数的位数相同，而我们还是采用与定点计算中相同的符号"t"来表示．对定点计算和浮点计算的误差界进行比较时，记住这一点是重要的．还假定数零有非标准的表示，即 $a = b = 0$．

形如

$$z = fl\left(x \genfrac{}{}{0pt}{}{\genfrac{}{}{0pt}{}{+}{-}}{\genfrac{}{}{0pt}{}{\times}{\div}} y \right) \tag{4.2}$$

的方程式含义为 x，y 和 z 均为标准浮点数，并且 z 是对 x 和 y 施行适当的浮点运算而得的结果．假定这些运算中的舍入误差使得

其中
$$z = fl\left(x \genfrac{}{}{0pt}{}{\genfrac{}{}{0pt}{}{+}{-}}{\genfrac{}{}{0pt}{}{\times}{\div}} y \right) \equiv \left(x \genfrac{}{}{0pt}{}{\genfrac{}{}{0pt}{}{+}{-}}{\genfrac{}{}{0pt}{}{\times}{\div}} y \right)(1 + \varepsilon), \tag{4.3}$$

$$|\varepsilon| \leqslant 2^{-t}. \tag{4.4}$$

所以，每一单个的算术运算所得的结果均有小的舍入误差．如 Wilkinson (1963b) 中第11页所指出，某些计算机的舍入过程使得加法和减法所得的结果不一定有小的相对误差，但对大量计算所得的误差界来说，差别是微不足道的．

误差界的简化表示

5. 为方便起见，我们把本书中要反复使用的许多结果收集在这里．它们都是 (4.3) 和 (4.4) 的直接推论．然而，使用这些关系式经常首先导致如下形式的界，

$$(1 - 2^{-t})^r \leqslant 1 + \varepsilon \leqslant (1 + 2^{-t})^r, \tag{5.1}$$

这种形式不太方便．为了简化这些界，假定在我们感兴趣的所有实际应用中，r 满足如下条件

$$r2^{-t} < 0.1. \tag{5.2}$$

对于适当的 t 值，若存储容量不加限制，这一点似乎不会给 r 带来任何限制．由条件 (5.2)，我们有

$$\begin{cases} (1 + 2^{-t})^r < 1 + (1.06)r2^{-t}, \\ (1 - 2^{-t})^r > 1 - (1.06)r2^{-t}, \end{cases} \tag{5.3}$$

为进一步简化这些表达式，我们引进 t_1，其定义为

$$2^{-t_1} = (1.06)2^{-t}, \tag{5.4}$$

即

$$t_1 = t - \log_2(1.06) = t - 0.08406, \tag{5.5}$$

所以 t_1 与 t 仅稍有不同． 在以后的所有误差界中，只要有利于研究，我们就用下式代替关系式 (5.1)，而条件 (5.2) 则是不言而喻的．

$$|\varepsilon| < r2^{-t_1}, \tag{5.6}$$

某些基本浮点计算的误差界

6. 现在我们不加证明地叙述下列结果

$$\text{(i)}\ fl(x_1 \times x_2 \times \cdots \times x_n) \equiv (1 + E)\prod_{i=1}^{n} x_i, \tag{6.1}$$

其中 $|E| < (n - 1)2^{-t_1}$. \tag{6.2}

$$\text{(ii)}\ fl(x_1 + x_2 + \cdots + x_n) \equiv x_1(1 + \varepsilon_1)$$
$$+ x_2(1 + \varepsilon_2) + \cdots + x_n(1 + \varepsilon_n), \tag{6.3}$$

其中 $|\varepsilon_1| < (n - 1)2^{-t_1}$, $|\varepsilon_r| < (n + 1 - r)2^{-t_1}$

$$(r = 2, \cdots, n). \tag{6.4}$$

上面式子中的运算是按如下次序进行的：

$$s_2 = fl(x_1 + x_2),\ s_r = fl(s_{r-1} + x_r)\ (r = 3, \cdots, n).$$

$$\text{(iii)}\ fl(x^{\mathrm{T}}y) = fl(x_1y_1 + x_2y_2 + \cdots + x_ny_n)$$
$$\equiv x_1y_1(1 + \varepsilon_1) + x_2y_2(1 + \varepsilon_2)$$
$$+ \cdots + x_ny_n(1 + \varepsilon_n), \tag{6.5}$$

其中 $|\varepsilon_1| < n2^{-t_1}$, $|\varepsilon_r| < (n + 2 - r)2^{-t_1}$

$$(r = 2, \cdots, n). \tag{6.6}$$

我们可以写为

$$fl(x^{\mathrm{T}}y) - x^{\mathrm{T}}y = x^{\mathrm{T}}z, \tag{6.7}$$

其中

$$z = \mathrm{diag}(\varepsilon_i)y. \tag{6.8}$$

这一基本结果的有用推论为

$$|fl(x^Ty) - x^Ty| \leqslant \Sigma |x_i||y_i||\varepsilon_i| \qquad (6.9)$$

$$\leqslant n2^{-t_1}|x|^T|y| \qquad (6.10)$$

$$\leqslant n2^{-t_1}\|x\|_2\|y\|_2. \qquad (6.11)$$

(iv) 若 $C = fl(A + B) \equiv A + B + F$,其中 $\qquad (6.12)$

$$c_{ij} = (a_{ij} + b_{ij})(1 + \varepsilon_{ij}), \quad |\varepsilon_{ij}| \leqslant 2^{-t}. \qquad (6.13)$$

从而有 $\qquad |f_{ij}| = |\varepsilon_{ij}||a_{ij} + b_{ij}|. \qquad (6.14)$

因此 $|fl(A + B) - (A + B)| \leqslant 2^{-t}|A + B|. \qquad (6.15)$

这一结果仅对我们所选取的特定舍入过程是正确的,而对其他舍入过程是不正确的. 以后我们很少使用它. 但是无疑地 (6.15) 意味着下式成立:

$$|fl(A + B) - (A + B)| \leqslant 2^{-t}(|A| + |B|). \qquad (6.16)$$

如果在这一误差界中引入一个额外的因子,比如 4, 上述结果就可直接推广到我已研究过的所有舍入过程.

(v) $fl(AB) \equiv AB + F$,其中 $\qquad (6.17)$

$$f_{ij} = a_{i1}b_{1j}\varepsilon_1^{(ij)} + a_{i2}b_{2j}\varepsilon_2^{(ij)} + \cdots + a_{in}b_{nj}\varepsilon_n^{(ij)}, \qquad (6.18)$$

而且 $|\varepsilon_1^{(ij)}| < n2^{-t_1}$, $|\varepsilon_r^{(ij)}| < (n + 2 - r)2^{-t_1} (r = 2, \cdots, n)$.

$$(6.19)$$

因此 $|F| < |A||D||B| < n2^{-t_1}|A||B|, \qquad (6.20)$

其中 D 为对角矩阵,其元素为

$$[n2^{-t_1}, n2^{-t_1}, (n - 1)2^{-t_1}, \cdots, 3 \cdot 2^{-t_1}, 2 \cdot 2^{-t_1}]. \qquad (6.21)$$

(vi) $fl(\alpha A) \equiv \alpha A + F$,其中 $\qquad (6.22)$

$$f_{ij} = \alpha a_{ij}\varepsilon_{ij} \text{ 且 } |\varepsilon_{ij}| \leqslant 2^{-t}. \qquad (6.23)$$

因此 $|fl(\alpha A) - \alpha A| \leqslant 2^{-t}|\alpha||A|. \qquad (6.24)$

(vii) $fl(xy^T) \equiv xy^T + F$,其中 $\qquad (6.25)$

$$f_{ij} = x_iy_j\varepsilon_{ij} \text{ 且 } |\varepsilon_{ij}| \leqslant 2^{-t}. \qquad (6.26)$$

因此 $|fl(xy^T) - xy^T| \leqslant 2^{-t}|x||y|^T. \qquad (6.27)$

误差矩阵的范数的界

7. 在应用刚才得到的那些结果时, 常常需要误差矩阵的某种

范数的界. 若以矩阵乘法的误差界 (6.20) 为例,则有

$$\|F\| \leqslant \| |F| \| \leqslant n 2^{-t_1} \| |A| \| \| |B| \|. \tag{7.1}$$

因此,对于 Euclid 范数,1 范数或 ∞ 范数,有

$$\|F\| \leqslant n 2^{-t_1} \|A\| \|B\|. \tag{7.2}$$

但对于 2 范数,我们只有

$$\|F\|_2 \leqslant n^2 2^{-t_1} \|A\|_2 \|B\|_2. \tag{7.3}$$

(7.3) 中的界,实际上弱于下式

$$\|F\|_E \leqslant n 2^{-t_1} \|A\|_E \|B\|_E. \tag{7.4}$$

这是因为

$$\|F\|_2 \leqslant \|F\|_E \quad \text{且} \quad \|A\|_E \|B\|_E \leqslant n \|A\|_2 \|B\|_2. \tag{7.5}$$

我们将会经常发现,用 2 范数得出的界弱于用 Euclid 范数得出的界. 但是,要注意,若 A 和 B 为非负的,则有

$$\|F\|_2 \leqslant n 2^{-t_1} \|A\|_2 \|B\|_2. \tag{7.6}$$

这一结果弱于 (7.4) 中的结果.

浮点运算中内积的累加

8. 现在制造的某些计算机上,对于尾数为 $2t$ 位 2 进制数字的数,提供了特殊设备来作加减法. 在这种计算机上,连加 $fl(x_1 + x_2 + \cdots + x_n)$ 与内积 $fl(x_1 y_1 + x_2 y_2 + \cdots + x_n y_n)$ 一样,都可以按 $2t$ 位尾数累加.对于内积,假定 x_i 和 y_i 均是 t 位尾数的标准数. 同样,计算机也可以接受有 $2t$ 位尾数的被除数,并除以一个 t 位尾数的标准数. 国家物理实验室的计算机 ACE 上,有一套子程序来完成这些运算, 所花费的时间与相应标准浮点运算差不多是同样的. 类似于符号 $fl_2(\ )$ 的使用,我们用符号 $fl_2(\ )$ 来表示这些运算. 但要注意, $fl_2(x_1 + x_2 + \cdots + x_n)$ 一般并不给出准确的和.

Wilkinson (1963b) 的 23 至 25 页上,已分析过基本的 $fl_2(\ )$ 运算的舍入误差. 这里不去重复它,但仍有必要把最有用的结果简要叙述一下. 直接应用基本算术运算的误差界会导致如下形式的界

$$\left(1 - \frac{3}{2} 2^{-2t}\right)^r \leqslant 1 + \varepsilon \leqslant \left(1 + \frac{3}{2} 2^{-2t}\right)^r, \qquad (8.1)$$

这是很不方便的. 以后我们将总是假定

$$\frac{3}{2} r 2^{-2t} < 0.1. \qquad (8.2)$$

按这个规定,由 (8.1) 可得到

$$|\varepsilon| < \frac{3}{2} (1.06) r 2^{-2t}. \qquad (8.3)$$

与 §5 中 t_1 的定义相应,我们定义 t_2, 使得

$$2^{-2t_2} = (1.06) 2^{-2t}, \quad 2t_2 = 2t - 0.08406. \qquad (8.4)$$

这样得出的 t_2 与 t 仅稍有点不同. 现在由 (8.1) 可得

$$|\varepsilon| < \frac{3}{2} r 2^{-2t_2}. \qquad (8.5)$$

如果在同一计算中 $fl(\ )$ 与 $fl_2(\ )$ 两者都用到,那么有了条件 (5.2),条件 (8.2) 就是多余的了.

某些基本 $fl_2(\ )$ 计算的误差界

9. 我们现在不加证明地叙述下列基本结果.

(i) $fl_2(x_1 + x_2 + \cdots + x_n)$
$$\equiv [x_1(1 + \varepsilon_1) + x_2(1 + \varepsilon_2)$$
$$+ \cdots + x_n(1 + \varepsilon_n)](1 + \varepsilon), \qquad (9.1)$$

$$\begin{cases} |\varepsilon| < 2^{-t}, \ |\varepsilon_1| < \frac{3}{2} (n - 1) 2^{-2t_2}, \\ |\varepsilon_r| < \frac{3}{2} (n + 1 - r) 2^{-2t_2} \ (r = 2, \cdots, n). \end{cases} \qquad (9.2)$$

(9.1) 是按 $2t$ 位尾数累加求和,然后进行舍入. 此外,我们有

$$fl_2(x_1 + x_2 + \cdots + x_n) - (x_1 + x_2 + \cdots + x_n)(1 + \varepsilon)$$
$$\equiv x_1\varepsilon_1 + x_2\varepsilon_2 + \cdots + x_n\varepsilon_n, \qquad (9.3)$$

其中 (9.2) 的界仍然适用.

(ii) $fl_2(x_1y_1 + x_2y_2 + \cdots + x_ny_n)$
$$\equiv [x_1y_1(1 + \varepsilon_1) + x_2y_2(1 + \varepsilon_2)$$

$$+ \cdots + x_n y_n (1 + \varepsilon_n)](1 + \varepsilon), \qquad (9.4)$$

$$\begin{cases} |\varepsilon| \leqslant 2^{-t}, \ |\varepsilon_1| < \dfrac{3}{2} n 2^{-2t_2}, \\[2mm] |\varepsilon_r| < \dfrac{3}{2} (n + 2 - r) 2^{-2t_2} \ (r = 2, \cdots, n). \end{cases} \qquad (9.5)$$

我们还有

$$fl_2(x^{\mathsf{T}} y) - x^{\mathsf{T}} y (1 + \varepsilon) \equiv x_1 y_1 \varepsilon_1 + x_2 y_2 \varepsilon_2 + \cdots + x_n y_n \varepsilon_n. \qquad (9.6)$$

这里，(9.5) 中的界仍然适用. 重要的是要了解 (9.6) 的全部意义. 由于 $x^{\mathsf{T}} y$ 的诸项之间可能产生严重的相约，我们还不能从它断定 $fl_2(x^{\mathsf{T}} y)$ 的相对误差很小. 但从 (9.6) 却可推知

$$|fl_2(x^{\mathsf{T}} y) - x^{\mathsf{T}} y| \leqslant |\varepsilon| |x^{\mathsf{T}} y| + \sum |x_i| |y_i| |\varepsilon_i|$$

$$\leqslant 2^{-t} |x^{\mathsf{T}} y| + \frac{3}{2} n 2^{-2t_2} |x|^{\mathsf{T}} |y| \qquad (9.7)$$

$$\leqslant 2^{-t} |x^{\mathsf{T}} y| + \frac{3}{2} n 2^{-2t_2} \|x\|_2 \|y\|_2 \qquad (9.8)$$

除非在 $x^{\mathsf{T}} y$ 的各项之间产生了例外的严重相约，否则 (9.7) 右边第二项与第一项相比是可以忽略不计的.

(iii) 在 (ii) 的结果中取 $y = x$，则有

$$x^{\mathsf{T}} x = |x|^{\mathsf{T}} |x|. \qquad (9.9)$$

由此有

$$|fl_2(x^{\mathsf{T}} x) - x^{\mathsf{T}} x| \leqslant 2^{-t} (x^{\mathsf{T}} x) + \frac{3}{2} n 2^{-2t_2} (x^{\mathsf{T}} x)$$

$$= \left(2^{-t} + \frac{3}{2} n 2^{-2t_2} \right) (x^{\mathsf{T}} x). \qquad (9.10)$$

若 $\dfrac{3}{2} n 2^{-t} < 0.1$，则得到

$$2^{-t} + \frac{3}{2} n 2^{-2t_2} < 2^{-t} [1 + (0.1) 2^{2t - 2t_2}] < 2^{-t} (1.11). \qquad (9.11)$$

所以，$fl_2(x^{\mathsf{T}} x)$ 的相对误差总是很小的.

(iv) 若 x 和 y 为向量，z 为数量，则

$$fl_2\left(\frac{x^T y}{z}\right) \equiv \frac{x_1 y_1(1+\varepsilon_1)+\cdots+x_n y_n(1+\varepsilon_n)}{z/(1+\varepsilon)}, \qquad (9.12)$$

其中 ε 和 ε_i 满足关系式 (9.5). 这个结果可以表述成：$x^T y / z$ 的计算值是 $\bar{x}^T \bar{y} / \bar{z}$ 的准确值，这里 $\bar{x}$ 和 $\bar{y}$ 的元素与 x 和 y 的相应元素的相对误差为 2^{-2t_2} 量级，而 $\bar{z}$ 与 z 的相对误差为 2^{-t} 量级.

(v)
$$fl_2(AB) \equiv AB + F, \qquad (9.13)$$

其中
$$|F| \leqslant 2^{-t}|AB| + \frac{3}{2}n 2^{-2t_2}|A| \cdot |B|. \qquad (9.14)$$

平方根的计算

10. 使用初等酉变换的各种方法，通常不可避免地要计算平方根. 自然，求平方根的误差界在某种程度上依赖于所用的算法. 我们不打算详细讨论这些算法. 我们将假定

$$fi(x^{1/2}) \equiv x^{1/2} + \varepsilon, \quad \text{其中} \quad |\varepsilon| < (1.00001)2^{-t-1}, \qquad (10.1)$$

$$fl(x^{1/2}) \equiv x^{1/2}(1+\varepsilon), \quad \text{其中} \quad |\varepsilon| < (1.00001)2^{-t}. \qquad (10.2)$$

因为这些结果在 ACE 上都是正确的. 在大多数矩阵算法中，求平方根的次数与其他运算的次数相比是一个小量，因此即使误差比 (10.1) 和 (10.2) 的还大得多，对于整个误差界也是微不足道的.

块浮点向量和矩阵

11. 在定点运算中常常使用在某种程度上兼有定点和浮点的优点的方法来表示矩阵和向量.

这一办法是用单独一个 2 的幂次形式的比例因子与向量或矩阵的所有分量相结合. 选择这一因子使分量的最大模在 $\frac{1}{2}$ 至 1 之间. 这种向量就叫作标准化的块浮点向量. 例如，在 (11.1) 式中 a 是标准化块浮点向量，A 是标准化块浮点矩阵（自然，为说明方

便，我们用了十进制的比例因子）．

$$a = 10^{-4} \begin{bmatrix} 0.0013 \\ -0.2763 \\ 0.0002 \\ 0.0013 \end{bmatrix},$$

$$A = 10^5 \begin{bmatrix} 0.0067 & 0.2175 & 0.4132 \\ -0.1352 & 0.3145 & -0.5173 \\ -0.0167 & -0.0004 & 0.5432 \end{bmatrix}. \quad (11.1)$$

有时候矩阵的各列大小相差很大，我们就把每一列表成一个块浮点向量．类似地也可以用浮点向量来表示每一行．最后，每一行或每一列可以和一个比例因子相结合．

这种方法的优点是只需要一个单元来存放指数，每一个别的元素可按全字长来存储，不像浮点计算那样耗费若干位来存储指数．

在计算过程中，常常要计算所有分量的模都小于 $\frac{1}{2}$ 的块浮点向量．这种向量叫做非标准块浮点向量．(11.2) 的 a 就是一例．

$$a = 10^3 \begin{bmatrix} -0.0023 \\ 0.0123 \\ 0.0003 \\ -0.0021 \end{bmatrix}. \quad (11.2)$$

有些情况下与向量相结合的比例因子是无关紧要的；例如，对于特征向量就是这样． 我们把比例因子为 2^0 的标准块浮点向量称为规范化块浮点向量．这种向量的比例因子通常都略去．

t 位计算的基本限制

12. 我们在第二章已指出，当矩阵 A 需要多于 t 位才能表示时，我们就不可能把准确的矩阵输入到 t 位字长的计算机．一开始我们就必须把矩阵限于"t 位近似"．

假定暂时认为存放在计算机内的原始矩阵是准确的，或许我们可以问自己：采用 t 位尾数的浮点运算（以后就称作 t 位浮点运算），不管用什么方法，可以期望达到的最佳精度是什么？如果我们对 A 考虑一种很简单的运算，即计算变换 $D^{-1}AD$，其中 $D=\mathrm{diag}(d_i)$，就可以把这个问题弄得明白些．若记

$$B = fl(D^{-1}AD).\tag{12.1}$$

可以看到

$$b_{ij} = d_i^{-1}a_{ij}d_j(1 + \varepsilon_{ij}),\tag{12.2}$$

其中

$$|\varepsilon_{ij}| < 2 \cdot 2^{-t_1}.\tag{12.3}$$

关系式 (12.2) 说明 B 是以 $a_{ij}(1 + \varepsilon_{ij})$ 为元素的某个矩阵的准确的相似变换，因此 B 的特征值是 $(A + F)$ 的特征值，这里

$$|F| < 2 \cdot 2^{-t_1}|A|.\tag{12.4}$$

不难构造例子，使这个界几乎达到．

因此，B 的特征值 λ_i' 已在某种程度上偏离了 A 的特征值 λ_i．由第 2 章 §9 知，对于孤立的特征值，当 $t \to \infty$ 时，

$$\lambda_i' - \lambda_i \sim y_i^T F x_i / s_i,\tag{12.5}$$

其中 y_i 和 x_i 是 A 的规范化左和右特征向量．从 (12.4) 有

$$|y_i^T F x / s_i| < 2 \cdot 2^{-t_1}\|A\|_E / |s_i| \leqslant 2 \cdot 2^{-t_1}n^{1/2}\|A\|_2 / |s_i|. \tag{12.6}$$

我们推导出，即使最简单的相似变换也给特征值 λ_i 引进误差，这个误差可以料想是与 2^{-t} 和 $1/|s_i|$ 成正比的．若 $1/|s_i|$ 大，特征值 λ_i 在变换中的舍入误差相应增大．但要注意，如果原矩阵本身不准确的话，这种误差就已经产生了．

当前，大多数计算特征值的方法包含大量的相似变换的计算，每个都要比刚才讨论的简单变换更复杂．假定包含 k 个这样的变换，得到的先验误差界不可能小于刚才给出的误差的 k 倍．事实上，倘若变换是"不稳定的"，那么我们可以预料到误差界会大得多．

如果一个方法包含 k 个相似变换，又能证明最后的矩阵与 $(A+F)$ 准确相似，并且对于任何 A 都有界

$$|F| < 2k2^{-t_1}|A|,\tag{12.7}$$

则应把这样的方法看作是数值十分稳定的．但应强调指出：这样

的方法对那些对应大的值 $1/|s_i|$ 的特征值有可能会给出不准确的结果. 这种因素引起的不准确性是不可避免的, 并且绝不能看作是所考虑的方法的缺陷.

读者或许认为: 我们此刻会对上面一段的意见作点说明, 但是这里我们不想多作讨论, 其余章节中的分析会使读者相信结论的正确性. 然而, 为了避免它对我们的观点产生本质性的误解, 我们作少许解释.

13. (i) 对任何 n 条件数大的矩阵并不意味着不管我们用什么方法, 特征值的精度损失都必定达到 (12.5) 和 (12.6) 的界指明的量级. 例如, 考虑第二章 §33 定义的病态矩阵, 这个矩阵属于三对角线矩阵类. 若

$$a_{ij} = 0, \quad 对 \ j \neq i, \ i+1 \ 和 \ i-1, \qquad (13.1)$$

则称 A 是三对角线矩阵. 现在我们讨论一些针对三对角线矩阵的方法并且证明在这些方法中产生的舍入误差等价于 A 的非零元的摄动. 虽然 §33 的矩阵有病态的特征值, 但是它们对于在三条对角线上的元素根本不敏感. 因此, 尽管 $1/|s_i|$ 的值大, 用这些方法对这样的矩阵或许能得到非常精确的结果.

(ii) 如果我们累加内积或用 $fi_2(\ )$ 或 $fl_2(\ )$ 类型运算, 那么虽然我们可以认为这是 t 位运算, 但是我们实际上得到某些有 $2t$ 位正确数字的结果. 如果广泛使用这种运算, 我们可能得到更好的结果.

(iii) 在上一节, 我们已经指出某些变换有"不稳定"的可能性, 它意味着误差可能十分大. 我们用很简单的方式可以说明不稳定性这个概念. 考虑矩阵 A_0,

$$A_0 = \begin{bmatrix} 10^{-3}(0.3000) & 0.4537 \\ 0.3563 & 0.5499 \end{bmatrix}. \qquad (13.2)$$

用 4 位浮点运算, 选取 M_1 型矩阵 (第一章 §40) 右乘 A_0, 使元素 (1, 2) 化为零. 我们得到

$$M_1 = \begin{bmatrix} 1 & 10^4(-0.1512) \\ 0 & 1 \end{bmatrix},$$

$$A_0 M_1 = \begin{bmatrix} 10^{-3}(0.3000) & 0 \\ 0.3563 & 10^3(-0.5382) \end{bmatrix} \qquad (13.3)$$

(其中 $A_0 M_1$ 的 (1, 2) 元素已记为零), 接着有

$$M_1^{-1} = \begin{bmatrix} 1 & 10^4(0.1512) \\ 0 & 1 \end{bmatrix},$$

$$M_1^{-1} A_0 M_1 = \begin{bmatrix} 10^3(0.5387) & 10^6(-0.8138) \\ 0.3563 & -10^3(-0.5382) \end{bmatrix} = A_1. \qquad (13.4)$$

因为计算的变换后的矩阵的迹是 0.5000, 而原矩阵的是 0.5502. 所以, 若

$$|F| < 2.10^{-4}|A_0|, \qquad (13.5)$$

A_1 就不能准确地相似于任何 $(A_0 + F)$. M_1 的很大的元素使得 A_1 的元素比 A_0 的大得多, 并且舍入误差不能等价于 A_0 的元素的"小的"摄动. 事实上, 变换的不良后果比单从迹的误差来估计要严重得多. 按四位十进制来说, A_0 的特征值是 0.7621 和 -0.2119, 而 A_1 的是 $0.2500 \pm i(5.342)$. 一般而言, 我们发现使用有大元素的变换矩阵, 在变动中产生的舍入误差等于原矩阵的大摄动.

用相似变换作简化的特征值方法

14. 继续上节的研究, 现在我们对以相似变换为基础的特征值方法作一般性分析. 考虑一个算法, 从矩阵 A_0 开始, 定义矩阵的序列 $A_1, A_2, \cdots, A_s$ 为

$$A_p = H_p^{-1} A_{p-1} H_p \quad (p = 1, \cdots, s). \qquad (14.1)$$

通常, 每一个 A_p 都比它前一个简单, 但也并不总是这样. 因为 H_p 是这样来确定的, 它使得 A_p 中以前各步引进的零元素保持不变, 并且添加一些零元素. 然而, 某些迭代的方法, 其序列在本质上是无穷的, 零元素仅仅在序列的极限矩阵中出现. 实际上, 这类方法必定收敛得很快, 在迭代适当步之后元素变成"按运算精度是零". 下面的分析适用于各种情形; 如果方法是迭代型的, 那么我们所提到的零元素集合有时可能是空集.

当然，(14.1) 中的矩阵 A_p 的集合是按照准确计算定义的. 实际上，所得到的矩阵都有舍入误差，这些矩阵我们用 A_0, $\overline{A}_1$, $\overline{A}_2$, $\cdots$, $\overline{A}_p$ 表示. $\overline{A}_p$ 有一个特别值得指出的特点. 这就是，若设计的准确算法使每个 A_p 中产生某个零元素集合，那么在实际计算中，矩阵 $\overline{A}_p$ 也出现同样的零元素集合. 换句话说，不必计算这些元素，而在过程的每步上自动令其为零.

现在，我们研究实际计算过程中的典型的一步，此时矩阵 $\overline{A}_{p-1}$ 已有了. 这个算法准确地应用于 $\overline{A}_{p-1}$ 得到一个矩阵 H'_p，当然它与 H_p 不同. 此外，在实际上我们得到的矩阵是 $\overline{H}_p$，一般来说它与 H'_p 不同，因为这算法用于 $\overline{A}_{p-1}$ 时有舍入误差. 因此有三组矩阵.

(i) 满足 (14.1) 的矩阵 H_p 和 A_p，它们是与自始至终准确地实现算法对应的.

(ii) 满足关系

$$A'_p = (H'_p)^{-1}\overline{A}_{p-1}H'_p \tag{14.2}$$

的矩阵 H'_p 和 A'_p. 其中 H'_p 是对应于算法的第 p 步准确地应用于 $\overline{A}_{p-1}$ 的.

(iii) 实际上得到的矩阵 $\overline{H}_p$ 和 $\overline{A}_{p-1}$.

我们会看到，第一组矩阵在我们给出的误差分析中不起作用. 人们也许会期望数值稳定的算法会产生接近 A_p 的矩阵 $\overline{A}_p$，并且想富有成效地去寻求 $\overline{A}_p - A_p$ 的界. 但是，这是不对的. 表面上看起来，这似乎不能令人相信，因为可能认为，除非 $\overline{A}_p$ 接近 A_p，不然的话没有理由使得 $\overline{A}_p$ 的特征值接近 A_p 的特征值. 可是我们必须记住，我们并不真正关心 $\overline{A}_p$ 是否接近 A_p，而只要它准确地相似于某个接近 A_0 的矩阵. 若真是这样，那么每一个特征值的误差主要依赖于它对原始矩阵摄动的敏感性. 我们已经指出，我们不能期望避免原始矩阵的病态带来的不良影响.

基于初等非酉变换方法的误差分析

15. 在一般的分析中，矩阵 H_p 是酉矩阵还是非酉矩阵的研究是不同的. 我们首先考虑非酉矩阵.

在第 p 步, 我们计算矩阵 $\bar{H}_p$, 从它和 $\bar{A}_{p-1}$ 导出矩阵 $\bar{A}_p$. 由第一章 §40 知, 初等非酉矩阵都有这样的性质, 即 $\bar{H}_p$ 之后, 立即能得到没有舍入误差的逆矩阵 $\bar{H}_p^{-1}$. 通常, $\bar{A}_p$ 的元素分别为如下三大类.

(i) 以前各步已消去的元素, 它保持为零. 即使第 p 步是从 $\bar{A}_{p-1}$ 开始准确地执行, 因为新的元素总是由 $\bar{A}_{p-1}$ 的零元素的线性组合决定, 因此这些元素应保持为零.

(ii) 在第 p 步算法要消去的元素. 尽管在计算 $\bar{H}_p$ 时的舍入误差导致了 $\bar{H}_p^{-1}\bar{A}_{p-1}\bar{H}_p$ 对应的这些元素不是准确的零, 但是它们将自动地被赋予零值. 注意, 根据定义, H_p' 是准确地应用算法的第 p 步于 $\bar{A}_{p-1}$ 得到的矩阵, 因此 $(H_p')^{-1}\bar{A}_{p-1}H_p'$ 的这些元素是准确的零.

(iii) 由计算 $\bar{H}_p^{-1}\bar{A}_{p-1}\bar{H}_p$ 得到的元素.

用关系

$$\bar{A}_p \equiv \bar{H}_p^{-1}\bar{A}_{p-1}\bar{H}_p + F_p \quad (p = 1, 2, \cdots, s) \tag{15.1}$$

定义 F_p, 它表示我们得到的矩阵 $\bar{A}_p$ 与准确的乘积 $\bar{H}_p^{-1}\bar{A}_p\bar{H}_p$ 之间的差.

等式 (15.1) 可以组合为

$$\begin{aligned} \bar{A}_s \equiv\ & F_s + G_s^{-1}F_{s-1}G_s + G_{s-1}^{-1}F_{s-2}G_{s-1} \\ & + \cdots + G_2^{-1}F_1G_2 + G_1^{-1}A_0G_1, \end{aligned} \tag{15.2}$$

其中

$$G_p = \bar{H}_p\bar{H}_{p+1}\cdots\bar{H}_s. \tag{15.3}$$

如果用等式

$$F = F_s + G_s^{-1}F_{s-1}G_s + G_{s-1}^{-1}F_{s-2}G_{s-1} + \cdots + G_2^{-1}F_1G_2 \tag{15.4}$$

定义 F, 那么 (15.2) 变为

$$\bar{A}_s \equiv F + G_1^{-1}A_0G_1, \quad \text{或} \quad \bar{A}_s - F \equiv G_1^{-1}A_0G_1. \tag{15.5}$$

这意味着 $\bar{A}_s$ 与 A_0 的一个准确的相似变换相差一个矩阵 F. 如果另外定义 K 为

$$K = G_1 F G_1^{-1}, \qquad (15.6)$$

那么 (15.2) 变为

$$\tilde{A}_s \equiv G_1^{-1}(K + A_0)G_1. \qquad (15.7)$$

这表示 $\tilde{A}_s$ 准确地相似于 $(A_0 + K)$，因而我们得到了在 A_0 中与算法误差等价的摄动的表达式. 从 (15.3), (15.4) 和 (15.6) 得到

$$K = L_s F_s L_s^{-1} + L_{s-1} F_{s-1} L_{s-1}^{-1} + \cdots + L_1 F_1 L_1^{-1}, \quad (15.8)$$

其中

$$L_p = \bar{H}_1 \bar{H}_2 \cdots \bar{H}_p. \qquad (15.9)$$

我们说过，可以用 $\|K\|/\|A_0\|$ 作为一个度量来检验算法的有效性. 我们能找到这个比值的先验界越小, 这个算法就越有效.

在非酉初等变换的方法中寻求摄动矩阵 K 的一个真正有用的先验的界是极其困难的. 但是，等式 (15.8) 给我们一个重要的启示：用范数不大的初等矩阵是最合适的. 我们最常用第一章 §40 的 M_p 或 N_p 型的矩阵，从数值稳定性着想，如果可能的话，我们总是安排算法使得 M_p 和 N_p 的元素的模不大于 1.

我们注意到，如果用有大元素的矩阵 $\bar{H}_p$ 作变换很可能导致 $\bar{A}_p$ 的元素比 $\bar{A}_{p-1}$ 的大得多. 因此，在这一步的舍入误差很可能相当大，由此产生一个范数大的 F_p（参见 §13 的例），这就进一步加强了上述结论.

我们已经分别给出最后得到的计算的矩阵 $\bar{A}_s$ 和初始矩阵 A_0 的等价摄动 F 和 K 的表达式. 在计算（至少是近似地）$\bar{A}_s$ 的特征系并且估计特征值的条件之后， F 的界很可能是一个有用的后验界. 另一方面，K 的先验的界使我们能评价算法.

现在转到等式 (15.1)，我们看出如果要追踪特征值 λ_i 的计算，就必须在每一步估计 $s_i^{(p)}$. 通常，对于每一个 p，$s_i^{(p)}$ 是不同的. 如果能保证特征值的条件不变坏，那么我们就知道各个 F_p 的影响至多是相加的.

基于初等酉变换的方法的误差分析

16. 一般而言，对于初等酉变换的方法能得到更好的误差界，

但是存在一个非酉变换中不会出现的困难.

在第 p 步, 我们计算矩阵 $\bar{H}_p$, 如果这一步没有误差, 它应该是由算法确定的矩阵 $\bar{A}_{p-1}$ 的准确的酉变换 H'_p. 我们计算了 $\bar{H}_p$ 后, 假定它确实是酉矩阵, 并且取 $\bar{H}_p^H$ 作为它的逆. 我们这样做总是合乎需要的, 而当初始阵 A_0 是 Hermite 矩阵时, 这样做更是必然的, 因为我们自然希望 $\bar{A}_p$ 保持 Hermite 性质. 可是在使用公式 $\bar{H}_p^H \bar{A}_{p-1} \bar{H}_p$ 时我们甚至不希望计算 $\bar{A}_{p-1}$ 的相似变换.

计算 $\bar{H}_p$ 的方法应该是使得它给出的矩阵接近准确的酉矩阵, 这一点是重要的. 通常, 我们将保证 $\bar{H}_p$ 十分接近 H'_p, 它是算法第 p 步对于 $\bar{A}_{p-1}$ 确定的准确的酉矩阵, 但是在 §19 中我们将指出只达到这样的要求还是很不够的.

假定我们已证明了

$$\bar{H}_p \equiv H'_p + X_p, \tag{16.1}$$

并且能找到 X_p 的令人满意的小的界, 那么我们像在 (15.1) 那样用关系

$$\bar{A}_p \equiv \bar{H}_p^H \bar{A}_{p-1} \bar{H}_p + F_p \tag{16.2}$$

定义 F_p, 因此 F_p 又是 $\bar{A}_p$ 和准确的乘积 $\bar{H}_p \bar{A}_{p-1} \bar{H}_p$ 之差. 然后就有

$$\begin{aligned} \bar{A}_p &\equiv (H'_p + X_p)^H \bar{A}_{p-1}(H'_p + X_p) + F_p \\ &= (H'_p)^H \bar{A}_{p-1} H'_p + Y_p, \end{aligned} \tag{16.3}$$

其中

$$\begin{aligned} Y_p = &(H'_p)^H \bar{A}_{p-1} X_p + (X_p)^H \bar{A}_{p-1} H'_p \\ &+ X_p^H \bar{A}_{p-1} X_p + F_p, \end{aligned} \tag{16.4}$$

而 $(H'_p)^H \bar{A}_{p-1} H'_p$ 是 $\bar{A}_{p-1}$ 的准确的酉相似变换. 对 p 从 1 到 s, 逐次应用等式 (16.3) 我们得到

$$\begin{aligned} \bar{A}_s \equiv &Y_s + G_s^H Y_{s-1} G_s + G_{s-1}^H Y_{s-2} G_{s-1} \\ &+ \cdots + G_2^H Y_1 G_2 + G_1^H A_0 G_1, \end{aligned} \tag{16.5}$$

其中

$$G_p = H'_p H'_{p+1} \cdots H'_s. \tag{16.6}$$

这一结果与 (15.2) 和 (15.3) 比较可看出 H'_p 取代了 H_p, Y_p 取

代了 F_p. 记

$$\overline{A}_s \equiv Y + G_1^H A_0 G_1, \qquad (16.7)$$

其中

$$Y = Y_s + G_s^H Y_{s-1} G_s + G_{s-1}^H Y_{s-2} G_{s-1} + \cdots + G_2^H Y_1 G_2. \qquad (16.8)$$

或者记

$$\overline{A}_s = G_1^H (Z + A_0) G_1, \qquad (16.9)$$

其中

$$Z = L_s Y_s L_s^H + L_{s-1} Y_{s-1} L_{s-1}^H + \cdots + L_1 Y_1 L_1^H, \qquad (16.10)$$

并且

$$L_p = H_1' H_2' \cdots H_p'. \qquad (16.11)$$

酉变换的优越性

17. Y_p 的定义比 §15 中 F_p 的复杂得多, 等式 (16.5) 到 (16.11) 比 §15 中的相应的等式含有多得多的信息. 所有矩阵 G_p 和 L_p 都是准确的酉矩阵, 因而从酉变换下 2 范数的不变性有

$$\|Y\|_2 \leqslant \|Y_s\|_2 + \|Y_{s-1}\|_2 + \cdots + \|Y_1\|_2. \qquad (17.1)$$

类似地, 因为 $Z = G_1 Y \cdot G_1^H$, 故有

$$\|Z\|_2 = \|Y\|_2. \qquad (17.2)$$

等式 (16.7) 说明 $(\overline{A}_s - Y)$ 是 A_0 的一个准确的酉相似变换.

实际应用中, 我们总是用平面旋转或初等 Hermite 变换, 我们发现不管是哪一种情况对于 (16.1) 定义的 X_p 的范数总能得到最满意的界. 例如, 如果我们能证明

$$\|X_p\|_2 \leqslant a 2^{-t}, \qquad (17.3)$$

那么 (16.4) 给出

$$\|Y_p\|_2 \leqslant \|\overline{A}_{p-1}\|_2 (2a 2^{-t} + a^2 2^{-2t}) + \|F_p\|_2, \qquad (17.4)$$

并且从 (16.3) 得到

$$\|\overline{A}_p\|_2 \leqslant \|\overline{A}_{p-1}\|_2 + \|Y_p\|_2 \leqslant (1 + a 2^{-t})^2 \|\overline{A}_{p-1}\|_2 + \|F_p\|_2. \qquad (17.5)$$

F_p 是在计算 $\overline{H}_p^H \overline{A}_{p-1} \overline{H}_p$ 时产生的误差的矩阵, 因为 $\overline{H}_p$ 几乎是酉矩

阵, $\overline{A}_p$ 与 A_{p-1} 的元素一般的数量级相当一致。因此实际上对 $\|p\|_2$ 寻求形如

$$\|F_p\|_2 \leqslant f(p, n) 2^{-t} \|\overline{A}_{p-1}\|_2 \qquad (17.6)$$

的界通常并不困难,这里 $f(p, n)$ 是 p 和 n 的某个简单函数。从 (17.4), (17.5), (17.6) 有

$$\|\overline{A}_p\|_2 \leqslant [(1 + a2^{-t})^2 + f(p, n) 2^{-t}] \|\overline{A}_{p-1}\|_2, \qquad (17.7)$$

和

$$\|Y_p\|_2 \leqslant [2a + a^2 2^{-t} + f(p, n)] 2^{-t} \|\overline{A}_{p-1}\|_2. \qquad (17.8)$$

因此对 A_0 中等价摄动 Z 的范数,我们可以得到一个先验界,即

$$\|Z\|_2 \leqslant 2^{-t} \|A_0\|_2 \sum_{p=1}^{s} x_p, \qquad (17.9)$$

其中

$$x_p = [2a + a^2 2^{-t} + f(p, n)] y_{p-1}, \qquad (17.10)$$

$$y_p = \prod_{i=1}^{p} [(1 + a2^{-t})^2 + f(i, n) 2^{-t}]. \qquad (17.11)$$

于是分析任意一个以酉变换为基础的算法简化为对于 a 和 $f(p, n)$ 的求值问题。

实对称矩阵

18. 当 A_0 是实矩阵时,我们使用的算法将给出实的(因此是正交的)矩阵 H_p。当 A_0 又是对称的时候,对所有的 $\overline{A}_p$ 我们只计算它的上三角部分,然后利用对称性填满整个矩阵,这样矩阵就保持了准确的对称性。因为 (16.3) 中的 F_p 和 Y_p 分别表示 $\overline{A}_p$ 与 $(H'_p + X_p)^T \overline{A}_{p-1} (H'_p + X_p)$ 和 $(H'_p)^T \overline{A}_{p-1} H'_p$ 之间的差,并且后面两个矩阵都是准确对称的,因而它们也是准确地对称的。现在关系式 (17.9) 意味着准确对称的 Z 满足

$$\|Z\|_2 \leqslant 2^{-t} \max |\lambda_i| \sum_{p=1}^{s} x_p. \qquad (18.1)$$

如果计算的特征值是 $\lambda_1 + \delta\lambda_1, \lambda_2 + \delta\lambda_2, \cdots, \lambda_n + \delta\lambda_n$, 那么从

第二章 §44 得到

$$\frac{|\delta\lambda_j|}{\max|\lambda_i|} \leqslant 2^{-t} \sum_{p=1}^{i} x_{p\bullet} \qquad (18.2)$$

因此，我们的分析给出了任何一个 λ_j 关于最大模的特征值的相对误差的界。

我们的分析始终使用了 2 范数，而用 Euclid 范数可以进行类似的分析。应用 Wielandt-Hoffman 定理（第二章 §48）给出

$$[\Sigma(\delta\lambda_i)^2]^{\frac{1}{2}} \leqslant \|Z\|_E. \qquad (18.3)$$

我们强调指出：通常非对称矩阵的误差分析并不比对称的来得困难。但是，在这两种情况中关于 Z 的界的含义很不一样。

酉变换的限度

19. 前一节的讨论可能给我们一个印象： 似乎以酉变换为基础的任何算法必然是稳定的。但是这样的论断是很不正确的，我们仅仅讨论了由 A_{p-1} 作一次初等酉变换得到一个矩阵 A_p，并且假定在 A_p 中引进的零元素也是这一个变换的结果。我们指出过假若能证明实际计算的 $\bar{H}_p$ 逼近 H'_p， 那么稳定性就得到保证。误差的来源只有两个：

(i) 从 $\bar{H}_p^H \bar{A}_{p-1} \bar{H}_p$ 计算 $\bar{A}_p$ 的元素时产生的，

(ii) 在 $\bar{A}_p$ 中插入某些新零元素时产生的。

实际上总能证明第一个误差来源不会引起麻烦。至于第二个来源，情况甚至还要好一些。我们的分析是基于寻求 $Y_p = \bar{A}_p - (H'_p)\bar{A}_{p-1}H'_p$ 的小的界。 从 H'_p 的定义知，对于零元素，Y_p 对应的元素是准确的零。可是，这个特殊的处理方式，不一定能给出最强的界。 如果我们能证明 $\bar{H}_p$ 接近任何准确的酉矩阵 R_p，并对 $(R_p - \bar{H}_p)$ 能得到好的界；此外，还能证明在 $(R_p^H \bar{A}_{p-1} R_p)$ 中，对应 $\bar{A}_p$ 的零元位置上的元素是小的，那么我们可以作出类似于 §16，§17 的分析。

可是，有一些基于初等酉变换的算法，其中那些关键的零元是在若干个接连的变换的相乘之后才产生，这些零元的出现通常以

隐含的方式依赖于算法所使用的矩阵 H_p 的定义.

假定从 A_0 开始,这些零元应该在 q 次变换之后的矩阵 A_q 中出现. 要是我们能证明乘积 $\bar{H}_1\bar{H}_2\cdots\bar{H}_q$ 接近 $H_1H_2\cdots H_q$,那么方法将是稳定的. 然而,即使我们能证明每个 $\bar{H}_p$ 接近对应的 H'_p,但这也没有什么意义,因为 H'_p 可能与 H'_p 差得很远. 如同 §14 中指出的那样,矩阵 A_p 和 $\bar{A}_p$ 可能完全不同,而且在我们的分析中,实质性的特点是不做 $\bar{A}_p$ 和 A_p 或 $\bar{H}_p$ 和 H_p 之间的比较.

如果一个算法的成功与否主要取决于与 A_q 中零元对应的那些元素在 $\bar{A}_q$ 中是否能作为零元来接受,那么这些算法在实用上是十分无效的. 我们将给出这种算法严重失败的例子.

用浮点计算的平面旋转的误差分析

20. 虽然有大量的以酉变换为基础的方法,但是只有几个基本的计算反复出现. 为了以后使用方便,在下面几节中,我们给出这些计算的误差分析. 我们从标准浮点运算的平面旋转开始,因为这些运算最简单,并且只限于讨论实的情况,因而涉及的是正交矩阵.

在很多算法中,某一步的变换用下述方式确定.

给定向量 $\bar{x}$ (通常是当前变换矩阵的一列或一行),希望决定在 (i, j) 平面上的旋转 R 使得 $(R\bar{x})_j = 0$.

我们记

$$\bar{x}^T = (\bar{x}_1, \bar{x}_2, \cdots, \bar{x}_n), \tag{20.1}$$

其中分量 $\bar{x}_p$ 是标准浮点数. 由第一章 §43 知,对于向量 $\bar{x}$,算法定义的准确的旋转是使得

$$\begin{cases} r_{ii} = \cos\theta, & r_{ij} = \sin\theta, \\ r_{ji} = -\sin\theta, & r_{jj} = \cos\theta, \end{cases} \tag{20.2}$$

其中

$$\bar{x}_i/(\bar{x}_i^2 + \bar{x}_j^2)^{1/2} = \cos\theta = c,$$
$$\bar{x}_j/(\bar{x}_i^2 + \bar{x}_j^2)^{1/2} = \sin\theta = s.$$

如果 $\bar{x}_i = 0$,那么不管 $\bar{x}_i = 0$ 是否成立,我们取 $c = 1$, $s = 0$.

虽然，如果严格地按照前一节，应该把等式 (20.2) 准确地定义的矩阵称为 R'，因为它是用计算的元素的当前值由算法定义的准确的矩阵。但是这里把它称为 R，因为准确计算得到的矩阵不会在我们的讨论中出现。为了简化记号，我们去掉了这一撇。

实际上，代替 c, s 我们得到 $\bar{c}$ 和 $\bar{s}$ 的矩阵 $\bar{R}$，其中
$$\bar{c} = fl[\bar{x}_i/(\bar{x}_i^2 + \bar{x}_j^2)^{1/2}], \quad \bar{s} = fl[\bar{x}_j/(\bar{x}_i^2 + \bar{x}_j^2)^{1/2}]. \quad (20.3)$$
$\bar{c}$ 和 $\bar{s}$ 的计算包括以下几步:
$$a = fl(\bar{x}_i^2 + \bar{x}_j^2), \quad b = fl(a^{\frac{1}{2}}), \quad c = fl(\bar{x}_i/b),$$
$$s = fl(\bar{x}_j/b). \quad (20.4)$$
若 $\bar{x}_j = 0$，取 $\bar{c} = 1$, $\bar{s} = 0$，在这种情况下 $\bar{R} = R$.

为了说明浮点分析方法的应用，我们详细分析 (20.4)。在以后象这样简单的应用，我们将只给出最终的结果。为了得到尽可能好的界，我们回过来用如下形式的界
$$(1 - 2^{-t})^r \leqslant 1 + \varepsilon \leqslant (1 + 2^{-t})^r, \quad (20.5)$$
而不使用较简单的用 2^{-t_1} 表示的界。我们有

(i) $a = fl(\bar{x}_i^2 + \bar{x}_j^2) \equiv \bar{x}_i^2(1 + \varepsilon_1) + \bar{x}_j^2(1 + \varepsilon_2)$
$\equiv (\bar{x}_i^2 + \bar{x}_j^2)(1 + \varepsilon_3)$,

其中
$$(1 - 2^{-t})^2 \leqslant 1 + \varepsilon_i \leqslant (1 + 2^{-t})^2 \quad (i = 1, 2, 3).$$

(ii) $b = fl(a^{\frac{1}{2}}) \equiv a^{\frac{1}{2}}(1 + \varepsilon_4)$. 由 (10.2) 知，其中
$$|\varepsilon_4| < (1.00001)2^{-t}.$$

(iii) $\bar{c} = fl(\bar{x}_i/b) \equiv \bar{x}_i(1 + \varepsilon_5)/b$,
$\bar{s} = fl(\bar{x}_j/b) \equiv \bar{x}_j(1 + \varepsilon_6)/b$,
$|\varepsilon_i| \leqslant 2^{-t} (i = 5, 6).$

合并 (i)，(ii) 和 (iii) 得
$$\bar{c} \equiv c(1 + \varepsilon_5)/(1 + \varepsilon_3)^{1/2}(1 + \varepsilon_4),$$
$$\bar{s} \equiv s(1 + \varepsilon_6)/(1 + \varepsilon_3)^{1/2}(1 + \varepsilon_4). \quad (20.6)$$

简单的计算表明
$$\bar{c} = c(1 + \varepsilon_7), \quad \bar{s} = s(1 + \varepsilon_8), \quad (20.7)$$
$$|\varepsilon_i| < (3.003)2^{-t} (i = 7, 8), \quad (20.8)$$

其中因子 3.003 是极宽的. 因此，计算的 $\bar{c}$ 和 $\bar{s}$ 有小的相对误差. 但是必须强调指出：即使像刚才分析的那样简单的计算，用浮点计算并不一定能保证得到相对误差小的结果（第五章 §12）.

我们可以记

$$\bar{c} = c + \delta c, \quad \bar{s} = s + \delta s, \quad \bar{R} = R + \delta R. \qquad (20.9)$$

在 δR 中位于第 i, i 行与第 i, i 列交叉点上的元素是

$$\begin{bmatrix} \delta c & \delta s \\ -\delta s & \delta c \end{bmatrix}, \qquad (20.10)$$

其他元素是零. 因此得到

$$\|\delta R\|_2 = (\delta c^2 + \delta s^2)^{\frac{1}{2}} < (3.003)2^{-t}, \qquad (20.11)$$

$$\|\delta R\|_E = [2(\delta c^2 + \delta s^2)]^{\frac{1}{2}} < (3.003)2^{\frac{1}{2}}2^{-t}. \qquad (20.12)$$

这证明了计算的 $\bar{R}$ 接近对应于 $\bar{x}_i$ 和 $\bar{x}_i$ 的准确的 R. 如果给出任何两个浮点数 $\bar{x}_i$ 和 $\bar{x}_i$，我们将称 $\bar{R}$ 为在 (i, i) 平面上的一个近似的旋转.

用平面旋转的乘法

21. 现在研究如下定义的复合运算：给定两个浮点数 $\bar{x}_i$ 和 $\bar{x}_i$ 及一个元素为标准浮点数的矩阵 A，计算在 (i, i) 平面的近似旋转 $\bar{R}$，然后计算 $fl(\bar{R}A)$.

为了简化记号，我们首先考虑 $fl(\bar{R}a)$ 的计算，这里 a 是向量. a 只有在 i, i 位置的两个元素被修改. 若记

$$b = fl(\bar{R}a), \qquad (21.1)$$

则

$$\left.\begin{aligned} &b_p = a_p \ (p \neq i, i) \\ &b_i = fl(\bar{c}a_i + \bar{s}a_i) \equiv \bar{c}a_i(1 + \varepsilon_1) + \bar{s}a_i(1 + \varepsilon_2) \\ &b_i = fl(-\bar{s}a_i + \bar{c}a_i) \equiv -\bar{s}a_i(1 + \varepsilon_3) + \bar{c}a_i(1 + \varepsilon_4) \\ &(1 - 2^{-t})^2 \leqslant 1 + \varepsilon_i \leqslant (1 + 2^{-t})^2 \ (i = 1, 2, 3, 4) \end{aligned}\right\}. \qquad (21.2)$$

此式可以表示成

$$\begin{bmatrix} b_i \\ b_j \end{bmatrix} = \begin{bmatrix} c & s \\ -s & c \end{bmatrix} \begin{bmatrix} a_i \\ a_j \end{bmatrix} + \begin{bmatrix} \delta_c & \delta_s \\ -\delta_s & \delta_c \end{bmatrix} \begin{bmatrix} a_i \\ a_j \end{bmatrix}$$
$$+ \begin{bmatrix} \bar{c}a_i\varepsilon_1 + \bar{s}a_j\varepsilon_2 \\ -\bar{s}a_i\varepsilon_3 + \bar{c}a_j\varepsilon_4 \end{bmatrix}. \tag{21.3}$$

使用 δc, δs 和 ε_i 的界，并记

$$fl(\bar{R}a) - Ra = f, \tag{21.4}$$

我们有

$$\|f\|_2 \leqslant (\delta c^2 + \delta s^2)^{1/2}(a_i^2 + a_j^2)^{1/2} + (2.0002)2^{-t}$$
$$\cdot [2(\bar{c}^2 + \bar{s}^2)]^{1/2}(a_i^2 + a_j^2)^{1/2}$$
$$\leqslant 6 \cdot 2^{-t}(a_i^2 + a_j^2)^{1/2}, \tag{21.5}$$

这里因子 6 也是放大的。注意，如果 a_i, a_j 相对于某些其他分量显得很小，那么 $\|f\|_2/\|a\|_2$ 就很小。对于定点计算，这结论并不成立。从 (21.3) 和关系

$$\|x + y + z\|_2 \leqslant \|x\|_2 + \|y\|_2 + \|z\|_2,$$

我们有

$$(b_i^2 + b_j^2)^{1/2} \leqslant (a_i^2 + a_j^2)^{1/2} + 6 \cdot 2^{-t}(a_i^2 + a_j^2)^{1/2}$$
$$= (1 + 6 \cdot 2^{-t})(a_i^2 + a_j^2)^{1/2}. \tag{21.6}$$

在下面的分析中这关系是重要的。

对 (20.11) 和 (21.5) 的研究证明了误差的一半来自计算 $\bar{R}$ 时产生的误差，另外一半来自用计算的 $\bar{R}$ 作乘法产生的误差。

当向量 a 就是 $\bar{x}$ ($\bar{x}_i$ 和 $\bar{x}_j$ 取自 $\bar{x}$) 时，那么实际上，通常并不计算 $fl(\bar{R}x)$，而是令第 i 个分量为 $fl[(\bar{x}_i^2 + \bar{x}_j^2)^{1/2}]$，第 j 个分量为零。这个确定的第 i 个分量的表达式，在确定 $\bar{R}$ 时已经计算了。因此 f 的这两个元素是 $fl[(\bar{x}_i^2 + \bar{y}_j^2)^{1/2}] - (\bar{x}_i^2 + \bar{y}_j^2)^{1/2}$ 和零。在这种情况下，容易验证 (21.5) 的界是十分宽的。因此向量 $\bar{x}$ 的特殊处理不会产生任何麻烦。

上述结果立刻可推广到 $fl(\bar{R}A)$ 的计算，其中 A 是 $n \times m$ 矩阵。对 $\bar{R}A$ 的 m 个向量逐个处理，则有

$$fl(\bar{R}A) - RA \equiv F, \tag{21.7}$$

此处除了在第 i 行和第 j 行之外，F 是零。并且

$$\|F\|_E \leqslant 6 \cdot 2^{-t}(a_{i1}^2 + a_{j1}^2 + a_{i2}^2 + a_{j2}^2$$
$$+ \cdots + a_{im}^2 + a_{jm}^2)^{1/2}. \qquad (21.8)$$

注意,这是 $\|F\|_E$ 的界而不是 $\|F\|_2$ 的界. 第 i 行和第 j 行的范数的平方分别代替了我们对向量作分析中的 a_i^2 和 a_j^2. 即使 A 的一列是向量 $\bar{x}$ 并且是特殊处理的,界 (21.8) 也是充分的.

用一系列平面旋转做乘法

22. 设给定了 s 对浮点数 $\bar{x}_{i_p}$, $\bar{x}_{j_p}$ 和矩阵 A_0. 对于每一个数对我们可以计算在 (i_p, j_p) 平面上的一个近似的平面旋转 $\bar{R}_p$, 因此可以计算 s 个矩阵,即

$$\begin{cases} \bar{A}_1 = fl(\bar{R}_1 A_0) \equiv R_1 A_0 + F_1, \\ \bar{A}_p = fl(\bar{R}_p \bar{A}_{p-1}) \equiv R_p \bar{A}_{p-1} + F_p \quad (p = 2, \cdots, s). \end{cases} \qquad (22.1)$$

逐次代入,由方程 (22.1) 有

$$\bar{A}_p \equiv Q_1 A_0 + Q_2 F_1 + Q_3 F_2 + \cdots + Q_p F_{p-1} + F_p, \qquad (22.2)$$

其中

$$Q_k = R_p R_{p-1} \cdots R_k.$$

从定义知道,R_k 是准确的正交矩阵,因此 Q_k 也是准确的正交矩阵. 于是对于 2 范数或者 Euclid 范数均有

$$\|\bar{A}_p - R_p R_{p-1} \cdots R_1 A_0\| \leqslant \|F_1\| + \|F_2\| + \cdots + \|F_p\|$$
$$(p = 1, 2, \cdots, s). \qquad (22.3)$$

实际上,我们常常遇到的是逐次在平面 $(1, 2)$, $(1, 3)$, $\cdots$ $(1, n)$; $(2, 3)$, $(2, 4)$, $\cdots$, $(2, n)$; $\cdots$; $(n-1, n)$ 上的 $\frac{1}{2} n \cdot (n-1)$ 个旋转. 现在我们证明对这一组旋转可得到

$$\|\bar{A}_N - R_N R_{N-1} \cdots R_1 A_0\|_E, \quad N = \frac{1}{2} n(n-1). \qquad (22.4)$$

的一个十分满意的界.

23. 这个分析的主要困难是在记号上. 因此,我们首先用一个向量代替矩阵 A_0, 为进一步的简化,我们取 $n = 5$ (因而 $N = 10$), 对一般情况的证明是十分显然的. 记 v_0 为初始向量, $\bar{v}_1$,

$\bar{v}_2, \cdots, \bar{v}_N$ 表示逐次导出的向量. 在表 1 中我们显示了向量 $\bar{v}_i$ 的元素, 为了避免多重下标的混乱, 向量的各个元素用不同的字母表示, 当对应的元素改变时才改动其下标. 一般在前 $(n-1)$ 个变换中第一个元素每次要改变, 以后不再变动. 类似地, 在其后的 $(n-2)$ 个变换中第二个元素被改变, 以后不再改动, 依次类推. 在表 1 中分别表示出来. 每一个元素被改变 $n-1$ 次, 结果每个元素的下标最终都是 $(n-1)$.

表　1

v_0	$\bar{v}_1$	$\bar{v}_2$	$\bar{v}_3$	$\bar{v}_4$	$\bar{v}_5$	$\bar{v}_6$	$\bar{v}_7$	$\bar{v}_8$	$\bar{v}_9$	$\bar{v}_{10}$
a_0	$\bar{a}_1$	$\bar{a}_2$	$\bar{a}_3$	$\bar{a}_4$	$\bar{a}_4$	$\bar{a}_4$	$\bar{a}_4$	$\bar{a}_4$	$\bar{a}_4$	$\bar{a}_4$
b_0	$\bar{b}_1$	$\bar{b}_1$	$\bar{b}_1$	$\bar{b}_1$	$\bar{b}_2$	$\bar{b}_3$	$\bar{b}_4$	$\bar{b}_4$	$\bar{b}_4$	$\bar{b}_i$
c_0	c_0	$\bar{c}_1$	$\bar{c}_1$	$\bar{c}_1$	$\bar{c}_2$	$\bar{c}_2$	$\bar{c}_2$	$\bar{c}_3$	$\bar{c}_4$	$\bar{c}_4$
d_0	d_0	d_0	$\bar{d}_1$	$\bar{d}_1$	$\bar{d}_1$	$\bar{d}_2$	$\bar{d}_2$	$\bar{d}_3$	$\bar{d}_3$	$\bar{d}_4$
c_0	c_0	c_0	c_0	$\bar{e}_1$	$\bar{e}_1$	$\bar{e}_1$	$\bar{e}_2$	$\bar{e}_2$	$\bar{e}_3$	$\bar{e}_4$

我们若记
$$\bar{v}_p = fl(\bar{R}_p \bar{v}_{p-1}) \equiv R_p \bar{v}_{p-1} + f_p, \tag{23.1}$$
那么我们上面的分析证明了
$$\|\bar{v}_N - R_N R_{N-1} \cdots R_1 v_0\|_2 \leqslant \|f_1\|_2 + \|f_2\|_2 + \cdots + \|f_N\|_2. \tag{23.2}$$

现在, 因为每一个 $\bar{v}_p$ 都是分量为浮点数的向量, §21 的分析立即可用于每一个变换, 记 $6 \cdot 2^{-t} = x$, 我们有

$$
\begin{cases}
\|f_1\| \leqslant x(a_0^2 + b_0^2)^{1/2}; \|f_2\| \leqslant x(\bar{a}_1^2 + c_0^2)^{1/2}; \|f_3\| \leqslant x(\bar{a}_2^2 + d_0^2)^{1/2}; \|f_4\| \leqslant x(\bar{a}_3^2 + c_0^2)^{1/2}, \\
\|f_5\| \leqslant x(\bar{b}_1^2 - \bar{c}_1^2)^{1/2}; \|f_6\| \leqslant x(\bar{b}_2^2 + \bar{d}_1^2)^{1/2}; \|f_7\| \leqslant x(\bar{b}_3^2 + \bar{e}_1^2)^{1/2}, \\
\|f_8\| \leqslant x(\bar{c}_2^2 + \bar{d}_2^2)^{1/2}; \|f_9\| \leqslant x(\bar{c}_3^2 + \bar{e}_2^2)^{1/2}, \\
\|f_{10}\| \leqslant x(\bar{d}_2^2 + \bar{e}_3^2)^{1/2},
\end{cases}
\tag{23.3}
$$

上式中不等式这样分组是着重表明其一般形式. 如果我们记
$$f = \|f_1\|_2 + \cdots + \|f_N\|_2 = xS, \tag{23.4}$$
然后用对于任何正数 q_i 都成立的不等式

$$(q_1 + q_2 + \cdots + q_N)^2 \leqslant N(q_1^2 + q_2^2 + \cdots + q_N^2), \quad (23.5)$$

则从 (23.3) 得到

$$S^2 \leqslant 10 \begin{bmatrix} (a_0^2 + b_0^2) + (\vec{a}_1^2 + c_0^2) + (\vec{a}_2^2 + d_0^2) + (\vec{a}_3^2 + e_0^2) \\ + (\vec{b}_1^2 + \vec{c}_1^2) + (\vec{b}_2^2 + \vec{d}_1^2) + (\vec{b}_3^2 + \vec{e}_1^2) \\ + (\vec{c}_2^2 + \vec{d}_2^2) + (\vec{c}_3^2 + \vec{e}_2^2) \\ + (\vec{d}_3^2 + \vec{e}_3^2) \end{bmatrix} \cdot$$

$$(23.6)$$

对一般情况,式中因子 10 改为 N.

为简明起见,记 $k = (1 + x)^2$,根据 N 个变换中与 (21.6) 对应的关系式是

$$\vec{a}_1^2 + \vec{b}_1^2 \leqslant k(a_0^2 + b_0^2),$$

$$\vec{a}_2^2 + \vec{c}_1^2 \leqslant k(\vec{a}_1^2 + c_0^2), \quad \vec{b}_2^2 + \vec{c}_2^2 \leqslant k(\vec{b}_1^2 + \vec{c}_1^2),$$

$$\vec{a}_3^2 + \vec{d}_1^2 \leqslant k(\vec{a}_2^2 + d_0^2), \quad \vec{b}_3^2 + \vec{d}_2^2 \leqslant k(\vec{b}_2^2 + \vec{d}_1^2), \quad \vec{c}_3^2 + \vec{d}_3^2 \leqslant k(\vec{c}_2^2 + \vec{d}_2^2),$$

$$\vec{a}_4^2 + \vec{e}_1^2 \leqslant k(\vec{a}_3^2 + e_0^2), \quad \vec{b}_4^2 + \vec{e}_2^2 \leqslant k(\vec{b}_3^2 + \vec{e}_1^2), \quad \vec{c}_4^2 + \vec{e}_3^2 \leqslant k(\vec{c}_3^2 + \vec{e}_2^2),$$

$$\vec{d}_4^2 + \vec{e}_4^2 \leqslant k(\vec{d}_3^2 + \vec{e}_3^2).$$

$$(23.7)$$

我们希望建立 S 和 $\|v_0\|_2$ 之间的关系. 从 (23.7) 式中的第一列的关系我们有

$$\begin{cases} \vec{a}_1^2 \leqslant k(a_0^2 + b_0^2) & - \vec{b}_1^2, \\ \vec{a}_2^2 \leqslant k^2(a_0^2 + b_0^2) + kc_0^2 & - k\vec{b}_1^2 - \vec{c}_1^2, \quad (23.8) \\ \vec{a}_3^2 \leqslant k^3(a_0^2 + b_0^2) + k^2 c_0^2 + kd_0^2 - k^2 \vec{b}_1^2 - k\vec{c}_1^2 - \vec{d}_1^2. \end{cases}$$

因此,记

$$S_r = 1 + k + k^2 + \cdots + k^{r-1}, \quad (23.9)$$

则 (23.6) 右边的第一行的和以

$$S_4 a_0^2 + S_4 b_0^2 + S_3 c_0^2 + S_2 d_0^2 + S_1 e_0^2 - S_3 \vec{b}_1^2 - S_2 \vec{c}_1^2 - S_1 \vec{d}_1^2 (23.10)$$

为界. 用同样的办法,(23.6) 的其他三个行的和分别以下式为界

$$\begin{cases} S_3 \vec{b}_1^2 + S_3 \vec{c}_1^2 + S_2 \vec{d}_1^2 + S_1 \vec{e}_1^2 - S_2 \vec{c}_2^2 - S_1 \vec{d}_2^2 \\ \quad S_2 \vec{c}_2^2 + S_2 \vec{d}_2^2 + S_1 \vec{e}_2^2 \quad\quad - S_1 \vec{d}_3^2 \quad (23.11) \\ \quad\quad S_1 \vec{d}_3^2 + S_1 \vec{e}_3^2 \end{cases}$$

上述有规则的形式展示出在一般的情况下相应的结果. 把 (23.10)

和 (23.11) 中的式子相加，我们看到 (23.6) 等价于

$$S^2 \leqslant 10 \begin{bmatrix} S_4 a_0^2 + S_4 \bar{b}_0^2 + S_3 c_0^2 + S_2 d_0^2 + S_1 e_0^2 \\ + k^2 \bar{c}_1^2 + k \bar{d}_1^2 + \bar{e}_1^2 \\ + k \bar{d}_2^2 + \bar{e}_2^2 \\ + \bar{e}_3^2 \end{bmatrix}, \qquad (23.12)$$

这里每一行中的负项和下一行中的正项有大量的相约。第一行完全用 v_0 的元素表示. 为了把第二行化为可比较的形式，分别用 k^3, k^2, k 和 1 乘 (23.7) 中第一列的不等式并相加，我们得到

$$\bar{a}_1^2 + k^3 \bar{b}_1^2 + k^2 \bar{c}_1^2 + k \bar{d}_1^2 + \bar{e}_1^2 \leqslant k^4 (a_0^2 + b_0^2) + k^3 c_0^2 + k^2 d_0^2 + k e_0^2.$$
$$(23.13)$$

因此更加有

$$k^3 \bar{b}_1^2 + (k^2 \bar{c}_1^2 + k \bar{d}_1^2 + \bar{e}_1^2) \leqslant k^4 (a_0^2 + b_0^2) + k^3 c_0^2 + k^2 d_0^2 + k e_0^2.$$
$$(23.14)$$

类似地从 (23.7) 的第二列得到

$$k^2 \bar{c}_2^2 + (k \bar{d}_2^2 + \bar{e}_2^2) \leqslant k^3 (\bar{b}_1^2 + \bar{c}_1^2) + k^2 \bar{d}_1^2 + k \bar{e}_1^2$$
$$\leqslant k^5 (a_0^2 + b_0^2) + k^4 c_0^2 + k^3 d_0^2 + k^2 e_0^2, \quad (23.15)$$

其中最后一行是用 k 乘 (23.14) 必然得到的结果. 类似地从 (23.7) 的第三列并利用 (23.15) 得到

$$k \bar{d}_3^2 + (\bar{e}_3^2) \leqslant k^2 (\bar{c}_2^2 + \bar{d}_2^2) + k \bar{e}_2^2$$
$$\leqslant k^6 (a_0^2 + b_0^2) + k^5 c_0^2 + k^4 d_0^2 + k^3 e_0^2. \qquad (23.16)$$

(23.14)，(23.15) 和 (23.16) 的左边括号内的表达式是 (23.13) 的第二，第三和第四行，因此我们得到

$$S^2 \leqslant 10 (S_7 a_0^2 + S_7 b_0^2 + S_6 c_0^2 + S_5 d_0^2 + S_4 e_0^2). \qquad (23.17)$$

并且从证明的方法可以看出：在一般情况下，系数显然是 S_{2n-3}, $S_{2n-3}, S_{2n-4}, \cdots, S_{n-1}$. 在 (23.17) 中用最大的 S_7 代替每一个系数，我们当然有

$$S^2 \leqslant 10 S_7 (a_0^2 + b_0^2 + c_0^2 + d_0^2 + e_0^2). \qquad (23.18)$$

因此在一般情况下有

$$S^2 \leqslant \frac{1}{2} n (n-1) S_{2n-3} \| v_0 \|_2^2$$

$$\leqslant \frac{1}{2} n(n-1)(2n-3)(1+x)^{4n-8} \|v_0\|_2^2$$

$$\text{(因为 } S_r \leqslant r \ (1+x)^{2r-2})$$

$$\leqslant n^3 (1+x)^{4n-8} \|v_0\|_2^2. \tag{23.19}$$

参照 (23.2) 和 (23.4)，最终我们得到

$$\|\bar{v}_N - R_N R_{N-1} \cdots R_1 v_0\|_2 \leqslant x n^{\frac{3}{2}} (1+x)^{2n-4} \|v_0\|_2. \tag{23.20}$$

24. 上述分析可立刻推广到同样的 N 个近似旋转自左乘一个 $(n \times m)$ 矩阵的情况．我们仅需在上述证明的每一步的变换矩阵中，用第 i 行的元素的平方和代替对应的向量的第 i 个元素的平方．对应于(23.6)的表示式，在大方括号内带小括号的项仍然只有 $\frac{1}{2} n(n-1)$ 个．于是我们得到

$$\|\bar{A}_N - R_N R_{N-1} \cdots R_1 A_0\|_E \leqslant x n^{\frac{3}{2}} (1+x)^{2n-4} \|A_0\|_E$$
$$= 6 \cdot 2^{-t} n^{\frac{3}{2}} (1 + 6 \cdot 2^{-t})^{2n-4} \|A_0\|_E, \tag{24.1}$$

项 $(1 + 6 \cdot 2^{-t})^{2n-4}$ 随着 n 增长以指数形式趋于无穷，但是这并不要紧，因为计算的 $\bar{A}_N$ 仅仅在比率 $\|$误差 $\|_E / \|A_0\|_E$ 小的情况下才有意义．例如，假定我们要保持这个比率低于 10^{-6}，那么必须有

$$6 \cdot 2^{-t} n^{\frac{3}{2}} (1 + 6 \cdot 2^{-t})^{2n-4} \leqslant 10^{-6}. \tag{24.2}$$

若把 t 看作是固定的，那么上式给出了能保证得到一个可接受的结果最大的值 n．显然我们应有 $6 \cdot 2^{-t} n^{\frac{3}{2}} < 10^{-6}$，因此

$$(1 + 6 \cdot 2^{-t})^{2n-4} < (1 + 10^{-6} n^{-\frac{3}{2}})^{2n} < \exp(2 \cdot 10^{-6} n^{\frac{3}{2}})$$
$$< (1 + 2 \cdot 10^{-6}). \tag{24.3}$$

所以这个因素在可应用的范围内是不重要的．

(24.1) 的右边表示一个极端的上界，在分析中有些地方使用的不等式对矩阵的元素的某些分布是十分弱的．可以期望统计的舍入误差分布会使误差缩减到低于我们的界的水平，因此在 n 大的情况因子用 $n^{\frac{3}{4}}$ 代替 $n^{\frac{3}{2}}$ 可能更为实际．

注意，在建立界时，我们假定了确定旋转的 $\bar{x}_i$ 与 $\bar{y}_i$ 和 A_0，$\bar{A}_p$ 没有关系，不管这些浮点数对的初始情况如何，我们的结果都成立．每一对都能从当前的 $\bar{A}_p$ 导出或者从某个完全无关的

来源导出. 我们的比较是对于给定数对的准确的变换与计算的变换做的. 如果每一对是取自当前的 $\overline{A}_P$, 那么最终计算的 $\overline{A}_N$ 和始终用准确计算应得到的矩阵之间无比较可做, 这里准确计算包括从准确的变换中选取数对.

近似的平面旋转乘积的误差

25. 到目前为止, 我们仅仅讨论了左乘, 还没有讨论相似变换. 在推广我们的结果之前, 我们要指出, 这些单边变换本身是有意义的. 在下一章我们要讨论用左乘初等正交矩阵化方阵为三角型. §24 的结果立刻可应用到这个计算中去.

在特征向量问题中, 我们需要计算一组近似的平面旋转的乘积, 并且关心计算的乘积的正交性的偏离. 在 (24.1) 中, 令 $A_0 = I$, 我们得到

$$\|\overline{P}_N - R_N R_{N-1} \cdots R_1\|_E \leqslant xn^{\frac{3}{2}}(1+x)^{2n-4}\|I\|_E$$
$$= xn^2(1+x)^{2n-4}, \tag{25.1}$$

其中 $\overline{P}_N$ 是计算的乘积, 矩阵 $R_N R_{N-1} \cdots R_1$ 当然是准确的正交矩阵. 如果分别用 $\overline{p}_i$ 和 p_i 表示 $\overline{R}_N$ 和 $R_N R_{N-1} \cdots R_1$ 的第 i 列, 那么因为矩阵 I 的每一列是独立处理的, 应用 (23.20) 得出

$$\|\overline{p}_i - p_i\|_2 \leqslant xn^{\frac{3}{2}}(1+x)^{2n-4}\|e_i\|_2 = xn^{\frac{3}{2}}(1+x)^{2n-4}. \tag{25.2}$$

因此

$$1 - xn^{\frac{3}{2}}(1+x)^{2n-4} \leqslant \|\overline{p}_i\|_2 \leqslant 1 + xn^{\frac{3}{2}}(1+x)^{2n-4}. \tag{25.3}$$

如果我们记

$$\overline{p}_i = p_i + q_i, \tag{25.4}$$

那么

$$\overline{p}_i^{\mathsf{T}}\overline{p}_i = (p_i^{\mathsf{T}} + q_i^{\mathsf{T}})(p_i + q_i) = q_i^{\mathsf{T}} p_i + p_i^{\mathsf{T}} q_i + q_i^{\mathsf{T}} q_i, \tag{25.5}$$

$$|\overline{p}_i \overline{p}_i| \leqslant \|q_i\|_2 + \|q_i\|_2 + \|q_i\|_2\|q_i\|_2$$
$$\leqslant xn^{3/2}(1+x)^{2n-4}[2 + xn^{3/2}(1+x)^{2n-4}]. \tag{25.6}$$

这个不等式给出了 P_N 的列的正交规范化的偏离的界. 作为例子, 设 $t = 40$, $n = 100$, 则有

$$xn^{3/2} = 6 \times 2^{-40} \times 1000 < 6 \cdot 10^{-9},$$

因此，计算 100 个近似的旋转的乘积，矩阵的正交性达到八位十进位。用统计方法研究指出，正交性大概能达到十位十进位。

相似变换的误差

26. 假设 B_0 是 $m \times n$ 矩阵，用 N 个近似的旋转变换的转置矩阵右乘 B_0，对其显然可以进行完全类似的误差分析。事实上，如果 $\overline{B}_N$ 是我们得到的最终的矩阵，那么像 (24.1) 一样，有

$$\|\overline{B}_N - B_0 R_1^{\mathrm{T}} R_2^{\mathrm{T}} \cdots R_N^{\mathrm{T}}\|_E \leqslant x n^{3/2} (1 + x)^{2n-4} \|B_0\|_E. \tag{26.1}$$

现在我们假定从 A_0 开始执行 N 个左乘得到 $\overline{A}_N$。这个矩阵的元素是**浮点**的，因此可以按照式 (26.1) 中的 B_0 那样使用它并得出

$$\|\overline{B}_N - \overline{A}_N R_1^{\mathrm{T}} R_2^{\mathrm{T}} \cdots R_N^{\mathrm{T}}\|_E \leqslant x n^{3/2} (1 + x)^{2n-4} \|\overline{A}_N\|_E$$
$$= y \|\overline{A}_N\|_E. \tag{26.2}$$

也从 (24.1) 式，并用同一简化的记号，我们得到

$$\|\overline{A}_N - R_N R_{N-1} \cdots R_1 A_0\|_E \leqslant y \|A_0\|_E. \tag{26.3}$$

因此

$$\|\overline{A}_N\|_E \leqslant (1 + y) \|A_0\|_E. \tag{26.4}$$

综合上述结果，我们得到

$$\|\overline{B}_N - R_N \cdots R_1 A_0 R_1^{\mathrm{T}} \cdots R_N^{\mathrm{T}}\|_E \leqslant \|\overline{B}_N - \overline{A}_N R_1^{\mathrm{T}} \cdots R_N^{\mathrm{T}}\|_E$$
$$+ \|(\overline{A}_N - R_N \cdots R_1 A_0) R_1^{\mathrm{T}} \cdots R_N^{\mathrm{T}}\|_E$$
$$\leqslant y \|\overline{A}_N\|_E + \|\overline{A}_N - R_N \cdots R_1 A_0\|_E$$
$$\leqslant y(1 + y) \|A_0\|_E + y \|A_0\|_E$$
$$= y(2 + y) \|A_0\|_E. \tag{26.5}$$

这一结果表明，最终的矩阵与 A_0 的准确的相似变换相差一个矩阵，这个矩阵的范数的界是

$$6 \cdot 2^{-t} n^{\frac{3}{2}} (1 + 6 \cdot 2^{-t})^{2n-4} [2 +$$
$$6 \cdot 2^{-t} n^{\frac{3}{2}} (1 + 6 \cdot 2^{-t})^{2n-4}] \|A_0\|_E. \tag{26.6}$$

因为计算的矩阵 $\overline{B}_N$ 仅仅当 y 小时才有意义，因此出现在 (26.5)

括号内的 y 项是不重要的. 和我们想像的一样, 相对误差仅仅是单边变换的两倍.

27. 在某些算法中, 左乘是在做完右边的变换之后才执行的, 但是这常常是不可能的, 因为决定第 p 个旋转的第 p 对浮点数是从执行前 $p-1$ 个相似变换得到的矩阵中取的.

从 A_0 开始, 定义序列

$$\begin{cases} \overline{X}_1 = fl(\overline{R}_1 A_0), \ \overline{A}_1 = fl(\overline{X}_1 \overline{R}_1^{\mathrm{T}}), \\ \overline{X}_p = fl(\overline{R}_p \overline{A}_{p-1}), \overline{A}_p = fl(\overline{X}_p \overline{R}_p^{\mathrm{T}}), (p = 2, \cdots, N). \end{cases} \tag{27.1}$$

初看起来在两次左乘之间插入一次右乘可能破坏 $\overline{A}_p$ 的行的范数之间的特殊关系, 这种关系在界的推导中是非常重要的. 我们考虑在两次左乘之间插入一个准确的旋转作右乘的影响. 这个右乘只作用在两列上, 它保持每行的范数不变. 左乘中的误差仅仅依赖于发生变化的两行的范数, 因此插入任意多个准确的右乘不影响我们要得到的误差界. 这就立刻证明了乘法的次序对误差仅仅有二阶的影响. 类似于 §23 的论证得出

$$\|\overline{A}_N - R_N \cdots R_1 A_0 R_1^{\mathrm{T}} \cdots R_N^{\mathrm{T}}\|_E \leqslant 12 \cdot 2^{-t} n^{\frac{3}{2}}$$
$$\cdot (1 + 6 \cdot 2^{-t})^{4n-7} \|A_0\|_E. \tag{27.2}$$

就因子 $(1 + 6 \cdot 2^{-t})^{4n-7}$ 而言, 这个结果是比较弱的, 有可能改善. 但是, 因为只有 $12 \cdot 2^{-t} n^{\frac{3}{2}}$ 显著地小于 1 时计算才有意义, 因此这因子总是次要的.

最后的这个结果证明了在 §17 中对平面旋转作的说明的正确性. 亦即在实际乘法中产生的舍入误差不会导致数值不稳定. 为了概括宽广的可能的应用领域, 我们已给出相当一般性的分析. 在大多数算法中, 逐次变换产生零元越来越多, 因此在任何特殊的应用中通常能获得好一些的界. 可是, 这种改善通常不影响界中的主要因子 $n^{\frac{3}{2}} 2^{-t}$, 而仅仅影响常数因子.

对称矩阵

28. 当原矩阵是对称的, 我们令所有 $\overline{A}_p$ 准确地保持对称. 因

为每次在 (i, j) 平面执行旋转变换时，对角线以下的元素不是从实际计算得来，而是自动地赋以和对角线以上的同样的值，因此上面的分析不能直接应用。如果 $\bar{A}_{p-1}$ 是对称的，那么即使计算是用近似的平面旋转，除了 (i, j) 和 (j, i) 元素之外，仍然保持准确的对称性。

似乎不能用任何简单的方式证明在非对称情况下得到的误差界能包括对称的情况，但是容易证明多一个额外的因子 $2^{\frac{1}{2}}$ 对对称情况却是足够的。其要点如下：

如果我们或是先用左乘或是先用右乘来执行完全的 $(1, 2)$ 变换，那么误差矩阵除了在第 1，2 行，第 1，2 列之外是零，并且除了这两行两列的交点之外是对称的。在这些交点上的误差可分别表示为

$$\begin{bmatrix} p & q \\ r & s \end{bmatrix} \text{和} \begin{bmatrix} p & r \\ q & s \end{bmatrix}. \tag{28.1}$$

两个误差矩阵中这些行列的其他元素是相同的。现在，如果我们假定它们是完全对称的，那么对应 (28.1) 的误差是

$$\begin{bmatrix} p & q \\ q & s \end{bmatrix} \text{或} \begin{bmatrix} p & r \\ r & s \end{bmatrix}. \tag{28.2}$$

对应这四种情况的误差的平方和分别是

$$\begin{cases} \text{(i)} \ p^2 + q^2 + r^2 + s^2 + \Sigma^2 = k_1, \\ \text{(ii)} \ p^2 + q^2 + r^2 + s^2 + \Sigma^2 = k_1, \\ \text{(iii)} \ p^2 + q^2 + q^2 + s^2 + \Sigma^2 = k_3, \\ \text{(iv)} \ p^2 + r^2 + r^2 + s^2 + \Sigma^2 = k_4, \end{cases} \tag{28.3}$$

其中 Σ^2 是其他误差的平方和，它在四种情况下都是一样的。因此，我们定有

$$k_3, k_4 \leqslant 2k_1. \tag{28.4}$$

这就给出了用 Euclid 范数时的因子 $2^{\frac{1}{2}}$。显然，这个结果是很弱的。其实因子 $2^{-\frac{1}{2}}$ 比 $2^{\frac{1}{2}}$ 可能更符合实际，因为结合左乘和右乘的误差矩阵的形式是

$$\begin{bmatrix} p & q & \alpha_1 & \alpha_2 \cdots \alpha_n \\ q & s & \beta_1 & \beta_2 \cdots \beta_n \\ \hline \alpha_1 & \beta_1 & & \\ \alpha_2 & \beta_2 & & O \\ \vdots & \vdots & & \\ \alpha_n & \beta_n & & \end{bmatrix}. \tag{28.5}$$

在 §27 的界中,我们是分开来考虑行和列的 Euclid 范数的贡献. 如果不是这样,而是统一考虑它们, 对元素 p, q, r, s 我们可能获得因子 $2^{-\frac{1}{2}}$.

定点运算的平面旋转

29. 现在我们转向定点运算的研究. 因为正交矩阵的每个元素都在 -1 到 $+1$ 的范围内,并且变换矩阵的范数都保持为常数(除了舍入误差带来的小漂移之外),定点运算不出现任何严重的比例因子问题.

我们首先考虑 §20 的问题. 给定分量是定点数的向量 $\bar{x}$, 我们要决定在 (i, j) 平面上的旋转,使得 $(R\bar{x})_j = 0$. 我们假定

$$\Sigma \bar{x}_i^2 \leqslant 1. \tag{29.1}$$

在浮点计算中,用 (20.2) 我们不需要任何特殊的计算技巧就得到一个几乎正交的矩阵. 但是在定点计算中却不是这样. 作为例子,假定

$$\bar{x}_i = 0.000002, \quad \bar{x}_j = 0.000003, \tag{29.2}$$

并且用 6 位十进位运算,我们得到

$$fi(\bar{x}_i^2 + \bar{x}_j^2)^{\frac{1}{2}} = 0.000004 \text{ (正确到 6 位十进位)}.$$

于是

$$\cos\theta = 0.500000, \quad \sin\theta = 0.750000. \tag{29.3}$$

显然,对应的近似平面旋转与正交相差甚远.

我们叙述两个克服这个缺点的方法. 第一个在有内积累加设备的计算机上是十分方便的. 在这两个方法中,如果 $\bar{x}_i = 0$, 我们就令 $\cos\theta = 1$ 和 $\sin\theta = 0$. 记

$$S^2 = \bar{x}_i^2 + \bar{x}_j^2, \tag{29.4}$$

并且准确地计算 S^2；从 (29.1) 可知,它不会超过数值的范围. 现在我们决定 Σ^2. 这里 $\Sigma^2 = 2^{2k}S^2$, 而 k 是满足关系

$$\frac{1}{4} < \Sigma^2 = 2^{2k} \cdot S^2 \leqslant 1 \tag{29.5}$$

的最小整数. 最后我们用关系式

$$\Sigma = fi([(\Sigma^2)^{\frac{1}{2}}], \quad \bar{c} = fi(2^k\bar{x}_i/\Sigma), \quad \bar{S} = fi(2^k\bar{x}_j/\Sigma) \tag{29.6}$$

计算 $\bar{S}$ 和 $\bar{c}$. 计算 $2^k\bar{x}_i$ 和 $2^k\bar{x}_j$ 可以不包含舍入误差,我们得到

$$\bar{\Sigma} = \Sigma + \varepsilon_1, \quad |\varepsilon_1| \leqslant (1.0001)2^{-t-1}, \tag{29.7}$$

$$\bar{c} = \frac{2^k\bar{x}_i}{\bar{\Sigma}} + \varepsilon_2, \qquad \bar{S} = \frac{2^k\bar{x}_j}{\bar{\Sigma}} + \varepsilon_3, \tag{29.8}$$

$$|\varepsilon_i| \leqslant 2^{-t-1} \quad (i = 2, 3). \tag{29.9}$$

综合上述结果我们得到

$$\bar{c} = c + \varepsilon_4, \quad \bar{S} = S + \varepsilon_5, \tag{29.10}$$

其中

$$\varepsilon_4 = \varepsilon_1 c/\bar{\Sigma} + \varepsilon_2, \quad \varepsilon_5 = \varepsilon_1 S/\bar{\Sigma} + \varepsilon_3. \tag{29.11}$$

$S, \bar{x}_i$ 和 $\bar{x}_j$ 的比例因子保证 $\bar{c}, \bar{S}$ 的绝对误差小, 虽然其中某一个的相对误差可能大. 如果我们记 $\bar{R} = R + \delta R$, 那么 δR 除了在第 i, j 行列交点之外是零,这些交点上的值是

$$\begin{bmatrix} \varepsilon_4 & \varepsilon_5 \\ -\varepsilon_5 & \varepsilon_4 \end{bmatrix}. \tag{29.12}$$

从这一点和范数的性质,我们对任何适当的 t 都有

$$\|\delta R\|_2 \leqslant |\varepsilon_1|/\bar{\Sigma} + (\varepsilon_2^2 + \varepsilon_3^2)^{\frac{1}{2}} < (1.71)2^{-t}. \tag{29.13}$$

类似地

$$\|\delta R\|_E < (1.71)2^{\frac{1}{2}}2^{-t} < (2.42)2^{-t}. \tag{29.14}$$

$\sin\theta$ 和 $\cos\theta$ 的另一种算法

30. 在某些计算机上, 刚才描述的方法可能不是十分方便的. 下面的方案几乎对任何计算机都是合适的. 因为

$$\cos\theta = \bar{x}_i/(\bar{x}_i^2 + \bar{x}_j^2)^{1/2}, \quad \sin\theta = \bar{x}_j/(\bar{x}_i^2 + \bar{x}_j^2)^{1/2}. \tag{30.1}$$

如果记

$$\bar{x}_i/\bar{\bar{x}}_i = m, \quad \bar{\bar{x}}_i/\bar{x}_i = n, \tag{30.2}$$

则有

$$\cos\theta = m/(m^2 + 1)^{1/2} = 1/(n^2 + 1)^{1/2}, \tag{30.3}$$

$$\sin\theta = 1/(m^2 + 1)^{1/2} = n/(n^2 + 1)^{1/2}. \tag{30.4}$$

我们可以按照 $|m|$ 是否小于 1 去使用含有 m 或 n 的表达式. 为了保持所有数在允许范围内, (30.3) 和 (30.4) 可以写成

$$\cos\theta = \frac{1}{2} m / \left(\frac{1}{4} m^2 + \frac{1}{4}\right)^{\frac{1}{2}}$$

$$= \frac{1}{2} / \left(\frac{1}{4} n^2 + \frac{1}{4}\right)^{\frac{1}{2}}, \tag{30.5}$$

$$\sin\theta = \frac{1}{2} / \left(\frac{1}{4} m^2 + \frac{1}{4}\right)^{1/2}$$

$$= \frac{1}{2} / \left(\frac{1}{4} n^2 + \frac{1}{4}\right)^{1/2}. \tag{30.6}$$

应用这个方法也给出绝对误差小的值 $\bar{c}$ 和 $\bar{S}$.

用近似的定点旋转左乘

31. §21 讨论的运算用定点计算就比较简单,并且不必预先研究向量乘法,而是直接估计 $fi(\bar{R}A) - RA = F$, 我们有

$$F = fi(\bar{R}A) - RA = fi(\bar{R}A) - \bar{R}A + \bar{R}A - RA$$

$$= fi(\bar{R}A) - \bar{R}A + \delta RA. \tag{31.1}$$

要执行定点计算就必需对 A 的元素的大小作一些假定. 我们假定 A 和所有导出的矩阵的 2 范数的界是一,并且到做完整分析时 (§32) 再来检验这个假定的意义.

在左乘中仅仅修改第 i, j 行,因此除了这些行之外,$fi(\bar{R}A) - \bar{R}A$ 全是零. 如果假定我们用 $fi_2(\ )$ 运算,那么我们有

$$[fi_2(\bar{R}A)]_{ik} = fi_2(\bar{c}a_{ik} + \bar{S}a_{jk}) \equiv \bar{c}a_{ik} + \bar{S}a_{jk} + \varepsilon_{ik}, \tag{31.2}$$

$$[fi_2(\bar{R}A)]_{jk} = fi_2(-\bar{S}a_{ik} + \bar{c}a_{jk}) \equiv -\bar{S}a_{ik} + \bar{c}a_{jk} + \varepsilon_{jk}, \tag{31.3}$$

$$|\varepsilon_{ik}|, \ |\varepsilon_{jk}| \leqslant 2^{-t-1} \ (i = 1, \cdots, n). \tag{31.4}$$

对于 $fi(\ )$ 运算,误差界增大到两倍. 关系(31.2)至(31.4)表明

我们可以写

$$fi_2(\overline{R}A) - \overline{R}A = G, \qquad (31.5)$$

其中 G 在第 i, j 行元素的模拟 2^{-t-1} 为界,其他元素全是零. 因此我们得到

$$\|G\|_2 \leqslant \|\,|G|\,\|_2 \leqslant 2^{-t-1}(2n)^{\frac{1}{2}}, \qquad (31.6)$$

$$\|G\|_E \leqslant 2^{-t-1}(2n)^{\frac{1}{2}}. \qquad (31.7)$$

而 (31.1) 和 (29.13) 给出

$$\|F\|_2 = \|fi_2(\overline{R}A) - RA\|_2 \leqslant \|G\|_2 + \|\delta R\|_2\|A\|_2$$
$$\leqslant 2^{-t-1}(2n)^{\frac{1}{2}} + (1.71)2^{-t}. \qquad (31.8)$$

注意乘法产生的误差的影响使界含有因子 $n^{\frac{1}{2}}$,但是 $\overline{R}$ 与 R 的偏差产生的影响是与 n 无关的. 在浮点计算中这两种影响几乎完全相等并且都与 n 无关. 也应注意,即使第 i, j 行的元素比 $\|A\|_2$ 小,我们也得不到更好的界. 这个结果与浮点计算得到的结果不同.

如果确定旋转的 $\overline{x}_i$ 和 $\overline{x}_j$ 分别是 $\overline{A}_{p-1}$ 的第 i, j 行的某列上的元素,那么通常我们不必像用 (31.2) 和 (31.3) 那样去计算这两个元素的新值,而是插入值 $fi(2^{-k}\Sigma)$ (见 §29) 和零. 不难看出,这是无关紧要的. 在 RA 中对应的两个元素分别是 $2^{-k}\Sigma$ 和零,因此在这些位置上的误差是

$$fi(2^{-k}\Sigma) - 2^{-k}\Sigma \quad 和零.$$

并且我们得到

$$fi(2^{-k}\Sigma) - 2^{-k}\Sigma = 2^{-k}\overline{\Sigma} + \varepsilon - 2^{-k}\Sigma \quad (|\varepsilon| \leqslant 2^{-t-1}),$$

从而有

$$|fi(2^{-k}\Sigma) - 2^{-k}\Sigma| \leqslant 2^{-k}|\overline{\Sigma} - \Sigma| + |\varepsilon|$$
$$\leqslant 2^{-t-1}(1 + 2^{-k}) \leqslant 2^{-t}. \qquad (31.9)$$

虽然,我们仅需把 (31.8) 中的 1.71 改写 2.21. 因此只要取

$$\|F\|_2 \leqslant 2^{-t-1}(2n)^{\frac{1}{2}} + (2 \cdot 21)2^{-t}, \qquad (31.10)$$

这特例就包括在内了.

用一系列平面旋转相乘(定点)

32. 现在考虑 §22 的问题的定点处理. 与方程 (22.1) 和

（22.2）类似地有

$$\overline{A}_1 = fi_2(\overline{R}_1 A_0) \equiv R_1 A_0 + F_1,$$
$$\overline{A}_p = fi_2(\overline{R}_p A_{o-1}) \equiv R_p \overline{A}_{p-1} + F_p \quad (p = 2, \cdots, s) \qquad (32.1)$$

和

$$\overline{A}_p = Q_1 A_0 + Q_2 F_1 + \cdots + Q_p F_{p-1} + F_p, \qquad (32.2)$$

其中

$$Q_k = R_p R_{p-1} \cdots R_k. \qquad (32.3)$$

因此

$$\|\overline{A}_p - R_p R_{p-1} \cdots R_1 A_0\|_2 \leqslant \|F_1\|_2 + \cdots + \|F_p\|_2. \qquad (32.4)$$

如果对于所有变换都假设 $\|\overline{A}_i\|_2 \leqslant 1$，那么上一节的分析表明

$$\|F_i\|_2 \leqslant [(2n)^{\frac{1}{2}} + 4.42] 2^{-i-1} = x. \qquad (32.5)$$

因此，

$$\|\overline{A}_p - R_p R_{p-1} \cdots R_1 A_0\|_2 \leqslant px. \qquad (32.6)$$

从而有

$$\|\overline{A}_p\|_2 \leqslant \|A_0\|_2 + px. \qquad (32.7)$$

现在我们可以验证：如果考虑 s 个变换，那么只要

$$\|A_0\|_2 < 1 - sx, \qquad (32.8)$$

就有

$$\|\overline{A}_p\|_2 < 1 \quad (p = 0, 1, \cdots, s). \qquad (32.9)$$

对于 §22 讨论的 N 个变换，最终的结果是

$$\|\overline{A}_N - R_N R_{N-1} \cdots R_1 A_0\|_2 \leqslant Nx \sim \frac{1}{4} n^{\frac{3}{2}} 2^{\frac{1}{2}} 2^{-i}. \qquad (32.10)$$

但是 A_0 要引入适当的比例因子，使得

$$\|A_0\|_2 < 1 - Nx \qquad (32.11)$$

满足。

33. 因为我们仅仅对于小的 Nx 的结果感兴趣，因此，初始比例因子的要求实际上并不比无舍入误差时必需的比例因子的要求更苛刻。但是，(32.11) 的要求是不实用的。因为 $\|A_0\|_2$ 的计算与 A_0 的特征值的计算是同样的困难。另一方面，我们有

$$\|A_0\|_2 \leqslant \|A_0\|_E. \qquad (33.1)$$

因此，若对于 $\|A_0\|_E$ 下式成立

$$\|A_0\|_E < 1 - Nx, \tag{33.2}$$

那么对于 $\|A_0\|_2$ 自然也成立，但 $\|A_0\|_E$ 容易计算。如果初始的比例因子使 (33.2) 满足，我们能同样证明

$$\|\bar{A}_N - R_N R_{N-1} \cdots R_1 A_0\|_E \leqslant Ny, \tag{33.3}$$

其中

$$y = [(2n)^{\frac{1}{2}} + 5.84]2^{-t-1}. \tag{33.4}$$

因为当 n 大时，x 和 y 几乎相等，如果 A_0 已引入比例因子使 (33.2) 满足，那么 (33.3) 是比较精密的结果。

一组近似平面旋转的计算乘积

34. 像 §25 一样，我们可以把这个结果应用于一系列近似平面旋转的乘积的计算上。但是，我们在 (32.10) 中不能令 $A_0 = I$，因为这样作 (32.11) 就不满足了。如果我们令 $A_0 = \frac{1}{2}I$，那么对任何使乘积有实用意义的 n，(32.11) 都满足。设 $\bar{P}$ 是最终计算的矩阵，我们有

$$\|\bar{P} - \frac{1}{2}R_N R_{N-1} \cdots R_1\|_2 < Nx, \tag{34.1}$$

$$\|2\bar{P} - R_N R_{N-1} \cdots R_1\|_2 \leqslant 2Nx, \tag{34.2}$$

并且误差的量级仍然是 $n^{\frac{1}{2}}$。

相似变换的误差

35. 我们的分析直接提供了 N 个相似变换序列产生的误差的界。事实上，如果我们计算 $fi_2(\bar{R}_N \bar{R}_{N-1} \cdots \bar{R}_1 A_0 \bar{R}_1^T \cdots \bar{R}_{N-1}^T \bar{R}_N^T)$，不管乘法的次序如何，我们都有

$$\|\bar{A}_N - R_N \cdots R_1 A_0 R_1^T \cdots R_N^T\|_2 \leqslant 2Nx, \tag{35.1}$$

只要下式得到满足

$$\|A_0\|_2 < 1 - 2Nx. \tag{35.2}$$

可是，决定 $\bar{R}_p$ 的一对数常常是 $\bar{A}_{p-1}$ 的元素，这时候，执行计算

的次序是

$$\overline{X}_1 = fi_2(\overline{R}_1 A_0), \quad \overline{A}_1 = fi_2(\overline{X}_1 \overline{R}_1^T),$$
$$\overline{X}_p = fi_2(\overline{R}_p \overline{A}_{p-1}), \quad \overline{A}_p = fi_2(\overline{X}_p \overline{R}_p^T) \quad (p = 2, \cdots, N).$$
$$(35.3)$$

在这种情况下，成对地考虑左乘和右乘是有好处的。我们定义 H_p 为

$$H_p = \overline{A}_p - \overline{R}_p \overline{A}_{p-1} \overline{R}_p^T = fi_2(\overline{R}_p \overline{A}_{p-1} \overline{R}_p^T) - \overline{R}_p \overline{A}_{p-1} \overline{R}_p^T.$$
$$(35.4)$$

因此

$$\overline{A}_p - R_p \overline{A}_{p-1} R_p^T = H_p + \overline{R}_p \overline{A}_{p-1} \overline{R}_p^T - R_p \overline{A}_{p-1} R_p^T$$
$$= H_p + \delta R_p \overline{A}_{p-1} R_p^T + R_p \overline{A}_{p-1} \delta R_p^T + \delta R_p \overline{A}_{p-1} \delta R_p^T,$$
$$(35.5)$$

于是有

$$\|\overline{A}_p - R_p \overline{A}_{p-1} R_p^T\|_2 \leqslant \|H_p\|_2 + (2\|\delta R_p\|_2 + \|\delta R_p\|_2^2)\|\overline{A}_{p-1}\|_2$$
$$\leqslant \|H_p\|_2 + (3.43)2^{-t}\|\overline{A}_{p-1}\|_2. \quad (35.6)$$

这个结果中 $(3.43)2^{-t}$ 取代了 $[2(1.71)2^{-t} + (1.71)^2 2^{-2t}]$。 假定对所有的 p，$\|\overline{A}_{p-1}\|_2 < 1$，那么我们有

$$\|\overline{A}_N - R_N \cdots R_1 A_0 R_1^T \cdots R_N^T\|_2 \leqslant \sum_1^n \|H_p\|_2 + N(3.43)2^{-t}.$$
$$(35.7)$$

其中 H_p 是利用 $\overline{R}_p \overline{A}_{p-1} \overline{R}_p^T$ 计算 $\overline{A}_p$ 时实际产生的误差矩阵。结果旋转是在 (i, i) 平面上，那么变换的影响仅仅是第 i, i 行、列，因此在 H_p 的其他位置上是零。除了在 4 个交点上的元素之外，左乘仅仅影响第 i, j 行，右乘仅仅影响第 i, j 列。因此，对所有 $k \neq i, j$ 得到

$$(H_p)_{ik} = fi_2(\overline{a}_{ik}\overline{c} + \overline{a}_{jk}\overline{s}) - \overline{a}_{ik}\overline{c} - \overline{a}_{jk}\overline{s} = \varepsilon_{ik}$$
$$(|\varepsilon_{ik}| \leqslant 2^{-t-1}). \quad (35.8)$$

类似地

$$|(H_p)_{jk}|, \ |(H_p)_{ki}|, |(H_p)_{kj}| \leqslant 2^{-t-1}. \quad (35.9)$$

在交点上的四个元素左乘和右乘时都要改变。现在我们来详细地研究一下。假定先作左乘。在这四个位置上左乘产生的误差

并不比在 i,j 行其余的位置上产生的误差特殊. 因此,计算的值可以表示为

$$\begin{bmatrix} A + \varepsilon_{ii} & B + \varepsilon_{ij} \\ C + \varepsilon_{ji} & D + \varepsilon_{jj} \end{bmatrix} = \begin{bmatrix} \bar{A} & \bar{B} \\ \bar{C} & \bar{D} \end{bmatrix}, \tag{35.10}$$

其中 A,B,C,D 是用 $\bar{R}_p$ 作准确的左乘所得. 因此右乘之后得到的值表示为

$$\begin{bmatrix} \bar{A}\bar{c} + \bar{B}\bar{s} + \eta_{ii} & -\bar{A}\bar{s} + \bar{B}\bar{c} + \eta_{ij} \\ \bar{C}\bar{c} + \bar{D}\bar{s} + \eta_{ji} & -\bar{C}\bar{s} + \bar{D}\bar{c} + \eta_{jj} \end{bmatrix}, \tag{35.11}$$

其中每一个 η_{st} 满足

$$|\eta_{st}| \leqslant 2^{-t-1}. \tag{35.12}$$

如果我们用

$$2^{-t-1} \begin{bmatrix} \alpha & \beta \\ \gamma & \delta \end{bmatrix} \tag{35.13}$$

表示在这些位置上这两种运算(即 $\bar{R}_p \bar{A}_{p-1} \bar{R}_p^T$)产生的误差,则有

$$2^{-t-1}\alpha = \varepsilon_{ii}\bar{c} + \varepsilon_{ij}\bar{s} + \eta_{ii},$$
$$2^{-t-1}|\alpha| \leqslant |\varepsilon_{ii}||\bar{c}| + |\varepsilon_{ij}||\bar{s}| + |\eta_{ii}|$$
$$\leqslant (\varepsilon_{ii}^2 + \varepsilon_{ij}^2)^{1/2}(\bar{c}^2 + \bar{s}^2)^{1/2} + |\eta_{ii}|$$
$$< (2.42) \cdot 2^{-t-1}. \tag{35.14}$$

显然同样的界对于 β,γ,δ 也是适当的. 因此,对于 $n = 6, i = 2, j = 4$ 这个典型的情况,我们得到

$$|H_p| \leqslant 2^{-t-1} \begin{bmatrix} 0 & 1 & 0 & 1 & 0 & 0 \\ 1 & 2.42 & 1 & 2.42 & 1 & 1 \\ 0 & 1 & 0 & 1 & 0 & 0 \\ 1 & 2.42 & 1 & 2.42 & 1 & 1 \\ 0 & 1 & 0 & 1 & 0 & 0 \\ 0 & 1 & 0 & 1 & 0 & 0 \end{bmatrix} \tag{35.15}$$

用其中的元素 1 组成的对称矩阵的特征方程是

$$\lambda^n - 2(n - 2)\lambda^{n-2} = 0. \tag{35.16}$$

因此,它的 2 范数是 $(2n - 4)^{1/2}$. 其余的四个元素构成的矩阵的 2 范数不大于 $(4.84)2^{-t-1}$. 综合这些结果我们得到

$$\|H_p\|_2 < [(2n-4)^{1/2} + 4.84]2^{-t-1}. \tag{35.17}$$

因此,从 (35.7) 得到

$$\|\bar{A}_N - R_N \cdots R_1 A_0 R_1^{\mathsf{T}} \cdots R_N^{\mathsf{T}}\|_2 \leqslant 2^{-t-1}$$
$$\cdot [(2n-4)^{1/2} + 11.70]N. \tag{35.18}$$

当然,相应的初始比例因子要求应是

$$\|A_0\|_2 < 1 - 2^{-t-1}[(2n-4)^{\frac{1}{2}} + 11.70]N. \tag{35.19}$$

关于误差界的总评述

36. 我们刚才得到的定点界没有出现浮点界中含有的指数因子. 但是这一点差别是迷惑人的,我们应当记住,这个界只是在 (35.19) 满足时才成立的. 若 n 太大,这个条件就不能满足,因为它意味着 $\|A_0\|_2$ 必定是负的. 在有效的范围内,结果实质上是:

$$\|\bar{A}_N - R_N \cdots R_1 A_0 R_1^{\mathsf{T}} \cdots R_N^{\mathsf{T}}\|_E \leqslant k_1 n^{\frac{3}{2}} 2^{-t} \|A_0\|_E \quad (\text{浮点}), \tag{36.1}$$

$$\|\bar{A}_N - R_N \cdots R_1 A_0 R_1^{\mathsf{T}} \cdots R_N^{\mathsf{T}}\|_2 \leqslant k_2 n^{\frac{3}{2}} 2^{-t} \|A_0\|_2 \quad (\text{定点}), \tag{36.2}$$

$$\|\bar{A}_N - R_N \cdots R_1 A_0 R_1^{\mathsf{T}} \cdots R_N^{\mathsf{T}}\|_E \leqslant k_3 n^{\frac{3}{2}} 2^{-t} \|A_0\|_E \quad (\text{定点}). \tag{36.3}$$

无疑对于较大的 n,浮点的结果显然比较优越.

值得提出的是:对于一般的矩阵 A_0,在定点的结果中,因子 $n^{\frac{3}{2}}2^{-t}$ 的改善是不大可能的. 事实上,我们考察一个假设的试验,其中的矩阵 $\bar{A}_p(p=1,\cdots,N)$ 是这样计算的: 在第 p 步,用无穷位数准确地计算矩阵 R_p 和 $R_p\bar{A}_{p-1}R_p^{\mathsf{T}}$;然后把 $R_p\bar{A}_{p-1}R_p^{\mathsf{T}}$ 的元素舍入为标准定点数,所得的矩阵为 $\bar{A}_p$. 显然,我们有

$$\bar{A}_p = R_p\bar{A}_{p-1}R_p^{\mathsf{T}} + H_p, \tag{36.4}$$

其中 $|H_p|$ 对于 $n=6$, $i=2$, $j=4$ 的情况,以阵列

$$2^{-t-1}\begin{bmatrix} 0 & 1 & 0 & 1 & 0 & 0 \\ 1 & 1 & 1 & 1 & 1 & 1 \\ 0 & 1 & 0 & 1 & 0 & 0 \\ 1 & 1 & 1 & 1 & 1 & 1 \\ 0 & 1 & 0 & 1 & 0 & 0 \\ 0 & 1 & 0 & 1 & 0 & 0 \end{bmatrix} \tag{36.5}$$

为界.(这里假定,在一般情况下,变换时 $\bar{A}_p$ 中没有引进零元.)像

§35 一样可推出，对于这个试验所得到的 $\|\bar{A}_N - R_N \cdots R_1 A_0 R_1^T \cdots R_N^T\|_2$ 的界中有因子 $n^{\frac{3}{2}} 2^{-t}$。

我们有时用 $fi_2(\ )$ 代替 $fi(\ )$，这对最终的界没有什么影响。如果始终用 $fi(\ )$，最多不过是再加个因子 2。在浮点分析中我们始终是用 $fl(\ )$，但是因为在整个计算中没有出现高阶内积，因而不产生本质的差别。

浮点计算的初等 Hermite 矩阵

37. 现在我们转向使用初等 Hermite 矩阵（第一章，§45, 46）。给出 $fi(\ )$，$fi_2(\ )$，$fl(\ )$ 和 $fl_2(\ )$ 的每一种情况的分析是不实际的。我们已经选择了 $fl_2(\ )$ 模式，因为它特别有效，并且我们在别的地方已给出了另一模式的分析。例如，参见 Wilkinson (1961b) 和 (1962b)。在有关的算法中出现的最一般情况如下。

给定有 n 个浮点分量的向量 x，要决定一个初等 Hermite 矩阵 P，使得用它左乘后 x 的前 r 个分量保持不变，而消去第 $r+2$，$r+3, \cdots, n$ 分量。假定 x 是实的，并且我们先给出没有舍入误差的有关的数学分析。

若记

$$w^T = (0, \cdots, 0, w_{r+1}, \cdots, w_n) \tag{37.1}$$

$$= (0 \vdots v^T), \tag{37.2}$$

其中 v 是有 $(n-r)$ 个分量的向量，那么我们有

$$P = I - 2ww^T = \left[\begin{array}{c|c} I & O \\ \hline O & I - 2vv^T \end{array}\right]. \tag{37.3}$$

$(I - 2vv^T)$ 是 $(n-r)$ 阶初等 Hermite 矩阵，因为

$$v^T v = w^T w = 1. \tag{37.4}$$

按 P 划分 x^T，于是

$$x^T = (y^T, z^T), \tag{37.5}$$

我们得到

$$Px = \left[\begin{array}{c|c} I & O \\ \hline O & I - 2vv^T \end{array}\right] \left[\begin{array}{c} y \\ z \end{array}\right] = \left[\begin{array}{c} y \\ \hline (I - 2vv^T)z \end{array}\right]. \tag{37.6}$$

因此,我们只需选取 v 使得 $(I - 2vv^{T})z$ 除了第一个分量外全为零.

38. 显然,有参数的 r 和 n 的原问题本质上等价于有参数 0 和 $n - r$ 的较简单的问题. 因此,我们现在考虑下述问题是很有普遍意义的. 给定 n 维向量 x,构造一个初等 Hermite 矩阵,使得

$$Px = ke_1. \tag{38.1}$$

因为 2 范数不变,因此,若记

$$S^2 = x_1^2 + \cdots + x_n^2, \tag{38.2}$$

则有

$$k = \pm S. \tag{38.3}$$

此外,等式 (38.1) 给出

$$x_1 - 2w_1(w^{T}x) = \pm S, \tag{38.4}$$

$$x_i - 2w_i(w^{T}x) = 0. \tag{38.5}$$

因此,

$$2Kw_1 = x_1 \mp S, \quad 2Kw_i = x_i \ (i = 2, \cdots, n), \tag{38.6}$$

其中

$$K = w^{T}x. \tag{38.7}$$

(38.6) 各个等式平方,相加然后用 2 除,我们得到

$$2K^2 = S^2 \mp x_1 S. \tag{38.8}$$

我们如果记

$$u^{T} = (x_1 \mp S, x_2, x_3, \cdots, x_n), \tag{38.9}$$

那么

$$w = u/2k, \tag{38.10}$$

并且

$$P = I - uu^{T}/2K^2. \tag{38.11}$$

在整个过程中仅仅需要一个从 S^2 产生 S 的平方运算.

初等 Hermite 矩阵计算的误差分析

39. 现在假定 x 的分量是浮点数,并且用 $fl_2(\ )$ 计算导出矩阵 $\bar{P}$. 我们希望找到 $\|\bar{P} - P\|$ 的界,其中 P 是对应给定的 x 的准

确的矩阵。在这个比较中因为 x 看作准确的向量，我们省去它的分量上面的一杠。

在 §38 的等式中，有一个符号待选择。我们发现为了使数值稳定，这个符号的正确选择是使得

$$2K^2 = S^2 \mp x_1 S = S^2 + |x_1| S, \tag{39.1}$$

于是在形成 $2K^2$ 时不发生相约。因此，如果 x_1 是正的，我们取

$$2K^2 = S^2 + x_1 S, \tag{39.2}$$

$$u^T = (x_1 + S, \ x_2, \cdots, \ x_n). \tag{39.3}$$

不失一般性，取 x_1 为正；只要采用这种稳定的选择，误差的界与 x_1 的符号无关。

计算步骤如下：

(i) 计算量 a，其中

$$a = fl_2(x_1^2 + x_2^2 + \cdots + x_n^2). \tag{39.4}$$

因为 (ii) 和 (iii) 步的需要，这里我们保持 a 有 $2t$ 位二进位尾数。因此，

$$a \equiv x_1^2(1 + \varepsilon_1) + \cdots + x_n^2(1 + \varepsilon_n). \tag{39.5}$$

从 (9.4) 和 (9.5) 我们更加有

$$|\varepsilon_i| < \frac{3}{2} n 2^{-2t_2}. \tag{39.6}$$

因此

$$a \equiv (x_1^2 + x_2^2 + \cdots + x_n^2)(1 + \varepsilon) = S^2(1 + \varepsilon)$$

$$\left(|\varepsilon| < \frac{3}{2} n 2^{-2t_2}\right). \tag{39.7}$$

(ii) 从 a 计算 $\bar{S}$，这里从 (10.2) 得到

$$\bar{S} = fl_2(a^{\frac{1}{2}}) \equiv a^{\frac{1}{2}}(1 + \eta); (|\eta| < (1.00001)2^{-t}). \tag{39.8}$$

因此

$$\bar{S} \equiv S(1 + \varepsilon)^{\frac{1}{2}}(1 + \eta) \equiv S(1 + \xi). \tag{39.9}$$

从 (39.7) 和 (39.8) 自然得到

$$\bar{S} < (1.00002)2^{-t}. \tag{39.10}$$

(iii) 计算 $2\bar{K}^2$，其中

$$2\bar{K}^2 = fl(x_1^2 + x_2^2 + \cdots + x_n^2 + x_1\bar{S})$$
$$\equiv [x_1^2(1 + \eta_1) + x_2^2(1 + \eta_2) + \cdots + x_n^2(1 + \eta_n)$$
$$+ x_1\bar{S}(1 + \eta_{n+1})](1 + \varepsilon). \qquad (39.11)$$

从 (9.4) 和 (9.5) 我们自然有

$$|\eta_i| < \frac{3}{2}(n + 1)2^{-2t_2}, \quad |\varepsilon| \leqslant 2^{-t}. \qquad (39.12)$$

在 $2\bar{K}^2$ 的计算中大多数累加已在 (i) 中做完.

综合上述结果并注意到 x_1 是正的,我们得到

$$2\bar{K}^2 \equiv (x_1^2 + x_2^2 + \cdots + x_n^2 + x_1\bar{S})(1 + \zeta)(1 + \varepsilon)$$
$$\left(|\zeta| < \frac{3}{2}(n + 1)2^{-2t_2}\right)$$
$$\equiv [S^2 + x_1 S(1 + \xi)](1 + \zeta)(1 + \varepsilon). \qquad (39.13)$$

如果我们记

$$S^2 + x_1 S(1 + \xi) \equiv (S^2 + x_1 S)(1 + \kappa), \qquad (39.14)$$

则有

$$\kappa = \left(\frac{x_1 S}{S^2 + x_1 S}\right)\xi. \qquad (39.15)$$

因为 $x_1 S$ 和 S^2 都是正数并且 $x_1 \leqslant S$ 这给出

$$|\kappa| \leqslant \frac{1}{2}|\xi|. \qquad (39.16)$$

如果 x_1 是负的,我们必定取 $S^2 - x_1 S$,使得相对误差小. 我们的符号选择法仍然是有效的. 因此,我们必定有

$$2\bar{K}^2 \equiv 2K^2(1 + \theta)(|\theta| < (1.501)2^{-t}). \qquad (39.17)$$

(iv) 最后,我们计算 $\bar{u}$. $\bar{u}$ 只有第一个元素需要计算,并且

$$\bar{u}_1 = fl(x_1 + \bar{S}) \equiv (x_1 + \bar{S})(1 + \phi) \ (|\phi| \leqslant 2^{-t}) \qquad (39.18)$$
$$\equiv [x_1 + S(1 + \xi)](1 + \phi). \qquad (39.19)$$

我们的符号选择方法仍然保证相对误差小,并且我们必然得到

$$\bar{u}_1 \equiv (x_1 + S)(1 + \phi) \ (|\phi| < (1.501)2^{-t}) \qquad (39.20)$$
$$\equiv u_1(1 + \phi). \qquad (39.21)$$

我们可记

$$\bar{u}^T \equiv (\bar{u}_1, u_2, u_3, \cdots, u_n) \equiv u^T + \delta u^T, \qquad (39.22)$$

其中

$$\|\delta u\|_2 = |u_1| |\phi| < (1.501)2^{-t} \|u\|_2; \qquad (39.23)$$

因此,

$$\|\bar{u}\|_2 = \|u + \delta u\|_2 < [1 + (1.501)2^{-t}]\|u\|_2. \qquad (39.24)$$

40. 如果我们愿意保留 $\bar{P}$ 的下述因子形式

$$\bar{P} = I - \bar{u}\bar{u}^T / 2\bar{K}^2. \qquad (40.1)$$

那么, P 是能得到的,并且这种形式常常是最方便的. 只有用 $\bar{P}$ 作为乘子才会带来额外的舍入误差,而这要单独作分析. 从 (40.1),我们有

$$\bar{P} - P = uu^T / 2K^2 - \bar{u}\bar{u}^T / 2\bar{K}^2$$
$$= (uu^T - \bar{u}\bar{u}^T) / 2K^2 + \bar{u}\bar{u}^T (1/2K^2 - 1/2\bar{K}^2). \quad (40.2)$$

因为 $\|uu^T / 2K^2\|_2 = 2$,用 (39.17), (39.23) 和 (39.24) 作一个简单计算证明必定有

$$\|\bar{P} - P\|_2 < (9.01)2^{-t}. \qquad (40.3)$$

注意这个界与 n 无关,因为 P 与 $(n-1)$ 个平面旋转的效果相同. 所以,这是令人十分满意的.

在某些应用中,对 P 再作一点加工是方便的,亦即先由

$$\bar{v}^T = fl(\bar{u}^T / 2\bar{K}^2) \qquad (40.4)$$

计算向量 $\bar{v}$, 然后

$$\bar{P} = I - \bar{u}\bar{v}^T. \qquad (40.5)$$

从 (40.4),

$$\bar{v}_i^T \equiv (\bar{u}_i^T / 2K^{-2})(1 + \varepsilon_i) \quad (|\varepsilon_i| \leqslant 2^{-t}). \qquad (40.6)$$

因此,

$$\bar{v} \equiv \bar{u} / 2\bar{K}^2 + \delta v, \qquad (40.7)$$

其中

$$\|\delta v\|_2 \leqslant 2^{-t} \|\bar{u}\|_2 / 2\bar{K}^2. \qquad (40.8)$$

这样计算 $\bar{P}$, 我们必定有

$$\|\bar{P} - P\|_2 < (11.02)2^{-t}. \qquad (40.9)$$

因为**对任何向量** a 和 b, $\|ab^T\|_2 = \|ab^T\|_E$. 所以在上述的界中,

我们可以用 Euclid 范数代替 2 范数.

现在回到仅仅希望改变最后 $(n-r)$ 个分量的情况. 我们得到了一个形如

$$\left[\begin{array}{c|c} I & O \\ \hline O & \bar{P} \end{array}\right]$$

的矩阵, 其中 $\bar{P}$ 是 $(n-r)$ 阶矩阵. 但是要记住, 我们的误差的界与 n 无关.

数值例子

41. 下述简单的数值例子说明正确选择符号的重要性. 假定向量 x 给定为

$$x = [10^0(0.5123), \ 10^{-3}(0.6147), \ 10^{-3}(0.5135)].$$

我们用 $fl_2(\quad)$ 按照四位十进位运算得到

$$a = fl_2(x_1^2 + x_2^2 + x_3^2) \equiv 10^0(0.26245193),$$
$$\bar{S} = fl_2(a^{\frac{1}{2}}) \equiv 10^0(0.5123).$$

并且用稳定的符号选择方法得到

$$2K^2 = fl_2(x_1^2 + x_2^2 + x_3^2 + x_1\bar{S}) = 10^0(0.5249);$$
$$\bar{u}_1 = fl_2(x_1 + \bar{S}) = 10^1(0.1025);$$
$$\bar{u}^T = [10^1(0.1025), \ 10^{-3}(0.6147), \ 10^{-3}(0.5135)].$$

用这符号选择法,"修正"的值是

$$S = 10^0(0.5123006261\cdots); \quad 2K^2 = 10^0(0.5249035\cdots);$$
$$u^T = [10^1(0.10246006\cdots), \ 10^{-3}(0.6147), \ 10^{-3}(0.5135)].$$

可以验证, 上面带一杠的值满足 §39 中的不等式. 这里我们按照 4 位十进位计算以 $\frac{1}{2}10^{-3}$ 代替了 2^{-t}. 用不稳定的符号选择法, 我们得到

$$2K^2 = fl_2(x_1^2 + x_2^2 + x_3^2 - x_1\bar{S}) \equiv 10^{-6}(0.6400);$$
$$\bar{u}_1 = fl_2(x_1 - \bar{S}) \equiv 10^0(0.0000);$$
$$\bar{u}^T = [10^0(0.0000), \ 10^{-3}(0.6147), \ 10^{-3}(0.5135)].$$

用这样的符号选择法得到的"修正"的值是

$$2K^2 = 10^{-6}(0.3207\cdots);$$

$$u^\mathrm{T} = [10^{-6}(0.6261),\ 10^{-3}(0.6147),\ 10^{-3}(0.5135)].$$

容易验证,在这种情况下,$\bar{P} = I - \bar{u}\bar{u}^\mathrm{T}/2\bar{K}^2$ 甚至不是接近正交的,因此它不逼近 P。计算值 $2\bar{K}^2$ 的相对误差很大。

用近似的初等 Hermite 矩阵左乘

42. 类似于平面旋转的研究,现在我们寻求关于

$$fl_2\left\{\begin{bmatrix} I & O \\ \hline O & \bar{P} \end{bmatrix} A\right\} - \begin{bmatrix} I & O \\ \hline O & P \end{bmatrix} A \tag{42.1}$$

的界。 显然这个左乘保持 A 的前 r 行不变,而后 $(n-r)$ 行被 P 左乘(或被有舍入误差的 $\bar{P}$ 左乘)。 因此 (42.1) 的误差矩阵的前 r 行是零,我们考虑用 P 左乘一个 m 行 n 列矩阵 A 就能代表一般情形,此时 P 是相应于 m 维非零向量 w 的。

令 $\bar{P}$ 是因子形式 $(I - \bar{u}\bar{u}^\mathrm{T}/2\bar{K}^2)$, 它使得 §39 的不等式和 (40.3) 满足。我们得出

$$fl_2(\bar{P}A) - PA = fl_2(\bar{P}A) - \bar{P}A + \bar{P}A - PA, \tag{42.2}$$

$$\|fl_2(\bar{P}A) - PA\|_E \leqslant \|fl_2(\bar{P}A) - \bar{P}A\|_E + \|(\bar{P} - P)A\|_E$$

$$\leqslant \|fl_2(\bar{P}A) - \bar{P}A\|_E + (9.01)2^{-t}\|A\|_E. \tag{42.3}$$

因此,我们要找 $fl_2(\bar{P}A) - \bar{P}A$ 的界,这个矩阵是左乘实际产生的误差的矩阵。注意,(9.14) 给出的误差界不适用于 $fl_2(\bar{P}A)$ 的计算;因为为了节省运算量,$\bar{P}$ 用了因子的形式。

为了强调我们现在只关心左乘造成的误差,我们引进 y 和 M,

$$y = \bar{u},\quad M = 2\bar{K}^2. \tag{42.4}$$

于是

$$\bar{P} = I - yy^\mathrm{T}/M, \tag{42.5}$$

且

$$\|y\|_2^2/M = \|\bar{u}\|_2^2/2\bar{K}^2$$

$$< \|u\|_2^2[1 + (1.501)2^{-t}]^2/2K^2[1 - (1.501)2^{-t}]$$

$$< 2[1 + (4.51)2^{-t}]. \tag{42.6}$$

43. $\bar{P}A$ 的准确推导和 $fl_2(\bar{P}A)$ 的计算的步骤可表达如下:

$$\begin{array}{ll} \text{准确的} & \text{计算的} \end{array}$$

$$p^{\mathrm{T}} = y^{\mathrm{T}}A/M, \qquad\qquad \bar{p}^{\mathrm{T}} = fl_2(y^{\mathrm{T}}A/M), \qquad (43.1)$$

$$B = \bar{P}A = A - yp^{\mathrm{T}}, \quad \bar{B} = fl_2(\bar{P}A) = fl_2(A - y\bar{p}^{\mathrm{T}}). \quad (43.2)$$

因此，第 i 个分量 $\bar{p}_i$ 是

$$\begin{aligned} \bar{p}_i \equiv [\,& y_1 a_{1i}(1 + \varepsilon_1) + y_2 a_{2i}(1 + \varepsilon_2) \\ & + \cdots + y_m a_{mi}(1 + \varepsilon_m)](1 + \varepsilon)/M. \end{aligned} \quad (43.3)$$

这里从 (9.2) 和 (9.5) 我们更加有

$$|\varepsilon_i| < \frac{3}{2}(m + 1)2^{-2t_2}, \quad |\varepsilon| \leqslant 2^{-t}. \quad (43.4)$$

因此

$$\bar{p}_i = p_i(1 + \varepsilon) + q_i, \quad (43.5)$$

其中

$$\begin{aligned} |q_i| \leqslant \frac{3}{2}(m + 1)2^{-2t_2}(1 + 2^{-t}) \\ \cdot [\,|y_1||a_{1i}| + |y_2||a_{2i}| + \cdots + |y_m||a_{mi}|]/M. \end{aligned} \quad (43.6)$$

从而有

$$\begin{aligned} |\bar{p}_i - p_i| \leqslant 2^{-t}|p_i| + \frac{3}{2}(m + 1)2^{-2t_2} \\ \cdot (1 + 2^{-t})[\,|A|^{\mathrm{T}}|y|\,]_i/M. \end{aligned} \quad (43.7)$$

所以，我们有

$$\begin{aligned} \|\bar{p} - p\|_2 \leqslant 2^{-t}\|p\|_2 + \frac{3}{2}(m + 1)2^{-2t_2} \\ \cdot (1 + 2^{-t})\|y\|_2\|A\|_E/M. \end{aligned} \quad (43.8)$$

引用条件 (5.2)，即 $n2^{-t} < 0.1$，我们可有

$$\|\bar{p} - p\|_2 \leqslant 2^{-t}\|p\|_2 + (0.16)2^{-t}\|y\|_2\|A\|_E/M. \quad (43.9)$$

对 $\bar{B}$ 的 (i, i) 分量，我们有

$$\begin{aligned} \bar{b}_{ii} &= fl_2(A - y\bar{p}^{\mathrm{T}})_{ii} \\ &\equiv [a_{ii}(1 + \eta_1) - y_i\bar{p}_i(1 + \eta_2)](1 + \xi), \quad (43.10) \end{aligned}$$

$$|\eta_1|, \ |\eta_2| \leqslant \frac{3}{2}2^{-2t}, \quad |\xi| \leqslant 2^{-t}. \quad (43.11)$$

如果用关系

$$\bar{p} = p + \delta p \qquad (43.12)$$

定义 δp，那么

$$\bar{b}_{ii} \equiv [a_{ii}(1 + \eta_1) - y_i(p_i + \delta p_i)(1 + \eta_2)](1 + \xi)$$
$$= b_{ii}(1 + \xi) + [a_{ii}\eta_1 - y_i p_i \eta_2 - y_i \delta p_i(1 + \eta_2)](1 + \xi).$$
$$(43.13)$$

因此，

$$|\bar{b}_{ii} - b_{ii}| \leqslant 2^{-t}|b_{ii}|$$
$$+ \left[\frac{3}{2} 2^{-2t}|a_{ii}| + \frac{3}{2} 2^{-2t}|y_i||p_i|\right.$$
$$+ |y_i||\delta p_i|\left(1 + \frac{3}{2} 2^{-2t}\right)\right](1 + 2^{-t}), \qquad (43.14)$$

这给出

$$|\bar{B} - B| \leqslant 2^{-t}|B|$$
$$+ \left[\frac{3}{2} 2^{-2t}|A| + \frac{3}{2} 2^{-2t}|y||p|^{\mathrm{T}}\right.$$
$$+ |y||\delta p|^{\mathrm{T}}\left(1 + \frac{3}{2} 2^{-2t}\right)\right](1 + 2^{-t}), \qquad (43.15)$$

由此导出

$$\|\bar{B} - B\|_E \leqslant 2^{-t}\|B\|_E$$
$$+ \left[\frac{3}{2} 2^{-2t}\|A\|_E + \frac{3}{2} 2^{-2t}\|y\|_2\|p\|_2\right.$$
$$+ \|y\|_2\|\delta p\|_2\left(1 + \frac{3}{2} 2^{-2t}\right)\right](1 + 2^{-t}). \qquad (43.16)$$

44. 现在我们利用 $\|A\|_E$ 求右边的每一项的界. 从 (43.1) 和 (40.3) 我们得到

$$\|B\|_E = \|\bar{P}A\|_E \leqslant \|PA\|_E + \|(\bar{P} - P)A\|_E$$
$$\leqslant \|A\|_E + (9.01)2^{-t}\|A\|_E. \qquad (44.1)$$

从 (43.1) 和 (42.6) 得到

$$\|y\|_2\|p\|_2 \leqslant \|y\|_2^2\|A\|_E/M < 2\|A\|_E[1 + (4.51)2^{-t}]. \qquad (44.2)$$

从 (43.9) 和 (42.6) 得到

$$\|y\|_2\|\delta p\|_2 \leqslant \|y\|_2[2^{-t}\|p\|_2 + (0.16)2^{-t}\|y\|_2\|A\|_E/M]$$

$$\leqslant 2^{-t}\{2\|A\|_E[1+(4.51)2^{-t}+(0.32)\|A\|_E[1$$
$$+(4.51)2^{-t}]\} \leqslant (2.33)2^{-t}\|A\|_E. \tag{44.3}$$

综合上述结果我们必定有

$$\|\bar{B}-B\|_E \leqslant (3.35)2^{-t}\|A\|_E. \tag{44.4}$$

而 $\bar{B}-B=fl_2(\bar{P}A)-\bar{P}A$，则 (42.3) 变为

$$\|fl_2(\bar{P}A)-PA\|_E \leqslant (3.35)2^{-t}\|A\|_E + (9.01)2^{-t}\|A\|_E$$
$$=(12.36)2^{-t}\|A\|_E. \tag{44.5}$$

回到一般情况，我们立刻有

$$\left\| fl_2\left\{ \left[\begin{array}{c|c} I & O \\ \hline O & \bar{P} \end{array} \right] A \right\} - \left[\begin{array}{c|c} I & O \\ \hline O & P \end{array} \right] A \right\|_E$$
$$\leqslant (12.36)2^{-t}\|A_{n-r}\|_E$$
$$\leqslant (12.36)2^{-t}\|A\|_E, \tag{44.6}$$

其中 A_{n-r} 是 A 的后 $(n-r)$ 行构成的矩阵. 在 A 的一列是用来确定 P 的向量 x 这种特殊情况下，那么实际上不计算 Px 的元素而是自动地填入适当数目的零元，并给剩下的一个元素赋值 $\mp S$. 在 PA 中对应的值是零与 $\mp S$，因此由 (39.9) 得知，影响到误差矩阵仅有一个元素 $\mp S\xi$，因此我们一般性的分析概括了这样的一列的特殊情况.

用近似的初等 Hermite 矩阵序列的乘法

45. 在许多算法中要涉及 $(n-1)$ 个初等 Hermite 矩阵的序列 $P_0, P_1, \cdots, P_{n-2}$，其中对应于 P_r 的向量 w_r 的前 r 个分量是零. 我们首先考虑左乘. 用 $\bar{P}_r$ 表示计算的 P_r，用 $\bar{A}_r$ 表示计算的变换. 于是有

$$\bar{A}_1 - P_0A_0 = F_0, \quad \|F_0\|_E \leqslant (12.36)\ 2^{-t}\|A_0\|_E, \tag{45.1}$$

$$\bar{A}_{r+1} - P_r\bar{A}_r = F_r, \quad \|F_r\|_E \leqslant (12.36)2^{-t}\|\bar{A}_r\|_E. \tag{45.2}$$

因此，如果记 $(12.36)2^{-t} = x$，那么

$$\|\bar{A}_{n-1} - P_{n-2}P_{n-3}\cdots P_0A_0\|_E \leqslant x[1 + (1+x) + (1+x)^2$$
$$+ \cdots + (1+x)^{n-2}]\|A_0\|_E \leqslant (n-1)(1+x)^{n-2}x\|A_0\|_E.$$
$$\tag{45.3}$$

我们只对 nx 明显地小于 1 的结果感兴趣。因此，尽管因子 $(1 + x)^{n-2}$ 是按指数形式增长，但是在应用范围内它没有什么影响。于是我们的界本质上是 (12.36). $n \cdot 2^{-t} \|A_0\|_E$。这是令人十分满意的，如果注意到我们还没有把误差的统计分布考虑在内，我们就更加感到满意。

根据我们的经验，用 $fl_2(\quad)$ 方式的计算已被证明甚至比考虑统计分布所得的更精确。注意，我们的论证在某些方面存在着弱点，因为像在 (44.6) 中那样，我们用整个矩阵的范数代替了每一步中行被修改过的矩阵的范数。

如果令 $A_0 = I$，我们就得到 $(n - 1)$ 个近似的初等 Hermite 矩阵的乘积的误差界。即

$$\|fl_2(\bar{P}_{n-2}\bar{P}_{n-3}\cdots\bar{P}_0) - P_{n-2}P_{n-3}\cdots P_0\|_E < n^{\frac{3}{2}}x(1 + x)^{n-2}$$
$$= (12.36)n^{\frac{3}{2}}2^{-t}[1 + (12.36)n2^{-t}]^{n-2}. \tag{45.4}$$

关于相似变换，我们立刻从 (45.3) 得到结果：

$$\|\bar{A}_{n-1} - P_{n-2}P_{n-3}\cdots P_0A_0P_0\cdots P_{n-2}\|_E \leqslant 2(n - 1)$$
$$(1 + x)^{2n-4}x\|A_0\|_E. \tag{45.5}$$

这里不存在平面旋转讨论中出现的那种特殊类型的困难，因为我们的分析并没有企图建立逐次变换矩阵的各步之间的特殊关系。显然可以用任何顺序作乘法而不影响界。研究下述假设的试验我们可以看出对于一般矩阵，因子 $n2^{-t}$ 不大可能改善。假定按下述方式产生一个矩阵序列。给定 n 个准确的初等 Hermite 矩阵 $P_r(r = 1, 2, \cdots, n)$，并且从 A_0 开始建立 n 个矩阵 $\bar{A}_r,(r = 1, 2, \cdots, n)$ 如下。准确地计算 $P_{r+1}\bar{A}_rP_{r+1}$，然后舍入得到的矩阵的元素为 t 位浮点数，这就从 $\bar{A}_r$ 导出了 A_{r+1}。如果我们写

$$\bar{A}_{r+1} \equiv P_{r+1}\bar{A}_rP_{r+1} + G_{r+1}, \quad P_{r+1}\bar{A}_rP_{r+1} = B_{r+1}. \tag{45.6}$$

那么，显然 G_{r+1} 的元素的最优的界是

$$|G_{r+1}|_{ii} \leqslant 2^{-t}|B_{r+1}|_{ii}. \tag{45.7}$$

因此，

$$\|G_{r+1}\|_E \leqslant 2^{-t}\|B_{r+1}\|_E. \tag{45.8}$$

对于最终的矩阵 $\bar{A}_n$ 的误差，我们的最优的界为

$$\|\bar{A}_n - P_n P_{n-1} \cdots P_1 A_0 P_1 \cdots P_{n-1} P_n\|_E$$
$$\leqslant 2^{-t}[1 + (1+2^{-t}) + \cdots + (1+2^{-t})^{n-1}]\|A_0\|_E. \quad (45.9)$$

因此,它本质上是 $n2^{-t}\|A_0\|_E$.

如果 A_0 对称,那么矩阵序列可以始终保持对称性;而且改写这个计算,使计算量极小是方便的. 我们在第五章叙述有关的变换时将进行讨论.

类似平面旋转的非酉初等矩阵

46. 用酉变换的算法数值稳定性高,其根源在于 2 范数和 Euclid 范数是酉不变的. 这里暂且不考虑舍入误差,因此逐次变换的矩阵的元素大小,一般不逐步增长,这是重要的. 因为在任何阶段中当前的舍入误差本质上是与变换矩阵元素的大小成比例的.

非酉初等矩阵没有这一类自然的稳定性质,但是可以把计算安排好,并赋于它们有限的稳定形式. 我们首先考虑 §20 的问题,我们有向量 $\bar{x}$,并用一个矩阵左乘,使它的第 i 个元素变为零,左乘只影响 $\bar{x}$ 的第 i 和第 j 个元素,即用它们的初始值的线性组合来代替. 现在我们用矩阵 M_{ji}(第一章 §40,vii)左乘也有类似的效果,第 j 个元素改变为 x'_j,其值为
$$x'_j = -m_{ji}\bar{x}_i + \bar{x}_j, \quad (46.1)$$
其他所有的元素保持不变. 我们取 $m_{ji} = \bar{x}_j/\bar{x}_i$ 可以化 x'_j 为零. 但是,如果这样做 m_{ji} 的值可以任意的大,可能是无穷. 因此,$\|M_{ji}\|$ 可能任意大,被 M_{ji} 左乘任一矩阵 A,在它的第 j 行上可能有任意大的量. 显然,从我们作的分析可以得出结论,这种取法是不能令人满意的.

我们可以引进一个稳定性的度量如下:

(i) 若 $|\bar{x}_j| \leqslant |\bar{x}_i|$,则按上述的方法进行并且有 $m_{ji} \leqslant 1$.

(ii) 若 $|\bar{x}_j| > |\bar{x}_i|$,则首先用 I_{ji}(第一章,§40,i)左乘. 这样,地 i 和第 j 元素互相交换,然后用适当的 M_{ji} 相乘.

因此,用作左乘的矩阵可以表示为 $M_{ji}I'_{ji}$,其中 I'_{ji} 是 I_{ji} 或者 I,这取决于是否有必要进行交换. 我们还没有包括 $\bar{x}_i = \bar{x}_j = 0$

的情况．这种情况不会产生困难，我们仅需令

$$I_{ii} = I, \quad m_{ii} = 0, \tag{46.2}$$

结果得 $M_{ii}I'_{ii} = I.$

矩阵乘积 $M_{ii}I'_{ii}$ 的效果比得上在 (i, i) 平面上的旋转，可以期望它是稳定的．我们用 M'_{ii} 来表示这个乘积，简单的计算证明

$$\|M'_{ii}\|_2 \leqslant \left[\frac{1}{2}\left(3 + 5^{\frac{1}{2}}\right)\right]^{\frac{1}{2}}. \tag{46.3}$$

与一系列在平面 $(1, 2), (1, 3), \cdots, (1, n); (2, 3), \cdots, (2, n); \cdots; (n-1, n)$ 上的旋转的算法对照，我们有相应的算法，它使用一组矩阵：

$$M'_{21}, M'_{31}, \cdots, M'_{n1}; M'_{32}, \cdots, M'_{n2}; \cdots; M'_{nn-1}.$$

我们不能够给出任何导致 $n^k 2^{-t}\|A\|$ 形式的界的一般性误差分析，对于一般的矩阵，用一般的变换可能达到的最好的界通常是 $2^n n^k 2^{-t}\|A\|$ 形式的．因此，在以后各章适当的地方，我们仅给出特殊的分析．

在一些含有初等变换序列的算法中交换是不允许的，因为它会破坏先前各步引入的零元素的分布形式．为了实现这些算法，我们不得不依靠 M_{ii} 矩阵而不使用 M'_{ii}．因此，在这些算法中可能出现任意的不稳定的情形．这样的算法没有与平面旋转的算法相对应的办法，因为使用这种算法就像使用 M'_{ii} 一样，必定会破坏零元素的分布．

类似于初等 Hermite 矩阵的非酉初等矩阵

47. 同理，我们可以通过研究 §37 的问题引入类似于初等 Hermite 矩阵的非酉矩阵．这个问题是对于给定向量 x，决定矩阵 M，使得 Mx 的前 r 个分量不变，第 $r+1$ 个到第 n 个分量为零．我们考虑用 N_r（第一章 §40, vi）左乘 x．我们若记

$$x' = N_r x, \tag{47.1}$$

则

$$x_i' = x_i \quad (i = 1, 2, \cdots, r),$$
$$x_i' = x_i - n_{ir}x_r \quad (i = r+1, \cdots, n). \tag{47.2}$$

取

$$n_{ir} = x_i/x_r \quad (i = r+1, \cdots, n), \tag{47.3}$$

我们可以看出条件已被满足. 但是 N_r 的元素可以任意大, 甚至是无穷, 这将导致数值不稳定. 稳定性可以这样来得到: 假定 $|x_i|(i = r, \cdots, n)$ 的最大值在 $i = r' \geqslant r$ 达到. 定义向量 y 为

$$y = I_{r,r'}x, \tag{47.4}$$

这是 x 中调换元素 x_r 和元素 $x_{r'}$ 导出的. 因此

$$|y_r| \geqslant |y_i| \quad (i = r+1, \cdots, n). \tag{47.5}$$

如果选取 N_r 使得 $N_r y$ 的第 $(r+1)$ 到第 n 分量是零, 我们得到

$$n_{ir} = y_i/y_r, \tag{47.6}$$

且

$$|n_{ir}| \leqslant 1. \tag{47.7}$$

因此矩阵 N_r 的元素的模的界不大于 1, 并且我们已得到数值稳定性的某个度量. 事实上, 我们得到

$$\|N_r\|_2 \leqslant \left\{ \frac{1}{2} \left[(n - r + 2) + (n - r)^{\frac{1}{2}}(n - r + 4)^{\frac{1}{2}} \right] \right\}^{\frac{1}{2}}, \tag{47.8}$$

我们用 N_r' 表示矩阵乘积 $N_r I_{r,r'}$. 如果 $x_i = 0 \ (i = r, \cdots, n)$, 那么就令 $N_r' = I$. 显然, 使用 N_i 能获得与乘积 $M_{r+1,r}' M_{r+2,r}' \cdots M_{n,r}'$ 同样的效果, 但是从同一向量 x 开始, 我们一般没有

$$N_r' = M_{r+1,r}' M_{r+2,r}' \cdots M_{nr}'. \tag{47.9}$$

如果不需要作交换, 等式 (47.9) 将被满足. 在给定的集合中选取最大的元素的过程通常称作"按大小选主元".

对应于用一组前 $r-1$ 个分量为零的 w_i 构成的初等 Hermite 矩阵 $(I - 2w_r w_r^T)$ 的算法, 我们有采用矩阵 $N_1', N_2', \cdots, N_{n-1}'$ 的算法. 通常我们不会有导出的界能与基于 Hermite 矩阵的变

换的界相比的一般性的误差分析。我们称 M'_{tt} 和 N'_t 为稳定的初等矩阵。

和以前一样，我们发现有些用初等相似变换的算法不允许在每一步作交换，因为它会破坏先前的变换产生的零元分布。某些算法潜在着不稳定性，需要慎重的考虑。它们没有相应于用初等Hermite 矩阵的算法，因为使用这些算法与使用交换一样不可避免地会破坏零元分布。

本书中我们会反复遇到一个问题，那就是选用初等酉矩阵还是初等稳定的矩阵。一般地说，初等稳定变换稍简单些，但另一方面，它不能保证可靠的数值稳定性。

用非酉矩阵序列左乘

48. 有一种变换是用 N'_r 型矩阵的，对这种变换我们能给出相当令人满意的误差分析。这是用一系列矩阵 $\overline{N}'_1, \overline{N}'_2, \cdots, \overline{N}'_{n-1}$ 左乘矩阵 A_0。我们写

$$\overline{A}_r = fl(\overline{N}'_r \overline{A}_{r-1}) \equiv \overline{N}'_r \overline{A}_{r-1} + H_r, \qquad (48.1)$$

H_r 是实际乘法中产生的误差矩阵。用 $I_{r,r'}$ 左乘仅仅是调换第 r 和第 r' 行，因此没有舍入误差。以后用 $\overline{N}_r$ 左乘，第 1 行到第 r 行不变，因而 H_r 的这些行是零。对于 $r = 1$ 到 $n-1$ 反复使用关系式 (48.1)，类似于 §15 的论证，给出

$$\overline{A}_{n-1} = \overline{N}'_{n-1} \overline{N}'_{n-2} \cdots \overline{N}'_1 [A_0 + (\overline{N}'_1)^{-1} H_1 + (\overline{N}'_1)^{-1} (\overline{N}'_2)^{-1} H_2$$
$$+ \cdots + (\overline{N}'_1)^{-1} \cdots (\overline{N}'_{n-1})^{-1} H_{n-1}]. \qquad (48.2)$$

因此，矩阵 $\overline{A}_{n-1}$ 准确地与 (48.2) 式右边方括号内的矩阵相抵。

现在我们证明

$$(\overline{N}'_1)^{-1} (\overline{N}'_2)^{-1} \cdots (\overline{N}'_r)^{-1} H_r = I_{1,1'} I_{2,2'} \cdots I_{r,r'} H_r. \qquad (48.3)$$

我们有

$$(\overline{N}'_r)^{-1} H_r = (\overline{N}_r I_{r,r'})^{-1} H_r = I_{r,r'} \overline{N}'_r H_r, \qquad (48.4)$$

现在 $\overline{N}_r^{-1}$ 与矩阵 $\overline{N}_r$ 相同，只是对角线以下的元素的符号被改变了。因为用 $\overline{N}_r^{-1}$ 左乘只是用第 r 行的零倍加到第 $(r+1)$ 行至第 n 行，因此

$$\bar{N}_r^{-1}H_r = H_r. \tag{48.5}$$

又因为 $r' > r$，矩阵 $I_{r,r'}H_r$ 的第 1 行至第 $r-1$ 行是零，所以

$$(\bar{N}_r')^{-1}H_r = I_{r,r'}H_r. \tag{48.6}$$

继续这个论证，我们得到 (48.3)。(48.3) 右边的矩阵只是行置换后的 H_r，因此等式 (48.2) 证明了 $\bar{A}_{n-1}$ 是准确地相抵于有下述摄动的 A_0，

$$I_{1,1'}H_1 + I_{1,1'}I_{2,2'}H_2 + \cdots + I_{1,1'}I_{2,2'}\cdots I_{n-1,(n-1)'}H_{n-1}. \tag{48.7}$$

因此，每一组误差 H_r 的影响等价于在原矩阵上仅仅由行置换后的H_r组成的摄动。这些误差反回到原矩阵时没有发生放大（注意，如果没有用交换，这些结果当然是正确的）。用 M_r' 型矩阵右乘，自然有类似的结果。其中

$$M_r' = I_{r,r'}M_{r'}, \tag{48.8}$$

而用 $I_{r,r'}$ 右乘产生列交换。

我们从这一值得重视的结果立刻看出：不稳定性的危险仅仅在于 H_r 本身有可能是大的。因为在任何一步造成的误差通常与变换矩阵当时的元素的大小成比例。由此可见，保证 $\bar{A}_r$ 的元素尽可能小是多么重要。因此，交换是本质性的。

读者应该验证用矩阵 M_{ji}' 做变换时，相应的分析得不出这样满意的结果。在原矩阵上的等价摄动具有复杂得多的结构。

先验的误差界

49. 我们已经看到，对于某些用酉变换的算法，我们能够找到对原矩阵的摄动的先验的界，这种摄动等价于在实际计算中产生的误差。虽然第二章的主题说明在用对称矩阵作相似变换求特征值时，我们可以给出特征值误差的先验的界。但是，一般来说，不能给出我们希望计算的量的误差的先验的界。甚至对上述这种最好的情况，我们也得不到特征向量的误差的先验的界。可是原矩阵的等价摄动的先验界，对于评价有关的算法的性能是有重大意义的。

我们将发现对等价的摄动 F 所能得到的最有效的界以某种范

数表示为

$$\|F\| < n^k 2^{-t}\|A\|, \qquad (49.1)$$

其中 k 通常是小于 3 的常数. 通常仅仅对以酉变换为基础的算法才能得到这样的界. 对于稳定的初等非酉变换, 如下形式的界通常都很难得到

$$\|F\| \leqslant n^k 2^n 2^{-t}\|A\|. \qquad (49.2)$$

我们认为, 这样的界常常对某些特殊的方法存在, 这是为了说明因子 n^2 只在极不利的情况下才能达到. 对于不稳定的非酉变换, 即使是形如 (49.2) 的界通常也不能得到. 确实存在与原问题的病态毫无关系的中断的情况, 它完全是因为出现零的除数使变换不能继续下去.

正规性的偏离

50. 为了获得给定的算法产生的误差的界, 我们不仅需要原矩阵的等价摄动的界, 而且需要关于计算的量的敏感性的界. 自然要问, 在特征值问题中是否有估计敏感性因素的简单方法. 从第二章 (3.12) 我们知道, 假若 A 是正规的, 那么 $(A + F)$ 的特征值落在下述圆盘之内

$$|\lambda - \lambda_i| \leqslant \|F\|_2 \leqslant \|F\|_E. \qquad (50.1)$$

因此, 我们可以期望, 如果 A 几乎是"正规矩阵", 那么它的特征值是比较不敏感的. 如果 A 是正规的, 那么 (第一章 §48) 有酉矩阵 R 使得

$$R^H A R = \operatorname{diag}(\lambda_i). \qquad (50.2)$$

对任何矩阵 (第一章 §47) 有酉矩阵 R, 使得

$$R^H A R = \operatorname{diag}(\lambda_i) + T = D + T, \qquad (50.3)$$

其中 T 是严格上三角型, 即

$$t_{ii} = 0 \quad (i \geqslant j). \qquad (50.4)$$

我们可以合理地把 $\|T\|/\|A\|$ 作为"A 的正规性的偏离"的度量.

　　Henrici(1962) 曾经使用关系 (50.3) 按照下述方式得到在 A 上的摄动对其特征值影响的估计.

设 G 定义为

$$R^H(A + F)R = D + T + G. \tag{50.5}$$

因此，

$$G = R^H FR, \quad \|G\|_2 = \|F\|_2, \quad \|G\|_E = \|F\|_E. \tag{50.6}$$

如果 λ 是 $(A + F)$ 的某一个特征值，那么 $(D - \lambda I) + T + G$ 是奇异的．我们区分为两种情况来讨论．

(i) 对某个 i，$\lambda = \lambda_i$；

(ii) 对任何 i，$\lambda \neq \lambda_i$．在这种情况下 $(D - \lambda I)$ 和 $(D + T - \lambda I)$ 都是非奇异的．因此，

$$0 = \det[D + T - \lambda I + G] = \det[D + T - \lambda I]\det[I + (D + T - \lambda I)^{-1}G], \tag{50.7}$$

这给出

$$0 = \det[I + (D + T - \lambda I)^{-1}G]. \tag{50.8}$$

等式 (50.8) 意味着

$$\begin{aligned}
1 &\leqslant \|(D + T - \lambda I)^{-1}G\|_2 \\
&\leqslant \|(D + T - \lambda I)^{-1}\|_2 \|G\|_2 \\
&= \|(I + KT)^{-1}K\|_2 \|G\|_2,
\end{aligned} \tag{50.9}$$

其中

$$\begin{aligned}
K &= (D - \lambda I)^{-1} = \operatorname{diag}[(\lambda_i - \lambda)^{-1}] \\
&= \|[I - KT + (KT)^2 - \cdots \\
&\quad + (-1)^{n-1}(KT)^{n-1}]K\|_2 \|G\|_2.
\end{aligned} \tag{50.10}$$

因为 KT 是严格上三角，所以 $(KT)^r = 0 \ (r \geqslant n)$．

记

$$\|K\|_2 = a, \quad \|T\|_2 = b, \quad \|T\|_E = c, \tag{50.11}$$

则有

$$1 \leqslant (1 + ab + a^2 b^2 + \cdots + a^{n-1} b^{n-1}) a \|G\|_2 \tag{50.12}$$

$$\leqslant (1 + ac + a^2 c^2 + \cdots + a^{n-1} c^{n-1}) a \|G\|_E. \tag{50.13}$$

注意，如果我们用任何较大的量代替 c，这结果仍然正确．现在

$$a = \|K\|_2 = 1/\min|\lambda_i - \lambda|. \tag{50.14}$$

因此，(50.13) 说明存在 λ_i 使得

$$\frac{|\lambda_i - \lambda|}{1 + ac + a^2c^2 + \cdots + a^{n-1}c^{n-1}} \leqslant \|G\|_2 = \|F\|_2 \leqslant \|F\|_E.$$

$$(50.15)$$

当用 b 代替 c 时,同样的结果成立.

因为在情况 (i) 中关系 (50.15) 显然是对的,因此它在所有情况下成立. 当 A 是正规矩阵时 $c = 0$,因而结果简化为 (50.1).

简单的例子

51. 这个结果不受第二章§26讨论的限制的支配. 例如, 如果我们取

$$A = \begin{bmatrix} 1 & \varepsilon & & & \\ & 1 & \varepsilon & & \\ & & \ddots & \ddots & \\ & & & 1 & \varepsilon \\ & & & & 1 \end{bmatrix}, \quad \|F\|_E = \eta. \qquad (51.1)$$

那么, $b = \varepsilon$. 记 $|1 - \lambda| = \xi$,我们得到

$$\frac{\xi}{1 + (\varepsilon/\xi) + \cdots + (\varepsilon/\xi)^{n-1}} \leqslant \eta. \qquad (51.2)$$

如果 $n = 10$, $\varepsilon = 10^{-10}$, $\eta = 10^{-8}$,那么 ξ 的极大值是方程

$$\xi = 10^{-8}[1 + (10^{-10}/\xi) + (10^{-10}/\xi)^2 + \cdots + (10^{-10}/\xi)^9] \qquad (51.3)$$

的解,并且它显然在 10^{-8} 到 $10^{-8}(1 + 10^{-2})$ 之间.

为了利用 (50.15),我们需要一个比较容易计算的 c 的上界. A 是正规矩阵的充要条件是 $(A^H A - A A^H)$ 为零. 因此,我们有理由期望 c 与 $(A^H A - A A^H)$ 有关. 事实上,Henrici(1962) 已经证明了

$$c \leqslant \left(\frac{n^3 - n}{12}\right)^{\frac{1}{4}} \|A^H A - A A^H\|_E^{\frac{1}{2}}, \qquad (51.4)$$

其中需要计算两个矩阵的乘法. 因为一个矩阵乘法有 n^3 次乘法,这个工作量是不可忽视的.

可是,一个矩阵可能偏离正规性很远,但是其特征值不是病态

的. 例如,考虑矩阵

$$A = \begin{bmatrix} 1 & 2 \\ 0 & 3 \end{bmatrix}. \tag{51.5}$$

这里 $b = c = 2$,因此如果 λ 是 $(A + F)$ 的一个特征值,那么我们的结果表明,

$$\frac{|\lambda - 1|}{1 + 2/|\lambda - 1|} \leqslant \|F\|_E = \eta, \tag{51.6}$$

或者

$$\frac{|\lambda - 3|}{1 + 2/|\lambda - 3|} \leqslant \|F\|_E = \eta, \tag{51.7}$$

即

$$|\lambda - 1| \leqslant \frac{1}{2}\left[\eta + (\eta^2 + 8\eta)^{\frac{1}{2}}\right] \tag{51.8}$$

或者 $\quad |\lambda - 3| \leqslant \frac{1}{2}\left[\eta + (\eta^2 + 8\eta)^{\frac{1}{2}}\right],$

并且这些圆的半径都大于 $(2\eta)^{\frac{1}{2}}$. (51.9) 给出这个矩阵的左、右特征向量

$$\begin{aligned} &\lambda_1 = 3; \ y_1^T = [0, 1] \ \text{和} \ x_1^T[1, 1], \\ &\lambda_2 = 1; \ y_2^T = [1, -1] \ \text{和} \ x_2^T[1, 0]. \end{aligned} \tag{51.9}$$

因此 (第二章 §8) $|s_1| = |s_2| = 2^{-\frac{1}{2}}$. 如果 κ 是谱条件数,那么从第二章的关系式 (31.8) 得到 $\kappa \leqslant |s_1^{-1}| + |s_2^{-1}| \leqslant 2^{\frac{1}{2}}$. 而第二章的 (30.7) 说明 $(A + F)$ 的特征值落在下述圆内:

$$\begin{cases} |\lambda - 1| \leqslant 2^{\frac{3}{2}}\eta, \\ |\lambda - 3| \leqslant 2^{\frac{3}{2}}\eta. \end{cases} \tag{51.10}$$

显然,在 η 是小量的时候,结果 (51.8) 是十分弱的.

后验的界

52. 目前对一般的非正规矩阵的特征值的摄动,似乎还没有任何有用的先验界. 上一节的结果虽然是弱的,但是为了估计矩阵正规性的偏离就需要 $2n^3$ 次乘法. 我们将叙述的某些现代的算法决定整个特征系需要的乘法量只是 n^3 的一个小的倍数. 从近似

计算的特征系能得到特征值的十分精确的估计并不是意外的，从计算的特征系或部分特征系决定的误差的界称为后验的界．对于非正规矩阵主要是依靠后验的界．

正规矩阵的后验的界

53. 假定矩阵 A 的一个近似特征值是 μ，对应的特征向量是 v，我们考虑一个向量 η，其定义是

$$(A - \mu I)v = Av - \mu v = \eta. \tag{53.1}$$

通常称它为对应于 μ 和 v 的剩余向量．要是 μ 和 v 是准确的话，η 就是零了．因此，若 η 是"小"的，我们可以期望 μ 是特征值的一个好的近似值．

如果 A 的初等因子是线性的，那么，存在 H 使得

$$H\mathrm{diag}(\lambda_i)H^{-1} = A.$$

因此，从 (53.1) 有

$$H\mathrm{diag}(\lambda_i - \mu)H^{-1}v = \eta. \tag{53.2}$$

有下述两种情况出现：

(i) 对某个 i, $\lambda_i = \mu$;

(ii) 对一切 i, $\lambda_i \neq \mu$, 此时 (53.2) 给出

$$v = H\mathrm{diag}[(\lambda_i - \mu)^{-1}]H^{-1}\eta. \tag{53.3}$$

因此，对任何一种对角矩阵的范数为其最大元素的范数成立

$$\|v\| \leqslant \|H\|\|H^{-1}\|\|\mathrm{diag}[(\lambda_i - \mu)^{-1}]\|\|\eta\|$$

$$= \max_i \frac{1}{|\mu - \lambda_i|} \|H\|\|H^{-1}\|\|\eta\|. \tag{53.4}$$

因此使用 2 范数有

$$\min|\mu - \lambda_i| \leqslant \kappa \|\eta\|_2 / \|v\|_2, \tag{53.5}$$

其中 κ 与 §51 的相同．在情况 (i) 中，关系式 (53.5) 显然成立．因此，我们得知在以 μ 为中心，以 $\kappa\|\eta\|_2/\|v\|_2$ 为半径的圆内至少有 A 的一个特征值．显然，假设 $\|v\|_2 = 1$ 并不失去一般性，从现在起我们就这样假定．因为一般说来，我们对 κ 没有一个预先的估计．因此，除非我们有更多的特征系的信息，否则这个结果是没

有多大实际意义的．然而，当 A 是正规矩阵，我们知道 $\kappa = 1$．那么，这个结果证明了在中心为 μ，半径为 $\|\eta\|_2$ 的圆盘内至少有一个特征值．

有另一个考虑 (53.1) 的途径，它把这个结果与第二章联系起来．(53.1) 式隐含着

$$(A - \eta v^H)v = Av - \eta(v^H v) = Av - \eta = \mu v. \quad (53.6)$$

因此，μ 和 v 是矩阵 $(A - \eta v^H)$ 的准确的特征值和特征向量．从第二章 §30，我们知道 $(A - \eta v^H)$ 的全部特征值落在下述圆盘之内：

$$|\lambda - \lambda_i| \leqslant \kappa\|\eta v^H\|_2 = \kappa\|\eta\|_2 \ (i = 1, \cdots, n). \quad (53.7)$$

这样的结果与我们刚才得到的一样．

Rayleigh 商

54. 如果给定某个向量 v，那么我们可以选择 μ 使得 $\|Av - \mu v\|_2$ 达到极小．记 $\kappa = v^H A v$ 并且假定 $\|v\|_2 = 1$，我们得到

$$\|Av - \mu v\|_2^2 = (Av - \mu v)^H (Av - \mu v)$$
$$= v^H A^H A v - \kappa\kappa^H + (\mu^H - \kappa^H)(\mu - \kappa). \quad (54.1)$$

显然，当 $\mu = \kappa = v^H A v$ 时，极小值被达到，这个量称为对应于 v 的 Rayleigh 商，我们用 μ_R 表示．用"商"这个术语是因为如果 v 不是规范化的话，正确的值是 $v^H A v / v^H v$．显然，如果

$$Av - \mu_R v = \eta_R, \quad (54.2)$$

那么

$$v^H \eta_R = 0. \quad (54.3)$$

假若对于任何 μ 我们有

$$Av - \mu v = \eta \ (\|\eta\|_2 = \varepsilon), \quad (54.4)$$

那么

$$Av - \mu_R v = \eta_R \ (\|\eta_R\|_2 < \varepsilon). \quad (54.5)$$

这个圆盘的中心为 μ_R，其半径至少与别的对应的 μ 一样小．

Rayleigh 商是对于任意的矩阵定义的．但是，我们即将证明对于正规矩阵它是特别重要的．假定我们有

$$Av - \mu_R v = \eta \quad (\|v\|_2 = 1; \; \|\eta\|_2 = \varepsilon), \tag{54.6}$$

并且已知 $n - 1$ 个特征值满足关系

$$|\lambda_i - \mu_R| \geqslant a, \tag{54.7}$$

其中 a 是某个常数. 我们可记有关的特征值为 $\lambda_2, \lambda_3, \cdots, \lambda_n$. 如果 A 正规, 那么必定有正交规范特征向量系 $x_i (i = 1, \cdots, n)$, 并且我们可以写

$$v = \sum_1^n \alpha_i x_i, \quad 1 = \sum_1^n |\alpha_i|^2. \tag{54.8}$$

因此 (54.6) 式给出

$$\eta = \sum_1^n \alpha_i (\lambda_i - \mu_R) x_i.$$

于是,

$$\varepsilon^2 = \sum_1^n |\alpha_i|^2 |\lambda_i - \mu_R|^2 \geqslant \sum_2^n |\alpha_i|^2 |\lambda_i - \mu_R|^2 \tag{54.9}$$

$$\geqslant a^2 \sum_2^n |\alpha_i|^2 \, (\text{利用} (54.7)) \tag{54.10}$$

由此我们导出

$$|\alpha_1|^2 = 1 - \sum_2^n |\alpha_i|^2 \geqslant 1 - \varepsilon^2/a^2. \tag{54.11}$$

如果我们用下述关系式定义 θ,

$$\alpha_1 = |\alpha_1| e^{i\theta}, \tag{54.12}$$

那么

$$v e^{-i\theta} = |\alpha_1| x_1 + \sum_2^n \alpha_i e^{-i\theta} x_i. \tag{54.13}$$

因此,

$$\|v e^{-i\theta} - x_1\|_2^2 = (|\alpha_1| - 1)^2 + \sum_2^n |\alpha_i|$$

$$\leqslant \frac{\varepsilon^4/a^4}{(1 + |\alpha_1|)^2} + \frac{\varepsilon^2}{a^2} \leqslant \frac{\varepsilon^4}{a^4} + \frac{\varepsilon^2}{a^2}. \tag{54.14}$$

从 (54.14) 我们看出, 如果 $a \gg \varepsilon$, 那么 $v e^{-i\theta}$ 很接近 x_1, 常数

因子 $e^{-i\theta}$ 是不重要的. 随着 a 的下降, 这个结果变得愈来愈差, 直到 a 与 ε 数量级相同的时候, 结果变得毫无用处. 注意, 不管 μ_R 是不是 Rayleigh 商, 到目前为止, 我们得到的结果都成立.

Rayleigh 商的误差

55. 现在转到 μ_R. 从它的定义, 我们得到

$$\mu_R = v^H A v = \sum_1^n \lambda_i |\alpha_i|^2. \tag{55.1}$$

因此,

$$\mu_R \sum_1^n |\alpha_i|^2 = \sum_1^n \lambda_i |\alpha_i|^2.$$

这给出

$$(\mu_R - \lambda_1) |\alpha_1|^2 = \sum_2^n (\lambda_i - \mu_R) |\alpha_i|^2$$

$$= \sum_2^m |(\lambda_i - \mu_R)|^2 |\alpha_i|^2 / (\lambda_i - \mu_R)^H. \tag{55.2}$$

从 (54.11), (54.7) 和 (54.9), 我们得到

$$\left(1 - \frac{\varepsilon^2}{a^2}\right) |\mu_R - \lambda_1| \leqslant \sum_2^n |\lambda_i - \mu_R|^2 |\alpha_i|^2 / |\lambda_i - \mu_R|$$

$$\leqslant \sum_2^n |\lambda_i - \mu_R|^2 |\alpha_i|^2 / a$$

$$\leqslant \varepsilon^2 / a,$$

$$|\mu_R - \lambda_1| \leqslant \frac{\varepsilon^2}{a} \Big/ \left(1 - \frac{\varepsilon^2}{a^2}\right). \tag{55.3}$$

关系式 (55.3) 表明: 如果 $a \gg \varepsilon$, Rayleigh 商的误差与 ε^2 同阶. 随着 a 减小, 结果逐步变弱; 直到 a 与 ε 数量级相同时, 它比不上任何满足 $\|Av - \mu v\|_2 = \varepsilon$ 的 μ 的结果.

下面的例子表明: 当 a 与 ε 同阶时, Rayleigh 商和向量的误差的界变坏是必然的. 考虑矩阵 A 并宣称特征值和特征向量为:

$$A = \begin{bmatrix} b & \varepsilon \\ \varepsilon & b \end{bmatrix}, \quad \mu_R = b, \quad v = \begin{bmatrix} 1 \\ 0 \end{bmatrix}. \tag{55.4}$$

我们对于规范化向量 v 得到

$$Av - \mu_R v = \begin{bmatrix} 0 \\ \varepsilon \end{bmatrix}, \tag{55.5}$$

因此 $\|\eta\|_2 = \varepsilon$，特征值是 $b \pm \varepsilon$，因而 μ_R 有 ε 阶的误差. 特征向量是

$$\begin{bmatrix} 1 \\ 1 \end{bmatrix} \text{和} \begin{bmatrix} 1 \\ -1 \end{bmatrix}. \tag{55.6}$$

这说明 v 不是一个近似的特征向量.

Hermite 矩阵

56. 我们经常要涉及的正规矩阵是 Hermite 矩阵，并且通常是实对称矩阵. 复 Hermite 矩阵的特征值问题的求解可简化为下述实对称矩阵问题. 设

$$\begin{aligned} &A = B + iC \quad (B \text{和} C \text{都是实的}), \\ &B^T = B, \quad C^T = -C. \end{aligned} \tag{56.1}$$

如果 λ_i 是 A 的特征值（必然是实的），并且 $(u_i + iv_i)$ 是对应的特征向量，我们有

$$(B + iC)(u_i + iv_i) = \lambda_i(u_i + iv_i),$$

即

$$\begin{cases} Bu_i - Cv_i = \lambda_i u_i, \\ Cu_i + Bv_i = \lambda_i v_i. \end{cases} \tag{56.2}$$

因此，

$$\begin{bmatrix} B & -C \\ C & B \end{bmatrix} \begin{bmatrix} u_i \\ v_i \end{bmatrix} = \begin{bmatrix} \lambda_i u_i \\ \lambda_i v_i \end{bmatrix},$$

$$\begin{bmatrix} B & -C \\ C & B \end{bmatrix} \begin{bmatrix} v_i \\ -u_i \end{bmatrix} = \begin{bmatrix} \lambda_i v_i \\ -\lambda_i u_i \end{bmatrix}. \tag{56.3}$$

又因为

$$\begin{bmatrix} u_i \\ v_i \end{bmatrix} \text{和} \begin{bmatrix} v_i \\ -u_i \end{bmatrix} \tag{56.4}$$

正交，扩充的实矩阵有二重特征值 λ_i。显然，这个扩充的矩阵是实对称的，其特征值是 λ_1，λ_1，λ_2，λ_2，$\cdots$，λ_n，λ_n。大多数寻找实对称矩阵特征系的较好的算法都导出实的近似特征值和特征向量。我们提过的圆盘因此变为实轴上的一些区间。

注意，如果 μ_R 是对应于 v 的 Rayleigh 商并且

$$Av - \mu_R v = \eta,\qquad(56.5)$$

那么因为 $\eta^T v = 0$，我们有

$$(A - \eta v^T - v \eta^T)v = \mu_R v.\qquad(56.6)$$

因此，对于矩阵 $(A - \eta v^T - v \eta^T)$，$v$ 和 μ_R 是准确的。A 是对称时，这个矩阵也是对称的。这里我们涉及的是对称矩阵的对称摄动。如果 $\|v\|_2 = 1$ 和 $\eta^T v = 0$ 时，我们容易验证下式成立。

$$\|\eta v^T + v \eta^T\|_2 = \|\eta\|_2.\qquad(56.7)$$

如果我们得到 n 个近似的特征值和特征向量，并且各个区间是不相交的，那么我们知道在每一个区间内存在一个特征值。上一节的结果能用于特征值的高精度的估计，除非特征值是非常密集难分的。如果对于 4 阶矩阵，我们有 Rayleigh 商 μ_i 和剩余 η_i 如(56.8)所示：

i	1	2	3	4
μ_i	0.1	0.1001	0.2	0.3
$\|\eta_i\|_2$	10^{-8}	$2 \cdot 10^{-8}$	$2 \cdot 10^{-8}$	$3 \cdot 10^{-8}$

$$(56.8)$$

那么，我们立刻知道，在下述的每一个区间至少有一个特征值。

$$|\lambda - 0.1| \leqslant 10^{-8}, \quad |\lambda - 0.1001| \leqslant 2 \cdot 10^{-8},$$
$$|\lambda - 0.2| \leqslant 2 \cdot 10^{-8}, \quad |\lambda - 0.3| \leqslant 3 \cdot 10^{-8}.\qquad(56.9)$$

这些区间显然是不相交的，因此每一个区间只包含一个特征值。

现在我们用在第二区间上得到的特征值 λ_2 的十分精确的界来说明 §55 的结果的用法。显然，我们有

$$|\mu_2 - \lambda_1| \geqslant |0.1001 - 0.1 - 10^{-8}| = 10^{-4}(0.9999),$$
$$|\mu_2 - \lambda_3| \geqslant |0.1001 - 0.2 + 2 \cdot 10^{-8}| > 0.0998,$$
$$|\mu_2 - \lambda_4| \geqslant |0.1001 - 0.3 + 3 \cdot 10^{-8}| > 0.1998.$$

$$(56.10)$$

因此,我们取 $a = 10^{-4}(0.9999)$, 并且 (55.3) 给出

$$|\mu_2 - \lambda_2| < \frac{4 \cdot 10^{-16}}{10^{-4}(0.9999)} \bigg/ \left\{ 1 - \left[\frac{2 \cdot 10^{-8}}{10^{-4}(0.9999)} \right]^2 \right\}$$

$$\approx (4.0004)10^{-12}.$$

不管 λ_1 和 λ_2 可能很靠近,Rayleigh 商是十分精确的,商 μ_3 和 μ_4 甚至更精确。在实际上,我们发现 Rayleigh 商是如此精确(除了病态的接近的特征值之外),以至于必须十分仔细地计算它才能发挥它的全部潜力。

病态地靠近的特征值

57. 当包含 Rayleigh 商的区间不是互相分离的时候, 情况是非常模糊不清的;不作进一步的研究,我们不可能保证所有的特征值都包含在这些区间的并集内。我们可以用一个极端的情形来说明这个困难。假设一个四阶矩阵的特征问题,其特征值的分离情况是好的,我们用四个不同的算法来解。用 μ_i 和 $v_i (i = 1, \cdots, 4)$ 表示由四个方法得到的特征值 λ_1 和特征向量 x_1 的近似值。 虽然这些都是同一个特征值和特征向量的近似值,但是一般说来,它们不是恒等的;事实上,v_i 通常是严格地线性无关的。 假若我们提出四对 μ_i 和 v_i,那么我们得到四个重迭的区间。如果这些算法都是稳定的话,在它们的并集内仍然只有一个特征值。 显然,要得到有用的和严格的结果,我们必须有更多的信息,而不仅仅是向量的数学的独立性。

下面的论述将阐明这个问题,假定 $v_i (i = 1, \cdots, r)$ 是正交规范化向量,并且 $\mu_i (i = 1, \cdots, r)$ 是使得

$$A v_i - \mu_i v_i = \eta_i, \quad \|\eta_i\|_2 = \varepsilon_i. \quad (57.1)$$

于是存在一组规范化向量 $v_{r+1}, \cdots, v_n$, 使得以 $v_i (i = 1, \cdots, n)$

为其列的矩阵 V 是正交矩阵. 现在考虑矩阵 B, 其定义为
$$B = V^{\mathrm{T}}AV, \tag{57.2}$$
显然 B 是对称的. 从 (57.1) 我们有
$$\begin{aligned} b_{ij} &= v_i^{\mathrm{T}}Av_j \quad (\text{所有 } i, j) \\ &= v_i^{\mathrm{T}}(\mu_j v_j - \eta_j) \quad (j = 1, \cdots, r). \end{aligned} \tag{57.3}$$
由对称性我们可以写

$$B = \begin{bmatrix} \begin{matrix} \mu_1 & & & \\ & \mu_2 & & \\ & & \ddots & \\ & & & \mu_r \end{matrix} & O \\ \hline O & X \end{bmatrix} + \begin{bmatrix} P & Q \\ \hline Q^{\mathrm{T}} & O \end{bmatrix}, \tag{57.4}$$

其中 X 是对称的, 并且
$$[P \vdots Q]_{ij}^{T} = v_i^{\mathrm{T}}\eta_j \quad (i = 1, \cdots, n; j = 1, \cdots, r). \tag{57.5}$$
现在 B 有 A 的特征值 $\lambda_1, \lambda_2, \cdots, \lambda_n$, 如果 X 的特征值是 μ_{r+1}, $\mu_{r+2}, \cdots, \mu_n$, 从 Hoffman-Wielandt 定理 (第二章, §48) 对于 λ_i 的某个顺序, 我们有

$$\begin{aligned} \sum_1^r (\lambda_i - \mu_i)^2 &\leqslant \sum_1^r (\lambda_i - \mu_i)^2 \leqslant \|P\|_{\mathrm{E}}^2 + \|Q\|_{\mathrm{E}}^2 + \|Q^{\mathrm{T}}\|_{\mathrm{E}}^2 \\ &\leqslant 2(\|P\|_{\mathrm{E}}^2 + \|Q\|_{\mathrm{E}}^2) \\ &= 2 \sum_1^r \|\eta_i\|_2^2 \\ &= 2 \sum_1^r \varepsilon_i^2 = k^2. \end{aligned} \tag{57.6}$$

因此, 在 r 个区间 $\mu_i - k \leqslant \lambda \leqslant \mu_i + k$ 的并集内必定有 r 个特征值. 注意, μ_i 不必是 Reyleigh 商.

作为一个例子, 我们研究一个 n 阶对角矩阵 D, 其对角元是
$$d_{ii} = a \quad (i = 1, 2, \cdots, n - 1), \quad d_{nn} = a + n^{\frac{1}{2}}\varepsilon. \tag{57.7}$$
我们若取
$$v = (\pm n^{-\frac{1}{2}}, \pm n^{-\frac{1}{2}}, \cdots, \pm n^{-\frac{1}{2}}), \quad \mu = a, \tag{57.8}$$
则有

$$\eta = (0, 0, \cdots, \pm \varepsilon). \tag{57.9}$$

因此无论符号怎样分布，$\|\eta\|_2 = \varepsilon$. 众所周知，如果 n 是 2 的幂，那么存在 n 个 (57.8) 类型的正交向量. 所有对应的区间的中心都是 a. 显然，覆盖着全部 n 个特征值的最小的区间是 $(a - n^{\frac{1}{2}}\varepsilon)$ 到 $(a + n^{\frac{1}{2}}\varepsilon)$. 对应于 ν 的 Rayleigh 商是 $(a + n^{-\frac{1}{2}}\varepsilon)$，因而我们不能得到明显的较好的结果.

假定我们给出了

$$Av_1 - \mu_1 v_1 = \eta_1, \tag{57.10}$$

$$Av_2 - \mu_2 v_2 = \eta_2, \tag{57.11}$$

其中 $\|\eta_1\|_2$，$\|\eta_2\|_2$，$|\mu_1 - \mu_2|$ 全都是小量，并且

$$v_1^T v_2 = \cos\theta. \tag{57.12}$$

我们可以写

$$v_2 = v_1 \cos\theta + w_1 \sin\theta, \tag{57.13}$$

其中 ω_1 是单位向量并与 v_1 正交且落在 v_1 和 v_2 的子空间上. 用 $\cos\theta$ 乘 (57.10)，再被 (57.11) 减，我们得到

$$Aw_1 \sin\theta - (\mu_2 - \mu_1)v_1 \cos\theta - \mu_2 w_1 \sin\theta = \eta_2 - \eta_1 \cos\theta.$$

从而

$$Aw_1 - \mu_2 w_1 = \eta_3, \tag{57.14}$$

其中

$$\eta_3 = \frac{\eta_2 - \eta_1 \cos\theta + (\mu_2 - \mu_1)v_1 \cos\theta}{\sin\theta}, \tag{57.15}$$

$$\|\eta_3\|_2 \leqslant \frac{\|\eta_2\|_2 + \|\eta_1\|_2 + |\mu_2 - \mu_1|}{|\sin\theta|}. \tag{57.16}$$

假定 $\sin\theta$ 不是小量，(57.14) 和 (57.16) 显示出正交向量 v_1 和 w_1 有小的剩余，并且我们能使用以前的结果，随着 θ 变小这个结果逐渐变弱.

非正规矩阵

58. 对于正规矩阵，我们常常能够从那些仅仅是部分特征系的并且不大精确的信息中得到十分精密和严格的特征值的界. 对于

非正规矩阵这个可能性是很小的. 关系式 (53.5) 仅当我们对 κ 有了估计时才有意义, 并且这是从 (53.1) 得不到的. 即使我们对 κ 有了合理的估计, 当 A 有一些病态的特征值, 而 μ 恰巧逼近一个良态的特征值, 此时界 (53.5) 可能是十分悲观的.

可是, 假设我们考虑 u_1 和 v_1 "接近" 地逼近 λ_1 的右和左特征向量, 对这样的 u_1 和 v_1 可写

$$u_1 = k(x_1 + f_1), \quad v_1 = l(y_1 + g_1), \tag{58.1}$$

其中 f_1 是在 x_2 到 x_n 的向量张成的子空间内, g_1 在 y_2 到 y_n 张成的子空间内, 并且两者都小. 因此我们有

$$\begin{aligned}
v_1^T A u_1 / v_1^T u_1 &= (y_1^T + g_1^T)(\lambda_1 x_1 + A f_1)/(y_1^T + g_1^T)(x_1 + f_1) \\
&= (\lambda_1 s_1 + g_1^T A f_1)/(s_1 + g_1^T f_1) \quad (\text{其中 } s_1 = y_1^T x_1) \\
&= \lambda_1 + \frac{g_1^T (A - \lambda_1 I) f_1}{s_1 + g_1^T f_1}.
\end{aligned} \tag{58.2}$$

由此得出

$$|v_1^T A u_1 / v_1^T u_1 - \lambda_1| \leqslant (\|A\| + |\lambda_1|) \|g_1\|_2 \|f_1\|_2 / (|s_1| - \|g_1\|_2 \|f_1\|_2). \tag{58.3}$$

只要 s_1 不是太小, 我们可以期望商 $(v_1^T A u_1 / v_1^T u_1)$ 会给出 λ_1 的好的近似.

对于正规矩阵, Rayleigh 商 $(u_1^H A u_1 / u_1^H u_1)$ 是特别重要的. 因为对于这样的矩阵我们有

$$y_1^T = x_1^H, \tag{58.4}$$

我们看出商 $(u_1^T A u_1 / v_1^T u_1)$ 是从正规矩阵的 Rayleigh 商到非正规矩阵的自然推广. 我们称它为对应于 v_1 和 u_1 的广义 Rayleigh 商.

现在假定我们用一个稳定的算法找到了对应同一个特征值的规范化的近似的左、右特征向量 v_1 和 u_1, 并且我们验明对于定义为

$$\mu = v_1^T A u_1 / v_1^T u_1 \tag{58.5}$$

的 μ, $(A u_1 - \mu u_1)$ 和 $(A^T v_1 - \mu v_1)$ 都是小量. 于是产生一个有信心的推测: $v_1^T u_1$ 十分逼近 s_1, 并且 μ 是 λ_1 的更好的近似

值. 可是，没有更多的信息. 我们也不能获得 μ 的误差的严密的界，我们甚至不能绝对地肯定 u_1 和 v_1 是对应于同一特征值的近似特征向量.

完全特征系的误差分析

59. 如果我们给出了完全特征系的近似解，假定这个解有适当的精度，并且特征系不是过于病态，我们不但能对所给的特征系而且能对改进的特征系给出严密的误差界. 设 μ_i 和 $u_i(i = 1, \cdots, n)$ 是矩阵 A 的近似的特征值和特征向量，我们可以写

$$Au_i - \mu_i u_i = r_i, \quad \|u_i\|_2 = 1, \tag{59.1}$$

或者把这些方程写为矩阵形式：

$$AU - U\operatorname{diag}(\mu_i) = R, \tag{59.2}$$

其中 U 和 R 分别是以 u_i 和 r_i 为列的矩阵. 因此，

$$U^{-1}AU = \operatorname{diag}(\mu_i) + U^{-1}R = \operatorname{diag}(\mu_i) + F. \tag{59.3}$$

它使得 A 准确地相似于 $\operatorname{diag}(\mu_i) + F$，这与 u_i 和 μ_i 是否是好的近似值无关. 可是，如果 μ_i 和 u_i 是好的近似，矩阵 R 的分量就小. 如果方程

$$UF = R \tag{59.4}$$

的解 F 的分量也小，那么 (59.3) 的右边是一个对角矩阵加上小摄动. 在第二章 §§ 14—25，我们也曾说明如何简化一般矩阵的摄动问题为对角矩阵的问题，这些节的主要部分是致力于寻求形如 $\operatorname{diag}(\mu_i) + F$ 的矩阵特征值的界，其中 F 是小的. 所给出的技术可以立刻应用到 (59.3) 右边的矩阵，并且除了病态地靠近的特征值之外，都可以给出十分精密的界.

若要使它们的全部潜力得到发挥，仔细地计算 R 和 $U^{-1}R$ 是很重要的. 矩阵 R 在有内积累加的定点计算机上可以准确地得到，但是 (59.4) 的精确求解是困难的问题. 在第四章 § 69，我们将详细地讨论它. 一般来说，即使 R 是精密地给出，我们也不能准确地计算 F，

可是，如果我们能计算 (59.4) 的一个近似解 $\bar{F}$，并且对定

义为

$$G = F - \bar{F} \tag{59.5}$$

的 G 的元素能给出一个界,那么我们有

$$U^{-1}AU = \text{diag}(\mu_i) + \bar{F} + G. \tag{59.6}$$

数值例子

60. 我们用三阶矩阵 A 来说明. 我们已得到

$$\bar{F} = 10^{-4} \begin{bmatrix} 0.6132 & 0.2157 & -0.4157 \\ 0.2265 & 0.3153 & 0.3123 \\ 0.6157 & 0.2132 & 0.8843 \end{bmatrix}, \tag{60.1}$$

$$\mu = \begin{bmatrix} 0.8132 \\ 0.6132 \\ 0.2157 \end{bmatrix}, \quad |g_{ii}| \leqslant \frac{1}{2} 10^{-8}. \tag{60.2}$$

然后,用对角矩阵相似变换能得到改进的特征值及其误差的界. 事实上, 用 10^{-3} 乘 $\text{diag}(\mu_i) + \bar{F} + G$ 的第一行和用 10^3 乘第一列之后 (参看第二章 §15), Gerschgorin 圆盘为

中心 $0.8132 + 10^{-4}(0.6132) + g_{11}$

半径 $10^{-7}(0.2157 + 0.4157) + 10^{-3}(|g_{12}| + |g_{13}|)$,

中心 $0.6132 + 10^{-4}(0.3153) + g_{22}$

半径 $10^{-1}(0.2265) + 10^{-4}(0.3123) + 10^3|g_{21}| + |g_{23}|$,

中心 $0.2157 + 10^{-4}(0.8843) + g_{33}$

半径 $10^{-1}(0.6157) + 10^{-4}(0.2132) + 10^3|g_{31}| + |g_{32}|$.

回顾 g_{ii} 的界, 我们看出这些圆盘显然是不相交的, 因此在中心为 0.81326132, 半径为 $10^{-7}(0.6314) + |g_{11}| + 10^{-3}(|g_{12}| + |g_{13}|)$ 的圆盘内有一个特征值. 这个圆盘的半径不大于 $10^{-7}(0.6815)$. 对其他行列进行类似的处理, 我们可以改进其他的特征值并得到其误差的界.

与第二章的分析一样做, 我们发现每一个改进的 μ_i 的误差的界依赖于 F 中第 i 行第 i 列元素的大小和 μ_i 与其他 μ_i 的分离度.

限制可达精度的条件

61. 应该着重指出：$U^{-1}AU$ 是准确地相似于 A 的，只要充分精确地计算 $\bar{F}$，我们能保证 $\mathrm{diag}(\mu_i) + \bar{F}$ 的特征值任意地接近 A 的特征值．在第四章中，我们叙述一个方法，用 t 位定点运算解方程 (59.4)，保证 $\bar{F}$ 是一个使得 $|g_{ii}| \leqslant 2^{-t}\max\limits_{k,l}|f_{kl}|$ 的正确的舍入结果．　如果我们用这样的技术，g_{ii} 的界就直接地依赖于 F 的大小，我们不必对它作先验的估计，因为所有的信息都来自计算之后．但是，这对研究什么是支配 F 的大小的因素是有益的．

假若 U 是准确的规范化特征向量矩阵，U^{-1} 的行就应是 y_i^{T}/s_i（第二章 §14）．因此，我们可以期望，一般地 U^{-1} 的行，比如说是 w_i^{T}，它近似于 y_i^{T}/s_i．现在，$U^{-1}AU$ 的 (i, i) 元素是 $w_i^{\mathrm{T}}Au_i$，U^{-1} 的行是 w_i^{T}，我们有

$$w_i^{\mathrm{T}}u_i = 1. \tag{61.1}$$

(i, i) 这个元素可以表示为形式 $w_i^{\mathrm{T}}Au_i/w_i^{\mathrm{T}}u_i$，因此按照 §5~§8 的讨论，它是对应于 w_i 和 u_i 的广义的 Rayleigh 商．计算的 $w_i^{\mathrm{T}}Au_i/w_i^{\mathrm{T}}u_i$ 值正是用 §59, 60 的技术得到的改进的特征值．由此得知，这一技术包含的基本方法等价于从给定的一组近似的右特征向量确定一组近似的左特征向量，接着再计算 n 个 Rayleigh 商．像 §59，§60 那样安排计算，我们另外还得到一个严格的误差界．

因为 U^{-1} 的第 i 行近似 y_i^{T}/s_i，F 的第 i 行近似于 $y_i^{\mathrm{T}}R/s_i$，并且我们可以期望当 s_i 小时，这些元素是大的．这将导致 g_{ii} 的界变坏．因此，小的 s_i 在给定的计算精度下与接近的特征值一样限制了我们可能达到的精度是不奇怪的．

注意，当我们有了近似的特征向量矩阵 U，U^{-1} 的计算立刻给出关于 s_i 的估计，并且从 $\|U^{-1}\|_2$ 的确定间接得到 κ 的估计．可是在这阶段，我们必须重视估计 κ 的重要性，因为在 §59 中给出的这一技术的工作量虽少，却给出很多的信息．

非线性初等因子

62. 到目前为止,我们默认了矩阵 A 的初等因子是线性的. 当矩阵有非线性初等因子时, 如果我们用一个化原矩阵为比较简单的形式的算法,那么一个困难就立刻出现. 即便是算法十分稳定,计算的变换准确地与 $(A+F)$ 相似, F 的元素充其量是 A 的元素乘 2^{-t} 的数量级. 现在我们已看出 (第二章 §19) 对应于非线性初等因子的特征值对于矩阵元素的摄动是十分敏感的,因此变换后的矩阵的特征值也许有相当合适的分离度和独立的特征向量.

例如,设我们的原矩阵 A 及其 Jordan 标准型 B 为

$$A = \begin{bmatrix} 1 & 1 & -1 \\ -2 & 2 & 1 \\ -2 & 1 & 2 \end{bmatrix}, \quad B = \begin{bmatrix} 1 & 1 & 0 \\ 0 & 1 & 0 \\ 0 & 0 & 3 \end{bmatrix},$$

$$B' = \begin{bmatrix} 1 & 1 & 0 \\ 10^{-10} & 1 & 0 \\ 0 & 0 & 3 \end{bmatrix}. \tag{62.1}$$

显然,矩阵 A 有初等因子 $(\lambda - 3)$ 和 $(\lambda - 1)^2$. 用十位十进位计算,即使一个非常稳定的算法也可能变换成准确地相似于 B' 而不是 B 的矩阵. 矩阵 B' 有单重特征值 1 ± 10^{-5} 和 3,从 10 位计算的观点来看,这些特征值是适当分离的,并且有 3 个独立的特征向量. 这样计算的结果,我们可以宣称特征值是 $1 + 10^{-5}$, $1 - 10^{-5}$ 和 $3 + 10^{-10}$,并且对应的特征向量是

$$[u_1 u_2 u_3] = \begin{bmatrix} 1 & 1 & 10^{-10} \\ 1 + 10^{-5} & 1 - 10^{-5} & 1 + 10^{-10} \\ 1 - 10^{-10} & 1 - 10^{-10} & 1 \end{bmatrix}. \tag{62.2}$$

(我们料想第三个特征值及特征向量的误差是 10^{-10} 阶,因为它们是良态的.)

相应的剩余矩阵是

$$[r_1 r_2 r_3]$$

$$= \begin{bmatrix} 10^{-10} & 10^{-10} & -10^{-10}-10^{-20} \\ -2\cdot10^{-10} & -2\cdot10^{-10} & -4\cdot10^{-10}-10^{-20} \\ -10^{-10}+10^{-15} & -10^{-10}-10^{-15} & -2\cdot10^{-10} \end{bmatrix}. \quad (62.3)$$

注意,虽然计算的特征系有 10^{-15} 数量级的误差,但是剩余矩阵的分量却是 10^{-10} 量级. 一般说来,对于用稳定的方法计算的特征系是会这样. 事实上,如果 λ 和 u 对 $(A+F)$ 是准确的,那末对应于 A 的剩余向量就是 $-Fu$. 因此,它依赖于 F 的大小.

然而,当我们设法计算 $U^{-1}R$ 时,解本身揭示了它的不足. 事实上,我们有

$$U^{-1}AU = \begin{bmatrix} 1+10^{-5} & & \\ & 1-10^{-5} & \\ & & 3+10^{-10} \end{bmatrix} + F. \quad (62.4)$$

这里,记 $10^{-5}=x$,

$$F = G +$$

$$\begin{bmatrix} -\dfrac{1}{2}x & -\dfrac{1}{2}x^3 & -\dfrac{1}{2}x+x^2-\dfrac{1}{2}x^3 & -x-\dfrac{1}{2}x^2 \\ \dfrac{1}{2}x+x^2+\dfrac{1}{2}x^3 & \dfrac{1}{2}x & +\dfrac{1}{2}x^3 & x-\dfrac{1}{2}x^2 \\ -2x^2+x^3 & & -2x^2-x^3 & -x^2 \end{bmatrix} \quad (62.5)$$

$$\left(|g_{ij}| \leqslant \frac{1}{2}10^{-15} \right).$$

我们看到, F 的某些元素是 10^{-5} 阶. 在这种情况下,第四章 §69 的方法,给出误差的界是 10^{-15} 阶的解. 相应地,我们假定了 $|G|$ 的元素以 $\frac{1}{2}10^{-15}$ 为界.

对于第三个特征值, Gerschgorin 定理立刻给出一个十分精确的界. 我们用 10^{-5} 乘第 3 行,用 10^5 乘第 3 列,此时 Gerschgorin 圆盘是分离的,并且第三个圆盘有

中心 $(3 + 10^{-10} - 10^{-10} + g_{33})$,

半径 $10^{-5}(2 \cdot 10^{-10} - 10^{-15} + 2 \cdot 10^{-10} + 10^{-15}$
$+ |g_{31}| + |g_{32}|)$.

因此,尽管我们的特征系大部分是错误的,但是我们定出了它在中心为 3 半径小于 6.10^{-15} 的圆盘内. 显然,不作进一步的计算,对其他两个特征值我们不能得到如此精确的界.

近似的不变子空间

63. 毫不奇怪,方程 $UF = R$ 的解比 R 大得多,因为 U 的两列实际上都近似于对应 $\lambda = 1$ 的唯一的特征向量. 运算精度越高, U 越变得接近奇异. 但是,我们得到的第三个特征值的近似值却会更好.

假若我们预先知道矩阵有二次因子的话,那么设法计算对应于这个二重特征值的不变子空间就更令人满意. 我们说,向量组

$$v_1, v_2, \cdots, v_r$$

张成 A 的一个 r 阶不变子空间的含义,是 $Av_i(i = 1, \cdots, r)$ 落在这同一个子空间内. 最简单的不变子空间是由对应于单重特征值的一个特征向量组成的. 显然,对应于非线性初等因子的主向量张成一个不变子空间. 显然,对应于 $\lambda = 1$ 的特征向量对于摄动是敏感的,但是,它们二阶的不变子空间却不然. 这个子空间由 e 和 e_2 张成,因为

$$Ae = e, \quad Ae_2 = e + e_2. \tag{63.1}$$

§62 的向量 u_1 和 u_2 都可以表示为形式 $ae + be_2 + O(10^{-10})$,因此,在运算精度范围内,它们落在这个子空间内. 可是 u_1 和 u_2 与线性相关的偏离是元素仅为 $O(10^{-5})$ 的向量. 因为我们通常必须认为这些向量在十进位的第十位上有误差,因此 u_1, u_2 确定的不变子空间不能达到运算精度.

另外要提一下,§59 的分析可以容易地推广到阶大于 1 的近

似的不变子空间已确定的情况．例如，若对四阶矩阵 A 有

$$Au_1 = \alpha_{11}u_1 + \alpha_{21}u_2 + r_1, \quad Au_2 = \alpha_{12}u_1 + \alpha_{22}u_2 + r_2, \tag{63.2}$$
$$Au_3 = \mu_3 u_3 + r_3, \quad Au_4 = \mu_4 u_4 + r_4.$$

那么，

$$A[u_1, u_2, u_3, u_4] = [u_1, u_2, u_3, u_4]\begin{bmatrix} \alpha_{11} & \alpha_{12} & & \\ \alpha_{21} & \alpha_{22} & & \\ \hline & & \mu_3 & \\ & & & \mu_4 \end{bmatrix}$$
$$+ [r_1, r_2, r_3, r_4], \tag{63.3}$$

用简明的记号写为

$$U^{-1}AU = D + U^{-1}R. \tag{63.4}$$

且不谈非线性初等因子的情况，我们常常感兴趣的是实矩阵的复共轭特征向量对张成的二阶子空间．设向量对是 $u \pm iv$，其中 u, v 是实的，那么 u, v 张成这个子空间．若 $\lambda \pm i\mu$ 是对应的特征值，我们有

$$A(u + iv) = (\lambda + i\mu)(u + iv),$$

从而

$$Au = \lambda u - \mu v, \tag{63.5}$$
$$Av = \mu u + \lambda v.$$

现在回到 §62 的简单的问题．如果我们企图计算一个不变子空间来代替 §62 的 u_1, u_2，我们可能得到（比如说）

$$[u_1, u_2] = \begin{bmatrix} 1 + 10^{-10} & 1 - 10^{-10} \\ -10^{-10} & 2 + 10^{-10} \\ 1 - 10^{-10} & 1 - 10^{-10} \end{bmatrix}, \tag{63.6}$$

并且有

$$A[u_1, u_2] = [u_1 u_2]\begin{bmatrix} \dfrac{1}{2} & \dfrac{1}{2} \\ -\dfrac{1}{2} & 1\dfrac{1}{2} \end{bmatrix} + \begin{bmatrix} 0 & 2\cdot 10^{-10} \\ -4\cdot 10^{-10} & 2\cdot 10^{-10} \\ -5\cdot 10^{-10} & 3\cdot 10^{-10} \end{bmatrix}. \tag{63.7}$$

因此，剩余和（62.3）中的数量级相同。如果我们把同一个 u_3 加进去组成一个完整的 U，那么像前面一样，有

$$A[u_1 u_2 u_3] = [u_1 u_2 u_3] \begin{bmatrix} \dfrac{1}{2} & \dfrac{1}{2} & \\ -\dfrac{1}{2} & 1\dfrac{1}{2} & \\ \hline & & 3+10^{-10} \end{bmatrix}$$

$$+ \begin{bmatrix} 0 & 2\cdot 10^{-10} & -10^{-10}-10^{-20} \\ -4\cdot 10^{-10} & 2\cdot 10^{-10} & -4\cdot 10^{-10}-10^{-20} \\ -5\cdot 10^{-10} & 3\cdot 10^{-10} & -2\cdot 10^{-10} \end{bmatrix}, \quad (63.8)$$

从而

$$U^{-1}AU = \begin{bmatrix} \dfrac{1}{2} & \dfrac{1}{2} & \\ -\dfrac{1}{2} & 1\dfrac{1}{2} & \\ \hline & & 3+10^{-10} \end{bmatrix}$$

$$+ \begin{bmatrix} -\dfrac{1}{2}10^{-10}+10^{-20} & \bigg| & 1\dfrac{1}{2}\cdot 10^{-10} \\ \dfrac{1}{2}10^{-10}+5\cdot 10^{-20} & \bigg| & \dfrac{1}{2}10^{-10}-2\cdot 10^{-20} \\ -5\cdot 10^{-10}-6\cdot 10^{-10} & \bigg| & 10^{-10}+4\cdot 10^{-20} \end{bmatrix}$$

$$\begin{array}{c} \dfrac{1}{2}10^{-10}-2\dfrac{1}{2}\cdot 10^{-20} \\ -1\dfrac{1}{2}\cdot 10^{-10}+\dfrac{1}{2}10^{-20} \\ -10^{-10}+10^{-20} \end{array} \Bigg] + G, \quad (63.9)$$

其中

$$|g_{ii}| \leqslant \frac{1}{2}10^{-20}.$$

现在我们能把第三个特征值确定在半径为 10^{-20} 数量级的圆盘内，并且能更精确地估计其他的特征值。

几乎正规矩阵

64. 在第二章 § 26 中我们曾经指出，以 n 条件数为基础的误差分析对于相似于 A，例如

$$A = \begin{bmatrix} 1 & 10^{-10} & 0 \\ 0 & 1 & 0 \\ 0 & 0 & 2 \end{bmatrix} \qquad (64.1)$$

的矩阵是不合适的。这个矩阵有非线性初等因子，但是特征值是比较不敏感的。自然要问，解这样的矩阵特征值问题是否有特殊困难。事实上，在实际计算中这种矩阵是不会引起麻烦的。变换后的矩阵与 $(A + F)$ 相似，一般说来，它没有非线性因子，而是有两个特征值 $(1 + a10^{-10})$ 和 $(1 + b10^{-10})$ 及两个完全独立的对应的特征向量。当然，根据有舍入误差的计算来证明原矩阵有非线性因子是极其困难的。可是，我们应该了解，虽然多重特征值常常是准确的整数或者是形如 $(x^2 + px + q)$ 的因子的根，其中p, q 是整数，但是，只要有舍入误差引入，用这样的方法是不可能去证实一个矩阵有多重特征值的，这时用数值方法来作就会明白这一点。

附注

首先，对定点算术运算的舍入误差作出详尽的分析的是 Von Neumann 和 Goldstine (1947)。他们在关于矩阵的逆的一篇奠基性的论文中给出了他们的结果。他们用的记号和一般的处理手法已被后来的一些作者采用。

相应的浮点运算的分析首先由 Wilkinson 在 1957 年给出的，在作了进一步的工作后于 1960 年发表。结果的表达形式的选择是根据我们的看法，我们确信在矩阵问题中，舍入误差的影响最好用原矩阵的等价摄动来表达。

§ 55 的结果可以稍作改进如下。对任意 μ 我们有

$$Av - \mu v = Av - \mu_R v + (\mu_R - \mu)v = \eta_R + (\mu_R - \mu)v. \quad (1)$$

从 η_R 和 v 的正交性,有

$$\|Av - \mu v\|_2^2 = \varepsilon^2 + |\mu_R - \mu|^2 = y^2. \tag{2}$$

因此,在中心为 μ,半径为 y 的圆盘内至少存在一个特征值. 考虑满足

$$y - |\mu_R - \mu| = a \tag{3}$$

的 μ 值.这样的 μ 值对应的圆盘与中心为 μ_R 半径为 a 的圆盘内切.因此, 在后一圆盘内唯一的特征值落在满足 (3) 的 μ 为中心的每一个相应的圆内,因而落在其并集之中. 这个并集显然是中心为 μ_R 半径为 $y - |\mu_R - \mu|$ 的圆盘,并且我们有

$$y - |\mu_R - \mu| = (y^2 - |\mu_R - \mu|^2)/(y + |\mu_R - \mu|)$$
$$= \varepsilon^2/a. \tag{4}$$

因此,这唯一的特征值是在中心为 μ_R 半径为 ε^2/a 的圆盘内. 这一结果隐含在 Bauer 和 Householder (1960) 的论文中. 对 Hermite 矩阵, Kato (1949) 和 Temple (1952) 已经给出更精细的结果. 在实践中, (55.3) 中额外出现的因子 $(1 - \varepsilon^2/a^2)$ 是不重要的,因为这个结果仅当 a 显著大于 ε 时才有意义.

第四章　线性代数方程组的解法

引言

1. 在本书所属丛书的姐妹篇 (Fox，1964) 中已对解线性代数方程组、求逆矩阵和行列式计算的各种数值方法作了详尽比较. 但是，因为我们经常要涉及这些问题，因此有必要对它们再作进一步的研究. 许多我们必须求解的方程组是十分病态的，充分认识它的含义、研究它们的解是十分重要的. 线性方程组的研究也能使我们在考虑相似变换之前从较简单的单边等价变换中获得有关误差分析及稳定性研究的经验. 因此，我们首先研究有哪些因素决定线性方程组

$$Ax = b \tag{1.1}$$

的解对于矩阵 A 和右端 b 的改变的敏感性. 我们只限于考虑 A 是方阵的方程组.

摄动理论

2. 我们首先研究 (1.1) 的解对于 b 的摄动的敏感性. 如果 b 改变为 $b + k$ 并且

$$A(x + h) = b + k, \tag{2.1}$$

那么减去(1.1)就得到

$$Ah = k, \tag{2.2}$$

$$h = A^{-1}k. \tag{2.3}$$

因此，

$$\|h\|/\|k\| \leqslant \|A^{-1}\|. \tag{2.4}$$

通常，我们还对相对误差感兴趣，于是有

$$\|h\|/\|x\| \leqslant \|A^{-1}\|\|k\|/\|A\|^{-1}\|b\| = \|A\|\|A^{-1}\|\|k\|/\|b\|. \tag{2.5}$$

这说明 $\|A\|\|A^{-1}\|$ 可以看作是这个问题的条件数.

当 $\|A\|\|A^{-1}\|$ 很大时,对于绝大多数右端 b 和摄动 k,这个估计都是十分悲观的. 对绝大多数将 b 将有

$$\|x\| \gg \|A\|^{-1}\|b\|. \qquad (2.6)$$

但总存在某个 b 和 k,对它们来说(2.5)是符合实际的.

3. 现在研究 A 的摄动的影响. 我们可以写

$$(A + F)(x + h) = b, \qquad (3.1)$$

这给出

$$(A + F)h = -Fx. \qquad (3.2)$$

即使 A 不是奇异的(我们自然这样假定),如果 F 不受限制,$(A + F)$ 可能是奇异的. 写出

$$A + F = A(I + A^{-1}F), \qquad (3.3)$$

我们看到如果

$$\|A^{-1}F\| < 1, \qquad (3.4)$$

那么 $(A + F)$ 一定是非奇异的. 假定这个条件被满足,我们有

$$h = -(I + A^{-1}F)^{-1}A^{-1}Fx. \qquad (3.5)$$

因此,根据第一章的(56.3),并且假定(3.7)成立,我们有

$$\|h\| \leqslant \frac{\|A^{-1}F\|\|x\|}{1 - \|A^{-1}F\|} \leqslant \frac{\|A^{-1}\|\|F\|\|x\|}{1 - \|A^{-1}\|\|F\|}, \qquad (3.6)$$

$$\|A^{-1}\|\|F\| < 1. \qquad (3.7)$$

对于相对误差我们感兴趣的是用 $\|F\|/\|A\|$ 来表示 $\|h\|/\|x\|$ 的某个界. 我们可以把(3.6)改写为

$$\|h\|/\|x\| \leqslant \|A\|\|A^{-1}\| \frac{\|F\|}{\|A\|} \Big/ \Big(1 - \|A\|\|A^{-1}\| \frac{\|F\|}{\|A\|}\Big). \qquad (3.8)$$

这里又一次说明了 $\|A\|\|A^{-1}\|$ 是决定性的因素. 最常用的条件数是 $\|A\|_2 \cdot \|A^{-1}\|_2$,通常用 $\kappa(A)$ 表示,并称为 A 关于逆矩阵的谱条件数. 现在,我们从第二章 §30, §31 看出,矩阵 A 的关于它的特征值问题的谱条件数就是它的特征向量矩阵关于逆矩阵的谱条件数.

在推导关系式 (3.6) 和 (3.8) 时,我们用 $\|A^{-1}\|\|F\|$ 代替了 $\|A^{-1}F\|$. 总存在某些摄动,对这样的摄动,上述替代导出的结果

是悲观的．例如，如果 $F = \alpha A$，那么从(3.6)得到

$$\|h\| \leqslant \frac{|\alpha|\,\|x\|}{1 - |\alpha|}.$$ (3.9)

显然，它与条件数无关．

条件数

4. 谱条件数 κ 关于酉等价变换是不变的．事实上，若 R 是酉矩阵，并且

$$B = RA,$$ (4.1)

则有

$$\|B\|_2\|B^{-1}\|_2 = \|RA\|_2\|A^{-1}R^H\|_2 = \|A\|_2\|A^{-1}\|_2.$$ (4.2)

又若 c 是任意数量，则显然有

$$\kappa(cA) = \kappa(A).$$ (4.3)

这是一个合理的结果，因为我们并不期待一个常数乘方程组两边会改变方程组的条件．从定义，对于任何矩阵有

$$\kappa(A) = \|A\|_2\|A^{-1}\|_2 \geqslant \|AA^{-1}\|_2 = 1.$$ (4.4)

如果 A 是酉矩阵的若干倍，则等号成立．

若 σ_1 和 σ_n 是 A 的最大和最小奇异值（第一章，§53），那么

$$\kappa(A) = \sigma_1/\sigma_n;$$ (4.5)

当 A 是对称矩阵时，我们有

$$\kappa(A) = |\lambda_1|/|\lambda_n|,$$ (4.6)

其中 λ_1, λ_n 是模最大和模最小的特征值．在等式 (4.5)，(4.6) 中出现的比率常常令人迷惑．我们必须认识到其中的分子纯粹是规范化的因子．

如果我们取得 $\|A\|_2 = 1$，这总可以用一个适当的常数乘方程组 $Ax = b$ 来达到，那么

$$\kappa(A) = \|A\|_2\|A^{-1}\|_2 = 1/\sigma_n$$ (4.7)

$$= 1/|\lambda_n|（如果 A 是对称的）.$$ (4.8)

因此，当且仅当 $\|A^{-1}\|_2$ 大，也就是 σ_n 小的情况下，在对称矩阵的情况下就是 λ_n 小时，一个规范化矩阵 A 才是病态的．在用 κ 作

为条件数时，我们的含意是：一个规范化的矩阵，如果它的逆是"大"的，它就是病态的。这是与一般的病态的概念一致的，因为在右端的微小改变能导致解的大的变动。

平衡矩阵

5. 一个正交矩阵不仅是规范化的，而且它的所有行和列的长度都是1. 显然，一般的规范化矩阵并不如此. 假如我们用 10^{-10} 乘一正交矩阵的第 r 列，得到矩阵 B. 矩阵 $B^{\mathrm{T}}B$ 除了第 r 个对角线元素是 10^{-20} 之外是单位矩阵，因此 $\|B\|_2 = 1$. B 的逆是 10^{10} 乘以 A^{T} 的第 r 行所得的矩阵. 因此，$B^{-1}(B^{-1})^{\mathrm{T}}$ 除了它的第 r 个对角线元素是 10^{20} 之外是单位矩阵. 因此，$\|B^{-1}\|_2 = 10^{10}$. 所以，

$$\kappa(B) = \|B\|_2 \|B^{-1}\|_2 = 10^{10}. \tag{5.1}$$

如果我们用 10^{-10} 乘正交矩阵的任一行，那么我们得到同样的结果.

每一行和每一列的长度都是1的数量级的矩阵称为平衡矩阵. 我们不是在十分精确的意义下使用这个术语，而最普通的是指这样的矩阵，它的每一个元素都小于 1，所有的行、列都引进了比例因子使得至少有一个元素的模在 $\frac{1}{2}$ 和 1 之间. 在引入比例因子时，为了避免舍入误差通常是用 2 或者 10 的幂；如果矩阵是对称的，引进比例因子要保持其对称性，因而只满足于保证每一列包含一个模大于 $\frac{1}{4}$ 的元素. 如果一个平衡矩阵 A 的任一行或者列被乘以 10^{-10}，那么得到的矩阵 B 必定有很高的条件数. 事实上，BB^{T} 的最大特征值 σ_1^2 大于它的最大的对角线元素；它的最小特征值 σ_n^2 小于它的最小的对角线元素. 因此，σ_1^2 必是大于 $\frac{1}{4}$，而 σ_n^2 小于 $10^{-20}n$，于是

$$\kappa(B) \geqslant 10^{10}/(2n^{\frac{1}{2}}). \tag{5.2}$$

注意，不管 A 的条件数是多少这个结果都成立.

6. 我们自然会问，以这种方式从一个良态的矩阵 A 得到的矩

阵 B 是否确实是病态的。回答这个问题的困难在于，我们在通俗的意义下和精确地定义的数学意义下都同样使用"病态"这个术语。如果我们定义 κ 为矩阵的条件数，那么毫无疑问 §5 的被修改的正交矩阵是十分病态的。然而，在通俗的意义下，如果计算的解没有实际意义，我们才说方程组是病态的。不考察系数是怎样导出的，我们就不能判定方程是否是病态的。

简单的实际例子

7. 我们考虑一个简单的例子，一个二阶的线性方程组，它的系数矩阵 A 是这样确定的：每个元素都用测量三个独立的在 ±1 范围内的量加在一起得来的。假定每次测量的误差是 10^{-5} 数量级，而所得到的矩阵是

$$\begin{bmatrix} 1.00000 & 0.00001 \\ 1.00000 & -0.00001 \end{bmatrix}. \tag{7.1}$$

在计算第二列的元素时已发生了相约。如果用 10^5 乘它的第二列，这个矩阵就变成正交矩阵的 $2^{\frac{1}{2}}$ 倍。显然，在计算的解可能没有有效数字的意义下，这个方程组也病态的。

现在考虑第二种情况，二阶矩阵的元素是由精度 10^5 分之一的一次测量得来的。假如第二列元素的测量单位比第一列的大得多，我们可能又得到矩阵 (7.1)，但是现在计算的解可以是完全有效的。

如果矩阵的元素是用带有舍入误差的方法按照数学表达式计算的，可作类似的讨论。有两种情形：一种情形是 (7.1) 类型的矩阵中第二个列的小元素是大小几乎相等符号相反的数相约得出的；另一种情形是这些元素有高的相对精度。这两种情形的差别可能是很大的。

特征向量矩阵的条件

8. 在第二章中，我们讨论了列等于给定矩阵的规范化右特征向量的矩阵的条件，这种矩阵不可能有小元素组成的列，但是整

行都是小的倒有可能. 如果真是这样, 特征向量必定是几乎线性相关的, 因而相应的特征值问题会是病态的. 把这样的特征向量矩阵看作病态显然是"正确的". 在这种情况下, 在对于求它的逆来得到在特征向量系之前, 用 2 (或者 10) 的幂去乘那些不好的行来平衡这个矩阵仍有不少问题要讨论. 然后计算的逆必须由同样的 2 (或者 10) 的幂乘以对应的列, 以给出真正的逆.

9. 我们看出在通俗意义下线性方程组的条件是很主观的. 在实际上, 与方程组求解有关的计算问题的条件才是重要的. 在本章中讨论的某些技术对于平衡矩阵是最适合的, 因为我们不时要作的判定是根据矩阵元素的相对大小的. 由于在绝大多数情况下我们用平衡方法都是使矩阵的条件数减小, 所以它显得强有力. 如果我们用浮点运算, 那么规范化与平衡不同, 不起任何实质性的作用. 尽管如此, 规范化的假定还是简化了讨论, 而不失一般性.

如果在严格的意义下矩阵被平衡和规范化, 那么即使我们包括了对称的平衡, $\|A\|_2$ 也是落在 $\frac{1}{4}$ 和 n 之间, 并且通常是 $n^{\frac{1}{2}}$ 数量级. 因此除了对于十分大的矩阵之外, $\|A^{-1}\|_2$ (或者 A^{-1} 的极大模的元素) 是一个适当的条件数. 因为 A^{-1} 的第 r 列是 $Ax = e_r$ 的解. 显然, 当且仅当存在一个规范化的 b 使得 $Ax = b$ 的解有大的范数, 规范化的平衡矩阵才是病态的.

显式解

10. 如果 A 有线性的初等因子, 我们能得到方程 $Ax = b$ 的一个简单的显式解. 事实上, 如果我们写

$$x = \Sigma \alpha_i x_i, \tag{10.1}$$

其中 x_i 形成 A 的完备的规范化特征向量组, 那么

$$\Sigma \lambda_i \alpha_i x_i = b. \tag{10.2}$$

因此, 如果 y_i 是 A^T 的对应的特征向量, 我们有

$$\alpha_i = y_i^T b (\lambda_i y_i^T x_i)^{-1} = y_i^T b (\lambda_i s_i)^{-1}, \tag{10.3}$$

从 (10.1) 和 (10.3) 我们有

$$\|x\| \leqslant \Sigma |\alpha_i| \|x_i\| = \Sigma |\alpha_i| \leqslant \|b\| |\Sigma \lambda_i s_i|^{-1}. \quad (10.4)$$

除非至少有一个 λ_i 或 s_i(或两者)是小的，否则我们不可能有大的解．如果 A 是对称的，那么所有 s_i 都是 1，除非 A 有小的特征值，否则 A 不可能是病态的，这与我们以前得到的结果一致．

对矩阵条件的总评述

11. 一个没有小特征值规范化的非对称矩阵可能是十分病态的．认识到这一点是重要的．例如，下面给出的 100 阶方程组

$$\begin{bmatrix} 0.501 & -1 \\ & 0.502 & -1 \\ & & \cdots\cdots \\ & & & 0.599 & -1 \\ & & & & 0.600 \end{bmatrix} x = \begin{bmatrix} 0 \\ 0 \\ \vdots \\ 0 \\ 1 \end{bmatrix}, \quad (11.1)$$

它的解的第一个分量是

$$x_1 = 1/(0.600 \times 0.599 \times \cdots \times 0.501) > (0.6)^{-100} > 10^{22}. \quad (11.2)$$

因此，系数矩阵的逆的范数必定大于 10^{22}．然而，它的最小的特征值是 0.501．这个矩阵必定有一个数量级是 10^{-22} 的奇异值．

另一方面，规范化的矩阵具有小特征值必然意味着是病态的．事实上，我们有

$$\|A^{-1}\|_2 \geqslant |A^{-1} \text{ 的最大特征值}| = 1/\min|\lambda_i|. \quad (11.3)$$

最后，具有小的 s_i 并不必然意味着病态．第二章 (26.6) 的矩阵可以说明这一点，那个矩阵有 10^{-10} 量级的 s_i，但是它的逆是

$$\begin{bmatrix} \dfrac{1}{2} & 0 & 0 \\ 0 & 1 & -1/(1+x) \\ 0 & 0 & 1/(1+x) \end{bmatrix} (x = 10^{-10}). \quad (11.4)$$

现在讨论有非线性初等因子的矩阵．我们从矩阵

$$A = \begin{bmatrix} 1 & 1 \\ 0 & 1 \end{bmatrix} \quad (11.5)$$

看出，非线性因子不一定意味着病态．另一方面，如果我们用

0.500 代替 (11.1) 中的所有对角线元素，那么矩阵变得更加病态，并且有一个 100 次的初等因子。

这些考虑表明，虽然矩阵关于特征值问题的条件和关于求逆的条件是完全不同的事情，但是它们不是完全没有关系的。

病态和几乎奇异的关系

12. 如果矩阵是奇异的，那么它至少有一个零特征值，因为它的全部特征值的乘积等于它的行列式. 人们自然会设想奇异性是病态的极端形式，并且导致病态的规范矩阵必定有一个小特征值的结论. 刚才我们已经看到，这个结论是不对的，但是考虑为什么利用这个极限过程会导致谬误是有益的.

现在我们证明，如果 n 固定，并且 $\|A\|_2 = 1$，A 的模最小的特征值 λ_n 当 $\|A^{-1}\|_2$ 趋向无穷时确实是趋向于零. 但是，我们只能保证收敛是十分慢的. 对于任何矩阵 A 存在酉矩阵 R 使得

$$R^H A R = \operatorname{diag}(\lambda_i) + T = D + T, \tag{12.1}$$

其中 T 是严格上三角形的(参见第三章，§47). 因此我们有

$$R^H A^{-1} R = (D + T)^{-1}$$
$$= [I - K + K^2 - \cdots (-1)^{n-1} K^{n-1}] D^{-1}, \tag{12.2}$$

其中 $K = D^{-1}T$.

因为 K 是严格的三角形的，因此 $K^r = 0 (r \geqslant n)$. 对于我们的证明，一个十分粗糙的界就足够了. 我们有

$$\|T\|_2 \leqslant \|T\|_E \leqslant \|D + T\|_E = \|A\|_E \leqslant n^{\frac{1}{2}} \|A\|_2 = n^{\frac{1}{2}} \tag{12.3}$$

和

$$\|K\|_2 \leqslant \|D^{-1}\|_2 \|T\|_2 \leqslant n^{\frac{1}{2}} / |\lambda|, \tag{12.4}$$

其中 λ 是模最小的特征值. 因此，从 (12.2) 有

$$\|A^{-1}\|_2 = \|R^H A^{-1} R\|_2 \leqslant [1 + n^{\frac{1}{2}} / |\lambda| + (n^{\frac{1}{2}} / |\lambda|)^2$$
$$+ \cdots + (n^{\frac{1}{2}} / |\lambda|)^{n-1}] / |\lambda| \leqslant n^{\frac{1}{2}(n+1)} / |\lambda|^n, \tag{12.5}$$

于是

$$|\lambda| \leqslant (n^{\frac{1}{2}(n+1)} / \|A^{-1}\|_2)^{\frac{1}{n}}. \tag{12.6}$$

无疑，这证明了，固定 n，当 $\|A^{-1}\|_2$ 趋于无穷时，λ 趋向于零。但是这里涉及了 $\frac{1}{n}$ 的幂次。我们讨论的例子证明了这个界就其因子 $\|A^{-1}\|_2^{\frac{1}{2}}$ 来说是十分逼真的。我们可以构造一个 100 阶的规范化矩阵，其条件数量是 2^{100} 量级，但是它没有一个特征值小于 0.5。

t 位运算的限制

13. 如果方程

$$Ax = b \tag{13.1}$$

的 A 和 b 需要多于 t 位来表示，那么我们应该满足于有 t 位的近似的 A' 和 b'。我们有

$$A' = A + F, \quad b' = b + k, \tag{13.2}$$

其中对于定点计算，

$$|f_{ij}| \leqslant \frac{1}{2} 2^{-t}, \quad |k_i| \leqslant \frac{1}{2} 2^{-t}. \tag{13.3}$$

因此，

$$\|F\|_2 \leqslant \frac{1}{2} n 2^{-t}, \quad \|k\|_2 \leqslant \frac{1}{2} n^{\frac{1}{2}} 2^{-t}, \tag{13.4}$$

显然上界是可以达到的。从（3.7）看出除非

$$\frac{1}{2} n \|A^{-1}\|_2 2^{-t} < 1,$$

否则矩阵 $(A + F)$ 可能是奇异的。如果这个条件得到满足，简单的运算表明，$A'x' = b'$ 的准确解满足

$$\|x' - x\|_2 \leqslant (\|A^{-1}\|_2 \|F\|_2 \|x\|_2 + \|A^{-1}\|_2 \|k\|_2)/(1 - \|A^{-1}\|_2 \|F\|_2). \tag{13.5}$$

显然，除非 $n 2^{-t} \|A^{-1}\|_2$ 明显小于 1，否则初始误差可能完全破坏解的精度。类似地，对于浮点运算我们有

$$|f_{ij}| \leqslant 2^{-t} |a_{ij}|, \quad |k_i| \leqslant 2^{-t} |b_i|, \tag{13.6}$$

$$\|F\|_2 \leqslant \|F\|_E \leqslant 2^{-t} \|A\|_E \leqslant 2^{-t} n^{\frac{1}{2}} \|A\|_2, \quad \|k\|_2 \leqslant 2^{-t} \|b\|_2. \tag{13.7}$$

14. 现在我们研究计算中间产生的舍入误差。考虑定点运算，

数用 t 位表示时,用一个 $\dfrac{1}{2}$ 和 1 之间的常数 c 乘方程组的影响. 如果我们舍入所得的结果,方程组变为

$$
\begin{cases}
(cA + F)x = cb + K, \\
|f_{ii}| \leqslant \dfrac{1}{2} 2^{-t}, \quad |K_i| \leqslant \dfrac{1}{2} 2^{-t}.
\end{cases}
\tag{14.1}
$$

变换后的这个方程组完全等价于

$$
(A + F/c)x = b + k/c. \tag{14.2}
$$

因此,舍入误差分别等价于在 A 和 B 上的摄动 F/c 和 K/c,它的界是初始舍入的界的 $1/c$ 倍. 大多数解方程的直接法中,典型的一步是把一个方程的若干倍加到另一个方程上. 因为即使对一个适当阶数的矩阵也有许多这样的步,我们也许会设想这些步产生的舍入误差的总和对解的精度的损害会比方程 (14.1) 一次运算严重得多. 一个令人感到惊奇的事实是,一个最简单的解法通常导致的误差恰恰就是由满足方程 (13.3) 的随机摄动 F 和 K 得出的误差的期望值. 这意味着,当原矩阵的元素不能用 t 位数字表示时,这个从初始舍入产生的误差可能和解的过程中所有的步产生的误差一样严重. 更惊人的事实是,对于某些十分病态的矩阵,初始舍入有更严重的影响 (见 §40 和 §45).

解线性方程组的算法

15. 我们只对线性方程组的直接解法感兴趣,并且我们用的所有算法都采用相同的基本策略. 设 A 是 $n \times n$ 矩阵, x 是方程

$$
Ax = b \tag{15.1}
$$

的解,那么它也是方程

$$
PAx = Pb \tag{15.2}
$$

的解,其中 P 是任意的 $m \times n$ 矩阵. 如果 P 是方阵并且是非奇异的,那么 (15.2) 的解是 (15.1) 的解,反之亦然. 更进一步,如果 Q 也是非奇异的,并且 y 是

$$
PAQy = Pb \tag{15.3}
$$

的解，那么 Qy 是(15.1)的解（见第一章，§15）。有些算法利用这个结果，Q 为置换矩阵。（第一章，§40(ii)）

　　基本的策略是决定一个简单的非奇异矩阵 P 使得 PA 是上三角型。因为第 n 个方程只含有 x_n；第 $(n-1)$ 个方程只含有 x_n 和 x_{n-1} 等等…，因此（15.2）方程组可以立刻求解。变量可以一个接着一个按次序 $x_n, x_{n-1}, \cdots, x_1$ 决定。这种上三角形系数矩阵的方程组解法通常称为向后回代。

　　简化矩阵 A 为三角型是我们讨论的重要问题之一，在不需要作向后回代的情况下也是重要的，因此现在我们先集中考虑三角形化。

　　我们讨论的算法通常由 $(n-1)$ 步组成，都有如下共同的特点。记

$$A_0 x = b_0 \tag{15.4}$$

为初始的方程组。每一步产生一个等价于原方程组的新的方程组。记

$$A_p x = b_p \tag{15.5}$$

为第 p 步的等价方程组。这些算法的基本特点是 A_p 的前 p 列已经是上三角型。当 $n=6, p=3$，方程 $A_p x = b_p$ 的形式是

$$
p \left\{
\begin{array}{c}
\\ \\ \\
\end{array}
\right.
n-p \left\{
\begin{array}{c}
\\ \\ \\
\end{array}
\right.
\begin{bmatrix}
\times & \times & \times & \times & \times & \times \\
0 & \times & \times & \times & \times & \times \\
0 & 0 & \times & \times & \times & \times \\
0 & 0 & 0 & \times & \times & \times \\
0 & 0 & 0 & \times & \times & \times \\
0 & 0 & 0 & \times & \times & \times
\end{bmatrix}
\begin{bmatrix}
x_1 \\ x_2 \\ x_3 \\ x_4 \\ x_5 \\ x_6
\end{bmatrix}
=
\begin{bmatrix}
\times \\ \times \\ \times \\ \times \\ \times \\ \times
\end{bmatrix},
\tag{15.6}
$$

其中×号表示一般是非零的元素。按照习惯我们省去列向量 x 和等号仅用矩阵 $(A_p \vdots b_p)$ 来表示。

　　第 r 步是确定初等矩阵 P_r，使得由 $P_r A_{r-1}$ 定义的 A_r 的前 r 列是上三角型，它的前 $(r-1)$ 行和列与 A_{r-1} 的相同。因此，这一步保持前 $(r-1)$ 个方程完全不变。第 r 个变换定义的方程是

$$A_r = P_r A_{r-1}, \quad b_r = P_r b_{r-1}. \tag{15.7}$$

显然，$P_r A_{r-1}$ 的第 r 列是

$$P_r \begin{bmatrix} a_{1,r}^{(r-1)} \\ a_{2,r}^{(r-1)} \\ \vdots \\ a_{n,r}^{(r-1)} \end{bmatrix}, \tag{15.8}$$

并且必须选择 P_r 使得 $a_{r+1,r}^{(r-1)} \cdots a_{n,r}^{(r-1)}$ 化为零而 $a_{1,r}^{(r-1)}$ 到 $a_{r-1,r}^{(r-1)}$ 不变. 这恰巧就是第三章中考虑基本的误差分析时已讨论过的问题. 本章的其余部分主要是致力于讨论有关的算法.

Gauss 消去法

16. 如果我们取矩阵 P_r 为初等矩阵 N_r (第一章，§40(vi))，其元素是

$$n_{ir} = a_{rr}^{(r-1)} / a_{rr}^{(r-1)} \tag{16.1}$$

我们得到最简单的算法. 除数 $a_{rr}^{(r-1)}$ 称为第 r 主元或主元素. 用 N_r 左乘的结果是，对于 i 从 $(r+1)$ 到 n，第 i 行减去第 r 行的 n_{ir} 倍. 选择的乘数是使第 r 列的最后 $(n-r)$ 个元素化为零. 对右端 b_{r-1} 我们进行同样的运算. 显然，第 1 行到第 $(r-1)$ 行不变，而且在前 $(r-1)$ 列中没有一个零元素受到影响，因为每一个都是零元素的线性组合. 用这个算法第 r 行也不变. 读者会发现，这个方法是中学代数教程中消去法的系统化形式. 事实上，第 r 个方程是用来消去 $A_{r-1} x = b_{r-1}$ 的第 $(r+1)$ 个到第 n 个方程中的 x_r. 这个算法通常称为 (Gauss) 消去法.

三角形分解

17. 对于 $r = 1$ 到 $n-1$ 逐次应用方程(15.7)和 $P_r = N_r$，我们有

$$N_{n-1} \cdots N_2 N_1 A_0 = A_{n-1}, \quad N_{n-1} \cdots N_2 N_1 b_0 = b_{n-1}. \tag{17.1}$$

前一个等式给出

$$A_0 = N_1^{-1} N_2^{-1} \cdots N_{n-1}^{-1} A_{n-1} = N A_{n-1}, (\text{第一章§§40,41}) \tag{17.2}$$

其中 N 是下三角形矩阵, 其对角元素是 1, 对角线以下的元素是 (16.1) 定义的 n_{ii}. 在 N_i^{-1} 的乘积中没有 n_{ii} 的乘积出现. 因此 Gauss 消去法产生一个单位下三角形矩阵 N 和一个上三角形矩阵 A_{n-1}, 其乘积等于 A_0.

如果 A_0 能表示为这样的乘积 (见 §20), 并且是非奇异的, 那么这个表示式是唯一的. 事实上, 如果

$$A_0 = L_1 U_1 = L_2 U_2, \qquad (17.3)$$

其中 L_i 是单位下三角型并且 U_i 是上三角型. 那么, 因为

$$\det(A_0) = \det(L_i)\det(U_i), \qquad (17.4)$$

U_i 不可能是奇异的. 因此 (17.3) 给出

$$L_2^{-1} L_1 = U_2 U_1^{-1}. \qquad (17.5)$$

左边的矩阵是两个单位下三角型的乘积, 因此是单位下三角型, 然而右边的矩阵是上三角型. 因此两边都必定是单位矩阵, 从而有 $L_1 = L_2$, $U_1 = U_2$.

三角形分解矩阵的结构

18. A_0, N, A_{n-1} 的各个子矩阵和中间的 A_r 之间的关系对于今后的应用十分重要. 我们对这些矩阵作相同的分块

$$A_0 = \left[\begin{array}{c|c} A_{rr} & A_{r,n-r} \\ \hline A_{n-r,r} & A_{n-r,n-r} \end{array}\right], \quad N = \left[\begin{array}{c|c} L_{rr} & O \\ \hline L_{n-r,r} & L_{n-r,n-r} \end{array}\right], \qquad (18.1)$$

$$A_{n-1} = \left[\begin{array}{c|c} U_{rr} & U_{r,n-r} \\ \hline 0 & U_{n-r,n-r} \end{array}\right], \quad A_r = \left[\begin{array}{c|c} U_{r,r} & U_{r,n-r} \\ \hline O & W_{n-r,n-r} \end{array}\right], \qquad (18.2)$$

其中有足标 i,j 的矩阵有 i 行, j 行. 当我们不想强调矩阵与执行算法的关系时, 我们将分别称 N 和 A_{n-1} 为 L 和 U. (18.2) 中的记号反映了 A_r 的前 r 行在以后各步运算中保持不变的特点, 可是我们已看到, 在后面的这些步中 A_r 的第 $(r+1)$ 行也不变. 因此, $U_{n-r,n-r}$ 和 $W_{n-r,n-r}$ 的第一行也恒等.

由前 r 步我们有

$$N_r N_{r-1} \cdots N_2 N_1 A_0 = A_r,$$

从 N_i 的乘法的性质(第一章§41)得出

$$A_0 = N_1^{-1} N_2^{-1} \cdots N_r^{-1} A_r = \left[\begin{array}{c|c} L_{rr} & O \\ \hline L_{n-r,r} & I \end{array} \right] A_r. \qquad (18.3)$$

对(17.2)作相同的划分,我们得到

$$A_{rr} = L_{rr} U_{rr}, A_{r,n-r} = L_{rr} U_{r,n-r},$$

$$A_{n-r,r} = L_{n-r,r} U_{rr}, A_{n-r,n-r} = L_{n-r,r} U_{r,n-r} \qquad (18.4)$$

$$+ L_{n-r,n-r} U_{n-r,n-r}.$$

而从(18.3)最后的一块得到

$$A_{n-r,n-r} = L_{n-r,r} U_{r,n-r} + W_{n-r,n-r}. \qquad (18.5)$$

上述五个方程给我们很多信息。第一个方程表明 $L_{rr} U_{rr}$ 是 A_0 的 r 阶前主子矩阵 A_{rr} 的三角形分解。所以在执行 Gauss 消去法过程中依次得到 A_0 的 r 阶前主子矩阵的两个三角形是最终的三角型 N 和 A_{n-1} 的前主子矩阵。(18.4)的最后一个方程和(18.5)表明

$$L_{n-r,n-r} U_{n-r,n-r} = W_{n-r,n-r}. \qquad (18.6)$$

因此,$L_{n-r,n-r} U_{n-r,n-r}$ 是 A_r 的右下角的 $(n-r)$ 阶方阵的三角形分解。

三角形矩阵元素的显式表达式

19. 方程 (18.4) 使我们能利用 A_0 的子式得到 N 和 A_{n-1} 的元素的显式表达式。这些结果我们以后要用到。结合第一个和第三个方程,我们得到

$$\left[\begin{array}{c} A_{rr} \\ \vdots \\ A_{n-r,r} \end{array} \right] = \left[\begin{array}{c} L_{rr} \\ \vdots \\ L_{n-r,r} \end{array} \right] U_{rr}. \qquad (19.1)$$

对方程两边第一行至第 $r-1$ 行以及第 i 行列等式,我们得到

$$A_{ir} = L_{ir} U_{rr} (i = 1, \cdots, n), \qquad (19.2)$$

其中 A_{ir} 表示由 A_0 的前 r 列的前 $(r-1)$ 行和第 i 行组成的矩阵,对 L_{ir} 有类似的定义。因为 L_{ir} 和 L_{rr} 的前 $(r-1)$ 行相等,所以它必定是三角型。于是,

$$\det(L_{ir}) = l_{ir}.　\tag{19.3}$$

因此，

$$\det(A_{ir}) = l_{ir}\det(U_{rr}).　\tag{19.4}$$

当 $i = r$ 时，

$$\det(A_{rr}) = \det(U_{rr}).　\tag{19.5}$$

因此，

$$n_{ir} = l_{ir} = \det(A_{ir})/\det(A_{rr})(i = 1,\cdots,n).　\tag{19.6}$$

注意，对于 $i < r$，$\det(A_{ir}) = 0$（因为 A_{ir} 有两行恒等）。这与 N 的三角型的性质一致。

类似地，

$$[A_{rr} \vdots A_{r,n-r}] = L_{rr}[U_{rr} \vdots U_{r,n-r}].　\tag{19.7}$$

采用相应的记号，有

$$A_{ri} = L_{rr}U_{ri}.　\tag{19.8}$$

从而，

$$\det(A_{ri}) = \det(U_{ri})(i = 1,\cdots,n).　\tag{19.9}$$

U_{ri} 和 U_{rr} 的前 $(r-1)$ 列相等，所以它必定是三角型。因此，

$$\det(A_{ri}) = \det(U_{r-1,r-1})u_{ri}.　\tag{19.10}$$

(19.5)中 r 以 $r-1$ 代，(19.10)与(19.5)结合可得

$$u_{ri} = \det(A_{ri})/\det(A_{r-1,r-1})(i = 1,\cdots,n).　\tag{19.11}$$

特别地，

$$\begin{cases} u_{rr} = \det(A_{rr})/\det(A_{r-1,r-1})(r > 1), \\ u_{11} = a_{11}. \end{cases}　\tag{19.12}$$

在(18.3)的前面我们已经说明，$u_{r+1,r+1}$ 是 $W_{n-r,n-r}$ 的 $(1,1)$ 元素，而(19.12)表明它等于

$$\det(A_{r+1,r+1})/\det(A_{rr}).$$

对于方阵 $W_{n-r,n-r}$ 的其它元素我们能得到类似的表达式。 为简明起见，当 $i,j > r$ 时记 w_{ij} 为 A_r 的 (i,j) 元素，这些元素组成了 $W_{n-r,n-r}$。从 A_0 推导 A_r 时，仅仅是第 1 行到第 r 行的倍数加到其他行上，因此任一个包含第 1 行到第 r 行的每一行的子式是不变的。现在我们研究一个取自第 1 到第 r 行以及第 i 行，自第

1 到第 r 列以及第 i 列的子式 $A_{rr,i,i}$. 这个子式的值不变，并且从 A_r 的结构可知它等于 $\det(U_{rr})w_{ii}$. 因此我们得到

$$\det(A_{rr,i,i}) = \det(U_{rr})w_{ii}, \tag{19.13}$$

并且从(19.5)得到

$$w_{ii} = \det(A_{rr,i,i})/\det(A_{rr}). \tag{19.14}$$

我们得到 $u_{r+1,r+1}$ 的值只不过是 (19.14) 的一个特例;这是不奇怪的，因为直到 $u_{r-1,r+1}$ 作为主元素之前，$W_{n-r,n-r}$ 的全部元素都处于同样的状态. 我们现在已得到了 A_r 和 N 的全部元素的显式表达式.

Gauss 消去法的中断

20. 我们已得到的 A_r 和 N 的元素的表达式是以 Gauss 消去法能实际执行的假设为基础的. 可是，如果 1 阶到$(n-1)$阶前主子式都不为零，从(19.13)知道，所有主元不为零，此时算法才不会失败. 注意，我们不管 $\det(A_{nn})$(即 $\det(A_0)$) 是否为零.

假定第一个零主元素是在$(r+1)$步出现，结果前 r 个前主子式不为零而 $\det(A_{r+1,r+1})$ 等于零. 从(19.6)，若对某个大于 $r+1$ 的 i, $\det(A_{i,r+1}) \neq 0$ 算法就失败，因为 $n_{i,r+1}$ 将是无穷大. 可是，如果 $\det(A_{i,r+1}) = 0(i = r+1,\cdots,n)$，那么所有 $n_{i,r+1}$ 都不能确定. 在这种情况下，$n_{i,r+1}$ 可以取任何值. 特别地,令它们为零,则得到 $N_{r+1} = I$，并且第$(r+1)$步保持 A_r 不变.

事实上，在这种情况下,如果我们注意到

$$A_{rr,i,r+1} = A_{i,r+1}. \tag{20.1}$$

从(19.14)可以看出 $W_{n-r,n-r}$ 的第一列已经是零. 此外，A_r 的前 $(r+1)$ 列的秩显然是 r，这表明它们是线性相关的. 但是，这 $(r+1)$列可以用非奇异矩阵左乘 A_0 的同样的列得到,因此 A_0 的这些列也必定是线性相关的. 所以 A_0 是奇异的并且仅当 b 满足 $\operatorname{rank}(A_0) = \operatorname{rank}(A_0 \vdots b)$ 时, $Ax = b$ 才有解. 如果方程是不相容的,在回代时当我们用零主元作除法去计算 x_{r+1} 时不相容性就显示出来了. 如果它们是相容的,那么 x_{r+1} 将是不定的.

注意，消去过程的中断与矩阵的奇异性或病态一般是不相关的。例如，如果 A_0 是

$$\begin{bmatrix} 0 & 1 \\ 1 & 0 \end{bmatrix},$$

那么 Gauss 消去法第一步就失败，但是 A_0 是正交矩阵，是良态的。

数值稳定性

21. 到目前为止，我们仅仅考虑了消去过程发生中断的可能性。可是，如果我们从计算的角度来考虑，那么当某些 n_{ir} 大时，这个过程是数值不稳定的。为了克服这个困难，我们可用第三章§47 叙述的稳定的初等矩阵 N'_r 代替 N_r。在第 r 步我们用 $N_r I_{rr'}$ 作乘法，其中 r' 由下式确定

$$|a_{r'r}^{(r-1)}| = \max_{i=r,\cdots,n} |a_{ir}^{(r-1)}|. \tag{21.1}$$

如果这样确定的 r' 不唯一，我们取它的所有可能的值中最小的一个。

用 $I_{r,r'}$ 左乘的结果是第 r 行与第 r' 行交换（其中 $r' > r$），接着用 N_r 左乘的结果是第 $(r+1)$ 行到第 n 行依次减去新的第 r 行的倍数，并且所有的乘子的模都小于 1。在第 r 步中第 1 行到第 $(r-1)$ 行保持不变，并且以前引进的零元也保持为零。对这个修正的过程，我们有

$$A_2 = N_2 I_{r,r'} \cdots N_2 I_{2,2'} N_1 I_{1,1'} A_0. \tag{21.2}$$

在每一阶段这个稳定的过程是唯一确定的，除非在第 r 步开始时 $a_{ir}^{(r-1)} = 0(i = r, \cdots, n)$，此时我们的规则是取 $r' = r$，但乘子是不定的。在这种情况下，我们可以取 $N'_r = I$，即跳过第 r 步，这是允许的，因为 A_{r-1} 的前 r 列已经是三角型。与不稳定的过程一样，这种情况仅仅在 A_0 的前 r 列线性相关时才会发生。这种稳定的消去过程通常称为带交换的或是主元素 Gauss 消去法，注意它在任何情况下都不会发生中断，按照我们给出的约定，它是

唯一的. 如果方程组不相容,在回代时将显示出来.

交换的重要性

22. 如果我们从实际执行交换来考虑,那么修正的过程的叙述就比较简单,过程中间的矩阵是 (15.6) 所示的形式,最后的矩阵 A_{n-1} 真正是上三角型. 在某些计算机上,保持方程的原来位置和对主元的位置作一个记录可能更方便. 对于 $n=5$ 的情况,最后的矩阵形如:

$$\begin{bmatrix} 0 & 0 & 0 & \times & \times \\ 0 & \times & \times & \times & \times \\ \times & \times & \times & \times & \times \\ 0 & 0 & \times & \times & \times \\ 0 & 0 & 0 & 0 & \times \end{bmatrix}, \tag{22.1}$$

这里主元素依次在第 3,第 2,第 4,第 1 和第 5 行. 最终的矩阵作行置换后是三角型.

如果我们实行行交换,那么我们得到

$$A_{n-1}x - b_{n-1} = N_{n-1}I_{n-1,(n-1)'}\cdots N_2 I_{2,2'} N_1 I_{1,1'}(A_0 x - b_0). \tag{22.2}$$

现在我们证明选主元有效地确定 A_0 的一个行置换,使得 Gauss 消去法进行时不用选主元素,并且所用的乘子的模不大于 1.

为了避免含糊不清并且使得证明简化,我们用 $n=4$ 的情况来作说明. 从 (22.2) 得到

$$\begin{aligned} A_3 &= N_3 I_{3,3'} N_2 I_{2,2'} N_1 I_{1,1'} A_0 \\ &= N_3 I_{3,3'} N_2 (I_{3,3'} I_{3,3'}) I_{2,2'} N_1 (I_{2,2'} I_{3,3'} I_{3,3'} I_{2,2'}) I_{1,1'} A_0, \end{aligned} \tag{22.3}$$

因为括号内的乘积是单位矩阵. 重新组合这些因子,我们得到

$$\begin{aligned} A_3 &= N_3 (I_{3,3'} N_2 I_{3,3'})(I_{3,3'} I_{2,2'} N_1 I_{2,2'} I_{3,3'})(I_{3,3'} I_{2,2'} I_{1,1'} A_0) \\ &= N_3 \widetilde{N}_2 \widetilde{N}_1 \widetilde{A}_0. \end{aligned} \tag{22.4}$$

其中由第 1 章 §41(iv),可知 $\widetilde{N}_2$ 和 $\widetilde{N}_1$ 是从 N_2 和 N_1 推导出来的,它们的差别仅仅是对角线下面的元素作了置换,而 $\widetilde{A}_0$ 是由 A 作

了行置换得来的. 现在假定我们必须对 $\tilde{A}_0$ 执行 Gauss 消去法,且不选主元素. 我们会得到

$$A_3^* = N_3^* N_2^* N_1^* \tilde{A}_0, \qquad (22.5)$$

其中 A_3^* 是上三角型, N_3^*, N_2^*, N_1^* 是一般的初等矩阵. 方程 (22.4)和(22.5)给出 $\tilde{A}_0$ 的两个三角形矩阵分解(有单位下三角形因子),因此它们是恒等的. 这意味着 $N_3 = N_3^*$, $\tilde{N}_2 = N_2^*$, $\tilde{N}_1 = N_1^*$. 因此, $\tilde{A}_0$ 的不选主元素的 Gauss 法导出的乘子的模不大于1.

数值例子

23. 在表 1 中我们列出用四位十进位的定点运算及带交换的 Gauss 消去法解一个四阶方程组的过程, 如果用铅笔和纸来计算执行交换是不方便的, 因为要按正确的次序重新写方程. 我们改用方程下划一直线来标明主元素所在的方程. 我们在简化的方程组中都包括了用作主元行的方程,因此简化后的方程组与原方程组等价. 解计算到小数点后一位,因此最大的分量有四位数字,换句话说,我们已产生一个 4 位块浮点的解.

我们立刻可以看出, 解的最大分量不见得有多于 2 位正确的有效位,因为它是用 -0.0052 除 0.5453 得到的. 现在在除数中仅仅出现一次舍入误差,这表明即使没有任何舍入误差的"累加",我们估计在计算的 x_i 中也会有百分之一的误差. 一般来说, 在任何主元素上损失 k 位有效位时, 我们预料解的某些分量至少也损失 k 位有效位.

在表 1 中我们给出简化过程的每一阶段产生的舍入误差, 这些误差的重要性在 §24, §25 讨论. 我们也给出了置换后的 N 和 A_3,这给出了真正的三角形矩阵,同时也给出了作同样的置换之后的准确的乘积 $N(A_3 \vdots b_3)$. 若在三角形因子化中用准确的计算,它应该等于 $(A_0 \vdots b_0)$. 但行的次序应是 $4, 2, 3, 1$. 注意 $N(A_3 \vdots b_3)$ 确实十分靠近它,最大的偏差是 0.00006248 出现在元素$(1, 4)$中.

最后, 我们给出对计算的 x 的 $A_0 x$ 的准确值和定义为 $r = b_0$.

表 1

π	$A_0x=b_0$					$10^4\delta_j^{(2)}$				$10^4\delta_j^{(1)}$
	x_1	x_2	x_3	x_4	b					
0.2678)	0.2317	0.6123	0.4137	0.6696	0.4753	0.2734	-0.2130	0.3670	-0.4606	0.1870
0.4950)	0.4283	0.8176	0.4257	0.8312	0.2167	0.2350	-0.3250	0.1750	-0.1150	-0.3250
0.8461)	0.7321	0.4135	0.3126	0.5163	0.8132	0.3033	-0.1935	0.0165	-0.2297	-0.1065
	0.8653	0.2165	0.8265	0.7123	0.5165	0	0	0	0	0

π	$A_1x=b_1$					$10^4\delta_j^{(2)}$				$10^4\delta_j^{(2)}$
0.7803)	0.0000	0.5543	0.1924	0.4788	0.3370	0	0.2512	-0.4702	-0.4842	-0.3170
	0.0000	0.7104	0.0166	0.4786	-0.0390	0	0	0	0	0
0.3242)	0.0000	0.2303	-0.3867	-0.0864	0.3762	0	0.1168	-0.1828	-0.3788	-0.4380
	0.8653	0.2165	0.8265	0.7123	0.5165	0	0	0	0	0

π	$A_2x=b_2$					$10^4\delta_j^{(3)}$				$10^4\delta_j^{(3)}$
-0.4575)	0.0000	0.0000	0.1794	0.1053	0.3674	0	0	-0.1425	0.3200	0.2400
	0.0000	0.7104	0.0166	0.4786	-0.0390	0	0	0	0	0
	0.0000	0.0000	-0.3921	-0.2416	0.3888	0	0	0	0	0
	0.8653	0.2165	0.8265	0.7123	0.5165	0	0	0	0	0

	$A_3x=b_3$					计算的 x	A_0x(准确的)			r（准确的)
	0.0000	0.0000	0.0000	-0.0052	0.5453	8.9	0.44234			0.03296
	0.0000	0.7104	0.0166	0.4786	-0.0390	69.1	0.18967			0.02703
	0.0000	0.0000	-0.3921	-0.2416	0.3888	63.6	0.81003			0.00317
	0.8653	0.2165	0.8265	0.7123	0.5165	-104.9	0.50645			0.01005

$(A_3;b_3)$（置换后的）

$$
\begin{bmatrix}
0.8265 & 0.7123 & 0.5165 \\
0.0166 & 0.4786 & -0.0390 \\
-0.3921 & -0.2416 & -0.3888 \\
0.8653 & -0.0052 & 0.5453
\end{bmatrix}
$$

N

$$
\begin{bmatrix}
1.0000 & & & \\
0.4950 & 1.0000 & & \\
0.8461 & 0.3242 & 1.0000 & \\
0.2678 & 0.7803 & -0.4575 & 1.0000
\end{bmatrix}
$$

$N(A_3;b_3)$（与行置换后的）（准确的）（与行置换后的）$(A_0;b_0)$比较）

$$
\begin{bmatrix}
0.86530000 & 0.21650000 & 0.82650000 & 0.71230000 & 0.51650000 \\
0.42833350 & 0.41756750 & 0.42571750 & 0.83118850 & 0.21666750 \\
0.73213033 & 0.41349233 & 0.31258837 & 0.51623915 & 0.81316685 \\
0.23172734 & 0.61230382 & 0.41367543 & 0.66953752 & 0.47531100
\end{bmatrix}
$$

— $A_0 x$ 的向量 r. 这个向量称为关于 x 的剩余向量, 其分量称为剩余. 我们已列出它的极大剩余是 0.03296, 这是意外地小的. 因为我们估计仅仅在 x_4 就会有数量级为 1 的误差, 这一误差可能造成数量级为 1 的剩余误差. 后面我们将会看到, 用 Gauss 消去法和向后回代计算的解总有这样的误差, 它以剩余的方式表示时, 剩余比解的误差小, 并且可能使我们产生误解. 事实上, x 的分量的误差计到小数点后一位是 $-0.1, -1.0, -0.9, 1.4$.

Gauss 消去法的误差分析

24. 带有交换的 Gauss 消去法中的步骤, 除了我们必须在简化的矩阵中确定零元位置之外, 已被第三章 §48 的一般性分析概括了. 可是, 这是我们给的第一个详细分析, 又因为它在形式上最简单, 我们打算给出相当详尽的叙述使得读者能完全理解其基本特点.

首先, 我们给出一个一般性的分析, 它对定点或浮点计算都适用. 我们假定原矩阵已经作了 §22 叙述的置换, 因此不需要再进行交换. 我们的分析只涉及计算的 N 和计算的 A_r 的元素, 因此从头至尾略去常用的上标一杠, 不会产生混淆.

现在我们研究逐次产生的矩阵 A_r 的 (i, i) 元素.

(i) 若 $j \geqslant i$, 则这元素在第 $1, 2, \cdots, i-1$ 步都被修改; 然后它变为主行的一个元素, 以后不再发生变化. 我们可以写

$$
\begin{cases}
a_{ij}^{(1)} \equiv a_{ij}^{(0)} - n_{i1} a_{1j}^{(0)} + \varepsilon_{ij}^{(1)}, \\
a_{ij}^{(2)} \equiv a_{ij}^{(1)} - n_{i2} a_{2i}^{(1)} + \varepsilon_{ij}^{(2)}, \\
\qquad \cdots\cdots \\
a_{ij}^{(i-1)} \equiv a_{ij}^{(i-2)} - n_{i,i-1} a_{i-1,j}^{(i-2)} + \varepsilon_{ij}^{(i-1)},
\end{cases}
\tag{24.1}
$$

其中 $\varepsilon_{ij}^{(k)}$ 是以计算的 $a_{ij}^{(k-1)}$, n_{ik} 和 $a_{kj}^{(k-1)}$ 计算 $a_{ij}^{(k)}$ 时产生的误差. 通常我们仅仅确定 $\varepsilon_{ij}^{(k)}$ 的界, 它依赖于使用的运算类型.

(ii) 如果 $i > j$, 那么这个元素在第 $1, 2, \cdots, j-1$ 步都被修改. 最后, 在第 j 步化为零; 在这同时, 它被用来计算 n_{ij}. 各个方程与 (24.1) 相同, 只是最后一个方程是

$$a_{ij}^{(i-1)} \equiv a_{ij}^{(i-2)} - n_{i,i-1}a_{i-1,j}^{(i-2)} + \varepsilon_{ij}^{(i-1)}. \tag{24.2}$$

我们进一步有

$$n_{ii} = a_{ii}^{(i-1)} / a_{ii}^{(i-1)} + \xi_{ii}. \tag{24.3}$$

把最后一个方程表示为(24.1)同样的形成,它变为

$$0 \equiv a_{ii}^{(i-1)} - n_{ii}a_{ii}^{(i-1)} + \varepsilon_{ii}^{(i)} \quad (\varepsilon_{ii}^{(i)} = a_{ii}^{(i-1)}\xi_{ii}). \tag{24.4}$$

注意,在这个方程左边的零对应于第 i 步简化之后在位置 (i, i) 中插入的零.(24.1)的各方程相加消去两边相同的项并且重新安排,对 $j \geqslant i$ 我们有

$$n_{i1}a_{1j}^{(0)} + n_{i2}a_{2j}^{(1)} + \cdots + n_{i,i-1}a_{i-1,j}^{(i-2)} + a_{ij}^{(i-1)}$$
$$= a_{ij}^{(0)} + \varepsilon_{ij}^{(1)} + \varepsilon_{ij}^{(2)} + \cdots + \varepsilon_{ij}^{(i-1)}; \tag{24.5}$$

而对于 $i > j$,如果我们包括方程 (24.4),则有

$$n_{i1}a_{1j}^{(0)} + n_{i2}a_{2j}^{(1)} + \cdots + n_{ii}a_{ij}^{(i-1)} = a_{ij}^{(0)} + \varepsilon_{ij}^{(1)} + \varepsilon_{ij}^{(2)} + \cdots + \varepsilon_{ij}^{(i)}. \tag{24.6}$$

类似地,对于右端项,我们有

$$b_i^{(k)} \equiv b_i^{(k-1)} - n_{ik}b_k^{(k-1)} + \varepsilon_i^{(k)} \quad (k = 1, \cdots, i-1), \tag{24.7}$$

这给出

$$n_{i1}b_1^{(0)} + n_{i2}b_2^{(1)} + \cdots + n_{i,i-1}b_{i-1}^{(i-2)} = b_i^{(0)} + \varepsilon_i^{(1)} + \cdots + \varepsilon_i^{(i-1)}. \tag{24.8}$$

方程 (24.5),(24.6) 和 (24.8) 表明

$$N(A_{n-1} \vdots b_{n-1}) = (A_0 + F \vdots b_0 + k),$$

其中

$$\begin{cases} f_{ij} = \varepsilon_{ij}^{(1)} + \cdots + \varepsilon_{ij}^{(i-1)} & (j \geqslant i), \\ f_{ij} = \varepsilon_{ij}^{(1)} + \cdots + \varepsilon_{ij}^{(i)} & (i > j), \\ k_i = \varepsilon_i^{(1)} + \cdots + \varepsilon_i^{(i-1)}. \end{cases} \tag{24.9}$$

换句话说,计算的矩阵 N 和 A_{n-1} 就是由 $(A + F)$ 的准确的分解得到的矩阵. 这个结果是准确的,没有第二阶量的扩大或忽略. 这是和第三章的分析一致的,只是现在我们是在较好的情况下得到舍入误差的上界.

从这些结果我们得到两个主要结论.

I. A_{n-1} 的准确的行列式,即 $a_{11}^{(0)}a_{22}^{(1)}\cdots a_{nn}^{(n-1)}$ 是 $(A_0 + F)$ 的

准确的行列式.

II. $A_{n-1}x = b_{n-1}$ 的准确解是 $(A + F)x = b_0 + k$ 的准确解.

用定点运算的摄动矩阵的上界

25. 我们假定原方程组是规范化、平衡的,至少是近似地规范化的平衡,并且已经进行了交换. 我们进一步假设(现在完全没有保证),所有的 $a_{ij}^{(k)}$ 和 $b_i^{(k)}$ 的模不大于 1. 一般 $\varepsilon_{ij}^{(k)}$ 是以计算的值 $a_{ij}^{(k-1)}$, n_{ik} 和 $a_{kj}^{(k-1)}$ 计算 $a_{ij}^{(k)}$ 时产生的误差. 在这过程中仅仅是在 $2t$ 位的乘积 $n_{ik}a_{kj}^{(k-1)}$ 舍入为 t 位时产生一次舍入误差.因此,

$$|\varepsilon_{ij}^{(k)}| \leqslant \frac{1}{2} 2^{-t}. \tag{25.1}$$

除了在计算 n_{ii} 时在除法中产生的误差 $\varepsilon_{ii}^{(i)}$ 之外,这估计对于所有的 $\varepsilon_{ij}^{(k)}$ 成立. 由(24.3),ξ_{ii} 满足

$$|\xi_{ii}| \leqslant \frac{1}{2} 2^{-t}. \tag{25.2}$$

因为它是单个除法的误差. 因为 $|a_{ii}^{(i-1)}| \geqslant |a_{ji}^{(i-1)}|$,现在我们确实得到 $|n_{ii}| \leqslant 1$. 所以,舍入误差不可能导出模大于 1 的值. 从(24.4)和我们关于简化后矩阵的元素的假定,我们得到

$$|\varepsilon_{ii}^{(i)}| = |a_{ii}^{(i-1)}\xi_{ii}| \leqslant \frac{1}{2} 2^{-t}. \tag{25.3}$$

类似地,在我们对元素 $b_i^{(k)}$ 所作的假定下,有

$$|\varepsilon_i^{(k)}| \leqslant \frac{1}{2} 2^{-t}. \tag{25.4}$$

对所有有关的 k,联合关系式(25.1),(25.3)和(25.4),我们得到

$$|k_i| \leqslant \frac{1}{2} (i - 1)2^{-t}, \quad |f_{ij}| \leqslant \begin{cases} \dfrac{1}{2} (i - 1)2^{-t} & (i \leqslant j), \\[2mm] \dfrac{1}{2} j2^{-t} & (i > j), \end{cases}$$

$$\tag{25.5}$$

这些结果是极端的上界.

在表 1 中我们展示了前面的例子在消去过程中的每一步的误差，在表的最后显示了 $N(A_3 \vdots b_3)$ 的准确的值. 它应与作适当的行置换后的 $(A_0 \vdots b_0)$ 作比较. 作置换后，差 $N(A_3 \vdots b_3) - (A_0 \vdots b_0)$ 是每一阶段误差矩阵的准确的和.

约化后的矩阵元素的上界

26. 到目前为止，对于所有 i, j, k 假定 $|a_{ij}^{(k)}| \leqslant 1$. 即使选用主元素也仅仅能保证 $|a_{ij}^{(k)}| \leqslant 2^k$，这一点从下述不等式得到：

$$|a_{ij}^{(k)}| = |a_{ij}^{(k-1)} - n_{ik}a_{kj}^{(k-1)}| \leqslant |a_{ij}^{(k-1)}| + |a_{kj}^{(k-1)}|. \quad (26.1)$$

可惜，我们能构造一些矩阵（完全是人为的）达到这个界. 如下形式的矩阵便是例子：

$$\begin{bmatrix} 1 & 0 & 0 & 0 & 1 \\ -1 & 1 & 0 & 0 & 1 \\ -1 & -1 & 1 & 0 & 1 \\ -1 & -1 & -1 & 1 & 1 \\ -1 & -1 & -1 & -1 & 1 \end{bmatrix}. \quad (26.2)$$

全主元素

27. 我们的分析已经表明，防止 $a_{ij}^{(k)}$ 元素迅速增长是极其重要的. 现在我们考虑另一种主元素的方法，它能明显地给出较小的 $|a_{ij}^{(k)}|$ 的界.

在 §21 讨论的算法中，变量是按照自然的顺序消去的，在第 r 步主元素是从 A_{r-1} 的右下角的 $(n - r + 1)$ 阶方阵的第 1 列中选取.

现在，假定我们选择的第 r 个主元素是这整个方阵中模最大的元素. 如果这个元素是在 (r', r'') 位置 $(r', r'' \geqslant r)$，那么，利用交换，我们可以写

$$A_r = N_r I_{r,r'} A_{r-1} I_{r,r''}. \quad (27.1)$$

一般而言，行和列都要交换，变量就不再按自然的顺序消去了. 可

是，最后的矩阵 A_{n-1} 依然是上三角型．当 $n = 4$ 时，我们有

$$(N_3 I_{3,3'} N_2 I_{2,2'} N_1 I_{1,1'} A_0 I_{1,1''} I_{2,2''} I_{3,3''})(I_{3,3''} I_{2,2''} I_{1,1''} x)$$

$$= N_3 I_{3,3'} N_2 I_{2,2'} N_1 I_{1,1'} b_0, \qquad (27.2)$$

因为插入 A_0 和 x 之间的因子的乘积是 I．因此 $A_0 y = b_0$ 的解是 $I_{1,1''} \cdots I_{2,2''} I_{1,1''} x$．现在我们使用 A_0 的双边等价变换，右边乘的是简单的置换矩阵．这种改进的方法称为全主元素方法，以前的方法称为部分主元素方法．关于全主元素方法 Wilkinson (1961b) 已经证明

$$|a_{ii}^{(r-1)}| \leqslant r^{\frac{1}{2}} [2^1 3^{1/2} 4^{1/3} \cdots r^{1/(r-1)}]^{\frac{1}{2}} a = f(r) a, \qquad (27.3)$$

其中 $a = \max |a_{ij}^{(0)}|$．在表 2 中我们对有代表性的 r 值给出对应的 $f(r)$ 值．

表 2

r	10	20	50	100
$f(r)$	19	67	530	3300

对于大的 r，函数 $f(r)$ 比 2^r 小得多，(27.3)的证明方法表明，真正的上界仍然是十分小的．事实上，还未发现一个矩阵使得 $f(r) > r$．对于(26.2)的形式的任何阶矩阵，用全主元素方法，极大元素是 2．有人可能试图导出这样的结论，建议在任何情况都用全主元素方法，但是部分主元素方法有很多优点．最重要的有下述两点．

（I）在有辅助存贮设备的计算机上，它比全主元素方法容易组织．

（II）对于有大量零元素以特殊形式分布的矩阵，部分主元素方法可以保护这些零元分布形式，但是全主元素方法会破坏它．从我们自己应用的观点来看，这是一个特别令人信服的论证．

尽管存在 (26.2) 形式的矩阵，但我们的经验是：即使采用部分主元素方法，各个 A_r 的元素明显增大的情况是很少见的．如果矩阵 A_0 完全是病态的，各个 A_r 的共同点是它的元素显示出一个稳定的向下的趋势．特别地，如果 (i, i) 元素是 i, i 的光滑函数，

这时消去法给出的结果十分类似于差分. 在我们的经验中还没有一个自然地产生的例子给出像 16 这样大的增长因子.

部分主元素方法的实际过程

28. 被推荐在定点计算机上使用的部分主元素方法是这样进行的. 我们首先给矩阵引入比例因子, 使得所有元素在 $-\frac{1}{2}$ 到 $\frac{1}{2}$ 的范围之内. 因此, 我们执行一步, 元素没有超过 1 的危险. 在执行这一步中, 我们检查每一个计算后的元素, 看它是否模大于 $\frac{1}{2}$. 如果有某个元素超过 $\frac{1}{2}$, 那么计算完这一行之后, 全都除以 2. 所以, 在进行下一步之前矩阵的元素都在 $-\frac{1}{2}$ 到 $\frac{1}{2}$ 范围之内.

相应的误差分析仅仅需要作简单的修改. 在我们用 2 除某一行这个阶段, 每一个元素上产生以 2^{-t} 为界的额外的舍入误差. 以后在这一行产生的舍入误差等价于原矩阵的以 2^{-t} 而不是 $\frac{1}{2} 2^{-t}$ 为界的摄动. 这个影响到原矩阵的舍入误差仍然是严格地相加的. 如果一行发生了多次被除, 我们同样地应用上述分析.

浮点误差分析

29. 在 §28 中描述的定点方法, 虽然我们已指出它在某些方面十分类似于浮点的, 但是在实际上行的除法并不经常发生. 真正的浮点计算的误差分析遵循着几乎相同的方法, 现在我们有

$$a_{ij}^{(k)} = fl(a_{ij}^{(k-1)} - n_{ik}a_{kj}^{(k-1)})$$
$$\equiv [a_{ij}^{(k-1)} - n_{ik}a_{kj}^{(k-1)}(1 + \varepsilon)](1 + \varepsilon_2) \ (|\varepsilon_i| \leqslant 2^{-t}),$$

$$\tag{29.1}$$

$$n_{ii} = fl(a_{ii}^{(i-1)}/a_{ii}^{(i-1)}) \equiv a_{ii}^{(i-1)}/a_{ii}^{(i-1)} + \xi_{ii}$$

$$\left(|\xi_{ii}| \leqslant \frac{1}{2} 2^{-t} \right). \tag{29.2}$$

这里我们能用 ξ_{ii} 的一个绝对的界, 因为主元素保证了 $|n_{ii}| \leqslant 1$.

如果我们假定

$$|a_{ii}^{(k)}| \leqslant a_k. \tag{29.3}$$

那么使用定点分析一样的记号,我们有

$$|\varepsilon_{ij}^{(j)}| = |a_{ii}^{(j-1)}\xi_{ii}| \leqslant 2^{-t-1}a_{j-1}(i > j). \tag{29.4}$$

然而对于所有其他有关的 i, j 和 k,一个简单的演算表明必然有

$$|\varepsilon_{ij}^{(k)}| = \left| \frac{a_{ij}^{(k)}\varepsilon_2}{1 + \varepsilon_2} - n_{ik}a_{kj}^{(k-1)}\varepsilon_1 \right|$$
$$\leqslant 2^{-t}[a_k/(1 - 2^{-t}) + a_{k-1}] \leqslant 2^{-t}[(1.01)a_k + a_{k-1}]. \tag{29.5}$$

这些界证明了计算的 N 和 A_{n-1} 满足

$$NA_{n-1} \equiv A_0 + F, \tag{29.6}$$

其中

$$|f_{ij}| \leqslant$$
$$\begin{cases} 2^{-t}[a_0 + (2.01)a_1 + \cdots + (2.01)a_{i-2} + (1.01)a_{i-1}] (j \geqslant i), \\ 2^{-t}[a_0 + (2.01)a_1 + \cdots + (2.01)a_{i-2} + (1.51)a_{i-1}] (i > j). \end{cases} \tag{29.7}$$

界 (29.7) 还能稍作改进,但对我们的目的没有多少收益. 这些事实证明了如果 $|a_{ij}^{(k)}| \leqslant a$ 对所有有关 i, j k 的成立,那么必定有

$$|f_{ij}| \leqslant \begin{cases} (2.01)2^{-t}a(i - 1) \\ (2.01)2^{-t}aj. \end{cases} \tag{29.8}$$

式 (29.7) 说明,当 $a_{ij}^{(k)}$ 随着 k 的增加而逐步下降时,F 的浮点的界比定点界好得多. 如果

$$a_k < 2^{-k}, \tag{29.9}$$

因而每一阶段大概损失一位二进位,那么

$$|f_{ij}| \leqslant 2^{-t}[1 + (2.01)(2^{-1} + 2^{-2} + \cdots)] < (3.01)2^{-t}. \tag{29.10}$$

对某些类型的病态方程组,其有效位的逐渐损失是十分平常的. 我们的结果证明了浮点计算应该是比较优越的,并且在实践中已经得到证明. (在定点计算中,如果在每一步简化之后,用使得元素保持在 ± 1 范围之内的 2 的最大幂乘每一行,我们能得到类似的

结果。)

对于在右端产生的舍入误差，我们可以得到类似的结果。

不选主元素的浮点分解

30. 在表3中我们给出一个简单的例子来说明不按大小选主元素可能产生极大的精度损失。给出的矩阵是良态的，但是不选主元素导致精度受到致命的损失。A_r 中的数分布在很广的范围内，因此使用了浮点计算。

表 3

n	A_0			b_0
	0.000003	0.213472	0.332147	： 0.235262
71837.3)	0.215512	0.375623	0.476625	0.127653
57752.3)	0.173257	0.663257	0.625675	0.285321
	A_1			b_1
	0.000003	0.213472	0.332147	0.235262
	0.000000	−15334.9	−23860.0	−16900.5
0.803905)	0.000000	−12327.8	−19181.7	： −13586.6
	A_2			b_2
	0.000003	0.213472	0.332147	0.235262
	0.000000	−15334.9	−23860.0	−16900.5
	0.000000	0.000000	−0.500000	−0.200000

$A_1x = b$ 的准确的平衡的 $Bx = c$

0.000003	0.213472	0.332147	0.235262
0.2155119	0.3521056	0.5436831	0.0868726
0.1732569	0.6989856	0.5531881	0.3216026

第一个主元素十分小，致使 n_{21} 和 n_{31} 都是 10^5 的数量级。计算的 A_1 和 b_1 的元素相应地都十分大。如果我们考虑 $a_{23}^{(1)}$ 的计算，我们有

$$a_{23}^{(1)} = fl(a_{23}^{(0)} - n_{21}a_{13}^{(0)}) = fl(0.476625 - 71837.3 \times 0.332147)$$
$$= fl(0.476625 - 23860.5) = -23860.0.$$

$a_{23}^{(0)} - n_{21}a_{13}^{(0)}$ 的准确的值是

$$0.476625 - 23860.5436831 = -23860.0670581$$

而量 $\varepsilon_{23}^{(2)}$ 是这两个值之差. 观察在计算 $a_{23}^{(1)}$ 的时候，$a_{23}^{(0)}$ 中几乎所有的数位都被略去了；$a_{23}^{(0)}$ 在 0.45 至 0.549999 范围内取任何值我们都会得到同样的 $a_{23}^{(1)}$ 的值. 在表 3 中我们列出了所得到的有误差的方程. 我们已看出，被摄动的第二和第三个方程与原方程没有关系. 容易验证，计算所得的方程组的解是很不准确的.

我们也列出了计算中的第二步. 注意，在第一步中第三个方程产生的大元素，在第二步中变小了. 可是，显然计算的 $a_{33}^{(2)}$ 的所有位几乎都是错的. 用 $a_{11}^{(0)}a_{22}^{(1)}a_{33}^{(2)}$ 给出的行列式的值也是很不准确的. 显然，这是因为 $a_{33}^{(2)}$ 至多只有一位正确的有效数字.

有效位的损失

31. 到目前为止，我们的注意力集中在研究某些技术的危险性上，这种技术引起 A_r 的元素增长. 在元素是逐渐缩减的情况下，精度的损失更为严重，人们也许反对这个结论. 这种现象的确是存在的，但是这两种现象之间存在重大的差别. 当不选主元素或用部分主元素代替全主元素，因而简化的矩阵的元素十分大时，我们受到有效数字的损失. 这种损失并非必然的，而是可以用好的策略来避免.

另一方面，有效位的逐步损失是病态的后果，由此引起的或多或少的精度损失是不可避免的. §29 的论证表明，如果使用浮点，那么当消去过程中产生有效位损失时，原方程上的等价摄动实际上小于不发生这种损失的情况.

流传的谬误

32. 有一个很流行的看法认为，选取大的主元在某些方面是有危害的. 其论点是："主元素的乘积等于 A_0 的行列式，它不依赖于主元素如何选取. 如果我们开始选大的，那么后面的主元素不可避免地是比较小的，因此有较大的相对误差."

确实有一些矩阵用完全主元素时最后一个主元素是小的，但用部分主元素时它却不是小量．不过最后一个主元素是逆矩阵的某个元素的倒数，这与使用的策略无关．因此，它不可能小到比如说 2^{-k} 这样小，除非逆矩阵的范数至少达到 2^k 那么大．如果矩阵确实有这么大的逆，那么相应地精确度必定受到严重损失．小主元素的发生只不过是病态本身的一种反映．在 §30 的例子中我们看到，用一个"不必要"的小主元素不一定使得最后的主元素变得大一点．它只不过是导致下一步产生一个十分大的主元素，并且在再下一步转回"正常"．

我们不声称选取最大的元素作主元是最好的策略，并且这的确常常是很不正确的．我们认为，现在仍然没有提出另一个实际的方法．有一种建议是，选的主元素应该是它的模最靠近行列式的绝对值的 n 次根．有三个理由反对这一建议和有关的提法．

(i) 在 Gauss 消去法完成之前，一般不知道行列式的值．

(ii) 可能没有元素靠近所提出的值．

(iii) 即使 (i) 和 (ii) 都成立，我们也不难找出一些例子说明它是极坏的策略．另一方面，完全主元素方法从来不是十分坏的．

特殊形式的矩阵

33. 在特征值问题中有三种特殊类型的矩阵是极其重要的，并且对这些矩阵选主元素方法十分简单．因为问题十分简单，而且 Wilkinson (1961b) 已给出了详尽的叙述，下述结果的证明仅仅是概括性的．

类 I. Hessenberg 矩阵．如果

$$a_{ij} = 0 \quad (i \geqslant j + 2), \tag{33.1}$$

我们定义 A 是上 Hessenberg 矩阵．类似地，如果

$$a_{ij} = 0 \quad (j \geqslant i + 2), \tag{33.2}$$

我们说 A 是下 Hessenberg 矩阵．所以，如果 A 是上 Hessenberg 矩阵，那么 A^{T} 是下 Hessenberg 矩阵．如果我们对一个上 Hessenberg

矩阵执行部分主元素 Gauss 消去法,对于 $n=6, r=3$ 在第 r 步开始时, A_{r-1} 的形状可以表示为:

$$\begin{bmatrix} \times & \times & \times & \times & \times & \times \\ 0 & \times & \times & \times & \times & \times \\ & 0 & \times & \times & \times & \times \\ & & \times & \times & \times & \times \\ & & & \times & \times & \times \\ & & & & \times & \times \end{bmatrix}, \tag{33.3}$$

标明的零元是以前各步产生的,矩阵的右下角是上 Hessenberg 矩阵。矩阵的第 $(r+1)$ 行到第 n 行与 A_0 的相同,在这矩阵中仅有两行涉及 x_r,因此 r' 或者是 r 或者是 $r+1$。我们可以按照 $r'=r+1$ 或 $r'=r$ 来判断在第 r 步是否有交换。从此我们可以说明,如果

$$|a_{ij}^{(0)}| \leqslant 1, \text{ 那么 } |a_{ij}^{(r)}| \leqslant r+1. \tag{33.4}$$

并且 $\widetilde{N}$(置换后的 N)的每一列只有一个次对角线元素。以 6 阶矩阵为例,如果在第一,三,四步进行了交换,那么 $\widetilde{N}$ 的形状是

$$\begin{bmatrix} 1 & & & & & \\ \times & 1 & & & & \\ 0 & 0 & 1 & & & \\ 0 & 0 & 0 & 1 & & \\ 0 & \times & \times & \times & 1 & \\ 0 & 0 & 0 & 0 & \times & 1 \end{bmatrix}. \tag{33.5}$$

如果下 Hessenberg 矩阵需要执行 Gauss 消去法,那么应该按次序消去变量 $x_n, x_{n-1}, \cdots, x_1$,使得最后的矩阵是下三角型。在上述两种情况下,用完全主元素方法会破坏矩阵的简单形式,又因为对 $a_{ij}^{(r)}$ 我们已经有很好的界,因此完全主元素方法没有特别的价值。

类 II. 三对角形矩阵。在第三章 §13 我们定义了三对角形矩阵;从这个定义,我们看出三对角形矩阵既是上 Hessenberg 型,也

是下 Hessenberg 型. 因此,关于上 Hessenberg 矩阵,我们得到的结果对于三对角形矩阵也成立, 并且有更进一步的简化. $\tilde{N}$ 与上面提到的形式相同,在 $n=6, r=3$ 的情况下,A_0 和 A_r 的形式是

$$A_0 = \begin{bmatrix} \alpha_1 & \beta_1 & & & & \\ \gamma_2 & \alpha_2 & \beta_2 & & & \\ & \gamma_3 & \alpha_3 & \beta_3 & & \\ & & \gamma_4 & \alpha_4 & \beta_4 & \\ & & & \gamma_5 & \alpha_5 & \beta_5 \\ & & & & \gamma_6 & \alpha_6 \end{bmatrix}, \quad A_3 = \begin{bmatrix} u_1 & v_1 & w_1 & & & \\ & u_2 & v_2 & w_2 & & \\ & & u_3 & v_3 & w_3 & \\ & & & p_4 & q_4 & \\ & & & \gamma_5 & \alpha_5 & \beta_5 \\ & & & & \gamma_6 & \alpha_6 \end{bmatrix}.$$

$$(33.6)$$

如果在第 i 步没有交换元素. w_i 是零. 用简单的归纳法证明得出,如果

$$|\alpha_i|, |\beta_i|, |\gamma_i| \leqslant 1 \ (i=1, \cdots, n), \tag{33.7}$$

那么

$$|p_i| \leqslant 2, |q_i| \leqslant 1, |u_i| \leqslant 2, |v_i| \leqslant 1, |w_i| \leqslant 1. \tag{33.8}$$

类 Ⅲ. 正定对称矩阵. 对于这一类矩阵,不用任何主元素策略,Gauss 消去都是十分稳定的. 我们可以证明,如果像 §16 ~ 样,我们写

$$A_r = \left\{ \begin{array}{c|c} u_{rr} & u_{r, n-r} \\ \hline O & W_{n-r, n-r} \end{array} \right\}. \tag{33.9}$$

那么 $W_{n-r, n-r}$ 在每一阶段都是正定对称的,并且若 $|a_{ij}^{(0)}| \leqslant 1$,则 $|a_{ij}^{(k)}| \leqslant 1$ [参见 Wilkinson (1961b)].

虽然在我们的应用中正定矩阵的三角型化是十分重要的,但是我们不用 Gauss 消去法来实现. 因此,我们略去有关的证明.

注意,我们不要求 N 的所有元素都以 1 为界,并且这确有可能不成立. 我们用矩阵

$$\begin{bmatrix} 0.000064 & 0.006873 \\ 0.006873 & 1.000000 \end{bmatrix} \tag{33.10}$$

来说明（这个矩阵 $n_{21} = 107.391$）. 这意味着我们必定要用浮点运算. 但是一个大的乘子不会引起简化后的矩阵的极大元素的增长. 在这个例中

$$a_{22}^{(1)} = 0.2610902.$$

我们的误差分析已经证明, 在每一阶段误差反映到原矩阵是不放大的. 因为所有简化后的矩阵的全部元素都以 1 为界, 舍入误差不能是大的.

在高速计算机上的 Gauss 消去法

34. 现在我们叙述一个在计算机上执行部分主元素 Gauss 消去法的方法. 用 $n = 5, r = 3$ 的情况来说明. 第 r 步开始时, 存储的形式是

$$\begin{bmatrix} a_{11} & a_{12} & a_{13} & a_{14} & a_{15} & b_1 \\ n_{21} & a_{22} & a_{23} & a_{24} & a_{25} & b_2 \\ n_{31} & n_{32} & a_{33} & a_{34} & a_{35} & b_3 \\ n_{41} & n_{42} & a_{43} & a_{44} & a_{45} & b_4 \\ n_{51} & n_{52} & a_{53} & a_{54} & a_{55} & b_5 \\ 1' & 2' & 3' \end{bmatrix}. \quad (34.1)$$

最后一行的元素 $1', 2', \cdots$ 是描述主行位置, r' 已在第 $(r-1)$ 步确定. 这个描述方法与许多自动的程序设计语言中用的很接近. 例如, a_{ii} 表示某个时刻应作的全部操作已执行之后 (i, i) 位置上的元素. 我们略去在数学研究中使用的上标, 第 r 步可叙述如下:

(i) 交换 $a_{rj}(j = r, \cdots, n), b_r$ 和 $a_{r'j}(j = r, \cdots, n), b_{r'}$ 注意, 如果 $r' = r$, 不执行交换. 对于 s 从 $(r+1)$ 到 n 逐次执行 (ii), (iii), (iv).

(ii) 计算 $n_{sr} = a_{sr}/a_{rr}$, 覆盖在 a_{sr} 上.

(iii) 对于 t 从 $(r+1)$ 到 n 计算 $a_{st} - n_{sr}a_{rt}$ 覆盖在 a_{st} 上.

(iv) 计算 $b_s - n_{sr}b_r$, 覆盖在 b_s 上.

在第 r 步执行过程中, 我们保持 $|a_{s,r+1}|$ 的最大值的记录. 如果在计算完成时, 这是 $a_{(r+1)',r+1}$. 那么, 我们把 $(r+1)'$ 记在最后一

行的第 $(r+1)$ 位置上.

显然,我们要预先确定 A_0 的第一列的模最大的元素的位置.

对应不同的右端的解

35. 我们常常有兴趣解一些方程组 $Ax = b$,它们的矩阵 A 相同,但是有许多个不同的右端. 如果一开始我们就知道所有的右端,那么显然我们可以按照消去法来处理.如果我们取 n 个右端为 $e_1, \cdots, e_n$,那么解就是 A 的逆矩阵的各列.

可是,我们常常使用的技术是每一个右端是决定于上一个右端对应的解. 一个右端单独处理有 $(n-1)$ 步,其第 r 步为

(i) 交换 b_r 和 $b_{r'}$,

(ii) 对于 s 从 $(r+1)$ 到 n 计算 $b_s - n_{sr}b_r$,并覆盖在 b_s 上.

直接的三角形分解

36. 现在我们转回到不交换的消去过程. 显然,中间的约化矩阵 A_r 本身没有什么意义,这过程的主要目的是产生矩阵 N 和 A_{n-1},使得

$$NA_{n-1} = A_0. \tag{36.1}$$

如果我们给定 N 和 A_{n-1},对于任何右端 b,求解 $Ax = b$ 可以归结为求解下述两个三角形方程组

$$Ny = b, \quad A_{n-1}x = y. \tag{36.2}$$

这使我们想到不经过中间阶段直接从 A_0 产生矩阵 N 和 A_{n-1} 的可能性.

因为 A_r 要被去掉,使用我们的老记号没有必要了. 因此,我们考虑决定一个单位下三角形矩阵 L,上三角形矩阵 U 和向量 c,使得

$$L(U \,\vdots\, c) = (A \,\vdots\, b). \tag{36.3}$$

我们假定 L, U 的前 $(r-1)$ 行和 c 能利用方程 (36.3) 两边的前 $(r-1)$ 行的元素相等来决定. 然后,在第 r 行中的元素相等,我们们得到

$$\begin{cases} l_{r1}u_{11} = a_{r1} \,, \\ l_{r1}u_{12} + l_{r2}u_{22} = a_{r2} \,, \\ \quad \cdots\cdots \\ l_{r1}u_{1r} + l_{r2}u_{2r} + \cdots + l_{rr}u_{rr} = a_{rr} \,, \end{cases} \tag{36.4}$$

$$\begin{cases} l_{r1}u_{1,r+1} + l_{r2}u_{2,r+1} + \cdots + l_{rr}u_{r,r+1} = a_{r,r+1} \,, \\ \quad \cdots\cdots \\ l_{r1}u_{1n} + l_{r2}u_{2n} + \cdots + l_{rr}u_{rn} = a_{rn} \,, \\ l_{r1}c_1 + l_{r2}c_2 + \cdots + l_{rr}c_r = b_r \,. \end{cases} \tag{36.5}$$

由 (36.4) 式的第 1 个到第 $(r+1)$ 个方程,必然可以而且唯一决定 $l_{r1}, l_{r2}, \cdots, l_{r,r-1}$. 如果任意选定 l_{rr},第 r 个方程就可决定 u_{rr}. 其余的方程唯一决定 $u_{r,r+1}$ 到 u_{rn} 和 c_r. 因为对于第一行的元素这个结果显然是真的,所以对一般情况也是对的.

我们看出,乘积 $l_{rr}u_{rr}$ 是唯一地决定的,但 l_{rr} 或者 u_{rr} 可以任意选取. 如果我们要求 L 是单位下三角形,那么 $l_{rr} = 1$. 在这种情况下,仅仅在决定 $l_{ri}(i = 1, \cdots, r - 1)$ 时有除法,并且除数是 u_{ii}. 如果 $u_{ii} \neq 0$ 分解不会失败,并且分解确实是唯一的. 在上述方法中元素被决定的次序是:

U 的第一行,c;L 的第二行;U 的第二行,c;等等. (36.6)

容易验证,他们也可以按下述次序决定:

U 的第一行,c;L 的第一列;U 的第二行,c;L 的第二列;等等. (36.7)

Gauss 消去法和直接的三角形分解的关系

37. 我们已经证明,如果 A 是非奇异的,那么若有单位下三角形因子的三角形分解存在,它就是唯一的. 因此,L 和 U 与 Gauss 消去的 N 和 A_{n-1} 必定恒等. 因此,分解的失败和不唯一性与不用主元素的 Gauss 消去法的情况一样.

作为例子,现在我们考虑从下述关系决定 l_{r4},

$$l_{r4} = (a_{r4} - l_{r1}u_{14} - l_{r2}u_{24} - l_{r3}u_{34})/u_{44}. \tag{37.1}$$

与 Gauss 消去法比较表明

$$
\begin{cases}
\text{(i)}\ a_{r4}^{(0)} = a_{r4}, \quad \text{(ii)}\ a_{r4}^{(1)} = a_{r4} - l_{r1}u_{14}, \\
\text{(iii)}\cdot\ a_{r4}^{(2)} = a_{r4} - l_{r1}u_{14} - l_{r2}u_{24}, \\
\text{(iv)}\ a_{r4}^{(3)} = a_{r4} - l_{r1}u_{14} - l_{r2}u_{24} - l_{r3}u_{34}
\end{cases}
\tag{37.2}
$$

因此,在决定(37.1)的分子时,我们依次得到 A_1, A_2, A_3 的 $(r, 4)$ 的每个元素. 类似的评述可应用于计算 U 的元素.

可是, 如果我们想利用三角形分解, 我们不写下这些中间结果. 更为重要的是, 如果我们有 $fi_1(\ )$ 或 $fl_2(\ )$ 的计算设备, 我们不必每一次加法之后都舍入为单精度. 分子可以累加, 并且用 u_{44} 除累加的值. 可是, 如果我们用没有累加的标准的浮点运算或定点运算, 在这两个过程中连舍入误差都是一样的.

分解不唯一和失败的例子

38. 一个不可能三角形分解的矩阵例子是

$$
A = \begin{bmatrix} 1 & 2 & 3 \\ 2 & 4 & 1 \\ 4 & 6 & 7 \end{bmatrix}.
\tag{38.1}
$$

直到出现中断前 L 和 U 的元素给定为

$$
L = \begin{bmatrix} 1 & 0 & 0 \\ 2 & 1 & 0 \\ 4 & ? & \cdot \end{bmatrix},\
U = \begin{bmatrix} 1 & 2 & 3 \\ 0 & 0 & -5 \\ \cdot & \cdot & \cdot \end{bmatrix}.
\tag{38.2}
$$

我们看出, $u_{22} = 0$, 并且确定 l_{32} 的方程是

$$
4 \times 2 + l_{32} \times 0 = 6.
$$

注意, A 不是奇异的. 事实上, 它是良态的.

另一方面, 存在有无穷多个分解的矩阵. 例如

$$
A = \begin{bmatrix} 1 & 1 & 1 \\ 2 & 2 & 1 \\ 3 & 3 & 1 \end{bmatrix}.
\tag{38.3}
$$

例如, 我们有

$$L = \begin{bmatrix} 1 & 0 & 0 \\ 2 & 1 & 0 \\ 3 & 3 & 1 \end{bmatrix}, U = \begin{bmatrix} 1 & 1 & 1 \\ 0 & 0 & -1 \\ 0 & 0 & 1 \end{bmatrix}. \tag{38.4}$$

这里又出现 $u_{22} = 0$，但是我们决定 l_{32} 时有

$$3 \times 1 + l_{32} \times 0 = 3,$$

因此 l_{32} 可以是任意的数．当我们选定 l_{32}，u_{33} 就被唯一决定，对应于任何右端的等价的三角形方程组是

$$\begin{cases} x_1 + x_2 + x_3 = c_1, \\ -x_3 = c_2, \\ x_3 = c_3. \end{cases} \tag{38.5}$$

因此，除非 $c_2 = -c_3$，否则没有解存在．注意，如果 L 是单位三角形矩阵，多重性的必要条件是至少有一个 u_{rr} 应该是零．尽管如此，如果三角型分解存在，那么 A 必定是奇异的，因为 $A = LU$，而 $\det(U)$ 是零．因此，我们知道解存在的充分必要条件是

$$\text{rank}(A \vdots b) = \text{rank}(A).$$

在这种情况下，如果零元仅仅是 u_{nn}，那么中断或多重性都不会发生，但是仅当 $c_n = 0$ 时有解．

有行交换的三角形分解

39. 除了舍入误差之外，Gauss 消去法与三角形分解恒等．显然，选主元素对于分解的数值稳定性是非常重要的．在自动计算机上，执行与部分主元素方法等价的办法十分方便．但是，执行等价于完全主元素方法的办法是不实际的，除非准备使用多达两倍的存贮空间，或者是执行几乎是两倍的运算．

现在我们描述定点运算中与部分主元素方法等价的办法，它由 n 步组成．在第 r 步，我们决定 L 的第 r 列，$(U \vdots c)$ 的第 r 行和 r'．对于 $n = 5$，$r = 3$ 的情形，第 r 步开始时的形状是

$$\begin{bmatrix} u_{11} & u_{12} & u_{13} & u_{14} & u_{15} & c_1 & s_1 \\ l_{21} & u_{22} & u_{23} & u_{24} & u_{25} & c_2 & s_2 \\ l_{31} & l_{32} & a_{33} & a_{34} & a_{35} & b_3 & s_3 \\ l_{41} & l_{42} & a_{43} & a_{44} & a_{45} & b_4 & s_4 \\ l_{51} & l_{52} & a_{53} & a_{54} & a_{55} & b_5 & s_5 \end{bmatrix}. \tag{39.1}$$

$$1' \quad 2'$$

第 r 步如下:

(i) 对于 $t = r, r+1, \cdots, n$:

计算 $a_{tr} - l_{t1}u_{1r} - l_{t2}u_{2r} - \cdots - l_{t,r-1}u_{r-1,r}$, 存储双精度的结果 s_t 在第 t 行的末尾. (注意,如果用浮点累加 s_t 是在完成时舍入的,它没有什么损失.)

(ii) 假定 $|s_r|$ 是 $|s_t|$($t = r, \cdots, n$) 中极大的,那么存储 r' 并且交换第 r 行和第 r' 行整行,包括 l_{ri}, a_{ri}, b_r, s_r. 新的 s_r 舍入为单精度给出 u_{rr},并且覆盖在 a_{rr} 上.

(iii) 对于 $t = r+1, \cdots, n$:

计算 s_t/u_{rr} 给出 l_{tr},并且覆盖在 a_{tr} 上.

(iv) 对于 $t = r+1, \cdots, n$:

计算 $a_{rt} - l_{r1}u_{1t} - l_{r2}u_{2t} - \cdots - l_{r,r-1}u_{r-1,t}$, 在完成内积累加之后舍入结果给出 u_{rt},并覆盖 u_{rt} 在 a_{rt} 上.

(v) 计算 $b_r - l_{r1}c_1 - l_{r2}c_2 - \cdots - l_{r,r-1}c_{r-1}$, 在完成内积累加之后舍入结果给出 c_r. 把 c_r 覆盖在 b_r 上.

表 4

有交换的三角形分解

原方程

0.7321	0.4135	0.3126	0.5163	0.8132
0.2317	0.6123	0.4137	0.6696	0.4753
0.4283	0.8176	0.4257	0.8312	0.2167
0.8653	0.2165	0.8265	0.7123	0.5165

$$1' = 4$$

第一大步后的形状

0.8653	0.2165	0.8265	0.7123	0.5165
0.2678	0.6123	0.4137	0.6696	0.4753
0.4950	0.8176	0.4257	0.8312	0.2167
0.8461	0.4135	0.3126	0.5163	0.8132

(4)

$s_2 = 0.6123 - (0.2678)(0.2165) = 0.55432130$

$s_3 = 0.8176 - (0.4950)(0.2165) = \mathbf{0.71043250}$

$s_4 = 0.4135 - (0.8461)(0.2165) = 0.23031935$

$$2' = 3$$

第二大步后的形状

0.8653	0.2165	0.8265	0.7123	0.5165
0.4950	0.7104	0.0166	0.4786	−0.0390
0.2678	0.7803	0.4137	0.6696	0.4753
0.8461	0.3242	0.3126	0.5163	0.8132

(4) (3)

$s_3 = 0.4137 - (0.2678)(0.8265) - (0.7803)(0.0166) = 0.17941032$

$s_4 = 0.3126 - (0.8461)(0.8265) - (0.3242)(0.0166) = \mathbf{-0.39208337}$

$$3' = 4$$

第三大步后的形状

0.8653	0.2165	0.8265	0.7123	0.5165
0.4950	0.7104	0.0166	0.4786	−0.0390
0.8461	0.3242	−0.3921	−0.2415	0.3888
0.2678	0.7803	−0.4578	0.6696	0.4753

(4) (3) (4)

$s_4 = 0.6696 - (0.2678)(0.7123) - (0.7803)(0.4786) - (-0.4576)(-0.2415)$

$$= \mathbf{-0.00511592}$$

第四大步后的形状

0.8653	0.2165	0.8265	0.7123	0.5165	x	r（准确）
0.4950	0.7104	0.0166	0.4786	−0.0390	9.1	−0.02332
0.8461	**0.3242**	−0.3921	−0.2415	0.3888	70.4	0.03339
0.2678	**0.7803**	−0.4576	−0.0051	0.5453	64.8	0.03005
					−106.9	−0.01166

(4) (3) (4) (4)

$L \times (U \vdots c)$（准确）与行置换后的$(A \vdots b)$比较

0.86530000	0.21650000	0.82650000	0.71230000	0.51650000
0.42832350	0.81756750	0.42571750	0.83118850	0.21666750
0.73213033	0.41349233	0.31258337	0.51633915	0.81316685
0.23172734	0.61230382	0.41371464	0.66961592	0.47527212

我们看出，L 和 U 的元素是按(36.7)指出的顺序得到的，最后的结构是使得 LU 等于作了置换的 A，并且我们已存储了对一个右端作单独处理的充分的信息．这个处理包含 n 步．在第 r 步我们交换右端的第 r 和 r' 行，然后执行运算 (v)．产生每一个元素 C_i 时仅包含一次舍入误差．

注意，对于右端的处理我们已经与 Gauss 消去法一样的方式来安排．我们已经涉及到在 §34 的步(i) 中包含的第 r 和 r' 行整行的交换，然后我们可用内积累加运算执行右端的单独处理．

在表 4 中我们展示了一个矩阵的三角形分解，这个矩阵是表 1 中的 4 阶阵作了行置换．表中说明了在每一步终止时的形状．L 的元素用黑体印刷，尚未改动的元素组成的矩阵（不计交换）用点线框着．

三角形分解的误差分析

40. 与部分主元素的 Gauss 消去法一样，我们可以预料上节的算法得到的极大的 $|u_{ii}|$ 显著地超过极大的 $|a_{ii}|$ 的情形是很少的，并且对于病态矩阵，$|u_{ii}|$ 通常全部小于 $|a_{ii}|$．

如果有必要的话，可以用和 §28 类似的方法来控制元素的大小．我们平衡 A 使得 $|a_{ii}| < \frac{1}{2}$，并且在累加 s_t 和 u_{rt} 时我们在每一个加法之后检查内积；如果它的绝对值超过 $\frac{1}{2}$ 就用 2 除 s_t 或 u_{rt} 和 A, b 的第 t 行或第 r 行的全部元素．注意，当我们累加 s_t 或 u_{rt} 时一次以上的这种除法可能是必要的，与 Gauss 消去法一样，我们预料这样的除法很少出现.

不计舍入误差我们知道 $L(U \vdots c)$ 等于作了行置换的 $(A \vdots b)$．为了简化记号，我们用 $(A \vdots b)$ 表示这个置换后的矩阵，我们现在要求 $L(U \vdots c) - (A \vdots b)$ 的界，假定没有用 2 除的必要，我们有

$$l_{tr} \equiv s_t / u_{rr} + \xi_{tr} \quad \left(|\xi_{tr}| \leqslant \frac{1}{2} 2^{-t} \right), \tag{40.1}$$

其中 l_{tr}, s_t, u_{rr} 称为计算值．因此

$$a_{sr} \equiv l_{s1}u_{1r} + l_{s2}u_{2r} + \cdots l_{s,r-1}u_{r-1,t} + l_{sr}u_{rr} + u_{rr}\xi_{sr}. \quad (40.2)$$

对计算的 u_{rt} 和 c_r，类似地有

$$u_{rt} \equiv a_{rt} - l_{r1}u_{1t} - l_{r2}u_{2t} - \cdots - l_{r,r-1}u_{r-1,t} + \varepsilon_{tr}$$

$$\left(|\varepsilon_{tr}| \leqslant \frac{1}{2} 2^{-t} \right), \quad (40.3)$$

$$c_r \equiv b_r - l_{r1}c_1 - l_{r2}c_2 - \cdots - l_{r,r-1}c_{r-1} + \varepsilon_r$$

$$\left(|\varepsilon_r| \leqslant \frac{1}{2} 2^{-t} \right). \quad (40.4)$$

把 L, U 和 c 的各项集中到一边，关系式(40.2)，(40.3)，(40.4)表明

$$L(U \vdots c) \equiv (A + F, \ b + K), \quad (40.5)$$

$$|f_{ii}| \leqslant \begin{cases} \dfrac{1}{2} 2^{-t} \ (i \leqslant j), \\[2mm] \dfrac{1}{2} |u_{jj}| 2^{-t} \ (i > j), \\[2mm] |k_i| \leqslant \dfrac{1}{2} 2^{-t}. \end{cases} \quad (40.6)$$

因为我们假定了 $|u_{ii}| \leqslant 1$，我们看出所有的 f_{ii} 满足

$$|f_{ii}| \leqslant \frac{1}{2} 2^{-t}.$$

但是，如果某些 $|u_{jj}|$ 比 1 小得多，那么许多元素 $|f_{ii}|$ 也比

$$\frac{1}{2} 2^{-t}$$

小得多。

关系式(40.6)证明，如果我们能作内积累加，有交换的三角形分解是十分精确的方法。当 A 的元素不能用 t 位数表达时，初始数据舍入为 t 位造成的误差通常与三角形化的全部误差的影响一样大．注意，我们不得不说"通常"，这里为了包括那些罕见的情况，即尽管用了交换，U 的某些元素仍是明显地大于 A 的元素．

在表 4 的最后给出 L 和 $(U \vdots c)$ 的准确的乘积，以便与 $(A \vdots b)$ 作比较．可看到最大的差是 0.00003915，是在 (1,4)元素上，这小

于一个舍入误差的极大值.

行列式计算

41. 假设 A 是原矩阵置换后的形式,从关系 $LU = A + F$ 我们推导出

$$\det(A + F) = u_{11}u_{22}\cdots u_{nn}. \tag{41.1}$$

对原来的次序我们必须用 $(-1)^k$ 来乘,其中 k 是 $r' \neq r$ 的 r 的个数.在实际上我们总是用浮点运算计算行列式.所以,计算值 D 给定为

$$D = (1 + \varepsilon)\Pi u_{rr} \ (|\varepsilon| \leqslant (n - 1)2^{-t_1}). \tag{41.2}$$

对于任何合理的值 n,因子 $(1 + \varepsilon)$ 对应一个很小的相对误差.暂且不说这个 D 是 $(A + F)$ 的准确的行列式.如果 $(A + F)$ 的特征值是 λ_i' 而 A 的特征值是 λ_i,我们有

$$\det(A) = \Pi\lambda_i, \ D = (1 + \varepsilon)\Pi\lambda_i'. \tag{41.3}$$

这个结果在实际的特征值问题中是极其重要的.

Cholesky 分解

42. 当 A 是对称正定矩阵时,适当选取 L 的对角线元素可以使得 L 是实的,并且 $U = L^T$.我们用归纳法证明它.设 A_n 是 n 阶正定矩阵,我们可以写

$$A_n = \begin{bmatrix} A_{n-1} & b \\ b^T & a_{nn} \end{bmatrix}, \tag{42.1}$$

其中 A_{n-1} 是 $(n - 1)$ 阶前主子式.因此,它也是正定的(第一章 §27).由归纳法假设,存在矩阵 L_{n-1},使得

$$L_{n-1}L_{n-1}^T = A_{n-1}. \tag{42.2}$$

显然,L_{n-1} 是非奇异的,因为 $[\det(L_{n-1})]^2 = \det(A_{n-1})$.因此,存在 c,使得

$$L_{n-1}c = b. \tag{42.3}$$

现在对任何值 x 我们有

$$\begin{bmatrix} L_{n-1} & O \\ \hline c^T & x \end{bmatrix} \begin{bmatrix} L_{n-1}^2 & c \\ \hline O & x \end{bmatrix} = \begin{bmatrix} A_{n-1} & b \\ \hline b^T & c^T c + x^2 \end{bmatrix}. \quad (42.4)$$

于是，如果我们定义 x 满足关系

$$c^T c + x^2 = a_{nn}. \quad (42.5)$$

我们得到 A_n 的三角形分解。为了证明 x 是实的，取 (42.4) 两边的行列式，得出

$$[\det(L_{n-1})]^2 x^2 = \det(A_n). \quad (42.6)$$

因为 A_n 是正定的，右边是正的，所以 x 是实的并且也可取成正的。因为 $n = 1$ 时结论显然是对的，这就建立了我们的结果。注意，

$$c_1^2 + c_2^2 + \cdots + c_{n-1}^2 + x^2 = a_{nn}. \quad (42.7)$$

因此，如果 $|a_{ii}| < 1$，那么 $|l_{ii}| < 1$，并且从

$$l_{i1}^2 + l_{i2}^2 + \cdots l_{ii}^2 = a_{ii} < 1, \quad (42.8)$$

进一步证明对称分解可以用定点运算实行。显然，行列不需要交换。这种对称分解归功于 Cholesky。

对称非正定矩阵

43. 如果 A 是对称但不是正定的矩阵，不作行列的交换可能没有三角形分解存在。矩阵

$$\begin{bmatrix} 0 & 1 \\ 1 & 0 \end{bmatrix} \quad (43.1)$$

就是一个简单的例子。

即使有三角形分解存在，也不会有一个实的非奇异的 L 使三角形分解为 LL^T 的形式。因为对这样的 L，LL^T 必然是正定的。可是，如果三角形分解确实存在，只要用复运算就可以有形如 LL^T 的分解。有趣的是，此时 L 的每一列或者完全是实的或者完全是虚的。所以我们可写

$$L_n = M_n D_n, \quad (43.2)$$

其中 M_n 是实矩阵，D_n 是对角形矩阵，其对角线元素是 1 或者

$;$. 证明也是用归纳法，并且几乎与 §42 的一样。现在与 (42.7) 对应的式子给出 x^2 的值仍然是实的，但是可能是负的。

我们注意到

$$A_n = L_n L_n^T = M_n D_n D_n M_n^T, \tag{43.3}$$

因此可以避免使用虚量。现在，D_n^2 是对角矩阵，其元素都是 ± 1，如果我们写

$$A_n = (M_n D_n D_n) M_n^T = N_n M_n^T, \tag{43.4}$$

这给出 A_n 的一个三角形分解。其中 N_n 的每一列或者与 M_n^T 对应的行相等，或者与对应行符号相反。另一个办法是，我们可以把 D_n 中的符号与 N_n 和 M_n 结合起来，使得 M_n 的对角线元素全为正。于是两个矩阵都由 N_n 来表示，例如

$$N_n = \begin{bmatrix} 1 & 0 & 0 & 0 \\ 2 & -1 & 0 & 0 \\ 1 & 2 & -1 & 0 \\ 1 & 1 & 1 & 1 \end{bmatrix}, \quad \text{那么} \quad M_n^T = \begin{bmatrix} 1 & 2 & 1 & 1 \\ 0 & 1 & -2 & -1 \\ 0 & 0 & 1 & -1 \\ 0 & 0 & 0 & 1 \end{bmatrix}. \tag{43.5}$$

可是，不能过分强调不正定的矩阵的对称分解，因为它不具有正定矩阵的数值稳定性。为了保证稳定，我们必须用交换，但是交换破坏了对称性。虽然在每一阶段选取最大的对角线元素（这相当于行列作同样的交换）保持对称性，但是稳定性得不到保证。

定点运算 Cholesky 分解的误差分析

44. 我们只讨论正定的情况，我们证明，如果

(i) $|a_{ii}| < 1 - (1.00001)2^{-t}$,

(ii) $\lambda_n = 1/\|A^{-1}\| > \dfrac{1}{2}(n+2)2^{-t}$, \hfill (44.1)

那么，用有内积累加的定点运算计算 Cholesky 分解给出的 L 满足

$$LL^T = A + F, \quad |l_{ii}| \leqslant 1, \tag{44.2}$$

$$|f_{rs}| \leqslant \begin{cases} \dfrac{1}{2}\, l_{rr} 2^{-t} \leqslant \dfrac{1}{2}\, 2^{-t} & (r > s), \\[2mm] \dfrac{1}{2}\, l_{ss} 2^{-t} \leqslant \dfrac{1}{2}\, 2^{-t} & (r < s), \\[2mm] (1.00001) l_{rr} 2^{-t} \leqslant (1.00001) 2^{-t} & (r = s). \end{cases} \tag{44.3}$$

证明是用归纳法. 假定 L 的元素我们已经计算到 $l_{r,s-1}(s-1 < r)$,且这些元素对应 $(A + F_{r,s-1})$ 的准确的分解,其中 $F_{r,s-1}$ 对于 $i,j \leqslant r-1$ 是对称的; $i = r$, $j \leqslant s-1$; $j = r$, $i \leqslant s-1$, 在 (i,j) 位置的元素满足关系 (44.2) 和(44.3),其他是零. 于是,我们利用 (ii) 有

$$\begin{aligned} \lambda_{\min}(A + F_{r,s-1}) &> \lambda_{\min}(A) + \lambda_{\min}(F_{r,s-1}) \\ &> \lambda_n - \frac{1}{2}(r + 2) 2^{-t} \\ &> 0, \end{aligned} \tag{44.4}$$

并且 $|(A + F_{r,s-1})_{ii}| \leqslant 1$. 因此 $(A + F_{r,s-1})$ 是正定的,其元素的模不大于 1. 所以它有一个准确的三角型分解,其中包含我们已经有的直到 $l_{r,s-1}$ 的元素. 现在我们考虑表达式

$$\frac{a_{rs} - l_{r1}l_{s1} - l_{r2}l_{s2} - \cdots - l_{r,s-1}l_{s,s-1}}{l_{ss}} = x, \tag{44.5}$$

其中 l_{ii} 是我们已经计算的元素. 这个表达式是 $(A + F_{r,s-1})$ 的三角形分解的 (r,s) 元素,因此它的模以 1 为界. 现在由定义可知, $fi_2(x)$ 是正确地舍入的 x 值,因此它的模也不大于 1. 对于计算的 l_{rs},我们有

$$l_{rs} \equiv \left(\frac{a_{rs} - l_{r1}l_{s1} - l_{r2}l_{s2} - \cdots - l_{r,s-1}l_{s,s-1}}{l_{ss}} \right) + \xi_{rs}$$

$$\left(|\xi_{rs}| \leqslant \frac{1}{2}\, 2^{-t} \right). \tag{44.6}$$

这意味着

$$(LL^T)_{rs} \equiv a_{rs} + l_{ss}\xi_{rs} \equiv a_{rs} + f_{rs}, \tag{44.7}$$

其中

$$|t_{rs}| \leqslant \frac{1}{2} \, l_{ss} 2^{-t} \leqslant \frac{1}{2} \, 2^{-t}. \tag{44.8}$$

对直到 l_{rs} 为止的元素我们已经建立了所要求的不等式. 要完成归纳法的证明, 我们还需考虑对角线元素 l_{rr} 的计算. 如果我们写

$$y^2 = a_{rr} - l_{r1}^2 - l_{r2}^2 - \cdots - l_{r,r-1}^2, \tag{44.9}$$

那么 y 是 $(A + F_{r,r-1})$ 的准确的三角形分解的 (r, r) 元素, 所以它落在 0 到 1 的范围内. 因此,

$$l_{rr} = li_2[(a_{rr} - l_{r1}^2 - l_{r2}^2 - \cdots - l_{r,r-1}^2)^{\frac{1}{2}}]$$
$$\equiv y + \varepsilon \ (|\varepsilon| < (1.00001)2^{-t-1}, \text{由第三章§10 得}).$$
$$\tag{44.10}$$

其中我们假定了平方根的子程序总是给出不大于 1 的结果. 因此,

$$l_{rr}^2 \equiv y^2 + 2\varepsilon y + \varepsilon^2$$

或者

$$l_{r1}^2 + l_{r2}^2 + \cdots + l_{rr}^2 \equiv a_{rr} + 2\varepsilon y + \varepsilon^2$$
$$\leqslant a_{rr} + 2\varepsilon y + 2\varepsilon^2 = a_{rr} + 2\varepsilon l_{rr}, \tag{44.11}$$

这给出

$$(LL^T)_{rr} \equiv a_{rr} + f_{rr} \ (|f_{rr}| \leqslant (1.00001)l_{rr}2^{-t}). \tag{44.12}$$

现在我们的结果已完全建立了.

如果用 $fl_2(\ )$, 我们可以得到类似的结果. 略去 2^{-2t} 阶的元素, 对应的界本质上是

$$|f_{rs}| \leqslant \begin{cases} |l_{rs}l_{ss}|2^{-t} & (r > s), \\ |l_{rs}l_{rr}|2^{-t} & (r < s), \\ l_{rr}^2 2^{-t} & (r = s). \end{cases} \tag{44.13}$$

病态矩阵

45. 如果大多数 l_{rs} 都比 1 小得多, 这些界表明, 对绝大多数元素来说, LL^T 与 A 的差比 $\frac{1}{2} 2^{-t}$ 小得多, 并且很可能在三角形

分解中产生的误差与必须用 t 位表示时矩阵元素的初始舍入产生的误差相比，显得无关紧要．

在表 5 中我们展示了一个十分病态的矩阵 H 的三角形化．这个矩阵是用 1.8444 乘 5 阶的 Hilbert 矩阵得来的，这样做是为了避免原矩阵的表示中发生误差．计算是用 8 位十进位和 $fl_2(\ )$ 执行的．LL^T 与 H 的差也给出了．注意，它的绝大多数元素都远远小于 $\frac{1}{2}10^{-8}$ 数量级．这个例子的有趣的特点是，在 $(LL^T - H)$ 的元素中，最小的那些元素的摄动对于解有最大的影响．这个结果可以和 Wilkinson（1961b）用有累加的定点运算的结果相比较．

我们会看到，$(LL^T - H)$ 的元素，用浮点计算的比定点计算的更小．（关于 Hilbert 矩阵的条件及有关课题，见 Todd（1950, 1961）．）

用初等 Hermite 矩阵的三角形化

46. 现在我们转到别的三角形化方法，其存在性已在 §15 证明．我们先叙述一个属于 Householder（1958b）的方法．这个方法以初等 Hermite 矩阵为基础，为了便于与第三章 §37～§45 的一般性分析作比较，我们着重讨论第 $(r+1)$ 次变换．全过程有 $(n-1)$ 步，在第 r 步完成时 A_r 的前 r 列已经是上三角型．我们可以写

$$A_r = \left[\begin{array}{c|c} U_r & V_r \\ \hline O & W_{n-r} \end{array}\right]^r, \qquad (46.1)$$

其中 U_r 是 r 阶上三角形矩阵，在第 $(r+1)$ 步中我们用如下形式的矩阵 P_r 代替 Gauss 消去法中的 N_{r+1}．

$$P_r = \left[\begin{array}{c|c} I & O \\ \hline O & I - 2vv^T \end{array}\right]^r, \quad \|v\|_2 = 1, \qquad (46.2)$$

我们有

$$A_{r+1} = P_r A_r = \left[\begin{array}{c|c} U_r & V_r \\ \hline O & (I - 2vv^T)W_{n-r} \end{array}\right], \qquad (46.3)$$

表 5

H 的上三角部分（对称的）

$$
\begin{bmatrix}
0.90720 & 0.60480 & 0.45360 & 0.36288 & 0.30240 \\
 & 0.45360 & 0.36288 & 0.30240 & 0.25920 \\
 & & 0.36288 & 0.30240 & 0.25920 & 0.22680 \\
 & & & 0.30240 & 0.25920 & 0.22680 & 0.20160 \\
 & & & & & 0.22680 & 0.20160 & 0.18144
\end{bmatrix}
$$

L^T

$$
\begin{bmatrix}
10^0(0.95247047) & 10^0(0.63498032) & 10^0(0.47623524) & 10^0(0.38098819) & 10^0(0.31749016) \\
 & 10^0(0.22449943) & 10^0(0.26939933) & 10^0(0.26939934) & 10^0(0.25657079) \\
 & & 10^{-1}(0.54990883) & 10^{-1}(0.94270103) & 10^{0}(0.11783769) \\
 & & & 10^{-1}(0.13606703) & 10^{-1}(0.30237004) \\
 & & & & 10^{-1}(0.33808914)
\end{bmatrix}
$$

$10^6(LL^T - H)$

$$
\begin{bmatrix}
10^0(-0.37779791) & 10^0(0.38311504) & 10^0(0.28733628) & 10^{-1}(0.3937493) & 10^0(0.19155752) \\
 & 10^{-1}(0.8576273) & 10^0(0.11178587) & 10^0(0.10747970) & 10^{-1}(-0.4966991) \\
 & & 10^{-2}(0.35426189) & 10^{-3}(0.4728749) & 10^{-2}(0.925937) \\
 & & & 10^{-3}(-0.1927482) & 10^{-3}(-0.2891118) \\
 & & & & 10^{-4}(0.1404996)
\end{bmatrix}
$$

$(L^T)^{-1}$

$$
\begin{bmatrix}
10^0(0.10499013) & 10^1(-0.29695696) & 10^2(0.5454509) & 10^1(-0.83992292) & 10^2(0.11736933) \\
 & 10^1(0.4545543) & 10^2(-0.21821801) & 10^2(0.62994193) & 10^3(-0.1408519) \\
 & & 10^2(0.1818483) & 10^3(-0.12598835) & 10^3(0.4929216) \\
 & & & 10^3(0.7349189) & 10^3(-0.65728637) \\
 & & & & 10^3(0.29577998)
\end{bmatrix}
$$

因此只有 W_{n-r} 被修改。我们应该选取 v 使得 $(I-2vv^T)W_{n-1}$ 的第一列除了第一个元素外全是零。这恰巧就是在第三章 §37~ §45 中已经分析过的问题。如果用

$$a_{r+1,r+1}, \quad a_{r+2,r+1}, \cdots, a_{n,r+1} \qquad (46.4)$$

表示 W_{n-r} 的第一列元素,为方便起见略去上标,我们可以写

$$I-2vv^T = I-uu^T/2K^2, \qquad (46.5)$$

其中

$$u_1 = a_{r+1,r+1} \mp S, \quad u_i = a_{r+i,r+1} \ (i=2,\ 3,\cdots,\ n-r),$$
$$S^2 = \sum_{i=1}^{n-r} a_{r+i,r+1}^2, \ 2K^2 = S^2 \mp a_{r+1,r+1}S = \mp u_1 S. \qquad (46.6)$$

于是新的 $(r+1,\ r+1)$ 元素是 $\pm S$。为了数值稳定,我们选择符号使得

$$|u_1| = |a_{r+1,r+1}| + S. \qquad (46.7)$$

修正的矩阵 $(I-uu^T/2K^2)W_{n-r}$ 是由 $(I-2vv^T)W_{n-r}$ 计算的,其步骤是

$$p^T = u^T W_{n-r}/2K^2, \qquad (46.8)$$

$$(I-2vv^T)W_{n-r} = W_{n-r} - up^T. \qquad (46.9)$$

如果已知一个右端或者多个右端,在执行三角形化的第 $(r+1)$ 步时我们可以用 P_r 乘当时的右端。可是如果我们要解的方程,其右端在三角形化之后才决定,那么我们必须存储全部有关的信息。最方便的办法是存储 u 的 $(n-r)$ 个元素,覆盖在 W_{n-r} 的第一列占有的 $(n-r)$ 个位置上。因为从 (46.6) 知,

$$u_i = a_{r+i,r+i} \quad (i=2,\cdots,n-r),$$

所有的元素除 u_1 之外都已经在自己的存储位置上。这意味着我们需要单独存储上三角形矩阵的对角线元素。由于在回代时对角线元素的使用与其他元素不同,这样做并不是不适当的。我们也要用 $2K^2$ 的值,但是这些值可以从关系 $2K^2 = \mp u_1 S$ 来决定。如果采用后一个办法,在 A_0 提供的位置之外只需要 n 个额外的存储位置,我们称这个方法为 Householder 三角形化。

Householder 三角形化的误差分析

47. 在第三章，§42—§45 中给出的一般性误差分析比 Householder 三角形化涉及的内容更多。事实上，有关的界可以稍微缩小一些。在第三章 §45 中，对于 $\|\bar{A}_{n-1} - P_{n-2}P_{n-3}\cdots P_0 A_0\|_E$ 给出了一个界，其中 $\bar{A}_{n-1}$ 是第 $(n-1)$ 次计算的变换，P_r 是对应于计算的 $\bar{A}_r$ 的准确的初等 Hermite 矩阵。（下面我们加了一杠以便于与以前的分析作比较）。对于我们现在的目的，更有关系的界是 $\bar{A}_{n-1} - \bar{P}_{n-2}\bar{P}_{n-3}\cdots\bar{P}_0 A_0$ 的界。如果

$$\bar{A}_{n-1} - \bar{P}_{n-2}\bar{P}_{n-3}\cdots\bar{P}_0 A_0 = F, \tag{47.1}$$

那么，

$$\bar{A}_{n-1} = \bar{P}_{n-2}\bar{P}_{n-3}\cdots\bar{P}_0[A_0 + (\bar{P}_{n-2}\bar{P}_{n-3}\cdots P_0)^{-1}F]. \tag{47.2}$$

因此我们看出，$\bar{P}_r$ 接近真正的初等 Hermite 矩阵的重要性，仅仅在于保证 $\bar{P}_r^{-1}$ 是几乎正交的，因而 $\|(\bar{P}_{n-2}\bar{P}_{n-3}\cdots\bar{P}_0)^{-1}F\|_E$ 不明显地大于 $\|F\|_E$。第三章的(42.3)中的项 $(9.01)2^{-t}\|A_0\|_E$ 不出现在我们当前的分析中。第三章的关系式 (44.4) 中的项 $(3.35)2^{-t}\|A_0\|_E$ 仍出现。读者可以验证，我们有

$$\bar{A}_{n-1} = \bar{P}_{n-2}\bar{P}_{n-3}\cdots\bar{P}_0(A_0 + G), \tag{47.3}$$

其中

$$\|G\|_E \leqslant (3.35)(n-1)[1 + (9.01)2^{-t}]^{n-2}2^{-t}\|A_0\|_E. \tag{47.4}$$

类似地，

$$\bar{b}_{n-1} = \bar{P}_{n-2}\bar{P}_{n-3}\cdots\bar{P}_0(b_0 + k), \tag{47.5}$$

$$\|k\|_2 = (3.35)(n-1)[1 + (9.01)2^{-t}]^{n-1}2^{-t}\|b_0\|_2. \tag{47.6}$$

用 M'_{ji} 型初等稳定矩阵的三角形化

48. 在部分主元素 Gauss 消去法的第 r 步中，我们可以用比较简单的矩阵

$$M'_{r+1,r}, M'_{r+2,r}, \cdots, M'_{nr}$$

的乘积来代替单个的初等稳定矩阵 N'_r。在这种情况下，第 r 步细分为 $(n-r)$ 小步，每一小步引进一个零。对于 $n=6$ 的情况，第

三步的第二小步完成后矩阵的形式是

$$
\begin{bmatrix}
u_{11} & u_{12} & u_{13} & u_{14} & u_{15} & u_{16} & c_1 \\
n_{21} & u_{22} & u_{23} & u_{24} & u_{25} & u_{26} & c_2 \\
n_{31} & n_{32} & a_{33} & a_{34} & a_{35} & a_{36} & b_3 \\
n_{41} & n_{42}^* & n_{43} & a_{44} & a_{45} & a_{46} & b_4 \\
n_{51}^* & n_{52} & n_{53}^* & a_{54} & a_{55} & a_{56} & b_5 \\
n_{61} & n_{62}^* & n_{63} & a_{64} & a_{65} & a_{66} & b_6
\end{bmatrix} .
\tag{48.1}
$$

我们用 u_{ij} 和 c_i 表示前两行的元素，因为它们已是最终的结果。当我们按下述步骤执行第 r 步时就会明白 (48.1) 中的星号的意义。

对于 i 从 $(r+1)$ 到 n：

(i) 比较 a_{rr} 和 a_{ir}. 如果 $|a_{ir}| > |a_{rr}|$，交换元素 a_{ri} 和 a_i $(j = r, \cdots, n)$ 交换 b_r 和 b_i.

(ii) 计算 a_{ir}/a_{rr} 作为 n_{ir} 并覆盖在 a_{ir} 上。如果在 (i) 中进行了交换，那么就给 n_{ir} 打上星号。

(iii) 对于 j 从 $(r+1)$ 到 n：
计算 $a_{ij} - n_{ir}a_{rj}$ 并覆盖在 a_{ij} 上。

(iv) 计算 $b_i - n_{ir}b_r$ 并覆盖在 b_i 上。
实际上我们可以牺牲每一个 n_{ir} 的最后一位。如果在计算 n_{ir} 之前发生交换，我们在该位记上"1"，否则记上"0"。显然，对于单独处理一个右端，我们已经存储了足够的信息。

这个算法在稳定性方面可以与部分主元素的 Gauss 消去法比美，虽然对于 A_0 的等价摄动它不可能得到很小的上界。它不适宜于作内积累加，并且如前所述，这个方法几乎没有什么可以推荐在部分主元素 Gauss 消去法中使用。

前主子式的计算

49. 重新安排 §48 的算法，有很大的好处。重新安排的方法也有 $(n-1)$ 步，但是在前 $(r-1)$ 步中仅仅涉及 $(A_0 \vdots b_0)$ 的前 r 行。对于 $n = 6, r = 3$ 的情况，在前 $(r-1)$ 步完成时，矩阵

的形式为

$$\begin{bmatrix} a_{11} & a_{12} & a_{13} & a_{14} & a_{15} & a_{16} & b_1 \\ n_{21} & a_{22} & a_{23} & a_{24} & a_{25} & a_{26} & b_2 \\ n_{31} & n_{32} & a_{33} & a_{34} & a_{35} & a_{36} & b_3 \\ a_{41} & a_{42} & a_{43} & a_{44} & a_{45} & a_{46} & b_4 \end{bmatrix}. \tag{49.1}$$

第 $(r+1)$ 行是 A_0 的没有修改过的行；第 1 行到第 r 行已经加工过. 加工的方式在下述的第 r 步的说明中指出.

对于 i 从 1 到 r:

(i) 比较 a_{ii} 和 $a_{r+1,i}$. 如果 $|a_{r+1,i}| > |a_{ii}|$,那么交换 $a_{r+1,j}$ 和 $a_{ij}(j=i,\cdots,n)$ 以及 b_{r+1} 和 b_i.

(ii) 计算 $a_{r+1,i}/a_{ii}$ 作为 $n_{r+1,i}$,并覆盖在 $a_{r+1,i}$ 上. 如果在 (i) 步发生交换,那么给 $n_{r+1,i}$ 打上星号.

(iii) 对于 j 从 $(i+1)$ 到 n:

计算 $a_{r+1,j} - n_{r+1,i}a_{ij}$ 并覆盖在 $a_{r+1,j}$ 上.

(iv) 计算 $b_{r+1} - n_{r+1,i}b_i$ 并覆盖在 b_{r+1} 上.

这个格式有两个优点.

(I) 如果不希望保留 n_{ii},亦即如果以后没有几个右端要加工,那么有一个右端的这种情况下极大的存储量是

$$[(n+1) + n + (n-1) + \cdots + 3] + n + 1.$$

因为到需要最后一个方程时,前 $(n-1)$ 个方程已经几乎简化为三角形了.

(II) 从我们的观点来看,更重要的是在第 r 步中,可以计算 A_0 的 $(r+1)$ 阶前主子式；并且如果我们希望不作任何第 $r+2$ 到第 n 行的计算,我们可以在第 r 步停止. $(r+1)$ 阶前主子式 p_{r+1} 被决定如下.

如果保存从第一步起发生的交换总次数 k,那么在第 r 步结束时有

$$p_{r+1} = (-1)^k a_{11}a_{22}\cdots a_{r+1,r+1}, \tag{49.2}$$

其中 a_{ii} 是当时的值.

我们常常只需要 p_{r+1} 的符号. 这可以在第 r 步得到如下:

假定开始时我们知道 p_r 的符号. 那么每次执行上述步 (i) 时,如果作了交换,并且 a_{ii} 与 $a_{r+1,i}$ 同号,我们就改变这个符号. 在完成第 r 步之后,如果 $a_{r+1,r+1}$ 是负的,我们再改变一次符号.

用 §48 的算法能得到这些子式,但是我们叙述的这个方法更为方便. 如果用部分主元素或完全主元素 Gauss 消去法以及用 Householder 三角形化,一般地都不能得到这些前主子式.

用平面旋转的三角形化

50. 最后我们考虑用平面旋转的三角形化 (Givens, 1959). 这种方法与用 M_{ii} 为基础的算法十分接近. 我们有一个类似于 §48 的算法,其中第 r 步由分别左乘在平面 $(r, r+1)$, $(r, r+2)$, $\cdots, (r, n)$ 上的旋转组成. 第 r 列中的零是一个一个产生的. 第 r 步如下. (注意,与 §48 的十分类似)

对于 i 从 $(r+1)$ 到 n:

(i) 计算 $x = (a_{rr}^2 + a_{ir}^2)^{\frac{1}{2}}$.

(ii) 计算 $\cos\theta = a_{rr}/x$, $\sin\theta = a_{ir}/x$. 如果 $x = 0$, 取 $\cos\theta = 1$, $\sin\theta = 0$. 把 x 覆盖在 a_{rr} 上.

(iii) 对于 j 从 $(r+1)$ 到 n:

计算 $a_{rj}\cos\theta + a_{ij}\sin\theta$ 和 $-a_{rj}\sin\theta + a_{ij}\cos\theta$ 并分别覆盖在 a_{rj} 和 a_{ij} 上.

注意,因为 $\cos\theta$ 和 $\sin\theta$ 都必需容纳,我们没有余地把每一个旋转的信息存储在元素已化为零的位置中. 诚然,我们可以只存储这两个信息中的一个,另一个再重新推导出来,但这不是有效的. 如果要保证数值稳定性,我们必须存储数值上较小的那个并记住这两个中哪一个被存储了!

51. 这个变换可以重新安排,它类似于 §48 叙述的重新安排的方法. 在这种新格式中,前 $(r-1)$ 步不改变第 $(r+1)$ 到第 n 行. 第 r 步如下:

对 i 从 1 到 r:

(i) 计算 $x^2 = (a_{ii}^2 + a_{r+1,i}^2)$.

(ii) 计算 $\cos\theta = a_{ii}/x$, $\sin\theta = a_{r+1,i}/x$. x 覆盖在 a_{ii} 上.

(iii) 对 j 从 $(i+1)$ 到 n:

计算 $a_{ij}\cos\theta + a_{r+1,j}\sin\theta$ 和 $-a_{ij}\sin\theta + a_{r+1,j}\cos\theta$, 分别覆盖在 a_{ij} 和 $a_{r+1,j}$ 上.

(iv) 计算 $b_i\cos\theta + b_{r+1}\sin\theta$ 和 $-b_i\sin\theta + b_{r+1}\cos\theta$, 并分别覆盖在 b_i 和 b_{r+1} 上.

因为每一个旋转矩阵的行列式都是 $+1$, 因此在第 r 步完成为 $(r+1)$ 阶的前主子式的行列式 p_{r+1} 为

$$p_{r+1} = a_{11}a_{22}\cdots a_{r+1,r+1}. \tag{51.1}$$

用平面旋转的三角形化, 无论其格式是像 §50 的, 还是我们刚刚描述的那样, 都称为 Givens 三角形化.

Givens 约化的误差分析

52. 在第三章 §§20—36 中给出的误差分析已充分概括了 Givens 三角形化, 与 Householder 三角形化一样, 其界可以稍为缩减.

对于标准的浮点计算, 我们能够证明, 假如最后计算得的方程组是 $\bar{A}_N x = \bar{b}_N$, 那么

$$\bar{A}_N = \bar{R}_N \cdots \bar{R}_2 \bar{R}_1(A_0 + G), \tag{52.1}$$

$$\bar{b}_N = \bar{R}_N \cdots \bar{R}_2 \bar{R}_1(b_0 + g), \tag{52.2}$$

其中

$$\|G\|_E \leqslant \alpha\|A\|_E, \quad \|g\|_2 \leqslant \alpha\|b_0\|_2, \tag{52.3}$$

并且

$$\alpha \leqslant 3n^{\frac{1}{2}}2^{-t}\left[\frac{1+6\cdot 2^{-t}}{1-(4\cdot 3)2^{-t}}\right]^{2n-4}. \tag{52.4}$$

对于使 α 明显地小于 1, 等价的摄动的 Euclid 范数实际上是以 $kn^{\frac{1}{2}}2^{-t}\|A_0\|_E$ 为界的任何 n, 关于 α 的最后一个因子是不重要的.

对于定点计算, 利用逐次引进的零元始终保持为零的特点, 可以改善第三章的结果. 此外, 根据第三章的分析作一个简单的推导可知: 如果每一列都引入比例因子使得它的 2 范数小于

$$1 - \frac{5}{2} n^2 2^{-t} \text{ (比如说),}$$

那么在约化过程中没有一个元素会超出范围. 因此, 如果我们只用 2 的幂作比例因子, 我们也能保证

$$\frac{1}{2} n^{\frac{1}{2}} \left(1 - \frac{5}{2} n^2 2^{-t} \right) \leqslant \|A_0\|_E \leqslant n^{\frac{1}{2}} \left(1 - \frac{5}{2} n^2 2^{-t} \right), \quad (52.5)$$

而且在计算中没有超过数值范围的危险. 事实上, 用这种比例因子, 每一列的 2 范数在每一阶段都保持小于 1. 在 A_0 上的等价摄动的界可以用多种方式来表示, 但是用这种比例因子的, 我们自然有

$$\|G\|_E \leqslant \frac{3}{2} n^{\frac{1}{2}} 2^{-t} < 3n^2 2^{-t} \|A_0\|_E / \left(1 - \frac{5}{2} n^2 2^{-t} \right). \quad (52.6)$$

类似地, 如果 b_0 以同样的方式引进比例因子, 我们必定有

$$\|g\|_2 < 0.4n^2 2^{-t} < 0.8n^2 2^{-t} \|b_0\|_2. \quad (52.7)$$

正交三角形化的唯一性

53. 如果我们用 Q^T 表示用 Givens 或者用 Householder 三角形化引进的正交变换矩阵的乘积, 我们得到

$$Q^T A_0 = U, \quad (53.1)$$

其中 Q^T 是正交矩阵, U 是上三角型. 我们可以写为

$$A_0 = QU. \quad (53.2)$$

现在我们证明, 如果 A_0 是非奇异的并且表示为 (53.2) 的形式, 那么 Q 和 U 在本质上是唯一的. 事实上若

$$Q_1 U_1 = Q_2 U_2, \quad (53.3)$$

则有

$$Q_2^T Q_1 = U_2 U_1^{-1} = V. \quad (53.4)$$

因此, V 也是上三角型, U_1 的非奇异性是因 A_0 的非奇异性得到的. 既然 $Q_2^T Q_1$ 是正交的, 因而

$$V^T V = I. \quad (53.5)$$

上式两边的元素相等, 我们发现 V 必定是如下形式:

$$V = D = \operatorname{diag}(d_{ii}), \quad d_{ii} = \pm 1. \tag{53.6}$$

因此，除了与 Q 的列和 U 的行相关联的符号之外，分解 (53.2) 是唯一的. 类似地，如果 A_0 是复的、非奇异的，我们可以证明除了元素的模是一的对角形因子之外，酉三角形分解是唯一的.

读者可能想知道在 Givens 三角形化中，在第 r 列产生零元的旋转矩阵的乘积是否等于在 Householder 方法中产生同样的零元的初等 Hermite 矩阵. 如果我们考虑在第一列引进零元的旋转，马上可以看出，它们并不相等. 这些旋转是在平面

$$(1,2), \ (1,3), \cdots, (1,n)$$

上的. 对于 $n = 6$ 的情况相应的矩阵乘积的形式是

$$\begin{bmatrix} \times & \times & \times & \times & \times & \times \\ \times & \times & 0 & 0 & 0 & 0 \\ \times & \times & \times & 0 & 0 & 0 \\ \times & \times & \times & \times & 0 & 0 \\ \times & \times & \times & \times & \times & 0 \\ \times & \times & \times & \times & \times & \times \end{bmatrix}. \tag{53.7}$$

在指明的位置上总存在由零元构成的三角形. 而另一方面，在 Householder 交换中，第一个矩阵通常在这些位置上没有零元，并且总是对称的.

Schmidt 正交化

54. 如果我们对 (53.2) 中对应的列列等式，那么得到

$$\begin{cases} a_1 = u_{11}q_1, \\ a_2 = u_{12}q_2 + u_{22}q_2, \\ \quad \cdots\cdots\cdots \\ a_r = u_{1r}q_1 + u_{2r}q_2 + \cdots + u_{rr}q_r, \end{cases} \tag{54.1}$$

其中 a_r 和 u_r 分别表示 A 和 U 的第 r 列. 我们可以利用这些等式和正交条件来决定 q_i 和 u_{ii}，过程由 n 步组成. 在第 r 步，用前面计算的量决定 $u_{1r}, u_{2r}, \cdots, u_{rr}$ 和 q_r. 事实上，我们有

$$u_{ir} = q_i^T a_r \quad (i = 1, \cdots, r-1), \tag{54.2}$$

$$u_{rr} = \pm \|a_r - u_{1r}q_1 - \cdots - u_{r-1,r}q_{r-1}\|_2. \qquad (54.3)$$

第二个等式表明存在一点自由度。在复的情况下我们可以取任意一个模为 1 的复数来代替 ±1. 从 a_i 决定正交组 q_i 通常称为 Schmidt 正交化过程

55. 用准确的运算，Schmidt 过程给出的矩阵 Q, U 与 Givens 或 Householder 方法给出的是一致的（不计符号的差别）。可是，在实际上，用等式(54.1)到(54.3)导出的矩阵 Q 与 Givens 的或者 Householder 方法的变换阵的转置相乘得到的矩阵可能完全不同。从第三章的误差分析我们知道，尽管我们很少会去形成后一种矩阵的乘积，但是它对任何适当的 n 都应非常接近于正交矩阵。然而，用(54.1)到(54.3)得到的向量 q_i 可能任意地偏离正交性。

乍一看，这似乎十分惊人，因为 Schmidt 方法是专门用于产生正交向量的。可是，我们考虑二阶矩阵

$$A = \begin{bmatrix} 0.63257 & 0.56154 \\ 0.31256 & 0.27740 \end{bmatrix}. \qquad (55.1)$$

在 Schmidt 方法中，第一步给出

$$u_{11} = 0.70558, \quad q_1^T = (0.89652, 0.44298); \qquad (55.2)$$

第二步给出 $u_{12} = 0.62631$. 所以我们得到

$$u_{22}q_2^T = a_2^T - u_{12}q_1^T = (0.00004, -0.00004). \qquad (55.3)$$

在 (55.3) 右边的计算中，发生严重的相约，计算的结果相对误差大。（不管定点或者是浮点都是如此。）因此，规范化右边的向量给出 q_2, 它甚至并不近似地正交于 q_1！这个使我们确信这种现象与矩阵的阶数高低无关，也不能认为，它是"大量舍入误差的积累带来的影响"。

自然要问，从 Givens 或者 Householder 方法得到的计算的正交矩阵是否逼近用上述三个方法作准确计算产生的唯一的正交矩阵呢。回答是：一般来说我们不能保证。我们在第三章的误差分析保证这些矩阵"几乎正交"，但是它们并不逼近相应的准确计算的矩阵。（在第五章 §28 中，我们将通过正交相似变换来说明这一点。）在某些计算中，Q 的正交性是极为重要的。例如，在对称矩

阵的 QR 算法中（第八章），导出矩阵 A 的 QU 分解之后要计算矩阵 UQ. 因为我们有 $UQ = Q^{-1}(QU)Q = Q^{-1}AQ$，这样导出的矩阵是 A 的一个相似变换。但是，仅当 Q 是正交时，它才是对称的。刚才我们讨论的 Schmidt 方法的现象在研究解特征值问题的 Arnoldi 的方法时还要涉及到（第六章，§32）。

Schmidt 方法需要的乘法量是 n^3，然而 Householder 和 Givens 三角形化需要的分别是 $\frac{2}{3}n^3$ 和 $\frac{4}{3}n^3$. Householder 和 Givens 方法给出的正交矩阵的确仅仅是因子的形式。但是，在实际上这种形式常常更方便。计算 Householder 变换的乘积还需要 $\frac{2}{3}n^3$ 次乘法，因此即使需要正交矩阵本身，Householder 方法也是十分经济的。此外，如果我们希望用 Schmidt 方法得到一个"正交性比较好"的矩阵，在每一个阶段向量的再正交化是必不可少的，为此需要增加 n^3 次乘法（见第六章）。

三角形化方法的比较

56. 现在我们来比较用稳定的初等变换和用初等正交变换的方法。

对于正定对称矩阵的情况三角形化方法的选择是十分肯定的。对称的 Cholesky 分解具有许多优点。不需要交换，用定点运算可以方便地执行。应用给定精度的计算，如果有内积累加，其误差的界小得像任何方法可能期望的那样小。它充分利用了对称性的优点并只需要 $n^3/6$ 次乘法。值得注意的是，不计舍入误差，我们有

$$A = LL^T，\text{并且 } A^{-1} = (L^T)^{-1}L^{-1}. \tag{56.1}$$

因而，

$$\|A\|_2 = \|L\|_2^2 \text{ 和 } \|A^{-1}\|_2 = \|L^{-1}\|_2^2. \tag{56.2}$$

在此，L 的谱条件数等于 A 的谱条件数的平方根是最令人满意的情况。如果 A 是带型的，即 $a_{ij} = 0(|i - j| > k)$，那么 $l_{ij} = 0$ $(|i - j| > k)$，所以，这种形式利用了全部优点，存在唯一的非

议也许是它需要 $n-1$ 个平方根，而普通的 Gauss 消去法，一个平方根计算也不要.

57. 现在我们转到更一般的情况,这时判定那一个方法好就不那么明确. 如果矩阵完全是一般性的,我们讨论过的四个方法的计算量大约如下:

(I) 部分主元素或完全主元素 Gauss 消去法: $\frac{1}{3}n^3$ 次乘法.

(II) 用形如 M'_{ji} 的矩阵三角形化: $\frac{1}{3}n^3$ 次乘法.

(III) Householder 三角形化: $\frac{2}{3}n^3$ 次乘法, n 次开方.

(IV) Givens 三角形化: $\frac{4}{3}n^3$ 乘法, $\frac{1}{2}n^2$ 次开方.

在速度方面,方法(I)和(II)比(III)和(IV)优越并且比较简单. 在许多计算机上,(I)和(II)可以用双精度执行,所花的时间与(IV)用单精度执行时差不多. 遗憾的是,就数值稳定性来说,从严格的理论观点来看, (I)和(II)是相当不满意的. 我们已经看到,如果我们用部分主元素, 最后一个主元素可能达到原矩阵极大元素的 2^{n-1} 倍. 因此,对于在原矩阵上等价的摄动,我们所能得到的一个严格的先验的上界包含了因子 2^{n-1}. 可是,经验表明,虽然这个界是可以达到的,但是对于实际的计算它是很不合适的. 事实上,主元素的增长现象根本不是经常发生的,如果能用内积累加,在原矩阵上的等价摄动是异常小的.

对于完全主元素 Gauss 消去法,我们对于主元素的极大增长得到的界是要小得多的,并且有充分的理由相信这个界不能达到. 可惜这个方法似乎不能利用内积累加的优点,因此在有这种设备的计算机上必然考虑用部分主元素方法而不顾潜在的危险. 幸而对某些在特征值问题中很重要的矩阵类,部分主元素增长的界比一般矩阵的小得多.

就正交三角形化来说, Householder 方法在速度方面优越于 Givens 方法;在精度方面,除了可能利用标准浮点计算之外,一般地也是如此．这两个方法都无条件地保证数值稳定，原矩阵上的等价摄动的先验的界是最令人满意的．不计舍入误差，每一列的 2 范数保持为常数，因此在简化过程中不会有元素增大的任何危险．

58. 如果工作小心谨慎又有一台速度很高的计算机,人们可能倾向于用 Householder 的方法进行一般的三角形化． 在实际上,我宁愿冒一点部分主元素可能增长的风险使用部分主元素 Gauss 消去法．我要这样做的最大原因,是我使用的计算机有内积累加的装置． 用这种手段得到的结果其精确度一般高于用 Householder 方法的． 对于 Hessenberg 矩阵,甚至最小心的计算工作者也宁愿用部分主元素 Gauss 消去法． 对于三对角矩阵就更没有任何理由使用 Householder 方法了．

如果三角形化的目的是为了计算 n 个前主子式,那么 I 和 III 是不采用的． 摆在我们面前的问题是选择 Givens 方法,还是选择 M'_{ji} 型的矩阵.前者保证稳定性但是需要的乘法量是后者的四倍． 在实际上我还是宁愿用后者,因为不稳定的机会实在是比较少的． 值得注意的是,这两个方法都不能利用内积累加的方便.谨慎者可能仍然宁愿用 Givens 方法,除非矩阵是 Hessenberg 型或者是三对角型． 值得提出的是,方法 II 可以用双精度实现,花费的时间与 Givens 的单精度的大致相同,并且几乎必然地给出精度高得多的结果．

在本书中我们多次遇到我们刚讨论的各种选择．也许我们这样说是正确的,正交变换与其他的初等变换相比,它在当前讨论的问题中显示的优越性比在以后的问题中呈现的少．

向后回代

59. 读者可能感到奇怪,我们在做向后回代之前就进行三角形化方法的比较． 我们这样做有两个原因． 首先,如果我们只是为了行列式计算,那么用不着向后回代,其次是向后回代产生的误差没有我们想像的那么重要．

因为我们在 Wilkinson (1963b)，p. 99~107 中已经非常详细地讨论了这个问题。所以，这里我们只作一个十分简明的分析。考虑求解方程组

$$Lx = b. \tag{59.1}$$

它的系数矩阵是一个下三角形矩阵 L（不一定是单位下三角形矩阵）。上三角形方程组的解是完全类似的。假定已经用有累加的浮点运算从前面的 $(r-1)$ 个方程计算了 $x_1, x_2, \cdots, x_{r-1}$，那么 x_r 给定为

$$\begin{aligned}
x_r &= fl_2[(-l_{r1}x_1 - l_{r2}x_2 - \cdots - l_{r,r-1}x_{r-1} + b_r)/l_{rr}] \\
&\equiv [-l_{r1}x_1(1+\varepsilon_1) - l_{r2}x_2(1+\varepsilon_2) - \cdots \\
&\quad - l_{r,r-1}x_{r-1}(1+\varepsilon_{r-1}) + b_r(1+\varepsilon_r)] \times (1+\varepsilon)/l_{rr}.
\end{aligned} \tag{59.2}$$

从第三章 §9，自然有

$$|\varepsilon_i| < \frac{3}{2}(r-i+2)2^{-2t_2},$$

$$|\varepsilon_r| \leqslant \frac{3}{2} 2^{-2t}, \quad |\varepsilon| \leqslant 2^{-t}. \tag{59.3}$$

如果我们用 $(1+\varepsilon_r)$ 除分子和分母，就可写

$$\begin{aligned}
x_r &= [-l_{r1}x_1(1+\eta_1) - l_{r2}x_2(1+\eta_2) - \cdots \\
&\quad - l_{r,r-1}x_{r-1}(1+\eta_{r-1}) + b_r]/l_{rr}(1+\eta), \tag{59.4}
\end{aligned}$$

这里必定有

$$|\eta_i| \leqslant \frac{3}{2}(r-i+3)2^{-2t_2}, |\eta| < 2^{-t}(1.00001), \tag{59.5}$$

用 $l_{rr}(1+\eta)$ 乘 (59.4) 并重新安排式子，我们得到

$$\begin{aligned}
&l_{r1}(1+\eta_1)x_1 + l_{r2}(1+\eta_2)x_2 + \cdots + l_{r,r-1}(1+\eta_{r-1})x_{r-1} \\
&+ l_{rr}(1+\eta)x_r \equiv b_r. \tag{59.6}
\end{aligned}$$

这证明了计算的 x_i 准确地满足系数为 $l_{ri}(1+\eta_2)$ $(i=1,\cdots,r-1)$ 和 $l_{rr}(1+\eta)$ 的方程，除了 l_{rr} 的相应摄动可能是量级 2^{-t} 之外，在所有系数上的相应的扰动都是 2^{-2t_2} 数量级。所以计算的向量 x 满足关系

$$(L + \delta L)x = b, \tag{59.7}$$

其中 δL 是 b 的函数. 但是, 正如对 $n=5$ 的情形 (59.8) 中表明的那样, 它总是一致有界的,

$$|\delta L| < 2^{-t}(1.00001) \begin{bmatrix} |l_{11}| & & & & \\ & |l_{22}| & & & \\ & & |l_{33}| & & \\ & & & |l_{44}| & \\ & & & & |l_{55}| \end{bmatrix}$$

$$+ \frac{3}{2} 2^{-2t_2} \begin{bmatrix} 0 & & & & \\ 4|l_{21}| & 0 & & & \\ 5|l_{31}| & 4|l_{32}| & 0 & & \\ 6|l_{41}| & 5|l_{42}| & 4|l_{43}| & 0 & \\ 7|l_{51}| & 6|l_{52}| & 5|l_{53}| & 4|l_{54}| & 0 \end{bmatrix}.$$

$$\tag{59.8}$$

60. 这是矩阵分析中最令人满意的误差界之一. 如果我们考察一下剩余向量, 就会明白它是多么地出色. 我们有

$$b - Lx = \delta Lx, \tag{60.1}$$

因而

$$\|b - Lx\| \leqslant \|\delta L\| \|x\|. \tag{60.2}$$

如果 L 的元素以 1 为界, 那么对于 $1, 2, \infty$ 范数我们必定有

$$\|\delta L\| < 2^{-t}(1.00001) + \frac{3}{4} 2^{-2t_2}(n+3)^2. \tag{60.3}$$

如果 $n^2 2^{-t} \ll 1$, 第二项是可忽略的.

现在考虑在浮点运算中用准确的解 x_e 舍入到 t 位所得的向量 $\bar{x}$. 我们可写

$$\bar{x} = x_e + d. \tag{60.4}$$

显然

$$\|d\|_\infty \leqslant 2^{-t}\|x_e\|_\infty, \tag{60.5}$$

因此

$$b - L\bar{x} = b - L(x_e + d) = -Ld, \tag{60.6}$$

因此得

$$\|b - L\bar{x}\|_\infty = \|Ld\|_\infty \leqslant \|L\|_\infty \|d\|_\infty \leqslant n2^{-t}\|x\|_\infty. \quad (60.7)$$

不难找出达到这个界的例子. 这表明, 我们能够期望三角形方程组的计算解的剩余小于解的正确舍入的剩余.

三角形方程组的计算解的高精度

61. 在上一节中我们给出了计算解的剩余的界. 虽然这是出色的界, 但是当 L 是十分病态时, 它仍然对解本身的精度给出了过低估计. 我们已经证明了计算的 x 满足(59.7)并对 δL 给出一个界 (59.8). 从这些结果我们导出的只是

$$x = (L + \delta L)^{-1}b = (I + L^{-1}\delta L)^{-1}L^{-1}b. \quad (61.1)$$

因此, 假如 $\|L^{-1}\delta L\| < 1$, 我们有,

$$\|x - L^{-1}b\|/\|L^{-1}b\| \leqslant \|L^{-1}\delta L\|/(1 - \|L^{-1}\delta L\|). \quad (61.2)$$

迄今为止, 每当我们有了这类估计, 我们就用 $\|L^{-1}\| \|\delta L\|$ 来代替 $\|L^{-1}\delta L\|$, 通常这决不是严重的高估. 可是对于我们实际的计算却不是如此.

事实上, 略去带 2^{-2t} 的部分我们有

$$|L^{-1}\delta L| \leqslant |L^{-1}| |\delta L| \leqslant 2^{-t}[|L^{-1}| \operatorname{diag}(|l_{ii}|)]. \quad (61.3)$$

现在, L^{-1} 的对角线元素是 $1/l_{ii}$, 所以方括号内的矩阵是单位下三角型. 假定 L^{-1} 的元素对某个 K 满足关系

$$|(L^{-1})_{ij}| \leqslant K|(L^{-1})_{ii}| \quad (i > j), \quad (61.4)$$

那么(61.3)给出

$$|L^{-1}\delta L| \leqslant 2^{-t}KT, \quad (61.5)$$

其中 T 是下三角形矩阵, 每个元素都是 1. 因此

$$\|L^{-1}\delta L\|_\infty^2 \leqslant 2^{-t}nK. \quad (61.6)$$

类似地, 如果我们解上三角形方程组

$$Ux = b, \quad (61.7)$$

计算的解满足

$$(U + \delta U)x = b, \quad (61.8)$$

其中忽略了 2^{-2t} 阶的项, δU 是对角矩阵. 因此

$$|(\delta U)_{ii}| < 2^{-t}(1.00001)|u_{ii}|. \tag{61.9}$$

同样，如果

$$|(U^{-1})_{ii}| \leqslant K|(U^{-1})_{ii}| \quad (i < j), \tag{61.10}$$

那么我们有

$$\|U^{-1}\delta U\|_{\infty} \leqslant 2^{-t}nK. \tag{61.11}$$

对于许多十分病态的三角形矩阵，K 是 1 的数量级。§45 的 L^{T} 就是一例。这个上三角形矩阵当然可以取 $K = 2.5$，因而尽管 L^{T} 是十分病态的，L^{T} 的计算的逆可以很接近真的逆。事实上，在任一分量上的极大误差小于最大元素的最后一个有效数位上的 1. 值得注意的是，对于相应的下三角形矩阵 L，K 的值是十分大的。

62. 为了着重指出高精度并不限于具有(61.4)性质的矩阵，现在我们考虑那些性质几乎相反的矩阵。假定 L 是下三角形，并且有正的对角线元素和负的非对角线元素。我们证明，如果 b 是元素为非负的右端，那么不管 L 如何病态，所计算的解只有小的相对误差。

记 y 为准确解，x 为计算解，定义 E 满足关系

$$x_r = y_r(1 + E_r). \tag{62.1}$$

现在我们来证明

$$(1 - 2^{-t})^r\left(1 - \frac{3}{2}2^{-2t}\right)^{r(r+1)/2} \leqslant 1 + E_r$$

$$\leqslant (1 + 2^{-t})^r\left(1 + \frac{3}{2}2^{-2t}\right)^{r(r+1)/2}. \tag{62.2}$$

对于误差的界暂时保持这个形式是方便的。我们用归纳法证明。假定直到 x_{r-1}，结论是正确的。现在 x_r 由(59.2)给出，从第三章§8 我们可用下述更严格的界来代替 (59.3)，

$$\left(1 - \frac{3}{2}2^{-2t}\right)^r \leqslant 1 + \varepsilon_1 \leqslant \left(1 + \frac{3}{2}2^{-2t}\right)^r,$$

$$\left(1 - \frac{3}{2}2^{-2t}\right)^{r-i+2} \leqslant 1 + \varepsilon_i \leqslant \left(1 + \frac{3}{2}2^{-2t}\right)^{r-i+2}, \tag{62.3}$$

$$1 - 2^{-t} \leqslant 1 + \varepsilon \leqslant 1 + 2^{-t}.$$

记住 $l_{ri}(i < r)$ 是负的，x_i 和 y_i 显然是非负的，x_r 的表达式是

非负项的加权平均,从我们的归纳法假定可看出 E_r 满足界(62.2).

容易规定有任意高条件数的这类矩阵. 注意,为了求 L 的逆,我们取 e_1 到 e_n 为 n 个右端,它们都是由非负元素组成. 因此,计算的逆的元素全都只有小的相对误差. 读者可能认为,我们刚才给出的论证是有偏向的. 然而公认这是正确的. 值得强调的是,一般三角形矩阵的计算解的精度比从剩余向量的界推导出来的要高得多. 在实际上这高精度经常是重要的.

我们已经分析的只是用浮点累加的情况,对于其他的计算形式,所得的上界稍微差一些,但是保持着同样的重要特点. Wilkinson (1961b) 和 Wilkinson (1963b), p.99~p.107 已经给出了详细的分析.

一般的方程组的解

63. 现在我们转向一般的方程组

$$Ax = b \tag{63.1}$$

的解. 假定 A 已经用某种方法三角形化了,我们有矩阵 L 和 U 使得

$$LU = A + F, \tag{63.2}$$

其中 F 的界依赖于三角形化的具体情况. 如果使用了某种主元素,那么 A 表示已作了适当行置换的原矩阵. 要完成解法,我们必需解两个三角形方程

$$Ly = b \text{ 和 } Ux = y. \tag{63.3}$$

如果用 x 和 y 表示计算解,对于有累加的浮点运算,我们有

$$(L + \delta L)y = b \text{ 和 } (U + \delta U)x = y. \tag{63.4}$$

δL 的界如(59.8)给出,对于 δU 也有相应的界. 因此计算的 x 满足

$$(L + \delta L)(U + \delta U)x = b, \tag{63.5}$$

即

$$(A + G)x = b, \tag{63.6}$$

其中

$$G = F + \delta L U + L \delta U + \delta L \delta U. \tag{63.7}$$

如果我们假定 $|a_{ij}| \leqslant 1$，·使用部分主元素，U 的元素的模以 1 为界，那么对于有累加的浮点计算，我们有

$$\|G\|_{\infty} \leqslant n2^{-t} + (1.00001)2^{-t}n + (1.00001)2^{-t}n + O(n^3 2^{-2t}). \tag{63.8}$$

因此，只要 $n^2 2^{-t}$ 明显小于 1，$\|G\|_{\infty}$ 的界就近似为 $3 \cdot 2^{-t}n$。值得注意的是这个界的三分之一来自三角形化的误差，另外的三分之二来自三角形方程组的解。

从 (63.6) 我们有

$$r = b - Ax = Gx, \|r\|_{\infty} \leqslant \|G\|_{\infty}\|x\|_{\infty} < (3.1)2^{-t}n\|x\|_{\infty}. \tag{63.9}$$

当 $n^2 2^{-t} < 0.01$（比方说），最后的界必定成立。所以，对于剩余我们有一个界，它只依赖于计算解的大小而不是它的精度。 如果 A 是十分病态的，那么计算的解通常是很不精确的。然而，尽管 $\|x\|$ 是 1 的数量级，但剩余至多是 $n2^{-t}$ 数量级。这表明，对于 δb 模的数量级不大于 $n2^{-t}$ 计算的 x 是 $Ax = b + \delta b$ 的准确解。和 §60 一样，把这个剩余解的正确舍入对应的剩余作一比较是有益的。这个剩余的模的上界是 $n2^{-t}\|x\|_{\infty}$，因此对应于计算解的界 (63.9) 只是三倍那么大。

一般矩阵的逆的计算

64. 取 b 依次为 $e_1, e_2, \cdots, e_n$，我们得到 A 的逆的 n 个计算的列。对于第 r 列 x_r，我们有

$$(L + \delta L_r)(U + \delta U_r)x_r = e_r. \tag{64.1}$$

这里我们写出 δL_r 和 δU_r，为的是强调对每一个右端的等价摄动是不同的；虽然正如 (59.8) 所表明，它们都是一致有界的。我们令

$$AX - I = K, \tag{64.2}$$

并且用 δL_r 和 δU_r 的一致的界，我们发现必定有

$$\|K\|_{\infty} \leqslant (3.1)n2^{-t}\|X\|_{\infty}, \quad 若 \quad n^2 2^{-t} < 0.01. \tag{64.3}$$

如果 $\|K\|_{\infty}$ 小于 1，(64.2) 意味着 A 和 X 都不是奇异的。在这种

情况下,我们有

$$X - A^{-1} = A^{-1}K, \tag{64.4}$$

因而

$$\|X - A^{-1}\|_\infty \leqslant (3.1)n2^{-t}\|A^{-1}\|_\infty\|X\|_\infty, \tag{64.5}$$

并且

$$\|X\|_\infty \leqslant \|A^{-1}\|_\infty / [1 - (3.1)n2^{-t}\|A^{-1}\|_\infty]. \tag{64.6}$$

由(64.5)我们有

$$\|X - A^{-1}\|_\infty / \|A^{-1}\|_\infty \leqslant (3.1)n2^{-t}\|A^{-1}\|_\infty / [1$$
$$- (3.1)n2^{-t}\|A^{-1}\|_\infty]. \tag{64.7}$$

从这个结果,我们得出如下结论:如果我们用有累加的浮点运算和带有交换的三角形分解计算 A 的逆,并且没有一个 U 的元素超过 1,那么只要计算的 X 是使得 $(3.1)n2^{-t}\|_\infty$ 小于 1 的,关系(64.6) 和(64.7)就都满足. 特别是如果这个量小,那么(64.5)表明计算的 X 相对误差小. 反之,任何使 $(3.1) \cdot n2^{-t}\|A^{-1}\|_\infty < 1$ 成立的规范化矩阵,只要主元素不增长,必定给出满足 (64.7)的计算的 X.

可惜,关于主元素增长的那句话是必须要加进去的,但由于这样的增长是很少发生的, 这个条件在实际上并不是很大的限制.

对于其他低精度的计算方式我们有对应的界,当然它是比较差一些,但是根据统计的效果,我们刚才给出的上界在实际上通常不会超过的.

计算解的精度

65. 我们注意到,对于矩阵的逆,我们得到的结果比线性方程组的满意得多. 原因是小的剩余矩阵 $(AX - I)$ 必定推出 X 是好的逆,而一个小的剩余向量 $(Ax - b)$ 不一定表示 x 是好的解. 实际上,当我们已用任一种技术计算了指定的逆 X 后,我们可以计算 $(AX - I)$,因而得到一个信得过的 X 的误差界.

自然要问,是否存在某种类似的方法估计 $Ax = b$ 的计算解的精度呢. 如果我们写

$$b - Ax = r, \tag{65.1}$$

那么 x 的误差是 $A^{-1}r$. 因此，如果我们按某种范数有 $\|A^{-1}\|$ 的界，我们就能得到这误差的界. 可是，即使 $\|A^{-1}\|$ 的界十分精密，误差的界仍然可能是令人很失望的. 例如，假定 A 是规范化矩阵使得 $\|A^{-1}\|_\infty = 10^8$，并且 b 是规范化的右端，使得 $\|A^{-1}b\|_\infty = 1$. 如果 x 是由 $A^{-1}b$ 舍入为十位十进制有效位得来的向量，那么我们有

$$\|r\|_\infty = \|b - Ax\|_\infty \leqslant \frac{1}{2} n 10^{-10}, \tag{65.2}$$

并且这个界是十分现实的. 因此，即便我们真的给出这样一个 x，以及对于 $\|A^{-1}\|_\infty$ 的一个正确的界 10^8，我们也只能证实 x 的误差的模以 $\frac{1}{2} n 10^{-2}$ 为界，这是最令人失望的结果. 为了能够判定这样的解的精度，我们需要 A 的一个十分精确的近似的逆 X 以及 $\|X - A^{-1}\|$ 的适当的精确的界.

没有小主元素的病态矩阵

66. 人们可能认为，如果一个规范化的矩阵 A 是十分病态的，那么在用主元素的三角形分解中必定会通过出现十分小的主元素来反映矩阵本身的病态. 人们也许会说，如果 A 实际上是奇异的，并且分解是准确地执行的，那么必定有一个主元素是零. 因此，如果 A 是病态的，应该有一个小主元素.

可惜，甚至在矩阵 A 是对称的情况下，这种论断都是不对的. （这个情况应该是很有利的，因为所有的 s_i 都是 1.）考虑有特征值
$$1.00, 0.95, 0.90, \cdots, 0.5 \text{ 和 } 10^{-10}$$
的矩阵. 在 $(A - 10^{-10}I)$ 是准确地奇异的意义下，这矩阵是几乎奇异的. 主元素的乘积 p 等于特征值的乘积，所以
$$p = 10^{-10}(0.05)^{20}20!.$$
如果所有的主元素相等的话，那么每一个都接近 0.1，我们肯定不能把这个量看作是病态地小. 读者可能认为，这是一种虚构的论

证，但是在第五章 §56 我们将看到这种例子在实际上会发生. 这种现象不仅在部分主元素的 Gauss 消去法中会发生，而且也会在 Givens 三角形化和 Householder 三角形化中遇到.

在用部分主元素 Gauss 消去法解方程 $Ax = b$ (A, b 为规范化的)的过程中有许多迹象显示出方程病态的特征. 这些迹象是:

(i) "小"主元素,

(ii) "大"的计算解,

(iii) "大"的剩余向量.

可惜，我们能构造的十分病态的方程组，它并不发生上述的任何一种现象. 用 t 位运算，我们可以得到元素是数量级为 1 的解. 尽管在它的绝大多数有效位都不正确，但是其剩余必定是 2^{-t} 阶的.

近似解的迭代改进

67. 上一节的研究表明: 对一个计算解的误差建立可靠的界，这个界对病态方程组的精密的解来说，也不是悲观的，这决不是一件简单的事情. 现在我们来说明怎样改进一个近似解，并且同时获得有关原来的解和改进后的解的精度的可靠信息.

假定我们已得到 A 近似的三角形因子 L 和 U，使得

$$LU = A + F. \tag{67.1}$$

我们可以通过迭代过程用这些三角因子得到一系列的近似解 $x^{(r)}$，它们逼近 $Ax = b$ 的真解 x，迭代过程由下述关系确定.

$$x^{(0)} = 0, \quad r^{(0)} = b,$$
$$LUd^{(k-1)} = r^{(k-1)}, x^{(k)} = x^{(k-1)} + d^{(k-1)}, r^{(k)} = b - Ax^{(k)}. \tag{67.2}$$

如果执行这个过程没有舍入误差的话，那么我们就有

$$x^{(k)} = x^{(k-1)} + (A + F)^{-1}(b - Ax^{(k-1)})$$
$$= x^{(k-1)} + (A + F)^{-1}A(x - x^{(k-1)}), \tag{67.3}$$

这给出

$$x - x^{(k)} = [I - (A + F)^{-1}A](x - x^{(k-1)})$$
$$= [I - (A + F)^{-1}A]^k x. \tag{67.4}$$

所以，准确的迭代过程收敛的充分条件是

$$\|I - (A + F)^{-1}A\| < 1. \qquad (67.5)$$

如果

$$\|A^{-1}\|\|F\| < \frac{1}{2}, \qquad (67.6)$$

上述条件必定能满足. 类似地，我们有

$$r^{(k)} = A[I - (A + F)^{-1}A]^k x. \qquad (67.7)$$

如果(67.6)满足，它必定趋向于零.

如果已经用有累加的浮点运算和部分主元素 Gauss 消去法把 A 三角形化了，一般我们有

$$\|F\|_\infty \leqslant n2^{-t}. \qquad (67.8)$$

因此，若下式成立，准确的迭代过程收敛.

$$\|A^{-1}\|_\infty < 2^{t-1}/n. \qquad (67.9)$$

如果 $n2^{-t}\|A^{-1}\|_\infty < 2^{-p}$，那么每一次迭代至少有 p 位二进位被改进，余量 $r^{(k)}$ 至少缩减 2^{-p} 因子. 如果 $n2^{-t}\|A^{-1}\|_\infty$ 明显地大于 $\frac{1}{2}$，我们就不能期望过程收敛.

迭代过程中舍人误差的影响

68. 事实上，我们不可能准确地执行迭代过程，并且乍一看来舍入误差的影响似乎是灾难性的. 如果迭代用某种 t 位运算执行，$x^{(k)}$ 的精度不能随着 k 而无限增长，因为我们仅仅用 t 位表示这个分量.

当然，这是不出所料的. 但是，我们转向研究剩余的时候发现一个比较混乱的情况. 我们在 §63 已指出，举例来说，假如用有累加的浮点运算，那么对应第一个解的剩余几乎与真解正确地舍人后对应的剩余有同样的量级. 所以我们几乎不能期望每次迭代的剩余减缩 2^{-p} 因子. 如果剩余大致上保持为一个常数，似乎我们不可能使得每次迭代的解稳定地改善. 然而真正发生的情况是，只要在计算剩余时用了内积累加，应用任何一种类型的运算，实际

的执行过程都不会偏离准确的迭代太远.

在 Wilkinson (1963, b), p. 121 ~ p.126 中，我对定点运算的迭代过程作了详尽的误差分析，在所有相关的阶段都用了累加，并且每一个 $x^{(k)}$ 和 $d^{(k)}$ 都作为块浮点向量来计算的. 这里我们不重复这个分析，但是因为这个技术在以后各章中是极为重要的，因此我们详细来叙述它. 如果用浮点累加，显然要作一些相应的修改，此时这个过程的确是稍为简单一些.

定点计算的迭代过程

69. 我们假定 A 的元素用单精度定点数给出，并且用内积累加有交换的三角形分解计算了 L 和 U. 进一步假定 U 的元素没有一个模大于 1 的. 右端 b 的元素也是定点数，但是可以是单精度的或双精度的.

我们以 $2^{p_k} y^{(k)}$ 的形式表示第 k 次计算的解 $x^{(k)}$，其中 $y^{(k)}$ 是规范化块浮点向量. 通常，对于所有迭代，p_k 是常数（至少如果 A 对于这个过程正常执行不算过于病态时是这样. 可是，如果在最大的分量中舍入是十分小的，那么从一次迭代到下一次迭代 p_k 可能有 ± 1 的变化.）一般的迭代步骤如下：

(i) 计算下式定义的准确的剩余 $r^{(k)}$，

$$r^{(k)} = b - 2^{p_k} A y^{(k)}.$$

开始得到的这个向量是非规范化的双精度的块浮点向量. 显然，在这一阶段可以用双精度的向量 b 而不需要双精度乘法.

(ii) 把剩余向量 $r^{(k)}$ 规范化，然后舍入为单精度的块浮点向量，记为 $2^{q_k} s^{(k)}$.

(iii) 解方程 $LUx = s^{(k)}$，得到的是块浮点单精度向量形式的解. 调整比例因子给出 $LUx = 2^{q_k} s^{(k)}$ 的计算解 $d^{(k)}$.

(iv) 从关系

$$x^{(k+1)} = b \cdot f \cdot (x^{(k)} + d^{(k)})$$

计算下一个近似解，得到的是一个单精度的块浮点向量 $x^{(k+1)}$.

迭代过程的一个简单例子

70. 在表 6 中我们给出一个这个方程应用于一个 3 阶的矩阵的例子. 计算是用有内积累加的六位定点十进位运算执行的，矩阵的条件数在 10^4 和 10^5 之间.

表 6

有三个不同右端的方程组迭代解

	A			b_1	b_2	b_3
0.876543	0.617341	0.589973		0.863257	0.8632572136	0.4135762133
0.612314	0.784461	0.827742		0.820647	0.8206474986	0.3712631241
0.317321	0.446779	0.476349		0.450098	0.4500984014	0.5163213142

	L			U		
1.000000				0.876543	0.617341	0.589973
0.698556	1.000000				0.353214	0.415613
0.362014	0.632175	1.000000				0.000030

对应第一个右端的迭代

$x^{(1)}$	$x^{(2)}$	$x^{(3)}$	$x^{(4)}$	$x^{(5)}$
0.639129	0.636280	0.636330	0.636329	0.636329
−0.050678	−0.029140	−0.029513	−0.029507	−0.029507
0.566667	0.548363	0.548680	0.548674	0.548674

$10^6 r^{(1)}$	$10^6 r^{(2)}$	$10^6 r^{(3)}$	$10^6 r^{(4)}$
0.326160	0.172501	−0.407897	0.304438
0.204138	−0.044726	−0.450687	0.421313
−0.446030	−0.032507	−0.252623	0.242118

对应第二个右端的迭代

$x^{(1)}$	$x^{(2)}$	$x^{(3)}$	$x^{(4)}$	$x^{(5)}$
0.639129	0.636815	0.636855	0.636855	0.636855
−0.050678	−0.033187	−0.033490	−0.033484	−0.033485
0.566667	0.551803	0.552060	0.552056	0.552056

$10^{(6)} r^{(1)}$	$10^{(6)} r^{(2)}$	$10^{(6)} r^{(3)}$	$10^{(6)} r^{(4)}$
0.539760	0.307503	0.677045	−0.667109
0.702738	0.147071	0.616500	−0.779298
−0.044630	0.076211	0.335715	−0.439563

对应第三个右端的迭代

$x^{(1)}$	$x^{(2)}$	$x^{(3)}$	$x^{(4)}$	$x^{(5)}$
1632.2	1603.9	1604.4	1604.4	1604.4
-12336.6	-12123.1	-12126.8	-12126.8	-12126.8
10484.6	10303.2	10306.4	10306.3	10306.3

$10^1 r^{(1)}$	$10^1 r^{(2)}$	$10^1 r^{(3)}$	$10^1 r^{(4)}$
-0.218436	0.031220	-0.389014	0.200959
-0.098483	-0.113868	-0.638125	0.189617
-0.099289	-0.073525	-0.372475	0.103874

这个方程组对三个不同的右端求解，它们说明了一些特殊的有意义的问题。

第一个右端是这样选的。不管 A 的病态，其真解是 1 的量级，因为矩阵对于过程的成功执行是不过分病态的，第一次解也是 1 的量级。相应的剩余向量的分量是 10^{-6} 量级，尽管解的第二位十进位有误差。计算第二次解时，第一次解的不准确性立刻显示出来。在逐次迭代中第一个分量的改变量是 -0.002849，0.000050，-0.000001，0.000000，其他的分量的情况类似。第一次修正产生的大的相对变化表明，A 是病态的。事实上，这表明其条件数大概是 10^4 量级。

在这个例子中，因为 U 的最后一个元素是 0.000030，显然这说明了逆的 (3.3) 元素是 30000 的量级。我们不可能构造一个 3 阶矩阵在这种情况下不显示出病态，但是对于高阶矩阵，病态不一定是明显的。不过，在这样的情况下，迭代的性态仍然给出了可靠的指示。我们注意所有剩余向量的大小是十分一致的，并且最后一个剩余对应于真解舍入后的是最大的一个。

第二个右端与第一个的差别仅仅在第六位之后，因此第一次解与第一个右端的恒等。但是，在生成剩余向量时，我们可以用 b 的全部数位，因此在第一次迭代之后产生额外的数位。虽然两个右端的差别仅有 10^{-6} 量级，但由于 $\|A^{-1}\|$ 是 10^4 量级，所以两个解的差可以达到 10^{-2} 量级。这证明了使用右端的全部数位是极

其重要的.

第三个右端给出的解有 10^4 量级的分量. 出现这样的解立刻反映了矩阵的病态,并且我们不会有误解的危险. 因为得到的解是块浮点向量,在小数点后面我们只有一位数字. 因此,即使是真解,正确舍入后也可能有误差 ± 0.05. 现在剩余都是 0.01 量级,尽管第一次解的分量中有大于 100 的误差. 这个量级的随机误差会给出 100 量级的剩余.

迭代过程的总评述

71. 在我们的例子中显示出的特性对条件数 是 10^4 量级的矩阵是典型的,请读者十分认真地研究它. 对一个三阶的矩阵,人们几乎不会考虑舍入误差的"累积影响",重要的是要认识这种累积起的作用一般来说是不大的. 我们用各种误差的粗略的界来说明这点,这些误差来自用这种技术解右端是规范化的规范化方程组. 在这些界中已包括了统计的效应. 我们假定条件数是 2^a 量级,解的极大分量是 2^b 量级,并且 $n2^a2^{-t}$ 明显地比 $\frac{1}{2}$ 小.

(a) 第一次的解和以后所有的解的最大分量都是 2^b 量级.

(b) 对应第一次解的剩余的分量一般是 $(2n)^{\frac{1}{2}}2^{b-t}$ 量级.

(c) 第一次解的分量的误差一般是 $n^{\frac{1}{2}}2^{b-t}a^a$ 量级.

(d) 对应第二次解(以及所有以后的解!)的剩余分量一般是 $n^{\frac{1}{2}}2^{b-t}$ 量级.

(e) 第二次解的误差一般是 $n2^{b-2t}2^a$ 量级.

值得注意的是,剩余的界含有因子 2^b,因此在所有阶段,它与计算的解的大小成正比, 而与条件数 2^a 无关. 可是我们知道, 2^b 不能大于 2^a,因此矩阵的条件数控制着解和剩余可能达到的极大值.

虽然我们曾说过程是"迭代"的,我们一般希望用很少次迭代. 例如,假定我们有一个矩阵 $n = 2^{12}$, $a = 2^{20}$. 这是十分严重的病态. 尽管如此,在 ACE 上我们每一阶段都预计能获得

$$48 - \left(\frac{1}{2}, 12\right) - 20$$

个二进位数字,因此在第二次修正之后,答案在运算精度范围内完全正确. 如果只有少量的右端,那么迭代过程比全部用双精度解要经济得多, 并且给我们一个实际的保证:最后的向量是真解被舍入后的量. 可是,如果 $n2^{-t}\|A^{-1}\| > \frac{1}{2}$,那么迭代过程一般来说根本不收敛,计算的解中没有一个有正确的数字. 如果

$$n2^{-2t}\|A^{-1}\| < 1,$$

用双精度运算得到解是会有一些正确数字的.

有关的迭代法

72. 我们刚刚叙述的方法用其他的低精度运算方式也能工作,只是在计算剩余时,要用内积累加. 如果没有内积累加设备,那么剩余必须用双精度计算. 在其他的阶段,内积累加不是实质性的. 一般来说,如果在 A 上与解的误差对应的等价摄动的范数以 $n^k 2^{-t}$ 为界,那么过程能执行,只是要求满足 $n^k 2^{-t}\|A^{-1}\|$ 小于 $\frac{1}{2}$. 实际上,由于误差的统计分布,过程的进行通常只要假定 $n^{k/2} 2^{-t}\|A^{-1}\|$ 小于 1. (这里我们假定主元素的增长可以忽略.)

类似地,如果我们用了 Givens 或 Householder 三角形化并且存储正交变换的信息,就能执行类似的迭代. 在这种情况下,内积累加也仅仅是在计算剩余这个阶段是重要的. 对于三角形化的正交方法,我们可以忽略关于主元素增长的条件,因为在这种方法中问题已被排除了. 不过,我并不认为正交变换因此就是适合使用了.

在形成剩余时,如果内积不累加,那么迭代过程一般是不收敛的. 事实上,在计算剩余中产生的误差与真正的剩余同一量级(在第一阶段有可能例外,这时由于有因子 n^k,对于高阶矩阵真正剩余会稍大一些.)一般而言,逐次迭代不显示出收敛的趋势. 逐次得到的向量的误差与第一次解的误差相当,

迭代过程的极限

73. 类似于 Wilkinson (1963,b), p. 121 ~ p.126 的分析表明,假若没有主元素增长的现象发生,对于满足形如

$$2^{-t}f(n)\|A^{-1}\| < 1 \qquad (73.1)$$

的某种准则的全部矩阵,迭代过程必定收敛. 这里 $f(n)$ 与三角形化的方法和运算方式有关. 如果过程不收敛,并且在三角形化时没有主元素增长,那么我们能绝对肯定 A 不满足 (73.1). 我们可以说,除非用更高的精度运算,否则这个矩阵"对于用这种技术求解来说是过份病态的".

可是,这里剩下一种可能性,即尽管 (73.1) 不成立,过程看起来收敛但是给出错误的结果. 只对一个右端构造这样的例子的想法就立刻显得没有把握. 如果对几个不同右端,我们会被这种假象所迷惑似乎是不可想象的. 即使是 §66 提到的病态矩阵的情况,它没有一个主元素是小的,解是 1 的量级,第一次剩余是 2^{-t} 量级,在第一次计算修正量时,其病态就立即暴露无遗.

在任何迭代法的自动程序中,都能够容易地附加一些安全措施,$n2^{-t}$ 量级的主元素或者 $2^{-t}/n$ 量级的解都是一种可靠的信号,它表明矩阵的条件使得迭代收敛,万一发生相反的情况,就不能保证获得正确的解. 甚至接连两次的修正量不减少也明白无误地表明(73.1) 不满足.

迭代法的严格的调整

74. 我们总是这样认为,如果附加了上面提到的安全措施(不这样做也可能),用它的当前值迭代是安全地收敛的,作进一步的证明是画蛇添足.

可是如果我们不准备作出证明,我们必须得到 $\|A^{-1}\|$ 的上界. 有时这样的界可能从理论的研究中得到一个先验的估计. 另一方面,我们可以用三角形矩阵得到计算的逆 X,然后像 §64 那样计算 $(AX - I)$ 来得到 $\|A^{-1}\|$ 的界,如果 $\|A^{-1}\|$ 的界保证了(73.1)

成立，那么我们知道迭代过程必定收敛，并且给出正确的解．否则，我们判定 A 对于计算精度来说是过份病态的．

值得注意的是，计算了 X 之后我们可以用另一种迭代过程从 $Xr^{(k)}$ 而不是解方程 $LUx = r^{(k)}$ 来计算修正量 $d^{(k)}$．在 Wilkinson (1963，b)，p.128 ~ p.131 中，我们分析了这个过程并指出它不如 §67 的方法那样令人满意．这两种迭代涉及的乘法量大致相同．我们看到，只是为了得到 $\|A^{-1}\|$ 的上界，就要付出高昂的代价．

75. 有一个比较经济的计算 $\|A^{-1}\|$ 上界的方法，虽然它可能是十分悲观的．记

$$L = D_1 + L_s, \quad U = D_2 + U_s, \qquad (75.1)$$

其中 D_1 和 D_2 是对角型的，L_s 和 U_s 分别是严格的下三角型和上三角型．于是若 x 是

$$(|D_1| - |L_s|)(|D_2| - |U_s|)x = e \qquad (75.2)$$

的解，其中 e 是分量为 1 的向量．那么，

$$\|x\|_\infty \geqslant \|A^{-1}\|_\infty. \qquad (75.3)$$

从 §62 我们知道，(75.2)的计算解的分量的相对误差小，因此给我们一个 $\|A^{-1}\|_\infty$ 的可靠的界．

附注

本章涉及的仅仅是本书直接有关的线性方程组的某些方面，我们没有引用迭代法的文献．要了解更一般性的研究，读者可参阅 Fox (1964) 和 Householder (1964) 关于直接法和迭代法的书及 Forsythe 和 Wasow (1960) 和 Varga (1962) 关于迭代法的著作．

平衡问题在 Forsythe 和 Straus (1955) 的文章中已经研究过，更新的有 Bauer (1963) 的论文．这些论文给出许多深入了解有关因素的好思想，但是在实践中计算逆之前怎样去实现平衡仍然是难以对付的．平衡问题经常与 Gauss 消去法的主元素策略联系在一起讨论，并且可能给我们一个印象：用正交三角形化时与它无关．这并不是如此的，如果我们考虑如下矩阵就会明白

这一点，矩阵元素的量级为

$$\begin{bmatrix} 1 & 10^{10} & 10^{10} \\ 1 & 1 & 1 \\ 1 & 1 & 1 \end{bmatrix}.$$

在正交三角形化之前，第一行应该引入比例因子，否则其他行要遭受损失.

第一次发表的以 Gauss 消去法为基础的误差分析是 Von Neuman 和 Goldstine (1947) 和 Turing (1948). 前者的论文对于正定矩阵的逆的严格的论述可以说是奠定了现代误差分析的基础. 本章给出的分析是基于作者在 1957 和 1962 之间的工作，并且都用向后误差分析. 有点类似的分析方法在 Gastinel (1960)的论文中也给出过.

第五章 Hermite 矩阵

引言

1. 本章叙述求解 Hermite 矩阵特征值问题的方法. 我们假定矩阵不是稀疏的，也没有其他方面的特点. 适用于稀疏矩阵的方法在以后各章讨论.

在第一、二、三章中我们已经看到，Hermite 矩阵的特征值问题通常比一般矩阵的简单. Hermite 矩阵 A 的初等因子总是线性的，并且必定存在酉矩阵 R 使得

$$R^H AR = \mathrm{diag}(\lambda_i). \tag{1.1}$$

此外，特征值都是实的，并且在第二章 §31 中我们已经证明了：矩阵 A 有微小摄动，特征值产生的摄动必定也是微小的. 如果摄动矩阵是 Hermite 的，那么特征值依然是实的（第二章 §38）. 虽然特征向量不一定是"好定"的，但"劣定"的必然是对应很靠近的特征值的，因为第二章 (10.2) 中的 $s_i = 1$.

2. 本章的大部分章节中，我们只考虑实对称矩阵. 对于这类矩阵，(1.1) 的矩阵 R 能够取为实的，因而它是一个正交矩阵. 应该记住，复的对称矩阵不具有实对称矩阵的任何重要性质（第一章 §24）.

对于一般形式的矩阵 A，特征值问题的大多数解法都是利用一个相似变换序列转化 A 为特殊形状的矩阵. 对于 Hermite 矩阵，我们推荐用酉矩阵，因为 Hermite 性质以及所有随之而来的优点都被保持. 本章叙述的方法采用第一章 §43~§46 引进的初等酉变换.

实对称矩阵的经典 Jacobi 方法

3. 在 Jacobi 方法中 (1846)，一系列平面旋转把原矩阵变换为

对角型. 严格地说,产生对角型所需要的平面旋转数目是无穷的. 这是预料得到的,因为通常我们不能在有限步求解一个多项式方程. 在实际计算中,一旦非对角元素在运算精度内小到可以忽略, 计算过程就停止. 对于实对称矩阵,我们用实平面旋转.

我们用 A_0 表示原矩阵,Jacobi 方法可描述如下. 产生矩阵序列 A_k,它满足关系

$$A_k = R_k A_{k-1} R_k^T, \tag{3.1}$$

其中矩阵 R_k 由下述规则确定. (注意,我们采用记号 $R_k A_{k-1} R_k^T$, 而不用 $R_k^T A_{k-1} R_k$,以便与第三章的一般性分析一致.)

假定 A_{k-1} 的极大模非对角元素在位置 (p,q) 上,那么 R_k 对应在平面 (p,q) 上的一个旋转,转角 θ 的选取法是使得 A_{k-1} 的 (p,q) 元素被化为零. 我们得到

$$R_{pp} = R_{qq} = \cos\theta, \quad R_{pq} = -R_{qp} = \sin\theta,$$
$$R_{ii} = 1 \ (i \neq p,q); \ R_{ii} = 0, \ \text{其他}, \tag{3.2}$$

这里我们假定 p 小于 q. A_k 与 A_{k-1} 的差别只是第 p,q 行和第 p,q 列不同,且所有的 A_k 都是对称的. 修改后的值由下列式子确定:

$$a_{ip}^{(k)} = a_{ip}^{(k-1)}\cos\theta + a_{iq}^{(k-1)}\sin\theta = a_{pi}^{(k)},$$
$$a_{iq}^{(k)} = -a_{ip}^{(k-1)}\sin\theta + a_{iq}^{(k-1)}\cos\theta = a_{qi}^{(k)}, \quad i \neq p,q, \tag{3.3}$$

$$a_{pp}^{(k)} = a_{pp}^{(k-1)}\cos^2\theta + 2a_{pq}^{(k-1)}\cos\theta\sin\theta + a_{qq}^{(k-1)}\sin^2\theta,$$
$$a_{qq}^{(k)} = a_{pp}^{(k-1)}\sin^2\theta - 2a_{pq}^{(k-1)}\cos\theta\sin\theta + a_{qq}^{(k-1)}\cos^2\theta,$$
$$a_{pq}^{(k)} = (a_{qq}^{(k-1)} - a_{pp}^{(k-1)})\cos\theta\sin\theta + a_{pq}^{(k-1)}(\cos^2\theta - \sin^2\theta) = a_{qp}^{(k)}. \tag{3.4}$$

因为 $a_{pq}^{(k)}$ 应当为零,我们得到

$$\tan 2\theta = 2a_{pq}^{(k-1)}/(a_{pp}^{(k-1)} - a_{qq}^{(k-1)}). \tag{3.5}$$

我们总是取 θ 在下述范围

$$|\theta| \leqslant \frac{1}{4}\pi. \tag{3.6}$$

如果 $a_{pp}^{(k-1)} = a_{qq}^{(k-1)}$,取 θ 为 $\pm\frac{1}{4}\pi$,符号与 $a_{pq}^{(k-1)}$ 的一致. 我们假

定 $a_{pq}^{(k-1)} \neq 0$，否则对角形化已经完成了． 这个过程实质上是迭代的，因为用一个旋转把一个元素化为零之后，接着的另一些旋转通常又会使它变为非零．

收敛率

4. 现在我们证明： 如果每个角 θ 都按 (3.6) 规定的范围内取值，那么当 $k \to \infty$ 时

$$A_k \to \mathrm{diag}(\lambda_i), \tag{4.1}$$

其中 λ_i 是 A_0 的特征值． 因此，对某种顺序来说也是所有 A_0 的特征值．

我们写

$$A_k = \mathrm{diag}(a_{ii}^{(k)}) + E_k, \tag{4.2}$$

其中 E_k 是非对角线元素构成的对称矩阵． 我们首先证明当 $k \to \infty$ 时，

$$\|E_k\|_E \to 0. \tag{4.3}$$

事实上，从等式 (3.3) 我们得到

$$\sum_{i \neq p,q} [(a_{ip}^{(k)})^2 + (a_{iq}^{(k)})^2] = \sum_{i \neq p,q} [(a_{ip}^{(k-1)})^2 + (a_{iq}^{(k-1)})^2]. \tag{4.4}$$

因此，非对角线元素 [不包括 (p,q)，(q,p) 元素] 的平方和是一个常数． 然而这两个元素已变为零，因此

$$\|E_k\|_E^2 = \|E_{k-1}\|_E^2 - 2(a_{pq}^{(k-1)})^2. \tag{4.5}$$

又因 $a_{pq}^{(k-1)}$ 是 E_{k-1} 的极大模元素，因此

$$\|E_k\|_E^2 \leqslant [1 - 2/(n^2 - n)]\|E_{k-1}\|_E^2 \leqslant [1 - 2/(n^2 - n)]^k\|E_0\|_E^2. \tag{4.6}$$

不等式 (4.6) 给出收敛率的一个粗略的界． 记

$$N = \frac{1}{2}(n^2 - n), \tag{4.7}$$

于是

$$\|E_{rN}\|_E^2 \leqslant (1 - 1/N)^{rN}\|E_0\|_E^2 < e^{-r}\|E_0\|_E^2. \tag{4.8}$$

我们将看到这给出一个收敛率的过低的估计。 可是它的确表明，当 $r > 2\ln(1/\varepsilon)$ 时，

$$\|E_{rN}\|_E^2 < \varepsilon\|E_0\|_E^2. \tag{4.9}$$

例如. 对 $\varepsilon = 2^{-t}$，这给出

$$r > 2\ln 2^t \approx 1.39t. \tag{4.10}$$

收敛于固定的对角矩阵

5. 我们还必须去证明 A_k 趋向于一个固定的对角矩阵。 假定迭代继续到

$$\|E_k\|_E < \varepsilon, \tag{5.1}$$

于是从(4.2)我们看出，如果 A_k 的特征值 λ_i(也就是 A_0 的特征值)和 $a_{ii}^{(k)}$ 都按照递增顺序编号，那么这两个序列中，对应的特征值的差小于 ε (第二章 §44)。 因此，按照某种顺序 $a_{ii}^{(k)}$ 落在以 λ_i 为中心的宽度为 2ε 的区间内。 因为 ε 可以任意小，所以我们能把特征值确定到任何需要的精度。

现在我们证明每一个 $a_{ii}^{(k)}$ 必定收敛于确定的 λ_i。 首先我们假定 λ_i 是相异的，并且定义 ε 满足如下关系。

$$0 < 4\varepsilon = \min_{i \neq j}|\lambda_i - \lambda_j|. \tag{5.2}$$

设 k 选得使(5.1)满足，从(4.6)可知，它被以后的所有 E_r 满足. 显然，对这样定义的 ε，以 λ_i 为中心的区间是不相交的，并且正好一个 $a_{ii}^{(k)}$ 落在一个区间内。 我们可以假定，已把 λ_i 编号使得每个 $a_{ii}^{(k)}$ 落在 λ_i 区间。我们证明，在以后的任何阶段，它们仍然保持原来的区间内。

假定下次迭代是在平面 (p, q) 上，那么对角线元素仅有 $(p, p), (q, q)$ 发生改变。 因此，$a_{pp}^{(k+1)}, a_{qq}^{(k+1)}$ 必定仍然是在 λ_p 和 λ_q 区间内的两个对角线元素。 我们证明，落在 λ_p 区间内的必定是 $a_{pp}^{(k+1)}$。 事实上，

$$\begin{aligned}
a_{qq}^{(k+1)} - \lambda_p &= a_{pp}^{(k)}\sin^2\theta - 2a_{pq}^{(k)}\cos\theta\sin\theta + a_{qq}^{(k)}\cos^2\theta - \lambda_p \\
&= (a_{pp}^{(k)} - \lambda_p)\sin^2\theta + (a_{qq}^{(k)} - \lambda_q + \lambda_q - \lambda_p)\cos^2\theta \\
&\quad - 2a_{pq}^{(k)}\cos\theta\sin\theta,
\end{aligned} \tag{5.3}$$

因而

$$|a_{qq}^{(k+1)} - \lambda_p| \geqslant |\lambda_q - \lambda_p|\cos^2\theta - |a_{pp}^{(k)} - \lambda_p|\sin^2\theta$$
$$- |a_{qq}^{(k)} - \lambda_q|\cos^2\theta - |a_{pq}^{(k)}|$$
$$\geqslant 4\varepsilon\cos^2\theta - \varepsilon\sin^2\theta - \varepsilon\cos^2\theta - \varepsilon$$
$$= 2\varepsilon\cos 2\theta. \tag{5.4}$$

可是,我们有

$$|\tan 2\theta| = |2a_{pq}^{(k)}/(a_{pp}^{(k)} - a_{qq}^{(k)})| \leqslant 2\varepsilon/2\varepsilon = 1. \tag{5.5}$$

对于 (3.6) 规定的范围内的 θ,我们有 $|2\theta| < \frac{1}{4}\pi$,因此

$$|a_{qq}^{(k+1)} - \lambda_p| \geqslant 2^{\frac{1}{2}}\varepsilon. \tag{5.6}$$

这就证明了 $a_{qq}^{(k+1)}$ 不落在 λ_p 区间内.

6. 引入重特征值不会产生很多困难. 现在我们定义 ε 使得对所有不同的 λ_i 和 λ_j,(5.2) 成立. 我们知道,如果 λ_i 是 s 重零点,那么恰巧 s 个 $a_{jj}^{(k)}$ 落在 λ_i 区间内 (第二章 §17). 落在不同 λ_i 区间的 $a_{pp}^{(k)}$ 和 $a_{qq}^{(k)}$ 不能互相掉换所属区间的证明仍成立. 因此,在某一时刻以后,随着 k 增加 A_k 的每个对角元素必定保持在固定的 λ_i 区间之内,并且当 $k \to \infty$ 时,区间的宽度趋向于零.

顺序 Jacobi 方法

7. 在自动计算机上寻找最大非对角线元素是耗费时间的,通常我们按某种简单的方法选取消去对象. 也许最简单的方式是按顺序 $(1, 2)$, $(1, 3)$, $\cdots$, $(1, n)$; $(2, 3)$, $(2, 4)$, $\cdots$, $(2, n)$; $\cdots$; $(n-1, n)$, 然后再转回 $(1, 2)$ 元素. 有时我们称这种方式为特殊顺序 Jacobi 方法,以区别于这种方法的其他推广,即按任何一种顺序用 N 个旋转使所有非对角线元素都被消去过一次. 在这种顺序方法(特殊或一般)中,我们把这样的 N 个旋转的序列称为一次扫描.

Forsythe 和 Henrici (1960) 证明,如果对转角加以适当限制,特殊顺序 Jacobi 方法收敛,但证明方法十分复杂. 在 §15 我们描述一个不同的顺序方法,其收敛性是有保证的.

Gerschgorin 圆

8. 假定 A_0 的特征值 λ_i 各不相同,比如说,

$$\min_{i \neq j} |\lambda_i - \lambda_j| = 2\delta, \tag{8.1}$$

并且我们有矩阵 A_k 使得

$$|a_{ii}^{(k)} - \lambda_j| < \frac{1}{4}\delta, \quad \max_{i \neq j} |a_{ij}| = \varepsilon, \tag{8.2}$$

其中

$$(n-1)\varepsilon < \frac{1}{4}\delta. \tag{8.3}$$

这时 Gerschgorin 圆是互不相交的,因为

$$|a_{ii}^{(k)} - a_{jj}^{(k)}| \geqslant |\lambda_i - \lambda_j| - |a_{ii}^{(k)} - \lambda_i| - |a_{jj}^{(k)} - \lambda_j| > \frac{3}{2}\delta. \tag{8.4}$$

因此,我们有

$$|a_{ii}^{(k)} - \lambda_i| < (n-1)\varepsilon. \tag{8.5}$$

现在假若我们用 ε/δ 乘第 i 行,用 δ/ε 乘第 i 列,那么第 i 个 Gerschgorin 圆必然被包含在下面的圆内:

$$|a_{ii}^{(k)} - \lambda| < (n-1)\varepsilon^2/\delta. \tag{8.6}$$

而其它的圆包含在下面的一些圆内:

$$|a_{jj}^{(k)} - \lambda| < (n-2)\varepsilon + \delta \quad (j \neq i). \tag{8.7}$$

第 i 个圆必然孤立出来,因此从 (8.6) 我们看出,当非对角线元素的绝对值已经变得小于 ε 时,对于充分小的 ε,对角线元素与特征值的差是 ε^2 数量级。值得注意的是,如果 A 有一些重特征值,我们对任何单特征值仍然能够得到同样的结果。

Jacobi 方法的最后的二次收敛性

9. 我们已经说明,当非对角线元素变得很小的时候,我们能够得到十分好的特征值的估计。因此,任何一种 Jacobi 方法的收敛性在后面的阶段变得更快是重要的。对于特征值各不相同的情

况，已经证明了有几种 Jacobi 方法确实最后都变成二次收敛的。第一个结果是 Henrici (1958a) 取得的。现在我们用 §4 和 §8 的记号描述到目前为止最好的一些结果。

(i) 对于经典的 Jacobi 方法，Schönhage (1961) 已经证明：如果

$$|\lambda_i - \lambda_j| \geqslant 2\delta \quad (i \neq j), \qquad (9.1)$$

并且我们已经达到

$$\|E_r\|_E < \frac{1}{2}\delta \qquad (9.2)$$

的阶段，那么

$$\|E_{r+N}\|_E \leqslant \left(\frac{1}{2}n - 1\right)^{\frac{1}{2}}\|E_r\|_E^2/\delta. \qquad (9.3)$$

Schönhage 又进一步证明如下结论： 如果除了 p 对重特征值外 (9.1) 成立，那么

$$\|E_{r+r'}\|_E \leqslant \frac{1}{2}n\|E_r\|_E^2/\delta, \qquad (9.4)$$

其中

$$r' = N + p(n-2). \qquad (9.5)$$

(ii) 对于一般顺序 Jacobi 方法，Wilkinson (1962c) 已经证明：在(9.1)和(9.2)条件下，

$$\|E_{r+N}\|_E \leqslant \frac{1}{2}[n(n-1)]^{\frac{1}{2}}\|E_r\|_E^2/\delta. \qquad (9.6)$$

Schönhage 已经指出，即使 A 有一些重特征值对，只要对应于这些对的旋转首先实行，上述结果也成立。

(iii) 关于特殊顺序 Jacobi 方法，Wilkinson (1962c) 已经证明：

$$\|E_{r+N}\|_E \leqslant \|E_r\|_E^2/(2^{\frac{1}{2}}\delta). \qquad (9.7)$$

我们要指出，上述这些结果的证明只是说明当过程收敛时，它们最后是二次收敛的。 但是从未证明一般循环 Jacobi 方法是收敛的（见 §15）。

靠近的和重的特征值

10. 收敛率的界均包含因子 $1/\delta$，这似乎意味着，如果 δ 小，二次收敛性的开始时刻要被推迟. 如果 δ 是零，前一节结果的证明就失败. 虽然，对于特征值重数不大于二的矩阵，我们稍稍修改消元的顺序便能保证二次收敛性(例如见 Schönhage (1961)). 关于特征值重数大于二的情况，收敛率的研究没有什么进展.

实际上，我们用特殊顺序 Jacobi 方法的经验表明：十分靠近的和重的特征值通常影响迭代次数，它使得压缩非对角线元素达到规定水平以下需要的迭代次数小于我们想像的. 对阶数高至 50 的矩阵，其元素是 32 到 48 个二进位的字长，扫描次数平均需要 5 至 6 次，有重特征值的矩阵所需要的迭代次数经常是稍小于这平均值. 下面我们指出为什么会发生这种现象.

首先如果全部特征值等于 λ_1，即矩阵是 $\lambda_1 I$，自然它不须要迭代!再考虑不是这样极端的情况，假定所有的特征值都很靠近，比如说，

$$\lambda_i = a + \delta_i, \tag{10.1}$$

其中 δ_i 与 a 比是小量. 那么对某正交矩阵 R，我们有

$$A = R^{\mathrm{T}} \, \mathrm{diag} \, (a + \delta_i) R. \tag{10.2}$$

因此，

$$A = aI + R^{\mathrm{T}} \mathrm{diag}(\delta_i) R. \tag{10.3}$$

现在，我们有

$$\| R^{\mathrm{T}} \mathrm{diag}(\delta_i) R \|_E = (\sum \delta_i^2)^{\frac{1}{2}}, \tag{10.4}$$

这表明初始的非对角线元素必定是小的. 对 A 作的计算与对 $(A - aI)$ 作的计算是一致的，而且这矩阵在原来的意义下不再是特殊的. 可是，因为 $(A - aI)$ 的所有元素都小，我们可以期望压缩非对角线元素到规定水平以下，对 A 所需要的次数比对一般的对称矩阵的要少. 事实上，如果 $\max|\delta_i| = O(10^{-r})$，那么可以期望通常压缩 A 的非对角线元素到 10^{-t} 以下，需要的次数可以压缩它们到 10^{-t-r} 以下.

例如,对于下面定义的对称矩阵 B

$$B = \begin{bmatrix} 0.2512 & 0.0014 & 0.0017 \\ & 0.2511 & 0.0026 \\ & & 0.2507 \end{bmatrix} \qquad (10.5)$$

(这里仅给出上三角形部分),显然转角与下面定义的矩阵 C 的相

$$C = 100B - 251 \begin{bmatrix} 0.1200 & 0.1400 & 0.1700 \\ & 0.1100 & 0.2600 \\ & & 0.0700 \end{bmatrix}. \qquad (10.6)$$

同. 可是,如果想用矩阵 C,我们必需记住,为了给出 B 的非对角线元素是 10^{-4} 数量级,只须压缩 C 的非对角线元素到 10^{-2} 以下.

现在我们证明,如果矩阵 A 有 $(n-1)$ 重特征值 a,那么用不着一次扫描它就化为对角型. 我们用 b 表示另一个特征值,A 可以表示成

$$A = R^{\mathrm{T}} \begin{bmatrix} a \\ & a \\ & & \ddots & a \\ & & & & b \end{bmatrix} R = aI + R^{\mathrm{T}} \left[\begin{array}{c|c} O & O \\ \hline O & b-a \end{array} \right] R.$$

$$(10.7)$$

矩阵 aI 不影响 Jacobi 过程,而(10.7)右边的第二个矩阵的 (i,j) 元素是 $(b-a)r_{ni}r_{nj}$. 由此我们可以立刻得出结论: 消去 A 的第一行元素所需的 $(n-1)$ 个旋转,事实上也消去了所有非对角元素.

数值例子

11. 表 1 和表 2 都用来说明过程本身和最后阶段的二次收敛性. 注意除了位于有关行列交叉点的四个元素并且其中有两个变为零之外,我们不需要作行、列变换. 我们仅存储和计算上三角部分的元素并假定下三角部分的对应元素与他们恒等,这样做保持矩阵的对称性. 因此,完成一次扫描约需 $2n^3$ 个乘法,每一次旋转

约有 $4n$ 个乘法. 一个六阶矩阵经过在平面 $(3,5)$ 上的旋转, 被修改的元素由下式标明.

$$
\begin{bmatrix}
\times & \times & \times & \times & \times & \times \\
 & \times & \times & \times & \times & \times \\
\times & \cdots & \times & \cdots & \times & \cdots & \times \\
 & & \times & & \times & \times \\
\times & \cdots & \times & \cdots & \times \\
 & & & & & \times
\end{bmatrix}. \tag{11.1}
$$

表 1 中我们选择的例子是, 第一次旋转之后所有非对角线元素与对角线元素之间的相比都是小量. 以后的旋转是小转角的, 不是在压缩为零的元素改变量很小, 以至于四位十进位小数的运算精度之内它们保持不变.

表 2 中我们选择的例子是用来说明: 出现一对靠近的对角线元素并不推迟二次收敛性的到来. 我们已取前两个对角线元素相等, 而所有非对角线元素都小. 第一个旋转 (在(1,2)平面)转角是 $\frac{1}{4}\pi$. 它压缩 (1,2) 元素为零, 其他非对角线元素保持数量级不变. 第二个旋转角(在(1,3)平面)是小的, 因为第一个和第三个元素并不靠近. 这同样适用于(2,3)旋转, 在这次扫描的终点所有非对角线元素对在运算精度之内都是零.

显然, 如果有若干对对角线元素接近(或重合), 以上的论证同样适用. 但是, 对三个或三个以上对角线元素接近的情况是不适用的.

$\cos\theta$ 和 $\sin\theta$ 的计算

12. 到目前为止, 转角的计算已看成不成问题的. 但必须注意第三章 §20 的分析并没有包括它. 实际上, 如果要做到下述两点,

表 1

$$A_0 = \begin{bmatrix} 0.6532 & 0.2165 & 0.0031 \\ & 0.4105 & 0.0052 \\ & & 0.2132 \end{bmatrix}$$

在(1,2)平面的旋转
$\tan 2\theta = 2 \times 0.2165/(0.6532 - 0.4105)$
$\cos\theta = 0.8628, \ \sin\theta = 0.5055$

$$A_1 = \begin{bmatrix} 0.7800 & 0.0000 & 0.0000 \\ & 0.2836 & 0.0029 \\ & & 0.2132 \end{bmatrix}$$

在(1,3)平面的旋转
$\tan 2\theta = 2 \times 0.0053/(0.7800 - 0.2123)$
$\cos\theta = 1.0000, \ \sin\theta = 0.0094$

注意因为 $a_{13}^{(1)}$ 小, θ 就小.

$$A_2 = \begin{bmatrix} 0.7801 & 0.0000 & 0.0000 \\ & 0.2836 & 0.0029 \\ & & 0.2132 \end{bmatrix}$$

在(2,3)平面的旋转
$\tan 2\theta = 2 \times 0.0029/(0.2836 - 0.2132)$
$\cos\theta = 0.9991, \ \sin\theta = 0.0411$

元素(1,2)在运算精度之内保持为零. 元素(2,3)保持为小量, 事实上它在运算精度内不变.

$$A_3 = \begin{bmatrix} 0.7081 & 0.0000 & 0.0000 \\ & 0.2837 & 0.0000 \\ & & 0.2131 \end{bmatrix}$$

在运算精度内矩阵已对角形化.

表 2

$$A_0 = \begin{bmatrix} 0.2500 & 0.0012 & 0.0014 \\ & 0.2500 & 0.0037 \\ & & 0.6123 \end{bmatrix}$$

在(1,2)平面的旋转
$\tan 2\theta = 2 \times 0.0012/(0.2500 - 0.2500)$
$\cos\theta = \sin\theta = 0.7071$

$$A_1 = \begin{bmatrix} 0.2512 & 0.0000 & 0.0036 \\ & 0.2488 & 0.0016 \\ & & 0.6123 \end{bmatrix}$$

在(1,3)平面的旋转
$\tan 2\theta = 2 \times 0.0036/(0.2512 - 0.6123)$
$\cos\theta = 1.0000, \ \sin\theta = -0.0099$

接着的两个旋转都是小转角的, (1,1)和(2,2)元素接近但不起重要作用.

$$A_2 = \begin{bmatrix} 0.2512 & 0.0000 & 0.0000 \\ & 0.2488 & 0.0016 \\ & & 0.6124 \end{bmatrix}$$

在平面(2,3)的旋转
$\tan 2\theta = 2 \times 0.0016/(0.2488 - 0.6124)$
$\cos\theta = 1.0000, \ \sin\theta = -0.0044$

$$A_3 = \begin{bmatrix} 0.2512 & 0.0000 & 0.0000 \\ & 0.2488 & 0.0000 \\ & & 0.6124 \end{bmatrix}$$

对它必须十分重视.

(i) $\cos^2\theta + \sin\theta$ 十分接近数字. 因此, 变换矩阵几乎是正交的, 而且变换后的矩阵几乎相似于原矩阵.

(ii) $(a_{qq}^{(k)} - a_{pp}^{(k)})\cos\theta\sin\theta + a_{pq}^{(k)}(\cos^2\theta - \sin^2\theta)$ 很小, 我们

有理由用零代替 $a_{pq}^{(k+1)}$.

我们略去上标 k 并写

$$\tan 2\theta = 2a_{pq}/(a_{pp} - a_{qq}) = x/y, \tag{12.1}$$

其中

$$x = \pm 2a_{pq}, \quad y = |a_{pp} - a_{qq}|. \tag{12.2}$$

对于落在范围 $|\theta| \leqslant \frac{1}{4}\pi$ 的 θ,我们在形式上有

$$2\cos^2\theta = [(x^2 + y^2)^{\frac{1}{2}} + y]/(x^2 + y^2)^{\frac{1}{2}},$$
$$2\sin^2\theta = [(x^2 + y^2)^{\frac{1}{2}} - y]/(x^2 + y^2)^{\frac{1}{2}}, \tag{12.3}$$

其中我们令 $\cos\theta$ 取正值,令 $\sin\theta$ 取与 $\tan 2\theta$ 相同的符号.

现在如果 x 比 y 小,等式(12.3)确定的 $\sin\theta$ 是最不合适的. 对所有满足 $|x| < 10^{-5}|y|$ 的 x, y 用十位十进制定点或浮点计算,方程(12.3)都是给出 $\sin\theta = 0$ 和 $\cos\theta = 1$. 因此,虽然条件(i)得到保证,但条件(ii)不满足.

另一方面,如果用浮点运算,(12.3)决定的 $\cos\theta$ 是十分令人满意的. 事实上,从第三章,§6,§10 我们有

$$\begin{cases} u = fl(x^2 + y^2) \equiv (x^2 + y^2)(1 + \varepsilon_1) \ (|\varepsilon_1| < (2.00002)2^{-t}), \\ v = fl(u^{\frac{1}{2}}) \equiv u^{\frac{1}{2}}(1 + \varepsilon_2) \ (|\varepsilon_2| < (1.00001)2^{-t}), \\ w = fl(v + y) \equiv (v + y)(1 + \varepsilon_3) \ (|\varepsilon_3| \leqslant 2^{-t}), \\ z = fl(w/2v) \equiv w(1 + \varepsilon_4)/2v \ (|\varepsilon_4| \leqslant 2^{-t}), \\ c = fl(z^{\frac{1}{2}}) \equiv z^{\frac{1}{2}}(1 + \varepsilon_5) \ (|\varepsilon_5| < (1.00001)2^{-t}). \end{cases} \tag{12.4}$$

综合上述结果,我们必然有

$$c \equiv \cos\theta(1 + \varepsilon_6) \ (|\varepsilon_6| < (3.0003)2^{-t}), \tag{12.5}$$

其中 $\cos\theta$ 是对应于 x 和 y 的真值. 此后我们给出的界都是很宽的. 用详细的分析常常可以改善它们. 从关系

$$2\sin\theta\cos\theta = x/(x^2 + y^2)^{\frac{1}{2}}, \tag{12.6}$$

我们可得到 $\sin\theta$ 的值 s. 应用浮点运算和计算值 c,我们得到

$$s = fl(x/2cv) \equiv x(1 + \varepsilon_7)/2cv \ (|\varepsilon_7| < (2.00002)2^{-t}). \tag{12.7}$$

由此式及(12.4),(12.5)式我们可归纳为

$$s \equiv \sin\theta(1 + \varepsilon_8) \ (|\varepsilon_8| < (6.0006)2^{-t}). \tag{12.8}$$

因此，与对应给定的 x，y 的准确值相比，s 和 c 的相对误差都小．很明显，现在计算值也满足条件(ii)．

13. 如果能做内积累加，在定点计算中要得到比较好的结果，下述方法是很适当的．我们准确地计算 $x^2 + y^2$，然后选取 k 为满足不等式

$$2^{2k}(x^2 + y^2) \leqslant 1 \tag{13.1}$$

的最大的整数．在等式(12.3)中用 $2^k x$ 和 $2^k y$ 分别代替 x，y 计算 $\cos^2\theta$，再用等式(12.6)计算 $\sin\theta$．

另一种情况是不能作内积累加．如果 $|x| \geqslant y$，我们可以写

$$2\cos^2\theta = \frac{[1 + (y/x)^2]^{\frac{1}{2}} + y/x}{[1 + (y/x)]^{\frac{1}{2}}}, \tag{13.2}$$

$$2\cos\theta\sin\theta = 1/[1 + (y/x)^2]^{\frac{1}{2}}. \tag{13.3}$$

如果 $y > |x|$，我们可以写出相应的表达式（见第三章§30）．

更简单的转角计算方法

14. 在某些计算机上用 §12 ~ §13 的方法确定三角函数计算时间和存贮空间都要求过多，现在已发展了一些较简单的算法计算转角．

因为任何正交变换保持特征值不变，我们不必规定转角能真正压缩当前的元素为零．只要我们大幅度压缩它的值，因为 $\|E_x\|_E^2$ 缩减 $2(a_{pq}^{(k)})^2 - 2(a_{pq}^{(k+1)})^2$ 我们可以期望过程收敛．然而，为了保持最后阶段有二次收敛性，当非对角线元素变小的时候，转角应该趋近用传统的方法计算的值．

一个方法是，如果下式给出的转角 ϕ 落在范围 $\left(-\frac{1}{4}\pi, \frac{1}{4}\pi\right)$ 内就由此式确定

$$T = \tan\frac{1}{2}\phi = a_{pq}/2(a_{pp} - a_{qq}). \tag{14.1}$$

否则，令 $\phi = \pm\frac{1}{4}\pi$，符号应与(14.1)右边的相同．比较(14.1)和(12.1)，我们看出

$$\tan 2\theta = 4\tan\frac{1}{2}\phi; \tag{14.2}$$

因此当 $\theta \to 0$ 时,

$$\phi - \theta \sim \frac{5}{4}\theta^3. \tag{14.3}$$

我们可以从关系式

$$\sin\phi = 2T/(1 + T^2), \quad \cos\phi = (1 - T^2)/(1 + T^2) \tag{14.4}$$

计算 $\sin\phi$ 和 $\cos\phi$, 并且因为 $|T| < 1$, 用定点或浮点计算都十分简单. 容易检验, 用这种办法选取转角, 旋转的效果等价于用 $\alpha a_{pq}^{(k)}$ 代替了 $a_{pq}^{(k)}$, 其中 α 满足不等式

$$0 \leqslant \alpha \leqslant \frac{1}{4}(1 + 2^{\frac{1}{2}}), \tag{14.5}$$

并且对于(14.1) 定义的很大范围内的角, α 都靠近零. 已经证明, 这样选择转角, 过程的收敛速度可与传统的方法媲美

过关 Jacobi 方法

15. 在平面 (p, q) 内的旋转使 $\|E_k\|_E^2$ 的值降低, 下降的量最多是 $2(a_{pq}^{(k)})^2$. 如果 $a_{pq}^{(k)}$ 小于非对角线元素的一般水平, 那么 (p, q) 旋转就没有意义. 这个思想已发展为所谓的过关 Jacobi 方法.

每一次扫描我们都给出一个"关值", 在该次扫描中如果某个非对角线元素低于关值的就不作相应旋转变换. 在 DEUCE 上用定点运算时, 曾用了关值 $2^{-3}, 2^{-6}, 2^{-10}, 2^{-13}, 2^{-30}$. 以后的关值全都是 2^{-30}, 因为在 DEUCE 上, 2^{-30}, 是最小的数, 因此在第五次扫描之后仅仅遇到零元素才省略相应旋转. 计算过程直到

$$\frac{1}{2}(n^2 - n)$$

个元素依次全都可以省略才停止. 在 DEUCE 上的经验表明, 这个改进方法在速度上有较大的提高. 值得注意的是, 这样做收敛性是有保证的, 因为对于任何关值只有有限次迭代.

在 SWAC 上曾经用过这样的方法 (Pope 和 Tompkins (1957)), 预先给某个 k 值, 然后用 k, k^2, k^3 作为一组关值. 对每

个关值,迭代进行到所有非对角线元素的值低于关值为止.

特征向量计算

16. 如果最后一次旋转是 R_s, 那么对于运算精度来说,我们有等式

$$(R_s\cdots R_2R_1)A_0(R_1^{\mathrm{T}}R_2^{\mathrm{T}}\cdots R_s^{\mathrm{T}}) = \mathrm{diag}(\lambda_i). \qquad (16.1)$$

因此,A_0 的特征向量是矩阵 P_s 的列. P_s 定义为,

$$P_s = R_1^{\mathrm{T}}R_2^{\mathrm{T}}\cdots R_s^{\mathrm{T}}. \qquad (16.2)$$

如果要计算特征向量,在过程中的每一步我们可以保存当时的乘积 P_k,

$$P_k = R_1^{\mathrm{T}}R_2^{\mathrm{T}}\cdots R_k^{\mathrm{T}}. \qquad (16.3)$$

除存储 A_k 的上三角部分需要 $\frac{1}{2}(n^2 + n)$ 个存储位置外, P_k 需要 n^2 个存储位置.如果我们采用这种格式,我们可以自动获得 n 个特征向量.

如果只要几个特征向量,那么只要我们保存 $\cos\theta, \sin\theta$ 和每次旋转,我们就可以节省机器时间. 假定只要一个特征向量,它对应于最后一个对角型 $\mathrm{diag}(\lambda_i)$ 的第 i 个对角线元素. 那么,这个特征向量 v_i 为

$$v_i = R_1^{\mathrm{T}}R_2^{\mathrm{T}}\cdots R_s^{\mathrm{T}}e_i. \qquad (16.4)$$

如果用 $R_s^{\mathrm{T}}, R_{s-1}^{\mathrm{T}},\cdots, R_1^{\mathrm{T}}$ 逐个左乘 e_i,我们就得到第 i 个特征向量而不必计算其余的特征向量. 计算 P_s 的乘法量是计算 v_i 需要的乘法量的 n 倍,因此计算 r 个向量的运算量是计算 P_s 的 r/n 倍.

由于完成全部工作平均来说需要五次或六次扫描,因此有关旋转的存储量是 P_s 的若干倍,自然在有磁带存储器的计算机上这似乎还不会限制我们要处理的矩阵的阶数.

数值例子

17. 在表 3 中用实例说明计算个别向量的技术.我们计算的是

表 1 的例子,计算了对应第二个特征值的特征向量.

表 3

$$v_2 = \begin{bmatrix} 0.8628 & -0.5055 & 0 \\ 0.5055 & 0.8628 & 0 \\ 0 & 0 & 1.0000 \end{bmatrix} \begin{bmatrix} 1.0000 & 0 & -0.0094 \\ 0 & 1.0000 & 0 \\ 0.0094 & 0 & 1.0000 \end{bmatrix}$$

$$\times \begin{bmatrix} 1.0000 & 0 & 0 \\ 0 & 0.9991 & -0.0411 \\ 0 & 0.0411 & 0.9991 \end{bmatrix} \begin{bmatrix} 0 \\ 1 \\ 0 \end{bmatrix}$$

逐次用矩阵乘得出

$$\begin{bmatrix} 0.0000 \\ 0.9991 \\ 0.0411 \end{bmatrix}, \begin{bmatrix} -0.0004 \\ 0.9991 \\ 0.0411 \end{bmatrix}, \text{最后得} \begin{bmatrix} -0.5054 \\ 0.8618 \\ 0.0411 \end{bmatrix}.$$

因为 P_s 是正交矩阵,所以最后一个向量的 Euclid 范数是 1. 这可以用来检查计算机运行情况和度量舍入误差的积累.

Jacobi 方法的舍入误差

18. 第三章 §20～§36 的一般性分析没有完全概括 Jacobi 方法,因为在这里 $\cos\theta$ 和 $\sin\theta$ 的计算有些不同. 然而,我们已经说明了计算的 $\cos\theta$ 和 $\sin\theta$ 与对应于当前计算的矩阵的准确值相比,相对误差是小的. 同时,对第三章的分析作修改是相当简单的.

在第三章的结果中, 如果 $\sin\theta$ 和 $\cos\theta$ 是按照 §12 那样计算的,(21.5)式中的因子 $6 \cdot 2^{-t}$ 肯定可以用 $9 \cdot 2^{-t}$ 代替,我把有关的证明留给读者作为练习.如果作了 r 次扫描,并且记 $\mathrm{diag}(\mu_i)$ 为最后的计算的对角矩阵,那么与第三章等式(27.2)相对应,我们有

$$\|\mathrm{diag}(\mu_i) - RA_0R^T\|_E \leqslant 18 \cdot 2^{-t}rn^{\frac{3}{2}}(1 + 9 \cdot 2^{-t})^{r(4n-7)}\|A_0\|_E, \tag{18.1}$$

其中 R 是对应计算的 A_k 的准确的正交矩阵,它由准确的平面旋转的准确的乘积得到. 如果我们取 r 等于 6,那么我们有

$$\|\mathrm{diag}(\mu_i) - RA_0R^T\|_E \leqslant 108 \cdot 2^{-t}n^{\frac{3}{2}}(1 + 9 \cdot 2^{-t})^{6(4n-7)}\|A_0\|_E,$$

这意味着，如果 λ_i 是 A_0 的真特征值，并且 λ_i 和 μ_i 都按递增次序编号，那么

$$\left[\frac{\sum(\mu_i - \lambda_i)^2}{\sum\lambda_i^2}\right]^{\frac{1}{2}} \leqslant 108 \cdot 2^{-t}n^{\frac{3}{2}}(1 + 9 \cdot 2^{-t})^{6(4n-7)}. \quad (18.3)$$

最后的因子实际上是不重要的，因为如果右边充分小，这因子几乎是 1. (18.3) 的右边是一个极端的上界，我们可以希望舍入误差的统计分布将保证如下数量级的界

$$\left[\frac{\sum(\mu_i - \lambda_i)^2}{\sum\lambda_i^2}\right]^{\frac{1}{2}} \leqslant 11 \cdot 2^{-t}n^{\frac{3}{4}}. \quad (18.4)$$

作为例子，若取 $t = 40$，$n = 10^4$，则右边近似于 10^{-8}. 实际上，这说明了主要的限制不是来自计算特征值的精度而是时间或存储量.

计算的特征向量的精确度

19. 对特征值的误差，我们已经能够得到令人满意的严格的先验界. 但是，对于特征向量，我们不能指望得到同样满意的界. 一般来说，它们的精度不可避免地要受特征值的分离度影响. 如果我们写

$$\text{diag}(\mu_i) - RA_0R^\mathrm{T} = F, \quad (19.1)$$

那么

$$\text{diag}(\mu_i) = R(A_0 + G)R^\mathrm{T}, \quad (19.2)$$

其中

$$G = R^\mathrm{T}FR, \quad \|G\|_E = \|F\|_E. \quad (19.3)$$

即使我们能准确地计算 R^T，也只能得到 $(A_0 + G)$ 的特征向量.

事实上，我们做不到完全准确. 我们有的只是计算的旋转，而把对应的矩阵乘到一起又要产生误差. 记 $\bar{R}^\mathrm{T}$ 为计算的乘积，那么按照第三章 §25，用常数 $9 \cdot 2^{-t}$ 代替那里的 x，我们得到

$$\|\bar{R}^\mathrm{T} - R^\mathrm{T}\|_E \leqslant 9 \cdot 2^{-t}rn^2(1 + 9 \cdot 2^{-t})^{r(2n-4)}. \quad (19.4)$$

仍取 $r = 6$，并假定有一个适当的误差分布，那么我们可以期望界

大致是

$$\|\bar{R}^T - R^T\|_E \leqslant 8n2^{-t}. \tag{19.5}$$

因此,计算的矩阵 $\bar{R}^T$ 十分靠近准确的正交矩阵 R^T.

现在我们已得到 $\bar{R}^T$ 与 $(A_0 + G)$ 的准确的特征向量矩阵 R^T 的偏差的界,并且我们也有了 G 的界. 界 (19.4),(19.5) 都不依赖于特征值的分离度. 即使 A_0 有一些很接近的特征值,而对应的特征向量可能很不精确但却几乎是准确地正交的. 显然,它们张成一个正确的子空间,并且给出完整的数字信息. 这也许是 Jacobi 方法最令人满意的特点. 这一章我们描述的其他方法无论在速度上或精度上都比 Jacobi 方法好,但要得到对应于很靠近的或重合的特征值的正交特征向量却相当困难的.

用定点计算的误差界

20. 用类似于第三章 §29 的方法,我们可以得到定点计算的特征值的误差界.精确的界依赖于计算 $\cos\theta$ 和 $\sin\theta$ 的具体方法,但它们都具有如下形式

$$\|\mathrm{diag}(\mu_i) - RA_0R^T\|_2 \leqslant K_1 r n^{5/2} 2^{-t}, \tag{20.1}$$

或者

$$\|\mathrm{diag}(\mu_i) - RA_0R^T\|_E \leqslant K_2 r n^{5/2} 2^{-t}. \tag{20.2}$$

这取决于我们是用 2 范数还是 Euclid 范数. 这里 r 仍然是扫描次数. 与第三章 §32,§33 一样,我们假定 A_0 一开始就引入了比例因子使得

$$\|A_0\|_2 \leqslant 1 - K_1 r n^{5/2} 2^{-t}, \tag{20.3}$$

在这条件下得到了不等式 (20.1). 这个条件是很难满足的,因为通常我们在算完这问题之前无法准确地估计 $\|A_0\|_2$. 另一方面,(20.2) 是在假定了 A_0 引入了初始比例因子使得

$$\|A_0\|_E \leqslant 1 - K_2 r n^{5/2} 2^{-t} \tag{20.4}$$

的条件下获得的,条件(20.4)是容易实现的,因为 $\|A_0\|_E$ 很容易计算. 比例因子保证了任一个 A_k 中没有一个元素超出机器的数字表示范围.

再用一个类似于第三章 §34 的方法. 我们发现计算的旋转的计算乘积 $\bar{R}^{\mathrm{T}}$ 满足关系

$$\|\bar{R}^{\mathrm{T}} - R^{\mathrm{T}}\|_2 \leqslant K_3 r n^{5/2} 2^{-t}, \tag{20.5}$$

其中 R^{T} 是 $(A_0 + G)$ 的准确特征向量矩阵,并且我们有

$$\|G\|_2 \leqslant K_1 r n^{5/2} 2^{-t} \quad \text{或者} \quad \|G\|_E \leqslant K_2 r n^{5/2} 2^{-t}. \tag{20.6}$$

与浮点计算的情况一样,对于任何适当的 n 值,$\bar{R}^{\mathrm{T}}$ 是几乎正交的,正交性不依赖于它的列和 A_0 的真特征向量有多接近.

程序编制问题

21. Jacobi 方法的一个麻烦是, 每次变换都要修改当前矩阵的两行、两列. 如果计算机内存足以存储这个矩阵,困难并不存在. 但是如果内存不足,似乎没有一个很满意的 Jacobi 方法的程序编制办法. Chartres (1962) 曾描述一个 Jacobi 方法的修正形式,它很适合在有磁带机作外存的计算机上使用. 这一技巧的详细叙述请参阅 Chartres 的论文.

Givens 方法

22. 按特性来说, Jacobi 方法本质上是迭代法. 下面我们要叙述的两个方法,基本思想是不完全简化原矩阵,用正交相似变换产生一个对称三对角矩阵(第三章 §13). 这样的简化可用本质上不是迭代的方法实现, 因而需要的计算量要小得多. 因为计算对称三对角矩阵的特征值比较简单,因此这两个方法十分有效.

第一个方法是 Givens (1954) 提出的, 是以平面旋转为基础的方法. 它由 $(n-2)$ 个主步构成, 第 r 步在第 r 行、第 r 列产生零元素,但不改变前 $(r-1)$ 步产生的零元素. 在第 r 步开始时,矩阵的前 $r-1$ 行、$r-1$ 列已是三对角型的. 对 $n=6, r=3$ 的情况,矩阵的形状是

$$
\begin{bmatrix}
\times & \times & 0 & 0 & 0 & \mathbf{0} \\
\times & \times & \times & 0 & 0 & 0 \\
0 & \times & \times & \times & \underline{\times} & \underline{\times} \\
0 & 0 & \times & \times & \times & \times \\
0 & 0 & \underline{\times} & \times & \times & \times \\
0 & 0 & \underline{\times} & \times & \times & \times
\end{bmatrix} . \tag{22.1}
$$

第 r 主步由 $(n-r-1)$ 个子步构成,它们逐次在第 r 行、r 列的第 $r+2, r+3, \cdots, n$ 个位置引入零元素. 在第 i 个位置的零元素是由 $(r+1, i)$ 平面的旋转产生的,在(22.1)中下面加横线的元素是第 r 主步要消去的,用箭头指明那些行、列要受影响. 明显地,前 $(r-1)$ 行、列完全不变. 在这些行列范围内的零元素是由零的线性组合代替的. 在第 r 主步中,实际受影响的仅仅是当前矩阵的右下角 $(n-r+1)$ 阶子矩阵.

为了容易和平面旋转的三角形化(第四章§50)相比较,我们首先给出一个算法描述这个方法,这里假定了在整个过程中,整个矩阵存储在内存中. 当前的 $\cos\theta$ 和 $\sin\theta$ 值存放在两个被消去的对称的元素的存储位置上. 第 r 主步表述如下:

对于 i 从 $r+2$ 到 n 的每一个值执行(i)到(iv)步:

(i) 计算 $x = (a_{r,r+1}^2 + a_{ri}^2)^{1/2}$.

(ii) 计算 $\cos\theta = a_{r,r+1}/x$, $\sin\theta = a_{ri}/x$. (如果 $x=0$,我们令 $\cos\theta = 1$ 和 $\sin\theta = 0$,并且省略 (iii) 和 (iv).) 把 $\cos\theta$ 和 $\sin\theta$ 分别覆盖在 a_{ri} 和 a_{ir} 上;x 覆盖在 $a_{r,r+1}$ 上;$a_{r+1,r}$ 和 x 在原位置上,是已修正的新值.

(iii) 对于 i 从 $r+1$ 到 n 的每个值:
计算 $a_{i,r+1}\cos\theta + a_{ii}\sin\theta$ 和 $-a_{i,r+1}\sin\theta + a_{ii}\cos\theta$ 并覆盖于 $a_{i,r+1}$ 及 a_{ii} 上.

(iv) 对于 i 从 $r+1$ 到 n 的每一个值:
计算 $a_{r+1,i}\cos\theta + a_{ii}\sin\theta$ 和 $-a_{r+1,i}\sin\theta + a_{ii}\cos\theta$ 并分别覆盖

于 $a_{r+1,j}$ 和 a_{ii} 上.

实际上,我们不必作 (iii),(iv) 的全部.因为,根据对称性,(iv) 主要是对行重复 (iii) 中对列执行过的计算.通常我们只对上三角部分运算,而一次旋转所涉及的元素如同(11.1)所示的.但是要注意,如果要存放 $\cos\theta$ 和 $\sin\theta$ 的值,我们必须有 n^2 个存储位置.

23. **第 r 步的乘法次数**,在充分利用对称性的情况下,约为 $4(n-r)^2$.因此,完成整个矩阵三对角化约需 $\frac{4}{3}n^3$ 次乘法.我们可以比较一下,Jacobi 方法一次扫描中需要 $2n^3$ 次乘法.另外,在 Givens 简化和 Jacobi 方法的一次扫描中都有大约 $\frac{1}{2}n^2$ 个开平方运算.最后,在 Givens 方法中转角的计算要简单得多.假定在 Jacobi 方法中用了六次扫描,那么 Jacobi 方法需要的工作量约是 Givens 简化的工作量的九倍之多,对大的 n 更是要九倍以上.只要三对角矩阵的特征值能比较快求得,那么 Givens 方法比 Jacobi 方法快得多.

在有两级存储设备的计算机上实现 Givens 方法

24. 在有内、外两级存储设备的计算机上,如果像 §22 中那样使用 Givens 方法,其功效是相当低的.即使我们利用了对称性,但我们发现在每一主步涉及到行和列的传递.例如,如果上三角形部分按行在外存储器存放,第 r 主步中第 r 行到第 n 行必定对每一个子步都要在内外存之间反复传送.但除了旋转平面对应的两行外,一般的行只有两个元素受影响.现在我们叙述一个 Rollett 和 Wilkinson (1961) 和 Johansen (1961) 发展的修正方案;在整个第 r 主步中,第 r 行到第 n 行只需来回传送一次.

在第 r 主步中,前 $(r-1)$ 行、列不参加运算.第 r 主步形式上与第一主步一样,只不过是运算仅仅对简化后的右下角 $(n-r+1)$ 阶矩阵实行.于是,不失一般性,用第一主步来描述这个方法,这样做也更为方便.在内存储器中需要四个数组,每组有 n

个单元.第一主步有五个部分.(因为有一部分元素在内存储器,有一部分在外存储器,我们的叙述与以前使用过的算法语言稍有不同.)

(1) 传送 A 的第一行到数组 1.

(2) 对于 i 从 3 到 n 的每一个值计算:

$$x_i = [(a_{1,2}^{(i-1)})^2 + a_{1,i}^2]^{\frac{1}{2}}, \quad \cos\theta_{2,i} = a_{1,2}^{(i-1)}/x_i, \quad \sin\theta_{2,i} = a_{1,i}/x_i,$$

其中

$$a_{1,2}^{(2)} = a_{1,2} \quad \text{和} \quad a_{1,2}^{(i)} = x_i.$$

把 $\cos\theta_{2,i}$ 覆盖在 $a_{1,i}$ 上,$\sin\theta_{2,i}$ 存储在数组 2 中.

(3) 传送第二行到数组 3.(这一行及以后各行都只用到对角线及对角线以上的元素.)对于 k 从 3 到 n 的每一个值执行 (4) 和(5):

(4a) 传送第 k 行到数组 4.

(4b) 对当前的元素 $a_{2,2}, a_{2,k}$ 和 a_{kk} 执行行列运算,运算包括 $\cos\theta_{2,k}$ 和 $\sin\theta_{2,k}$.

(4c) 对 l 从 $k+1$ 到 n 的每个值,对 $a_{2,l}$ 和 a_{kl} 执行行变换,变换包括 $\cos\theta_{2,k}$ 和 $\sin\theta_{2,k}$.

(4d) 对于 l 从 $k+1$ 到 n 的每一个值,对 $a_{2,k}$ 和 a_{kl} 执行列变换,变换包括 $\cos\theta_{2,l}$ 和 $\sin\theta_{2,l}$,并且根据对称性利用了 $a_{2,k} = a_{k,2}$ 这一特点. 对于给定的 k,(4a),(4b),(4c) 和 (4d) 全部做完之后,第一主步的所有变换对 k 行的全部元素及第二行的 $3, 4, \cdots, k$ 元素都已执行.第二行的 $2, k+1, k+2, \cdots, n$ 元素仅仅受到含有 $\theta_{2,3}, \theta_{2,4}, \cdots, \theta_{2,k}$ 的变换的影响.

(5) 把已算完的第 k 行传送到外存储器,并转到(4a)做下一个 k 的计算.

25. 当我们对所有适当的 k 值执行了 (4),(5) 之后,第二行的计算也全部完成. $\cos\theta_{2,k}$ 和 $\sin\theta_{2,k}(k=3,$ 到 $n)$ 和第一行中修改过的元素(即三对角矩阵的头两个元素)可以存到外存储器,并把第二行传送到数组 1. 因为第二行在第二主步中的作用相当于第一行在第一主步中一样,对于第二主步来说,现在已作好了准备. 在以后的各步中(1)是不必要的,因为需要的行已经在内存储器.

应该着重指出,我们刚才描述的过程只不过是 Givens 方法的一种新的安排. 虽然在一个主步中某些后面的变换的部分工作提前进行,但是受这后面的变换影响的元素是不受前头的变换支配的. 这两个格式就运算量和舍入误差来说是完全相同的、而后者大幅度减少了内、外存储器之间的信息传送次数.

在外存储器中分配 n^2 个存储位置用于存放整个矩阵是方便的,尽管下三角部分元素不用到,但是需要满矩阵的存储量以便存放正弦和余弦. 如果要计算特征向量,这些量是必须保存的. (25.1) 展示了一种方便的存储方法. 用这种存储方法,"检索"运算特别简单.

$$\begin{bmatrix} a_{1,1} & a_{1,2} & \cos\theta_{2,3} & \cos\theta_{2,4} & \cos\theta_{2,5} \\ x & a_{2,2} & a_{2,3} & \cos\theta_{3,4} & \cos\theta_{3,5} \\ \sin\theta_{4,5} & x & a_{3,3} & a_{3,4} & \cos\theta_{4,5} \\ \sin\theta_{3,4} & \sin\theta_{3,5} & x & a_{4,4} & a_{4,5} \\ \sin\theta_{2,3} & \sin\theta_{2,4} & \sin\theta_{2,5} & x & a_{5,5} \end{bmatrix} \tag{25.1}$$

Johansen (1961) 指出,如果每次从外存储器传入 k 个字,那么内存储器的需要可以从 $4n$ 个单元压缩为 $3n + k$ 个单元,因为在内存储器中不需要同时使用 A 的整行.

Givens 方法的浮点误差分析

26. 为了得到原问题的解,我们必须求解三对角矩阵的特征值问题. 因为我们接着介绍的方法也导致三对角矩阵,所以把这个问题暂时放在一边,而先给出简化为三对角型的误差分析.

显然第三章 §20 ~ §26 给出的普遍性分析完全概括了 Givens 简化方法,甚至旋转角的计算都描述了. 如果我们用 C 表示计算的三对角矩阵,用 R 表示对应计算的 A_k 的 $\frac{1}{2}(n-1)(n-2)$ 个准确旋转的准确乘积,那么对于标准的浮点运算,由第三章等式

(27.2) 我们有结果:

$$\|C - RA_0 R^T\|_E \leqslant 12.2^{-t} n^{\frac{3}{2}}(1 + 6.2^{-t})^{4n-7} \|A_0\|_E. \quad (26.1)$$

值得注意的是, 在第三章 §22 描述的意义下, Givens 方法包含的旋转不是完全组, 因为没有第一个平面旋转. 对于这样的旋转简化组, 那里给出的界显然是更加宽裕的.

界 (26.1) 没有利用逐次被简化的矩阵零元素愈来愈多的特点, 而要做到这一点的确也不是简单的事. 但是, 我们可以想像这样的分析至多是把 (26.1) 的因子 12 压缩一点. 无论那一种情况我们必定有

$$\left[\frac{\Sigma(\mu_i - \lambda_i)^2}{\Sigma \lambda_i^2}\right]^{\frac{1}{2}} \leqslant 12 \cdot 2^{-t} n^{\frac{3}{2}}(1 + 6 \cdot 2^{-t})^{4n-7}, \quad (26.2)$$

其中 μ_i 是计算的三对角矩阵的特征值. 它可以和 (18.3) Jacobi 的界相比较. 在 §40~§41 中我们要说明在计算三对角矩阵的特征值时产生的误差与(26.2)的界相比是微不足道的.

定点误差分析

27. 第三章 §29 ~ §35 的一般的定点分析也可直接应用于 Givens 简化方法, 但此时很容易利用简化过程中产生的零元素. 在第 r 主步中, 我们处理的是 $(n - r + 1)$ 阶矩阵而不是 n 阶的, 因此在第三章 (35.17) 的界中我们应该用 $(2n - 2r - 2)^{\frac{1}{2}}$ 来代替 $(2n - 4)^{\frac{1}{2}}$. 结合这个修改, 我们自然得到

$$\|C - RA_0 R^T\|_2 \leqslant 2^{-t-1} \sum_r [(2n - 2r - 2)^{\frac{1}{2}}$$
$$+ 9.0](n - r - 1)$$
$$< 2^{-t-1}\left(\frac{2^{\frac{3}{2}}}{5} n^{\frac{5}{2}} + 4.5n^2\right) = x, \quad (27.1)$$

其中我们假定 A_0 已被平衡, 使得

$$\|A_0\|_2 < 1 - x. \quad (27.2)$$

类似地, 我们可以证明

$$\|C - RA_0R^\mathrm{T}\|_E \leqslant 2^{-t-1}\left(\frac{4}{5}n^{\frac{3}{2}} + 6n^2\right) = y, \qquad (27.3)$$

这里我们也假定 A_0 已被平衡使得

$$\|A_0\|_E < 1 - y. \qquad (27.4)$$

(27.1) 中涉及 n^2 的那个因子和 (27.2) 是过宽的. 详细的分析大概能压缩许多. 但是对于充分大的 n, 在任何情况下总是有 $n^{\frac{3}{2}}$ 的那一项占优.

数值例子

28. 现在我们给出一个 Givens 方法的数值例子, 它是专门设计来说明这个方法的数值稳定性的本质的. 我们总是强调, 最后的三对角矩阵十分接近逐次计算矩阵 A_r 的准确正交变换应用于 A_0 得到的矩阵. 我们不要求三对角矩阵接近于全过程都用准确的计算所得的矩阵, 但只要我们最后得到的特征值和特征向量逼近 A_0 的特征值和特征向量. 上述矩阵之间是否接近是无关紧要的.

在表 4 中我们首先列出用定点运算把一个五阶矩阵简化为三对角型, 计算是取五位十进制数字进行的. 当在位置 (1,5) 中引入零元素时, 在 (2,3), (2,4), (2,5) 中所有的元素都因为相约的原因变得十分小. 这些元素与准确计算的结果相比, 相对误差大. 因此, 当我们确定 (3,4), (3,5) 的平面旋转时, 其旋转角与准确计算的差别很大.

我们用六位十进位重复计算来着重指明这一点. 现在 (2,3), (2,4), (2,5) 元素分别是

$$0.000012, \quad 0.000007, \quad 0.000008;$$

对于五位十进位的计算结果分别是

$$0.00002, \quad 0.00001, \quad 0.00001.$$

例如, 在 (3,4) 平面的旋转, 上述两种情况分别有 $\tan\theta = 7/12$ 和 $\tan\theta = \frac{1}{2}$. 因此, 在最后的两个三对角矩阵中, 后面有关的行、列

表 4

$$
A_0 = \begin{bmatrix}
0.71235 & 0.33973 & 0.28615 & 0.30388 & 0.29401 \\
 & 1.18585 & -0.21846 & -0.06685 & -0.37360 \\
 & & 0.18159 & 0.27955 & 0.38898 \\
 & & & 0.23195 & 0.20496 \\
 & & & & 0.46004
\end{bmatrix}
$$

用五位十进位简化

在第一行中引进零之后得到矩阵 A_3,

$$
A_3 = \begin{bmatrix}
0.71235 & 0.61325 & & & \\
 & 0.61874 & 0.00002 & 0.00001 & 0.00001 \\
 & & 0.81366 & 0.51237 & 0.61325 \\
 & & & 0.21436 & 0.21537 \\
 & & & & 0.41267
\end{bmatrix}
$$

在第二行引进零之后得到矩阵 A_5,

$$
A_5 = \begin{bmatrix}
0.71235 & 0.61325 & 0 & 0 & 0 \\
 & 0.61874 & 0.00002 & 0 & 0 \\
 & & 1.48135 & 0.02405 & 0.11049 \\
 & & & -0.07568 & -0.10328 \\
 & & & & 0.03502
\end{bmatrix}
$$

最后的三对角矩阵 A_6

$$
A_6 = \begin{bmatrix}
0.71235 & 0.61325 & 0 & 0 & 0 \\
 & 0.61874 & 0.00002 & 0 & 0 \\
 & & 1.48135 & 0.11308 & 0 \\
 & & & -0.01292 & 0.11694 \\
 & & & & -0.02774
\end{bmatrix}
$$

用六位十进位简化

在第一行中引进零之后得到矩阵 A_3,

$$
A_3 = \begin{bmatrix}
0.712350 & 0.613256 & 0 & 0 & 0 \\
 & 0.618749 & 0.000012 & 0.000007 & 0.000008 \\
 & & 0.813654 & 0.512374 & 0.613255 \\
 & & & 0.214360 & 0.215375 \\
 & & & & 0.412665
\end{bmatrix}
$$

在第二行中引进零之后得到矩阵 A_5,

$$
A_5 = \begin{bmatrix}
0.712350 & 0.613256 & & & \\
 & 0.618749 & 0.000016 & & \\
 & & 1.486335 & -0.068499 & 0.024712 \\
 & & & -0.079492 & -0.102483 \\
 & & & & 0.033837
\end{bmatrix}
$$

最后的三对角矩阵 A_6

$$A_0 = \begin{bmatrix} 0.712350 & 0.613256 & 0 & 0 & 0 \\ & 0.618749 & 0.000016 & 0 & 0 \\ & & 1.486335 & 0.072820 & 0 \\ & & & -0.001012 & -0.115055 \\ & & & & -0.044643 \end{bmatrix}$$

准确八位十进位的特征值

A_0	A_6（用五位十进位计算）	A_6（用六位十进位计算）
1.48991 259	1.48991 000	1.48991 239
1.28058 937	1.28057 855	1.28058 869
−0.14126 880	−0.14126 174	−0.14126 895
0.09203 628	0.09204 175	0.09203 657
0.05051 055	0.05051 145	0.05051 030

几乎完全不同. 但是,我们的误差分析表明,这两个三对角矩阵的特征值都逼近于 A_0 的特征值.

在表 4 中,我们列出这两个三对角矩阵和 A_0 的特征值,准确到八位十进位. 这些结果证实了我们的结论. 值得注意的是,在两种情况中,整个简化过程产生的舍入误差对每一个特征值的影响小于计算中使用的最后一位数字位的一个单位. 实际上,我们发现真正的误差总低于我们得到的上界,通常比利用统计结果的粗糙估计给出的界要低得多.

注意,在(3,4)和(3,5)平面旋转中,我们确实有相当大的选择自由. 例如,当我们作 (3,5) 平面旋转时,我们只是选取 $\cos\theta$ 和 $\sin\theta$,使得它们在运算精度范围内是匹配的. 因此,以六位十进位为例,

$$|-(0.000012)\sin\theta + (0.000007)\cos\theta| < \frac{1}{2}10^{-6}.$$

我们描述的方法使得 θ 与 $\tan\theta = \dfrac{0.000007}{0.000012}$ 所给定的值十分一致,并且这样做是最容易的. 但是对于 $\tan\theta$,任何满足

$0.0000065 \leqslant x \leqslant 0.0000075$ 和 $0.0000115 \leqslant y \leqslant 0.0000125$

的 x/y 值都会一样好,而这些值对应的最终的三对角矩阵变化范

围很大.

表面上看来，这是使人惊奇的. 现在先让我们回到准确的计算，并且假定当 a_{15} 被消去时出现完全相约使得 (2,3)，(2,4)，(2,5)元素变为零. 那么，在 (3,4)，(3,5) 平面的任何准确旋转会保持这三个零元素不变，我们可以把它看作一个适当的 Givens 变换. 不同的旋转会给出不同的最终的三对角矩阵，但全都准确地相似于 A_0. 在准确的过程中出现完全相消时，我们可以任意地在对应的旋转角中选"全部数字位".

Householder 方法

29. 多年来，似乎证明了 Givens 方法是简化矩阵为三对角型的最有效的方法，但 1958 年 Householder 指出，这种简化用初等 Hermite 正交矩阵来作比用平面旋转更有效. 在第六章 §7 中，我们说明 Givens 和 Householder 方法实质上是一样的.

在这简化过程中有 $(n-2)$ 步，第 r 步在第 r 行，第 r 列产生零元素但不破坏以前各步引进的零元素. 对 $n=7$，$r=4$ 的情况，第 r 步以前矩阵的形状是

$$
A_{r-1} = \begin{matrix} r \left\{ \right. \\ \\ n-r \left\{ \right. \end{matrix}
\begin{bmatrix}
\times & \times & & & \vdots & & \\
\times & \times & \times & & \vdots & & \\
& \times & \times & \times & \vdots & & \\
& & \times & \times & \times & \times & \times \\
\hdashline
& & & \times & \times & \times & \times \\
& & & \times & \times & \times & \times \\
& & & \times & \times & \times & \times
\end{bmatrix}
= \begin{bmatrix} C_{r-1} & \begin{matrix} 0 \\ b_{r-1}^{\mathrm{T}} \end{matrix} \\ \hdashline 0 \quad b_{r-1} & B_{r-1} \end{bmatrix},
$$

(29.1)

其中 b_{r-1} 是有 $(n-r)$ 个分量的向量，C_{r-1} 是 r 阶三对角矩阵，B_{r-1} 是 $(n-r)$ 阶方阵. 第 r 个交换的矩阵 P_r 可表示为如下形式

$$
P_r = \begin{matrix} r \left\{ \right. \\ n-r \left\{ \right. \end{matrix}
\begin{bmatrix} I & 0 \\ \hdashline 0 & Q_r \end{bmatrix}
= \begin{bmatrix} I & 0 \\ \hdashline 0 & I - 2v_r v_r^{\mathrm{T}} \end{bmatrix},
$$

(29.2)

其中 v_i 是有 $(n-r)$ 个分量的规格化向量. 因此我们有

$$A_r = P_r A_{r-1} P_r = \begin{array}{c} r\{ \\ \\ n-r\{ \end{array} \left[\begin{array}{c|cc} C_{r-1} & & 0 \\ & & c_r^{\mathrm{T}} \\ \hline 0 & c_r & Q_r B_{r-1} Q_r \end{array} \right], \quad (29.3)$$

其中

$$c_r = Q_r b_{r-1}. \quad (29.4)$$

我们如果选取 v_r 使得 c_r 除了第一个分量之外全是零,那么 A_r 的前 $(r+1)$ 行,$(r+1)$ 列是三对角型. 这样我们已得出了确定第三章 §37,§38 研究过的标准型中的 P_r 的条件,但是这里用现在的记号改写一下结果更为方便. 我们略去下标 r 用 a_{ij} 表示 A_{r-1} 的 (i,j) 元素,我们假定只存储上三角部分的元素,并用这些元素表示全部公式.

如果我们用矩阵 $P_r = I - 2w_r w_r^{\mathrm{T}}$ 来讨论,公式是最简单的,这里 w_r 是有 n 个分量的规格化向量,前 r 个分量是零. 于是我们有

$$P_r = I - 2w_r w_r^{\mathrm{T}} = I - u_r u_r^{\mathrm{T}} / 2K_r^2, \quad (29.5)$$

其中

$$\begin{cases} u_{ir} = 0 \ (i = 1, 2, \cdots, r), \\ u_{r+1,r} = a_{r,r+1} \mp S_r, \ u_{ir} = a_{ri} \ (i = r+2, \cdots, n), \\ S_r = \left(\sum_{i=r+1}^{n} a_{ri}^2 \right)^{\frac{1}{2}}, \ 2K_r^2 = S_r^2 \mp a_{r,r+1} S_r. \end{cases} \quad (29.6)$$

在决定 $u_{r+1,r}$ 的等式中,S_r 前的符号取定为与 $a_{r,r+1}$ 的符号一致,这样可以使得在作加法时不会发生相约. $a_{r,r+1}$ 的新值是 $\pm S_r$(我们可与 Givens 方法对比一下. 在 Givens 方法中,采用我们的公式,三对角型的上对角线元素是非负的). 注意,如果某一步要消去的元素已全是零,这个变换矩阵并不是我们可能想象的单位矩阵(事实上,按我们的定义,I 不是一个初等 Hermite 矩阵). 这个变换矩阵与单位矩阵的差别是第 $(r+1)$ 个对角线元素是 -1. 我们可以编制程序发现这个情况并省略有关的变换.

利用对称性

30. 充分利用对称性的特点是重要的，而为了做到这一点，从

$$A_r = P_r A_{r-1} P_r, \tag{30.1}$$

计算 A_r 需要细致地制订计算公式. 事实上,我们有

$$A_r = (I - u_r u_r^T / 2K_r^2) A_{r-1} (I - u_r u_r^T / 2K_r^2). \tag{30.2}$$

如果我们记

$$A_{r-1} u_r / 2K_r^2 = p_r, \tag{30.3}$$

等式(30.2) 就可写为

$$A_r = A_{r-1} - u_r p_r^T - p_r u_r^T + u_r (u_r^T p_r) u_r^T / 2K_r^2. \tag{30.4}$$

因此,如果我们定义 q_r 为

$$q_r = p_r - \frac{1}{2} u_r (u_r^T p_r / 2K_r^2). \tag{30.5}$$

我们有

$$A_r = A_{r-1} - u_r q_r^T - q_r u_r^T, \tag{30.6}$$

等式右边是利用对称性的好形式. 实际上,我们感兴趣的仅仅是 A_r 右下角的 $(n-r)$ 阶矩阵,因为前 $(r-1)$ 行、列与 A_{r-1} 的相同,而且变换 P_r 是设计成消去 $a_{ri}(i = r+2, \cdots, n)$ 并把 $a_{r,r+1}$ 变为 $\pm S_r$.

向量 p_r 的头 $(r-1)$ 个分量是零,并且第 r 个元素也不需要计算. 因此,它的计算中包含 $(n-r)^2$ 次乘法. 在 q_r 的计算中包含的运算量是 $(n-r)$ 数量级,与全部计算相比是可忽略的. 最后从(30.6)式,计算 A_r 的有关元素约需要 $(n-r)^2$ 次乘法,因为我们只须计算上三角部分的元素. 在整个简化方法中总乘法量是 $\frac{2}{3} n^3$ 次,而 Givens 方法是 $\frac{4}{3} n^3$ 次,在这套公式中只有 n 个平方根运算,而在 Givens 方法中有 $\frac{1}{2} n^2$ 个.

存储方案的研究

31. 如果我们需要特征向量,变换矩阵的详细信息必须保存.

显然保存 u_r 的非零元素以及能使 $2K_r^2$ 可以恢复的充分的信息是足够了. 现在向量 u_r 有 $(n-r)$ 个非零元素,而它只消去了 A_{r-1} 的 $(n-r-1)$ 个元素. $(r, r+1)$ 元素不变为零,事实上它是最后的三对角矩阵的上次对角线元素. 但是,单独存储这些上次对角元素是方便的,因而我们可以把 u_r 的全部非零元素存储在原矩阵占有的位置上. 这样做特别方便,因为

$$u_{ir} = a_{ri} \quad (i = r+2, \cdots, n).$$

因此,u_r 的全部元素除了 $u_{r+1,r}$ 之外都有了存储空间.

逐次产生的 p_r 可以存放在同一组 n 个单元内,并且每一个 q_r 又可覆盖在 p_r 上. 因为 q_r, p_r 中仅有 $(n-r)$ 个元素要保留,一旦算出上次对角线元素, $\pm S_r$, 就可存放在这有 n 个单元的同一组内. 由 $\pm S_r$ 和 $u_{r+1,r}$ 我们在需要时可以恢复 $2K_r^2$, 所用的关系式是

$$2K_r^2 = S_r^2 \mp a_{r,r+1}S_r = S_r(S_r \mp a_{r,r+1}) = -(\pm S_r)u_{r+1,r}. \quad (31.1)$$

因此,全过程仅需 $\frac{1}{2}(n^2 + 3n)$ 个存储单元. 但是,对 Givens 方法如果也要存储变换的详细信息, n^2 个单元是必需的.

在有内、外存储设备的计算机上实现 Householder 方法

32. 如果在有内、外两级存储设备的计算机上按上一节描述的方式实现 Householder 方法,那么在第 r 步中 B_{r-1} 的上三角部分元素(参见等式 (29.1))必须传递到内存储器两次,一次是为了计算 p_r, 另一次是为了导出 A_r 的元素. 在 §24 描述的修正 Givens 方法中每一步仅需要作一次传送,下述方法可以达到同样节省的效果.

A_r 的计算过程涉及从外存读进 A_{r-1} 和用 A_r 代替它,因此在计算过程中 u_{r+1} 和 p_{r+1} 也可以被计算. A_r 与 A_{r-1} 的差别仅是第 r 行、列到第 n 行、列. 一旦知道 A_r 的 $(r+1)$ 行之后,就可以计算 u_{r+1}. 当 A_r 的每一个元素被确定后,它就可以用来计算 $A_r u_{r+1}$ 中有关的部分. 因为我们假定只用上三角部分运算,

A_r 的计算的 (i, j) 元素必定用来决定对 $(A_r u_{r+1})_i$ 和 $(A_r u_{r+1})_j$ 的贡献. 当 A_r 算完并传送到外存储器时, u_{r+1} 和 $A_r u_{r+1}$ 就被决定了, 因而 $2K_r^2$, p_{r+1} 和 q_{r+1} 的计算不再需要用外存储器. 这个方式减少了一半访问外存储器次数, 同时使得 Householder 方法在内、外存储器的信息交换方面与 Givens 方法一样有效.

如果我们要 $A_r u_{r+1}$ 达到用内积累加可能得到的高精度, 那么它的每个元素都必需要用双精度保存, 而它是在计算 A_r 时一个一个地产生的. 所以, 工作单元必需能接纳五个向量, 即 u_r, q_r, u_{r+1}, $A_r u_{r+1}$ 和 A_{r-1} 的当前一行, 这一行正要变换成 A_r 的一行. 因为 $A_r u_{r+1}$ 暂时是双精度形式, 因此共需要 $6n$ 个单元. 如果每次内、外存储器交换 K 个字, 就可以压缩为 $5n + K$ 个单元, 因为我们在内存储器并不同时需要 A_{r-1} 的整行.

用定点运算的 Householder 方法

33. 我们在 §29, §30 描述的方法不能直接在定点运算中用. 在浮点运算中, $(u_r u_r^T)/2K_r^2$ 有效地分解为形式 $u_r(u_r^T/2K_r^2)$. 如果决定当前变换的元素十分小, 那么 $u_r/2K_r^2$ 的分量将比 1 大得多. Wilkinson (1960) 提出了另一种计算方案, 这方案中我们用 $2(u_r/2K_r)(u_r^T/2K_r)$ 来计算, 在每一次变换要外加一个平方根运算. 对于高阶矩阵附加的平方根运算的时间与简化所需的总的计算时间相比是微不足道的, 而且在这公式中很容易引进比例因子. 但是, 还有别的方法可以避免额外的平方根运算. 这里我们描述一个这样的方法, 首先是因为以后的章节要用到它, 其次是因为其误差分析具有某些富有启发性的特点.

我们改用引入比例因子的形式代替直接使用向量 u_r, 定义
$$y_r = u_r/u_{r+1,r}. \tag{33.1}$$
从 (29.5) 和 (29.6) 我们得到
$$\begin{cases} y_{ir} = 0 \ (i = 1, 2, \cdots, r), \\ y_{r+1,r} = 1, \ y_{ir} = a_{ri}/(a_{r,r+1} \mp S_r) \ (i = r+2, \cdots, n) \end{cases} \tag{33.2}$$
和

$$P_r = I - u_r u_r^T / 2K_r^2 = I - \left(\frac{S_r \mp a_{r,r+1}}{S_r} \right) y_r y_r^T. \qquad (33.3)$$

现在如果 $a_{ri}(i = r+1, \cdots, n)$ 全都很小，计算的 S_r 将有比较高的相对误差。尽管如此，虽然计算的 y_r 与准确地对应于给定的 a_{ri} 的有实质性的差别，y_r 的所有分量的模显然不超过 1。为了使得变换矩阵精确地正交，我们应该用

$$P_r = I - 2y_r y_r^T / \|y_r\|^2 \qquad (33.4)$$

代替 (33.3) 的右边。

现在我们可以由下述各式计算 A_r，

$$p_r = A_{r-1} y_r / \|y_r\|^2, \qquad (33.5)$$

$$q_r = p_r - (y_r^T p_r) y_r / \|y_r\|^2, \qquad (33.6)$$

$$A_r = A_{r-1} - 2y_r q_r^T - 2q_r y_r^T. \qquad (33.7)$$

因为 $1 \leqslant \|y_r\|^2 \leqslant 2$，在这个计算方案的许多地方必须引入比例因子 $\frac{1}{2}$，但最方便的做法将在某种程度上取决于现有的定点运算设备，我们不作进一步的讨论。

现在的状态与我们已经习惯的误差分析情况不同。计算的变换矩阵可能与由计算的 A_{r-1} 准确计算所得的变换矩阵有本质的差别。但是这被证明是不重要的。因为 $y_{r+1,r} = 1$，计算的 $\|y_r\|^2$ 相对误差小，因而从 (33.4) 计算的矩阵几乎准确地正交。此外，$P_r A_{r-1} P_r$ 中应该为零的位置上的元素在运算精度意义下是零。只有这些要求我们才必须满足。

数值例子

34. 表 5 的例子可以充分地说明上述结论。例子是用 §33 的公式计算的，决定第一个变换的 A_0 的元素非常小。当不用比例因子时，S_1 的计算值有大的相对误差。事实上，计算的值是 0.00005，而真值是 $0.000053852 \cdots$。如果我们必须像 (33.3) 那样结合一个因子 $(S_1 + a_{1,2}) / S_1$ 于 $y_1 y_1^T$ 的话，那么变换矩阵甚至不会近似地正交。用 (33.4) 式，能保证几乎准确的正交性，同时把 A_1

表 5

$$A_0$$

$$\begin{bmatrix} 0.23157 & 0.00002 & 0.00003 & 0.00004 \\ 0.00002 & 0.31457 & 0.21321 & 0.31256 \\ 0.00003 & 0.21321 & 0.18175 & 0.21532 \\ 0.00004 & 0.31256 & 0.21532 & 0.41653 \end{bmatrix} \begin{array}{l} S_1 = 0.00005 \\ \|y_1\|^2 = 1.51020 \\ y_1^T p_1 / \|y_1\|^2 = 0.49519 \end{array}$$

$$y_1^T = (0.00000,\ 1.00000,\ 0.42857,\ 0.57143)$$
$$p_1^T = (0.00004,\ 0.38707,\ 0.27423,\ 0.42568)$$
$$q_1^T = (0.00004,\ -0.10812,\ 0.06201,\ 0.14271)$$

$$A_1$$

$$\begin{bmatrix} 0.23157 & -0.00005 & 0.00000 & 0.00000 \\ -0.00005 & 0.74705 & 0.18186 & 0.15071 \\ 0.00000 & 0.18186 & 0.07545 & 0.02213 \\ 0.00000 & 0.15071 & 0.02213 & 0.09033 \end{bmatrix} \begin{array}{l} S_2 = 0.23619 \\ \|y_2\|^2 = 1.12997 \\ y_2^T p_2 / \|y_2\|^2 = 0.08078 \end{array}$$

$$y_2^T = (0.00000,\ 0.00000,\ 1.00000,\ 0.36051)$$
$$p_2^T = (0.00000,\ 0.20903,\ 0.07383,\ 0.04840)$$
$$q_2^T = (0.00000,\ 0.20903,\ -0.00695,\ 0.01928)$$

$$A_2$$

$$\begin{bmatrix} 0.23157 & -0.00005 & 0.00000 & 0.00000 \\ -0.00005 & 0.74705 & -0.23619 & 0.00000 \\ 0.00000 & -0.23619 & 0.10325 & -0.01142 \\ 0.00000 & 0.00000 & -0.01142 & 0.06253 \end{bmatrix}$$

第一步的精确计算

$$S_1 = 0.000053852,\ \|y_1\|^2 = 1.45837,\ y_1^T p_1 / \|y_1\|^2 = 0.50464$$
$$y_1^T = (0.00000,\ 1.00000,\ 0.40622,\ 0.54162)$$
$$p_1^T = (0.00004,\ 0.39117,\ 0.27679,\ 0.42899)$$
$$q_1^T = (0.00004,\ -0.11347,\ 0.07180,\ 0.15567)$$

$$A_1$$

$$\begin{bmatrix} 0.23157 & -0.00005 & 0.00000 & 0.00000 \\ & 0.76845 & 0.16180 & 0.12414 \\ & & 0.06508 & 0.01107 \\ & & & 0.07927 \end{bmatrix}$$

的有关元素取为零仍是完全恰当的. 但是，A_1 与用浮点运算和 §30 的公式得到的矩阵很不一样. 那公式给出的正交矩阵逼近对应于 A_0 的准确矩阵.

在表的末尾，我们给出精确计算的 y_1 和 A_1，我们看出，y_1 和 A_1 两者都有很大的偏差.

Householder 方法的误差分析

35. 现在已经有 Householder 方法的详细的误差分析,我们第三章 §45 的一般性分析只要稍作修改就可以概括对称的情况. 那里的(45.5)式证明了如果 C 是用有累加浮点运算并且计算的三对角矩阵, R 是与计算的 A_r 对应的正交矩阵的准确乘积,那么对某常数 K_1 必定有

$$\|C - RA_0R^T\|_E \leqslant 2K_1 n2^{-t}(1 + K_1 2^{-t})^{2n}\|A_0\|_E. \qquad (35.1)$$

我们已说明了在 ACE 上使用浮点运算, $2K_1$ 肯定小于 40. 因此,采用 §26 的记号我们得到

$$\left[\frac{\Sigma(\mu_i - \lambda_i)^2}{\Sigma\lambda_i^2}\right]^{\frac{1}{2}} \leqslant 40n2^{-t}(1 + 20 \cdot 2^{-t})^{2n}, \qquad (35.2)$$

通常 (35.2) 右边最后一个因子在这个界的有用范围内是不重要的. 第一个这样的结果是 Ortega (1963) 得到的,他的证明与我们的没有本质差别. 如同第三章 §45 我们指出的,因子 $n2^{-t}$ 几乎不能改善,因为即使假定每一个变换都准确执行,并且所得到的矩阵 A_r 在转入下一步之前舍入为七位二进位,我们也得到这样的因子.

Ortega 也得到一个标准的浮点计算相应的界. 用我们的记号表达,他的界实质上是

$$\left[\frac{\Sigma(\mu_i - \lambda_i)^2}{\Sigma\lambda_i^2}\right]^{\frac{1}{2}} \leqslant 2K_2 n^2 2^{-t}(1 + K_2 n2^{-t})^{2n}, \qquad (35.3)$$

常数 K_1, K_2 依赖于具体的算术运算过程. 进行更详尽的分析可以使我们已得到的值缩压一些,但对比(26.2)和(35.3)我们可以看出,用标准浮点运算, Givens 方法和 Householder 方法的界在有用的范围内分别是 $n^{\frac{3}{2}}2^{-t}$ 和 $n^2 2^{-t}$ 量级. 因此,对于大的 n, Givens 方法的界比较好. 似乎没有疑问,界 (35.3) 比我们已得到的大多数界都弱,但是到目前为止还没有确切的证据说明哪一个方法实际上给出更精确的结果.困难在于,因为舍入误差的统计分布,在实际上我们得到的特征值十分精确,要得到这两个方法的相

对精度方面的有用信息需要解很大量的高阶矩阵.

虽然,有累加的用浮点运算 Householder 方法的上界 (35.2)总是十分鼓舞人的,但经验表明这是一个严重的过高估计,在我们详细研究过的矩阵中通常连 $n^{\frac{3}{2}}2^{-t}$ 的值都没有达到. 如果采用 $n^{\frac{3}{2}}2^{-t}$ 作为准则,那么舍入误差的影响在可预见的将来显然不像是一个限制性因素. 例如, $t = 40$, $n = 10^4$,那么 $n^{\frac{3}{2}}2^{-t}$ 约为 10^{-10}. 因此我们可望得到一个最好的结果,

$$\left[\frac{\Sigma(\lambda_i - \mu_i)^2}{\Sigma\lambda_i^2}\right]^{\frac{1}{2}} < 10^{-10}. \qquad (35.4)$$

可是,一个 10^4 阶的满矩阵有 10^8 个元素,其简化包含 $\frac{2}{3}10^{12}$ 次乘法. 即使一次乘法时间是 $1\mu s$,整个简化过程将需要 200 小时.

Wilkinson (1962b) 已给出用有累加的定点运算的 Householder 方法的详细误差分析. 这个分析证明了

$$\max|\lambda_i - \mu_i| < K_3 n^2 2^{-t}, \qquad (35.5)$$

这里假定 A_0 已被平衡使得

$$\|A_0\|_2 < \frac{1}{2} - K_3 n^2 2^{-t}. \qquad (35.6)$$

这是对每一步有两个平方根的公式作的分析,但已假定有内积累加. 对一些别的公式的分析结果与(35.5)类似,但是常数 K_3 的值不同. 经验表明,通常 $n2^{-t}$ 也是过高的估计.

对于没有累加的定点运算,形如

$$\max|\lambda_i - \mu_i| < K_4 n^{\frac{1}{2}} 2^{-t} \qquad (35.7)$$

的界是目前获得的最好结果.

对称三对角矩阵的特征值

36. 要完成 Givens 方法或 Householder 方法,我们必须解对称三对角矩阵的特征值问题. 在许多物理问题中,三对角矩阵常常是作为原始数据出现的,因此它们本身是很重要的. 这种矩阵仅有 $(2n - 1)$ 个独立的元素,我们可以设想这个问题比原矩阵

的要简单得多.

现在我们考虑一个对称三对角矩阵 C. 为方便起见,我们写

$$c_{ii} = \alpha_i, \quad c_{ii+1} = c_{i+1,i} = \beta_{i+1}. \tag{36.1}$$

如果 r 个 β_i 为零,那么 C 可以表示为 $(r+1)$ 个低阶的三对角矩阵的直接和. 我们可以写

$$C = \begin{bmatrix} C^{(1)} & & & \\ & C^{(2)} & \ddots & \\ & & & C^{(r+1)} \end{bmatrix}, \tag{36.2}$$

其中 $C^{(s)}$ 是 m_s 阶的, 并且 $\Sigma m_i = n$. $C^{(s)}$ 的特征值的全体就是 C 的全部特征值,如果 x 是 $C^{(s)}$ 的特征向量,C 的对应的特征向量 y 就是

$$y^T = (\underbrace{0, 0, \cdots, 0}_{m_1 \quad m_2 \quad m_{s-1}}, \underbrace{x^T}_{m_s}, \underbrace{0, \cdots, 0}_{m_{s+1} \quad m_{r+1}}). \tag{36.3}$$

因此,不失一般性,我们可以假定没有一个 β_i 是零,并且以后都作此假定.

Sturm 序列性质

37. 如果我们用 $p_r(\lambda)$ 表示 $(C - \lambda I)$ 的 r 阶前主子式,并定义 $p_0(\lambda)$ 等于 1,我们得到

$$p_1(\lambda) = \alpha_1 - \lambda, \tag{37.1}$$

$$p_i(\lambda) = (\alpha_i - \lambda)p_{i-1}(\lambda) - \beta_i^2 p_{i-2}(\lambda) (i = 2, \cdots, n). \tag{37.2}$$

$p_r(\lambda)$ 的零点是 C 的 r 阶前主子矩阵的特征值,因此都是实的. 我们用 C_r 表示这子矩阵.

现在我们知道,每个 C_r 和 C_{r+1} 的特征值至少是在弱意义下互相分隔(第二章 §4.7). 我们证明,如果没有一个 β_i 是零,那么分隔是严格的. 事实上,如果 μ 是 $p_r(\lambda)$ 和 $p_{r-1}(\lambda)$ 的一个零点,那么对于 $i = r$,从(37.2)以及 β_r 不是零可知,μ 也是 $p_{r-2}(\lambda)$ 的一个零点. 因此,对于 $i = r - 1$,从(37.2)可知,它也是 $p_{r-3}(\lambda)$ 的零点. 继续递推下去,我们得知 μ 是 $p_0(\lambda)$ 的一个零点,但是

与 $p_0(\lambda) = 1$ 产生了矛盾.

由此我们归纳为：如果一个对称矩阵有重数为 k 的特征值，那么准确实现 Givens 方法或 Householder 方法得到的三对角矩阵必定至少有 $(k-1)$ 个上对角线元素是零. 另一方面，在 Gviens 或 Householder 三对角型中上对角线出现零元素不一定意味着有重根.

38. 上对角线元素都不是零的对称三对角矩阵的零点严格分隔形成了确定特征值的最有效方法的一个基础（Givens，1954），首先我们证明下述结论.

假设量 $p_0(\mu), p_1(\mu), \cdots, p_n(\mu)$ 是对某个 μ 值的计算值. 那么，在这一序列中，相邻项符号相同个数 $s(\mu)$ 是 C 的严格大于 μ 的特征值个数.

为了上面的论述对所有的 μ 值都有意义，我们必须规定，当 $p_r(\mu)$ 是零时将取什么符号. 如果 $p_r(\mu) = 0$，我们令它的符号与 $p_{r-1}(\mu)$ 的符号相反 [注意，不会有两个相邻的 $p_i(\mu)$ 都是零].

我们用归纳法证明. 假定序列 $p_0(\mu), p_1(\mu), \cdots, p_r(\mu)$ 中的同号数 s 是 C_r 的大于 μ 的特征值个数（即 $p_r(\lambda)$ 的零点数）. 然后我们用 $x_1, x_2, \cdots, x_r$ 表示 C_r 的特征值，这里

$$x_1 > x_2 > \cdots > x_s > \mu \geqslant x_{s+1} > x_{s+2} > \cdots > x_r. \quad (38.1)$$

因为没有一个 β_i 是零，也就没有重特征值. 现在 C_{r+1} 的特征值 $y_1, y_2, \cdots, y_{r+1}$ 与 C_r 的特征值在严格的意义下互相分隔. 因此

$$y_1 > x_1 > y_2 > x_2 > \cdots > y_s > x_s > y_{s+1} > x_{s+1} > \cdots$$
$$> y_r > x_r > y_{r+1}. \quad (38.2)$$

这表明 C_{r+1} 有 s 个或 $s+1$ 个特征值大于 μ. 显然，我们有

$$p_r(\mu) = \prod_{i=1}^{r} (x_i - \mu) \text{ 和 } p_{r+1}(\mu) = \prod_{i=1}^{r+1} (y_i - \mu). \quad (38.3)$$

如果 x_i 或 y_i 都不等于 μ，那么我们立刻就得到结果. 因为在这种情况下，如果 $y_{s+1} > \mu$，那么 $p_r(\mu)$ 和 $p_{r+1}(\mu)$ 符号相同. 因此，在这扩充的序列中，同号数多了一个. 然而，如果 $y_{s+1} < \mu$，

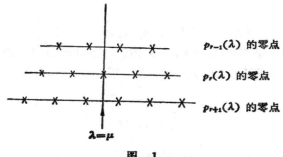

$p_{r-1}(\lambda)$ 的零点

$p_r(\lambda)$ 的零点

$p_{r+1}(\lambda)$ 的零点

$\lambda = \mu$

图 1

那么 $p_r(\mu)$ 和 $p_{r+1}(\mu)$ 符号不同，这使得扩充的序列与原序列的同号数相等．对于这两种情况，我们都证明了我们的结论．

如果 $y_{s+1} = \mu$，我们令 $p_{r+1}(\mu)$ 的符号与 $p_r(\mu)$ 的相反（在这情况下 $p_r(\mu)$ 不会是零），这使得扩充后的序列具有相等的同号数，它等于严格大于 μ 的特征值个数．

如果 $x_{s+1} = \mu$，我们以 $r = 5$，$s = 2$ 的情况作为例子在图 1 中表示出来．我们取 $p_r(\mu)$ 为零时的符号与 $p_{r-1}(\mu)$ 的相反．从 $p_{r-1}(\lambda)$，$p_r(\lambda)$ 和 $p_{r+1}(\lambda)$ 的零点严格分隔得出：与 $p_{r-1}(\lambda)$ 相比，$p_{r+1}(\lambda)$ 必定多一个零点大于 μ，多一个零点小于 μ．因此，$p_{r+1}(\mu)$ 必定与 $p_{r-1}(\mu)$ 的符号相反，于是 $p_{r+1}(\mu)$ 与 $p_r(\mu)$ 的符号相同．增多了一个同号数正好表明增加了一个大于 μ 的零点．

读者应该确信，假若我们只对 C 的特征值感兴趣，那么 $p_r(\mu)$（$r = 1, \cdots, n-1$）的值是零时，它的符号是不重要的．我们仅需对 $p_n(\mu)$ 使用严格的规则．

我们可以说多项式 $p_0(\lambda), p_1(\lambda), \cdots, p_n(\lambda)$ 有 Sturm 序列性质．

分半法

39. Sturm 序列性质可用于确定任一个特征值，比如说，按递降顺序第 k 个，而不必参考其他任何一个．假定我们有两个值 a_0 和

b_0 使得
$$b_0 > a_0, \quad s(a_0) \geqslant k, \quad s(b_0) < k, \qquad (39.1)$$
由此可知 λ_k 落在区间 (a_0, b_0) 内。然后我们用 p 步迭代可以使 λ_k 确定在宽度为 $(b_0 - a_0)/2^p$ 的区间 (a_p, b_p) 内,其中第 r 步如下:令
$$c_r = \frac{1}{2}(a_{r-1} + b_{r-1})$$
是 (a_{r-1}, b_{r-1}) 的中点,然后计算序列
$$p_0(c_r), p_1(c_r), \cdots, p_n(c_r),$$
再计算 $s(c_r)$.

如果 $s(c_r) \geqslant k$,那么取 $a_r = c_r$, $b_r = b_{r-1}$.

如果 $s(c_r) < k$,那么取 $a_r = a_{r-1}$, $b_r = c_r$.

无论是哪一种情况,我们都有
$$s(a_r) \geqslant k \text{ 和 } s(b_r) < k, \qquad (39.2)$$
因此 λ_k 落在区间 (a_r, b_r) 之内。a_0, b_0 的适当的值是 $\pm \|C\|_\infty$,并且我们有 $\|C\|_\infty = \max\limits_i \{|\beta_i| + |\alpha_i| + |\beta_{i+1}|\}$.

分半法的数值稳定性

40. 用准确计算实现 §39 的方法可以确定任一个特征值达到任何精度。在实际计算中舍入误差限制了可能达到的精度,但是尽管有舍入误差影响,这方法正如我们要证明的那样是十分稳定的。现在我们给出标准浮点运算的误差分析。

首先我们证明对任何 μ 值,序列 $p_0(\mu), p_1(\mu), \cdots, p_n(\mu)$ 的计算值是元素为 $\alpha_i + \delta\alpha_i$, $\beta_i + \delta\beta_i$ 的修正三对角矩阵对应的准确值,其中 $\delta\alpha_i$, $\delta\beta_i$ 满足关系
$$\begin{aligned} |\delta\alpha_i| &\leqslant (3.01)2^{-t}(|\alpha_i| + |\mu|), \\ |\delta\beta_i| &\leqslant (1.51)2^{-t}(|\beta_i|). \end{aligned} \qquad (40.1)$$
我们用归纳法证明。首先假定计算的
$$p_0(\mu), p_1(\mu), \cdots, p_{r-1}(\mu)$$

是元素为 $\alpha_i + \delta\alpha_i, \beta_i + \delta\beta_i (i = 1, 2, \cdots, r-1)$ 的修正矩阵对应的准确值,然后证明计算的 $p_r(\mu)$ 是一个 r 阶修正矩阵对应的准确值,这个矩阵的前 $r-1$ 行和 $r-1$ 阶的修正矩阵相同,第 r 行的修正元素是 $\alpha_r + \delta\alpha_r$, $\beta_r + \delta\beta_r$. 对于计算值 $p_r(\mu)$ 我们有

$$p_r(\mu) = fl[(\alpha_r - \mu)p_{r-1}(\mu) - \beta_r^2 p_{r-2}(\mu)]$$
$$\equiv (\alpha_r - \mu)p_{r-1}(\mu)(1 + \varepsilon_1) - \beta_r^2 p_{r-2}(\mu)(1 + \varepsilon_2).$$
$$(40.2)$$

这里,从通常的不等式有

$$(1 - 2^{-t})^3 \leqslant 1 + \varepsilon_i \leqslant (1 + 2^{-t})^3 \quad (i = 1, 2). \quad (40.3)$$

因此,我们不必修改前面的元素 $\alpha_i + \delta\alpha_i, \beta_i + \delta\beta_i$ 就可以验证,计算的 $p_r(\mu)$ 确是对应 r 阶修正矩阵的一个准确值. 我们只须取

$$\alpha_r + \delta\alpha_i - \mu = (\alpha_r - \mu)(1 + \varepsilon_1), \quad (40.4)$$
$$(\beta_r + \delta\beta_r)^2 = \beta_r^2 (1 + \varepsilon_2). \quad (40.5)$$

这必定得出

$$|\delta\alpha_r| \leqslant (3.01)2^{-t}(|\alpha_r| + |\mu|), \quad (40.6)$$
$$|\delta\beta_r| \leqslant (1.51)2^{-t}|\beta_r|. \quad (40.7)$$

因为当 $r = 1$ 时结论显然是对的,至此我们的结果已建立了. 注意,(40.7)表明,如果 β_r 不是零,那么 $\beta_r + \delta\beta_r$ 也不是零,因此摄动后的矩阵的特征值也各不相同.

我们可以用 $(C + \delta C\mu)$ 表示摄动后的三对角矩阵. 我们用了下标 μ 是要着重指明 δC_μ 是 μ 的函数. 因此,计算的序列的相邻项同号数是 $(C + \delta C_\mu)$ 的大于 μ 的零点个数.

41. 为方便起见,我们假定 α_i 和 β_i 满足关系

$$|\alpha_i|, \quad |\beta_i| \leqslant 1. \quad (41.1)$$

又假定像 §39 那样,分半法中使用的所有的 μ 值均落在区间$(-3, 3)$内. 因此,对任何 μ 值我们有

$$|\delta\alpha_r| < (12.04)2^{-t}, \quad |\delta\beta_r| \leqslant (1.51)2^{-t}. \quad (41.2)$$

矩阵 δC_μ 是一致有界的,用无穷范数,我们看出 $(C + \delta C_\mu)^*$ 的

---

* 原文误为 δC_μ. ——译者注

特征值总落在以 C 的特征值 λ_i 为中心,宽度为

$$2[12.04 + 2(1.51)]2^{-t} = (30.12)2^{-t} = 2d \qquad (41.3)$$

的区间内.

在计算第 k 个特征值时, 对于分半法的每一步我们必须回答的一个重要问题是: "C 的大于当前区间中心 c_r 的特征值是否少于 k 个?." 如果每次都能正确地回答, 那么, λ_k 总属于一个正确的区间. 不管实际得到的同号数是否正确,这个结论都是对的.

现在我们证明,如果 c_r 是在以 λ_k 为中心,宽度为 (41.3) 的区间之外,我们必定得到正确的答案,也许还有靠近的特征值甚至 C 的某些别的特征值也落在 λ_k 区间内. 事实上, 如果 c_r 小于 $\lambda_k - d$, 那么 $(C + \delta C_\mu)$ 的前 k 个特征值必定大于 c_r, 而且可能有更多的特征值大于 c_r. 计算的序列给出 $(C + \delta C_\mu)$ 的序列的正确同号数,因此它必定用"否"来正确地回答我们的问题,即使实际得到的同号数有错也无关要紧. 类似地,如果 c_r 大于 $\lambda_k + d$,那么当然 $(C + \delta C_\mu)$ 的第 k 个特征值和所有更小的特征值必定小于 c_r. 因此,我们必定得到问题的正确答案"是".

这个过程是这样进行的: 或者是(i)每次都得到正确的答案,此时 λ_k 落在每个区间 (a_r, b_r) 内;或者是(ii)在某一步给出了错误的回答. 除非 c_r 属于 λ_k 区间这种情况才会发生. (注意, 对于在 λ_k 区间内的 c_r 前面可能给出过正确答案.) 现在,我们证明在这种情况下 (c_r 在 λ_k 区间), 以后所有的区间 (a_i, b_i) 至少有一个端点属于 λ_k 区间.

假设对于 (a_{r+1}, b_{r+1}) 论断正确. 如果两端全落在 λ_k 区间内,那么显然以后所有 a_i, b_i 全都在该区间内. 如果只有一端比如说 b_{r+1} 在该区间内,那么 b_{r+1} 必定是作出不正确的判定的那一点. 这种情况可用图 2 说明.

如果 (a_{r+1}, b_{r+1}) 的中点 c_{r+2} 是在该区间内,那么不管判定是否正确, c_{r+2} 是 (a_{r+2}, b_{r+2}) 的一个端点. 若 c_{r+2} 在该区间外,那么对于 c_{r+2} 我们作出的判定正确并且得到 $b_{r+2} = b_{r+1}$. 因此,在任何一种情况下,至少有 (a_{r+2}, b_{r+2}) 的一个端点在该区间

内．继续这样论证就能证明我们的结果.

如果我们在第 p 步停止，最后的区间 (a_p,b_p) 的中心 c_{r+1} 满足不等式：

$$|c_{p+1} - \lambda_k| < (15.06)2^{-t} + (b_0 - a_0)2^{-p-1}$$
$$< (15.06)2^{-t} + 3 \cdot 2^{-p}. \qquad (41.4)$$

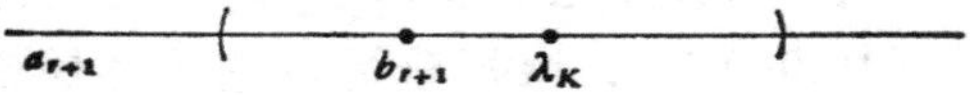

图 2

数值例子

42. 在表 6 中我们说明用 Sturm 序列性质确定 5 阶三对角矩阵的第三个特征值．我们用 4 位十进位，浮点运算．矩阵的无穷范数小于 1.7，因此所有特征值都属于区间 $(-1.7, 1.7)$．所以，第一个分半点是零．对于这点有 3 个同号数，这表明 λ_3 在区间 $(0, 1.7)$ 内．

表 6

i	0	1	2
α_i	—	0.2165	0.3123
β_i^2	—	—	0.7163
$p_i(0.0000)$	1.0000	$10^0(0.2165)$	$-10^0(0.6487)$
$p_i(0.8500)$	1.0000	$-10^0(0.6353)$	$-10^0(0.3757)$
$p_i(0.4250)$	1.0000	$-10^0(0.2085)$	$-10^0(0.6928)$

i	3	4	5
α_i	0.4175	0.4431	0.6124
β_i^2	0.3125	0.2014	0.5016
$p_i(0.0000)$	$-10^0(0.3385)$	$-10^{-1}(0.1934)$	$10^0(0.1579) \; s = 3$
$p_i(0.8500)$	$10^0(0.3605)$	$-10^{-1}(0.7102)$	$-10^0(0.1640) \; s = 2$
$p_i(0.4250)$	$10^{-1}(0.7035)$	$10^0(0.1408)$	$-10^{-2}(0.8902) \; s = 2$

第二个分半点是 0.85，Sturm 序列有 2 个同号数，这说明 λ_3 在区间 $(0, 0.85)$ 内．第三个分点是 0.425，并给出 2 个同号数．因此，

λ_3 在 0 与 0.425 之间. 值得注意的是, 我们也得到了下述信息:

　　λ_4 和 λ_5 在 -1.7 和 0 之间,

　　λ_1 和 λ_2 在 0.85 和 1.7 之间.

关于分半法的总评述

43. 如果我们执行分半法 t 步, 从 (41.4) 得到第 k 个计算特征值的误差界是 (18.06) 2^{-t}. 根据分析, 它显然是过高的估计. 最值得重视的是这个结果与 n 无关.

在每个序列 $p_0, p_1, \cdots, p_n$ 的计算中有 $2n$ 个乘法和 $2n$ 个减法 (β_i^2 可以一次计算). 因此, 如果用 t 步独立地寻找全部 n 个特征值, 要 $2n^2t$ 个乘法和减法. 对于大的 n, 需要的次数是 n^2 数量级, 而执行 Givens 或 Householder 简化是 n^3 数量级. 所以对于充分大的 n, 特征值的计算量比简化过程的小. 但是由于有因子 $2t$, 对于 n 在 100 以上, 上述结论才成立. 实际上要计算大矩阵的全部特征值是不多见的.

分半法运算的时间与特征值的分离程度无关, 并且正如我们已证明的, 精度不受它们的密集性影响. 我们不强迫自己全过程都用分半法, 当一个特征值被孤立在一个区间内的时候, 我们可以转用渐近二次或三次收敛的其他迭代方法. 这些方法我们将在第七章讨论, 但是如果有很多靠近的特征值, 那么转用别的方法收益甚微. 对于单特征值二次收敛或三次收敛的方法通常对于重特征值仅仅是线性收敛. 因此, 如果有极其靠近的特征值 (不可能有真的重特征值, 因为 β_i 都不是零), 二次收敛, 或三次收敛性可能不会发生, 这样的方法可能比分半方法更慢.

分半方法有极大的灵活性. 我们可以用来寻找专门挑选的特征值 $\lambda_{r_1}, \lambda_{r_2}, \cdots, \lambda_{r_s}$, 或者在一个给定的区间 (x, y) 内的特征值, 或者给定值的左边或右边的几个特征值. 我们不要求所有的特征值的精度一样, 那么只要改变分半步数就能非常简单地达到这一目的. 如果只想了解特征值的一般分布情况, 而不要求精确的值, 那么这方法是特别有效的. Dean (1960) 曾用它给出阶数高达 32000 的三对角矩阵的特征值分布.

我们已研究了如何单独地确定每一个特征值. 但是, 因为每计算一次 Sturm 序列我们都得到信息: 在计算点右边有多少特征值, 我们可以同时寻找全部特征值. 如果有密集的特征值群, 那么收益是十分可观的. Givens (1954) 在他的原著中描述了 Sturm 序列性质的这种特殊应用.

小特征值

44. 注意, 我们不要求确定小的特征值的相对误差小, 我们用一个简单的例子来表明为什么一般不能这样要求. 考虑 n 阶矩阵

$$\alpha_i = 2 \ (i = 1, \cdots, n), \beta_{i+1} = 1 (i = 1, \cdots, n-1). \quad (44.1)$$

矩阵的特征值是

$$4\sin^2\left[\frac{\pi r}{2(n+1)}\right] \ (r = 1, 2, \cdots, n).$$

如果 n 大, 最小的特征值就比 1 小得多. 现在, 对任何值 μ 计算 Strum 序列, 有

$$p_r(\mu) = (\alpha_r - \mu)p_{r-1}(\mu) - \beta_r^2 p_{r-2}(\mu), \quad (44.2)$$

因子 $\alpha_r - \mu$ 是 $2-\mu$. 作为例子, 假定用 6 位十进位浮点运算, 并且取 $\mu = 10^{-3}(0.213456)$, 那么, 对于 $2-\mu$ 我们得到 $10^1(0.199979)$, μ 的最后 4 位被完全忽略了. 因此, 计算的 Strum 序列对 μ 在 $10^{-3}(0.205)$ 和 $10^{-3}(0.215)$ 之间的所有值是一样的, 我们对于象这样小的特征值不可能获得许多位有效字数.

尽管有这个警告, 人们还是时常获得小的特征值, 其相对误差小得惊人, 要解释这个现象需要特殊的误差分析.

靠近的特征值和小 β_i

45. 我们业已看到 (§37), 如果三对角矩阵的 β_i 全不是零, 它的特征值必然是单重的. 人们可以认为, 一个矩阵如果有一些特征值非常靠近, 它必定至少有一个"很小"的 β_i, 但这种想法是不对的. 我们能够证明, 如果 C 是规范化的三对角矩阵, 其特征值之间

最小的距离是 δ. 那么, 对于固定的 n, 当 $\delta \to 0$ 时, $\max \beta_i \to 0$. 但是, 我们可以构造一个阶数适中的矩阵, 它的特征值非常靠近, 但是 β_i 不小.

现在我们引入两类三对角矩阵, W_{2n+1}^+ 和 W_{2n+1}^-, 它们在后面也很有用处. 我们用下述关系定义 W_{2n+1}^+,

$$\alpha_i = n + 1 - i \quad (i = 1, \cdots, n + 1),$$
$$\alpha_i = i - n - 1 \quad (i = n + 2, \cdots, 2n + 1), \qquad (45.1)$$
$$\beta_i = 1 \quad (i = 2, \cdots, 2n + 1).$$

用下述关系定义 W_{2n+1}^-,

$$\alpha_i = n + 1 - i \quad (i = 1, \cdots, n + 1),$$
$$\alpha_i = n + 1 - i \quad (i = n + 2, \cdots, 2n + 1), \qquad (45.2)$$
$$\beta_i = 1 \quad (i = 2, \cdots, 2n + 1).$$

例如

$$W_5^+ = \begin{bmatrix} 2 & 1 & & & \\ 1 & 1 & 1 & & \\ & 1 & 0 & 1 & \\ & & 1 & 1 & 1 \\ & & & 1 & 2 \end{bmatrix},$$

$$W_5^- = \begin{bmatrix} 2 & 1 & & & \\ 1 & 1 & 1 & & \\ & 1 & 0 & 1 & \\ & & 1 & -1 & 1 \\ & & & 1 & -2 \end{bmatrix}. \qquad (45.3)$$

在表 7 中, 我们给出 W_{21}^+ 和 W_{21}^- 的特征值, 有七位十进位. 矩阵 W_{21}^+ 有一些特征值对, 它们非常靠近. 事实上, λ_1 与 λ_2 有 15 位十进位相同, λ_3 与 λ_4 有 11 位十进位相同, 其它的对的距离逐渐拉大. 对于大的 n, 这种现象变得更明显, 我们可以证明 $\lambda_1 - \lambda_2$ 大致是 $(n!)^{-2}$ 数量级. 众所周知, 矩阵 W_{21}^+ 不是规范化的, 但是 $\left\| \frac{1}{11} W_{21}^+ \right\|_\infty = 1$, 因此, 在规范化之后我们得到 $\beta_i =$

1/11,并且没有一个 β_i 可以认为是病态地小的。注意，W_{21}^- 的一些大的特征值与 W_{21}^+ 的很靠近，对于大的 n 它们靠得更近。W_{21}^- 的特征值以大小相等符号相反成对出现，我们不难证明对一般的 W_{2n+1}^{-1} 也是这样。

表 7

W_{21}^+ 的特征值				W_{21}^- 的特征值
10.74619	42	5.00024	44	±10.74619 42
10.74619	42	4.99978	25	± 9.21067 86
9.21067	86	4.00435	40	± 8.03894 11
9.21067	86	3.99604	82	± 7.00395 20
8.03894	11	3.04309	93	± 6.00022 57
8.03894	11	2.96105	89	± 5.00000 82
7.00395	22	2.13020	92	± 4.0000 02
7.00395	18	1.78932	14	± 3.00000 00
6.00023	40	0.94753	44	± 2.00000 00
6.00021	75	0.25380	58	± 1.00000 00
		−1.12544	15	0.00000 00

矩阵 W_{2n+1}^+ 的特征向量可以通过对两个矩阵 U_{n+1} 和 V_n 的计算而间接确定。这两个矩阵的特征值的分离较好，为简单起见，我们用 $n=3$ 的情况来说明这个简化过程。一般的情况从此可以容易地得出。我们写出

$$U_4 = \begin{bmatrix} 3 & 1 & & \\ 1 & 2 & 1 & \\ & 1 & 1 & 1 \\ & & 2 & 0 \end{bmatrix}, \quad V_3 = \begin{bmatrix} 3 & 1 & \\ 1 & 2 & 1 \\ & 1 & 1 \end{bmatrix}. \quad (45.4)$$

现在如果 u 是 U_4 的对应于特征值 λ 的一个特征向量，显然 λ 是 W_7^+ 的一个特征值，其对应的特征向量 W_1 给定为

$$w_1^T = (u_1, u_2, u_3, u_4, u_3, u_2, u_1), \quad (45.5)$$

这向量是关于中间的元素对称的。另一方面，如果 v 是对应于特征值 μ 的 V_3 的特征向量，那么 μ 是 W_7^+ 的一个特征值，对应的特

征向量 w_2 给定为

$$w_2^T(v_1, v_2, v_3, 0, -v_3, -v_2, -v_1),\qquad(45.6)$$

这向量是关于中间的元素反对称的.

W_{2n+1}^+ 的特征值因此就是 U_{n+1} 和 V_n 的特征值,并且 U_{n+1} 和 V_n 的特征值都是明显分离的. 对 $n = 10$,U_{11} 和 V_{10} 的最大特征值分别是

10.74619　41829　0339… 和 10.74619　41829　0332…,

在表 8 中我们给出 U_{11} 和 V_{10} 的对应的特征向量. W_{21}^+ 对应的

表　8

u		v	
1.00000	00000	1.00000	00000
0.74619	41829	0.74619	41829
0.30299	99415	0.30299	99415
0.08590	24939	0.08590	24939
0.01880	74813	0.01880	74813
0.00336	14646	0.00336	14646
0.00050	81471	0.00050	81471
0.00006	65944	0.00006	65942
0.00000	77063	0.00000	77045
0.00000	08061	0.00000	07905
0.00000	01500		

特征向量 w_1 和 w_2 是像我们上面讨论的那样构造出来的. 注意,$(w_1 + w_2)$ 的下半部分几乎是零,而 $(w_1 - w_2)$ 的上半部几乎是零. 向量 w_1 和 w_2 的分量有明显的极小值.

值得重视的是: 每当三对角矩阵 C 的一个特征向量在区间的端点有很明显的极小值,那么 C 必定有十分靠近的特征值. 例如,假定一个规范化的 17 阶矩阵,其特征值 λ 对应于一个特征向量 u,它的分量的对数约为

$$(0, -1, -4, -8, -12, 12, -8, -3, 0, -2, -8, -11,$$
$$-12, -8, -3, -1, 0),$$

现在我们考虑定义如下的三个向量 w_1, w_2, w_3,

$$w_1^T = (u_1, u_2, u_3, u_4, 0, \cdots, 0), \quad (45.7)$$

$$w_2^T = (0, \cdots, 0, u_7, u_8, u_9, u_{10}, u_{11}, 0, \cdots, 0), \quad (45.8)$$

$$w_3^T = (0, \cdots, 0, u_{14}, u_{15}, u_{16}, u_{17}). \quad (45.9)$$

剩余向量 $(Cw_i - \lambda w_i)$ 都有分量,或者是零,或者是 10^{-11} 数量级,这一事实从 C 的三对角型特性立刻可得。因此,三个正交向量 w_1, w_2, w_3 对应特征值 λ 的剩余都十分小,并且几乎是三重的特征值(第三章 §57)。

46. 当原来的三对角矩阵有某些 β_i 是零,我们曾建议把它看作一些较小的三对角矩阵的直接和。现在假定,我们把所有零 β_i 换为 ε(一个小量),用所得到的矩阵 $(C + \delta C)$ 代替 C 进行运算,矩阵 δC 是对称的,并且所有 δC 的特征值 λ 满足

$$|\lambda| < \|\delta C\|_\infty < 2\varepsilon. \quad (46.1)$$

因此,$(C + \delta C)$ 的特征值各不相同,并且落在以 C 的特征值为中心的宽度为 4ε 的区间内。如果 C 的元素的模以 1 为界,我们令 $\varepsilon = 2^{-t-2}$,那么由 ε 元素相加所产生的误差显然是十分微小的。

因为没有零非对角线元素,我们没有必要把 $(C + \delta C)$ 分为较小的子矩阵。这个修改对于程序的简化是有益的,但是显然要多费计算时间。不过,C 作为一个整体来处理有一定好处,我们可以找指定的某一个(比如说,第 r 个)特征值,而不必分别处理几个小矩阵。

如果我们着重于节省计算机时间,我们可以反过来作。在 C 中所有小的 β_i 都用零来代替,得到的矩阵 $(C + \delta C)$ 划分为若干个子矩阵。如果我们删除所有满足

$$|\beta_i| < \varepsilon \quad (46.2)$$

的 β_i,那么与上一段相同的论证可得:在每一个特征值上产生的最大误差是 2ε。现在我们证明,在任一个与其他特征值明显分离的特征值上产生的误差远小于 2ε。

为了简化记号,假定只有 β_p 和 β_q 满足关系(46.2)。并以三个三对角矩阵的直接和 $(C + \delta C)$ 来作讨论。记

$$C = \begin{bmatrix} C^{(1)} & \beta_p & \\ \hline \beta_p & C^{(2)} & \beta_q \\ \hline & \beta_q & C^{(3)} \end{bmatrix}, \quad C + \delta C = \begin{bmatrix} C^{(1)} & & \\ \hline & C^{(2)} & \\ \hline & & C^{(3)} \end{bmatrix}. \quad (46.3)$$

假定 $C^{(1)}u = \mu u$,即 μ 是 $C^{(1)}$ 的一个特征值,因此也就是 ($C + \delta C$) 的特征值. 如果记

$$v^T = (u^T \vdots 0, 0, \cdots, 0 \vdots 0, 0, \cdots, 0), \quad (46.4)$$

这里 v^T 的划分与 C 的一致. 定义 η 为

$$Cv - \mu v = \eta, \quad (46.5)$$

则有

$$\eta^T = (0, \cdots, 0 \vdots \beta_p v_{p-1}, 0, \cdots, 0 \vdots 0, 0, \cdots, 0). \quad (46.6)$$

因此,η 与 v 正交,且 μ 是 C 的关于 v 的 Rayleigh 商(第三章§54). 假定 v 是规范化的,显然我们有

$$\|\eta\|_2 \leqslant \varepsilon. \quad (46.7)$$

因此,由第三章§55,我们得到: 如果 C 的特征值除了其中的一个以外与 μ 的距离都大于 a,那么有一个 C 的特征值 λ 满足

$$|\lambda - \mu| < \frac{\varepsilon^2}{a} \Big/ \Big(1 - \frac{\varepsilon^2}{a^2}\Big). \quad (46.8)$$

例如,如果我们知道特征值的最小距离是 10^{-2},我们运算用的是 10 个十进位,那么所有满足不等式

$$|\beta_i| < 10^{-6} \quad (46.9)$$

的 β_i 都可以用零来代替.

特征值的定点计算

47. 对于分半法,(§37~§39)浮点运算是很重要的. 如果用定点运算,计算中要引进许多的比例因子,结果计算实际上比浮点更复杂. 然而,因为基本的要求是对 μ 值计算 ($C - \mu I$) 的前主子式,我们可以使用第四章§49描述的方法. 因为 ($C - \mu I$) 是三对角型,我们发现这个方法与部分主元素 Gauss 消去法相同,我们后面研究特征向量问题时也要用到这个方法,我们详细叙述

它. 这个过程有 $n-1$ 步, 在第 r 步开始的时候, 第 $r+1$, $r+2, \cdots, n$ 行都未修改过. 例如 $n=6$, $r=3$, 这一步开始时矩阵的形式为:

$$
\begin{array}{c}
\\
m_2 \\
m_3 \\
\\
\\
\\
\end{array}
\begin{bmatrix}
u_1 & v_1 & w_1 & & & \\
 & u_2 & v_2 & w_2 & & \\
 & & p_3 & q_3 & & \\
 & & \beta_4 & \alpha_4-\mu & \beta_5 & \\
 & & & \beta_5 & \alpha_5-\mu & \beta_6 \\
 & & & & \beta_6 & \alpha_6-\mu
\end{bmatrix}. \qquad (47.1)
$$

下面我们叙述第 r 步. 有关的记号将会明确.

(i) 若 $|\beta_{r+1}| > p_r$, 则交换第 r 行与第 $r+1$ 行. 用 u_r, v_r, w_r 表示所得的第 r 行元素, 用 x_{r+1}, y_{r+1}, z_{r+1} 表示所得的第 $r+1$ 行元素. 于是, 如果执行了交换, 我们就有

$$u_r = \beta_{r+1}, \quad v_r = \alpha_{r+1}-\mu, \quad w_r = \beta_{r+2}; \quad x_{r+1} = p_r,$$
$$y_{r+1} = q_r, \quad z_{r+1} = 0.$$

否则,

$$u_r = p_r, \quad v_r = q_r, \quad w_r = 0; \quad x_{r+1} = \beta_{r+1},$$
$$y_{r+1} = \alpha_{r+1}-\mu, \quad z_{r+1} = \beta_{r+2}.$$

现在, 对应(47.1)的形状为

$$
\begin{array}{c}
\\
m_2 \\
m_3 \\
\\
\\
\\
\end{array}
\begin{bmatrix}
u_1 & v_1 & w_1 & & & \\
 & u_2 & v_2 & w_2 & & \\
 & & u_3 & v_3 & w_3 & \\
 & & x_4 & y_4 & z_4 & \\
 & & & \beta_5 & \alpha_5-\mu & \beta_6 \\
 & & & & \beta_6 & \alpha_6-\mu
\end{bmatrix}, \qquad (47.2)
$$

其中 w_3 或 z_4 为零.

(ii) 计算 $m_{r+1} = x_{r+1}/u_r$ 并加以存储. 用零代替 x_{r+1}.

(iii) 计算 $p_{r+1} = y_{r+1} - m_{r+1}v_r$, $q_{r+1} = z_{r+1} - m_{r+1}w_r$, 并分别覆盖在 y_{r+1}, z_{r+1} 上.

现在矩阵形状为

$$\begin{bmatrix} u_1 & v_1 & w_1 & & & \\ m_2 & & u_2 & v_2 & w_2 & & \\ m_3 & & & u_3 & v_3 & w_3 & \\ m_4 & & & & p_4 & q_4 & \\ & & & & \beta_5 & \alpha_5 - \mu & \beta_6 \\ & & & & & \beta_6 & \alpha_6 - \mu \end{bmatrix}. \qquad (47.3)$$

注意，$p_1 = \alpha_1 - \mu$，$q_1 = \beta_2$。简单的归纳证明：如果 C 被平衡使得

$$|\alpha_i|, \ |\beta_i| < \frac{1}{5},$$

那么对所有许可的值 μ，在约化过程中产生的元素都以 1 为界。这样，定点计算是很方便的。为了着重说明这方法实际上是 Gauss 消去法，我们已显示 $(C - \mu I)$ 的形状，以及逐次的约化的满矩阵。但是实际上，我们当然要利用三对角型的特点，只需要用一维数组存储 u_i, v_i, w_i。如果我们存储了 m_i, u_i, v_i, w_i 并记住在计算 m_i 之前是否作过交换，我们可以接着处理方程

$$(C - \mu I)x = b$$

的右端。

第 r 个主子式 d_r 是 $(-1)^{k_r} u_1 u_2 \cdots u_{r+1} p_r$，其中 k_r 是直到 $(r-1)$ 步作完时执行交换的总次数。当然，我们不必形成这个乘积，我们仅需记录它的符号。因为我们有

$$d_{r+1}/d_r = (-1)^{k_{r+1}} u_1 u_2 \cdots u_r p_{r+1}/(-1)^{k_r} u_1 u_2 \cdots u_{r+1} p_r$$
$$= (-1)^{k_{r+1} - k_r} u_r p_{r+1}/p_r. \qquad (47.4)$$

我们看出，如果 (47.4) 的右边是正的，d_{r+1} 与 d_r 的符号相同，亦即得到一个同号。

要进行类似于 §41 那样的误差分析是不可能的。交换的结果使得原矩阵的等价摄动可能是非对称的。例如，如果每一步都执行了交换，那么正确地给出计算乘子和主元行的矩阵是如下的形式

$$\begin{bmatrix} \alpha_1 + \varepsilon_1 & \beta_2 + \varepsilon_2 & \varepsilon_3 & \varepsilon_4 & \varepsilon_5 \\ \beta_2 & \alpha_2 & \beta_3 & & \\ & \beta_3 & \alpha_3 & \beta_4 & \\ & & \beta_4 & \alpha_4 & \beta_5 \\ & & & \beta_5 & \alpha_5 \end{bmatrix} \qquad (47.5)$$

所有的摄动都是在第 1 行．另外，对应第 r 步的等价摄动修改了对应于以前各步的某些等价摄动．因为摄动是非对称的．某些摄动后的主子矩阵甚至会有复共轭零点．

对于某个 k，证明所有摄动矩阵的 2 范数都是以 $kn^{\frac{3}{2}}2^{-r}$ 为界是容易的，因此我们必定能得到所有前主子式的正确的正负号，除非 μ 值落在以所有前主子矩阵的 $\frac{1}{2}n(n+1)$ 个特征值为中心的狭窄区间内．因此，以这个方法为基础的分半方法十分有效是不足为奇的．实际上，我们发现，对于用我们讨论过的方法作过平衡的矩阵，即使有很靠近的特征值，计算特征值的误差很少达到 $2 \cdot 2^{-r}$．与 §37 ~ §39 的方法相比，这个方法对我们有更大的吸引力，因为我们后面推荐的计算特征向量的方法也需要 $(C - \mu I)$ 的三角形分解．在计算机上，浮点数尾数的数字位比定点的数字位少许多，我们刚才讨论的方法当然给出更精确的结果．不足之处是没有一个严格的先验误差估计．

三对角型的特征向量计算

48. 现在我们转到对称三对角矩阵 C 的特征向量的计算．我们仍然假定 C 没有零元素 β_i，不然的话，如 §36 指出的 C 的特征向量问题化为一些较小的三对角矩阵的特征向量问题．我们还假定用分半法或某些别的有同样高精度的方法已经得到了精度十分高的特征值．

初看起来这问题好像很简单．我们知道，对应 λ 的特征向量 x 的分量满足方程

$$(\alpha_1 - \lambda)x_1 + \beta_2 x_2 = 0, \qquad (48.1)$$

$$\beta_i x_{i-1} + (\alpha_i - \lambda)x_i + \beta_{i+1}x_{i+1} = 0 \ (i = 2, \cdots, n-1),$$
(48.2)

$$\beta_n x_{n-1} + (\alpha_n - \lambda)x_n = 0.$$
(48.3)

显然，x_1 不能是零,不然的话,由(48.1)和(48.2)推出所有的 x_i 都是零. 因为我们对规范化因子不感兴趣,我们可令 $x_1 = 1$,用简单的递推得到

$$x_r = (-1)^{r-1}p_{r-1}(\lambda)/\beta_2\beta_3 \cdots \beta_r \ (r = 2, \cdots, n).$$
(48.4)

推导这个结果只需等式(48.1)和(48.2),但所得的 x_{n-1} 和 x_n 自动满足(48.3),因为我们有

$$\beta_n x_{n-1} + (\alpha_n - \lambda)x_n$$

$$= (-1)^{n-1} \left[\frac{(\alpha_n - \lambda)p_{n-1}(\lambda)}{\beta_2\beta_3\cdots\beta_n} - \frac{\beta_n p_{n-2}(\lambda)}{\beta_2\beta_3\cdots\beta_{n-1}} \right]$$

$$= (-1)^{n-1}p_n(\lambda)/\beta_2\beta_3\cdots, \beta_n = 0.$$
(48.5)

当 λ 是特征值时,因为 $p_n(\lambda)$ 是零,所以最后的等式成立.

因此, 利用 $p_r(\lambda)$,我们得到了特征向量的分量的显式表达式. 现在我们已看到, $p_r(\lambda)$ 是用非常稳定的方式决定特征值的,于是人们可能想象:如果 λ 是一个特征值的很好的近似值,那么用这些分量的显式表达式会给出特征向量的很好的近似. 实际上却不是这样. 我们下面证明用这种方法从一个极好的特征值近似值得到的向量可能有很大的误差.

特征向量显式表达式的不稳定性

49. 设 λ 非常接近特征值,但不是准确等于特征值,又设 x_r 是从关系式(48.4)得到的对应这个 λ 值的准确值. 由定义可知, x_r 满足等式(48.1)和(48.2). 分量 x_{n-1} 和 x_n 不可能准确地满足等式(48.3),否则, x 会是满足 $(A - \lambda I)x = 0$ 的非零向量,因而 λ 是准确的特征值. 这与我们的假定矛盾. 因此,我们有

$$\beta_n x_{n-1} - (\alpha_n - \lambda)x_n = \delta \neq 0,$$
(49.1)

并且向量 x 准确地满足等式

$$(C - \lambda I)x = \delta e_n,$$
(49.2)

其中 e_n 是单位矩阵的第 n 列. 因为我们对任意的非零因子不感兴趣,实际上 x 是下述方程的解

$$(C - \lambda I)x = e_n. \tag{49.3}$$

根据假定,矩阵 $(C - \lambda I)$ 是非奇异的,因此 x 给定为

$$x = (C - \lambda I)^{-1}e_n. \tag{49.4}$$

现在为了着重指出我们要说明的现象与 C 的病态特征向量问题无关,我们假定 C 的特征值是明显分离的. 由于 C 的对称性,它的特征向量对于矩阵元素的摄动是不敏感的. 假定特征值依顺序为

$$\lambda_1 > \lambda_2 > \cdots > \lambda_n, \tag{49.5}$$

并且 λ 十分接近 λ_k,因此 $\lambda - \lambda_k$ 是"小"的,但 $\lambda - \lambda_i (i \neq k)$ "不小".

令 $u_1, u_2, \cdots, u_n$ 是 C 的特征向量正交组. 于是我们可把 e_n 表达为如下形式:

$$e_n = \sum_1^n \gamma_i u_i, \quad \sum \gamma_i^2 = 1. \tag{49.6}$$

因此等式(49.4)给出

$$x = \sum_i^n \gamma_i u_i / (\lambda_i - \lambda)$$

$$= \gamma_k u_k / (\lambda_k - \lambda) + \sum_{i \neq k} \gamma_i u_i / (\lambda_i - \lambda). \tag{49.7}$$

如果 x 要成为 u_k 的一个好的近似,那么重要的是 $\gamma_k / (\lambda_k - \lambda)$ 应该比 $\gamma_i / (\lambda_i - \lambda)(i \neq k)$ 大得多. 现在我们知道 $\lambda_k - \lambda$ 十分小,但是如果 γ_k 也是十分小,在 x 中向量 u_k 的成分不特别"丰富". 例如,假定用十位十进位运算,并且 $\lambda_k - \lambda = 10^{-10}$. 如果 γ_k 是 10^{-18},那么 x 几乎完全没有 u_k 的成分,而且它们几乎互相正交.

读者可能觉得上面的论述过于极端,没有理由认为特征向量中总是这样缺少 e_n 的成分. 我们的看法是,这种情况是极其平常的,我们将在后几节给出说明.

50. 从等式(49.6)和 u_i 的正交规范性我们得到

$$r_k = u_k^T e_n = u_k \text{ 的第 } n \text{ 个分量.} \tag{50.1}$$

因此,如果规范化向量 u_k 的最后一个分量十分小,对应十分接近 λ_k 的 λ,从显式表达式(48.4)得到的向量不会很接近 u_k.

在研究什么因素会使 u_k 的第 n 个分量很小之前,我们返回去看等式(48.1),(48.2),(48.3). (48.4)给出的向量 x 是方程组

$$(C - \lambda I)x = 0 \tag{50.2}$$

的前 $(n-1)$ 个方程的准确解. 因为 λ 不是准确的特征值,整个方程组的解只能是零向量. 代替研究前 $(n-1)$ 个方程,我们研究删除第 r 个方程的方程组,我们仍然得到一个非零解;除了第 r 个方程之外,它满足方程组 (50.2). 因此,这个向量是方程

$$(C - \lambda I)x = \delta e_r, \ (\delta \neq 0) \tag{50.3}$$

的一个准确解. 利用和前面一样的论证可得:如果 u_k 的第 r 个分量不小,那么它是 u_k 的一个好的近似. 因此,如果 u_k 的最大分量是第 r 个,那么在计算 u_k 时应该去掉的是第 r 个方程. 这个结果是有启发性的但不是特别有用,因为我们不能预先知道 u_k 的最大分量的位置. 事实上,u_k 正好是我们希望计算的!

与省去的第 r 个方程对应的解可以这样得到,取 $x_1 = 1$,并且用方程(48.1)和方程(48.2)直到 $i = r - 1$ 计算 $x_2, x_3, \cdots, x_r$. 然后取 $x_n' = 1$ 并且用方程 (48.3) 和(48.2) $i = n-1$,$n-2$,$\cdots$,$r+1$ 计算 $x_{n-1}', x_{n-2}', \cdots, x_r'$. 我们选择 k 结合这两部分向量使得

$$x_r = k x_r', \tag{50.4}$$

并取

$$x^T = (x_1, x_2, \cdots, x_r, k x_{r+1}', k x_{r+2}', \cdots, k x_n'). \tag{50.5}$$

如果这个过程没有舍入误差,显然我们对于某个非零的 δ 得到了(50.3)的准确解.

数值例子

51. 现在我们考虑一个很普通的二阶的数值例子,矩阵 C 定义为

$$C = \begin{bmatrix} 0.713263 & 0.000984 \\ 0.000984 & 0.121665 \end{bmatrix}, \quad \begin{aligned} \lambda_1 &= 0.71326463\cdots, \\ \lambda_2 &= 0.12166336\cdots \end{aligned} \quad (51.1)$$

我们取 λ_1 的近似值 $\lambda = 0.713265$, 其误差是 $10^{-6}(0.36\cdots\cdots)$. 现在, 考虑省去 $(C - \lambda I)x = 0$ 的第二个方程得到的特征向量, 我们有

$$-0.000002x_1 + 0.000984x_2 = 0, \qquad (51.2)$$

于是

$$x^{\mathrm{T}} = (1, 0.002033). \qquad (51.3)$$

如果我们省去的是第一个方程, 我们有

$$0.000984x_1 - 0.591600x_2 = 0, \qquad (51.4)$$

并且得到

$$x^{\mathrm{T}} = (1, 0.00166329). \qquad (51.5)$$

我们如果考虑用 λ_1 的准确值会发生什么情况呢? 结论是明显的, 精确度高的是第二个向量. 第一个向量仅到小数点后三位正确, 而第二个向量准确到八位. 这是由前一节的分析所预料到的. u_1 的最大分量是第一个, 因此我们应该省略第一方程. 如果现在考虑计算对应 λ_2 的特征向量, 我们发现现在应该省去第二个方程. 注意, 这是一个十分良态的特征值和特征向量问题, 所以我们不能把产生的困难归结为问题的病态.

52. 当然, 上一节的例子是有点人为的, 但是对这样低阶的矩阵问题这是不可避免的. 第二个例子, 我们考虑 §45 的矩阵 $W_{\overline{21}}$, 它有明显分离的特征值. 因为它是对称的, 所以特征向量问题是良态的. 现在我们研究对应最大特征值 λ_1 的特征向量. 如果有准确特征值 λ_1, 那么我们解下面的 21 个方程

$$(W_{\overline{21}} - \lambda_1 I)x = 0 \qquad (52.1)$$

中的任何 20 个方程就可得到准确的特征向量. 假定我们用后 20 个方程并令 $x_{21} = 1$, 我们得到

$$x_{20} - (10 + \lambda_1) = 0, \qquad (52.2)$$

$$x_s = (\lambda_1 + s - 10)x_{s+1} - x_{s+2} \quad (s = 19, 18, \cdots, 1). \qquad (52.3)$$

现在, λ_1 肯定大于 10. 因此, 如果我们假定 $x_{s+1} > x_{s+2} > 0$, 我

们就有

$$x_s > sx_{s+1} - x_{s+2} > (s-1)x_{s+1}. \qquad (52.4)$$

因为 x_{20} 显然大于 x_{21}，这表明随着 i 的递降 x_i 递增，至少一直到 x_2 是这样，并且有

$$x_2 > x_3 > 2!x_4 > 3!x_5 > \cdots > 19!x_{21} = 19! > 10^{17}. \qquad (52.5)$$

事实上，因为

$$(\lambda_1 - 10)x_1 = x_2, \qquad (52.6)$$

我们也有 $x_1 > x_2$，并且 λ_1 必定落在 10 与 11 之间．因此，规范化的特征向量的最后一个分量小于 10^{-17}． 于是，按照 §49 的记号，我们有 $r_1 < 10^{-17}$．与一个误差仅为 10^{-10} 的 λ 的近似值对应的 (48.4) 的显式解几乎完全没有 u_1 的成分．

这在表 9 中得到了说明． 那里 u_1 是有八位十进位的准确特征向量，而 x 是以 $\lambda = 10.74619420$ 正确求解 $(A - \lambda I)x = 0$ 的前 20 个方程得到的．因为计算这个向量比较困难，我们给出的数字位不是全部一样的，但所有引用的数字位都是正确的，并且它表明了 x 的性态．注意，x 是准确地使用显式公式 (48.4) 得到的向量．

向量 y 是我们对同样的 λ 值用前 20 个方程实际得到的向量，计算使用八位十进位的定点运算．因为有舍 λ 误差（并且仅因为这点）所以 y 与 x 不同．但是它们有同样的性质：其分量很快下降到极小值然后再增大．显然，这是一个不稳定的过程．在前面的分量产生的舍入误差在后面严重地扩大．这种现象已使某些人认为，y 从真特征向量 u_1 发散是舍入误差的结果，而对于给定精度的 λ 值，如果用高精度运算求解前 20 个方程可能会得到一个好的特征向量．我们给出的向量 x 揭示了这种论断的谬误．

在表 9 中第四个向量 z 是 $\lambda = 10.74619418$ 的前 20 个方程的精确解，并且引用的全部数字是正确的．与 x 类似，它开始很快下降，然后增大．虽然后面的分量是负的，从 x 和 z 我们看出：没有一个十位数字正确的 λ，会使前 20 个方程的准确解有一点像 u_1．

最后，我们给出用后 20 次递推得到的向量 w．正如我们的分

析表明的，逐次计算的分量立刻增大。向量规范化之后它与 u 的差别不多于在第八位十进位上一个单位。

表 9

u_1		x		y		z		w	
1.00000	000	1.00000	000	1.00000	000	1.00000	000	1.41440	4161×10^{19}
0.74619	418	0.74619	420	0.74619	420	0.74619	418	1.05542	0141×10^{19}
0.30299	994	0.30299	998	0.30299	998	0.30299	993	4.28564	3680×10^{18}
0.08590	249	0.08590	260	0.08590	259	0.08590	248	1.21500	8414×10^{18}
0.01880	748	0.01880	783	0.01880	780	0.01880	742	2.66013	790×10^{17}
0.00336	146	0.00336	303	0.00336	288	0.00336	120	4.75446	937×10^{16}
0.00050	815	0.00051	681	0.00051	596	0.00050	668	7.18725	327×10^{15}
0.00006	659	0.00012	346	0.00011	789	0.00005	694	9.41912	640×10^{14}
0.00000	771	0.00043	95·	0.00039	724	-0.00006	562	1.08984	9597×10^{14}
0.00000	080	0.00372	1··	0.00335	645	-0.00063	09·	1.12909	8198×10^{13}
0.00000	007	0.03582	···	0.03231	537	-0.00608	3··	1.05914	3420×10^{12}
0.00000	001	0.3812	···	0.34391	079	-0.06600	1··	9.07788	963×10^{10}
0.00000	000	0.4442×10^{1}		4.00732	756	-0.76917	···	7.16312	559×10^{9}
0.00000	000	0.5642×10^{2}		50.73426	451	-9.738	···	5.23693	576×10^{8}
0.00000	000	0.7686×10^{3}						3.56680	106×10^{7}
0.00000	000	0.1128×10^{5}						2.27383	533×10^{6}
0.00000	000	0.1768×10^{6}						1.36242	037×10^{5}
0.00000	000	0.2950×10^{7}						7.70028	174×10^{3}
0.00000	000	0.5217×10^{8}						4.08658	380×10^{2}
0.00000	000	0.9751×10^{9}						2.07461	942×10^{1}
0.00000	000	0.1920×10^{11}						1.00000	000×10^{0}

在 x、y 列第十四行下方：现在，与 x 的一样，分量的绝对值迅速增长。

逆迭代

53. 现在，让我们研究非齐次方程组

$$(A - \lambda I)x = b \qquad (53.1)$$

的解，其中 b 现在是一个任意规范化向量。如果 b 表示为下面的形式：

$$b = \sum_{i=1}^{n} \gamma_i u_i, \qquad (53.2)$$

那么 (53.1) 的准确解是

$$x = \sum_{i=1}^{n} r_i u_i / (\lambda_i - \lambda). \tag{53.3}$$

暂且假定我们能解 (53.1) 那样的方程组，并且不带舍 λ 误差．我们看出，如果 λ 靠近 λ_k 但不靠近任何别的 λ_i，那么 x 比 b 包含更多的 u_k 成分．要 x 很好地逼近 u_k，必要条件是 r_k 应该不是小量，现在如果我们解方程组

$$(A - \lambda I)y = x, \tag{53.4}$$

并且不带舍入误差，我们得到

$$y = \sum_{i=1}^{n} r_i u_i / (\lambda_i - \lambda)^2, \tag{53.5}$$

并且 y 比 x 包含更丰富的 u_k 成分．

显然，我们能无限重复这个过程，得到一个 u_k 愈来愈占优的向量．而且只要我们有一个选取 b 的好办法使 b 不过分缺乏 u_k 成分，那么第二个向量 y 通常会是 u_k 的一个很好的近似．例如，假定

$$\lambda - \lambda_k = 10^{-10}, \ |\lambda - \lambda_i| > 10^{-3} \ (i \neq k), \ r_k = 10^{-4}. \tag{53.6}$$

在这种情况下，我们有理由说 b 是十分缺乏 u_k 成分的，并且 λ_k 与其他特征值距离也不远．我们仍然得到

$$y = r_k u_k / (\lambda_k - \lambda)^2 + \sum_{i \neq k} r_i u_i / (\lambda_i - \lambda)^2$$

$$= 10^{16} u_k + \sum_{i \neq k} r_i u_i / (\lambda_i - \lambda)^2,$$

$$10^{-16} y = u_k + 10^{-16} \sum_{i \neq k} r_i u_i / (\lambda_i - \lambda)^2, \tag{53.7}$$

并且

$$\left\| 10^{-16} \sum_{i \neq k} r_i u_i / (\lambda_i - \lambda)^2 \right\|_2 < 10^{-16} \cdot 10^6 \left[\sum_{i \neq k} r_i^2 \right]^{\frac{1}{2}} \leqslant 10^{-10}. \tag{53.8}$$

因此，即便是在这种不利情况下，规范化后的向量 y 也几乎是准确的 u_k．

初始向量 b 的选择

54. 现在剩下如何选取 b 的问题. 值得注意的是,我们不要求 b 选得特别好,即 u_k 占据最大的成分,但不应该过分地缺少 u_k. 现在还没有一个办法对所有情况都能说明是严格地满足要求的,但是下面的方法在实际中已证明是极其有效的,并且有充分理由使我们相信它不会失败.

对应一个好的 λ 近似值,按 §47 叙述的方式对 $(C - \lambda I)$ 实行有交换的 Gauss 消去法(现在用定点或浮点运算都一样). 主元行 u_i, v_i, w_i 和乘数 m_i 与有关交换的信息存储在一起. 以 $n = 5$ 为例,我们最后存储的矩阵 U 定为

$$
U = \begin{bmatrix}
u_1 & v_1 & w_1 & & \\
& u_2 & v_2 & w_2 & \\
& & u_3 & v_3 & w_3 \\
& & & u_4 & v_4 \\
& & & & p_5
\end{bmatrix}. \tag{54.1}
$$

因为我们假定没有一个 β_i 是零,每一步的主元素选自 β_{r+1} 与 p_r,因此没有一个 u_i 是零. 最后一个元素自然可以是零,如果 λ 是准确的特征值,计算是准确运行的话,这个元素 p_n 确实是零.(见 §56)

现在我们选取这样的右端 b,当消去过程执行后它被化为分量全是 1 的向量 e. 我们不必确定 b 本身,注意,b 是 λ 的函数. 因此,我们对每个 λ 采用的是不同的右端. 如果我们用向后回代解方程

$$
U x = e, \tag{54.2}
$$

我们就作完了逆迭代的一步. 如果 p_n 是零,我们可以用一个适当的小量,比如 $2^{-t}\|C\|_\infty$,来代替它;逆迭代需要多少步就执行多少步,使用乘数 m_i 实现约化,用矩阵 U 作向后回代. 在计算另一个特征值的特征向量之前不必再作三角形分解.

实践中,我们发现这样选取的 b 是非常有效的,在一次迭代之

后 x 已是所求特征向量的一个好的近似，并且第三次迭代决不是必须的.

误差分析

55. 在第九章我们还要研究更一般的逆迭代，而关于对称三对角矩阵的情况(在 Wilkinson (1963b) p.143~p.147中)已经作了详尽的讨论. 为此，我们这里仅限于作一点形式上的考察.

首先注意，对于一个给定的近似特征值我们总是用同样的 $(C - \lambda I)$ 三角形分解，它相当于有一个小误差矩阵 F 的 $(C - \lambda I + F)$ 的准确的分解. 因此，不管作多少次迭代，我们能够希望得到的最好结果是 $(C + F)$ 的特征向量. 矩阵 C 有了小摄动，我们不能期望准确地得到矩阵 C 的特征向量的任何数字. 一般而言，这对任何方法都是对的，如果 C 是由 Givens 或 Householder 方法得到的，那么这种误差实际上已经存在.

为方便起见，我们假定 C 是规范化的，我们执行的迭代是：
$$(C - \lambda I)x_{r+1} = y_r, \quad y_{r+1} = x_{r+1}/\|x_{r+1}\|_\infty, \qquad (55.1)$$
因此每迭代一步 x_r 都被规范化. 我们希望在实际计算中能发现什么时候迭代应该停止. 利用 C 是三对角型的特点，我们可以应用第四章 §63 的理论来证明计算的解满足方程
$$(C - \lambda I + G)x_{r+1} = y_r, \qquad (55.2)$$
其中
$$\|G\|_2 \leqslant k n^{\frac{1}{2}} 2^{-t}. \qquad (55.3)$$
如果记
$$\lambda = \lambda_k + \varepsilon, \qquad (55.4)$$
那么(55.2)可以写成
$$(C - \lambda_k I)y_{r+1} = \varepsilon y_{r+1} - G y_{r+1} + y_r/\|x_{r+1}\|_\infty. \qquad (55.5)$$
因为我们假定 λ 十分靠近某个特征值，因此上式右边第一项是小的，而从(55.3)看出第二项也是小的. 如果 $\|x_{r+1}\|_\infty$ 大，那么第三项也将是小的. 因此，我们得到的 $\|x_{r+1}\|_\infty$ 越大，(55.5)右边的界将越小，而这右边是对应于 y_{r+1} 和 λ_k 的剩余向量. 在 Wilkinson

(1963b) p.139～p.147 中，我们证明过 $\|x_{r+1}\|_\infty$ 在 y_r 不过分缺乏 u_k 的情况下必定是大的.

从上述的研究我们已得出一些适用于 ACE 计算机的经验规则. 用 $t = 46$ 的浮点运算的停止规则是：

继续迭代直到条件

$$\|x_r\|_\infty \geqslant 2^t/100n \tag{55.6}$$

满足，然后再迭代一步.

在实际计算中迭代从来不需多于三次，通常仅需两次. （注意，第一次迭代仅是一次向后回代.）因子 $1/100n$ 没有太大意义，仅仅是避免做不必要的过多迭代. 有人可能认为，在舍 λ 误差范围内规范化的 y_r 会趋向于一个极限，并且基于这个极限的某个条件而不是 (55.6) 会成为更自然的迭代结束准则. 但是，事实并不是如此，如果 C 有多于一个特征值非常靠近 λ，那么 y_r 最终是落在相应的特征向量张成的子空间中，但有时我们在逐次迭代中得到的是属于这个子空间的完全不同的向量. 这逐次得到的 y_r 完全不"收敛".

数值例子

56. 表 10 显示了我们用这个方法计算的 W_{21} 的主特征向量（注：大特征值对应的特征向量）. 取特征值 $\lambda = 10.7461942$（准确到 9 位），并显示了矩阵的主元行. 为方便起见，我们不用 (54.1) 的形式表示这个矩阵，而只写出各列的 u_i, v_i 及 w_i. 前 11 步都发生交换，因此前 11 个主行有三个非零元素. 以后没有发生交换. 注意，列 u 给出主元素，并且没有一个是小的（参见第四章 §66）. 对一个准确的特征值，准确的计算会得到最后一个主元素 p_n 是零. 但是对于 $\lambda = 10.7461942$，即使是用准确的运算，主元素几乎都是准确的（前 11 个仍然是 1），第 12 个是例外，它是完全不同的，这如表所示. 要使最后一个主元素变"小"，我们必须要有一个比我们所用的精度高得多的 λ 值. （这个例子的更详细的讨论见 Wilkinson 1958a.）

表 10

u		v		w		x		规格化 x	
1.00000	00	−1.74619	42	1.00000	00	−2.35922	2×10^7	1.00000	00
1.00000	00	−2.74619	42	1.00000	00	−1.76043	8×10^7	0.74619	43
1.00000	00	−3.74619	42	1.00000	00	−7.14844	2×10^6	0.30300	00
1.00000	00	−4.74619	42	1.00000	00	−2.02663	1×10^6	0.08500	25
1.00000	00	−5.74619	42	1.00000	00	−4.43710	5×10^5	0.01880	75
1.00000	00	−6.74619	42	1.00000	00	−7.93046	7×10^4	0.00336	15
1.00000	00	−7.74619	42	1.00000	00	−1.19885	3×10^4	0.00050	82
1.00000	00	−8.74619	42	1.00000	00	−1.57128	3×10^2	0.00006	66
1.00000	00	−9.74619	42	1.00000	00	−1.81935	8×10^3	0.00000	77
1.00000	00	−10.74619	42	1.00000	00	−1.89629	9×10	0.00000	08
1.00000	00	−11.74619	42	1.00000	00	−1.88118	0	0.00000	01
−4.07784	23	0.34996	24	交换在第		−0.25253	85	0.00000	00
−12.66037	37	1.00000	00	12 步停止		−0.08518	65	0.00000	00
−13.66720	76	1.00000	00			−0.07849	27	0.00000	00
−14.67302	64	1.00000	00			−0.07277	54	0.00000	00
−15.67804	19	1.00000	00			−0.06783	52	0.00000	00
−16.68241	07	1.00000	00			−0.06352	36	0.00000	00
−17.68625	08	1.00000	00			−0.05972	74	0.00000	00
−18.68965	31	1.00000	00			−0.05635	39	0.00000	00
−19.69268	87	1.00000	00			−0.05323	40	0.00000	00
−20.69541 $39 = p_{21}$						−0.04831	99	0.00000	00

表 10 的第 4 列给出以 e 为右端,用回代后得到的向量. 我们看出, x 的某些分量十分大,根据上一节的评论, 这意味着规范化后的 x 和 λ 给出一个小的剩余向量. 因此, 由于 λ_1 与 λ_2 明显分离,规范化后的 x 是特征向量的一个好的近似值. 事实上,它几乎准确到运算精度要求的小数点后第 7 位.

注意,在回代中不是全部 e 的分量都同等重要,最后的 11 个分量是意义不大的,在规范化后, 它们的值小到可以忽略. 事实上,如果对 W_{21} 的每个特征值依次执行相应的计算,我们发现,对不同的特征向量, e 中要作用的分量是不同的. 用 46 位二进位运算, W_{21} 的每一个特征向量在一次迭代之后准确到 40 或更多的二进位,在第二次迭代之后所有数字位全都准确,这可看作方法有效性的一个度量.

57. 人们自然要问, 这个过程是否可能失败,是否会得到总不满足(55.6)的一系列迭代值呢? 看来这好像是不可能发生的. 过程失败仅仅在下述情况下可能发生,即我们使用这技术时,向量 b 本身不是明显出现的, 它包含所求的向量的成分为 2^{-t} 数量级或者更小, 并且舍入误差不导致这个成分增长.

这个技术有助于我们理解术语的"病态"的含义. 我们使用的矩阵 $(C - \lambda I)$ 几乎是奇异的, 因为 λ 几乎是特征值. 因此, 对方程组 $(C - \lambda I) x_{s+1} = y_r$, 我们得到的计算解通常大多数的有效位都是不对的. 然而就规范化的 x_r 来说, 这个过程是良态的,除非 C 有多于一个特征值接近 λ. 即使在这种情况下, 特征向量的误差也只不过是 C 的元素小摄动带来的那些不可避免的误差.

靠近的特征值和小的 β_i

58. 从上节的论证我们看出: 最高精度的特征向量将是某个矩阵 $(C + F)$ 的准确的特征向量, 其中 F 是满足 (58.1) 的小摄动矩阵.

$$\|F\| < f(n) 2^{-t}, \tag{58.1}$$

而 $f(n)$ 是 n 的某个函数, 它与使用的运算类型有关. 通常,对于每一个特征值, 矩阵 F 是不同的. 现在假定 C 有两个特征值 λ_1 和 λ_2,它们的差是 2^{-p}, 而 $\lambda_i - \lambda_1$ $(i \neq 1, 2)$ 都不小. 那么, 我们可以期望得到近似的向量 v_1 和 v_2 使得

$$v_1 = u_1 + f(n) 2^{-t} \left(2^p h_2 u_2 + \sum_{i=3}^{n} h_i u_i \right), \tag{58.2}$$

$$v_2 = u_2 + f(n) 2^{-t} \left(2^p k_1 u_1 + \sum_{i=3}^{n} k_i u_i \right), \tag{58.3}$$

其中所有的 h_i 和 k_i 都是 1 数量级的. 换句话说, v_1 和 v_2 分别受到重要的成分 u_2 和 u_1 的影响, 而且也受到其他次要成分 u_i 的影响,因而与 u_1 和 u_2 差别变大了. 我们有

$$v_1^{\mathrm{T}} v_2 = (k_1 + h_2) f(n) 2^{p-t} + 2^{-2t} (f(n))^2 \sum_{i=3}^{n} h_i k_i. \qquad (58.4)$$

通常，h_2 和 k_1 无关，当 p 接近 t 时，两个特征值变得很靠近，v_1 和 v_2 变得愈来愈不正交。

我们可以用 Jacobi 方法求三对角矩阵的特征向量的情况与它作对比。此时我们有

$$v_1 = u_1 + 2^{-t} g(n) \left(2^p h_2 u_2 + \sum_{i=3}^{n} h_i u_i \right), \qquad (58.5)$$

$$v_2 = u_2 + 2^{-t} g(n) \left(2^p k_1 u_1 + \sum_{i=3}^{n} k_i u_i \right), \qquad (58.6)$$

其中 $g(n)$ 仍然是 n 的某个函数，但是因为现在有舍入误差的影响则显得更大些，它大于 $f(n)$。可是，我们从 §19 知道，v_1 和 v 是"几乎正交的"，因此 h_1 和 k_1 几乎是数量相等符号相反。虽然随着 p 接近 t，v_1 和 v_2 不可避免地分别受到 u_2 和 u_1 更多的影响，但正交性不受损害。

对应重特征值的线性独立特征向量

59. 现在，我们假定两个特征值是如此接近，以至于在运算精度内是相等的。例如 W_{21}^{+} 的 λ_1 和 λ_2 就是这样，除非我们的运算精度非常之高。Jacobi 方法给出两个几乎正交的特征向量，它们所张成的子空间与 u_1 和 u_2 的相同。这些向量含有很小的 u_i 成分 $(i = 3, 4, \cdots, n)$，但它们是 u_1 和 u_2 的组合，几乎是正交的。

另一方面，§53~§55 的逆迭代对一个给定的 λ 值只产生一个特征向量。如果计算的 λ_1 和 λ_2 正好准确相等，那么我们必需有计算 u_1 和 u_2 的子空间中第二个向量的方法。当 C 有十分靠近的特征值时，我们发现用 §54 的方法得到的特征向量对于所使用的 λ 值极端敏感。

我们可以用一个简单的例子来说明。考虑一个三对角矩阵

$$\begin{bmatrix} 3 & 0 & 0 \\ 0 & 2 & 1 \\ 0 & 1 & 2 \end{bmatrix}, \qquad (59.1)$$

有二重特征值 $\lambda = 3$，对应的线性独立特征向量是 $(1,0,0)$ 和 $(0,1,1)$. 因为 $\beta_2 = 0$，我们用 10^{-t} 代替它，于是所有 β_i 都不为零. 现在如果我们对 $\lambda = 3$ 执行一次逆迭代，得到的向量是

$$\begin{bmatrix} 2 \times 10^t \\ 10^t + 1 \\ 10^t \end{bmatrix} = \begin{bmatrix} 1 \\ \dfrac{1}{2} \\ \dfrac{1}{2} \end{bmatrix} \text{ 的规范化形式}. \qquad (59.2)$$

另一方面，如果我们取 $\lambda = 3 - 10^{-t}$，得到的向量是

$$\begin{bmatrix} 0 \\ 10^t \\ 10^t \end{bmatrix} = \begin{bmatrix} 0 \\ 1 \\ 1 \end{bmatrix} \text{ 的规范化形式}. \qquad (59.3)$$

当 $\lambda = 3 - 2 \times 10^{-t}$ 时，给出

$$\begin{bmatrix} -\left(\dfrac{1}{7}\right)10^t - \dfrac{2}{7} \\ \left(\dfrac{2}{7}\right)10^t + \dfrac{4}{7} \\ \left(\dfrac{3}{7}\right)10^t \end{bmatrix} = \begin{bmatrix} -\dfrac{1}{2} \\ 1 \\ 1 \end{bmatrix} \text{ 的规范化形式}. \qquad (59.4)$$

虽然 λ 的微小改变使得产生的向量很不相同，但是这些特征向量都落在正确的子空间内. 第三个特征值 $\lambda = 1$ 是单重的，对于任何接近 1 的 λ 值都唯一地得到特征向量 $(0,1,-1)$.

　　计算的特征向量对于特征值微小改变的这种极端敏感性可以转化成有利的因素，它可以用于寻找对应于重特征值或非常靠近的特征值的独立的特征向量. 在 ACE 机上，我们对规范化的矩阵作计算，我们人为地使特征值的分离至少是 3×2^{-t}. 实际计算中，这种办法效果非常好，总能提供足够数目的线性独立特征向

量. 以 W_{21}^{+} 为例，我们用这种方法得到了完备的独立特征向量组. 如果我们有一个多重特征值 λ_i，我们就用 λ_i，$\lambda_i \pm 3 \times 2^{-t}$，$\lambda_i \pm 6 \times 2^{-t}$，$\cdots$. 也许值得提出的是,比如说,用 $\lambda_i + 9 \times 2^{-t}$ 这个值不会使计算的特征向量精度变坏. λ 接近特征值的程度只影响收敛速度而不影响逆迭代可能达到的精度. 当然，我们不能期望计算的向量正交，但我们记住特征值不是非常地接近,正交性是不变坏的. 可是，我们必须承认问题的这种解法有点欠佳. 如果我们要寻求正交向量,这个方法是有缺点的.我们还必须对计算的向量运用 Schmidt 正交化方法. 除非这个过程建立在较牢固的基础上,否则这里还存在一个危险,我们将得不到有关子空间的足够的数字信息. 例如,两个计算向量可以想像为

$$v_1 = 0.6u_1 + 0.4u_2 + 2^{-t} \sum_{i=3}^{n} h_i u_i, \tag{59.5}$$

$$v_2 = 0.61u_1 + 0.39u_2 + 2^{-t} \sum_{i=3}^{n} k_i u_i, \tag{59.6}$$

其中 h_i, k_i 都是 1 的数量级. 这两个向量在数学上是线性无关的,但是与第一个向量正交的方向不能较准确地确定. 事实上,我们有

$$v_1 - v_2 = -0.01u_1 + 0.01u_2 + 2^{-t} \sum_{i=3}^{n} (h_i - k_i)u_i. \tag{59.7}$$

因此,在正交化过程中要损失两位十进位数字.

有时,确定 C 的原矩阵有多重特征值时，C 有某些 β_i 元素几乎是零. 我们可以把 C 分裂成一些较小的三对角矩阵的直接和,不同的三对角矩阵的特征向量自动地准确正交. 可惜, 经验表明我们不能依靠小 β_i 的出现. 矩阵 W_{21}^{+} 又从另一个方面说明我们可以与有明显的三对角矩阵分解的情况相差很远.尽管如此, 即使对 W_{21}^{+} 我们也可以分裂,例如把 β_{11} 改为零,分裂矩阵为 11 阶的和10阶的两个矩阵,我们确实得到很高精度的独立的正交的向量,它们张成的子空间对应于非常靠近的特征值对.因此,这种分解可

能总是允许的，我们需要的是某种确定何时何地作分解的可靠方法.

计算特征向量的交替方法

60. 目前，我们讨论过的逆迭代方法似乎是计算三对角矩阵的特征向量的已知方法中最为满意的一个. 在任何情况下，它比计算特征值的工作量少得多. 此外，在逆迭代中它给出一些有用的信息. 在更一般的特征向量问题中，它也是最重要的方法之一.

但是，人们也提出了一系列交替的方法，其中最成功的也许是Dekker（1962）提出的方法. 他的方法实质上是以§50描述的方法为基础. 我们取 $x = 1$，并用方程（48.1）和（48.2）依次计算 x_2, x_3, $\cdots$. 只要 $|x_{r+1}| \geqslant |x_r|$，这过程就继续下去. 如果我们执行到某一步，这个条件不满足，我们取 $x'_n = 1$，并从方程（48.3）和（48.2）依次计算 x'_{n-1}, x'_{n-2}, $\cdots$，直到 $|x'_{s-1}| < |x'_s|$ 为止. 然后，我们转回到向前计算并继续作到出现下降为止.

如果我们有 $|x_1| > |x_2| > |x_3| > \cdots$ 及 $|x'_n| > |x'_{n-1}| > |x'_{n-2}| > \cdots$，我们就交替地执行这二者. 反之，例如，如果我们有

$$|x_1| > |x_2| > |x_3| \leqslant |x_4| \leqslant |x_5| \leqslant \cdots \leqslant |x_n|, \quad (60.1)$$

并且

$$|x'_n| > |x'_{n-1}| > |x'_{n-2}|, \quad (60.2)$$

那么，我们就来回执行两次. 但在第二次转到向前代入后，若 $|x_i|$ 增大，我们将继续向前代入，并且抛弃 x'_i. 类似地，我们可能最后放弃 x_i. 如果在第一次出现重迭代时，两个序列 x_i 和 x'_i 都是下降的，这个交替就在内部点上相遇了. 在这种情况下，两个序列按照§50描述方法结合起来.

通常，这好像给出好的结果，但是当向前与向后序列在相交时是迅速下降的. 它们似乎是不准确的. 当 C 有病态地靠近的特征值，但没有明显地指示出如何划分矩阵的 β_i 时，要修改这个过程以便得到独立的向量，看来是不容易的. 向前、向后代入的一些变形已由作者和其他人作了研究.

数值例子

61. 为了说明 Dekker 方法的性质，我们考虑 W_{21}^+ 的对应于特征值 λ_1 的特征向量的计算，其中 λ_1 非常靠近 λ_2。这个矩阵是斜对称的(即关于从 n, 1 到 1, n 的对角线对称)，因此向前和向后序列恒等。开始，两个序列都递降，于是我们交替地转到向前、向后序列，当我们达到 x_9 时，向前序列开始递增并继续正确地递增直到 x_{21}。因此，向后序列被放弃掉。在表 11 中给出这个结果。初看起来这结果有点令人感到失望，因为 x_{21} 最后达到的实际值显然完全由 λ 的误差和舍入误差决定。可是 x_{20} 和 x_{21} 几乎准确地满足第 21 个方程，因此由 x 导出的规范化向量必定给出分量为数量级 10^{-8} 的剩余向量，所以在运算精度的范围内它落在前两个特征向量张成的子空间内。我们给出这规范化的特征向量。如果 u_1 和 u_2 是 W_{21}^+ 的前两个按无穷范数规范化的特征向量，那么我们已经证实了

$$x = 0.50000233u_1 + 0.49999767u_2 + 0(10^{-8}). \quad (61.1)$$

如果我们企图用一个稍微不同的 λ 值去计算另一个特征向量，我们看到仍然接受向前序列但是 x_{21} 与它以前的值完全不同了。不幸这个新的向量 $\bar{x}$ 使得

$$\bar{x} = (0.5 + \varepsilon)u_1 + (0.5 - \varepsilon)u_2 + O(10^{-8}), \quad (61.2)$$

其中 ε 仍然是 10^{-5} 数量级。因此，我们得不到关于 u_1 和 u_2 的子空间中与 x 正交的方向的准确信息。然而，值得注意的是，如果用原来的 λ 值，我们从向后序列而不是向前序列出发，那么我们最终接受向后序列，它是与向前序列恒等的。计算的向量是

$$0.50000233u_1 - 0.49999767u_2 + O(10^{-8}), \quad (61.3)$$

它与方程(61.1)的 x 几乎正交。用这个技巧我们从一个 λ 值获得关于子空间的完全的数字信息。

三对角矩阵特征问题的评论

62. 我们已经相当详细地讨论了三对角矩阵的特征问题，这不

表　11

$\lambda = 10.74619 \quad 419$		
$x_1 = 1.00000 \quad 000$	$x_{12} = 0.17133 \quad 492$	$x'_{21} = 1.00000 \quad 000$
$x_2 = 0.74619 \quad 419$	$x_{13} = 1.65376 \quad 40$	$x'_{20} = 0.74619 \quad 419$
$x_3 = 0.30299 \quad 996$	$x_{14} = 1.42928 \quad 06 \times 10$	$x'_{19} = 0.30299 \quad 996$
$x_4 = 0.08590 \quad 254$	$x_{15} = 1.09061 \quad 09 \times 10^2$	$x'_{18} = 0.08590 \quad 254$
$x_5 = 0.01880 \quad 764$	$x_{16} = 7.21454 \quad 49 \times 10^2$	$x'_{17} = 0.01880 \quad 764$
$x_6 = 0.00336 \quad 217$	$x_{17} = 4.03655 \quad 65 \times 10^3$	$x'_{16} = 0.00336 \quad 217$
$x_7 = 0.00051 \quad 204$	$x_{18} = 1.84368 \quad 27 \times 10^4$	$x'_{15} = 0.00051 \quad 204$
$x_8 = 0.00009 \quad 215$	$x_{19} = 6.50313 \quad 78 \times 10^4$	$x'_{14} = 0.00009 \quad 215$
$x_9 = 0.00020 \quad 177$	$x_{20} = 1.60151 \quad 97 \times 10^5$	
$x_{10} = 0.00167 \quad 257$	$x_{21} = 2.14625 \quad 06 \times 10^5$	
$x_{11} = 0.01609 \quad 942$		

规范化的向量		
$x_1 = 0.00000 \quad 466$	$x_8 = 0.00000 \quad 000$	$x_{15} = 0.00050 \quad 815$
$x_2 = 0.00000 \quad 348$	$x_9 = 0.00000 \quad 000$	$x_{16} = 0.00336 \quad 146$
$x_3 = 0.00000 \quad 141$	$x_{10} = 0.00000 \quad 001$	$x_{17} = 0.01880 \quad 748$
$x_4 = 0.00000 \quad 040$	$x_{11} = 0.00000 \quad 007$	$x_{18} = 0.08590 \quad 249$
$x_5 = 0.00000 \quad 009$	$x_{12} = 0.00000 \quad 080$	$x_{19} = 0.30299 \quad 993$
$x_6 = 0.00000 \quad 002$	$x_{13} = 0.00000 \quad 771$	$x_{20} = 0.74619 \quad 418$
$x_7 = 0.00000 \quad 000$	$x_{14} = 0.00006 \quad 659$	$x_{21} = 1.00000 \quad 000$

但是因为它本身是重要的，而且它也提供了一个有益的例子，说明了古典分析与数值分析之间的差别．在我们讨论过的方法中若干地方出现极限过程，当数量的"小"是由计算的精度严格限制时，在实际计算中极限过程是难以说明我们能期望什么样的结果．我们所给出的例子不应看作是单纯的数值例证，希望读者仔细地研究这些例子，如果希望发明一个计算特征向量的方法，它比我们已经给出的方法更好，还应该牢记它们．

Givens 和 Householder 方法的完成

63. 为了完成 Givens 方法或 Householder 方法，我们必需从三对角矩阵的特征向量推导出原矩阵的特征向量．对于 Givens 方

法这几乎与 §16 讨论的关于 Jacobi 方法的计算的一样. 如果 x 是 C 的一个特征向量,那么下式确定的 z,

$$z = R_1^T R_2^T \cdots R_r^T x \tag{63.1}$$

就是 A_0 的特征向量,其中 R_i 是变换矩阵. 通常,有

$$\frac{1}{2}(n-1)(n-2)$$

个旋转, 每一个向量 z 的计算包含 $2(n-1)(n-2)$ 个乘法. 如果需要计算全部特征向量,这部分计算大约有 $2n^3$ 个乘法.

对于 Householder 方法同样有

$$z = P_1 P_2 \cdots P_{n-2} x, \tag{63.2}$$

其中 P_r 是变换矩阵. 自然, P_r 是用 §30 或 §33 描述的因子形式 $I - u_r u_r^T / 2K_r^2$ 或者 $I - 2y_r y_r^T / \|y_r\|^2$.

如果我们记 $x = x^{(n-2)}$ 和 $x^{(r-1)} = P_r x^{(r)}$,那么对于第一个公式我们有

$$x^{(r-1)} = x^{(r)} - \left(\frac{u_r^T x^{(r)}}{2K_r^2}\right) u_r, \quad z = x^{(10)}. \tag{63.3}$$

恢复每一个向量约需 n^2 个乘法,因此要计算全部 n 个就有 n^3 个乘法. 注意,对 Givens 方法和 Householder 方法恢复全部向量都比简化为三对角型需要更多的计算.

64. 恢复原矩阵的特征向量是数值稳定的,并没有提出什么有意义的特殊问题,我们所需要的一切几乎都在第三章的分析中包括了. 我们可以同时处理 Givens 方法和 Householder 方法.

令 R 表示与计算的 A_r 对应的准确正交矩阵的准确乘积,我们有

$$C \equiv R A_0 R^T + F, \tag{64.1}$$

对于各种方法我们已建立了 F 的界. 如果 x 是 C 的计算的规范化特征向量,那么我们有

$$Cx - \lambda x = \eta, \tag{64.2}$$

其中 $\|\eta\|_2$ 的界已由误差分析给出. 因此,

$$(C + G)x = \lambda x, \tag{64.3}$$

这里如果 λ 是对应 x 的 Rayleigh 值，G 可以取为对称矩阵，并且从第三章 §56 我们有

$$\|G\|_2 = \|\eta\|_2. \tag{64.4}$$

最后，第三章 §23，§34 和 45 的分析给出一个 f 的界，这 f 是利用计算的 z 定义的，

$$z \equiv R^T x + f. \tag{64.5}$$

结合 (64.1) 和 (64.3) 我们得到

$$(A_0 + R^T F R + R^T G R) R^T x = \lambda R^T x. \tag{64.6}$$

因此，$R^T x$ 是一个对称矩阵的准确特征向量，这个矩阵与 A_0 相差一个摄动矩阵，摄动矩阵的范数的界是 $\|F\| + \|G\|$，而 z 与 $R^T x$ 的差是 f. f 的界与特征向量问题的条件无关.

对于病态向量，主要的威胁来自 A_0 的对称摄动可能产生的影响，注意，G 仅依赖于我们计算 C 的特征向量的技术，而 F 和 f 与三对角形化方法有关. 可能除了用有累加的浮点运算 Householder 方法之外，向量的误差界由 F 的界所支配. 对于 Householder 方法，F 的界很小，此时 G 引进的误差起着与 F 相当作用.

方法的比较

65. 如果我们只对特征值感兴趣，那么与 Givens 方法或 Householder 方法相比，Jacobi 方法没有什么特别的东西值得我们推荐的. 假如 Jacobi 方法化矩阵为对角型用了 6 次扫描，这约为 Givens 方法三对角化的 9 倍，是 Householder 三对角化的 18 倍. 如果只想计算少量特征值，Jacobi 方法最不合适. 因为 Householder 方法简化比 Givens 的快一倍，而且有关变换的信息存储空间可节省一半，这时 Householder 方法显出绝对的优势.

三个方法实际上都很精确，因而精确度不能作为决定性的指标，但是在任何方面，比较起来我们都推荐 Householder 和 Givens 方法. 如果有内积累加，Householder 方法是最精确的.

有一点对于 Givens 方法是有利的. 如果要消去的元素已经是零，那么相应的旋转就可以略去；而在 Householder 方法中 W^i

的一个元素是零却很难得到什么好处. 如果原矩阵是十分稀疏的,那么需要的旋转数目将大大减少, 虽然随着过程发展,零元素会逐渐填入非零数字,但后来需要的旋转比前面的计算量少.

如果需要特征向量,那么对于 Jacobi 方法有一点是值得提出的. 在一般情况下, Jacobi 方法计算的特征向量比 Givens 或 Householder 方法或 §53～§55 的方法计算的特征向量有较大的成分与有关的子空间正交, Jacobi 方法的优点是,给出的向量几乎正交. 从编程序的角度来看, Jacobi 方法极其简单可能被推荐作某些应用. 总的来说,即使需要特征向量,我们感到 Householder 方法是可取的,并且在确定对应非常靠近的特征值的独立向量的方法中存在的美中不足,并不表明我们要去使用那些速度慢精度低的方法.

拟对称三对角矩阵

66. 一般的三对角矩阵 C 的元素可由下列等式定义

$$c_{ii} = \alpha_i, \quad c_{i,i+1} = \beta_{i+1}, \quad c_{i+1,i} = \gamma_{i+1}, \quad \text{其他} \quad c_{ij} = 0. \quad (66.1)$$

通常, 即使这些元素是实的,这样的矩阵的特征值也可能是复的. 但是如果 α_i 是实的并且

$$\beta_i \gamma_i > 0 \quad (i = 2, \cdots, n), \quad (66.2)$$

那么可以用对角矩阵 D 作相似变换把矩阵 C 变换为实对称矩阵. 假若我们用下述关系定义 D

$$d_{1,1} = 1, d_{ii} = (\gamma_2 \gamma_3 \cdots \gamma_i / \beta_2 \beta_3 \cdots \beta_i)^{\frac{1}{2}}, \quad (66.3)$$

那么

$$D^{-1}CD = T, \quad (66.4)$$

其中 T 是三对角型,并且

$$t_{ii} = \alpha_i, \quad t_{i,i+1} = t_{i+1,i} = (\beta_{i+1} \gamma_{i+1})^{\frac{1}{2}}. \quad (66.5)$$

如果有 β_i 或 γ_i 是零, 那么 C 的特征值是一些较小的三对角矩阵的特征值,因而不会产生任何困难.

像 §37～§39 那样,我们可以用 Sturm 序列性质去计算特征值,只不过是用 $\beta_i \gamma_i$ 代替 β_i^2. 有时,这种元素 α_i 是实的,β_i, γ_i 满

足等式(66.2)的三对角矩阵称为拟对称三对角矩阵。

特征向量的计算

67. §53～§55 描述的计算特征向量的方法没有考虑对称性，而且有交换的 Gauss 消去法一般要破坏对称性，因此它可以直接应用于拟对称矩阵。可是在本书中，后面的章节涉及三对角矩阵的特征向量，这些矩阵有时是从一般的矩阵经相似变换得来的。因此，我们对某个非奇异矩阵 X，有

$$X^{-1}AX = C. \tag{67.1}$$

对应 C 的特征向量 y，我们感兴趣的是向量 x，其定义为

$$x = Xy, \tag{67.2}$$

因为这是 A 的特征向量。 通常元素 β_i 和 γ_i 的数量级变化很大，是因为 X 有一些列的数量级变化很大。 如果用下面定义的 Y 代替 X

$$Y = XD, \tag{67.3}$$

其中 D 是某个非奇异的对角矩阵，那么我们得到

$$Y^{-1}AY = D^{-1}CD = T, \tag{67.4}$$

其中 T 也是三对角型。 D 的改变将影响 $(T - \lambda I)$ 在 Gauss 消去中的交换，也影响在 §54 向后回代中用作右端的向量 e 的效果。一般说来，适当的方法是选择 D 使得 Y 的列的数量级相同，然后对所得的矩阵应用 §53～§55 的技术。

形如 $Ax = \lambda Bx$ 和 $ABx = \lambda x$ 的方程

68. 在第一章 §31～§33 我们考虑过下列形式的方程

$$Ax = \lambda Bx \tag{68.1}$$

和

$$ABx = \lambda x, \tag{68.2}$$

其中 A 和 B 是实对称的，并且它们之中至少有一个是正定的。

例如，我们假定 B 是正定的，并且我们已求解它的特征问题，因此对某个正交矩阵 R，我们有

$$R^{\mathrm{T}}BR = \mathrm{diag}(\beta_i^2) = D^2. \tag{68.3}$$

于是(68.1) 等价于标准的特征问题

$$Pz = \lambda z, \tag{68.4}$$

其中 $P = D^{-1}R^{\mathrm{T}}ARD^{-1}$,并且

$$z = DR^{\mathrm{T}}x. \tag{68.5}$$

如果我们已经用 Jacobi 方法或 Givens 方法或 Householder 方法解 B 的特征问题,那么我们有因子形式的 R,并且可以从这些因子计算出实对称矩阵 P. 事实上,这样的技术已用于解 (68.1),相应的技术已用于解 (68.2). 它们是数值稳定的,并且有一个优点是用同一个程序来解 B 和 P 的特征值问题. 但是工作量是相当大的.

69. 下述的方法数值上更加稳定,工作量节省很多. 现在我们考虑形式(68.2). 如果 B 是正定的,通过 Cholesky 分解,我们有

$$B = LL^{\mathrm{T}}, \tag{69.1}$$

这里 L 是实的非奇异的下三角型. 因此,(68.2) 可记为形式

$$ALL^{\mathrm{T}}x = \lambda x, \tag{69.2}$$

由此得

$$(L^{\mathrm{T}}AL)L^{\mathrm{T}}x = \lambda L^{\mathrm{T}}x. \tag{69.3}$$

如果 λ 和 y 是 $L^{\mathrm{T}}AL$ 的特征值和特征向量,λ 和 $(L^{\mathrm{T}})^{-1}y$ 就是 (68.2) 的解.

我们知道,B 的 Cholesky 分解是十分稳定的,如果有内积累加尤其是这样. 此外,全部运算仅需要 $\frac{1}{6} n^3$ 个乘法, 用 L 计算 $L^{\mathrm{T}}AL$ 时,我们可以充分利用对称性. 事实上,如果我们记

$$F = AL, \tag{69.4}$$
$$G = L^{\mathrm{T}}F, \tag{69.5}$$

那么 G 是对称矩阵 $L^{\mathrm{T}}AL$,因此我们仅需要它的下三角形部分. 现在,L^{T} 是上三角型,因此在计算 G 的下三角形部分时只用 F 的下三角形部分的元素. 于是,我们只需要从 (69.4) 计算 F 的下三角

形部分．决定这个下三角形部分需要 $\frac{1}{3}n^3$ 个乘法，确定 G 的下三角形部分时有 $\frac{1}{6}n^3$ 个乘法．因此，从 A 和 B 得到 G 要 $\frac{2}{3}n^3$ 个乘法！如果全部有关的运算都用内积累加，舍入误差的总的影响保持在很低的水平．

转向等式(68.1)，我们发现，要计算 $(L^{-1})A(L^{-1})^T$ 并且涉及解三角形方程组，我们仍可在全部有关的运算中用内积累加并且利用最后的矩阵的对称性．在这里我们从三角形方程组的高精度解得到许多好处．

当 B 关于求逆是病态时，对于矩阵 $(A-\lambda B)$，这个过程本身是病态的．不失其一般性，我们假定 $\|B\|_2 = 1$，那么在病态情况下，$\|L^{-1}A(L^{-1})^T\|_2$ 比 $\|A\|_2$ 大得多．通常，原特征问题有一些"大"的特征值和其他"正常大小"的特征值．由这个过程决定的"正常大小"的部分是不准确的．在极端的情况下，B 有 r 重零特征值，$\det(A-\lambda B)$ 是 $(n-r)$ 次多项式，因而 $(A-\lambda B)$ 有 r 个"无穷"特征值．不过，$(A-\lambda B)$ 的有界特征值对于 A 和 B 的摄动通常是不敏感的，但它们不容易被确定，这应看作是这方法的一个缺点．如果 B 被对角化，由于 D 有 r 个零元素，那么计算会出现一个类似的困难(更进一步的说明见本章附注)．

数值例子

70. 在表 12 中，我们说明 L^TAL 和 $L^{-1}A(L^{-1})^T$ 的计算，它们是对应于同一对矩阵 A 和 B 的．全部计算采用六位十进位有内积累加运算．为了得到 $\det(AB-\lambda I)$ 和 $\det(A-\lambda B)$ 的零点，我们需要计算对称矩阵 L^TAL 和 $L^{-1}A(L^{-1})^T$ 的特征值．一般我们只给出对称矩阵的一个三角形部分，一个例外是矩阵 $W = L^{-1}A(L^{-1})^T$．这个矩阵由解 $LW = Z$ 得来并且在计算 W 的第 r 列时我们用前面计算的值 $w_{n1}, w_{n2}, \cdots, w_{r,r-1}$ 作为 $w_{1r}, w_{2r}, \cdots, w_{r-1,r}$．在这两部分计算中需要的工作量非常小．为了便于比较，

表 12

A（对称的）				B（对称正定的）			
0.935	0.613	0.217	0.413	0.983	0.165	0.213	0.122
	0.216	0.317	0.323		0.897	0.214	0.132
		0.514	0.441			0.903	0.213
			0.315				0.977

L^T（其中 $B = LL^T$）				$F = AL$（下三角形部分）			
0.991464	0.166421	0.214834	0.123050	1.126474			
	0.932365	0.191177	0.119612	0.751562	0.300629		
		0.905703	0.180741	0.432593	0.446574	0.545238	
			0.956496	0.596731	0.423141	0.456348	0.301296

$G = L^T F = L^T AL$（对称的）				$Z^T = L^{-1}A$（上三角形部分）			
1.408298				0.943050	0.618278	0.218868	0.416556
0.854808	0.416283				0.121310	0.300929	0.272078
0.499655	0.480942	0.576304				0.452079	0.330676
0.570771	0.404733	0.436495	0.288188				0.179229

$W = L^{-1}Z = L^{-1}A(L^{-1})^T$（对称的）			
0.951169	0.493351	−0.088100	0.268090
0.493351	0.042050	0.206361	0.176732
−0.088100	0.206361	0.476486	0.241206
0.268090	0.176732	0.241206	0.085213

我们用相当高的精度计算矩阵 $L^T AL$ 和 $L^{-1}A(L^{-1})^T$。在给出的 $L^T AL$ 的元素中最大误差是 $10^{-6}(2.04)$，它仅在一个元素中发生，它是特别不利的舍入的结果。 所有其他元素的误差都小于 10^{-6}，在计算的 $L^{-1}A(L^{-1})^T$ 的任何元素中，最大误差是 $10^{-6}(0.98)$。这些结果表明，这两个过程的数值稳定性极好。

同时简化 A 和 B 为对角型

71. 从特征问题

$$Ax = \lambda Bx \tag{71.1}$$

的解我们可以导出非奇异的矩阵 X，使得

$$X^T AX = \mathrm{diag}(\lambda_i), \quad X^T BX = I. \tag{71.2}$$

事实上，研究等价的对称特征问题

$$L^{-1}A(L^{-1})^{\mathrm{T}}y = \lambda y \qquad (71.3)$$

并且令 $y_1, y_2, \cdots, y_n$ 是特征向量的正交组. 于是我们有

$$Y^{\mathrm{T}}Y = I \qquad (71.4)$$

和

$$L^{-1}A(L^{-1})^{\mathrm{T}}Y = Y\,\mathrm{diag}(\lambda_i). \qquad (71.5)$$

如果我们用关系

$$Y = L^{\mathrm{T}}X \qquad (71.6)$$

定义 X，那么 X 是非奇异的，并且(71.4)变为

$$X^{\mathrm{T}}LL^{\mathrm{T}}X = I, \quad \text{即} \quad X^{\mathrm{T}}BX = I. \qquad (71.7)$$

另一方面用 Y^{T} 左乘(71.5)，我们得到

$$X^{\mathrm{T}}AX = \mathrm{diag}(\lambda_i). \qquad (71.8)$$

三对角矩阵 A 和 B

72. 当 A 和 B 都是三对角矩阵时，我们已讨论的解 $Ax = \lambda Bx$ 的方法是没有吸引力的. 因为一般来说，$L^{-1}A(L^{-1})^{\mathrm{T}}$ 是满矩阵. 这个问题可以用与 §39 使用的类似的方法求解. 我们先来证明下面一个简单的引理.

设 A 和 B 是对称矩阵，B 是正定矩阵，那么 $\det(A_r - \lambda B_r)$ 的零点分隔 $\det(A_{r+1} - \lambda B_{r+1})$ 的零点，其中 A_i 和 B_i 表示 i 阶的前主子矩阵.

我们注意到，如果

$$y = L^{\mathrm{T}}x, \qquad (72.1)$$

那么

$$\frac{y^{\mathrm{T}}L^{-1}A(L^{-1})^{\mathrm{T}}y}{y^{\mathrm{T}}y} = \frac{x^{\mathrm{T}}Ax}{x^{\mathrm{T}}LL^{\mathrm{T}}x} = \frac{x^{\mathrm{T}}Ax}{x^{\mathrm{T}}Bx}, \qquad (72.2)$$

并且方程 (72.1)给出非零 x 和 y 的一一对应关系. 因此，对于非零的 x 应用极小-极大定义于比值 $x^{\mathrm{T}}Ax/x^{\mathrm{T}}Bx$ 就给出 $\det(A - \lambda B)$ 的零点 (参见第二章 §43). 现在我们可以用第二章 §47 的方法证明 $\det(A_r - \lambda B_r)$ 的零点分隔定理. 因此，如果我们记

$$a_{ii} = \alpha_i, a_{i+1,i} = a_{i,i+1} = \beta_{i+1}, b_{ii}$$

$$= \alpha'_i, b_{i+1,i} = b_{i,i+1} = \beta'_{i+1}, \tag{72.3}$$

那么定义为

$$p_0(\lambda) = 1, \quad p_1(\lambda) = \alpha_1 - \lambda \alpha'_1,$$
$$p_r(\lambda) = (\alpha_r - \lambda \alpha'_r) p_{r-1}(\lambda) - (\beta_r - \lambda \beta'_r)^2 p_{r-2}(\lambda) \tag{72.4}$$

的多项式形成一个 Sturm 序列，并且我们可以用 §39 的分半方法寻找 $p_n(\lambda)$ 的零点．另外，我们可以像 §47 那样把有交换的 Gauss 消去法应用于三对角矩阵 $(A - \lambda B)$ 去确定 $\det(A_r - \lambda B_r)$ $(r = 1, 2, \cdots, n)$ 的符号．随着问题的简化我们不必一直采用分半方法，当零点已被孤立时，我们可以改用某些二次收敛的方法寻求 $p_n(\lambda) = \det(A - \lambda B)$ 的零点．

为了从一个好的特征值计算特征向量，逆迭代法需要求解方程

$$(A - \lambda B)x_{r+1} = y_r, \tag{72.5}$$

$$y_{r+1} = B x_{r+1}. \tag{72.6}$$

因为这些方程意味着

$$[L^{-1}A(L^{-1})^{\mathrm{T}} - \lambda I]L^{\mathrm{T}}x_{r+1} = L^{\mathrm{T}}x_r. \tag{72.7}$$

我们仍然预料两次迭代一般是足够的．

这些技术充分利用了 A 和 B 的三对角形的特点．

复 Hermite 矩阵

73. 我们已经描述的关于实对称矩阵的技术，在复 Hermite 矩阵的情形有完全平行的方法．对于 Jacobi 方法，Givens 方法和对于 Householder 方法，我们分别需要用第一章 §43～§44 和 §45～§46 的复酉矩阵．§29 使用的公式的最自然推广给出一个方法，这个方法决定每一个初等 Hermite 矩阵需要两次平方根运算．一个微小的修改可以减少一次平方根运算．用 §29 的记号我们现在有

$$\begin{cases} P_r = I - u_r u_r^H/2K_r^2, \quad u_{ir} = 0 \ (i = 1, 2, \cdots, r), \\ u_{r+1,r} = a_{r,r+1}(1 + S_r^2/T_r), \quad u_{ir} = a_{ri}(i = r+2, \cdots, n), \\ S_r^2 = \sum_{i=r+1}^{n} |a_{ri}|^2, \quad T_r = (|a_{r,r+1}|^2 S_r^2)^{\frac{1}{2}}, \\ 2K_r^2 = S_r^2 + T_r, \end{cases}$$

$$(73.1)$$

这里我们已选用了稳定的符号.

三个方法中不管我们使用的是那一个,矩阵一直保持 Hermite 型. Jacobi 方法最终给出的是实对角矩阵,而从第一章 §44,可以证明: Givens 方法给出一个实三对角矩阵. Householder 方法给出的是三对角 Hermite 矩阵 C,通常,其非对角线元素是复的. 这可从第一章 §46 开头的说明得出. 我们有

$$c_{ii} = \alpha_i(\text{实}), \quad c_{i,i+1} = \beta_{i+1}, \quad c_{i+1,i} = \bar{\beta}_{i+1}. \quad (73.2)$$

因此,

$$c_{i,i+1} \, c_{i+1,i} = |\beta_{i+1}|^2 \ (\text{实}). \quad (73.3)$$

这说明 β_i 是复数不是十分重要的.

奇怪的是,它们在理论物理中是很重要的,但我们几乎没有遇到复 Hermite 矩阵的例子,我们没有编写复的程序版本. 正如第三章 §56 所指出,复 Hermite 矩阵 $(B + iC)$ 的特征值问题可以化为实对称矩阵 A 的问题,A 定义为

$$A = \begin{bmatrix} B & -C \\ C & B \end{bmatrix}. \quad (73.4)$$

在 ACE 和 DEUCE 上我们已经这样做了. 我们知道,A 的特征值是 $\lambda_1, \lambda_1, \lambda_2, \lambda_2, \cdots, \lambda_n, \lambda_n$,因此我们仅需要找从 A 导出的三对角矩阵的第 $1, 3, \cdots, 2n - 1$ 个特征值. 出现重特征值不影响它们的精确度,在对应每一对二重特征值的特征向量子空间中我们仅需找一个特征向量. 在这个子空间中,所有向量都对应 A 的同一个复特征向量. 由 Givens 方法或 Householder 方法导出的三对角矩阵应该分为二个相等的矩阵,但是在实际计算中可能不是这样.

可是矩阵 A 需要的存储量是 $(B + iC)$ 的两倍，又因为在 Givens 和 Householder 的简化中的乘法量与阶数立方成正比，所以需要的乘法量是简化 $(B + iC)$ 的复乘法量的八倍。因为一个复乘法包含四个实乘法，用同样的方法 $(B + iC)$ 的简化工作量仅仅是 A 的一半。在 Givens 简化中每一个平面旋转除了平面是 $(i, i + 1)$ 之外四个特殊元素中的两个是实的，如果我们利用这个特点，在 $(B + iC)$ 的简化中乘法量可进一步缩减为原来的 $\frac{3}{4}$。假如我们需要作很大量的这种计算并且矩阵很大，存储量的问题变得突出的话，那么我们用比较麻烦的复程序才会变得十分有利。

附注

虽然早在 1947 年在 National Physical Laboratory 的台式计算机上已使用 Jacobi 方法，但是当前对它的兴趣是从 1949 年 Goldstine, Murray 和 Von Neumann 的重新发现开始的。Jacobi 方法能把一个数覆盖在另一个数上面，这使得它在高速计算机上十分吸引人。从 1949 年以来，这个方法在文献中已受到广泛的介绍。我们介绍以下著者的论文：Goldstine, Murray 和 Von Neumann (1959)，Gregory (1953)，Henrici (1958a)，Pope 和 Tomkins (1957)，Schönhage (1961) 和 Wilkinson (1962c)。Goldstine 等人的论文给出这个方法的误差分析，虽然论文直至 1959 年才公开发表，但是大量的工作是在 1951 年前完成的。

尽管 Givens (1954) 给出了他的方法的严格的先验误差分析，在我看来这是本主题的历史上一个里程碑，但是对于特征值的确定来说，Givens 方法通常优越于 Jacobi 方法这个事实很晚才得到公认。也许因为人们曾发现所提出的方法计算的特征向量不可靠，它引起人们对于计算的特征值精度产生不必要的猜疑。

Householder 于 1958 年在 Urbana 的演讲中首先提出用初等 Hermite 矩阵约化矩阵为三对角型，并且在 1959 年与 Bauer 合作的论文中再次简要地指出它。Wilkinson (1960a) 首先认识这个方法无论在速度上或是在精度上都比 Givens 方法好，定点运算的误差分析由 Wilkinson (1962b) 给出，Ortega (1963) 给出了浮点的误差分析。

Givens（见本书引用处）描述了用 Sturm 序列性质计算三对角矩阵的特征值并给出了误差分析。这个分析已应用于有特别的比例因子的定点计算，并且这是我们现在称为"向后误差分析"的第一个工作，虽然这个思想早已隐含在 Von Neumann 和 Goldstine (1947) 和 Turing (1948) 的论文中。

已经知道较精确的特征值时，三对角矩阵的特征向量计算问题已经由 Brooker 和 Sumner (1956)，Forsythe (1958)，Wilkinson (1958a) 研究过，还有 Lanczos 在 Rosser 等 (1951) 的论文中也讨论过。就"明显分离"的特征值来说，逆迭代给出这个问题令人十分满意的解。在对应重特征值或非常靠近的特征值的特征向量所张成的子空间内，确定可靠的完全的数字信息这个问题还没一个满意的解决办法。 决定 Hessenberg 矩阵的特征向量也是一个类似的重要问题，我们将在第九章讨论。

若 B 关于求逆是病态的，$(A - \lambda B)$ 的特征问题解法是比较差的。即使 B 是奇异矩阵，$(A - \lambda B)$ 的有限特征值是"好确定"的，我们用下述例子来说明这个事实。设

$$A = \begin{bmatrix} 2 & 1 \\ 1 & 2 \end{bmatrix}, B = \begin{bmatrix} 1 & 1 \\ 1 & 1 \end{bmatrix}.$$

我们有 $\det(A - \lambda B) = 3 - 2\lambda$，因而特征值是 $1\frac{1}{2}$ 和 ∞，在 A, B 上的小变动只使有限特征值发生小的改变，但无穷特征值却变成有限的，虽然它是十分大。

如果 A 是良态的并且是正定或负定的，我们可以分别对 $(B - \lambda I)$ 或 $(-B - \lambda(-A))$ 进行计算。可惜我们并不总能事先知道 A 或 B 是否病态，虽然在统计学和理论物理学中几乎能保证 B 是良态的。

对于矩阵是病态的情况 §68 的方法有一定的优点，因为 B 的

"全部病态"都集中在 D 的小元素上. (68.5) 的矩阵 P 有一定数量的行、列的大元素(对应于小的 d_{ii}),以及 $(A - \lambda B)$ 的正常大小的特征值. 这些性质很可能保持下来.

第六章　化一般矩阵为压缩型

引言

1. 现在我们讨论一个比较困难的问题,计算一般矩阵 A_0 的特征系. 对于这个问题,我们不能期望对比较精确的结果有预先的保证,但是我们预料稳定的变换产生的矩阵准确地与矩阵 $(A + E)$ 相似,并且能够建立 E 的满意的界.

本章的前半部分研究用初等相似变换化 A_0 为 Hessenberg 型 (第四章 §33). 虽然一般来说,一个 Hessenberg 矩阵有 $\frac{1}{2}n(n+1)$ 下非零元素,与满矩阵相比,被压缩的元素还不到一半,但是这个结果使得特征问题大为简化. 我们研究的每一种方法都有两个变型,它们分别导出上 Hessenberg 型和下 Hessenberg 型. 从后面的应用来看,上 Hessenberg 型更方便一些,因此我们以后将讨论适用于这种形式的方法.

使用这种形式的矩阵带来稍有遗憾的后果,因为我们习惯用矩阵的上三角部分元素来描述对称矩阵的有关技术,因此也在这上三角部分引入零元素. 在第五章我们已保持这个习惯(当然,根据对称性,零元素会同时在下三角部分引入.)虽然我们改用下 Hessenberg 型是很容易的事情,但是我们决定用上 Hessenberg 型,这使得对称矩阵的技术与非对称矩阵的技术这两者之间的比较不如用下 Hessenberg 型那样直接了当.

本章下半部分研究从 Hessenberg 型进一步化为三对角型和 Frobenius 型. 这些压缩型的特征值问题留在第七章叙述.

Givens 方法

2. 我们首先考虑把第五章描述过的 Givens 和 Householder

方法照搬过来. 现在 Givens 约化过程有 $(n-2)$ 步, 在第 r 步开始之前, A_0 的前 $(r-1)$ 列已被化为上 Hessenberg 型, $n=6$, $r=3$ 的例子是

$$
\begin{vmatrix}
\times & \times & \times & \times & \times & \times \\
\times & \times & \times & \times & \times & \times \\
0 & \times & \times & \times & \times & \times \\
0 & 0 & \times & \times & \times & \times \\
0 & 0 & \underline{\times} & \times & \times & \times \\
0 & 0 & \underline{\times} & \times & \times & \times
\end{vmatrix}
\qquad (2.1)
$$

实际上, 我们可以说它的 r 阶前主子矩阵已经是 Hessenberg 型, 并且它在以后的各步约化中不再发生变化.

第 r 步由 $(n-r-1)$ 小步组成, 它们在第 r 列的 $r+2$, $r+3, \cdots, n$ 位置上引入零元素. $(r+1, i)$ 平面上的旋转引入第 i 位置的零元素. 在 (2.1) 中下面加横线的元素是要消去的, 箭头指示的是受影响的行和列. 我们可以用通常的算法语言描述第 r 步如下:

对于 i 从 $r+2$ 到 n 执行下述 (i) 至 (iv) 各步.

(i) 计算 $x = (a_{r+1,r}^2 + a_{ir}^2)^{\frac{1}{2}}$.

(ii) 计算 $\cos\theta = a_{r+1,r}/x$, $\sin\theta = a_{ir}/x$ (如果 $x=0$, 令 $\cos\theta = 1$, $\sin\theta = 0$, 并略去 (iii), (iv) 步), 把 x 覆盖在 $a_{r+1,r}$ 上, 把 a_{ir} 改为零.

(iii) 对于 j 从 $r+1$ 到 n 执行.

计算 $a_{r+1,j}\cos\theta + a_{ij}\sin\theta$ 和 $-a_{r+1,j}\sin\theta + a_{ij}\cos\theta$, 把它们分别覆盖在 $a_{r+1,j}$ 和 a_{ij} 上.

(iv) 对于 j 从 1 到 n 执行.

计算 $a_{j,r+1}\cos\theta + a_{ji}\sin\theta$ 和 $-a_{j,r+1}\sin\theta + a_{ji}\cos\theta$, 把它们分别覆盖在 $a_{j,r+1}$ 和 a_{ji} 上.

其中 (iii) 的含义是左乘, (iv) 是用 $(r+1, i)$ 平面上的旋

转右乘. 这个变换应与第五章 §22 的对称情况比较, 我们可以看出, 因为这里没有对称性, 所以行、列都要作变换. 基本的乘法量是

$$\sum 4n(n-r-1) + \sum 4(n-r-1)^2 \approx 2n^3 + \frac{4}{3}n^3 = \frac{10}{3}n^3.$$

$$(2.2)$$

在对称的情况下, 乘法量只是 $\frac{4}{3}n^3$. 注意, 在位置 (i, r) 引进零元和在位置 (r, i) 引入零元没有关系, 因此, 现在化为零的元素所占的位置不足以存储 $\cos\theta$ 和 $\sin\theta$ 两个值. 一个数值稳定的又节省存储单元的方案是: 存储 $\cos\theta$ 和 $\sin\theta$ 中模较小的一个, 并用最后两个有效数字表明存的是 $\cos\theta$ 还是 $\sin\theta$ 以及另一个的符号.

Householder 方法

3. 对于一般矩阵, 我们同样有第五章描述的 Householder 方法的自然推广. 现在它也是由 $(n-2)$ 步组成, 在第 r 步开始之前, A_0 已化为某个形状. 以 $n=6$, $r=3$ 为例, 它是

$$A_{r-1} = \begin{matrix} r \left\{ \\ \\ n-r \left\{ \\ \\ \end{matrix} \begin{bmatrix} \times & \times & \times & \vdots & \times & \times & \times \\ \times & \times & \times & \vdots & \times & \times & \times \\ 0 & \times & \times & \vdots & \times & \times & \times \\ \hdashline 0 & 0 & \times & \vdots & \times & \times & \times \\ 0 & 0 & \times & \vdots & \times & \times & \times \\ 0 & 0 & \times & \vdots & \times & \times & \times \end{bmatrix} = \begin{bmatrix} H_{r-1} & \vdots & C_{r-1} \\ \hdashline O & b_{r-1} & B_{r-1} \end{bmatrix},$$

$$(3.1)$$

矩阵 H_{r-1} 是上 Hessenberg 型. 上述形式与 Givens 方法第 r 步开始时的形式一样, 但是我们已划分 A_{r-1}, 这是为了说明第 r 次变换的影响. 变换矩阵 P_r 的形状可以表示为

$$P_r = \begin{matrix} r\{ \\ n-r\{ \end{matrix} \begin{bmatrix} I & \vdots & O \\ \hdashline O & \vdots & Q_r \end{bmatrix} = \begin{bmatrix} I & \vdots & O \\ \hdashline O & \vdots & I - 2v_r v_r^T \end{bmatrix}, \quad (3.2)$$

其中 v_r 是一个 $(n-r)$ 维规格化向量。由此我们有

$$A_r = P_r A_{r-1} P_r = \begin{array}{c} r\{ \\ n-r\{ \end{array} \left[\begin{array}{c|c} H_{r-1} & C_{r-1}Q_r \\ \hline O & c_r \end{array} \middle| \begin{array}{c} \\ Q_r B_{r-1} Q_r \end{array} \right], \quad (3.3)$$

其中 $c_r = Q_r b_{r-1}$. 如果我们选取 v_r 使得 C_r 的元素除了第一个以外全为零，A_r 的 $(r+1)$ 阶前主子矩阵是 Hessenberg 型。

仍然像第五章 §29 一样，如果我们使用矩阵 $P_r = I - 2w_r w_r^T$ 来讨论，公式最简单，其中 w_r 是 n 维规格化向量，其前 r 个分量是零。我们有

$$P_r = I - 2w_r w_r^T = I - u_r u_r^T / 2K_r^2, \quad (3.4)$$

其中

$$\begin{cases} u_{ir} = 0 \quad (i = 1, 2, \cdots, r), \\ u_{r+1,r} = a_{r+1,r} \mp S, \ u_{ir} = a_{ir} \ (i = r+2, \cdots, n), \\ S_r = \left(\sum_{r+1}^{n} a_{ir}^2 \right)^{\frac{1}{2}}, \ 2K_r^2 = S_r^2 \mp a_{r+1,r} S_r. \end{cases} \quad (3.5)$$

(3.5) 的 a_{ii} 表示 A_{r-1} 的 (i, i) 元素。新的 $(r+1, r)$ 元素是 $\pm S_r$，符号是按通常的方式选定的。

4. 我们现在没有对称性可以利用，因此要分别考虑用 P_r 左乘和右乘。对于左乘，我们有

$$\begin{aligned} P_r A_{r-1} &= (I - u_r u_r^T / 2K_r^2) A_{r-1} \\ &= A_{r-1} - u_r (u_r^T A_{r-1}) / 2K_r^2 = F_r; \end{aligned} \quad (4.1)$$

对于右乘，我们有

$$\begin{aligned} A_r &= P_r A_{r-1} P_r = F_r P_r = F_r (I - u_r u_r^T / 2K_r^2) \\ &= F_r - (F_r u_r) u_r^T / 2K_r^2. \end{aligned} \quad (4.2)$$

我们清楚地看到，因为 u_r 的前 r 个元素都是零，所以用 P_r 左乘的结果，A_{r-1} 的前 r 行不变，得到的 F_r 用 P_r 右乘后前 r 列保持不变。

我们可以写

$$u_r^T A_{r-1} = p_r^T, \quad (4.3)$$

A_{r-1} 和 u_r 的零元素使得 p_r^T 的前 $(r-1)$ 个元素是零。由此我们

得到

$$F_r = A_{r-1} - (u_r/2K_r^2)p_r^T. \qquad (4.4)$$

我们不必计算 p_r 的第 r 个元素,因为这仅仅影响 F_r 的第 r 列,我们已知这一列的前 r 个元素就是 A_{r-1} 的对应元素,其余的元素形成向量 c_r,变换的目的是使 C_r 的元素除第一个是 $\pm S_r$ 之外全为零。因此,计算 p_r 的 $(n-r)$ 个元素只需要 $(n-r)^2$ 次乘法,由 (4.4) 计算 F_r 需要另外的 $(n-r)^2$ 次乘法。

关于右乘,我们写

$$F_r u_r = q_r, \qquad (4.5)$$

其中向量 q_r 没有零元素。因为 u_r 的前 r 个分量是零,所以在 q_r 的计算中包含 $n(n-1)$ 次乘法。最后我们有

$$A_r = F_r - q_r(u_r/2K_r^2)^T, \qquad (4.6)$$

这又需要作 $n(n-r)$ 次乘法。值得注意的是,虽然在计算 F_r 时要用 u_r 本身,因为我们必须导出 $F_r u_r$,但是在 (4.4) 和 (4.6) 中却都要用向量 $u_r/2K_r^2$。如果我们用 w_r,这个困难就可以避免,但是要耗费 $2K_r^2$ 的平方根运算。

如果我们把矩阵存储在外部存储设备中,又希望节省传送时间,下面的方案大概是最方便的。我们用下述关系式定义向量 p_r^T, q_r, v_r 和纯量 α_r:

$$p_r^T = u_r^T A_{r-1}, \quad q_r = A_{r-1}u_r, \quad v_r = u_r/2K_r^2, \quad p_r^T v_r = \alpha_r. \qquad (4.7)$$

然后从下式计算 A_r.

$$\begin{aligned}
A_r &= A_{r-1} - v_r p_r^T - q_r u_r^T + (p_r^T v_r)u_r v_r^T \\
&= A_{r-1} - v_r p_r^T - (q_r - \alpha_r u_r)v_r^T. \qquad (4.8)
\end{aligned}$$

上述公式与第五章 §29 ~ §30 的关于对称矩阵的公式比较接近,但是现在 $u_r(u_r^T A_{r-1}u_r)u_r^T/(2K_r^2)^2$ 这一项不能并到其他两项中去了。

用上述的任何一种变型完成整个约化过程的总乘法量实质上是

$$\sum 2(n-r)^2 + \sum 2n(n-r) \approx \frac{2}{3}n^3 + n^3 = \frac{5}{3}n^3. \quad (4.9)$$

在对称的情况下，Householder 方法的总乘法量是 $\frac{2}{3}n^3$。我们又发现 Householder 方法的乘法量只是 Givens 方法的一半。

存储方案的研究

5. Householder 变换的存储十分方便，u_r 有 $n-r$ 个非零元素，而相应的变换只产生 $(n-r-1)$ 个零元素，因此原矩阵占有的空间不足以存储所有的信息。但是我们发现 Hessenberg 型的下次对角线元素在以后的运算中起着特殊的作用，如果用一个能存 $(n-1)$ 个元素的一维数组单独存储它们，运算将会十分方便。注意，$u_{ir} = a_{ir}$ $(i = r+2, \cdots, n)$，因此除了 $u_{r+1,r}$ 以外所有非零元素已经存储在适当的位置上了！以 $n=6$，$r=3$ 为例，第 r 步结束时的单元分配情况如下：

$$\begin{bmatrix} h_{11} & h_{12} & h_{13} & h_{14} & a_{15} & a_{16} \\ u_{21} & h_{22} & h_{23} & h_{24} & a_{25} & a_{26} \\ u_{31} & u_{32} & h_{33} & h_{34} & a_{35} & a_{36} \\ u_{41} & u_{42} & u_{43} & h_{44} & a_{45} & a_{46} \\ u_{51} & u_{52} & u_{53} & a_{54} & a_{55} & a_{56} \\ u_{61} & u_{62} & u_{63} & a_{64} & a_{65} & a_{66} \end{bmatrix}, \quad (5.1)$$

其中 h_{ii} 是最后的 Hessenberg 型的元素，a_{ii} 是当前 A_r 的元素。此外，我们用 n 个单元存放下述向量。

$$[h_{21}, h_{32}, \cdots, h_{r+1,r}; (u_{r+1,r}, u_{r+2,r}, \cdots, u_{n,r})/2K_r^2]. \quad (5.2)$$

在一台有两级存储设备的计算机上还需要另外 n 个单元存放向量 p_r 以及 q_r；这些向量不是同时需要的，如果只用内部存储器，我们不需要存这些向量，因为用到公式(4.4)和(4.6)时，p_r 和 q_r 的每一个分量计算出来就可立即使用。计算 S_r^2，p_r^T 和 q_r 时，可以用内积累加。

误差分析

6. 第三章的一般性分析可以用来证明无论 Givens 约化，或者 Householder 约化，最终计算的 Hessenberg 矩阵 H 是准确相似于 $(A + E)$ 的，并且能给出 E 的界。关于对称矩阵的情况，分析确实比较简单，但是非对称情况的分析并不比对称的情况来得困难。在表 1 中，我们概括了已得的结果。无论是哪一种情况，简化 $(A + E)$ 为 H 的相似变换矩阵是对应于计算的 A_r 的准确正交矩阵的准确乘积。

表 1

方　　法	计算方式	A 的初始平衡	E 的 界
Givens	定点 (fi_2)	$\|A_0\|_2 \leqslant 1 - K_1 2^{-t} n^{3/2}$	$\|E\|_2 \leqslant K_1 2^{-t} n^{3/2}$
Givens	定点 (fi_2)	$\|A_0\|_E \leqslant 1 - K_2 2^{-t} n^{3/2}$	$\|E\|_E \leqslant K_2 2^{-t} n^{3/2}$
Householder	定点 (fi)	$\|A_0\|_2 \leqslant \frac{1}{2} - K_3 2^{-t} n^{3/2}$	$\|E\|_2 \leqslant K_3 2^{-t} n^{3/2}$
Householder	定点 (fi)	$\|A_0\|_E \leqslant \frac{1}{2} - K_4 2^{-t} n^{3/2}$	$\|E\|_E \leqslant K_4 2^{-t} n^{3/2}$
Householder	定点 (fi_2)	$\|A_0\|_2 \leqslant \frac{1}{2} - K_5 2^{-t} n^2$	$\|E\|_2 \leqslant K_5 2^{-t} n^2$
Givens	浮点 (fl)	不 必 要	$\|E\|_E \leqslant K_6 2^{-t} n^{3/2} \|A_0\|_E$
Householder	浮点 (fl)	不 必 要	$\|E\|_E \leqslant K_7 2^{-t} n^2 \|A_0\|_E$
Householder	浮点 (fl_2)	不 必 要	$\|E\|_E \leqslant K_8 2^{-t} n \|A_0\|_E$

其中 K_r 的数量级是 1。 就前面的两个界而言，用 fi 代替 fi_2 产生的影响只涉及常数 K_1 和 K_2。

在定点计算中，为了保证所有中间数字都不超出允许范围，我们必须事先引入比例因子。当 E 已确定时，我们给出了 $\|E\|_2$ 和 $\|E\|_E$ 的界；对应于 $\|E\|_E$ 的界，我们给出了 $\|A_0\|_E$ 的许可范围的界。虽然 $\|A_0\|_2$ 的界的限制小，但是足以用来避免数字超过限度。可是实际上 $\|A_0\|_E$ 的界容易计算，而 $\|A_0\|_2$ 是比较难定的。

用浮点运算时，$\|E\|_E$ 的每一个界都应该有形如 $(1+f(r)2^{-t})^{g(n)}$ 的附加因子，它随着 n 增加趋向无穷，但是在上述方法的应用范围内，它的值总是接近 1，因此可以略去。

这些结果表明，当 A 是良态的矩阵，表 1 列出的每一个方法几乎都受存储量或运算时间的限制，而不存在精确度方面的问题。当然，我们可以构造某个 A，其病态度非常高使得尽管 E 的界很小，但都不足以保证特征值达到所需的精度。

Givens 方法与 Householder 方法的关系

7. Givens 方法和 Householder 方法都是用正交相似变换化 A_0 为上 Hessenberg 型。现在我们证明两个变换矩阵，如果不考虑各列的 ± 1 因子，它们是恒等的。首先，我们证明一个更一般的定理，以后我们还要引用它。

如果 $AQ_1 = Q_1H_1$ 和 $AQ_2 = Q_2H_2$，Q_i 是酉矩阵，H_i 是上 Hessenberg 型，并且 Q_1 和 Q_2 的第一列相同，那么总有

$$Q_2 = Q_1D, \quad H_2 = D^HH_1D, \tag{7.1}$$

其中 D 是对角型，对角线元素的模都是 1。我们仅需证明如果

$$AQ = QH \tag{7.2}$$

并且给定 Q 的第一列，那么 Q 和 H 在本质上是唯一确定的。证明如下：

(7.2)两边的第一列相等，我们有

$$Aq_1 = h_{11}q_1 + h_{21}q_2. \tag{7.3}$$

因为 Q 是酉矩阵，我们得到

$$h_{11} = q_1^HAq, \quad h_{21}q_2 = Aq_1 - h_{11}q_1. \tag{7.4}$$

第一个方程给出 h_{11}，第二个方程给出

$$|h_{21}| = \|Aq_1 - h_{11}q_1\|_2. \tag{7.5}$$

因此，我们可以确定 q_2，但差一个因子，比如说是 $e^{i\theta_2}$。(7.2)式两边的第二列相等导出

$$Aq_2 = h_{12}q_1 + h_{22}q_2 + h_{32}q_3, \tag{7.6}$$

因此

$$h_{12} = q_1^H A q_2, \quad h_{22} = q_2^H A q_2, \quad h_{32} q_3 = A q_2 - h_{12} q_1 - h_{22} q_2.$$
$$(7.7)$$

前两个方程给出 h_{12} 和 h_{22}，第三个方程给定

$$|h_{32}| = \|A q_2 - h_{12} q_1 - h_{22} q_2\|_2. \tag{7.8}$$

容易验证 $|h_{32}|$ 与因子 $e^{i\theta_2}$ 无关。因此，我们可以确定 q_3 只差一个因子，比如说，是 $e^{i\theta_3}$。继续这样分析下去，我们可知 Q 是确定的，只差右乘一个因子 D，即 diag $(e^{i\theta_i})$，这个自由度正是 (7.1) 中 H 的不确定性。

值得注意的是，如果我们规定 $h_{i+1,i}$ 是正实数，Q 和 H 就由 Q 的第一列唯一确定。上述证明遇到 $h_{i+1,i}$ 为零时不能继续，因为这时 q_{i+1} 可以是正交于 $q_1, q_2, \cdots, q_i$ 的任何单位向量。

现在我们只要注意 Givens 方法和 Householder 方法的变换矩阵第一列都是 e_1，就得到这两个方法的等价性。这是因为，在 Givens 方法中不包含第一个平面的旋转，而在 Householder 方法中所有向量 w_r 的第一个元素都是零。对称的 Givens 方法和 Householder 方法的等价性当然是上述情况的特例。这个证明应该和第四章 §53 的对照。我们再次着重指出：虽然 Givens 和 Householder 方法整个变换本质上相同，但是使得第 r 列产生零元素的矩阵是不同的。证明方法与第四章 §53 的几乎相同。

尽管这两个变换理论上等价并且都是"稳定"的，但在实际计算中，舍入误差使它们可以完全不同。这个现象是不足为奇的，因为第五章 §28 描述过，甚至以稍有不同的运算精度把 Givens 变换两次用于同一个矩阵，我们得到两个相差很大的三对角型。在那里我们看到，假如在任何一步中所有要消去的元素都是小的，两个计算的差别就会发生。注意，由 (7.5) 和 (7.8) 元素 $h_{i+1,i}$ 就是这样元素的平方和的平方根，而且我们上面已经说明，当 $h_{i+1,i}$ 是零时，关系式 $AQ = QH$ 不能唯一确定 Q。当某个 $h_{i+1,i}$ 是零时，准确变换的不唯一性导致当 $h_{i+1,i}$ 小时变换的"劣"定性。我们再次着重指出，最后结果的精度决不会因为变换的劣定性而受影响。

初等稳定变换

8. 对于对称矩阵，用正交变换的好处很多，我们没有考虑用比较简单的初等稳定变换，但是现在的情况很不相同。

我们研究用 N'_r 型（第三章 §47）初等稳定矩阵化 A_0 为上 Hessenberg 型，它由 $(n-2)$ 步组成，第 r 步开始之前 A_0 已变为 A_{r-1}。以 $n=6, r=3$ 为例表示如下。

$$\begin{bmatrix} h_{11} & h_{12} & h_{13} & a_{14} & a_{15} & a_{16} \\ h_{21} & h_{22} & h_{23} & a_{24} & a_{25} & a_{26} \\ 0 & h_{32} & h_{33} & a_{34} & a_{35} & a_{36} \\ 0 & 0 & a_{43} & a_{44} & a_{45} & a_{46} \\ 0 & 0 & a_{53} & a_{54} & a_{55} & a_{56} \\ 0 & 0 & a_{63} & a_{64} & a_{65} & a_{66} \end{bmatrix}. \tag{8.1}$$

我们将看到以后的各步不影响元素 h_{ii}，第 r 步可以表示如下。

(i) 决定量 $|a_{ir}|(i=r+1,\cdots,n)$ 的极大值。（当它不唯一时，取其中第一个。）若这个元素是 $a_{(r+1)',r}$，交换第 $r+1$ 行和第 $(r+1)'$ 行，即用 $I_{r+1,(r+1)'}$ 左乘。（可以把这个元素 $a_{(r+1)',r}$ 看作这个变换的"主元素"。）

(ii) 对于 i 从 $r+2$ 到 n 执行：

计算 $n_{i,r+1}=a_{ir}/a_{r+1,r}$ 因此 $|n_{i,r+1}| \leqslant 1$。

第 i 行减去 $n_{i,r+1} \times$ 第 $r+1$ 行。

(ii) 的运算是左乘以 N_{r+1} 型矩阵构成的，在位置 $(i,r)(i=r+2,\cdots,n)$ 上产生零元素。

(iii) 交换第 $r+1$ 和第 $(r+1)'$ 列，即用 $I_{r+1,(r+1)'}$ 右乘。

(iv) 对于 i 从 $r+2$ 到 n 实行：

$n_{i,r+1}$ 乘第 i 列加到第 $r+1$ 列。

(iv) 的运算是用 N_{r+1}^{-1} 右乘构成。如果主元素是零，$n_{i,r+1}$ 是任意数，最简单的办法是取 $N_{r+1}I_{r+1,(r+1)'}=I$。

注意，第 r 次变换取决于第 r 列的第 $r+1$ 到 n 位置上的元素，它对第一列到第 $r-1$ 列没有影响。交换是为了避免数值不稳定. 第 r 列的第 1 个到第 r 个元素也不改变. $(n-r-1)$ 个 $n_{i,r+1}$ 值可以存储在被消去的元素 a_{ir} 的位置上.

9. §8 给出的描述似乎是引入算法的最自然的途径. 现在我们描述第 r 步的两个不同的新形式,这些形式易于利用内积累加. 我们恢复上标 r 以便于新的形式的误差分析使用. 交换以及乘子 $n_{i,r+1}$ 像前面一样确定,然后按下列公式确定修正元素.

新公式 I

$$
\begin{cases}
a_{i,r+1}^{(r)} = a_{i,r+1}^{(r-1)} + \sum_{i=r+2}^{n} a_{i,j}^{(r-1)} n_{j,r+1} \ (i=1,\cdots,r+1), \\
a_{i,r+1}^{(r)} = a_{i,r+1}^{(r-1)} + \sum_{i=r+2}^{n} a_{i,j}^{(r-1)} n_{j,r+1} - n_{i,r+1} a_{r+1,r+1}^{(r)} \\
\qquad\qquad\qquad\qquad\qquad (i=r+2,\cdots,n), \\
a_{ij}^{(r)} = a_{ij}^{(r-1)} - n_{i,r+1} a_{r+1,j}^{(r-1)} \ (i,j=r+2,\cdots,n).
\end{cases}
\tag{9.1}
$$

新公式 II

$$
\begin{cases}
a_{ij}^{(r)} = a_{ij}^{(r-1)} - n_{i,r+1} a_{r+1,j}^{(r-1)}, \ (i,j=r+2,\cdots,n), \\
a_{i,r+1}^{(r)} = a_{i,r+1}^{(r-1)} - n_{i,r+1} a_{r+1,r+1}^{(r-1)} + \sum_{j=r+2}^{n} a_{ij}^{(r)} n_{j,r+1} \\
\qquad\qquad\qquad\qquad\qquad (i=r+2,\cdots,n), \\
a_{i,r+1}^{(r)} = a_{i,r+1}^{(r-1)} + \sum_{j=r+2}^{n} a_{ij}^{(r-1)} n_{j,r-1} \ (i=1,\cdots,r+1).
\end{cases}
\tag{9.2}
$$

完成有关的内积运算只产生一次舍入误差. 上述两个新公式在数学上恒等,但是实际计算中却不相同. 由于下一步的主元素是从元素 $a_{i,r+1}^{(r)} \ (i=r+2,\cdots,n)$ 中选取的,我们可以在计算这些元素的同时决定 $(r+2)'$.

不管我们用原来的公式还是新的公式,在第 r 步的左乘运算需要 $(n-r)^2$ 次乘法,右乘运算有 $n(n-r)$ 次乘法量. 整个约化过程的乘法总次数是

$$
\sum (n-r)^2 + \sum n(n-r) \approx \frac{5}{6} n^3,
\tag{9.3}
$$

这正好等于 Householder 方法的乘法量的一半,是 Givens 方法的

乘法量的四分之一.

置换的意义

10. 我们可以把整个变换表示为

$$N_{n-1}I_{n-1,(n-1)'}\cdots N_3I_{3,3'}N_2I_{2,2'}A_0I_{2,2'}N_2^{-1}I_{3,3'}N_3^{-1}\cdots$$
$$I_{n-1,(n-1)'}N_{n-1}^{-1} = H, \tag{10.1}$$

其中 H 是最后的 Hessenberg 型. 现在我们说明,交换实际上决定了一个 A_0 的相似置换变换,使得作置换后主元素自然地出现在指定的位置上. 我们以五阶矩阵为例,由此可以推广到一般情况(第四章 §22)、当 $n = 5$ 时,(10.1)式可以写成

$$N_4I_{4,4'}N_3(I_{4,4'}I_{4,4'})I_{3,3'}N_2(I_{3,3'}I_{4,4'}I_{4,4'}I_{3,3'})I_{2,2'}A_0$$
$$\times I_{2,2'}(I_{3,3'}I_{4,4'}I_{4,4'}I_{3,3'})N_2^{-1}I_{3,3'}(I_{4,4'}I_{4,4'})N_3^{-1}I_{4,4'}N_4^{-1} = H, \tag{10.2}$$

因为每个括号内的乘积都是单位矩阵. 重新组合各个因子得到

$$(N_4)(I_{4,4'}N_3I_{4,4'})(I_{4,4'}I_{3,3'}N_2I_{3,3'}I_{4,4'})(I_{4,4'}I_{3,3'}I_{2,2'}A_0I_{2,2'}I_{3,3'}I_{4,4'})$$
$$\times (I_{4,4'}I_{3,3'}N_2^{-1}I_{3,3'}I_{4,4'})(I_{4,4'}N_3^{-1}I_{4,4'})N_4^{-1} = H. \tag{10.3}$$

等式左边中间的矩阵是 A_0 的一个相似置换矩阵,我们可以记它为 $\widetilde{A}_0$,如果用 $\widetilde{N}_4$, $\widetilde{N}_3$, $\widetilde{N}_2$ 表示每对括号内的左乘因子,那么 (10.3) 变成

$$\widetilde{N}_4\widetilde{N}_3\widetilde{N}_2\widetilde{A}_0\widetilde{N}_2^{-1}\widetilde{N}_3^{-1}\widetilde{N}_4^{-1} = H. \tag{10.4}$$

因为 $r' \geq r(r = 2, \cdots, n - 1)$,每个 $\widetilde{N}_r$ 是与 N_r 的形式完全相同的矩阵;只是重新排序后它的第 r 列有非零的上次对角线元素(第一章 §41 (iv)). 因此, $\widetilde{A}_0$ 是 A_0 的行列经过相似置换后的形式,它在约化过程中不用选主元素就可化成 H,且乘子自动满足模不大于 1 的条件.

我们从第一章 §41 (iii) 知道,矩阵 $\widetilde{N}_2^{-1}\widetilde{N}_3^{-1}\widetilde{N}_4^{-1}$ 中没有 n_{ii} 的乘积出现. 我们可以用 $\widetilde{N}$ 表示这矩阵乘积. 现在因为这乘积中没有 N_1^{-1},所以 $\widetilde{N}$ 是单位三角形矩阵,其第一列是 e_1. $\widetilde{N}$ 的第 r 列对角线以下的元素是经过置换的 n_{ir}. 因此,我们有

$$\widetilde{A}_0\widetilde{N} = \widetilde{N}H. \tag{10.5}$$

假如变换 A_0 时，不必交换的话，上式就会变成

$$A_0N = NH. \tag{10.6}$$

在第四章 §5 曾提出我们执行主元素 Gauss 消去法之前应该平衡矩阵。同样，在这里除非矩阵已经平衡，否则我们说明主元素的正确性是困难的。在特征值问题中，平衡矩阵是可以做到的，例如用 DA_0D^{-1} 代替 A_0，其中 D 是适当选取的对角矩阵，它使得变换后的矩阵的每一行，每一列的最大模元素的数量级差别不太大。这个问题现在还没有完全令人满意的分析。在 ACE 上我们作过不同形式的平衡试验。毫无疑问，避免用平衡很差的矩阵作计算是非常重要的（对这个问题的讨论可参见 Bauer (1963) 和 Osborne (1960)）。

直接约化矩阵为 Hessenberg 型

11. 在第四章 §17 我们考察过用不选主元素的 Gauss 消去法产生三角形矩阵 N 和 A_{n-1} 使得

$$NA_{n-1} = A_0. \tag{11.1}$$

然后在 §36 我们说明了 N 和 A_{n-1} 可以由等式 (11.1) 两边的元素相等直接确定，随后又说明这种算法可以和选主元素办法结合在一起。现在按同样的方式，暂且不管选主元素，我们说明用 (10.6) 可以不经过变换到 A_r 的中间步骤而直接确定 N 和 H。我们略去 A_0 中的下标零，因为现在这是没有用的。当 $n=5$ 时，方程 (10.6) 的形式是

$$
\begin{array}{cc}
A & N \\
\begin{bmatrix}
\times & \times & \times & \times & \times \\
\times & \times & \times & \times & \times \\
\times & \times & \times & \times & \times \\
\times & \times & \times & \times & \times \\
\times & \times & \times & \times & \times
\end{bmatrix}
&
\begin{bmatrix}
1 & & & & \\
0 & 1 & & & \\
0 & \times & 1 & & \\
0 & \times & \times & 1 & \\
0 & \times & \times & \times & 1
\end{bmatrix}
\end{array}
$$

$$
= \begin{bmatrix} 1 & & & & \\ 0 & 1 & & & \\ 0 & \times & 1 & & \\ 0 & \times & \times & 1 & \\ 0 & \times & \times & \times & 1 \end{bmatrix} \overset{N}{} \begin{bmatrix} \times & \times & \times & \times & \times \\ & \times & \times & \times & \times \\ & & \times & \times & \times \\ & & & \times & \times \\ & & & & \times & \times \end{bmatrix} \overset{H}{} . \quad (11.2)
$$

利用矩阵的结构和等式两边对应的列相等，我们可以逐列定出 N 和 H 的元素. 事实上，对第 r 列建立等式我们可以确定 H 的第 r 列和 N 的第 $(r+1)$ 列. 当然，我们已预先知道 N 的第一列是 e_1.

我们用归纳法说明，假定由 (10.6) 式中前 $(r-1)$ 列相等，我们已确定了 H 的前 $(r-1)$ 列和 N 的前 r 列. 现在我们利用第 r 列相等，左边的 (i,r) 元素是

$$a_{ir} + a_{i,r+1}n_{r+1,r} + a_{i,r+2}n_{r+2,r} + \cdots + a_{in}n_{nr} \quad (\text{对所有 } i), \quad (11.3)$$

而右边的 (i,r) 元素是

$$\begin{cases} n_{i1}h_{1r} + n_{i2}h_{2r} + \cdots + n_{i,i-1}h_{i-1,r} + h_{ir} & (i \leqslant r+1), \\ n_{i1}h_{1r} + n_{i2}h_{2r} + \cdots + n_{i,r+1}h_{r+1,r} & (i > r+1), \end{cases} \quad (11.4)$$

式中尽管 n_{i1} 是零，但为了 N 的第一列的作用不予特殊看待，我们也把它包括进去了. 现在因为 N 的第 r 列已知，对所有 i 都可以计算 (11.3). 由对应的元素相等，我们逐次得到 h_{1r}, h_{2r}, $\cdots$, $h_{r+1,r}$, $n_{r+2,r+1}$, $n_{r+3,r+1}$, $\cdots$, $n_{n,r+1}$. 这是 H 的第 r 列和 N 的第 $(r+1)$ 列的非零元素. 当我们找到 H 的第 n 列时，这个过程就终止. 因为 N 的第一列已知，所以没有开始的困难.

这个约化方法可以充分利用内积累加的优点. 从 (11.3) 和 (11.4) 我们得到公式

$$\begin{cases} h_{ir} = a_{ir} \times 1 + \sum_{k=r+1}^{n} a_{ik}n_{kr} - \sum_{k=1}^{i-1} n_{ik}h_{kr} & (i = 1, \cdots, r+1), \\ n_{i,r+1} = \left(a_{ir} \times 1 + \sum_{k=r+1}^{n} a_{ik}n_{kr} - \sum_{k=1}^{r} n_{ik}h_{kr} \right) \Big/ h_{r+1,} \\ \hspace{6cm} (i = r+2, \cdots, n). \end{cases}$$

$$(11.5)$$

结果 h_{ir} 由一个内积给出,另一个内积除以 $h_{r+1,r}$ 给出 $n_{i,r+1}$. 值得注意的是,只要知道 N 的第一列就可以用这个办法确定整个 N 和 H. 第一列是 e_1 没有特别的作用,我们取任何第一个元素为 1 的向量作为第 1 列同样可以定出 N 和 H 并且方程都不改变.(我们刚才证明的结果与 §7 的十分类似.)这也是我们的公式中包含 n_{i1} ($i \ne 1$) 的项的部分原因. 如果我们用 §8 的方法作计算,那么取 N 的第一列为别的向量,而不是 e_1 等价于在开始执行一般的过程之前计算 $N_1 A_0 N_1^{-1}$. 这个结果在今后是重要的.

结合交换

12. §11 的方法在形式上是和 §8 的恒等的,但是没有使用交换技术. 结合交换技术是十分简单的,也许用算法语言来描述它最为方便. 全过程共有 n 步,第 r 步决定 H 的第 r 列和 N 的第 $(r+1)$ 列. 以 $n=6$, $r=3$ 为例,第 r 步开始之前矩阵的结构是

$$\begin{bmatrix} h_{11} & h_{12} & a_{13} & a_{14} & a_{15} & a_{16} \\ h_{21} & h_{22} & a_{23} & a_{24} & a_{25} & a_{26} \\ n_{32} & h_{32} & a_{33} & a_{34} & a_{35} & a_{36} \\ n_{42} & n_{43} & a_{43} & a_{44} & a_{45} & a_{46} \\ n_{52} & n_{53} & a_{53} & a_{54} & a_{55} & a_{56} \\ n_{62} & n_{63} & a_{63} & a_{64} & a_{65} & a_{66} \end{bmatrix} \begin{matrix} \sigma_1 \\ \sigma_2 \\ \sigma_3 \\ \sigma_4 \\ \sigma_5 \\ \sigma_6 \end{matrix} \cdot \tag{12.1}$$

$$r' = 2', 3'$$

虽然可能作过交换,我们还是用 a_{ij} 表示原矩阵 A 的元素. 下面我们来描述第 r 步并说明其中的交换情况和寄存单元 σ_i 和 r' 的意义.

(i) 对于 i 从 1 到 r:

计算 $h_{ir} = a_{ir} + \sum_{k=r+1}^{n} a_{ik} n_{kr} - \sum_{k=2}^{i-1} n_{ik} h_{kr}$,如果有可能就作内积累加. 把最后的结果舍入为单精度并覆盖在 a_{ir} 上.(如果和式的上限小于下限,即 $i-1 < 2$ 或 $n < r+1$,就略去这个和

式；注意，我们已知 $n_{i1} = 0$ $(i = 2, \cdots, n)$）如果 $r = n$，整个约化过程就完成了。

(ii) 对于 i 从 $r+1$ 到 n：

计算 $\left(a_{ir} + \sum_{k=r+1}^{n} a_{ik}n_{kr} - \sum_{k=2}^{r} n_{ik}h_{kr} \right)$，存储在寄存单元 σ_i 中。 如果有可能每一个和式都应该用双精度累加，这时需要两个寄存单元。逐个计算 σ_i 并且记录 $\max|\sigma_i|$。 如果

$$\max_{i=r+1}^{n} |\sigma_i| = |\sigma_{(r+1)'}|,$$

就存储 $(r+1)'$。如果有若干个 σ_i 都达极大值，我们取第一个。

(iii) 交换第 $r+1$ 行和第 $(r+1)'$ 行（包括 n_{ii} 和 σ_i），交换第 $r+1$ 列和第 $(r+1)'$ 列。 把当前的 σ_{r+1} 舍入为单精度后给 $h_{r+1,r}$ 赋值并覆盖在 $a_{r+1,r}$ 上，这是主元素。

(iv) 对于 i 从 $r+2$ 到 n：

计算 $n_{i,r+1} = \sigma_i / h_{r+1,r}$，覆盖于 a_{ir} 上。

有几点值得特别提出的是：如果在某阶段

$$\max_{i=r+1}^{n} |\sigma_i| = 0,$$

那么 $n_{i,r+1}(i = r+2, \cdots, n)$ 就不能确定，我们任取一个模小于 1 的值，仍然可以保持数值稳定。 最简单的办法是取有关的 $n_{i,r+1}$ 为零。如果我们用有累加的浮点运算，那么累加的结果 σ_i 舍入为单精度，所受的损失是小的。在决定 $n_{i,r+1}$ 之前，每一个 σ_i 都可以临时覆盖在 a_{ir} 上，以后才分配一些单元存储 σ_i。如果使用定点累加，我们想要得到全部效益，就必须用双精度的 σ_i。但是，在第 r 步中只有 $n - r$ 个 σ_i，对于量 $2', 3', \cdots, r'$ 来说，σ_i 的寄存单元中总有足够的空间来存放它们。 我们应该着重指出，除了舍入误差之外，我们这里讨论的方法与 §§8, 9 的相同。用准确的运算，交换行列的情况，$h_{i,i}$ 和 $n_{i,i}$ 都是一致的。

数值例子

13. 在表 2 中我们给出一个 5 阶矩阵的数值例子，我们采用

表 2

$$A$$

$$
\begin{bmatrix}
0.3200 & 0.2700 & 0.2300 & 0.3200 & 0.4000 \\
0.2500 & 0.0300 & 0.7100 & 0.2100 & 0.1700 \\
0.4300 & 0.7300 & 0.1300 & 0.3700 & 0.8500 \\
0.5300 & 0.2500 & 0.5100 & 0.6200 & 0.1600 \\
0.1600 & 0.6500 & 0.4600 & 0.5600 & 0.3200
\end{bmatrix}
\qquad
\begin{aligned}
h_{11} &= 0.32000000 \\
\sigma_2 &= 0.25000000 \\
\sigma_3 &= 0.43000000 \\
\sigma_4 &= 0.53000000 \\
\sigma_5 &= 0.16000000
\end{aligned}
$$

$$\max|\sigma_i| = |\sigma_4|; \quad 2' = 4$$

第二步开始时的形状

$$
\begin{bmatrix}
0.3200 & 0.3200 & 0.2300 & 0.2700 & 0.4000 \\
0.5300 & 0.6200 & 0.5100 & 0.2500 & 0.1600 \\
(0.8113) & 0.3700 & 0.1300 & 0.7300 & 0.8500 \\
(0.4717) & 0.2100 & 0.7100 & 0.0300 & 0.1700 \\
(0.3019) & 0.5600 & 0.4600 & 0.6500 & 0.3200
\end{bmatrix}
$$

$h_{12} = 0.3200 + 0.2300 \times 0.8113 + 0.2700 \times 0.4717 + 0.4000 \times 0.3019$
$\quad = 0.75471800$

$h_{22} = 0.6200 + 0.5100 \times 0.8113 + 0.2500 \times 0.4717 + 0.1600 \times 0.3019$
$\quad = 1.1999\ 9200$

$\sigma_3 = 0.3700 + 0.1300 \times 0.8113 + 0.7300 \times 0.4717 + 0.8500 \times 0.3019$
$\quad - 0.8113 \times 1.2000 = 0.10286500$

$\sigma_4 = 0.2100 + 0.7100 \times 0.8113 + 0.0300 \times 0.4717 + 0.1700 \times 0.3019$
$\quad - 0.4717 \times 1.2000 = 0.28545700$

$\sigma_5 = 0.5600 + 0.4600 \times 0.8113 + 0.6500 \times 0.4717 + 0.3200 \times 0.3019$
$\quad - 0.3019 \times 1.2000 = 0.97413100$

$$\max|\sigma_i| = |\sigma_5|; \quad 3' = 5$$

注意在计算 σ_i 时立即要舍入后的值 h_{22}

第三步开始时的形状

$$
\begin{bmatrix}
0.3200 & 0.7547 & 0.4000 & 0.2700 & 0.2300 \\
0.5300 & 1.2000 & 0.1600 & 0.2500 & 0.5100 \\
(0.3019) & 0.9741 & 0.3200 & 0.6500 & 0.4600 \\
(0.4717) & (0.2930) & 0.1700 & 0.0300 & 0.7100 \\
(0.8113) & (0.1056) & 0.8500 & 0.7300 & 0.1300
\end{bmatrix}
$$

$h_{13} = 0.4000 + 0.2700 \times 0.2930 + 0.2300 \times 0.1056 = 0.50339800$

$h_{23} = 0.1600 + 0.2500 \times 0.2930 + 0.5100 \times 0.1056 = 0.28710600$

$h_{33} = 0.3200 + 0.6500 \times 0.2930 + 0.4600 \times 0.1056$
$\qquad - 0.3019 \times 0.2871 \qquad\qquad = 0.47235051$

$\left.\begin{aligned} \sigma_4 &= 0.1700 + 0.0300 \times 0.2930 + 0.7100 \times 0.1056 \\ &\quad - 0.4717 \times 0.2871 - 0.2930 \times 0.4724 \quad = -0.02007227 \\ \sigma_5 &= 0.8500 + 0.7300 \times 0.2930 + 0.1300 \times 0.1056 \\ &\quad - 0.8113 \times 0.2871 - 0.1056 \times 0.4724 \quad = 0.79480833 \end{aligned}\right\}$

$$\max|\sigma_i| = |\sigma_5|; 4' = 5.$$

不仅在计算 σ_i 时,而且在计算 h_{33} 时都立刻要用舍入后的值 h_{23}

第四步开始时的形状

$$\begin{bmatrix} 0.3200 & 0.7547 & 0.5034 & 0.2300 & 0.2700 \\ 0.5300 & 1.2000 & 0.2871 & 0.5100 & 0.2500 \\ (0.3019) & 0.9741 & 0.4724 & 0.4600 & 0.6500 \\ (0.8113) & (0.1056) & 0.7948 & 0.1300 & 0.7300 \\ (0.4717) & (0.2930) & (-0.0253) & 0.7100 & 0.0300 \end{bmatrix}$$

$h_{14} = 0.2300 + (-0.0253) \times 0.2700 \qquad\qquad = 0.22316900$

$h_{24} = 0.5100 + (-0.0253) \times 0.2500 \qquad\qquad = 0.50367500$

$h_{34} = 0.4600 + (-0.0253) \times 0.6500 - 0.3019 \times 0.5037 = 0.29148797$

$h_{44} = 0.1300 + (-0.0253) \times 0.7300 - 0.8113 \times 0.5037$
$\qquad - 0.1056 \times 0.2915 \qquad\qquad = -0.32790321$

$\sigma_5 = 0.7100 + (-0.0253) \times 0.0300 - 0.4717 \times 0.5037$
$\qquad - 0.2930 \times 0.2915 - (-0.0253) \times (-0.3279) \quad = 0.37794034$

现在因为只有一个 σ_i, σ_5 当然是 h_{34}

第五步开始时的形状

$$\begin{bmatrix} 0.3200 & 0.7547 & 0.5034 & 0.2232 & 0.2700 \\ 0.5300 & 1.2000 & 0.2871 & 0.5037 & 0.2500 \\ (0.3019) & 0.9741 & 0.4724 & 0.2915 & 0.6500 \\ (0.8113) & (0.1056) & 0.7948 & -0.3279 & 0.7300 \\ (0.4717) & (0.2930) & (-0.0253) & 0.3779 & 0.0300 \end{bmatrix}$$

$h_{15} = 0.2700 \qquad\qquad\qquad = 0.27000000$

$h_{25} = 0.2500 \qquad\qquad\qquad = 0.25000000$

$h_{35} = 0.6500 - 0.3019 \times 0.2500 \qquad\qquad = 0.57452500$

$h_{45} = 0.7300 - 0.8113 \times 0.2500 - 0.1056 \times 0.5745 = 0.46650780$

$h_{55} = 0.0300 - 0.4717 \times 0.2500 - 0.2930 \times 0.5745$
$\qquad - (-0.0253) \times 0.4665 \qquad\qquad = -0.24445105$

最后的形状

$$\begin{bmatrix} \underline{0.3200} & \underline{0.7547} & \underline{0.5034} & 0.2232 & 0.2700 \\ \underline{0.5300} & \underline{1.2000} & \underline{0.2871} & \underline{0.5037} & 0.2500 \\ (0.3019) & \underline{0.9741} & \underline{0.4724} & \underline{0.2915} & \underline{0.5745} \\ (0.8113) & (0.1056) & \underline{0.7948} & -\underline{0.3279} & \underline{0.4665} \\ (0.4717) & (0.2930) & (-0.0253) & \underline{0.3779} & -\underline{0.2445} \end{bmatrix}$$

括号内的是矩阵 N 的非零元素

用变换确定的 A 的置换 $\tilde{A}$ 给定为

$$\tilde{A} = I_{45}I_{35}I_{24}AI_{24}I_{35}I_{45}$$

$$\begin{bmatrix} 0.3200 & 0.3200 & 0.4000 & 0.2300 & 0.2700 \\ 0.5300 & 0.6200 & 0.1600 & 0.5100 & 0.2500 \\ 0.1600 & 0.5600 & 0.3200 & 0.4600 & 0.6500 \\ 0.4300 & 0.3700 & 0.8500 & 0.1300 & 0.7300 \\ 0.2500 & 0.2100 & 0.1700 & 0.7100 & 0.0300 \end{bmatrix}$$

$$\tilde{A}N = \begin{bmatrix} 0.3200 & 0.754718 & 0.503398 & 0.223169 & 0.2700 \\ 0.5300 & 1.199992 & 0.287106 & 0.503675 & 0.2500 \\ 0.1600 & 1.336411 & 0.559026 & 0.443555 & 0.6500 \\ 0.4300 & 1.076425 & 1.077618 & 0.111531 & 0.7300 \\ 0.2500 & 0.851497 & 0.253766 & 0.709241 & 0.0300 \end{bmatrix}$$

$$NH = \begin{bmatrix} 0.3200 & 0.7547 & 0.5034 & 0.2232 & 0.2700 \\ 0.5300 & 1.2000 & 0.2871 & 0.5037 & 0.2500 \\ 0.160007 & 1.336380 & 0.55907549 & 0.44356703 & 0.64997500 \\ 0.429989 & 1.07642496 & 1.07760967 & 0.11153421 & 0.72999220 \\ 0.250001 & 0.85145130 & 0.25372983 & 0.70920066 & 0.02995105 \end{bmatrix}$$

§12 的方法和有内积累加的四位十进位定点运算。 这个算法比我们已描述过的复杂，因此我们详细地把这个例子写出来。 这个方法在自动计算机中显得十分紧凑，因为我们给出的各个部分都是存储在同样的 n^2 个单元中。 注意，由于 N 的第一列是 e_1，似乎第一步与其它各步不同。（如果我们修改方法，允许 N 的第一列为第一个元素是 1，其他元素不大于 1 的任一个向量，那么第一步就不特殊了。）在编制这个算法的程序时，对第一步和最后一步的处理要特别小心。 箭头指明了行、列的交换。 加横线的元素是最后的 H 的元素，而括号内的是 N 的元素。

在这个例子的末尾，我们列出 $\tilde{A}$，用它得到 N 和 H 不必作交换。最后，我们给出计算的 N 和计算的 H 的准确的乘积以及 $\tilde{A}$ 和计算的 N 的乘积。如果不考虑舍入误差，它们应该是相等的。我们比较两个乘积可以看出，它们没有一个元素的差别大于单个舍入误差的最大值 $\frac{1}{2} 10^{-4}$。

误差分析

14. 现在我们说明在一定条件下，我们对于 $(\tilde{A}N - NH)$ 的元素的估计是正确的。

假定主元素是按上面描述的方法选取的，计算中用有内积累加的定点运算，又假定 A 的所有元素和计算的 H 的所有元素的模都小于 1. 那么从 (11.3) 和 (11.4)，当 $i \leqslant r+1$ 时，我们有

$$
\begin{aligned}
h_{ir} = f_{i2}(&a_{ir} + a_{i,r+1}n_{r+1,r} + \cdots + a_{in}n_{nr} \\
& - n_{i1}h_{1r} - \cdots - n_{i,i-1}h_{i-1,r}) \\
\equiv\ &a_{ir} + a_{i,r+1}n_{r+1,r} + \cdots + a_{in}n_{nr} \\
& - n_{i1}h_{1r} - \cdots - n_{i,i-1}h_{i-1,r} + \varepsilon_{ir},
\end{aligned}
\tag{14.1}
$$

其中

$$
|\varepsilon_{ir}| \leqslant \frac{1}{2}(2^{-t}).
\tag{14.2}
$$

类似地，当 $i > r+1$ 时，我们有

$$
\begin{aligned}
n_{i,r+1} = f_{i,}[&(a_{ir} + a_{i,r+1}n_{r+1,r} + \cdots + a_{in}n_{nr} \\
& - n_{i1}h_{1r} - \cdots - n_{ir}h_{rr})/h_{r+1,r}] \\
\equiv\ (&a_{ir} + a_{i,r+1}n_{r+1,r} + \cdots + a_{in}n_{nr} \\
& - n_{i1}h_{1r} - \cdots - n_{ir}h_{rr})/h_{r+1,r} + \eta_{ir},
\end{aligned}
\tag{14.3}
$$

其中

$$
|\eta_{ir}| \leqslant \frac{1}{2}(2^{-t}).
\tag{14.4}
$$

用 $h_{r+1,r}$ 乘 (14.3)，我们有

$$
n_{i,r+1}h_{r+1,r} \equiv a_{ir} + a_{i,r+1}n_{r+1,r} + \cdots + a_{in}n_{nr}
$$

$$- n_{i1}h_{1r} - \cdots - n_{ir}h_{rr} + \varepsilon_{ir}.\qquad(14.5)$$

其中

$$\varepsilon_{ir} = h_{r+1,r}\eta_{ir}.\qquad(14.6)$$

重新安排(14.1)和(14.5)显示出

$$(NH - \tilde{A}N)_{ir} = \varepsilon_{ir}\quad(i, r = 1, 2, \cdots, n),\qquad(14.7)$$

而从(14.2)和(14.6)得出

$$|\varepsilon_{ir}| \leqslant \frac{1}{2}(2^{-t})\quad(i, r = 1, 2, \cdots, n).\qquad(14.8)$$

因为我们假定了 $|H|$ 的所有元素都不超过 1,因此我们最后得到

$$\tilde{A}N - NH = F,\qquad(14.9)$$

其中

$$|f_{ii}| \leqslant \frac{1}{2}(2^{-t}).\qquad(14.10)$$

这是最令人满意的结果,因为我们大概不能希望 $(\tilde{A}N - NH)$ 会有更小的值. 但是这个结果也许并不像看起来那样好. 等式 (14.9)意味着

$$H = N^{-1}(\tilde{A} - FN^{-1})N\qquad(14.11)$$

以及

$$N^{-1}\tilde{A}N = H + N^{-1}F.\qquad(14.12)$$

因此,计算的 H 是 $(\tilde{A} - FN^{-1})$ 的一个准确的相似变换,计算的 N 是变换矩阵. 我们也可以说 H 与 $\tilde{A}$ 的一个准确的相似变换的差是 $N^{-1}F$. 这里涉及的只是 $\tilde{A}$ 而不是 A,但这是无关要紧的,因为 $\tilde{A}$ 的特征值和它们各自的条件数与 A 的都相同.

现在,我们有

$$\|F\|_2 \leqslant \|F\|_E \leqslant \frac{1}{2}n2^{-t},\qquad(14.13)$$

然而,尽管元素 n_{ii} 不大于 1,但是 $\|N^{-1}\|_2$ 可以很大. 事实上,如果所有有关的非零元素 n_{ii} 都等于 -1,那么以 $n = 5$ 为例我们有

$$N^{-1} = \begin{bmatrix} 1 & & & & \\ 0 & 1 & & & \\ 0 & 1 & 1 & & \\ 0 & 2 & 1 & 1 & \\ 0 & 4 & 2 & 1 & 1 \end{bmatrix}. \qquad (14.14)$$

而一般情况下，n_{n2} 等于 2^{n-3}. 当然，不作更深入的分析，我们不能得到 $\|N^{-1}F\|_2$ 的没有因子 2^n 的界. 我们可以对比 N 是酉矩阵的情况，并且立刻得到

$$\|N^{-1}F\|_2 = \|F\|_2.$$

15. 这个方法有两个危险的因素. 第一，H 的元素可能比 A 的大得多，使我们估计 F 的界时所作的假定不成立. 如果 H 的最大元素是 2^k 量级，那么 F 的界就包含因子 2^k. 第二，即使我们选取主元素，N^{-1} 的范数也可能很大. 现在虽然我们添加了来自 N^{-1} 的范数的危险，这种情况与部分主元素 Gauss 消去法（或三角形分解）的没有什么不同，使主元素增长的因素似乎还没有人作过分析.

在实际计算中，好像很少发生主元素增长的情况，并且矩阵 N^{-1} 的范数是 1 数量级的. 因此，通常 $\|N^{-1}F\|_2$ 小于 $\frac{1}{2} n 2^{-t}$，我们发现这正是 $\|F\|_2$ 本身的界. 这种情况与我们讨论 Gauss 消去法时曾经描述过的情况非常相像.

基本的结果是：使用稳定初等矩阵的变换通常比 Householder 方法还要精确. 可是它存在主元素增长和 N^{-1} 的范数大这两个潜在的危险. 谨慎的人也许宁可用 Householder 方法. 总的来看，从谨慎的观点，这个方法比三角形化的说服力稍微强一些. 如果你的计算机作内积累加很不方便，那么稳定的初等矩阵总是不能令人满意的.

有关的误差分析

16. 我们已经给出用定点累加运算的误差分析. 如果用浮点

累加运算，忽略 2^{2t} 阶项，我们找到 F 的界，以 $n=5$ 为例，

$$|F| < 2^{-t} \begin{bmatrix} 0 & |h_{12}| & |h_{13}| & |h_{14}| & |h_{15}| \\ |h_{21}| & |h_{22}| & |h_{23}| & |h_{24}| & |h_{25}| \\ |h_{21}| & |h_{32}| & |h_{33}| & |h_{34}| & |h_{35}| \\ |h_{21}| & |h_{32}| & |h_{43}| & |h_{44}| & |h_{45}| \\ |h_{21}| & |h_{32}| & |h_{43}| & |h_{54}| & |h_{55}| \end{bmatrix}. \qquad (16.1)$$

通常，当变换矩阵有一些小元素时，和定点计算的情况相比，除了不必引比例因子即可自动处理主元素的增长之外，我们得到的好处稍多些。§8~§9 的方法的分析与直接约化矩阵为 Hessenberg 型方法的分析有很多共同点。对 §9 的方法，例如对用定点内积累加的改进公式 I，我们有

$$(I_{r+1,(r+1)'}A_{r-1}I_{r+1,(r+1)'})N_{r+1}^{-1} - N_{r+1}^{-1}A_r \equiv F_r, \qquad (16.2)$$

其中从等式 (9.1) 和决定 $n_{i,r+1}$ 的等式，我们得到下述结果，当 $n=6,\ r=2$ 时

$$|F_r| \leqslant 2^{-t-1} \begin{bmatrix} 0 & 0 & 1 & 0 & 0 & 0 \\ 0 & 0 & 1 & 0 & 0 & 0 \\ 0 & 0 & 1 & 0 & 0 & 0 \\ 0 & 1 & 1 & 1 & 1 & 1 \\ 0 & 1 & 1 & 1 & 1 & 1 \\ 0 & 1 & 1 & 1 & 1 & 1 \end{bmatrix}. \qquad (16.3)$$

这里我们仍然假定 A_{r-1} 和 A_r 的所有元素都不大于 1 的.

等式(16.2)可以表示为

$$N_{r+1}(I_{r+1,(r+1)'}A_{r-1}I_{r+1,(r+1)'})N_{r+1}^{-1} = A_r + N_{r+1}F_r = A_r + G_r, \qquad (16.4)$$

并且有

$$|G_r| \leqslant 2^{-t-1} \begin{bmatrix} 0 & 0 & 1 & 0 & 0 & 0 \\ 0 & 0 & 1 & 0 & 0 & 0 \\ 0 & 0 & 1 & 0 & 0 & 0 \\ 0 & 1 & 2 & 1 & 1 & 1 \\ 0 & 1 & 2 & 1 & 1 & 1 \\ 0 & 1 & 2 & 1 & 1 & 1 \end{bmatrix}. \qquad (16.5)$$

类似地,对于改进的公式 II,我们可证明

$$N_{r+1}(I_{r+1,(r+1)'}A_{r-1}I_{r+1,(r+1)'} + K_r)N_{r+1}^{-1} \equiv A_r, \quad (16.6)$$

并且对于 K_r 我们可以得到与对 G_r 同样的界. 等式 (16.6) 给出 A_{r-1} 的一个摄动,它等价于在第 r 步产生的误差.

可惜,无论用哪一个改进公式,对 A_0 上的与全过程产生的舍入误差等价的摄动的界包含因子 2^n. 可以想像它比直接约化方法的界要差一些.

17. 随着 A_0 变换到 A_{n-2},我们观察 A_0 的某个特征值 λ 的变化情况是有启发性的. 通常,这个特征值的条件数(第二章 §31)是变化的. 如果用 $1/|s^{(r)}|$ 表示相应的值,那么对于改进公式 I 和 II,特征值 λ 最后的误差的粗略的界分别是

$$\sum_{r=1}^{n-2} \|G_r\|_2/|s^{(r)}| \quad \text{和} \quad \sum_{r=1}^{n-2} \|K_r\|_2/|s^{(r-1)}|. \quad (17.1)$$

如果我们记

$$\alpha = \max |s^{(0)}/s^{(r)}|, \quad (17.2)$$

那么最后 λ 的误差不大于 A_0 摄动所引起的误差,摄动引起的误差的界分别是

$$\alpha \sum_{r=1}^{n-2} \|G_r\|_2 \quad \text{和} \quad \alpha \sum_{r=1}^{n-2} \|K_r\|_2. \quad (17.3)$$

因此,从 (16.5) 用 Euclid 范数估计当然有

$$\alpha 2^{-t-1} \sum_{r=1}^{n-2} [r(r+4) + n]^{\frac{1}{2}}, \quad (17.4)$$

这个和式渐近收敛于 $\frac{1}{2} n^2$.

如果每一个特征值的条件数变化不是太大,那么 α 的数量级是 1,同时我们得到很满意的结果. 现在,如果 y 和 x 是对应 λ 的规范化左、右特征向量,那么 A_1 的特征向量是 $N_2^T y$ 和 $N_2^{-1} x$,但是它们不再是规范化的. 因此,我们有

$$\left| \frac{s_0}{s_1} \right| = \left| \frac{(y^T x)\|N_2^T y\|_2 \|N_2^{-1} x\|_2}{y^T N_2 N_2^{-1} x} \right| = \|N_2^T y\|_2 \|N_2^{-1} x\|_2. \quad (17.5)$$

于是，s_0 和 s_1 的比率与向量 $N_2^{-1}y$ 和 $N_2^{-1}x$ 的长度有关，这两个向量的分量分别是

和
$$(y_1, y_2 + n_{32}y_3 + n_{42}y_4 + \cdots + n_{n2}y_n, y_3, \cdots, y_n) \tag{17.6}$$
$$(x_1, x_2, x_3 - n_{32}x_2, x_4 - n_{42}x_2, \cdots, x_n - n_{n2}x_2)$$

因此变换后的特征向量的长度可能逐渐增大，即使由于选主元素使 $|n_{ii}| \leqslant 1$，也是如此。

我们曾经用随机选取的矩阵检验了这个变化，我们发现条件数变化很小。可是因为涉及的工作量很大，我们只能用一个小模型。

我们着重指出，如果不选主元素，并且 $n_{i,r+1}$ 的量级是 2^k，那么一般在 A_r 中有一些元素比 A_{r-1} 的元素大 2^k 倍。因此，不选主元素的后果可能比 Gauss 消去法的情况更加严重。我们对各个特征值的条件数变化的研究结果表明：当一个 $n_{i,r+1}$ 是大的时候，第 r 次变换会使条件数严重恶化。

Hessenberg 矩阵的劣定

18. 在 §12 描述的约化方法中，如果在某一步因为发生相约致使所有的元素 σ_i 都小，那么主元素，其绝对值是 $\max|\sigma_i|$，它本身也小。这个主元素在用于除别的 σ_i 导出乘子 $n_{i,r+1}$ 之前必定经过了舍入，因此所有这样的乘子都是劣定的。我们发现，在这种情况下最后的计算 Hessenberg 矩阵与使用的计算精度紧密相关。重要的是，认识 H 的这个劣定性与特征值的劣定无关。这种情况类似于第五章 §28 描述的关于对称 Givens 约化最后的三对角矩阵的劣定性。我们研究在准确计算时如果发生所有的 σ_i 都是零的情况是有益的，这时 $n_{i,r+1}$ 不能确定，我们可以取任何值。与这种情况相对应，在实际计算中当 σ_i 小时，完全不确定性表现为劣定。这些讨论对以后的研究是重要的。

用 M'_{ji} 型稳定矩阵化为 Hessenberg 型

19. 在第四章 §48 我们叙述了用 M'_{ji} 型矩阵左乘把矩阵化为

三角型. 对于用相似变换把矩阵化为 Hessenberg 型有一个对应的方法. 像在三角形化中的做法一样,这个方法与平面旋转方法十分类似. 第 r 列中 $(n - r - 1)$ 个零元素是用 $(n - r - 1)$ 个稳定的矩阵 $M'_{i,r-1}$,而不是一个稳定矩阵 N'_{r+1} 逐个引进的.

在三角形化的情形,因为这个方法能找到原矩阵的全部前主子式,因此这种办法得到大力推荐. 对于相似约化,似乎没有这种好处,它需要的乘法量和 §11 的直接约化一样多,我们不再详细研究它.

Krylov 方法

20. 现在我们描述一个算法(通常用来计算显式特征多项式),它自然地导出与上述方法紧密相关的第二类方法. 这个方法是 Krylov (1931) 提出的

如果 b_0 是 n 级向量,那么下式定义的向量 b_r 为

$$b_r = A^r b_0, \qquad (20.1)$$

满足等式

$$b_n + p_{n-1} b_{n-1} + \cdots + p_0 b_0 = 0, \qquad (20.2)$$

这里 $\lambda^n + p_{n-1} \lambda^{n-1} + \cdots + p_0$ 是 A 的特征多项式(第一章 §34 ~ §39). 等式(20.2)可写为

$$Bp = -b_n, \quad B = (b_0 \vdots b_1 \vdots \cdots \vdots b_{n-1}). \qquad (20.3)$$

这是一个非奇异的线性方程组,用它可确定 p,因而可计算 A 的特征方程. 如果 b_0 的级小于 n,那么 b_0 关于 A 的最小多项式的次数小于 n. 于是我们有

$$b_m + c_{m-1} b_{m-1} + \cdots + c_0 b_0 = 0 \ (m < n), \qquad (20.4)$$

并且从方程(20.4)我们可以确定最小多项式 $\lambda^m + c_{m-1} \lambda^{m-1} + \cdots + c_0$,这是特征多项式的一个因子. 如果 A 是减次的,那么每一个向量的级都小于 n.

实际上,我们预先不知道 b_0 的级是否小于 n. 我们很需要某种技术提供这个信息. 我们要描述的方法是基于下述 Gauss 消去法的变形.

逐列 Gauss 消去法

21. 我们用 X 表示要执行消去的矩阵，x_i 是它的列. X 经过 n 步化为上三角型 U，每一列用一步，$x_r, x_{r+1}, \cdots, x_n$ 列不受前 $(r-1)$ 步的影响. 对于 $n=5, r=3$ 的情况，矩阵 X 已化为上三角型时，其结构为

$$
\begin{bmatrix}
u_{11} & u_{12} & x_{13} & x_{14} & x_{15} \\
n_{21} & u_{22} & x_{23} & x_{24} & x_{25} \\
n_{31} & n_{32} & x_{33} & x_{34} & x_{35} \\
n_{41} & n_{42} & x_{43} & x_{44} & x_{45} \\
n_{51} & n_{52} & x_{53} & x_{54} & x_{55}
\end{bmatrix}
\begin{matrix}
\sigma_1 \\
\sigma_2 \\
\sigma_3 \\
\sigma_4 \\
\sigma_5
\end{matrix}
\quad (21.1)
$$

$$1' \quad 2'$$

第 r 步叙述如下：

(i) 对于 i 从 1 到 n，用 1 乘 x_{ir}，并存储这个乘积在双精度单元 σ_i 中.

对于 i 从 1 到 $r-1$ 执行 (ii) 和 (iii)；

(ii) 交换 σ_i 和 σ_i'，把新的 σ_i 舍入为单精度赋值于 u_{ir} 并覆盖在 x_{ir} 上.

(iii) 对于 j 从 $i+1$ 到 n，用 $\sigma_j - n_{ji} u_{ir}$ 代替 σ_j.

(iv) 选 σ_r' 使得 $|\sigma_r'| = \max\limits_{i=r}^{n} |\sigma_i|$，如果有几个最大值，约定取第一个. 存储 r' 在第 r 列之后.

(v) 交换 σ_r 和 σ_r'，舍入新的 σ_r 为单精度赋值于 u_{rr} 并覆盖在 x_{rr} 上.

(vi) 对于 i 从 $r+1$ 到 n，计算 $n_{ir} = \sigma_i/u_{rr}$ 并覆盖在 x_{ir} 上.

我们着重指出，这个方法与有内积累加和部分主元素的三角形分解(第四章 §39)是恒等的，甚至舍入误差都一样. 可是，如果 X 的第 r 列与前面的列线性相关，在这个修改过程的第 r 步会显示出来，此时在第 (iv) 小步中出现一组零 $\sigma_i (i = r, \cdots, n)$. 这

时，后面的各列还未作过任何计算。

这个方法可以应用于由向量 b_0, b_1, $\cdots$, b_{n-1} 构成的矩阵 B. 如果在处理 b_m 时发现它与 b_0, b_1, $\cdots$, b_{m-1} 线性相关，我们就不计算后面的向量。我们可以写

$$
U_m = \begin{bmatrix} u_{11} & u_{12} & \cdots & u_{1m} \\ & u_{22} & \cdots & u_{2m} \\ & & & \cdot \\ & & & \cdot \\ & & & \cdot \\ & & & u_{mm} \end{bmatrix}, \quad u_m = \begin{bmatrix} u_{1,m+1} \\ u_{2,m+1} \\ \cdot \\ \cdot \\ \cdot \\ u_{m,m+1} \end{bmatrix}, \quad (21.2)
$$

方程

$$
U_m c = -u_m \quad (21.3)
$$

的解给出了 b_0 关于 A 的最小多项式的系数 c_0, c_1, $\cdots$, c_{m-1}.

实际的困难

22. 不难证明，如果 A 是非减次的，那么几乎所有的向量都是 n 级的，并且得出完全的特征方程。

实际上，由于舍入误差的影响，线性相关与线性无关的差别变得模糊，甚至 b_0 的级小于 n 时，相应的那组 σ_i 通常也不准确为零。此外，如果矩阵 B 是病态的，这个性质可能会从一组小的 σ_i 显示出来，它与真的线性相关无法区别。遗憾的是，确有一系列因素使得 B 可能成为病态的。现在我们来讨论这个问题。

为了深入地认识这些因素，让我们为简单起见假定 A 是 $\mathrm{diag}(\lambda_i)$，并且

$$
|\lambda_1| > |\lambda_2| > \cdots > |\lambda_n|. \quad (22.1)
$$

假定初始向量 b_0 的分量为 β_1, β_2, $\cdots$, β_n，我们知道，如果有一个 β_i 是零，向量 b_0 的级就小于 n，因而 B 是奇异的。因此，我们可以设想小元素 β_i 会给出一个病态的矩阵 B，但是选取 $\beta_i = 1$ $(i = 1, 2, \cdots, n)$ 应该是有利的。这时，矩阵 B 给定为

$$B = \begin{bmatrix} 1 & \lambda_1 & \lambda_1^2 & \cdots & \lambda_1^{n-1} \\ 1 & \lambda_2 & \lambda_2^2 & \cdots & \lambda_2^{n-1} \\ \vdots & \vdots & \vdots & & \vdots \\ 1 & \lambda_n & \lambda_n^2 & \cdots & \lambda_n^{n-1} \end{bmatrix}, \qquad (22.2)$$

而给出特征多项式系数的方程是

$$B p = -b_n, \quad b_n^T = (\lambda_1^n, \lambda_2^n, \cdots, \lambda_n^n). \qquad (22.3)$$

从 B 的形式可知，如果 $\lambda_i = \lambda_j$，B 显然是奇异的，如果有两个特征值十分靠近，那么 B 是病态的。我们可以把矩阵 B 平衡为矩阵 C，

$$C = \begin{bmatrix} 1 & \mu_1 & \mu_1^2 & \cdots & \mu_1^{n-1} \\ 1 & \mu_2 & \mu_2^2 & \cdots & \mu_2^{n-1} \\ \vdots & \vdots & \vdots & & \vdots \\ 1 & \mu_n & \mu_n^2 & \cdots & \mu_n^{n-1} \end{bmatrix}, \text{ 其中 } \mu_i = \lambda_i/\lambda_1, \quad (22.4)$$

它的逆矩阵的最大元素可以作为 C 的条件数的一个合理的估计。矩阵 C 是一个 Vandermonde 矩阵，可以证明，如果 Z 是它的逆，那么

$$z_{sr} = p_{rs} \Big/ \prod_{i \neq r} (\mu_r - \mu_i), \qquad (22.5)$$

其中 p_{rs} 定义为

$$\prod_{i \neq r} (y - \mu_i) = \sum_{s=0}^{n-1} p_{r,s+1} y^s. \qquad (22.6)$$

对于某些标准的特征值分布的 C 的条件

23. 现在我们估计一些 20 阶矩阵 C 的条件数，其特征值分布是标准的。

(i) 线性分布 $\lambda_r = 21 - r$。
我们有

$$\left| 1 \Big/ \prod_{i \neq r} (\mu_r - \mu_i) \right| = 20^{19}/(r-1)!(20-r)!. \quad (23.1)$$

当 $r = 10$ 或 11 时，其最大值约为 $4 \cdot 10^{12}$，因为某些系数 $p_{10,s}$ 是 10^3 的数量级，我们看出 Z 有某些元素大于 10^{15}。

(ii) 线性分布 $\lambda_r = 11 - r$。

现在我们有

$$\left| 1 \Big/ \prod_{i \neq r} (\mu_r - \mu_i) \right| = 10^{19}/(r-1)!(20-r)!.$$

(23.2)

它比分布 (i) 得到的值小，它们差一个因子 10^{-19}，并且相应的量 $|p_{rs}|$ 也较小。条件数至少差一个因子 10^{-6}

(iii) 几何分布 $\lambda_r = 2^{-r}$.

对于 $r = 20$，我们有

$$\left| 1 \Big/ \prod_{i \neq r} (\mu_r - \mu_i) \right| = 2^{-19}/(2^{-1} - 2^{-20})$$
$$\cdot (2^{-2} - 2^{-20}) \cdots (2^{-19} - 2^{-20})$$
$$> 2^{-19}/2^{-1} 2^{-2} \cdots 2^{-19}$$
$$= 2^{171}.$$

(23.3)

现在 $p_{20,1}$ 几乎等于 1，因此 C 的条件数必定像 2^{171} 那样大。

(iv) 环形分布 $\lambda_r = \exp(r\pi i/10)$.

对于这种分布

$$\left| 1 \Big/ \prod_{i \neq r} (\mu_r - \mu_i) \right| = 1/20 \quad (对一切 \ r),$$

(23.4)

并且所有的 p_{rs} 的模都是 1。所以这个矩阵是十分良态的，我们可以期望特征多项式的系数被确定到运算精度那样准确。（注意，如果我们假定 A 是对角矩阵就必须用复运算，因为 λ_i 是复数.）

如果 A 不是对角矩阵，但是

$$A = H^{-1} \operatorname{diag}(\lambda_i) H,$$

(23.5)

那么

$$b_r = A^r b_0 = H^{-1} \operatorname{diag}(\lambda_i^r)(H b_0).$$

(23.6)

用初始向量 $b_0 = H^{-1} c_0$ 产生的矩阵 A 的序列等于用 H^{-1} 乘以用 c_0 为初始向量的 $\operatorname{diag}(\lambda_i)$ 的序列。我们不能期望与 A 对应的矩阵比与 $\operatorname{diag}(\lambda_i)$ 对应的更为良态。因此，考虑用 e 作为初始向量的意义时，我们只限于用 $\operatorname{diag}(\lambda_i)$.

显然，当特征值有很大差别时，序列中后面的向量的较后的分量很小。下述例子表明，这个困难是本质性的，企图寻找某个 b_0

使得 B 为良态是必然要失败的.

对于分布 (i) 的情况,我们可以考察用

$$b_0^T = (20^{-10}, 19^{-10}, \cdots, 1) \tag{23.7}$$

作初始向量的效果. b_0 中含有充分的对应小特征值的成分. 然后我们有

$$b_{10}^T = (1, 1, \cdots, 1) \tag{23.8}$$

和

$$b_{20}^T = 20^{10}[1, (19/20)^{10}, (18/20)^{10}, \cdots, (1/20)^{10}], \tag{23.9}$$

这里,相应于大特征值的成分变得明显.对应的平衡矩阵 C 现在是

$$\begin{bmatrix} 20^{-10} & 20^{-9} & \cdots & 1 & 1 & \cdots & 1 \\ 19^{-10} & 19^{-9} & \cdots & 1 & 19/20 & \cdots & (19/20)^9 \\ \vdots & \vdots & \vdots & \vdots & & \vdots \\ 2^{-10} & 2^{-9} & \cdots & 1 & 2/20 & \cdots & (2/20)^9 \\ 1 & 1 & \cdots & 1 & 1/20 & \cdots & (1/20)^9 \end{bmatrix} = C' \text{ (比如说).}$$

$$\tag{23.10}$$

显然,如果我们定义对角矩阵 D_1 和 D_2 为

$$D_1 = [1, (19/20)^{10}, (18/20)^{10}, \cdots, (1/20)^{10}], \tag{23.11}$$

$$D_2 = [20^{10}, 20^9, \cdots 20^1, 1, 1, \cdots 1], \tag{23.12}$$

那么用 $D_1 C' D_2$ 与我们用 $b_0 = e$ 得到的矩阵相同. 因此新的逆 Y 用旧的逆表示有如下关系

$$Y = D_2 Z D_1, \tag{23.13}$$

且 Y 仍然是十分病态的.

级小于 n 的初始向量

24.考察一下初始向量的级 m 小于 n 时实际计算中会发生什么情况是有益的. 我们首先从理论上来讨论. 我们有

$$\sum_{i=0}^{m-1} c_i b_i + b_m = 0 \quad (m < n), \tag{24.1}$$

因此用 A' 左乘(24.1)得到

$$\sum_{i=1}^{m-1} c_i b_{i+s} + b_{m+s} = 0 \quad (s = 0, 1, \cdots, n - m). \quad (24.2)$$

这证明了任何 $m+1$ 个接连的 b, 满足同样的线性关系. 显然方程

$$Bp = -b_n \quad (24.3)$$

是相容的,因为从关系(24.2)得出 rank (B) = rank $(B \vdots b_n)$ = m. 因此, 我们可以任意选取 p_m, p_{m+1}, $\cdots$, p_{n-1}, 然后确定 p_0, p_1, $\cdots$, p_{m-1}. 解的一般形式可以从方程 (24.2) 推导出来. 事实上, 如果我们取 $q_s(s = 0, 1, \cdots, n - m - 1)$ 为任意值而取 $q_{n-m} = 1$, 用 q_s 乘(24.2)中对应的方程并相加,我们得到

$$\sum_{i=0}^{n-1} p_i b_i + b_n = 0, \quad (24.4)$$

其中 p_i 是

$$(c_0 + c_1 x + \cdots + c_{m-1} x^{m-1} + x^m)$$
$$\cdot (q_0 + q_1 x + \cdots + q_{n-m-1} x^{n-m-1} + x^{n-m})$$

的展开式中 x^i 的系数. 因为有 $n - m$ 个任意常数, p_i 代表(24.3) 的通解,因此由

$$(c_0 + c_1 \lambda + \cdots + c_{m-1} \lambda^{m-1} + \lambda^m)$$
$$\cdot (q_0 + q_1 \lambda + \cdots + q_{n-m-1} \lambda^{n-m-1} + \lambda^{n-m}) \quad (24.5)$$

给出对应的多项式

$$p_0 + p_1 \lambda + \cdots + p_{n-1} \lambda^{n-1} + \lambda^n,$$

并且它有一个因子是 b_0 的最小多项式,其他的因子是任意的.

在实际计算中, 如果我们不去识别提前出现的线性相关性而继续执行过程直到计算出 b_n, 那么当 Gauss 消去是像 §21 描述的那样执行时, U_n 的右下角的 $(n - m)$ 阶三角形将完全是由"小"元素而不是零元素构成; u_n 的后 $(n - m)$ 个元素可能是小的. 因此,我们对 p_{n-1}, p_{n-2}, $\cdots$, p_m 得到或多或少随机的值. 然而, 对应的变量

$$p_0, p_1, \cdots, p_{m-1}$$

将由三角型方程组的前 m 个方程正确地确定. 因此, 计算的多项

式有因子

$$c_0 + c_1\lambda + \cdots + c_{m-1}\lambda^{m-1} + \lambda^m,$$

而 $(n - m)$ 次的其他的因子是相当任意的。

实际的经验

25. 以上几节的结果已在 DEUCE 机上的程序中得到实际的验证。为了补偿我们预料到的矩阵 B 的病态，程序用了双精度定点运算。

我们从关系

$$b_0 = c_0, \quad b_{r+1} = Ac_r, \quad c_{r+1} = k_{r+1}b_{r+1} \tag{25.1}$$

计算两个序列 $b_0, b_1, \cdots, b_n$ 和 $c_0, c_1, \cdots, c_n$，其中 k_{r+1} 是一个常数，我们选取它使得 $\|c_{r+1}\|_\infty = 1$。原矩阵 A 的元素只是单精度的，在形成 Ac_r 时，先作准确的内积累加然后舍入；这仅需要用双精度数（62 位二进位）乘单精度数的乘法。因为我们始终用原矩阵 A 运算，我们可以充分利用可能存在的零元素。我们用双精度定点运算解方程

$$(c_0 \vdots c_1 \vdots \cdots \vdots c_{n-1}) = -c_n, \tag{25.2}$$

最后用双精度浮点运算从关系式

$$p_r k_{r+1} k_{r+2} \cdots k_n = q_r \tag{25.3}$$

计算特征多项式的系数 p_r。

我们采用了像 §21 所描述的那样的手段，希望尽早发现线性相关性。所有绝对值小于给定限值的元素都用零代替，如果在某一步一列全为零，线性相关就发生了。（规范化 b_r 给出 c_r 是方便的，甚至全用双精度浮点运算也是如此.）为了促使尽早出现线性相关，我们先用 A 乘初始向量若干次，使在所得的向量中，小特征值对应的特征向量成分被削减掉。从我的经验看来，这个技术不是十分令人满意的。在任何情况下，我都不用它来计算矩阵的全部特征向量。实际计算中我们得到了以下的结果。

(i) 使用对角矩阵 diag (λ_i) $(\lambda_r = 21 - r)$ 和初始向量 e，特征方程系数中最准确的有 13 个正确的二进位，最差的有 10 位。

这大致是我们可能期望的结果，因为矩阵 C 的条件数是 10^{15} 数量级。用 (23.7) 式的初始向量，最精确的系数有 15 位正确的二进位，最差的有 11 位。所导出的两个方程对于确定矩阵特征值都是没有用处的(见第七章 §6)。

(ii) 对一个 $\lambda_i = 11 - r$ 的 21 阶的对角矩阵，及初始向量 e，计算的特征多项式的系数至少有 30 位二进位正确，有一些更精确，这样的结果足以用来确定特征值精度达到 20 位二进位。

(iii) 对于 $\lambda_r = 2^{-r}$ 的分布，用一些不同的初始向量计算的特征方程与真的方程毫无关系。

(iv) 不用复运算，对于分布 $\lambda_r = \exp(r\pi i/10)$ 作试验，我们用了有 10 个形如

$$\begin{bmatrix} \cos\theta_r, & \sin\theta_r \\ -\sin\theta_r, & \cos\theta_r \end{bmatrix} \quad (\theta_r = r\pi/10) \qquad (25.4)$$

的块的三对角矩阵。以 e 为初始向量，计算的结果中特征方程有 60 位二进位正确，特征值也达到同样的精度。

对于重特征值或很靠近的特征值的某些简单的分布，通常得到的特征值，只有某些是正确的，而有一些完全是任意的值。这证实了 §24 的分析。

广义 Hessenberg 方法

26. 我们研究了 Krylov 方法，结果表明仅当特征值分布很好的时候，这个方法才能给出好的结果。但是我们应该提出，来自阻尼机械和电子振荡的矩阵，其特征值的分布一般都是好的。这种矩阵的特征值通常是复共轭对。

为了扩大适用范围，已经寻找到 Krylov 向量序列"稳定化"的方法。这些方法可以纳入"广义 Hessenberg 方法"的标题之下。这些方法都是以下述思想为基础。

给定一组 n 个线性无关的向量 x_i，它是矩阵 X 的列。从任意向量 b_1 开始，我们用关系

$$k_{r+1}b_{r+1} = Ab_r - \sum_{i=1}^{r} h_{ir}b_i \qquad (26.1)$$

构成一组修正的 Krylov 向量 $b_2, b_3, \cdots, b_{n+1}$. （既然我们不再关心直接决定特征方程,初始向量记为 b_1 比记为 b_0 更方便。）为了数值计算方便,我们引入规格化因子 k_{r+1}. 我们确定 h_{ir}, 使得 b_{r+1} 与 $x_1, x_2, \cdots, x_r$ 正交. 如果前面没有出现 b_r 是零,那么 b_{n+1} 必定是零,因为它与 n 个独立的向量正交. 方程 (26.1) 可以写为一个矩阵方程

$$A[b_1 \vdots b_2 \vdots \cdots \vdots b_n] = [b_1 \vdots b_2 \vdots \cdots \vdots b_n]$$

$$\begin{bmatrix} h_{11} & h_{12} & h_{13} & \cdots & h_{1n-1} & h_{1n} \\ k_2 & h_{22} & h_{23} & \cdots & h_{2n-1} & h_{2n} \\ 0 & k_3 & h_{33} & \cdots & h_{3n-1} & h_{3n} \\ \vdots & \vdots & \vdots & & \vdots & \vdots \\ 0 & 0 & 0 & \cdots & k_n & h_{nn} \end{bmatrix}, \qquad (26.2)$$

即

$$AB = BH, \qquad (26.3)$$

其中矩阵 H 是上 Hessenberg 型.

从方程的两边第 n 列相等并与 (26.1) 比较可以看出,方程 (26.2) 包含着 b_{n+1} 是零的条件. 这个正交条件可以写为

$$X^{\mathrm{T}}B = L, \qquad (26.4)$$

其中 L 是下三角形矩阵. 假若 B 是非奇异的,方程 (26.3) 可以记为形式

$$B^{-1}AB = H. \qquad (26.5)$$

为方便起见,我们已假定 x_i 预先给定,在上面的推导中没有要求这个条件. 事实上,在我们用任何适当的方法决定 b_i 的同时导出 x_i.

广义 Hessenberg 方法的失败

27. 有两个不同的原因会使我们刚才讨论的方法发生故障.

(i) 向量 b_{r+1} $(r < n)$ 可能是零. 如果它是零,我们可以用

任何一个与 $x_1, x_2, \cdots, x_r$ 正交的向量 c_{r+1} 代替零向量 b_{r+1}. 用下述关系定义一组新的向量我们可以使记号保持一致.

$$c_1 = b_1, \quad b_{r+1} = Ac_r - \sum_{i=1}^{r} h_{ir}c_i, \quad k_{r+1}c_{r+1} = b_{r+1} \ (b_{r+1} \neq 0),$$

c_{r+1} 是与 $x_1, \cdots, x_r$ 正交的任一个非零向量 $(b_{r+1} = 0)$.

$$(27.1)$$

如果当 b_{r+1} 是零时,我们取 $k_{r+1} = 0$,那么关系 $k_{r+1}c_{r+1} = b_{r+1}$ 仍然正确.

从这些定义我们有

$$AC = CH, \qquad X^T C = L. \qquad (27.2)$$

对于每一个零向量 b_r,在 H 中有一个对应的零元素 k_r. 现在我们看出零向量的出现可以不认为是方法的故障,它只是过程继续下去需要作的某种选择.

实际上,在这种情况下,H 的特征值计算是更简单些. 因为当一个 k_r 是零,H 的特征值是两个较小的矩阵的特征值. 从现在起,我们用 c_i 讨论这个方法.

(ii) H 的元素是从关系式

$$h_{ir} = \left[x_i^T Ac_r - \sum_{i=1}^{i-1} h_{jx}x_i^T c_j \right] \bigg/ x_i^T c_i^* \qquad (27.3)$$

导出的. 如果 $x_i^T c_i$ 是零,那么我们就不能确定 h_{ir},显然 $x_i^T c_i$ 变为零的故障比上面提到的 b_i 为零的故障严重得多. 如果 x_i 不是预先给定的,我们可以选取 x_i 使得 $x_i^T c_i$ 不为零. 在 x_i 是预先给定时,$x_i^T c_i$ 为零的确是致命的,唯一的解决办法似乎是另选初始向量 b_1 重新开始. 怎样选择 b_1 使过程不会产生故障是一个有意义的研究课题.

值得注意的是,从 (27.2) 我们有 $l_{ii} = x_i^T c_i$. 如果没有 $x_i^T c_i$ 等于零,那么 L 是非奇异的,因此 C 也是非奇异的.

---

* 原文 $h_{ir} = x_i^T Ac_r / x_i^T c_i$ 有误. ——译者注

Hessenberg 方法

28. X 的一个自然的选择是取为单位矩阵，然后我们有 $x_i = e_i$。这样给出的就是 Hessenberg 方法(1941)。现在(27.2)的第二个方程变为

$$L = X^T C = C. \tag{28.1}$$

因此，C 本身是下三角型，亦即 c_r 的前 $(r-1)$ 个分量都是零。我们可以选取 k，使得 c_r 的第 r 个分量是 1。并记

$$c_r^T = (0, \cdots, 0, 1, n_{r+1,r}, \cdots, n_{nr}), \tag{28.2}$$

这样记的理由下面会明白。方法的第 r 步如下。

计算 Ac_r，一般它没有零元，然后逐次地减去 c_1 的倍数把第一个元素消去，减去 c_2 的倍数消去第二个元素，$\cdots$，最后减去 c_r 的倍数消去第 r 个元素，这样给出了向量 b_{r+1}。我们取 k_{r+1} 为 b_{r+1} 的第 $(r+1)$ 个元素，这使得 c_{r+1} 是 (28.2) 的形式。如果 b_{r+1} 是零，我们可以取 c_{r+1} 为如下形式的任何向量，

$$(0, 0, \cdots, 0, 1, n_{r+2,r+1}, \cdots, n_{n,r+1}). \tag{28.3}$$

因为它与 $e_1, e_2, \cdots, e_r$ 自动地正交，对应的 k_{r+1} 的值是零。这相当于 §27 中的情况 (i)。

如果 b_{r+1} 不是零，但它的第 $(r+1)$ 个元素是零，我们不能用上面叙述的方法规范化 b_{r+1} 来得到 c_{r+1}。不管我们用什么规范化因子，我们都有 $c_{r+1}^T c_{r+1} = 0$，因此过程在下一步就中断了。这种状态相当于 §27 的情况 (ii)。

实际的方法

29. 如果我们取 x_i 为 I 的列，但不一定按照它的自然顺序，我们就能避免过程中断又保证数值稳定性。取 $x_r = e_{r'}$，其中 $1', 2', \cdots, n'$ 是 $1, 2, \cdots, n$ 的某个排列。也许最好用第 r 步的具体描述来表明确定 r' 的办法。设向量 $c_1, \cdots, c_r$ 和 $1', \cdots, r'$ 已经确定，并且 c_i 的第 $1', \cdots, (i-1)'$ 个元素都是零，那么第 r 步的运算如下。

计算 Ac_r，逐次减去 c_1, c_2, $\cdots$, c_r 的倍数使第 $1'$, $2'$, $\cdots$, r' 个元素变为零。这样计算得到的向量是 b_{r+1}。如果 b_{r+1} 的极大元素在第 $(r+1)'$ 个位置上，我们就取这个元素为 k_{r+1}，同时取 x_{r+1} 为 $e_{(r+1)'}$。显然，c_{r+1} 的第 $1'$, $\cdots$, r' 个元素是零并且所有非零元都不大于 1。如果 b_{r+1} 是零，我们可以取 x_{r+1} 为 I 的任何与 l_i 正交 ($i = 1, 2, \cdots, r$) 的列 $e_{(r+1)'}$，取 c_{r+1} 是第 $r+1$ 个分量为 1 的并且与 $e_{i'}(i = 1, 2, \cdots, r)$ 正交的任一个向量。显然，e_i 形成置换矩阵 P（第一章 §40 (ii)）的列。因此方程(27.2)变为

$$AC = CH, \qquad P^{\mathrm{T}}C = L, \qquad (29.1)$$

其中 L 不但是下三角型而且是单位下三角型。因此，我们有

$$P^{\mathrm{T}}A(PP^{\mathrm{T}})C = P^{\mathrm{T}}CH \qquad (29.2)$$

或

$$(P^{\mathrm{T}}AP)(P^{\mathrm{T}}C) = (P^{\mathrm{T}}C)H, \qquad (29.3)$$

即

$$\tilde{A}L = LH, \qquad (29.4)$$

其中 $\tilde{A}$ 是 A 的某个相似置换变换，而 L 是由 C 经过适当的行置换得来的。

Hessenberg 方法与以前的方法的关系

30. 如果我们按照自然顺序用 e_i，那么我们有

$$AC = CH, \qquad (30.1)$$

并且用(28.2)给定的 c_r，我们可以写

$$AN = NH, \qquad (30.2)$$

其中 N 是单位三角形矩阵。现在如果我们取初始向量 c_1 为 e_1，那么我们从 §11 看出，矩阵 N 和 H 与直接约化矩阵为 Hessenberg 型所导出的矩阵相等。如果我们想用 A 的相似变换，那么在 Hessenberg 方法中取 c_1 为第一分量为 1 的任何其他向量，这等价于预先引入了一次变换 $N_1AN_1^{-1}$。

在 §29 中描述的实际方法完全等价于有交换的直接约化为 Hessenberg 型的方法。注意，§29 的 r' 不是 §12 的 r'，但是 §12

的 r' 使得 $I_{2,2'}I_{3,3'}\cdots I_{n-1,(n-1)'}=P$. 事实上，我们容易把 §29 的叙述重新整理使得我们在每一阶段对 A 执行同样的行、列交换，对 c_i 的当前的矩阵执行行交换而不用某种置换后的 e_i. 这两个方法不仅在数学上等价，而且如果有内积累加运算，那么，它们连舍入误差都一样。

因此，我们不必单独对 Hessenberg 方法作误差分析了。 但是，我们要用适合现在的方法的术语来叙述一些以前得到的结果。为叙述方便，我们假定在每一阶段中 A 和向量是实际作置换的。

(i) 在某种意义上来说交换行列是本质性的，这就是说，如果不用它，我们可能得到向量 c_i 的任意大的元素 n_{ii}，并且导致精度的极大损失。

(ii) 如果在任一阶段，向量 b_i 的第 i 个到第 n 个元素都小，那么尽管 n_{ii} 是用小的数的比值计算的，所得的结果精度没有受损失。我们最后得到的矩阵 H 是劣定的。我们不想再为突出这点多加解释。曾经有人提议，当这种情况出现时，我们应该用另一个不同的初始向量重新开始，从而避免这种情况再出现，但是这样的措施绝对没有任何充足的理由。

(iii) 如果计算的 b_{r+1} 是零，那么我们可以取 $c_{r+1}=e_{r+1}$. 这相当于，当 $a_{ir}^{(r-1)}=0\ (i=r+1,\cdots,n)$ 时，§8 中矩阵 N_{r+1} 可以取为单位矩阵，虽然我们是可以取任何矩阵的。

Arnoldi 方法

31. 在广义 Hessenberg 方法中，一组向量 x_i 的另一个自然的选择是 c_i 本身。这种选择导出了 Arnoldi 方法 (1951). (27.2) 的第二个式子现在变为

$$C^{\mathrm{T}}C=D, \tag{31.1}$$

其中 D 是下三角型又是对称的，因而是对角矩阵。我们可以选取规范化因子使 $C^{\mathrm{T}}C=I$，因而得到一个正交矩阵。（这种做法与规范化使每个 $|c_i|$ 的元素在 $\frac{1}{2}$ 和 1 之间的办法相比好处很小，而

后者比较节省．但是，我们将看到规范化 $C^T C = I$ 揭示了一个和以前的方法的有趣的关系．）现在我们假定 C 不是对称的，因为对称的情况在 §40 中要另作讨论．

如果我们取 c_1 为 e_1，那么对一个它的第一列是 e_1 的正交矩阵 C 我们有

$$AC = CH. \tag{31.2}$$

因此，从 §7 我们看出，C 和 H 本质上是 Givens 变换和 Householder 变换所产生的矩阵．

实际的考虑

32. 虽然用规范化 $C^T C = I$ 的 Arnoldi 方法与 Givens 方法和 Householder 方法是紧密相关的，但是它们的计算过程没有什么共同之处．现在，我们详细地讨论其实际过程．我们不必假定 c_1 是 e_1，而是令它为任意给定的规范化向量，我们首先考虑如下定义的向量 b_{r+1}．

$$b_{r+1} = Ac_r - h_{1,r}c_1 - h_{2r}c_2 - \cdots - h_{rr}c_r, \tag{32.1}$$

其中 h_{ir} 被选取为使得 b_{r+1} 与 $c_i (i = 1, \cdots, r)$ 正交．现在我们计算 b_{r+1} 时可能发生严重的相约，并且使得 b_{r+1} 的所有分量比 $\|Ac_r\|_2$ 小得多．在这种情况下，b_{r+1} 甚至不能与 c_1 近似正交．（比较第四章 §55 关于 Schmidt 正交化的类似现象）

现在应该保持 c_1 严格正交，准确度达到运算精度，这是本质性的，否则将可能保证 c_{n+1} 在运算精度的意义下是零．产生困难的原因不应归结为舍入误差的积累．因为计算一个二阶矩阵的第一步就可能发生这种困难！表 3 的例子说明了这个现象．当我们计算

$$b_2 = Ac_1 - h_{11}c_1$$

时发生几乎完全的相消，结果 b_2 当然不正交于 c_1．如果我们不管它，规范化 b_2 再继续作下去，我们发现，假如 c_1 和 c_2 几乎准确正交的话，b_3 应该是零了，但实际上不是．矩阵 H 与 A 根本不相似（我们已用块浮点运算来计算，但并没有任何实际意义，不管用什

表 3

A

$$\begin{vmatrix} 0.41323 & 0.61452 \\ 0.54651 & 0.21374 \end{vmatrix}$$

没有再正交化的 Arnoldi 方法

c_1	Ac_1	b_2
0.78289	0.70584	0.00004
0.62216	0.56084	−0.00006

$$h_{11} = 0.90153 \qquad k_2 = 10^{-4}(0.72111)$$

c_2	Ac_2	$Ac_2 - h_{12}c_1$	$b_3 = Ac_2 - h_{12}c_1 - h_{22}c_2$
0.55470	−0.28209	−0.17023	−0.01899
−0.83205	0.12531	0.21420	−0.01266

$$h_{12} = -0.14288 \qquad h_{22} = -0.27265$$

H

$$\begin{vmatrix} 0.90153 & -0.14288 \\ 10^{-4}(0.72111) & -0.27265 \end{vmatrix}$$

有再正交化的 Arnoldi 方法

c_1	Ac_1	b_2	$b_2' = b_2 - \varepsilon_{11}c_1$
0.78289	0.70584	0.00004	10^{-4} (0.44708)
0.62216	0.56084	−0.00006	$10^{-4}(-0.56258)$

$$h_{11} = 0.90153 \qquad k_2 = 10^{-4}(0.71859)$$

c_2	Ac_2	$Ac_2 - h_{12}c_1$	$b_3 = Ac_2 - h_{12}c_1 - h_{22}c_2$
0.62216	−0.22401	−0.17082	0.00000
−0.78289	0.17268	0.21495	0.00000

$$h_{12} = -0.06794 \qquad h_{22} = -0.27456$$

H

$$\begin{vmatrix} 0.90153 & -0.06794 \\ 10^{-4}(0.71859) & -0.27456 \end{vmatrix}$$

么类型的运算，同样的困难还会发生。) 追迹是 0.62888 而不是 0.62697，$\|b_3\|_2$ 的数量级是 2×10^{-2}，而不是原来的 10^{-5}。

现在假定我们再作正交化，使计算向量 b_2 与 c_1 正交，我们可以写

$$b_2' = b_2 - \varepsilon_{11}c_1, \qquad (32.2)$$

为了正交性我们有

$$\varepsilon_{11} = c_1^{T}b_2, \qquad (32.3)$$

现在因为 b_2 已经再一次关于 c_1 作了正交化，我们可以肯定 ε_{11} 是 10^{-5} 数量级. 因此,我们有

$$b_2' = b_2 + O(10^{-5}), \qquad (32.4)$$

但是原来的正交化能保证 b_2 满足关系

$$b_2 = A c_1 - h_{11} c_1 + O(10^{-5}), \qquad (32.5)$$

由此

$$b_2' = A c_1 - h_{11} c_1 + O(10^{-5}). \qquad (32.6)$$

因此,重新正交化不但不会给 b_2', Ac_1 和 c_1 之间的关系带来任何不良影响,而且使 b_2' 与 c_1 的正交性达到运算精度,即它们之间的夹角与 $\dfrac{\pi}{2}$ 的差是 10^{-5} 的数量级.

这是表 3 所显示的事实. 从 b_2' 计算规范化向量,我们有

$$k_2 c_2 = b_2'. \qquad (32.7)$$

现在因为 c_1 和 c_2 几乎正交,因此对于运算精度来说 b_3 实际上是零. 值得注意的是,现在计算的量满足

$$k_2 c_2 = A c_1 - h_{11} c_1 + O(10^{-5}), \qquad (32.8)$$

$$b_3 = O(10^{-5}) = A c_2 - h_{21} c_1 - h_{22} c_2 + O(10^{-5}). \quad (32.9)$$

结果

$$A[c_1 \vdots c_2] = [c_1 \vdots c_2] \begin{bmatrix} h_{11} & h_{12} \\ k_2 & h_{22} \end{bmatrix} + O(10^{-5}), \qquad (32.10)$$

这是我们能期望的最好结果. 这表明计算的 H 现在与 A 几乎准确相似. 注意,追迹的准确性被保持为运算精度,并且可以验证,通过所作的变换计算的特征值和特征向量也可达到运算精度.

再正交化的重要性

33. 为了得到确实与 c_1 正交的向量 b_2',我们对 b_2 用了 Schmidt 正交化方法. 重要的是要认识到用这种办法得到的 b_2 的校正不是使结果令人满意的唯一的校正. 我们所需要的是应该作一个校正,其数量级是 10^{-5} 或更小的校正,并且使 b_2' 几乎准确地与 c_1 正交. 例如,b_2' 给定为

$$b_2' = 10^{-4}(0.43814, -0.55133), \qquad (33.1)$$

它恰巧给出与再正交化得到的结果一样好. 在规范化后它给出 c_2 使得(32.8)满足. 相约的结果是给了我们一些关于 b_2' 选取的自由度. 在 Wilkinson (1963 b), p.86~p.91 中, 我们证明了即使我们用再正交化, 在发生相约时, 最后的矩阵 C 和 H 是强烈地依赖运算的精度的.

一般来说, 最简单的过程是用下述公式先计算 b_{r+1},

$$b_{r+1} = Ac_r - h_{1r}c_1 - h_{2r}c_2 - \cdots - h_{rr}c_r; \qquad (33.2)$$

然后计算 b_{r+1}', 使得

$$b_{r+1}' = b_{r+1} - \varepsilon_{1r}c_1 - \varepsilon_{2r}c_2 - \cdots - \varepsilon_{rr}c_r, \qquad (33.3)$$

$$k_{r+1}c_{r+1} = b_{r+1}', \quad \|c_{r+1}\|_2 = 1, \qquad (33.4)$$

其中

$$\varepsilon_{ir} = c_i^T b_{r+1}/c_i^T c_i = c_i^T b_{r+1}. \qquad (33.5)$$

如果 A 是规范化矩阵并且用 t 位计算, 那么我们有

$$A(c_1 \vdots c_2 \vdots \cdots \vdots c_n) = (c_1 \vdots c_2 \vdots \cdots \vdots c_n)H + O(z^{-t}), \qquad (33.6)$$

$O(2^{-t})$ 的精确含义已经故意弄得模糊. 通常它是范数以 $f(n)2^{-t}$ 为界的矩阵, 其中 $f(n)$ 与使用的运算类型有关. 因子 $f(n)$ 能合理地归结为舍入误差的积累. 对于有内积累加的浮点计算, 一个粗略的估计证明 $f(n) < Kn^2$, 但是这个结果也许能改进.

必须作再正交化的根本原因是相约而不是舍入误差的积累. 我们已用了一个二阶矩阵的例子说明强调这一点的原因. 如果在任何阶段都没有发生相约, 再正交化可以安全地略去. 可惜这种情况是罕见的. 包含了再正交化的 Arnoldi 方法远不如 Householder 方法节省. 没有再正交化的方法需要 $2n^3$ 乘法, 而有再正交化的需要 $3n^3$ 次乘法 (这里我们又看到第四章 §55 中 Schmidt 正交化与 Householder 方法的比较), 没有再正交化的 Arnoldi 方法可能给出非常差的结果, 即使用于良态的矩阵也是如此. 可是引入再正交化后, Arnoldi 方法与 Householder 方法在精度上是可以媲美的. 如果我们偶然选取了 b_1, 它缺乏或完全欠缺某些特征向量的成分, 这个精度也决不会削减.

我们又一次遇到这种情况,用准确的计算,当 b_r 变为零时,我们完全能自由决定 c_r 的"全部数字",仅仅要求它与前面的 c_i 正交,而对于有限精度的计算,因为相约有 k 位变为零时,我们可以有效地任意选择 $t-k$ 位数字。注意,因为 $x_i^T c_i = c_i^T c_i = 1$,在 Arnoldi 方法中我们不会有 §27 中介绍的第二类失败。

34. 关于再正交化自然要提出两个问题。

(i) 为什么在 Hessenberg 方法中没有再正交化问题?

(ii) 我们知道,Givens 方法和 Householder 方法在数学上与 Arnoldi 方法是等价的。在这两个方法中,是什么东西代替了再正交化呢?

读者必须十分清楚地了解这些问题,现在我们详细地讨论它们。关于第一个问题,我们注意到,如果 c_{r+1} 由下式定义

$$k_{r+1}c_{r+1} = Ac_r - h_{1r}c_1 - \cdots - h_{rr}c_r, \tag{34.1}$$

那么只要 $c_{n+1} = 0$,我们就有

$$AC = CH. \tag{34.2}$$

但是,h_{ir} 可以是已选择好了的,选取 h_{ir} 使得 c_{r+1} 与独立的向量 x_i 正交是重要的,这是因为它保证了 c_i 是独立的向量并且 c_{n+1} 是零。现在当 x_i 是向量 e_i 时,只有取 c_i 的某些特定的分量为准确的零,准确的正交性才能保证。因此,我们得到准确的正交性,但是几乎没有意识到这一点。对 x_i 的大多数选择法精确的正交性不能以这样简单的方式来达到,通常还包含大量的计算。可是,当 X 是任一个非奇异的上三角形矩阵时,向量 c_i 与对应 $X = I$ 的完全相同。事实上,在这种情况下,若 c_{r+1} 与 $x_1, \cdots, x_r$ 正交,它的前 r 个分量必定是准确地为零。当我们从关系

$$b_{r+1} = Ac_r - h_{1r}c_1 - h_{2r}c_2 - \cdots - h_{rr}c_r \tag{34.3}$$

计算 b_{r+1} 时,我们不必参考 x_r 的实际成分。我们首先从 Ac_r 减去 c_1 的 h_{1r} 倍使第一个分量消去,这就建立了对 x_1 的正交性,接着减去 c_2 的 h_{2r} 倍使第二个分量消去并且保持第一个分量为零。继续这样作,我们就得到 b_{r+1},它的前 r 个分量为零,因此与 $x_1, \cdots, x_r$ 正交。

第二个问题更为微妙，由 Arnoldi 方法得到的向量 c_i 等价于在 Givens 方法或 Householder 方法中全部正交变换矩阵相乘得到的矩阵的列。在第三章我们描述过比较简单的方法，它能保证各个因子是正交的，其准确性达到运算精度。在 Arnoldi 方法中变换矩阵不是因子化的，而是逐列直接决定的。在这种情况下，用来给出的正交性的数值方法是十分无效的。

Lanczos 方法

35. x_i 还有另外一种选择方法，这种选法在实际计算中是十分重要的。在这种选择法中，x_i 和 b_i, c_i 是以与从 A 导出 c_i 相同的方式同时从 A^T 导出，我们首先研究准确的数学方法。因为 c_i 和 x_i 有着十分紧密的关系，所以采用反映这一特点的记号就很方便。按照 Lanczos (1950) 的文章，我们记 b_i^*, c_i^* 是从 A^T 导出的向量，我们特别指出这一节中星号不表示转置共轭。有关的方程是

$$k_{r+1}c_{r+1} = b_{r+1} = Ac_r - \sum_{i=1}^{r} h_{ir}c_i, \tag{35.1}$$

$$k_{r+1}^*c_{r+1}^* = b_{r+1}^* = A^\mathrm{T}c_r^* - \sum_{i=1}^{r} h_{ir}^*c_i^*, \tag{35.2}$$

其中 h_{ir} 和 h_{ir}^* 是待选的数，它们要选得使 b_{r+1} 与 $c_1^*, \cdots, c_r^*$ 正交；b_{r+1}^* 与 $c_1, \cdots, c_r$ 正交。

我们可以把一般性的分析应用到这两个序列上，因此我们有

$$AC = CH, \qquad (C^*)^\mathrm{T}C = L,$$
$$A^\mathrm{T}C^* = C^*H^*, \quad C^\mathrm{T}C^* = L^*, \tag{35.3}$$

其中 H 和 H^* 是上 Hessenberg 型，L 和 L^* 是下三角型。从 (35.3) 的第二个和第四个方程我们发现

$$L = (L^*)^\mathrm{T}. \tag{35.4}$$

因此，这两个矩阵都是对角型，我们用 D 表示它们。第一个和第三个方程给出

$$H = C^{-1}AC = D^{-1}(H^*)^\mathrm{T}D, \tag{35.5}$$

(35.5)的左边是上 Hessenberg 型,右边是下 Hessenberg 型.因此,它们都是三对角型,并且有

$$h_{ir}^* = h_{ir} = 0 \quad (i = 1, \cdots, r - 2). \tag{35.6}$$

这证明了如果 Ac_r 与 c_{r-1}^* 和 c_r^* 正交,就自动和以前的所有 c_i^* 正交,对 $A^T c_r^*$ 有类似的结果. 我们从(35.5)进一步得到

$$h_{rr} = h_{rr}^*, \quad h_{r,r+1} k_{r+1} = h_{r,r+1}^* k_{r+1}^*. \tag{35.7}$$

因此,如果乘数因子 K_{r+1} 和 K_{r+1}^* 取为 1,那么 $h_{r,r+1} = h_{r,r+1}^*$,并且 H 和 H^* 恒等. 因为矩阵 H 和 H^* 是三对角型,用下述记号比较简单.

$$\gamma_{r+1} c_{r+1} = b_{r+1} = Ac_r - \alpha_r c_r - \beta_r c_{r-1}, \tag{35.8}$$

$$\gamma_{r+1}^* c_{r+1}^* = b_{r+1}^* = A^T c_r^* - \alpha_r c_r^* - \beta_r^* c_{r-1}^*, \tag{35.9}$$

其中从(35.7)有

$$\gamma_{r+1} \beta_{r+1} = \gamma_{r+1}^* \beta_{r+1}^*. \tag{35.10}$$

对于 $\alpha_r, \beta_r, \beta_r^*$ 给出显式关系式是方便的,由正交性和(35.9)我们有

$$\alpha_r = (c_r^*)^T A c_r / (c_r^*)^T c_r = c_r^T A^T c_r^* / c_r^T c_r^*, \tag{35.11}$$

$$\begin{aligned}
\beta_r &= (c_{r-1}^*)^T A c_r / (c_{r-1}^*)^T c_{r-1} \\
&= c_r^T A^T c_{r-1}^* / (c_{r-1}^*)^T c_{r-1} \\
&= c_r^T (\gamma_r^* c_r^* + \alpha_{r-1} c_{r-1}^* + \beta_{r-1}^* c_{r-2}^*) / (c_{r-1}^*)^T c_{r-1}, \\
&= \gamma_r^* c_r^T c_r^* / (c_{r-1}^*)^T c_{r-1}
\end{aligned} \tag{35.12}$$

类似地,有

$$\beta_r^* = \gamma_r (c_r^*)^T c_r / (c_{r-1})^T c_{r-1}^*. \tag{35.13}$$

过程的故障

36. 在转到实际计算过程之前,我们必须处理 b_{r+1} 或者 b_{r+1}^* (或两者)是零的情况. 这些事件是完全独立的. 如果 b_{r+1} 是零,我们取 c_{r+1} 为任何一个与 $c_1^*, \cdots, c_r^*$ 正交的向量,然后如果取 $\gamma_{r+1} = 0$,(35.8)就成立. 类似地,如果 b_{r+1}^* 是零,我们取 c_{r+1}^* 为任一个与 $c_1, \cdots, c_r$ 正交的向量并且取 $\gamma_{r+1}^* = 0$. 值得注意的是,从(35.10)可知:如果 b_{r+1} 是零而 b_{r+1}^* 不是零,则 β_{r+1}^* 是零,然

而如果 b_{r+1}^{*} 是零, b_{r+1} 不是零, 则 β_{r+1} 是零.

利用乘数因子 γ_{r+1}, γ_{r+1}^{*} 可以明显看出: b_{r+1} 或 b_{r+1}^{*} 为零不应认为是方法的故障. 它只是给我们一个选择的自由. 如果我们取乘数因子等于 1, 那么 b_{r+1} 或 b_{r+1}^{*} 为零似乎是一个意外的情况.

另一方面在任何阶段如果 $c_r^T c_r^{*}$ 为零, 过程将完全中断, 我们必须用新的 c_1 或 c_1^{*} (或两者)重新开始作, 希望不再发生中断. 可惜, 这种中断又并没有指示一种重新选择 c_1 或 c_1^{*} 的可靠的方法.

现在我们假定对我们讨论的有关的 i 值, c_1 和 c_1^{*} 满足 $c_i^T c_i \neq 0$, 我们证明在这种情况下如果 c_1 关于 A 是 p 级的, 那么第一个变为零的 b_i 是 b_{p+1}.

事实上, 对于 $r = 1, 2, \cdots, s$ 反复使用等式(35.8), 我们可得

$$
\begin{aligned}
b_{s+1} &= (A^s + q_{s-1}^{(s)} A^{s-1} + q_{s-2}^{(s)} A^{s-2} + \cdots + q_0^{(s)} I) c_1 \\
&= f_s(A) c_1,
\end{aligned} \tag{36.1}
$$

其中 $f_s(A)$ 是 A 的 s 次首项系数为 1 的多项式(第一章 §18). 因此, 如果 $s < p$, b_{r+1} 不会是零. 现在, 因为 c_1 是 p 级的, $A^p c_1$ 可以表示为 $A^i c_1 (i = 1, \cdots, p-1)$ 的线性组合, 因此

$$
b_{p+1} = f_p(A) c_1 = g_{p-1}(A) c_1, \tag{36.2}
$$

其中 $g_{p-1}(A)$ 是 A 的一个 $(p-1)$ 次多项式. 从方程(36.1), 对 $s = 1, \cdots, p-1$, 我们看出 $g_{p-1}(A) c_1$ 可以表示为 $b_p, \cdots, b_1$ 的线性组合, 因此也是 $c_p, \cdots, c_1$ 的线性组合. 我们可以写

$$
b_{p+1} = \sum_{i=1}^{p} t_i c_i. \tag{36.3}
$$

因为 b_{p+1} 与 $c_p^{*}, \cdots, c_1^{*}$ 正交, 我们有

$$
0 = t_i (c_i^{*})^T c_i, \quad \text{即} \quad t_i = 0 (i = 1, \cdots, p). \tag{36.4}
$$

至此, 我们的证明全部完成.

由此推论: 如果 A 是减次的, 必定过早出现 b_i 为零. 类似地, b_i^{*} 也是这样.

数值例子

37. 我们要着重指出某个 $c_i^T c_i^*$ 为零，并不说明矩阵 A 有任何缺陷。即使 A 的特征问题是良态的，这种情况也会发生。我们不能不认为这是 Lanczos 方法本身的一个特殊弱点。

表 4

$$A = \begin{bmatrix} 5 & 1 & -1 \\ -5 & 0 & 1 \\ 1 & 0 & 1 \end{bmatrix} \qquad c_1 = \begin{bmatrix} 0.6 \\ -1.4 \\ 0.3 \end{bmatrix} \qquad c_1^* = \begin{bmatrix} 0.6 \\ 0.3 \\ -0.1 \end{bmatrix}$$

$$c_2 = \frac{1}{3}\begin{bmatrix} 1.5 \\ -2.5 \\ 1.5 \end{bmatrix} \qquad c_2^* = \frac{1}{3}\begin{bmatrix} 1.8 \\ 1.6 \\ -0.8 \end{bmatrix} \qquad c_2^T c_2^* = 0$$

在表 4 中，我们给出一个有这类中断的例子。由于使用规范化因子引进了舍入误差，我们令所有 r_i，r_i^* 为 1，因而所有阶段中都有 $c_i = b_i$，$c_i^* = b_i^*$。量 $c_2^T c_2^*$ 是准确的零，显然不管用了什么比例因子，假如没有舍入误差的话，它仍然是零。对于没有小整系数的矩阵，如果我们用随机分量产生初始向量，那么 $c_i^T c_i^*$ 准确地为零是极其罕见的。

实际的 Lanczos 方法

38. 如果实际计算中，用(35.8)至(35.13)式执行 Lanczos 方法，那么两个序列 C_i 和 C_i^* 的双正交性通常很快就丧失。一旦形成向量 b_i 或 b_i^* 时发生大量的相约，正交性立刻就严重地变坏。为了避免这种损失，在每一个阶段都要执行再正交化是实质性的。一个方便的实际过程如下：

在每一阶段我们首先用下列式子计算 b_{r+1} 和 b_{r+1}^*.

$$b_{r+1} = Ac_r - \alpha_r c_r - \beta_r c_{r-1}, \qquad \alpha_r = (c_r^*)^T A c_r / (c_r^*)^T c_r,$$
$$\beta_r = (c_{r-1}^*)^T A c_r / (c_{r-1}^*)^T c_{r-1},$$
$$b_{r+1}^* = A^T c_r^* - \alpha_r c_r^* - \beta_r^* c_{r-1}^*, \qquad \alpha_r = c_r^T A^T c_r^* / (c_r^*)^T c_r,$$
$$\beta_r^* = (c_{r-1})^T A^T c_r^* / (c_{r-1}^*)^T c_{r-1}.$$

(38.1)

独立地确定 α_i 的两个值是有好处的，它可作为计算的检查，然后我们从下述关系计算 c_{r+1} 和 c_{r+1}^*.

$$\gamma_{r+1} c_{r+1} = \overline{b}_{r+1} = b_{r+1} - \varepsilon_{r1} c_1 - \varepsilon_{r2} c_2 - \cdots - \varepsilon_{rr} c_r$$

$$\gamma_{r+1}^* c_{r+1}^* = \overline{b}_{r+1}^* = b_{r+1}^* - \varepsilon_{r1}^* c_1^* - \varepsilon_{r2}^* c_2^* - \cdots - \varepsilon_{rr}^* c_r^*,$$

$$\tag{38.2}$$

其中

$$\varepsilon_{ri} = (c_i^*)^{\mathrm{T}} b_{r+1} / (c_i^*)^{\mathrm{T}} c_i, \quad \varepsilon_{ri}^* = c_i^{\mathrm{T}} b_{r+1}^* / c_i^{\mathrm{T}} c_i^*. \tag{38.3}$$

换句话说，b_{r+1} 是对 $c_1^*, \cdots, c_r^*$ 再正交化和 b_{r+1}^* 对 $c_1, \cdots, c_r$ 再正交化。自然这是逐步执行的，每个修正量计算出之后就立刻被减去。不能过份强调再正交化不会产生用更精确的计算可能得到的向量和不良影响。

值得注意的是，b_{r+1} 关于 c_{r-1}^* 和 c_r^* 再次作正交化与关于 c_1^*, $\cdots, c_{r-2}^*$ 重新作正交化是一样重要，这是因为必须再正交化的原因是相约而不是舍入误差。我们可以方便地选择因子 γ_{r+1} 和 γ_{r+1}^* 是 2 的幂，使得 $|c_{r+1}|$ 和 $|c_{r+1}^*|$ 的极大元素落在区间 $\left(\dfrac{1}{2}, 1\right)$ 中，这样做不产生舍入误差。如果用浮点计算，这些规范化因子好像没有意义，但是要找到所得的三对角矩阵（第五章 §67）的特征向量时，它们就显得重要。

我们知道，在任何阶段，如果 $c_i^{\mathrm{T}} c_i^* = 0$，那么在理论上过程将要中断，因此我们不妨设想如果 $c_i^{\mathrm{T}} c_i^*$ 中，数值过程是不稳定的。（我们这里假定 c_i 和 c_i^* 是规范化的。）如果所有的 $c_i^{\mathrm{T}} c_i^*$ 的数量级都是 1 ，那么我们可以证明对于规范化的矩阵 A，(35.5) 产生

$$AC = CT + O(2^{-t}), \tag{38.4}$$

其中 T 是三对角矩阵，其元素是

$$t_{ii} = \alpha_i, \quad t_{i,i+1} = \beta_{i+1}, \quad t_{i+1,i} = \gamma_{i+1}. \tag{38.5}$$

人们也许认为，我们应该用 $(T + F)$ 代替 T，这里 F 是由 ε_{ii} 形成的矩阵，$(T + F)$ 是上 Hessenberg 型，在它的三对角线以外都是小元素。这样做毫无意义，因为 F 的贡献已经被 $O(2^{-t})$ 项包括了。$O(2^{-t})$ 的精确的界依赖于使用的运算类型。

然而，如果对某个 i 有

$$c_i^T c_i^* \approx 2^{-p} \quad (p \text{ 是正整数}), \tag{38.6}$$

我们发现，通常有

$$AC = CT + O(2^{2p-t}). \tag{38.7}$$

因此，和 A 的稳定变换相比，一般要损失精度 $2p$ 位以上．

数值例子

39. 表 5 的例子很好地说明了不稳定的本质．为简单起见，在例子中我们取 c_1 和 c_1^* 几乎正交(实际上，取 $c_1 = c_1^*$ 能避免第一步发生中断)．应用高精度执行了计算，因此给出的值全部数字都是正确的．为了说明我们的观点，我们取了 r_i 和 r_i^* 都是 1．因此，β_i 和 β_i^* 相等．

注意，如果我们用 ε 表示 $c_1^T c_1^*$，那么 α_1 和 α_2 都是 ε^{-1} 数量级并且几乎相等，但是符号相反，而 β_2 是 ε^{-2} 数量级．通过相当冗长的分析可以证明，一般情况下，如果 $c_r^T c_r^* = \varepsilon$，那么 α_r 和 α_{r+1} 是 $\|A\|/\varepsilon$ 数量级，β_{r+1} 是 $\|A\|^2/\varepsilon^2$ 数量级，β_{r+2} 是 $\|A\|^2\varepsilon$ 数量级(表 5 的例中，我们 ε 的值要取得远小于 2^{-9}，最后的结果才会变得明显)．小的 $c_r^T c_r^*$ 引起一阵急剧的变化，然后又平息下来，除

表 5

	A			c_1	c_1^*	
$\begin{bmatrix} 4 & 1 & 3 & 2 \\ 2 & 1 & 2 & 5 \\ 1 & 3 & 3 & 4 \\ 4 & 1 & 2 & 1 \end{bmatrix}$				$\begin{bmatrix} 1 \\ 2^{-10} \\ 0 \\ 0 \end{bmatrix}$	$\begin{bmatrix} 2^{-10} \\ 1 \\ 0 \\ 0 \end{bmatrix}$	$c_1^T c_1^* = 2^{-9}$

$$T = \begin{bmatrix} 1026.5005 & -1037297.7 & & \\ 1 & -1010.3982 & -1.1047112 & \\ & 1 & -8.7263879 & 1.0358765 \\ & & 1 & 1.6241315 \end{bmatrix}$$

$$\tilde{T} = \begin{bmatrix} 1026.5005 & -1037.2977 & & \\ 1000 & -1010.3982 & -1.1047112 & \\ & 1 & -8.7263879 & 1.0358765 \\ & & 1 & 1.6241315 \end{bmatrix}$$

非后来又遇到小的 $c_i^T c_i^*$。但是，如果又发生小 $c_i^T c_i^*$，这是独立的事件。

现在我们可以立刻看出，为什么 2^{-p} 量级的 $c_i^T c_i^*$ 值具有方程 (38.7) 指明的效果。例如，我们只考虑二阶矩阵，并且得到 α_1，α_2 和 β_2 的正确地舍入的值。于是计算的矩阵可表示为

$$\begin{bmatrix} \alpha_1(1+\varepsilon_1) & \beta_2(1+\varepsilon_2) \\ 1 & \alpha_2(1+\varepsilon_3) \end{bmatrix}, \quad |\varepsilon_i| \leqslant 2^{-t}, \quad (39.1)$$

其中 α_i 和 β_i 是对应准确计算的值。在 (39.1) 中的矩阵的特征多项式是

$$\lambda^2 - \lambda[\alpha_1(1+\varepsilon_1) + \alpha_2(1+\varepsilon_3)] + \alpha_1\alpha_2(1+\varepsilon_1)(1+\varepsilon_3)$$
$$- \beta_2(1+\varepsilon_2). \quad (39.2)$$

因此，在常数项中的误差是

$$\alpha_1\alpha_2(\varepsilon_1 + \varepsilon_3 + \varepsilon_1\varepsilon_3) - \beta_2\varepsilon_2. \quad (39.3)$$

我们已经看出，α_1 和 α_2 是 2^p 阶，β_2 是 2^{2p} 阶。没有理由认为在 (39.3) 中会发生两项相消。一般，它们不相约，在这个例子中附带说明了在以前各步误差的放大不会产生什么困难。

在表 5 的例中，如果我们用通常的比例因子，得到矩阵 $\tilde{T}$ 而不是 T，但是我们的论证并不因此而改变，这"损失"仍然与 2^{2p} 而不是与 2^p 成比例。

用双精度（60 位二进位）的 Lanczos 方法和不同的 p 值的初始向量

$$c_1^T = (1, 2^{-p}, 0, 0), \quad (c_1^*)^T = (2^{-p}, 1, 0, 0)$$

解同一个矩阵的问题，随着 p 的增加，计算的 T 的特征值与 A 的偏离愈来愈大，到 $p = 30$ 时，它们没有相同的数字。由此确认我们的分析是正确的，量 $\alpha_1, \alpha_2, \beta_2, \beta_3$ 的数量级的变化情况与本节指出的一致。

非对称的 Lanczos 方法的总评述

40. 虽然 Lanczos 方法已提供我们一个三对角矩阵，原数据被压缩到令人十分满意的程度，但是我们要用数值稳定性付出巨大

的代价．因为 Lanczos 方法的潜在的不稳定性，我们已经用双精度运算编制 Lanczos 方法的程序，并且对于规范化的 c_i 和 c_i^* 设置了关值，用它来判定 $|c_i^T c_i^*|$ 的量是否可以接受．如果这个内积的模小于 $2^{-\frac{1}{2}t}$，那么就用不同的初始向量重新开始作．虽然重新开始作的情况很少发生，但是 $c_i^T c_i^*$ 的值是适中的小却是很平常的，这表明希望计算结果准确，用单精度运算是不够的．

假如算法中包括重新正交化，总的乘法量约是 $4n^3$，同时由于始终用双精度计算，运算量是很大的．注意到原矩阵不必用双精度表示，因此形成 Ac_i 和 $A^T c_i^*$（包含 $2n^3$ 次乘法）时，我们仅仅需要 A 的单精度元素与 c_i 和 c_i^* 双精度元素相乘．在 §49 中我们要说明有另外的方法，关于稳定性方面，它与 Lanczos 方法等价，但这方法需要的工作量少得多．因此，我们不再进一步讨论非对称的 Lanczos 方法．

对称的 Lanczos 方法

41. 当 A 是实对称矩阵时，我们取 $c_1 = c_1^*$，于是两个向量序列相同．另外，如果在每一阶段我们选择 r_{r+1} 使得 $\|c_{r+1}\|_2 = 1$，我们可以看出对称的 Lanczos 方法和对称的 Arnoldi 方法相同，对称的和非对称的 Lanczos 方法，再正交化都同样重要，但是对称的方法只需要一半的计算量．然而，如同我们对于 Arnoldi 方法所指出的，通常不会有 $c_i^T c_i^* = 0$，因为我们从规范化有 $c_i^T c_i^* = \|c_i\|_2^2 = 1$.

如果我们把再正交化包括进来，对称的 Lanczos 方法的数值稳定性和对称的 Givens 方法或 Householder 方法一样好，但是 Householder 方法运算量节省得多．如果初始向量完全欠缺或几乎完全欠缺某些特征向量的成分，也不影响精确度，但是这种情况下再正交化特别重要．如果我们取 $c_1 = e_1$，那么如果用准确的计算，Lanczos 方法给出的三对角矩阵与 Givens 和 Householder 方法给出的除了符号之外完全相同．难以想像有什么理由说明，应该优先采用 Lanczos 方法，而不是 Householder 方法．

我们假定在每一阶段选取规范化因子 r_r 使 $\|c_r\|_2^2 = 1$，这使得这个方法与别的方法特别紧密相关．可是它没有其他用处并且必须用平方根．实际上，比较简单的办法是选取 r_r 为 2 的幂使得 $|c_r|$ 的最大元素落在 $\frac{1}{2}$ 和 1 之间．对于准确的计算，所有的 β_r 是非负的，因为从(35.12)有

$$\beta_r = r_r c_r^T c_r / c_{r-1}^T c_{r-1} = r_r \|c_r\|^2 / \|c_{r-1}\|^2. \tag{41.1}$$

可是 β_r 不是这样计算的，因此计算的 β_r 可能是个小的负数．在这种情况下，T 不是拟对称的（第五章 §66）．在计算 T 的特征值时应该用零代替这样的 β_r．

化 Hessenberg 矩阵为更压缩的形式

42. 我们已经看到，有许多十分稳定的方法把一般矩阵约化为 Hessenberg 型．本章的余下部分叙述有关 Hessenberg 矩阵进一步约化为某种更压缩的形式．我们将讨论两种这样的形式，即三对角型和 Frobenius 型．我们已提过非对称 Lanczos 方法产生三对角型矩阵，但是要冒数值不稳定的风险．我们会发现，对本章余下部分要讨论的所有方法，一般来说都是如此．

化下 Hessenberg 矩阵为三对角型

43. 首先让我们研究 §11 的方法应用于一个下 Hessenberg 型矩阵 A．现在，我们不考虑交换问题，因此，我们要求单位下三角矩阵 N，其第一列是 e_1，使得

$$AN = NH, \tag{43.1}$$

其中 H 是上 Hessenberg 型．我们证明，在这种情况下 H 必定是三对角型．我们仅需证明 $h_{ir} = 0$ $(r > i + 1)$，因为已知 H 是上 Hessenberg 型．

逐次对(43.1)两边第 r 列的元素列等式．由于 A 是下 Hessenberg 型，N 是下三角型，因此当 $i < r - 1$ 时，AN 的 (i, r) 元素都是零，因此我们依次有

$$0 = h_{1r},$$
$$0 = h_{2r},$$
$$0 = n_{32}h_{2r} + h_{3r} = h_{3r},$$
$$0 = n_{42}h_{2r} + n_{43}h_{3r} + h_{4r} = h_{4r}, \tag{43.2}$$
$$\cdots\cdots$$
$$0 = n_{r-2,2}h_{2r} + n_{r-2,3}h_{3r} + \cdots + h_{r-1,r} = h_{r-1,r}.$$

至此,证明完毕.

上述证明中,N 的第一列是 e_1 不是本质的. 如果我们指定 N 的第一列是第一个元素为 1 的任何向量,那么在 (43.2) 中除了第一个方程外我们仅引入一项 $n_{i1}h_{1r}$. 整个 N 和 H 被确定了,H 仍然是三对角型.

对于 H 的第 r 列的非零元素,我们有

$$a_{r-1,r} = h_{r-1,r},$$
$$a_{rr} + a_{r,r+1}n_{r+1,r} = n_{r,r-1}h_{r-1,r} + h_{rr},$$
$$a_{r+1,r} + a_{r+1,r+1}n_{r+1,r} + a_{r+1,r+2}n_{r+2,r} = n_{r+1,r-1}h_{r-1,r},$$
$$+ n_{r+1,r}h_{rr} + h_{r+1,r}, \tag{43.3}$$

而对于 N 的第 $(r+1)$ 列的非零元素,我们有

$$a_{ir} + a_{i,r+1}n_{r+1,r} + a_{i,r+2}n_{r+2,r} + \cdots + a_{i,r+1}n_{i+1,r}$$
$$= n_{i,r-1}h_{r-1,r} + n_{ir}h_{rr} + n_{i,r+1}h_{r+1,r} \ (i = r+2, \cdots, n), \tag{43.4}$$

如果某一个下标大于 n,那么对应的项被略去. 内积可以象 §11 那样累加,但是因为 A,H 有特殊形式使关系式简化了. 在全过程中约有 $\frac{1}{6}n^3$ 次乘法.

使用交换

44. 我们用 §11 的而不是 §8 的思想来叙述了这个方法,因为前者的舍入误差方面比较理想. 对于讨论交换问题回到 §8 的叙述方法更方便一些. 当 A_0 是下 Hessenberg 型时,如果没有交

换，A_{r-1} 的形式用 $n = 6$，$r = 3$ 为例表明如下．

$$\begin{bmatrix} \times & \times & & & & \\ \times & \times & \times & & & \\ 0 & \times & \times & \times & & \\ 0 & 0 & \times & \times & \times & \\ 0 & 0 & \underline{\times} & \times & \times & \times \\ 0 & 0 & \underline{\times} & \times & \times & \times \end{bmatrix}. \tag{44.1}$$

第 r 步如下．对于 i 从 $r + 2$ 到 n 执行 (i) 和 (ii)：

(i) 计算 $n_{i,r+1} = a_{ir}/a_{r+1,r}$．

(ii) 第 i 行减去 $n_{i,r+1} \times$ 第 $r + 1$ 行(注意，第 $r + 1$ 行除 $a_{r+1,r}$ 外只有两个非零元素)．

(iii) 对于 i 从 $r + 2$ 到 n，把 $n_{i,r+1} \times$ 第 i 列加到第 $r + 1$ 列上．

显然，第 r 步不破坏 A_0 原有的零元素以及以前各步引入的零元素．

可是，如果 $a_{r+1,r} = 0$ 并且对某个 i，$a_{ir} \neq 0$，这个过程在第 r 步就中断．通常我们通过交换来避免这类中断，但是如果我们按通常的方式交换第 $r + 1$ 行与第 $(r + 1)'$ 行，第 $r + 1$ 列与第 $(r + 1)'$ 列，那么将破坏对角线以上的零元素结构．交换与保持原来的下 Hessenberg 型互相矛盾．我们有的选择自由仅仅是在开始化三对角型之前用 N_1 型的矩阵执行一个相似变换．如果出现中断，我们可以重新开始，希望应用这样的变换之后不再发生中断．在 §51 我们指明，怎样能够稍为改善这种相当杂乱的过程．

因为不允许交换，如果我们希望得到三对角矩阵，就有数值不稳定的明显的危险．如果在任一阶段，$|a_{r+1,r}|$ 比各个 $|a_{ir}|$ $(i = r + 2, \cdots, n)$ 小得多，那么对应的 $|n_{i,r+1}|$ 将比 1 大得多．

容易看出，使用平面旋转或初等 Hermite 矩阵也破坏下 Hessenberg 型的结构．因此，不存在和我们已描述的使用正交矩阵的方法类似的简单方法．一般来说，我们发现，当用初等矩阵技术时不允许作"稳定化"，就不存在相应的正交矩阵技术。

小主元素的影响

45. 我们现在详细地研究第 r 步开始时出现小主元素 $a_{r+1,r}^{(r-1)}$ 的影响。为方便起见，我们用 ε 表示这个元素，用 x_i, y_i, z_i 分别表示有关的第 r，$r+1$，$r+2$ 列的元素，当 $n=7, r=3$ 时有关的矩阵是

$$\begin{bmatrix} \times & \times & & & & & \\ \times & \times & \times & & & & \\ 0 & \times & \times & \times & & & \\ 0 & 0 & \varepsilon & y_4 & z_4 & & \\ 0 & 0 & x_5 & y_5 & z_5 & \times & \\ 0 & 0 & x_6 & y_6 & z_6 & \times & \times \\ 0 & 0 & x_7 & y_7 & z_7 & \times & \times \end{bmatrix}. \tag{45.1}$$

对于第 r 个变换只有这些列被改变，考虑已修改的元素的渐近性质，我们有

$$a_{r+1,r+1}^{(r)} = x_{r+2}z_{r+1}/\varepsilon + O(1)$$

$$a_{i,r+1}^{(r)} = -x_i x_{r+2}z_{r+1}/\varepsilon^2 + O\left(\frac{1}{\varepsilon}\right) \quad (i = r+2, \cdots, n),$$

$$a_{i,r+2}^{(r)} = -x_i z_{r+1}/\varepsilon + O(1) \quad (i = r+2, \cdots, n). \tag{45.2}$$

注意，新的第 $(r+1)$ 列和第 $(r+2)$ 列的对应元素大致成固定的比例。通常下一步的乘数给定为

$$n_{i,r+2} = a_{i,r+1}^{(r)}/a_{r+2,r+1}^{(r)} = x_i/x_{r+2} + O(\varepsilon), \tag{45.3}$$

因此它是 1 数量级的。当用 N_{r+2} 左乘 $A^{(r)}$ 时，第 $(r+2)$ 列的第 i 个元素变为

$$\begin{aligned} a_{i,r+2}^{(r)} - n_{i,r+2}a_{r+2,r+2}^{(r)} &= -x_i z_{r+1}/\varepsilon + O(1) - [x_i/x_{r+2} + O(\varepsilon)] \\ &\quad \times [-x_{r+2}z_{r+1}/\varepsilon + O(1)] \\ &= O(1). \end{aligned} \tag{45.4}$$

这个简单的分析低估了用矩阵 N_{r+2} 作相似变换产生的相约的严

重性. 更精密的分析证明

$$a_{r,r+2}^{(r+1)} = O(\varepsilon). \qquad (45.5)$$

可是，矩阵 N_{r+3} 是绝不例外的（除非独立的另一个不稳定性发生），同时不稳定性消失掉. 在最后的三对角矩阵中，它的主要影响是在第 $(r+1)$，$(r+2)$，$(r+3)$ 行，其中元素的数量级是:

第 $(r+1)$ 行 ε A/ε B

第 $(r+2)$ 行 $C/\varepsilon^2 - A/\varepsilon$ D (45.6)

第 $(r+3)$ 行 $E\varepsilon$ F G

这里 A，B，$\cdots$ 是 $\|A\|$ 的数量级的，并且

$$A^2 \approx -BC. \qquad (45.7)$$

    注意，在最后的矩阵里特殊元素的分布，是在 Lanczos 方法中当 $c_{r+1}^{T}c_{r+1}^{*} = \varepsilon$ 时我们观察到的分布的反影. 在 §48 中我们将说明为什么会有这个紧密的关系存在.

误差分析

46. Wilkinson (1962a) 已经给出关于约化矩阵为三对角型的十分详细的误差分析，我们在这里只介绍已取得的结果. 在这些分析中存在一个小困难. 在 §14 我们已经看出，即使对一般矩阵约化为 Hessenberg 型，如果允许交换要无条件地保证稳定性是不可能的. 从上 Hessenberg 型化为三对角型的约化中，即使在所有的乘子碰巧都是 1 的数量级的有利的情况下也会发生同样的问题.显然，这不是现在争论的问题.现在我们关心的是，与大乘子联系在一起的小主元素导致的特有的误差. 在 Wilkinson(1962a) 的分析中，忽略了任何放大的影响，这种影响可能来自用一系列 N_r 和 N_r^{-1} 带正常舍入误差的右乘，其中 N_r，N_r^{-1} 的元素都是 1 的数量级. 在这种情况下有下述结果.

    当有一个不稳定的阶段，产生了一个 2^k 数量级的乘子，那么在原矩阵 A 的某些元素上的等价摄动是 2^{2k-t} 数量级的. 一般而言，这导致特征值的摄动也是 2^{2k-t} 的数量级. 如果我们希望得到的结果与没有不稳定阶段的约化所得的结果相当，那么我们必须

用 $t + 2k$ 位而不是 t 位作运算. 向后分析证明, 只是有限部分计算必须用这些额外的位数, 可是在自动计算机上想利用这个特点取得好处是很不方便的, 这也十分清楚地说明了在不稳定阶段之前已有的误差影响不会被大乘子放大.

以 $n = 6$, 在第二阶段有不稳性的情况为例, 最后得到的三对角矩阵 T 的元素的量级是

$$|T| = \begin{bmatrix} 1 & 1 & & & & \\ 1 & 1 & 1 & & & \\ & 2^{-k} & 2^{k} & 1 & & \\ & & 2^{2k} & 2^{k} & 1 & \\ & & & 2^{-k} & 1 & 1 \\ & & & & 1 & 1 \end{bmatrix}. \quad (46.1)$$

对应于 A 的良态的特征值, T 的左、右特征向量 x, y 的元素的数量级分别是

$$(1, 1, 2^{k}, 1, 1, 1,) \quad (46.2)$$

和

$$(1, 1, 1, 2^{k}, 1, 1), \quad (46.3)$$

其中向量被规范化为 $y^{\mathrm{T}}x$ 是 1 的量级. 对应的条件数是 2^{2k} 量级, 因此问题已发生严重恶化. 可是, 这只是一个假象, 因为 T 是没有平衡好的. 我们可以用对角相似变换把它变换成矩阵 $\tilde{T}$, 其元素的量级为

$$|\tilde{T}| = \begin{bmatrix} 1 & 1 & & & & \\ 1 & 1 & 1 & & & \\ & 2^{-k} & 2^{k} & 2^{k} & & \\ & & 2^{k} & 2^{k} & 2^{-k} & \\ & & & 1 & 1 & 1 \\ & & & & 1 & 1 \end{bmatrix}. \quad (46.4)$$

为了避免舍入误差, 对角矩阵的元素可用 2 的幂. 对应的 y 和 x 仍然使 $y^{\mathrm{T}}x$ 是 1 量级的, 那么其分量的量级分别是

$$(1, 1, 2^{k}, 2^{k}, 1, 1) \quad (46.5)$$

和
$$(1, 1, 1, 1, 1, 1), \qquad (46.6)$$
现在条件数是 2^k 数量级. 尽管如此, 为计算 T 或 $\tilde{T}$ 的特征值, 人们一般必须比对没有不稳定阶段的过程得到的三对角矩阵多用 $2k$ 位作计算.

这些结果表明, 如果我们准备用双精度运算, 那么下述两个方法之一可以采用.

(i) 我们可以接受数量级高至 $2^{-\frac{1}{2}t}$ 的乘子, 如果没有发生多次不稳定 (见 Wilkinson, 1962a), 这个误差等价于在 A 上不大于 $2^{-2t} \times (2^{\frac{1}{2}t})^2$, 即 2^{-t} 的摄动. 如果乘子超过这个限值, 我们就回到矩阵 A, 用某个矩阵 N_1 执行初始的相似变换然后重复这约化过程.

(ii) 如果我们不转回开始阶段重作, 那么我们必须用 $2^{-2t/3}$ 代替所有小于 $2^{-2t/3}$ 的主元素. 这样的代替产生的误差是这 $2^{-2t/3}$ 数量级的本身, 而从以后的约化过程中产生的误差是 $2^{-2t} \times (2^{t/3})^2$ 的数量级, 即 $2^{-2t/3}$ 量级. 所以, 这是最优的选择. 值得注意的是, 如果我们准备用三倍位精度运算, 对应的限值是 2^{-t}, 而 A 的等价摄动的数量级不大于 2^{-t}.

应用于下 Hessenberg 型的 Hessenberg 方法

47. 在 §30 中我们指出, 如果取 §26 的 $X = I$, Hessenberg 方法和不交换的直接约化方法相同, 甚至连舍入误差都一样. 因为在一般情况下, 这是正确的, 因此对于特殊情况, 初始矩阵是下 Hessenberg 型时结论也是正确的. 我们尽管有这种关系, 用 Hessenberg 方法再次描述约化过程是有好处的.

第 r 步开始时, 我们已计算了 $c_1, c_2, \cdots, c_r, c_i$ 的前 $(i-1)$ 个主元素是零, 第 i 个元素是 1. 第 r 步用下述关系计算 c_{r+1},
$$k_{r+1}c_{r+1} = Ac_r - h_{1r}c_1 - h_{2r}c_2 - \cdots - h_{rr}c_r, \qquad (47.1)$$
我们选定 h_{ir} 使得 c_{r+1} 与 $c_1, \cdots, c_r$ 正交. 既然 A 是下 Hessenberg 型, 因此 Ac_r 的前 $(r-2)$ 个元素是零. 它已经和 $c_1, \cdots, c_{r-2}$

正交，因此 $h_{ir} = 0$ $(i = 1, \cdots, r - 2)$. 若不考虑因子 k_{r+1}, c_{r+1} 是由 Ac_r 减去 $h_{r-1,r}$ 乘 c_{r-1} 及 h_{rr} 乘 c_r 得出，因而使第 $(r - 1)$ 和第 r 个元素化为零。我们选取因子 k_{r+1} 使 c_{r+1} 的第 $r + 1$ 元素为 1。显然，矩阵 H 是三对角型。当 (47.1) 右边的向量不是零，但是第 $r + 1$ 个元素是零，过程就中断。如果整个向量是零，c_{r+1} 可以取成第 $r + 1$ 个元素等于 1，并且与 $c_1, c_2, \cdots, c_r$ 正交的任何向量。

如果 $c_1 = e_1$，向量 c_i 与 §§43, 44 的矩阵 N 的列恒等。根据 §44，取 c_1 为第一分量是 1 的任何其他向量是等价于多加一个初始变换 $N_1 A N_1^{-1}$，其中 N_1^{-1} 的第 1 列是 c_1。

Hessenberg 方法与 Lanczos 方法的关系

48. 现在我们进一步证明，当 A 是下 Hessenberg 型时，Hessenberg 方法与 Lanczos 方法有着密切的关系。

我们首先证明，如果在 Lanczos 方法中我们取 $c_1^* = e_1$，那么向量 c_i^* 形成一个上三角形矩阵的列，并且这与 c_1 的选择无关。假定这个结论直到 c_r^* 是正确的，我们有

$$r_{r+1}^* c_{r+1}^* = A^{\mathrm{T}} c_r^* - \alpha_r c_r^* - \beta_r^* c_{r-1}^*. \qquad (48.1)$$

因为 A^{T} 是上 Hessenberg 型，从我们对 c_r^* 的归纳法假定，$A^{\mathrm{T}} c_r$ 的第 $r + 2, \cdots, n$ 个分量是零。因此，无论 α_r 与 β_r^* 取什么样的值，在向量 c_{r+1}^* 的这些位置上所有元素都是零，这正是我们要证明的结论。

我们可以用这个结果证明向量 c_i 是下三角形矩阵的列。根据 §34，对任何上三角形矩阵的列作正交化和对 I 的列作正交化产生一样的结果，并且正交化并不需要用到这个上三角形矩阵的元素。

因为用 $X = I$ 代替 $X = C^*$ 得到的结果相同，因此 Lanczos 方法不必计算 c_i^* 就能得到向量 c_i 和 α_i, β_i。现在我们已建立了 Lanczos 向量与 Hessenberg 向量的恒等性。在这种特殊情况下 Lanczos 方法不需要再正交化，因为当 X 是上三角型时，准确的正

交性是自然地达到的，如果进一步有 $c_1 = e_1$，那么 Hessenberg 方法和 Lanczos 方法给出的结果与 §43 的方法给出的相同。

现在我们看到，§43 的过程中出现小主元素导致三对角矩阵具有和 §39 的 Lanczos 过程中出现小的 $c_i^T c_i^*$ 时，相同的性态是毫不奇怪的。前者只不过是 Lanczos 方法的普遍现象的一个特殊情况。

化一般矩阵为三对角型

49. §12 和 §43 的方法可以结合起来得到一个约化一般矩阵 A 为三对角型的方法。我们首先用 §12 的有交换的方法化 A 为上 Hessenberg 矩阵 H。除了非常特殊的情况之外，这是稳定的过程，并且我们可以以用单精度运算。因为 H^T 是下 Hessenberg 型的，现在我们可以用 §43 的方法（或 §47 的等价的方法）得到三对角矩阵 T，使得

$$H^TN = NT \quad \text{或} \quad N^TH = T^TN^T. \tag{49.1}$$

因此，矩阵 T^T，也是三对角型，是与 A 相似的。第二个变换的稳定性显然是差的，我们应该用双精度运算并且采取 §46 叙述的预防措施。总之，化矩阵为三对角型需要 $\dfrac{5}{6}n^3$ 次单精度乘法和 $\dfrac{1}{6}n^3$ 次双精度乘法。

我们用了 H^T 描述方法的第二部分，原因是十分明显的，但是因为 $N^T = M$ 是单位上三角形矩阵，它的第一行等于 e_1^T。用类似于 §43 的方法，其中行和列的作用对调，我们可以直接对 M, T 求解矩阵方程

$$MH = T^TM. \tag{49.2}$$

我们已尽力着重指出化矩阵为三对角型有潜在的不稳定性，但是我们不希望过分丧失信心。例如，在 ACE 上乘子接近限值 2^{-24}（$t = 48$）的情况是极其罕见的。当用双精度进行 H 的约化时，这部分的误差几乎总是远远小于用单精度约化 A 为 H 时产生的误差。上述的组合方法在实际计算中是十分有效的。

和 Lanczos 方法比较

50. 现在，§35 的 Lanczos 方法能使一般矩阵 A 直接化为三对角矩阵。可是这个方法必须计算 c_i 和 c_i^* 两个序列，并且再正交化是非做不可的。在过程的每一阶段都会出现不稳定性的危险，因此作为安全措施，在变换全程都使用双精度运算，总的乘法量是 $4n^3$。如果在某阶段 $c_i^T c_i^*$ 的值过分小，我们必须转到开头重作并且还有再失败的可能。§49 的组合方法至多只要回到 H。实际上，用 §49 的组合技术比 Lanczos 方法要好得多。至于前者的所有不稳定性，恰恰就是使用非对称的 Lanczos 方法引起的不稳定性。

化矩阵为三对角型的重新考察

51. 在 §44 我们指出，如果约化下 Hessenberg 型为三对角型的第 r 步发生中断，我们必须重新开始，并抱着不再发生中断的希望，对某 N_1 计算 $N_1 A N_1^{-1}$。如果我们考虑 Hessenberg 方法，我们可以得到关于选择 N_1 亦即选择 c_1 的某些指示。

注意，c_1 的前 $(2r+1)$ 个元素唯一地确定 c_i 的第 $1, \cdots,$ $2r+2-i$ 个元素 $(i=1, \cdots, r+1)$. 我们用 $r=3$ 的情况来说明.

$$
\begin{array}{cccc}
c_1 & c_2 & c_3 & c_4 \\
\times & 0 & 0 & 0 \\
\times & \times & 0 & 0 \\
\times & \times & \times & 0 \\
 & & & \ddots \\
\times & \times & \times & \times \\
 & & & \\
\times & \times & \times & \\
 & & & \\
\times & \times & & \\
 & & & \\
\times & & &
\end{array}
\tag{51.1}
$$

我们可以这样进行下去，先取 c_1 的第一个元素为 1，然后每次给它后面的两个元素赋值。如(51.1)所示，每当添加两个额外的元素，我们就可以计算尽可能多的 c_i 的元素。当计算 c_{r+1} 的第 $r+1$ 个元素时，如果出现严重的相约，我们就改变 c_1 的最后两个元素，因而每个 $c_i (i = 1, \cdots r + 1)$ 的最后两个元素也相应改变，这样作可以避免全部重作，但是这个办法不能处理发生于 $c_{\frac{1}{2}n}$ 之后的中断。这个方法还有一个弱点，c_{r+1} 的全部元素由于发生相约可能都是小的。如果这种情况真的发生，计算工作不需要重新作，但是很可惜，在计算 c_{r+1} 的第 $r+1$ 个元素的那一步，我们不知道它以后的任何元素。

鉴于这些缺点，我们必须把这些结果只作为深入了解影响选择 c_1 的因素，而不是作为形成实际方法的基础。

化上 Hessenberg 型为 Frobenius 型

52. 最后我们考虑化上 Hessenberg 型矩阵 H 为 Frobenius 型 (第一章 §11~§14)。我们用 k_{r+1} 表示下次对角线元素 $h_{r+1,r}$，并假定 $k_i \neq 0 (i = 2, \cdots, n)$。事实上，如果 $k_{r+1} = 0$，我们可以写 H 为

$$H = \begin{bmatrix} H_r & B_r \\ O & H_{n-r} \end{bmatrix}, \tag{52.1}$$

其中 H_r 和 H_{n-r} 是上 Hessenberg 型。因此，

$$\det (H - \lambda I) = \det (H_r - \lambda I) \det (H_{n-r} - \lambda I). \tag{52.2}$$

如果 $k_i \neq 0 (i = 2, \cdots, n)$，$H$ 不可能是减次的，因为对于任何 λ 值 $(H - \lambda I)$ 的秩至少是 $(n-1)$；另一方面，如果 H 是非减次的，却可以有许多 k_i 是零。在后一种情况，我们只计算较小的 Hessenberg 子矩阵的 Frobenius 型。我们得到特征多项式的因子化形式，这总是有好处的。

首先，我们假定 k_r 除了是非零之外再没有其他特点。约化过程由 $(n-1)$ 步组成，当 $n = 6$，$r = 4$，第 r 步开始时，矩阵的形

状是

$$r-1\left\{\begin{bmatrix} 0 & 0 & 0 & \times & \times & \times \\ k_2 & 0 & 0 & \times & \times & \times \\ & k_3 & 0 & \times & \times & \times \\ \hline & & k_4 & \times & \times & \times \\ & & & k_5 & \times & \times \\ & & & & k_6 & \times \end{bmatrix}\right..$$ (52.3)

下次对角线元素始终不变. 第 r 步的计算步骤如下:

对于 i 从 1 到 r 执行 (i), (ii):

(i) 计算 $n_{i,r+1} = h_{ir}/k_{r+1}$;

(ii) 第 i 行减去 $n_{i,r+1} \times$ 第 $(r+1)$ 行;

(iii) 对于 i 从 1 到 r, $k_{i+1}n_{i,r+1}$ 加到 $h_{i,r+1}$ 上, 这就完成了相似变换.

最后的矩阵 X 和它的对角相似变换 $F = D^{-1}XD$ 给定为

$$X = \begin{bmatrix} 0 & 0 & 0 & \cdots & 0 & x_0 \\ k_2 & 0 & 0 & \cdots & 0 & x_1 \\ & k_3 & 0 & \cdots & 0 & x_2 \\ & & \ddots & & & \vdots \\ & & & \ddots & k_n & x_{n-1} \end{bmatrix}, \quad F = \begin{bmatrix} 0 & 0 & 0 & \cdots & 0 & p_0 \\ 1 & 0 & 0 & \cdots & 0 & p_1 \\ & 1 & 0 & \cdots & 0 & p_2 \\ & & \ddots & & & \vdots \\ & & & \ddots & 1 & p_{n-1} \end{bmatrix},$$ (52.4)

其中 D 的元素是

$$1, k_2, k_2k_3, \cdots, k_2k_3\cdots k_n,$$ (52.5)

而 p_i 给定为

$$p_i = k_{2+i}k_{3+i}\cdots k_n x_i^*.$$ (52.6)

这个约化过程约有 $\dfrac{1}{6}n^3$ 次乘法.

---

* 原书误为 $k_2k_3\cdots k_{n-i}x_i$. ——译者注

小主元素的影响

53. 如果在某一步，$|k_{r+1}|$ 比 $|h_{ir}|$ 小得多，乘子 $n_{i,r+1}$ 就很大，我们能估计到有不稳定性。可是我们不能交换行、列，否则零元素的分布会被破坏。因此不存在以正交矩阵为基础的变换。事实上，我们通常不能用正交变换得到 Frobenius 标准型。

可以看出，小主元素的影响比化矩阵为三对角型的小主元素影响小一些。为了说明这一点，假定第 r 步的 k_{r+1} 是 ε，并且所有其它元素的量级都是 1。我们立刻看出，当 $n=5$，$r=3$ 时，这一步完成之后，有关元素的量级是

$$\begin{bmatrix} 0 & 0 & 0 & \varepsilon^{-1} & \varepsilon^{-1} \\ 1 & 0 & 0 & \varepsilon^{-1} & \varepsilon^{-1} \\ & 1 & 0 & \varepsilon^{-1} & \varepsilon^{-1} \\ & & \varepsilon & 1 & 1 \\ & & & 1 & 1 \end{bmatrix}. \tag{53.1}$$

这个矩阵没有 ε^{-2} 数量级的元素。事实上，即使出现 ε^{-1} 量级的元素也没有害处。如果我们对 (53.1) 的矩阵执行下一步，我们看出最后矩阵 X 和对应的 F 的元素的数量级是

$$X = \begin{bmatrix} 0 & 0 & 0 & 0 & \varepsilon^{-1} \\ 1 & 0 & 0 & 0 & \varepsilon^{-1} \\ & 1 & 0 & 0 & \varepsilon^{-1} \\ & & \varepsilon & 0 & 1 \\ & & & 1 & 1 \end{bmatrix}, \quad F = \begin{bmatrix} 0 & 0 & 0 & 0 & 1 \\ 1 & 0 & 0 & 0 & 1 \\ & 1 & 0 & 0 & 1 \\ & & & 1 & 0 & 1 \\ & & & 1 & 1 \end{bmatrix}, \tag{53.2}$$

F 中所有 ε^{-1} 数量级的元素都消失了！

数值例子

54. 上节的讨论似乎表明小主元素无害，实际计算的 Frobenius 型与准确计算的矩阵没有多大差别，表 6 中是一个简单的例子

表 6

$$H = \begin{bmatrix} 10^0(0.99995) & 10^{-5}(0.41325) \\ 10^{-5}(0.23125) & 10^1(0.10001) \end{bmatrix}$$

$$X = \begin{bmatrix} 0 & -10^6(0.43245) \\ 10^{-5}(0.23125) & 10^1(0.20000) \end{bmatrix} \quad F = \begin{bmatrix} 0 & 10^1(-0.10000) \\ 1 & 10^1(0.20000) \end{bmatrix}$$

$$正确的\ F = \begin{bmatrix} 0 & 10^1(-0.1000049\cdots) \\ 1 & 10^1(0.200005\cdots) \end{bmatrix}$$

我们看出,尽管计算 X 用的乘子是 10^9 的量级,计算的 F 确实是准确到运算精度. 可是,计算的 F 的特征值并不接近准确的 F,也就是 H 的特征值.产生这种困难的原因是,矩阵 F 的病态比 H 的严重得多. 因此, F 的元素中小的误差导致特征值的严重失真. 如果我们注意到原矩阵 H 的等价摄动就会立刻揭露出变换的不良后果. 事实上,如果 N 是计算的变换,我们可以验证

$$N^{-1}XN = \begin{bmatrix} 10^0(0.999948125) & 10^2(-0.1756873125) \\ 10^{-5}(0.23125) & 10^1(0.1000051875) \end{bmatrix}.$$

(54.1)

$(1,2)$ 元素有一个很大的摄动. 这个例子的 $k_2 = h_{21}$ 作为零更好,这样可以从两个小的 1×1 阶 Hessenberg 矩阵得到 H 的特征值.

关于稳定性的总评述

55. 在约化成 Frobenius 标准型过程中,我们发现条件数严重变坏是经常发生的. 事实上,所有非减次矩阵只要特征值相同,不管条件数是什么,都有同样的 Frobenius 标准型. 例如,考虑第五章 §45 的对称三对角矩阵 W_{21}^+. 因为它是对称的,并且它的特征值是明显分离的,所以它的特征值问题、特征向量问题都是良态的. 尽管如此,在第七章中我们将看到它对应的 Frobenius 标准型是十分病态的.

我们描述了化一般矩阵 A 为 Frobenius 型的两个阶段:

第 1 阶段:用稳定的初等变换化 A 为上 Hessenberg 型 H.

第 2 阶段:用不稳定的初等变换化 H 为 Frobenius 型 F.

这两个阶段中涉及的稳定性的考虑是很不相同的。 实际上，在第二阶段我们一般必须用较高的精度运算以保证这阶段产生的误差与第一阶段的一样小。

在 Danilewski（1937）的方法中，这两个阶段是结合在一起的。该方法有 $(n-1)$ 步，第 r 步用 S_{r+1} 型的矩阵（第一章 §40 (iv)）作相似变换使第 r 列的第 $1, \cdots, r, r+2, \cdots, n$ 元素为零。可以用交换保证 $|s_{i,r+1}|$ $(i=r+2, \cdots, n)$ 不大于 1，但是对其余的 $|s_{i,r+1}|$ 无法保证。Denilewski 方法的一般描述没有注意到方法的两个部分在数值稳定性方面的差别。

特殊的上 Hessenberg 型

56. 如果原来的 Hessenberg 型的 $k_i=1$ $(i=2, \cdots, n)$，§51 的化矩阵为 Frobenius 型的过程都大为简单. 此时，在约化过程中不需要作除法，并且矩阵 X 就是所求的型 F。

如果 Hessenberg 型 H 是从一般矩阵 A 导出来的，又拟接着化为 Frobenius 型，那么最好把 H 的下次对角线元素，除了必定是零的以外，都化成 1 这是能够做到的。只需在 §29 的 Hessenberg 过程中取 k_{r+1} 为 1；当 b_{r+1} 为零时则是例外，此时我们必须取 k_{r+1} 为零。

类似地，如果我们拟用 §11 的方法来讨论. 我们就从矩阵方程

$$AN = NH \tag{56.1}$$

求解 H 和 N，但现在是在 N 是下三角型（e_1 是它的第一列）而不是单位下三角型及 H 的下次对角线元素是 1 的条件下求解的。像在 §11 的情况一样，N, H 的元素可以逐列求得，现在每一个 N 的元素以一个内积形式给出，每个 H 的元素是 h_{ii}，不是 $h_{i+1,i}$，而是由一个内积除以 n_{ii} 得到的，这与 §11 的情况相反. 舍入误差和以前的一样小，交换可以像 §12 那样结合进来。此外，下次对角线元素为 1，在进一步化为 Frobenius 型时将大量减少舍入误差。

现在的公式导出的 Hessenberg 矩阵可以从 §§11, 12 的结果

经对角相似变换得到. 然而, 在后一种情况 H 的元素关于 A 的元素是线性的, 因为 N 的元素关于 a_{ii} 是零次的齐次的, 在现在的公式中 h_{ii} 是 $(j - i + 1)$ 次的. 在定点计算机上这是不利的. 假定我们用浮点, 如果 A 是平衡的, 并且 $\|A\|$ 与 1 相差很大, 我们发现 H 通常远不是平衡的. 用 §11, §12 的公式, 当下次对角线元素小时, 比如说, 小于 $2^{-t}\|A\|$ 时, 我们把它看作零, 因而划分 H 为两个较小的 Hessenberg 矩阵, 而用现在的公式, 我们却没有这样明确的准则可以利用.

直接确定特征多项式

57. 为了一致性和说明现在的方法与 Danilewski 方法的关系, 我们叙述了用相似变换确定 Frobenius 型. 可是, 由于我们化 Frobenius 型的计算采用的运算精度比化 Hessenberg 型的高, 因此 Hessenberg 矩阵占有的空间不足以存储由它产生的压缩型矩阵.

更直观的方法是直接推导 H 的特征多项式. 这多项式可以由递推关系得到. 我们逐次确定 H 的各个前主子矩阵 $H_r (r = 1, \cdots, r)$ 的特征多项式, 若记 r 阶子矩阵的特征多项式为 $p_r(\lambda)$, 那么按照它的第 r 列展开 $\det (H_r - \lambda I)$ 有

$$
\begin{aligned}
p_0(\lambda) &= 1, \quad p_1(\lambda) = h_{11} - \lambda, \\
p_r(\lambda) &= (h_{rr} - \lambda) p_{r-1}(\lambda) - h_{r-1,r} k_r p_{r-2}(\lambda) \\
&\quad + h_{r-2,r} k_r k_{r-1} p_{r-3}(\lambda) - \cdots \\
&\quad \cdots + (-1)^{r-1} h_{1r} k_r k_{r-1} \cdots k_2 p_0(\lambda)
\end{aligned}
\tag{57.1}
$$

为了导出 $p_r(\lambda)$ 的系数, 我们必须存储 $p_i(\lambda)$ 的系数 $(i = 1, \cdots, r - 1)$. 计算 $p_r(\lambda)$ 需要 $\frac{1}{2} r^2$ 次乘法, 因此计算 H 的特征多项式需要 $\frac{1}{6} n^3$ 次乘法, 这个运算量与用相似变换的相同. 如果我们决定计算双精度的 $p_n(\lambda)$, 每一个 $p_r(\lambda)$ 也必须是双精度的. 可是, 如果我们假定 H 的元素只是单精度的, 那么我们的乘法是单精度的数乘双精度的数.

如果某些 k_r 小, 甚至是零, 也没有特殊困难发生, 虽然后一种

情况划分为较低阶的 Hessenberg 矩阵更容易处理. 如果 k 是 1, 这个方法也稍为简单一些.

一般而言,约化矩阵为 Frobenius 型 (或计算特征方程) 远不如约化为三对角型令人满意. 许多矩阵, 其特征值分布看起来毫无危险性, 但是它的 Frobenius 型却是极其病态的. 双精度运算还不够的情况是很平常的. 在第七章我们将作较深入的讨论.

附注

虽然选主元素的问题在讨论 Gauss 消去法时已被广泛地研究了, 但主元素在相似变换中的作用相对来说被忽视了. 事实上, 它在那里的影响甚至更加重要. 如果 A 的初等因子是线性的, 我们对某个 X 有 $AX = X\Lambda$, 因此对于任何对角矩阵 D_1 和 D_2 有

$$(D_1 A D_1^{-1})D_1 X D_2 = D_1 X D_2 \Lambda$$

(矩阵 D_2 只是给特征向量引入比例因子). 我们希望选取 D_1 使得 $\kappa(D_1 X D_2)$ 尽可能小. 这个问题对应于矩阵求逆时矩阵平衡的问题. Bauer (1963) 曾对这个问题作了深入的讨论. 实际上, 这个困难是人们必须在确定 X 之前选择 D_1. 因此, 这个问题在某些方面比求逆矩阵需要的平衡更加困难. Osborne (1960) 根据他的经验讨论了这个问题. 和矩阵求逆的问题一样, 我们再次强调指出平衡的必要性并不与使用选主元素有特别的关系; 它的作用正像使用正交变换时同样重要.

虽然三角分解的紧凑方案已经长期被使用, 但 §11~§12 讨论的直接约化矩阵为 Hessenberg 型的方法似乎是新的, 1959 年在 ACE 上首次用了这方法 (包括结合交换行列), 计算用双精度运算, 内积用四倍位字长累加.

§26~§35 的广义 Hessenberg 方法的形式方面的讨论都是根据 Huseholder 和 Bauer (1959) 的文章. 讨论 Lanczos (1950) 方法的文章很多, 其中有以下著者的文章: Brooker 和 Sumner (1956), Causey 和 Gregory (1961), Gregory (1958), Roser 等 (1951), Rutishauser (1953) 和 Wilkinson (1958b). 一个可靠的

确定特征值和特征向量的自动化方法随着研究的深入慢慢地出现了. 这个算法的历史对于从事数值分析的学者特别有启发性. 到实际的过程被完全理解时, 它已被 §43 的方法所取代, 这是具有讽刺性的.

Bauer (1959) 已经给出化一般矩阵为三对角型的方法 的 一般性讨论. 在他的论文中, 描述的方法可能导出比我们论述过的更优越的算法.

第七章 压缩型矩阵的特征值

引言

1. 前一章中我们讨论了某些特殊型的矩阵,本章的目的是研究这些矩阵的特征值问题的解法. 现在用 A 表示这些特殊型的矩阵,我们需要计算定义为

$$f(z) = \det(A - zI) \tag{1.1}$$

的函数 $f(z)$ 的零点. 因为我们要计算的是多项式的零点,因此本章讨论的方法实质上都是迭代法.

本章讨论的各种方法的效果都取决于怎样计算 $f(z)$,可能还有某些导函数在一个趋向于零点的序列上的值. 各种方法的区别在于:

(i) 计算 $f(z)$ 及其导数的算法,

(ii) 逐项推导序列的过程,

(iii) 避免多次收敛于同一个零点的技术.

这些区别点中,第一个直接依赖于矩阵 A 的形式,第二和第三个几乎不依赖于矩阵的形式.

在所有方法中零点的最后定位依赖于零点的邻域中我们得到的计算值. 虽然,在这些邻域中,我们计算的 $f(z)$ 的精度是起决定性作用的. 因此,我们首先考虑有关的计算.

显式多项式形式

2. Frobenius 型是第六章讨论的特殊型矩阵 中 最 简 单 一 个,它给出显式的特征多项式或者以两个或两个以上显式的多项式给出的特征多项式的因式分解. z 的最高幂的系数是 1,因此我们考虑定义为

$$f(z) = z^n + a_{n-1}z^{n-1} + \cdots + a_0 \tag{2.1}$$

的 $f(z)$ 的计算. 最简单的计算方法是通常称作"嵌套乘法"的方法. 对于 $z = \alpha$,我们计算 $s_r(\alpha)$ $(r = n, \cdots, 0)$,$s_r(\alpha)$ 定义为

$$s_n(\alpha) = 1,\ s_r(\alpha) = \alpha s_{r+1}(\alpha) + a_r,\ (r = n-1, \cdots, 0), \quad (2.2)$$

显然我们有 $f(\alpha) = s_0(\alpha)$. 因为 $s_0(\alpha)$ 满足等式

$$s_0(\alpha) = \prod_{i=1}^{n} (\alpha - \lambda_i), \quad (2.3)$$

所以计算的值的范围可能很大,浮点运算是必需的.

计算的值满足关系

$$s_n(\alpha) = 1,$$
$$s_r(\alpha) = fl[\alpha s_{r+1}(\alpha) + a_r]$$
$$\equiv \alpha s_{r+1}(\alpha)(1 + \varepsilon_1) + a_r(1 + \varepsilon_2)\ (r = n-1, \cdots, 0),$$
$$\quad (2.4)$$

其中

$$|\varepsilon_1| < 2 \cdot 2^{-t_1}, \qquad |\varepsilon_2| < 2^{-t_1}. \quad (2.5)$$

合并这些结果,我们得到

$$s_0(\alpha) = (1 + E_n)\alpha^n + a_{n-1}(1 + E_{n-1})\alpha^{n-1} + \cdots + a_0(1 + E_0), \quad (2.6)$$

其中必定有

$$|E_r| < (2r + 1)2^{-t_1}. \quad (2.7)$$

因此,计算的 $s_0(\alpha)$ 的值是系数为 $a_r(1 + E_r)$ 的多项式在 $z = \alpha$ 上的准确值. 因此,尽管计算 $s_0(\alpha)$ 时可能发生许多相约,其误差可以解释为在系数中小的相对摄动的影响.

然而要注意,系数为 $a_r(1 + E_r)$ 的多项式不能给出其余的计算的 $s_r(\alpha)(r = 1, \cdots, n-1)$. 事实上,从(2.4)式我们有

$$s_r(\alpha) \equiv \alpha s_{r+1}(\alpha)(1 + \varepsilon_1) + a_r(1 + \varepsilon_2)$$
$$\equiv \alpha s_{r+1}(\alpha) + [a_r(1 + \varepsilon_2) + \alpha s_{r+1}(\alpha)\varepsilon_1], \quad (2.8)$$

这表明给出所有计算的 $s_r(\alpha)$ 的多项式的系数是 a_r',它定义为

$$a_r' = a_r(1 + \varepsilon_2) + \alpha s_{r+1}(\alpha)\varepsilon_1. \quad (2.9)$$

假如把 a_r 变为 a_r' 看作是小的相对摄动,那么对于所有 r,$\alpha s_{r+1}(\alpha)$

必定是与 a_r 同样数量级，或者是更小一些。对于许多多项式来说，这完全是不对的。可是如果所有零点 $\lambda_i(i = 1, \cdots, n)$ 都是实的并且是同号的，那么对任何一个零点的邻域内的 α，这些条件总是满足的。为了证明这一点，我们注意到

$$f(z) \equiv (z - \alpha) \sum_1^n s_r(\alpha) z^{r-1} + s_0(\alpha), \qquad (2.10)$$

从(2.1)我们有

$$a_r = \pm \Sigma \lambda_{i_1} \lambda_{i_2} \cdots \lambda_{i_{n-r}}. \qquad (2.11)$$

而在(2.10)中取 $\alpha = \lambda_k$，并注意到 $s_0(\lambda_k) = 0$，我们得到

$$s_r(\lambda_k) = \pm \Sigma \lambda_{i_1} \lambda_{i_2} \cdots \lambda_{i_{n-r}} \quad (\lambda_{i_j} \neq \lambda_k). \qquad (2.12)$$

这证明了 $s_r(\lambda_k)$ 是与 a_r 同号并且其绝对值不会更大。而由(2.2)，这意味着 $|\lambda_k s_{r+1}(\lambda_k)| \leqslant |a_r|$。因此，从(2.9)有

$$|a_r' - a_r| \leqslant |a_r \varepsilon_2| + |\lambda_k s_{r+1}(\lambda_k) \varepsilon_1| \leqslant |a_r| 2^{-t_1} + 2|a_r| 2^{-t_1}$$
$$= 3|a_r| 2^{-t_1}. \qquad (2.13)$$

通常，在计算多项式时从内积累加不能获得很多好处。如果我们要避免乘数位数不断增加，那么在计算下一步之前必须把每个 $s_r(\alpha)$ 舍入。事实上，我们有

$$s_r(\alpha) = fl_2[\alpha s_{r+1}(\alpha) + a_r]$$
$$\equiv [\alpha s_{r+1}(\alpha)(1 + \varepsilon_1) + a_r(1 + \varepsilon_2)](1 + \varepsilon),$$
$$\qquad (2.14)$$

其中

$$|\varepsilon_1| < 3 \cdot 2^{-2t_2}, \quad |\varepsilon_2| < (1.5)2^{-t_2}, \quad |\varepsilon| \leqslant 2^{-t}. \quad (2.15)$$

因此，a_r 中的等价摄动是 2^{-t} 量级的，除非

$$|s_r(\alpha)| \ll |a_r|, \qquad (2.16)$$

即除非是当计算 s_r 时发生严重的相约。

$f(z)$ 的导数可以用类似于(2.2)的递推关系来计算，实际上，对这些方程求导我们有

$$s_r'(\alpha) = \alpha s_{r+1}'(\alpha) + s_{r+1}(\alpha), \quad s_r''(\alpha) = \alpha s_{r+1}''(\alpha) + 2s_{r+1}'(\alpha),$$
$$\qquad (2.17)$$

并且可以方便地同时计算第一阶、第二阶导数和函数本身。

3. 我们已经证明，在所有情况下 $f(\alpha)$ 的计算值 $s_0(\alpha)$ 满足关系

$$s_0(\alpha) = \Sigma a_r (1 + E_r)\alpha^r, \quad |E_r| < (2r + 1)2^{-t_1}, \quad (3.1)$$

并且指出了对于某些零点分布，$|E_r|$ 的上界可能十分小．在任何情况下，从统计的效果来考虑我们能期望 E_r 满足某个界限，例如

$$|E_r| < (2r + 1)^{\frac{1}{2}}2^{-t_1}. \quad (3.2)$$

如果显式多项式是从一般矩阵化为 Frobenius 型得到的，在约化过程中产生的系数的误差常常比(3.2)对应的大得多，因而多项式的实际计算决不是整个计算中的薄弱环节．

注意，摄动 E_r 是 α 的函数．如果我们用 $\lambda_i^{(\alpha)}(i = 1, \cdots, n)$ 表示 $\Sigma a_r(1 + E_r)z^r$ 的零点，那么我们有

$$s_0(\alpha) = \Pi(\alpha - \lambda_i^{(\alpha)}), \quad (3.3)$$

然而 $f(\alpha)$ 的真值是

$$f(\alpha) = \Pi(\alpha - \lambda_i). \quad (3.4)$$

显式多项式的条件数

4. 以约化矩阵为 Frobenius 型为基础的特征值技术的弱点几乎完全是由许多多项式的零点对其系数的小摄动非常敏感引起的．不仅仅是那些有多重零点或有极靠近的零点的多项式是这样，而且许多多项式，其零点分布表面看起来毫无害处的也是如此．这些问题，Wilkinson (1959a) 已讨论过，它形成了 Wilkinson (1963b) 第二章的主要课题．这里，我们仅限于对已取得的结果作一个简明的归纳．

假设我们考虑多项式 $g(z)$ 的零点，$g(z)$ 的定义是

$$g(z) = f(z) + \delta a_k z^k = \Sigma a_r z^r + \delta a_k z^k. \quad (4.1)$$

我们有下述简单的结果

(i) 如果 λ_i 是 $f(z)$ 的单重零点，那么 $g(z)$ 的对应零点是 $(\lambda_i + \delta\lambda_i)$，它满足关系

$$\delta\lambda_i \sim -\delta a_k \lambda_i^k / f'(\lambda_i) = -\delta a_k \lambda_i^k \Big/ \prod_{j \neq i} (\lambda_i - \lambda_j). \quad (4.2)$$

(ii) 如果 λ_i 是 $f(z)$ 的 m 重零点，那么 $g(z)$ 有 m 个相应的零点 $(\lambda_i + \delta\lambda_i)$，这 m 个值 $\delta\lambda_i$ 满足关系

$$\delta\lambda_i \sim [-m!\,\delta a_k\lambda_i^k/f^{(m)}(\lambda_i)]^{\frac{1}{m}} = \Big[-\delta a_k\lambda_i^k\Big/\prod_{i \neq i}(\lambda_i - \lambda_j)\Big]^{\frac{1}{m}}. \tag{4.3}$$

在单重零点的情况下我们看出，$\Big|\lambda_i^k\Big/\prod_{i \neq i}(\lambda_i - \lambda_j)\Big|$ 实际上是零点 λ_i 的条件数。我们可以把这个结果与通常的矩阵摄动理论在 Frobenius 型的应用联系起来。在第一章 §11 我们看到，对应于另一种 Frobenius 型的右特征向量 x_i 给定为

$$x_i^T = (\lambda_i^{n-1}, \lambda_i^{n-2}, \cdots, 1). \tag{4.4}$$

用 a_r 替代第一章中的 p_r，对应的左向量定为

$$y_i^T = (1; \lambda_i + a_{n-1}; \lambda_i^2 + a_{n-1}\lambda_i + a_{n-2}; \cdots; \lambda_i^{n-1}$$
$$+ a_{n-1}\lambda_i^{n-2} + \cdots + a_1). \tag{4.5}$$

显然，我们有 $y_i^T x_i = f'(\lambda_i)$。因此，与 Frobenius 矩阵的摄动 εB 相对应，λ_i 的改变量 $\delta\lambda_i$ 满足关系

$$\delta\lambda_i \sim y_i^T(\varepsilon B)x_i/y_i^T x_i. \tag{4.6}$$

如果我们取 εB 为对应于 a_k 的单个摄动 δa_k 的矩阵，关系式(4.6)立刻化为(4.2)。

某些典型的零点分布

5. 关系式 (4.3) 直接证明了熟知的事实——多重零点对于系数的小摄动十分敏感。但对于极端的敏感性常常与那些看起来毫无危害性的零点分布有关这一点，人们也许没有这样深刻的了解。因此，我们考虑第六章 §23 讨论 Krylov 方法时提出的每一种分布。为了说明方便，我们考虑系数 a_k 有摄动 $2a_R^{-t}$ 的影响。

(i) 线性分布 $\lambda_r = 21 - r$

我们有

$$|\delta\lambda_i| \approx 2^{-t}|a_k|(21 - i)^k/(20 - i)!(i - 1)!. \tag{5.1}$$

系数的量级由下式给出，

$$x^{20} + 10^3x^{19} + 10^5x^{18} + 10^7x^{17} + 10^8x^{16} + 10^{10}x^{15} + 10^{11}x^{14}$$
$$+ 10^{12}x^{13} + 10^{13}x^{12} + 10^{15}x^{11} + 10^{16}x^{10} + 10^{17}x^9 + 10^{17}x^8$$
$$+ 10^{18}x^7 + 10^{19}x^6 + 10^{19}x^5 + 10^{19}x^4 + 10^{20}x^3 + 10^{20}x^2$$
$$+ 10^{19}x + 10^{19}. \tag{5.2}$$

一个冗长的琐碎的演算表明,最敏感的是零点 $x = 16(i = 5)$ 对于 a_{15} 的摄动的敏感性. 事实上,我们有

$$|\delta\lambda_5| \approx 2^{-t}10^{10}(16)^{15}/15!4! \approx 2^{-t}(0.38)10^{15}. \tag{5.3}$$

这表明除非 2^{-t} 比 10^{-14} 小得多,否则摄动后的零点与原来的真值毫无共同之处. 大多数的较大的零点对于 x 的高幂次项的系数的摄动十分敏感.

表 1 说明了这个现象,表 1 中我们列出了只有 x^{19} 的系数有摄动 2^{-23} 的结果,这是一个约为 2^{30} 的改变. 10 个零点已变为复的,并且虚部是实质性的! 另方面较小的零点的敏感性是适当的,这可以从(5.1)验证.

表 1

多项式 $(x-1)(x-2)\cdots(x-20) - 2^{-23}x^{19}$ 的零点,正确到小数点后 9 位.		
1.00000 0000	6. 00000 6944	10.09526 6145 ± 0.64350 0904i
2.00000 0000	6. 99969 7234	11.79363 3881 ± 1.65232 9728i
3.00000 0000	8. 00726 7603	13.99235 8137 ± 2.51883 0070i
4.00000 0000	8. 91725 0249	16.73073 7466 ± 2.81262 4894i
4.99999 9928	20.84690 8101	19.50243 9400 ± 1.94033 0347i

(ii) 线性分布 $\lambda_r = 11 - r$

我们现在有

$$|\delta\lambda_i| \approx 2^{-t}|a_k|(11-i)^k/(20-i)!(i-1)!. \tag{5.4}$$

与(5.1)相比,我们看出 $(11-i)^k$ 代替了因子 $(21-i)^k$. 系数的量级由下式表明

$$x^{20} + 10x^{19} + 10^3x^{18} + 10^4x^{17} + 10^5x^{16} + 10^6x^{15} + 10^7x^{14}$$
$$+ 10^8x^{13} + 10^9x^{12} + 10^9x^{11} + 10^{10}x^{10} + 10^{11}x^9 + 10^{11}x^8 + 10^{12}x^7$$
$$+ 10^{12}x^6 + 10^{12}x^5 + 10^{12}x^4 + 10^{12}x^3 + 10^{12}x^2 + 10^{12}x. \tag{5.5}$$

最敏感的关系是 λ_8 对 a_{16}. 我们有

$$|\delta\lambda_8| \approx 2^{-t}|a_{16}|8^{16}/2!17! \approx 2^{-t}(0.4)10^5. \qquad (5.6)$$

因此，和 (i) 的情况相比，现在多项式的条件是好得多了。注意，如果 A 有特征值 $(21-i)$，$(A-10I)$ 就有特征值 $(11-i)$。因此，在原矩阵上这个比较平凡的改变给它的 Frobenius 型的条件带来深远的影响，对第六章描述的化矩阵为三对角型和 Hessenberg 型，则上述结论不成立。对于这两种矩阵，原矩阵的改变为 kI，在导出的矩阵中也产生改变 kI，因此导出的矩阵的条件与这种改变无关。

(iii) 几何分布 $\lambda_r = 2^{-r}$

多项式的系数大小十分悬殊，其数量级由下式给出。

$$x^{20} + x^{19} + 2^{-1}x^{18} + 2^{-4}x^{17} + 2^{-8}x^{16} + 2^{-13}x^{15} + 2^{-19}x^{14}$$
$$+ 2^{-26}x^{13} + 2^{-34}x^{12} + 2^{-43}x^{11} + 2^{-53}x^{10} + 2^{-64}x^9 + 2^{-76}x^8$$
$$+ 2^{-89}x^7 + 2^{-103}x^6 + 2^{-118}x^5 + 2^{-134}x^4 + 2^{-151}x^3$$
$$+ 2^{-169}x^2 + 2^{-189}x + 2^{-209}. \qquad (5.7)$$

对于前面两种分布，我们考虑了零点的绝对的改变。但是零点的量级变化很大时，也许考虑相对摄动更合理。我们有

$$|\delta\lambda_i/\lambda_i| \sim 2^{-t}|a_k|2^{(k-k)i}/|PQ|, \qquad (5.8)$$

其中

$$P = (2^{-i} - 2^{-1})(2^{-i} - 2^{-2})\cdots(2^{-i} - 2^{-i+1}), \qquad (5.9)$$
$$Q = (2^{-i} - 2^{-i-1})(2^{-i} - 2^{-i-2})\cdots(2^{-i} - 2^{-20}). \qquad (5.10)$$

我们可以写

$$|P| = 2^{-\frac{1}{2}i(i-1)}[(1 - 2^{-1})(1 - 2^{-2})\cdots(1 - 2^{-i+1})], \qquad (5.11)$$
$$|Q| = 2^{-i(20-i)}[(1 - 2^{-1})(1 - 2^{-2})\cdots(1 - 2^{-20+i})]. \qquad (5.12)$$

两个方括号内的表达式都收敛于无穷项的乘积

$$(1 - 2^{-1})(1 - 2^{-2})(1 - 2^{-3})\cdots, \qquad (5.13)$$

并且有一个很粗糙的不等式证明它落在 $\frac{1}{2}$ 和 $\frac{1}{4}$ 之间，因此我们有

$$|\delta\lambda_i/\lambda_i| < 2^{-t}|a_k|2^{\theta+4}, \quad \text{其中} \quad \theta = \frac{1}{2}i(41 - 2k - i). \qquad (5.14)$$

对一个固定的 k 值，当 $i = 20 - k$ 时，它达到极大值，因此我们有

$$|\delta\lambda_i/\lambda_i| < 2^{-s}|a_k|2^{4+\frac{1}{2}(20-k)(21-k)}. \tag{5.15}$$

从(5.7)可以验证

$$|a_k| \leqslant 4 \cdot 2^{-\frac{1}{2}(20-k)(21-k)}. \tag{5.16}$$

因此,最终任何系数的相对摄动不大于 2^{-s} 时都有

$$|\delta\lambda_i/\lambda_i| < 2^{6-s}. \tag{5.17}$$

所以对这样的与计算多项式时产生的误差相当的摄动,零点都是十分良态的.

自然会问,当特征值的量级变化很大时,我们是否能得到相对误差小的特征方程系数. 可惜,答案是: 一般而言,我们不能得到. 我们用一个十分简单的例子来说明,考虑矩阵

$$A = \begin{bmatrix} 0.63521 & 0.81356 \\ 0.59592 & 0.76325 \end{bmatrix}, \tag{5.18}$$

它的特征值 $\lambda_1 = 10^1(0.13985)$, $\lambda_2 = 10^{-5}(0.52610)$, 准确到 5 位有效位. 我们可以用相似变换 $M_1^{-1}AM_1$ 化这矩阵为 Frobenius 型,其中

$$M = \begin{bmatrix} 1 & 10^1(-0.12808) \\ 0 & 1 \end{bmatrix}. \tag{5.19}$$

但是,尽管用了浮点运算,计算的变换却是

$$\begin{bmatrix} 10^1(0.13985) & 10^{-4}(-0.20000) \\ 0.59592 & 0 \end{bmatrix}. \tag{5.20}$$

在计算 $(1,2)$ 元素时,发生了严重的相约,给出特征多项式常数项的计算的元素几乎没有一位是正确的. 一般特征值的大小差相悬殊的时候,所得的 Frobenius 型中的元素势必具有同样数量级的绝对误差,而这对于小的特征值的相对精度是致命的影响;例如,在第 (iii) 类零点分布的情况下,多项式常项的 10^{-10} 数量级的绝对误差显然使得零点的乘积从 2^{-210} 变为 $(2^{-210}+10^{-10})$,后者约是前者的 10^{53} 倍!

有些特殊的矩阵不会发生这种恶化,一个简单的例子是矩阵

$$\begin{bmatrix} 10^0(0.2632) & 10^{-5}(0.3125) \\ 10^0(0.4315) & 10^{-5}(0.2873) \end{bmatrix}. \tag{5.21}$$

虽然,这个矩阵有一个数量级为 1 的特征值,另一个是 10^{-5} 量级,但在推导 Frobenius 型时没有发生相约.

(iv) 环形分布 $\lambda_r = \exp(r\pi i/20)$.

对应的多项式是 $z^{20} - 1$,并且我们有

$$|\delta\lambda_i| \sim |\delta a_k| |\lambda_i|^k / |f'(\lambda_i)| = \frac{1}{20} |\delta a_k|. \qquad (5.22)$$

这个多项式的零点都是十分良态的.(因为大多数系数是零,在这种情况我们没有考虑相对摄动.)

Krylov 方法的总评述

6. 上一节的分析证实了我们在第六章 §25 所作的预言,即关于 Krylov 方法应用于特征值如 §5 的各种分布的矩阵的效率的预言.对于 (i) 那样的分布,用 62 位二进位运算执行通常的 Krylov 方法是很不够的.计算的特征方程的零点不大可能与原矩阵的特征值有什么关系.尽管对第 (i) 类是这样,但是,对关系密切的第 (ii) 类分布,计算的特征方程却要精确得多,并且它是非常良态的.

在第六章 §25 我们已看出如 (iii) 那样的分布,计算用到 62 位二进位,所得的特征方程是无法辨认的.真正的特征方程的零点对于系数的小的相对摄动并不敏感,但这个性质现在是没有用的. Krylov 方法对这样的分布是不切合实际的.

现在我们转到考虑分布 (iv) 的情况,我们发现不仅 Krylov 方法十分准确地定出特征方程,而且特征方程本身也是十分良态的.对于具有这种分布的矩阵,Krylov 方法十分有效,甚至只须用单精度运算.

综上所述,虽然 Krylov 方法对于特征值在复平面上的分布是"好"的矩阵是有效的,但是作为通用方法有严厉的限制.

显式多项式的总评述

7. 显然,对于 $\lambda_i = 21 - i \; (i = 1, \cdots, 20)$ 这种分布,化矩

阵为 Frobenius 型，不管用什么方法都必须用高精度运算才可能使它的特征值接近原矩阵的特征值．此外，因为计算的 $f(\alpha)$ 的误差相当 (2.6)，(2.7) 式表明的系数的摄动，所以计算 $f(\alpha)$ 必须用同样高的精度运算．

值得注意的是，对于 §5 的第 (i) 类分布，通常对于 $z = 20$ 的邻域内的 z 值，除非用高精度运算，否则计算的 $f(z)$ 没有正确的数字．例如，我们考虑当 $z = 20.00345645$ 用 10 位十进位浮点运算计算 $f(z)$．在嵌套乘法的第二步，我们计算 $s_{19}(z)$ 为

$$s_{19}(z) = z s_{20}(z) + a_{19} = 20.00345645 \times 1 - 210.0. \quad (7.1)$$

正确值是 -189.99654355，但是如果我们用的是 10 位数字，它必定被 -189.9965436 所代替．即使在嵌套乘法中再没有发生误差，从这一次舍入，导致最后的误差是

$$5 \times 10^{-8}(20.00345645)^{19} \approx (2.6)10^{17}. \quad (7.2)$$

现在，我们为了简洁起见，写 $x = 0.00345645$，$f(z)$ 的正确值是

$$x(1 + x)(2 + x)\cdots(19 + x). \quad (7.3)$$

并且落在 $19!x$ 和 $20!x$ 之间，这就是落在 $(4.2)10^{14}$ 和 $(8.4)10^{15}$ 之间，这个第一次舍入的误差使 $f(z)$ 的计算值与真值相差一个量，这个量比真值本身大得多．

在病态的零点的邻域内，一个单调的 z 的序列上，计算的 $f(z)$ 的值可能完全不是单调的．这在表 2 中有很好的说明．

表 2

z	$f(z)$ 的计算值	$f(z)$ 的真值
$10 + 2^{-42}$	$+0.63811\cdots$	$10^{-6}(+0.16501\cdots)$
$10 + 2 \times 2^{-42}$	$+0.57126\cdots$	$10^{-6}(+0.3303\cdots)$
$10 + 3 \times 2^{-42}$	$-0.31649\cdots$	$10^{-6}(+0.49505\cdots)$
$10 + 2^{-28} + 7 \times 2^{-42}$	$+0.29389\cdots$	$10^{-2}(+0.27048\cdots)$
$10 + 2^{-23} + 7 \times 2^{-42}$	$+0.70396\cdots$	$10^{-1}(+0.86518\cdots)$
$10 + 2^{-18} + 7 \times 2^{-42}$	$10^1(+0.33456\cdots)$	$10^1(+0.27685\cdots)$
$10 + 2^{-13} + 7 \times 2^{-42}$	$10^2(+0.89316\cdots)$	$10^2(+0.88608\cdots)$

（中间 $f(z)$ 的计算值第 1 至第 5 行标注：被舍入误差支配）

表 2 中我们给出了对 z 在 10 的邻域内的值由多项式 $\prod\limits_{r=1}^{12}(z-r)$ 得到的计算值. 为了表明舍入误差的特点, 在最后四个 z 中把项 7×2^{-42} 也包括进来是必要的, 否则 z 可能已经以许多零点结束了. 我们是用尾数有 46 位二进位的浮点运算和准确的显式表达式计算多项式的. (因为这样的字长不能准确表示 $\prod\limits_{r=1}^{20}(z-r)$, 因此我们不用它.)

对于 z 的值从 10 到大约是 $10+2^{-20}$, $f(z)$ 的计算的值是 1 数量级, 它与真值毫不相干. 原因是计算值完全由舍入误差支配, 正如我在 (2.13) 见到的, 这些误差等价于 a_r 中大到 $3|a_r|^{-r_1}$ 的摄动. 对于距离 10 较远的 z 值, 我们得到几位正确的有效位. 事实上, 如果 $z=10+x$, $|x|$ 是 2^{-k} 量级, 那么一般情况下, 计算的 $f(z)$ 值大约有 $20-k$ 个正确的有效位, 虽然有偶然的情况, 意外有利的舍入误差可能给出更精确的结果. 如果用尾数 46 位二进位运算和显式多项式计算 $f(z)$ 的值, 人们几乎不能期望任何基于这些计算值的迭代技术去确定零点 $z=10$, 其误差会小于 2^{-20}.

三对角矩阵

8. 现在我们转向计算 $\det(A-zI)$, 其中 A 是三对角矩阵. 如果写

$$a_{ii}=\alpha_i, \quad a_{i,i+1}=\beta_{i+1}, \quad a_{i+1,i}=\gamma_{i+1}, \tag{8.1}$$

并用 $p_r(z)$ 表示 $(A-zI)$ 的 r 阶前主子式. 那么按最后的一行展开 $p_r(z)$, 我们有

$$p_r(z)=(\alpha_r-z)p_{r-1}(z)-\beta_r\gamma_r p_{r-2}(z)\quad(r=2,\cdots,n), \tag{8.2}$$

其中

$$p_0(z)=1, \quad p_1(z)=\alpha_1-z, \tag{8.3}$$

乘积 $\beta_r\gamma_r$ 可以一次计算好. 我们可以假定 $\beta_r\gamma_r \neq 0$, 否则我们

可以把矩阵划分为较低阶的三对角矩阵来处理. 每一次计算需要 $2n$ 次乘法.

如果需要 $\det(A - zI)$ 的导数, 我们可以在计算函数的同时计算出来. 事实上, 对(8.2)的求导我们有

$$p'_r(z) = (\alpha_r - z)p'_{r-1}(z) - \beta_r \gamma_r p'_{r-2}(z) - p_{r-1}(z) \qquad (8.4)$$

和

$$p''_r(z) = (\alpha_r - z)p''_{r-1}(z) - \beta_r \gamma_r p''_{r-2}(z) - 2p'_{r-1}(z). \qquad (8.5)$$

因为函数值的计算精度是计算的零点的精度的主要限制, 我们只作按(8.2)实现的算法的误差分析. 实际计算中, 浮点运算是必不可少的, 计算的值满足关系

$$
\begin{aligned}
p_r(z) &= fl[(\alpha_r - z)p_{r-1}(z) - \beta_r \gamma_r p_{r-2}(z)] \\
&\equiv (\alpha_r - z)(1 + \varepsilon_1)p_{r-1}(z) - \beta_r \gamma_r (1 + \varepsilon_2)p_{r-2}(z),
\end{aligned}
$$
$$(8.6)$$

其中

$$|\varepsilon_1| < 3 \cdot 2^{-t_1}, \quad |\varepsilon_2| < 3 \cdot 2^{-t_1}. \qquad (8.7)$$

因此, 与对称的情况一样 (第五章 §40), 计算的序列对于元素是 α'_r, β'_r, γ'_r 的三对角矩阵是准确的, 其中

$$\alpha'_r - z = (\alpha_r - z)(1 + \varepsilon_1), \quad \beta'_r \gamma'_r = \beta_r \gamma_r (1 + \varepsilon_2). \qquad (8.8)$$

因此, 我们可以假定

$$\beta'_r = \beta_r (1 + \varepsilon_2)^{\frac{1}{2}}, \quad \gamma'_r = \gamma_r (1 + \varepsilon_2)^{\frac{1}{2}}, \qquad (8.9)$$

这使得 β'_r 和 γ'_r 对应小的相对误差. 另一方面我们有

$$\alpha'_r - \alpha_r = (\alpha_r - z)\varepsilon_1, \qquad (8.10)$$

我们不能保证这对应于 α_r 的小的相对误差, 但是我们可以只考虑某些 z 值, 这些 z 值满足不等式

$$|z| \leqslant \|A\|_\infty = \max(|\gamma_i| + |\alpha_i| + |\beta_{i+1}|). \qquad (8.11)$$

这使得 α_r 的摄动相对 A 的范数是小的.

9. 注意, 如果 $\tilde{A}$ 是任一个从 A 经过对角相似变换得来的矩阵, 虽然这两个矩阵的特征值的条件数一般不同, 但是 α_r 和乘积 $\beta_r \gamma_r$ 是相同的. 对于所有这样的 $\tilde{A}$, 计算的序列 $p_r(z)$ 是一样

的. 例如给定矩阵 A 为

$$A = \begin{bmatrix} 0.2532 & 2^{40}(0.2615) & \\ 2^{-38}(0.3125) & 0.3642 & 0.1257 \\ & 0.2135 & 0.4132 \end{bmatrix}, \qquad (9.1)$$

为了便于进行有关的误差分析,我们可以用矩阵 $\tilde{A}$ 来研究,$\tilde{A}$ 给定为

$$\tilde{A} = \begin{bmatrix} 0.2532 & 2^{t}(0.2615) & \\ 2^{t}(0.3125) & 0.3642 & 0.1257 \\ & 0.2135 & 0.4132 \end{bmatrix}, \qquad (9.2)$$

当然我们要限制试验值 z 的范围是 $|z| \leqslant \|\tilde{A}\|_{\infty}$ 而不是 $|z| \leqslant \|A\|_{\infty}$. 一般,我们可以考虑用矩阵 A 经过"平衡"得到 $\tilde{A}$ 来讨论.

10. 如果已经用相似变换把一个一般形式的矩阵化为三对角矩阵,那么只要在两个阶段都用相同精度的计算,实际上可以肯定三对角矩阵的误差将大于多项式计算的误差. 在第六章 §49 我们建议,即使 Hessenberg 阵矩是用单精度运算通过相似变换得出的,我们也用双精度运算把 Hessenberg 阵矩化为三对角矩阵. 这是为了防止约化三对角矩阵的过程中可能出现的"不稳定". 人们自然会问,计算 $p_r(z)$ 时是否又可以用单精度运算呢? 如果在化三对角矩阵时没有出现不稳定,恢复单精度运算是十分适宜的,但是如果发生不稳定,恢复单精度运算是致命的,一个十分初等的分析可证明为什么这是真的.

在第六章 §46 我们已看出,当过程出现不稳定时,对应的三对角矩阵的元素的量级一般可以用下面的有代表性的形式来表示

$$\begin{bmatrix} 1 & 1 & & & & & \\ 1 & 1 & 1 & & & & \\ & 2^{-k} & 2^{k} & 2^{k} & & & \\ & & 2^{k} & 2^{k} & 2^{-k} & & \\ & & & 1 & 1 & 1 & \\ & & & & 1 & 1 & \end{bmatrix}. \qquad (10.1)$$

这里特征值是 1 的数量级,而不是如范数所暗示的 2^k 量级. 我们

还证明了规范化为 $y^T x = 1$ 的左、右特征向量 y 和 x 的分量的量级是

$$|y^T| = (1, 1, 2^k, 2^k, 1, 1),$$
$$|x^T| = (1, 1, 1, 1, 1, 1). \tag{10.2}$$

现在 §8 的误差分析 经表明,对应于使用 t 位运算的计算的等价摄动的量级是

$$B = 2^{-t} \begin{bmatrix} 1 & 1 & & & & \\ 1 & 1 & 1 & & & \\ & 2^{-k} & 2^k & 2^k & & \\ & & 2^k & 2^k & 2^{-k} & \\ & & & 1 & 1 & 1 \\ & & & & 1 & 1 \end{bmatrix}. \tag{10.3}$$

因此,从第二章 §9,特征值的摄动的量级一般是 $y^T B x / y^T x$ 的量级,并且

$$y^T B x / y^T x = O(2^{2k-t}). \tag{10.4}$$

这说明计算多项式的运算精度应该和约化矩阵为压缩型的相同,但是正如第六章 §49 中所说明的,双精度运算一般是足够的,除非原矩阵本身是过于病态。 因此,这种算法比 Frobenius 型的情况好得多。

Hessenberg 矩阵的行列式

11. 最后我们考虑 A 是上 Hessenberg 矩阵时,对于指定的 z 值计算 $\det(A - zI)$。我们再次发现可以用一个简单的递推关系达到目的,这关系的推导如下 (Hyman 1957)。 设

$$P = A - zI, \tag{11.1}$$

P 的列记为 $p_1, p_2, \cdots, p_n$。 假定我们可以找到纯量 x_{n-1}, $x_{n-2}, \cdots, x_1$ 使得

$$x_1 p_1 + x_2 p_2 + \cdots + x_{n-1} p_{n-1} + p_n = k(z) e_1, \tag{11.2}$$

这就是说,左边的向量除了第一分量之外全是零。 于是用 $k e_1$ 代替 P 的最后一列形成的矩阵 Q 显然与 P 有相同的行列式。 因此,按

Q 的最后一列展开行列式,我们得到

$$\det(A - zI) = \det P = \det Q = \pm k(z)a_{21}a_{32}\cdots a_{n,n-1}. \tag{11.3}$$

元素 $a_{i+1,i}$ 起着特殊的作用,我们用新记号来强调它,

$$a_{i+1,i} = b_{i+1}. \tag{11.4}$$

利用(11.2)式两边的第 $n, n-1, \cdots, 2$ 元素相等,我们可以逐个计算 $x_{n-1}, x_{n-2}, \cdots, x_1$,于是我们得到

$$b_r x_{r-1} + (a_{rr} - z)x_r + a_{r,r+1}x_{r+1} + \cdots + a_{rn}x_n = 0 \\ (r = n, \cdots, 2), \tag{11.5}$$

其中 $x_n = 1$. 最后从第一分量相等得到

$$(a_{11} - z)x_1 + a_{12}x_2 + \cdots + a_{1n}x_n = k(z). \tag{11.6}$$

$(A - zI)$ 的行列式与 $k(z)$ 只差一个常数倍数,因此我们可以集中力量找 $k(z)$ 的零点。在每一次计算中有 $\frac{1}{2}n^2$ 次乘法。 如果矩阵的下次对角元素 b_r 都是 1,那么 x_{r-1} 不用除法就可以计算。在第六章 §56 我们已看到假如用浮点运算,产生这种特殊形式的上 Hessenberg 型是十分方便的。 可是,我们对 b_r 除了假定它是非零之外不作其它任何假定,如果任何 b_r 是零,我们可以分为几个低阶的 Hessenberg 矩阵的问题。

我们可以用类似的递推关系得到 $f(z)$ 的导数。 (11.5)和(11.6)关于 z 求导,我们得到

$$b_r x'_{r-1} + (a_{rr} - z)x'_r + a_{r,r+1}x'_{r+1} + \cdots + a_{rn}x'_n - x_r = 0, \tag{11.7}$$

$$(a_{11} - z)x'_1 + a_{12}x'_2 + \cdots + a_{1n}x'_n - x_1 = k'(z). \tag{11.8}$$

因为 $x_n = 1$,所以 $x'_n = 0$。关于二阶导数,存在类似的关系,因此 x_i 和 $k(z)$ 的导数可以和函数本身同时计算。

舍入误差的影响

12. 对于计算 (11.5) 定义的 x_i,用浮点运算是非常必要的。计算的 x_{r-1} 是根据下述关系用计算的 $x_i (i = r, \cdots, n)$ 给出的:

$$-x_{r-1} = fl[\{a_{rn}x_n + \cdots + a_{r,r+1}x_{r+1} + (a_{rr} - z)x_r\}/b_r]$$
$$\equiv a_{rn}x_n(1 + \varepsilon_{rn}) + \cdots + a_{r,r+1}x_{r+1}(1 + \varepsilon_{r,r+1})$$
$$+ (a_{rr} - z)x_r(1 + \varepsilon_{r,r})\}(1 + \varepsilon_r)/b_r, \qquad (12.1)$$

其中

$$|\varepsilon_{ri}| < (i - r + z)2^{-t_1} \qquad (i > r),$$
$$|\varepsilon_{rr}| < 3 \cdot 2^{-t_1}, \qquad |\varepsilon_r| \leqslant 2^{-t}. \qquad (12.2)$$

因此,对于矩阵元素为 a'_{ri} 和 b'_r 的矩阵来说,计算是准确的,这些元素的定义是

$$\begin{cases} a'_{ri} = a_{ri}(1 + \varepsilon_{ri}), & |\varepsilon_{ri}| < (i - r + 2)2^{-t_1} \quad (i > r) \\ a'_{rr} = a_{rr}(1 + \varepsilon_{rr}) - z\varepsilon_{rr}, & |\varepsilon_{rr}| < 3 \cdot 2^{-t_1} \\ b'_r = b_r(1 + \eta_r), & |\eta_r| < 2^{-t_1}, \end{cases}$$
$$(12.3)$$

可能除了 a'_{rr} 之外,这些元素的相对误差都小,但是我们只对满足下述不等式的 z 值感兴趣

$$|z| \leqslant \|A\|. \qquad (12.4)$$

因此,

$$|a'_{rr} - a_{rr}| \leqslant \{|a_{rr}| + \|A\|\}|\varepsilon_{rr}|, \qquad (12.5)$$

这表明这个摄动与 A 的任何一种范数相比都是小的。

作为一个例子,我们考虑一个矩阵 A,其元素的模不大于 1,因此我们得到

$$|z| \leqslant \|A\|_E < \left[\frac{1}{2}(n^2 + 3n - 2)\right]^{\frac{1}{2}}. \qquad (12.6)$$

等价的摄动矩阵,它是 z 的函数,是以矩阵 F 一致有界的。$n = 5$ 时,F 的形式为

$$F = 2^{-t_1}\begin{bmatrix} 3 & 3 & 4 & 5 & 6 \\ 1 & 3 & 3 & 4 & 5 \\ & 1 & 3 & 3 & 4 \\ & & 1 & 3 & 3 \\ & & & 1 & 3 \end{bmatrix} + 3\|A\|_E 2^{-t_1}I. \qquad (12.7)$$

它具有代表性,因为 $\|A\|_E = O(n)$,我们有

$$\|F\|_E \sim 2^{-t_1}(n^2/12), \quad \text{当} \quad n \to \infty. \tag{12.8}$$

我们再一次发现，除非特征值对于 Hessenberg 型矩阵的元素中最后一位数字的摄动极其敏感，否则在行列式计算中的误差是不严重的。在第六章我们已介绍了一些约化矩阵为 Hessenberg 型的很稳定的方法。所以，在正常情况下单精度运算对约化过程及行列式计算都是够的，除非原矩阵是过分病态的。

浮点累加

13. 虽然上一节的结果绝不使人感到不满意，但是使用浮点累加运算作 Hessenberg 矩阵的行列式计算，其结果的误差界要小得多。为了充分利用累加的优点，我们应该用关系

$$-x_{r-1} = fl_2[(a_{rn}x_n + \cdots + a_{r,r+1}x_{r+1} + a_{rr}x_r - zx_r)/b_r], \tag{13.1}$$

从 x_i $(i = r, \cdots, n)$ 计算 x_{r-1}。注意，我们写的是 $a_{rr}x_r - zx_r$，而不是 $(a_{rr} - z)x_r$，因为计算 $a_{rr} - z$ 时可能引进单精度舍入误差。等式(13.1)给出

$$\begin{aligned} -x_{r-1} = [a_{rn}x_n(1 + \varepsilon_{rn}) + \cdots + a_{rr}x_r(1 + \varepsilon_{rr}) \\ - zx_r(1 + \eta_r)](1 + \varepsilon_r)/b_r, \end{aligned} \tag{13.2}$$

其中

$$|\varepsilon_{ri}| < 1.5(i - r + 3)2^{-2t_2}, \quad |\eta_r| < 3.2^{-2t_2}, \quad |\varepsilon_r| \leqslant 2^{-t}. \tag{13.3}$$

所以这个计算对于元素为 a'_{rr} 和 b'_r 的矩阵是准确的，这些元素定义为

$$\begin{cases} a'_{ri} = a_{ri}(1 + \varepsilon_{ri}), \quad |\varepsilon_{ri}| < 1.5(i - r + 3)2^{-2t_2} \\ \qquad\qquad\qquad\qquad (i = n, \cdots, r + 1), \\ a'_{rr} = a_{rr}(1 + \varepsilon_{rr}) - z\eta_r, \quad |\varepsilon_{rr}| < (4.5)2^{-2t_2}, \quad |\eta_r| < 3 \cdot 2^{-2t_2}, \\ b'_r = b_r(1 + \xi_r), \quad |\xi_r| < 2^{-t_1}. \end{cases} \tag{13.4}$$

为了说明结果，我们仍然考虑所有元素的模都不大于 1 的矩阵 A，其等价的摄动现在以矩阵 F 为界，当 $n = 5$ 时，F 为

$$F = (1.5)2^{-2t_2} \begin{bmatrix} 3 & 4 & 5 & 6 & 7 \\ & 3 & 4 & 5 & 6 \\ & & 3 & 4 & 5 \\ & & & 3 & 4 \\ & & & & 3 \end{bmatrix}$$

$$+ \ 3\|A\|_E 2^{-2t_2}I + 2^{-t_1} \begin{bmatrix} 0 & 0 & 0 & 0 & 0 \\ 1 & 0 & 0 & 0 & 0 \\ & 1 & 0 & 0 & 0 \\ & & 1 & 0 & 0 \\ & & & 1 & 0 \end{bmatrix}. \quad (13.5)$$

在一般情况下,上式右边的三个矩阵的 2-范数的界分别是

$$1.5(n+2)^2 2^{-2t_2}/12^{\frac{1}{2}}, \quad 3.0(n+2)2^{-2t_2}/2^{\frac{1}{2}} \ \text{和} \ 2^{-t_1}.$$

因此,只要 $n^2 2^{-t}$ 明显地小于 1,那么 $\|F\|_2$ 实际上是 2^{-t_1},这是一个最好的结果。

用正交变换计算

14. Hyman 的计算方法的实质是以 S_n 型初等矩阵(第一章 §40 (iv))右乘 Hessenberg 矩阵, S_n 的那些关键的元素是选得使矩阵的最后一列变为 e_1 的倍数。对于以前讨论的各种情形,我们已看到选主元素对于数值稳定性是有决定性作用的,但是 §12, §13 的误差分析已证明,现在的情况下选主元素不起作用,并且用大的乘子 x_r 没有危害性。按同样的方式,我们能看出,虽然我们用了 b_r 去除元素,尽管它们可以是小的量,但是没有坏影响。行列交换可以结合到计算中使用,但是在现在情况下并没有什么有用的目的。在下一段我们考虑使用平面旋转时,引进交换的方式会得到说明。

对于数值不稳定的担忧是一个误解,但是它已导致人们建议采用平面旋转。(例如,见 White (1958)),这个方法由 $(n-1)$ 步组成,第 r 步中,矩阵的最后一列第 $(n-r+1)$ 元素化为零。当 $n=5, r=3$,第 r 步开始时,矩阵的形状是

$$\begin{bmatrix} \times & \times & \times & \times & \times \\ & \times & \times & \times & \times \\ & & \times & \times & \times \\ & & & \times & \times & 0 \\ & & & & \times & 0 \end{bmatrix}. \tag{14.1}$$

第 r 步是用一个旋转矩阵右乘，旋转平面是 $(n-r, n)$，转角被选取使得 $a_{n-r+1,n}$ 化为零，这些步骤是：

(i) 计算 $x = (b_{n-r-1}^2 + a_{n-r+1,n}^2)^{\frac{1}{2}}$；

(ii) 计算 $\cos\theta = b_{n-r+1}/x$ 和 $\sin\theta = a_{n-r+1,n}/x$；

(iii) 对于 j 从 1 到 $n-r$，计算 $a_{j,n-r}\cos\theta + a_{jn}\sin\theta$ 和 $-a_{j,n-r}\sin\theta + a_{jn}\cos\theta$，并分别覆盖在 $a_{j,n-r}$ 和 a_{jn} 上.

(iv) 用 x 代替 b_{n-r+1}，用零代替 $a_{n-r,n}$. 显然，第 $n-r$ 列和第 n 列被它们本身的线性组合所代替，以前各步引进的零元素不受影响.

最后的矩阵与 Hyman 方法的有同样形式，其行列式是

$$\triangle = \pm a_{1n} \prod_{r=1}^{n-1} b_{r+1}. \tag{14.2}$$

现在，用普通的方法容易证明所计算的行列式是对应于某个矩阵 $(A + \delta A)$ 的准确值. 对于标准的浮点计算有

$$\|\delta A\|_E \leqslant K n^{\frac{3}{2}} \|A\|_E. \tag{14.3}$$

因此，这个方法是稳定的，但是它的界不如用浮点计算的 Hyman 方法好. 从关系式(12.3)到(12.5)我们必定有

$$\|\delta A\|_E \leqslant K n \|A\|_E. \tag{14.4}$$

可是，对用浮点累加运算的 Hyman 方法我们有更好的结果.

15. 平面旋转的算法需要 4 倍的乘法量，我们可以无条件地说，不带行列交换的初等变换是更优越的. Hyman 方法还有一个优点，我们的分析没有明显地反映出来. 我们已经指出，计算的行列式是 $(A + \delta A)$ 的准确的行列式，并且对于 A 的每一个非零元素，我们已得到如下形式的界，

$$|\delta a_{ii}| < 2^{-t} f(i, j) |a_{ii}|. \tag{15.1}$$

现在,我们考虑 $(A + \delta A)$ 的任何对角相似变换,这样的变换可表示为 $D^{-1}(A + \delta A)D = \tilde{A} + \delta\tilde{A}$. 显然,$\delta\tilde{A}$ 和 $\tilde{A}$ 的元素之间的关系与 δA 和 A 的元素之间的关系是相同的. 在估计摄动 δA 对 A 的特征值的影响时,我们可以用 A 的最为良态的对角相似变换讨论. 所以,执行 Hyman 方法之前不必对矩阵 A 作平衡. 这些看法不适用于正交变换的或带行列交换的初等变换的算法.

一般矩阵的行列式计算

16. 在开始研究计算零点的迭代法之前,我们先处理三个与我们一直在讨论的问题有关的课题. 第一个是计算一般矩阵的行列式 $\det(A - zI)$. 正如第四章中我们指出的,任何一个用稳定的初等变换或者正交变换化矩阵为三角形矩阵方法,都将提供一个稳定的计算行列式的算法. 如果能作内积累加,带行列交换的直接三角形分解是特别受欢迎的. 这样的方法的弱点是工作量大而不是稳定性问题. 单独计算行列式至少要 $\frac{1}{3}n^3$ 次乘法,但是如果先化为 Hessenberg 型,计算行列式只要 $\frac{1}{2}n^2$ 次乘法.

广义特征值问题

17. 第二个课题是关于 n 个 r 阶的联立微分方程的 解,在第一章 §30 中我们业已指出,它归结为一个广义特征值问题,其中我们要计算的是下式的零点,

$$\det[B_0 + B_1 z + \cdots + \cdots B_{r-1}z^{r-1} - Iz^r] = \det[C(z)]. \quad (17.1)$$

虽然可以把问题化为标准特征值问题,但是对应的矩阵是 nr 阶的. 所以按下述方式直接处理(17.1)是有利的. 对于每一个 z 值计算矩阵 $C(z)$ 的元素,这需要大约 $n^2 r$ 次乘法. 然后可用第四章描述的任何稳定的三角形化方法计算 $C(z)$ 的行列式值. 最节省的方法需要 $\frac{1}{3}n^3$ 次乘法. 因为 $C(z)$ 的每一个元素都由显式多

项式计算得出的，这就存在潜在的危险，但是实际上，原微分方程的阶通常是很低的，最常见的只是二阶、三阶． 一个很常见的情况是，矩阵 B_i 是某个参数的函数，并且对于此参数的一系列值需要了解对应的零点的值的变化情况．在 §63 我们再来研究这个问题．

间接确定特征多项式

18. 第三个课题是由于显式多项式的紧凑特性，使人想用 $\det(A - zI)$ 的计算值直接去确定多项式的系数． 如果计算了 $\det(A - zI)$ 或其某个常数倍在 $z_1, z_2, \cdots, z_{n+1}$ 上的值，多项式的系数就是下列方程组的解．

$$c_n z_i^n + c_{n-1} z_i^{n-1} + \cdots + c_1 z_i + c_0 = v_i \quad (i = 1, \cdots, n+1),$$
$$(18.1)$$

其中 v_i 是计算的值．类似地，如果要找 (17.1) 的零点，我们可以作 $(nr + 1)$ 次计算．求解多项式方程方面已有大量的工作，这更促进人们把问题化为这种形式．

在这里，我们的主要目的是证明这类方法有严重的内在的局限性．为此，我们描述一个确定特征多项式的方法，并且对于一种特定的零点分布估计它的精确度． 这个方法是以我们能得到 (18.1) 的显式解这一事实为基础的．事实上我们有

$$c_{n-r} = \sum_{i=1}^{n+1} P_i^{(r)} v_i,$$
$$(18.2)$$

其中

$$P_i^{(r)} = (-1)^r \sum_{i_k \neq i} z_{i_1} z_{i_2} \cdots z_{i_r} \Big/ \prod_{j \neq i} (z_i - z_j). \quad (18.3)$$

我们可以自由选择 z_i． 如果我们形成了矩阵的范数 N 的某种估计，那么在 $\pm N$ 之间的 $n + 1$ 个等距点是一组合理的值．采取这样的选择，可以对给定的 n，一次把 $P_i^{(r)}$ 确定好，这里未顾及因子 N^r．

现在我们假定矩阵 A 的特征值是 $1, 2, \cdots, 20$，矩阵范数的估

计是 10. 于是 z_i 的值是 -10, -9, $\cdots$ $+9$, $+10$. 为了说明方便, 我们仅考虑确定 z^{19} 的系数, 并且作最有利的假定. 所有计算的 v_i 值其最大误差是 2^{-t}. 表 3 给出因子 $P_i^{(1)}$ 和值 v_i 的量级.

表 3

z_i	-10	-9	-8	-7	-6	-5	-4	-3	-2	-1	0
$\lvert P_i^{(1)} \rvert$	2^{-58}	2^{-34}	2^{-51}	2^{-48}	2^{-46}	2^{-45}	2^{-44}	2^{-43}	2^{-63}	2^{-44}	0
$\lvert v_i \rvert$	2^{86}	2^{85}	2^{83}	2^{81}	2^{79}	2^{77}	2^{75}	2^{72}	2^{69}	2^{66}	2^{62}
$\lvert P_i^{(1)} v_i \rvert$	2^{28}	2^{31}	2^{32}	2^{33}	2^{33}	2^{32}	2^{31}	2^{29}	2^{26}	2^{22}	0

因为 $v_i = 0$ $(i = 11, \cdots, 21)$, 我们省略了相应的 $P_i^{(1)}$, 根据对称性显然有 $P_i^{(1)} = P_{n-i}^{(1)}$. c_{19} 的真值是 210, 所以是 2^8 量级, 但是从表 3 看出对和式 $\Sigma P_i^{(1)} v_i$ 的贡献是 2^{33} 量级. 因此, 计算 c_{19} 时发生严重的相约. 从 $\det(A + 7I)$ 的误差导致 c_{19} 的误差是 2^{33-t} 量级. 因此, 即使我们作了很有利的假定, c_{19} 的误差几乎不小于 2^{t-25} 分之一. 在 §5 我们已看出, 这误差对于计算的特征值的精度是致命的, 除非 t 十分大.

读者会发现研究, 其他系数的误差来考虑这种特征值分布和 §5 的其它特征值分布的各种不同的范数估计产生的影响都是很有益的练习. 一般而言, 用这种方法可能得到的结果是最不好的. 许多方面的改进都曾经作过, 特别是用 Chebyshev 多项式的展式拟合, 但是结果也不能令人满意. 我们的分析证明, 即使计算值的误差小到 2^t 分之一, 用这样的值生成的准确的多项式的准确的零点与其特征值可能很不相同.

Le Verrier 方法

19. 一个独立的确定特征方程的方法是根据如下事实: A^r 的特征值是 λ_i^r, 因此 A^r 的迹是 σ_r,

$$\sigma_r = \sum_{i=1}^{n} \lambda_i^r. \tag{19.1}$$

如果我们用这种办法计算 σ_i，那么系数 c_r 可以用 Newton 方程导出：

$$c_{n-1} = -\sigma_1,$$
$$rc_{n-r} = -(\sigma_r + c_{n-1}\sigma_{r-1} + \cdots + c_{n-r+1}\sigma_1) \quad (19.2)$$
$$(r = 2, \cdots, n).$$

我们又一次发现，计算 c_r 时常常发生极严重的相约，这一点可以从对 c_r 的各部分的贡献的估计来证明。例如，对于矩阵，其特征值是 $1, 2, \cdots, 20$，我们考虑计算 c_0：

$$c_0 = -(\sigma_{20} + c_{19}\sigma_{19} + \cdots + c_1\sigma_1)/20. \quad (19.3)$$

现在我们知道，c_0 是 $20!$。右边的第一项是 $-\sigma_{20}/20$，近似于 $-20^{20}/21$，它与 c_0 的符号相反，约大 2×10^6 倍。后面的有些项更大，因此即使任何 c_i 或 σ_i 的误差只有 2^t 分之一，在计算 c_0 的时候都产生很大的相对误差。

分布是 2^{1-i} $(i = 1, \cdots, 20)$ 的例子提供更明显的说明。显然，所有 σ_i 满足关系

$$1 < \sigma_i < 2, \quad (19.4)$$

c_{n-r} 的第一部分是 $-\sigma_r/r$。现在，后面的 c_i 十分小，相约一定很严重，甚至计算的系数连符号都不能保证正确，除非使用很高精度的运算。

以插值为基础的迭代法

20. 现在我们转向确定零点的方法。我们首先考虑只用 $f(z)$ 的计算值，不用任何导数值的方法。这些方法本质上都是逐次插值法（这里不区分"内插"和"外插"）。这类方法中最重要的一组是对零点的下一个近似值是由以前近似值 $z_k, z_{k-1}, \cdots, z_{k-r}$ 确定的，它是通过点 $(z_k, f(z_k)), \cdots, (z_{k-r}, f(z_{k-r}))$ 的 r 次多项式的零点。对多项式的 r 个这种零点，z_{k+1} 取代是最靠近 z_k 的那一个。如果我们取 r 为 1 或 2，相应的多项式是线性的和二次的，很容易确定零点。为方便起见，记

$$f(z_i) = f_i. \quad (20.1)$$

当 $r = 1$，我们有

$$z_{k+1} = z_k + \frac{f_k(z_k - z_{k-1})}{f_{k-1} - f_k} = \frac{z_k f_{k-1} - z_{k-1} f_k}{f_{k-1} - f_k}; \quad (20.2)$$

当 $r = 2$，有一个十分方便的公式，那是 Muller(1956)提出的. 我们记

$$h_i = z_i - z_{i-1}, \quad \lambda_i = h_i/h_{i-1}, \quad \delta_i = 1 + \lambda_i, \quad (20.3)$$

用这些记号容易验证 λ_{k+1} 应满足二次方程

$$\lambda_{k+1}^2 \lambda_k \delta_k^{-1}(f_{k-2}\lambda_k - f_{k-1}\delta_k + f_k) + \lambda_{k+1}\delta_k^{-1}g_k + f_k = 0,$$

$$(20.4)$$

其中

$$g_k = f_{k-2}\lambda_k^2 - f_{k-1}\delta_k^2 + f_k(\lambda_k + \delta_k). \quad (20.5)$$

由此我们得到

$$\lambda_{k+1} = -2f_k\delta_k / \{g_k \pm [g_k^2 - 4f_k\delta_k\lambda_k(f_{k-2}\lambda_k - f_{k-1}\delta_k + f_k)]^{\frac{1}{2}}\},$$

$$(20.6)$$

分母中的符号有待选定，要选择使 λ_{k+1}（因而 h_{k+1}）的绝对值比较小的.

显然，逐次线性插值具有简单的特点，但它有一个缺点，这就是当 z_k 和 z_{k-1} 是实的，$f(z)$ 又是实函数，那么以后所有的值全是实的. 用逐次的二次插值，即使从实值开始，也能进入复平面.

如果取 r 大于2，每迭代一步需要解一个三次或更高次的多项式方程. 因此，使用三次或更高次插值不能认为是合理的，除非它有优越的收敛性质 （参见§21末尾.）

渐近收敛率

21. 现在我们考虑在零点 $z = \alpha$ 的邻域内最后的收敛率. 我们记

$$z - \alpha = w, \quad z_i - \alpha = w_i. \quad (21.1)$$

我们有

$$f_i = f_i(\alpha + w_i) = f'w_i + \frac{1}{2!}f''w_i^2 + \frac{1}{3!}f'''w_i^3 + \cdots, \quad (21.2)$$

其中 f', f'', $\cdots$ 表示在 $z = \alpha$ 的导数. 为了这个研究的目的, 我们用 w 表示插值多项式. 现在通过点 (w_i, f_i) $(i = k, k-1, \cdots, k-r)$ 的 r 次多项式给定为

$$\det \begin{bmatrix} 0 & w^r & w^{r-1} & \cdots & 1 \\ f_k & w_k^r & w_k^{r-1} & \cdots & 1 \\ f_{k-1} & w_{k-1}^r & w_{k-1}^{r-1} & \cdots & 1 \\ \vdots & \vdots & \vdots & & \vdots \\ f_{k-r} & w_{k-r}^r & w_{k-r}^{r-1} & \cdots & 1 \end{bmatrix} = 0. \qquad (21.3)$$

f_i 用(21.2)代入并按第一行展开, 我们有

$$-\prod_{i < j}(w_i - w_j)\left[\frac{1}{r!}f^{(r)}w^r + \frac{1}{(r-1)!}f^{(r-1)}w^{r-1} + \cdots \right.$$
$$\left. + \frac{1}{1!}f'w + (-1)^r\frac{1}{(r+1)!}f^{(r+1)}w_k w_{k-1}\cdots w_{k-r}\right] = 0,$$
$$(21.4)$$

这里在每个 w^r 的系数中, 只包含其主要项. 当 w_i 充分小, 所求的解 w_{k+1} 使得

$$w_{k+1} \sim (-1)^{r+1}f^{(r+1)}w_k w_{k-1}\cdots w_{k-r}/[(r+1)!f']. \qquad (21.5)$$

这个解的性质说明了(21.4)中省略了非主要项的正确性的.

为了估计渐近性质, 我们把(21.5)表示为

$$|w_{k+1}| = K|w_k||w_{k-1}|\cdots|w_{k-r}|, \qquad (21.6)$$

亦即

$$(K^{\frac{1}{r}}|w_{k+1}|) = (K^{\frac{1}{r}}|w_k|)(K^{\frac{1}{r}}|w_{k-1}|)\cdots(K^{\frac{1}{r}}|w_{k-r}|). \qquad (21.7)$$

这给出

$$u_{k+1} = u_k + u_{k-1} + \cdots + u_{k-r}, \quad u_i = \log(K^{\frac{1}{r}}|w_i|). \qquad (21.8)$$

从线性差分方程的理论知, (21.8)的解是

$$u_k = \Sigma c_i \mu_i^k, \qquad (21.9)$$

其中 μ_i 是下式的根.

$$\mu^{r+1} = \mu^r + \mu^{r-1} + \cdots + 1. \qquad (21.10)$$

这个方程有一个根位于 1 和 2 之间，它使得当 $r \to \infty$ 时，

$$\mu_1 \to 2. \tag{21.11}$$

其它 r 个根满足方程 $z^{r+2} - 2z^{r+1} + 1 = 0$，并且全部位于单位圆内，这可通过把 Rouché 定理用到函数

$$z^{r+2} + 1 \quad \text{和} \quad 2z^{r+1} \tag{21.12}$$

看出. 因此

$$u_k \sim c_1 \mu_1^k, \qquad K^{\frac{1}{r}} |w_k| \sim e^{c_1 \mu_1^k}.$$

因而

$$(K^{\frac{1}{r}} |w_{k+1}|) \sim (K^{\frac{1}{r}} |w_k|)^{\mu_1}, \tag{21.13}$$

$$|w_{k+1}| \sim K^{(\mu_1 - 1)/r} |w_k|^{\mu_1}. \tag{21.14}$$

当 $r = 1$，我们有

$$\left. \begin{aligned} & K = |f''/2f'|, \quad \mu_1 = \frac{1}{2}(1 + 5^{\frac{1}{2}}) \sim 1.62 \\ & |w_{k+1}| \sim K|w_k||w_{k-1}|, \quad |w_{k+1}| \sim K^{0.62} |w_k|^{1.62} \end{aligned} \right\} \tag{21.15}$$

当 $r = 2$，我们有

$$K = |-f'''/6f'|, \quad \mu_1 \approx 1.84,$$

$$|w_{k+1}| \approx K|w_k||w_{k-1}||w_{k-2}|, \quad |w_{k+1}| \approx K^{0.42} |w_k|^{1.84} \tag{21.16}$$

不论是哪一种情况，渐近收敛率都是很好的，但是大的 K 推迟这收敛率的开始. 因为对所有 r 值 μ_1 都小于 2，因此就渐近收敛率而言，使用次数更高的插值多项式似乎没有什么道理.

多重零点

22. 上一节的分析中，我们假定了 $f' \neq 0$，因此 α 是单重零点. 当 α 是二重零点，我们给出 $r = 1$ 和 $r = 2$ 的相应的分析. 在这种情况下，我们有

$$f_i = \frac{1}{2!} f'' w_i^2 + \frac{1}{3!} f''' w_i^3 + \cdots. \tag{22.1}$$

当 $r = 1$，w_{k+1} 的线性方程是

$$-\frac{1}{2}f''(w_k^2 - w_{k-1}^2)w + \frac{1}{2}f'' w_k w_{k-1}(w_k - w_{k-1}) = 0,$$

$$(22.2)$$

这给出

$$w_{k+1} \sim w_k w_{k-1}/(w_k + w_{k-1}). \qquad (22.3)$$

记 $u_i = 1/w_i$,(22.3)变为

$$u_{k+1} = u_k + u_{k-1}, \qquad (22.4)$$

通解是

$$u_k = a_1\mu_1^k + a_2\mu_2^k, \qquad (22.5)$$

其中 μ_1 和 μ_2 满足方程

$$\mu^2 = \mu + 1. \qquad (22.6)$$

因此,最后有

$$w_k = 1/u_k \sim 1/(a_1\mu_1^k) \sim 1/a_1(1.62)^k, \qquad (22.7)$$

即到最后每一步误差被 1.62 除。

当 $r = 2$ 时,w_{k+1} 的二次方程是

$$-(w_k - w_{k-1})(w_k - w_{k-2})(w_{k-1} - w_{k-2})$$

$$\times \left[\frac{1}{2}f'' w^2 - \frac{1}{6}f'''(w_k w_{k-1} + w_k w_{k-2} + w_{k-1}w_{k-2})w \right.$$

$$\left. + \frac{1}{6}f''' w_k w_{k-1} w_{k-2} \right] = 0. \qquad (22.8)$$

这里,在每一个系数中也是只包含主要项. 解是

$$w_{k+1}^2 \sim (-f'''/3f'') w_k w_{k-1} w_{k-2}, \qquad (22.9)$$

即

$$|w_{k+1}|^2 = K|w_k||w_{k-1}||w_{k-2}|, \text{ 其中 } K = |-f'''/3f''|.$$

$$(22.10)$$

在本节的最后将说明这样做是合适的. 记 $u_i = \log K|w_i|$,我们有

$$2u_{k+1} = u_k + u_{k-1} + u_{k-2}, \qquad (22.11)$$

通解是

$$u_k = c_1\mu_1^k + c_2\mu_2^k + c_3\mu_3^k*. \tag{22.12}$$

其中 μ_1, μ_2, μ_3 是方程

$$2\mu^3 = \mu^2 + \mu + 1 \tag{22.13}$$

的根. 和上一节一样, 我们可以证明, 这个方程有两个根在单位圆内, 另一个是 μ_1 近似为 1.23. 因此, 我们最终有

$$|w_{k+1}| \sim K^{\mu_1-1}|w_k|^{\mu_1} \approx |-f'''/3f'|^{0.23}|w_k|^{1.23}. \tag{22.14}$$

这个结果是(22.8)中忽略 w 的非主要项的正确性的事后证明.

函数关系的逆

23. 如果 $f(z)$ 有一个单重零点 $z = \alpha$, 那么对于充分小的 f, z 可以表示为 f 的一个收敛的幂级数. 我们写

$$z = g(f), \quad \text{其中当} f = 0 \text{时}, z = \alpha. \tag{23.1}$$

我们不用 z 的多项式逼近 f, 而用 f 的多项式逼近 z (例如, 参见 Ostrowski (1960)). 用 f 的二次多项式的研究可以充分说明一般的情况. 通过点 (z_k, f_k), (z_{k-1}, f_{k-1}), (z_{k-2}, f_{k-2}) 的逼近多项式 $L(f)$ 可表为 Lagrange 形式. 我们有

$$\begin{aligned}
L(f) = z_k &\frac{(f - f_{k-1})(f - f_{k-2})}{(f_k - f_{k-1})(f_k - f_{k-2})} \\
&+ z_{k-1}\frac{(f - f_k)(f - f_{k-2})}{(f_{k-1} - f_k)(f_{k-1} - f_{k-2})} \\
&+ z_{k-2}\frac{(f - f_k)(f - f_{k-1})}{(f_{k-2} - f_k)(f_{k-2} - f_{k-1})}.
\end{aligned} \tag{23.2}$$

Lagrange 插值的标准理论已经给出了误差:

$$g(f) - L(f) = \frac{g'''(\eta)}{3!}(f - f_k)(f - f_{k-1})(f - f_{k-2}), \tag{23.3}$$

这里 η 是包含 f, f_k, f_{k-1}, f_{k-2} 的区间内的某点. 取 $f = 0$, 我们有

---

* 原文误为 μ_3. ——译者注

$$\alpha - L(0) = -\frac{g'''(\eta)}{3!} f_k f_{k-1} f_{k-2}. \qquad (23.4)$$

因此，如果我们取 z_{k+1} 为 $L(0)$，(23.3) 的右边给我们一个误差表达式. 从 (23.2) 我们有

$$z_{k+1} = L(0) = f_k f_{k-1} f_{k-2} \left[\frac{z_k}{f_k(f_k - f_{k-1})(f_k - f_{k-2})} \right.$$

$$+ \frac{z_{k-1}}{f_{k-1}(f_{k-1} - f_k)(f_{k-1} - f_{k-2})} \left] \right.$$

$$+ \frac{z_{k-2}}{f_{k-2}(f_{k-2} - f_k)(f_{k-2} - f_{k-1})} \qquad (23.5)$$

显然，无论插值多项式的次数是多少，z_{k+1} 是唯一的. 此外，如果 f 是实函数，迭代从实值 z_i 开始，那么全部迭代值都是实的，这与上述多项式方程的解法相反，那些方法保证能从实数移到复平面上.

现在，我们有

$$f_i = f(z_i) \approx (z_i - \alpha) f'(\alpha), \quad \text{当} \ z_i \to \alpha. \qquad (23.6)$$

因此 (23.4) 给出

$$(z_{k+1} - \alpha) \sim \frac{g'''(\eta)}{3!} [f'(\alpha)]^3 (z_k - \alpha)(z_{k-1} - \alpha)(z_{k-2} - \alpha),$$

$$(23.7)$$

并且记 $z_i - \alpha = w_i$，我们有

$$w_{k+1} \sim K w_k w_{k-1} w_{k-2}, \quad \text{其中} \ K = -g'''(\eta)[f'(\alpha)^3]/3!. \qquad (23.8)$$

这是一个和 (21.16) 同样形式的关系，并且说明最后有

$$|w_{k+1}| \sim K^{0.42} |w_k|^{1.81}. \qquad (23.9)$$

一般情况下，当我们用一个 r 次插值多项式时，我们有

$$w_{k+1} \sim K w_k w_{k-1} \cdots w_{k-r},$$

其中 $K = -g^{k+1}(\eta)[f'(\alpha)]^{r+1}/(r+1)!. \qquad (23.10)$

注意，如果 $r=1$，这个方法与 §20 的逐次线性插值恒等. 和我们在 §21 看到的一样，无论 r 多大，与 (23.10) 相对应的最后的收敛率总是不大于 2 次的，因此取 r 大于 2 没有好处.

如果 α 是 m 重零点,那么我们有

$$f = c_m(z - \alpha)^m + c_{m+1}(z - \alpha)^{m+1} + \cdots, \qquad (23.11)$$

并且 $z - \alpha$ 可以表示为 $f^{1/m}$ 的幂级数。显然,在这种情况下,插值是不能令人满意的。

从我们的经验看来,对于特征值问题,本节的方法不如前一节的方法好。(另一方面,对于精确地确定 Bessel 函数的零点,从好的近似值开始,它们是很好的方法.)因此,在 §26 的比较中我们不讨论这一节的方法.

区间分半法

24. 关于用函数值的方法,我们再提一个区间分半法来结束有关讨论.在第五章研究对称三对角矩阵的特征值时,我们已讨论过这个方法,显然,它可用于寻找一般实函数的实零点. 使用这个方法之前必须用另外的手段确定两个值 a, b 使得 $f(a)$ 与 $f(b)$ 的符号相反.一旦这样的 a, b 找到,便可用 k 步在宽度为 $(b - a)/2^k$ 的区间内确定一个零点. 这个方法没有收敛性问题.

Newton 法

25. §21—§23 的分析只涉及最终的收敛率,并且只详细讨论了一重或二重零点的情况. 此外,也没有把舍入误差计算在内.通常我们不能从很靠近零点的值开始迭代,并且总要受到舍入误差的影响. 在讨论过别的迭代法以后,我们再在 §59 ~ §60 和 §35 ~ §47 讨论这些问题.

现在我们转向既用函数值又用导数值的方法. Newton 法是其中最熟识的方法,这个方法中第 $k + 1$ 个近似值与第 k 个近似值的关系是

$$z_{k+1} = z_k - f(z_k)/f'(z_k) \qquad (25.1)$$

在单重零点 $z = \alpha$ 的邻域内我们可以写

$$w = z - \alpha, \quad f(z) = f(w + \alpha) = f'w + \frac{1}{2}f''w^2 + \cdots, \qquad (25.2)$$

其中导数是在点 $z = \alpha$ 处计算. 因此, 我们有

$$w_{k+1} = w_k - \frac{f'w_k + \frac{1}{2}f''w_k^2 + \frac{1}{6}f'''w_k^3 + \cdots}{f' + f''w_k + \frac{1}{2}f'''w_k^2 + \cdots} \quad (25.3)$$

$$= -\frac{\frac{1}{2}f''w_k^2 + \frac{1}{3}f'''w_k^3 + \cdots}{f' + f''w_k + \frac{1}{2}f'''w_k^2 + \cdots}, \quad (25.4)$$

这给出

$$w_{k+1} \sim (f''/2f')w_k^2 \quad (f' \neq 0). \quad (25.5)$$

对于二重零点我们有 $f' = 0$, $f'' \neq 0$. 因此, 从(25.3)得到

$$w_{k+1} = \frac{1}{2}w_k + \frac{\frac{1}{12}f'''w_k^3 + \cdots}{f''w_k + \cdots}, \quad (25.6)$$

这给出

$$w_{k+1} \sim \frac{1}{2}w_k. \quad (25.7)$$

类似地, 对 r 重的零点, 我们可证明

$$w_{k+1} \sim (1 - 1/r)w_k, \quad (25.8)$$

结果收敛速度随着重数增加而逐渐减慢. 显然, 对于 r 重零点, 每一步的修正量由于有因子 $1/r$ 就显得太小了. 因此, 对这种零点, 我们建议代替(25.1), 使用

$$z_{k+1} = z_k - rf(z_k)/f'(z_k). \quad (25.9)$$

事实上, (25.9)给出

$$w_{k+1} \sim \frac{f^{(r+1)}}{r(r+1)f^{(r)}}w_k^2. \quad (25.10)$$

可惜, 我们通常不能预先知道零点的重数.

Newton 法与插值法的比较

26. 对于每一种压缩型矩阵, 计算一阶导数的工作量大约和

计算函数本身的工作量相等. 如果矩阵的阶数适当,我们可以假定线性插值,二次插值或 Newton 法做一步的工作量与函数计算,导数计算所需的工作量相比是可以忽略不计的.

在以上的假设下,用线性插值或二次插值的两步与 Newton 法的一步作比较是恰当的,对于线性插值的两步,在单重零点邻域内由(21.15)我们有

$$w_{k+1} \sim K^{0.62}(K^{0.62}w_k^{1.62})^{1.62} \approx K^{1.62}w_k^{2.62}, \quad \text{其中} \quad K = f''/2f', \quad (26.1)$$

而对于 Newton 法有

$$w_{k+1} \sim Kw_k^2, \quad (26.2)$$

其中 K 的值是相同的. 显然,线性插值的渐近收敛率高.

在二重零点的邻域内,线性插值的两步给出

$$w_{k+2} \sim w_k/(1.62)^2 \sim w_k/2.62, \quad (26.3)$$

这也说明插值比 Newton 法好. Newton 法也有线性插值有的那种缺点,即如果 $f(z)$ 是实函数,计算从实值开始,那么所有的 z 值都是实的,用这方法不能确定复的零点.

在这种比较中,逐次二次插值更显得优越. 对单重零点,二次插值的两步给出

$$|w_{k+2}| \sim K^{1.19}|w_k|^{3.39}, \quad \text{其中} \quad K = |-f'''/6f'|. \quad (26.4)$$

而对于二重零点,两步的结果有

$$|w_{k+2}| \sim K^{0.51}|w_k|^{1.5}, \quad \text{其中} \quad K = |-f'''/3f''|. \quad (26.5)$$

上述比较是假定函数计算和导数计算的工作量差不多. 对于一般矩阵来说,这个假定是不成立的,事实上导数的计算量比函数 $\det(A - zI)$ 的计算量大得多. 关于广义特征值,相应的函数是

$$\det(A_r z^r + A_{r-1}z^{r-1} + \cdots + A_0),$$

所作的假定更不成立. 对这类问题比较更有利于插值法.

三次收敛的方法

27. 假如我们计算适当的各阶导数,就可以推导出任何指定阶数的渐近收敛的方法. 一个简单的推导方法是用 Taylor 级数展开,然后移项. 我们有

$$f(z_k + h) = f(z_k) + hf'(z_k) + \frac{1}{2}h^2f''(z_k) + O(h^3).$$

$$(27.1)$$

如果选取 h 使得 $f(z_k + h) = 0$，我们有

$$z_{k+1} - z_k = h = -f(z_k)/f'(z_k) - h^2f''(z_k)/2f'(z_k) + O(h^3)$$
$$\sim -f(z_k)/f'(z_k) - [f(z_k)]^2f''(z_k)/2[f'(z_k)]^3.$$

$$(27.2)$$

容易验证，这式子给出三次收敛性。这个公式似乎没有被采用。

Laguerre 方法

28. Laguerre 提出了一个更有趣方法，在单零点的邻域中也给出三次收敛性。 他是在研究只有实零点的多项式时提出这方法的，其基本思想如下。

设 $f(x)$ 有实零点 $\lambda_1 < \lambda_2 < \cdots < \lambda_n$，又设 x 落在 λ_m 和 λ_{m+1} 之间。当 x 落在区间 (λ_1, λ_n) 之外时，我们可以认为，实轴从 $-\infty$ 到 $+\infty$ 是相连的，即 x 在 λ_n 和 λ_1 之间。现在我们考虑对任何实的 u 由下式定义的 X 的二次多项式 $g(X)$。

$$g(X) = (x - X)^2 \left\{ \sum_{i=1}^{n} (u - \lambda_i)^2/(x - \lambda_i)^2 \right\} - (u - X)^2.$$

$$(28.1)$$

显然，当 $u \neq x$，我们有

$$g(\lambda_i) > 0 \quad (i = 1, \cdots, n), \quad g(x) < 0. \qquad (28.2)$$

因此，对于任何实的 $u \neq x$，函数 $g(x)$ 有两个零点 $X'(u)$ 和 $X''(u)$，并且使得

$$\lambda_m < X' < x < X'' < \lambda_{m+1}. \qquad (28.3)$$

（在 x 位于区间 (λ_1, λ_n) 之外的情况，有一个 X' 位于 λ_n 和 x 之间，X'' 位于 x 和 λ_1 之间。）我们可以认为，X' 和 X'' 是比 x 本身更好的 x 相邻的两个零点的近似值。 现在，我们考虑对所有实的 u 取的 X' 的极小值和 X'' 的极大值。 这极小值和极大值一般是

在不同的 u 值上达到。在极值点我们有 $\dfrac{\partial X'}{\partial u} = 0 = \dfrac{\partial X''}{\partial u}$.

如果我们写 $g(X) \equiv Au^2 + 2Bu + C$, A, B, C 是 X 的函数，那么对于零点的极值，我们有

$$2Au + 2B = 0 \left(\text{因为 } \frac{\partial X}{\partial u} = 0, \text{ 因而 } \frac{\partial A}{\partial u} = \frac{\partial B}{\partial u} = \frac{\partial C}{\partial u} = 0 \right).$$

(28.4)

这给出 $B^2 = AC$. 用代数理论容易验证判别式为零必定给出极值.

注意到

$$(f'/f) = \Sigma 1/(x - \lambda_i) = \Sigma_1, \tag{28.5}$$

$$(f'/f)^2 - (f''/f) = \Sigma 1/(x - \lambda_i)^2 = \Sigma_2, \tag{28.6}$$

因而

$$\Sigma \lambda_i/(x - \lambda_i)^2 = x\Sigma_2 - \Sigma_1.$$

作少量代数运算后我们可以看出，$B^2 = AC$ 简化为

$$n - 2\Sigma_1(x - X) + [\Sigma_1^2 - (n-1)\Sigma_2](x - X)^2 = 0. \tag{28.7}$$

相应地，Laguerre 给出了两个值

$$X = x - \frac{n}{\Sigma_1 \pm [n(n-1)\Sigma_2 - (n-1)\Sigma_1^2]^{\frac{1}{2}}}$$

$$= x - \frac{nf}{f' \pm [(n-1)^2(f') - n(n-1)ff'']^{\frac{1}{2}}}, \tag{28.8}$$

其中一个比较接近 λ_m，另一个接近 λ_{m+1}。虽然上述思想仅适用于只有实零点的多项式，但是我们立刻可以把它推广到复平面上，给出迭代过程：

$$z_{k+1} = z_k - nf_k/(f'_k \pm H_k^{\frac{1}{2}}),$$

其中

$$H_k = (n-1)^2(f'_k)^2 - n(n-1)f_k f''_k. \tag{28.9}$$

这式意味着在单重零点 λ_m 的邻域内，如果我们选取符号使分母的绝对值较大，那么

$$z_{k+1} - \lambda_m \sim \frac{1}{2} (z_k - \lambda_m)^3 [(n-1)\Sigma_2' - (\Sigma_1')^2]/(n-1),$$

(28.10)

其中

$$\Sigma_2' = \sum_{i \neq m} 1/(\lambda_m - \lambda_i)^2, \qquad \Sigma_1' = \sum_{i \neq m} 1/(\lambda_m - \lambda_i).$$

(28.11)

因此,过程在单重零点的邻域内是三次收敛的. 有意思的是,在验证三次收敛性时没有利用这样的事实,即在(28.9)中 n 和 f 以同样的地位出现,并且对于任何 n 值过程是三次收敛的.

另一方面,如果 λ_m 是 r 重零点,我们可以验证(28.9)意味着

$$z_{k+1} - \lambda_m \sim (r-1)(z_k - \lambda_m)/\{r + [(n-1)r/(n-r)^{\frac{1}{2}}]\}.$$

(28.12)

这使得收敛仅仅是线性的.

修改(28.9)使过程在 r 重零点的邻域内达到三次收敛是容易的. 一个合理的公式是

$$z_{k+1} = z_k - nf_k \Big/ \Big[f_k' + \Big\{ \frac{n-r}{r} [(n-1)(f_k')^2 - nf_k f_k''] \Big\}^{\frac{1}{2}} \Big],$$

(28.13)

当 $r = 1$,公式简化为(28.9). 可惜要从这个公式得到收益,必须要识别正在计算的零点的重数.

显然,当所有零点都是实的时,如果 (28.9) 中选取固定的符号,它将给出一个单调序列,这序列趋向于与相邻两个零点中的一个. 对于有复零点的多项式没有类似的结果.

假如 f'' 的计算量与 f, f' 的差不多,这些三次收敛的方法的两步应该和 Newton 法的三步相比. 对三次收敛方法的两步有

$$w_{k+2} \sim Aw_k^9,$$

(28.14)

而对 Newton 方法的三步有

$$w_{k+3} \sim Bw_k^8.$$

(28.15)

因此,以渐近收敛性而论,Newton 法较差.

复零点

29. 直到现在为止我们只是顺便提到了复零点. 我们讨论过的大多数方法,计算 $f(z)$ 和它的导数的以及计算零点的,都可以立刻搬到复矩阵的复特征值的计算. 我们只须把实数运算改为复数运算. 因为一个复数乘法包含四个实数乘法,因此在复数情况,计算量增大至实数情况的四倍.

可是,实际上,复矩阵是比较少见的,更多的情况是实矩阵,但有一些共轭的复特征值. 自然,我们可以用复矩阵的办法来处理它,但是我们预料能利用它的特点减少计算量.

首先,我们要注意,我们确定一个复零点,那么其共轭复数也是一个零点. 因此,只要在一个复迭代中工作量不多于一次实的迭代的两倍,那么我们可以用找两个实零点同样的时间找到一对复共轭零点.

如果我们用嵌套乘法(见 §2),对复的 z 值计算显式多项式的值,那么每一个 s_r 值,除了 s_n 之外都是复的,每一步都包含真正的复数乘法. 因此,一次计算有四倍的工作量,并且不能利用 a_r 是实数的特点来减少工作量. 在下一节我们说明如何去克服这一缺点.

关于实三对角矩阵(见 §8),记

$$x = x + iy, \quad p_r(z) = s_r(z) + it_r(z), \tag{29.1}$$

方程(8.2)变为

$$\begin{cases} s_r(z) = (\alpha_r - x)s_{r-1}(z) + yt_{r-1}(z) - \beta_r\gamma_rs_{r-2}(z), \\ t_r(z) = (\alpha_r - x)t_{r-1}(z) - ys_{r-1}(z) - \beta_r\gamma_rt_{r-2}(z), \end{cases} \tag{29.2}$$

在实的情况要两个乘法的而在这里要 6 个乘法.

关于 Hessenberg 矩阵(见 §11) 记

$$x_r = u_r + iv_r, \quad z = x + iy. \tag{29.3}$$

方程(11.5)变为

$$\begin{cases} b_ru_{r-1} + (a_{rr} - x)u_r + a_{r,r+1}u_{r+1} + \cdots + a_{rn}u_n + yv_r = 0, \\ b_rv_{r-1} + (a_{rr} - x)v_r + a_{r,r+1}v_{r+1} + \cdots + a_{rn}v_n - yu_r = 0. \end{cases}$$

$$\tag{29.4}$$

除了附加的 yv_r 和 $-yu_r$ 项之外，需要的是两倍的计算量。同样的评论适用于求导后的方程 (11.7)。因而在这种情况下，我们找一对复共轭零点的效率大致与找两个实零点的效率相同，并且不必对过程作修正。

30. 可能设想 §12，§13 的误差分析不能用到复的情况，因为在 (29.4) 中的每一个方程独立地确定每一个等价 a_{rs} 中的等价摄动，并且一般说来它们是不同的。不过，这个异议只是一个错觉，并且在每一个 a_{rs} 上容许复的摄动，这个问题就得到澄清。为了避免多重下标，我们集中考虑一个特定的元素 a_{rs}，并且假定在 (29.4) 的第一、二个方程中和舍入误差对应的等价摄动分别是 $a_{rs}\varepsilon_1$ 和 $a_{rs}\varepsilon_2$。我们希望证明存在适当的 η_1 和 η_2 使得

$$a_{rs}(\eta_1 + i\eta_2)(u_s + iv_s) = a_{rs}u_s\varepsilon_1 + ia_{rs}v_s\varepsilon_2. \qquad (30.1)$$

显然我们有

$$(\eta_1^2 + \eta_2^2)(u_s^2 + v_s^2) = u_s^2\varepsilon_1^2 + v_s^2\varepsilon_2^2, \qquad (30.2)$$

这给出

$$\eta_1^2 + \eta_2^2 \leqslant \varepsilon_1^2 + \varepsilon_2^2. \qquad (30.3)$$

可以证明，我们对于浮点实数运算给出的误差界不必作本质性的修改即可用于复的运算上。对应的结果是

$$fl(z_1 \pm z_2) \equiv (z_1 + z_2)(1 + \varepsilon_1), \quad |\varepsilon_1| \leqslant 2^{-t},$$
$$fl(z_1 z_2) \equiv z_1 z_2(1 + \varepsilon_2), \quad |\varepsilon_2| < 2 \cdot 2^{\frac{1}{2}} 2^{-t_1}, \qquad (30.4)$$
$$fl(z_1/z_2) \equiv z_1(1 + \varepsilon_3)/z_2, \quad |\varepsilon_3| < 5 \cdot 2^{\frac{1}{2}} 2^{-t_1}.$$

现在，ε_i 通常是复的。在这些结果中，我们已假定在这些复数计算涉及的实运算中的舍入误差是第三章讨论过的类型。这些结果的证明留作练习。

复共轭零点

31. 现在我们证明，可以用 $2n$ 个乘法的工作量完成一个复变量的实系数多项式计算。首先，我们注意用 $z - \alpha$ 除 $f(z)$ 的剩余是 $f(\alpha)$。这意味着我们能从 $z^2 - pz - l$ 除 $f(z)$ 的剩余得到 $f(\alpha + i\beta)$，其中

$$[z - (\alpha + i\beta)][z - (\alpha - i\beta)] = z^2 - pz - l. \quad (31.1)$$

事实上,如果

$$f(z) \equiv (z^2 - pz - l)q(z) + rz + s, \quad (31.2)$$

那么

$$f(\alpha + i\beta) = (r\alpha + s) + i(r\beta). \quad (31.3)$$

如果我们写

$$f(z) = a_n z^n + a_{n-1} z^{n-1} + \cdots + a_0,$$
$$q(z) = q_n z^{n-2} + q_{n-1} z^{n-3} + \cdots + q_2, \quad (31.4)$$

那么利用(31.2)两边 z 的幂相等,重新整理各项我们有

$$q_n = a_n, \quad q_{n-1} = a_{n-1} - pq_n,$$
$$q_s = a_s + pq_{s+1} + lq_{s+2}, \quad (s = n-2, \cdots, 2), \quad (31.5)$$
$$r = a_1 + pq_2 + lq_3, \quad s = a_0 + lq_2.$$

这些方程可以逐次确定 $q_n, q_{n-1}, \cdots, q_2, r, s$. 注意, 如果我们继续递推下去,就得到

$$q_1 = a_1 + pq_2 + lq_3, \quad (31.6)$$
$$q_0 = a_0 + pq_1 + lq_2, \quad (31.7)$$

那么

$$r = q_1 \text{ 和 } s = q_0 - pq_1 = q_0' \text{ (比如说)}. \quad (31.8)$$

写(31.2)为下式比较方便,

$$f(z) \equiv (z^2 - pz - l)q(z) + q_1 z + q_0'. \quad (31.9)$$

根据递推关系和(31.3),我们可以用大约 $2n$ 个实乘法计算 $f(\alpha + i\beta)$ 的值。

32. 类似的方法可以用来计算 $f'(\alpha + i\beta)$. 为此,我们首先用 $z^2 - pz - l$ 除 $q(z)$. 如果我们写

$$q(z) \equiv (z^2 - p^2 - l)T(z) + T_1 z + T_0', \quad (32.1)$$
$$T(z) \equiv T_{n-2} z^{n-4} + T_{n-3} z^{n-5} + \cdots + T_2, \quad (32.2)$$

那么我们用类似的论证可得

$$T_{n-2} = q_n, \quad T_{n-3} = q_{n-1} + pT_{n-2},$$
$$T_s = q_{s+2} + pT_{s+1} + lT_{s+2}, \quad (s = n-4, \cdots, 0), \quad (32.3)$$
$$T_0' = T_0 - pT_1.$$

如果两组递推关系同步进行, 中间量 q_r 就不用保存. 对 (31.9) 求导, 我们得

$$f'(z) = (z^2 - pz - l)q'(z) + (2z - p)q(z) + q_1, \quad (32.4)$$

$$f'(\alpha + i\beta) = (2\alpha + 2i\beta - p)q(\alpha + i\beta) + q_1. \quad (32.5)$$

从 (32.1) 我们得到

$$q(\alpha + i\beta) = T_1\alpha + T_0' + iT_1\beta. \quad (32.6)$$

回顾 $2\alpha = p$, 我们有

$$f'(\alpha + i\beta) = 2i\beta(T_1\alpha + T_0' + iT_1\beta) + q_1. \quad (32.7)$$

类似地, 我们如果用 $z^2 - pz - l$ 除 $T(z)$ 可以得到 $f''(\alpha + i\beta)$, 其它可依此类推.

Bairstow 方法

33. 上一节我们介绍了用 $z^2 - pz - l$ 作除法, 这是作为对复变量计算 $f(z)$ 的手段. q_r 的递推关系使我们能计算 $f(z)$ 在 $z^2 - pz - l$ 的零点 z_1, z_2 上的值, 不管它们是复共轭对或是实的零点.

在 Bairstow 方法 (1914) 中, 我们直接对 $f(z)$ 的实的二次因子迭代. (31.9) 分别关于 l, p 求偏导数, 我们有

$$0 = -q(z) + (z^2 - pz - l)\frac{\partial}{\partial l}q(z) + \frac{\partial q_1}{\partial l}z + \frac{\partial q_0'}{\partial l},$$

$$(33.1)$$

$$0 = -zq(z) + (z^2 - pz - l)\frac{\partial}{\partial p}q(z) + \frac{\partial q_1}{\partial p}z + \frac{\partial q_0'}{\partial p}.$$

$$(33.2)$$

此两式又可写为

$$\frac{\partial q_1}{\partial l}z + \frac{\partial q_0'}{\partial l} \equiv q(z) \quad \mathrm{mod}(z^2 - pz - l), \quad (33.3)$$

$$\frac{\partial q_1}{\partial p}z + \frac{\partial q_0'}{\partial p} \equiv zq(z) \quad \mathrm{mod}(z^2 - pz - l). \quad (33.4)$$

因此, 从 (32.1) 我们得到

$$\frac{\partial q_1}{\partial l} z + \frac{\partial q_0'}{\partial l} \equiv T_1 z + T_0', \tag{33.5}$$

$$\frac{\partial q_1}{\partial p} z + \frac{\partial q_0'}{\partial p} \equiv z(T_1 z + T_0')$$

$$\equiv z(pT_1 + T_0') + lT_1. \tag{33.6}$$

现在用 Newton 法去改善一个近似的 $q_1 z + q_0'$ 的零点,我们选择 δp 和 δl 使得对所有 z 有

$$(q_1 z + q_0') + \frac{\partial}{\partial p}(q_1 z + q_0')\delta p + \frac{\partial}{\partial l}(q_1 z + q_0')\delta l^* = 0. \tag{33.7}$$

因此

$$q_1 + (pT_1 + T_0')\delta p + T_1\delta l = 0, \tag{33.8}$$

$$q_0' + lT_1\delta p + T_0'\delta l = 0. \tag{33.9}$$

上述方程的解可表示为

$$D\delta p = T_1 q_0 - T_0 q_1, \quad D\delta l = M q_1 - T_0 q_0, \tag{33.10}$$

其中 $M = lT_1 + pT_0$, $D = T_0^2 - MT_1$.

因为(33.7)中已略去 δp^2, $\delta p \delta l$, δl^2 和更高次的项,因此,这个方法对于二次因子给出了二次收敛性. 即使方法收敛于有复零点的二次因子,Bairstow 与 Newton 法也不相同. 特别是如果方法用于二次多项式,那么从任何初值开始只要一次迭代就收敛于正确的因子. Newton 法只给出二次收敛性.

广义的 Bairstow 方法

34. Bairstow 方法通常是针对显式多项式来讨论的,但是这个方法可应用于以任何形式出现的多项式,只要能计算连续两次用 $z^2 - pz - l$ 作除法的剩余.

对于三对角矩阵,$(A - zI)$ 的前主子式被 $z^2 - pz - l$ 除所得的剩余有一个简单的递推关系. 如果我们写

---

* 原文误为 ∂l. ——译者注

$$p_r(z) \equiv (z^2 - pz - l)q_r(z) + A_r z + B_r,$$
$$q_r(z) \equiv (z^2 - pz - l)T_r(z) + C_r z + D_r, \tag{34.1}$$

那么在关系式

$$p_r(z) = (\alpha_r - z)p_{r-1}(z) - \beta_r \gamma_r p_{r-2}(z) \tag{34.2}$$

中,我们把(34.1)第一式代入,并利用 $z^2 - pz - l$ 的系数相等得到

$$q_r(z) = (\alpha_r - z)q_{r-1}(z) - \beta_r \gamma_r q_{r-2}(z) - A_{r-1}. \tag{34.3}$$

类似地,

$$T_r(z) = (\alpha_r - z)T_{r-1}(z) - \beta_r \gamma_r T_{r-2}(z) - C_{r-1}. \tag{34.4}$$

这些方程给出

$$\begin{aligned}
A_r &= (\alpha_r - p)A_{r-1} - \beta_r \gamma_r A_{r-2} - B_{r-1}, \\
B_r &= \alpha_r B_{r-1} - \beta_r \gamma_r B_{r-2} - l A_{r-1}, \\
C_r &= (\alpha_r - p)C_{r-1} - \beta_r \gamma_r C_{r-2} - D_{r-1}, \\
D_r &= \alpha_r D_{r-1} - \beta_r \gamma_r D_{r-2} - l C_{r-1} - A_{r-1}.
\end{aligned} \tag{34.5}$$

因为 $p_0(z) = 1$, $q_0(z) = 0$, $p_1(z) = \alpha_1 - z$, $q_1(z) = 0$, 我们有

$$\begin{aligned}
A_0 &= 0, \quad B_0 = 1, \quad A_1 = -1, \quad B_1 = \alpha_1; \\
C_0 &= D_0 = C_1 = D_1 = 0.
\end{aligned} \tag{34.6}$$

注意,(34.5) 的前两个式子使我们能用 $5n$ 个乘法计算 $p_n(\alpha + i\beta)$,而用(29.2)要 $6n$ 个乘法. 其中量 A_n, B_n, C_n, D_n 分别是上一节的 q_1, q_0', T_1, T_0'.

A 是上 Hessenberg 型时对 $(A - zI)$ 的前主子式我们可以得到对应的关系式. 为了简化记号,我们假定下次对角线元素都是 1. 于是我们有

$$\begin{aligned}
p_r(z) = (a_{rr} - z)p_{r-1}(z) &- a_{r-1,r}p_{r-2}(z) \\
&+ a_{r-2,r}p_{r-3}(z) + \cdots + (-1)^{r-1}a_{1r}p_0(z), \tag{34.7}
\end{aligned}$$

其中 $p_0(z) = 1$.

和(34.1)一样,定义 $q_r(z)$, A_r, B_r, C_r, D_r,则 $q_r(z)$ 满足关系

$$q_r(z) = (a_{rr} - z)q_{r-1}(z) - a_{r-1,r}q_{r-2}(z)$$

$$+ a_{r-2,r}q_{r-3}(z) + \cdots + (-1)^{r-1}a_{1r}q_0(z) - A_{r-1},$$

$$(34.8)$$

而 A_r, B_r, C_r, D_r 满足关系

$$
\begin{aligned}
A_r &= (a_{rr} - p)A_{r-1} - a_{r-1,r}A_{r-2} + a_{r-2,r}A_{r-3} + \cdots \\
&\quad + (-1)^{r-1}a_{1r}A_0 - B_{r-1}, \\
B_r &= a_{rr}B_{r-1} - a_{r-1,r}B_{r-2} + a_{r-2,r}B_{r-3} + \cdots \\
&\quad + (-1)^{r-1}a_{1r}B_0 - lA_{r-1}, \\
C_r &= (a_{rr} - p)C_{r-1} - a_{r-1,r}C_{r-2} + a_{r-2,r}C_{r-3} + \cdots \\
&\quad + (-1)^{r-1}a_{1r}C_0 - D_{r-1}, \\
D_r &= a_{rr}D_{r-1} - a_{r-1,r}D_{r-2} + a_{r-2,r}D_{r-3} + \cdots \\
&\quad + (-1)^{r-1}a_{1r}D_0 - lC_{r-1} - A_{r-1},
\end{aligned}
$$

$$(34.9)$$

其中

$$A_0 = 0, \quad B_0 = 1, \quad A_1 = -1, \quad B_1 = a_{11};$$
$$C_0 = D_0 = C_1 = D_1 = 0. \tag{34.10}$$

每一次迭代约需要 $2n^2$ 个乘法。

Handscomb（1962）曾给出一个稍稍不同的递推公式。

实际的考虑

35. 直到现在, 我们讨论迭代法时还没有考虑到数值计算的限制。 通常仅当计算的特征值有许多有效数字时, 我们讨论的收敛性的渐近性质才是真实的。 实际上, 我们很少需要 10 位以上正确的十进位有效数字, 虽然我们可以用很高的精度的运算来得到它。

表达方法具有二次或三次的收敛性的一个普通的说法: "最后每一次迭代数字位增到二倍或三倍。" 这样的论述不妨由"古典"的分析来做, 但是在实际的数值分析领域中是不合适的。 例如, 假定用一个三次收敛的方法, 最后, 误差 w_i 的性质由下式表示

$$w_{k+1} \sim 10^4 w_k^3. \tag{35.1}$$

如果我们取 $w_k = 10^{-3}$, 那么假定上述渐近关系当 $w_k = 10^{-3}$ 时

成立,我们就有

$$w_{k+1} \approx 10^{-5}, \quad w_{k+2} \approx 10^{-11}, \quad w_{k+3} \approx 10^{-29}. \qquad (35.2)$$

实际上,我们不能期望有 $w_{k+3} = 10^{-29}$,除非我们的函数值有多于 29 位十进位. 迭代很可能到 w_{k+2} 为止,如果继续到 w_{k+3},大概精度就限制在计算用的位数. 即使 $f(z)$ 和它的导数的计算值准确到运算精度,上述看法还是正确的. 我们发现 w_k 的值一旦达到充分小,渐近性质起作用时,计算用的位数就限制了我们利用渐近收敛性的能力.

在零点的邻域内计算的 $f(z)$ 的水平又进一步限制着结果可能达到的精度. 考察一下我们所给的公式就揭示了这样的事实,即在每一种情况下"修正量" $z_{k+1} - z_k$ 总是与计算值 $f(z_k)$ 直接成比例的. 因此,除非 $f(z)$ 有一些正确的有效数字位,否则计算的修正量与真正的修正量相差很远.

舍入误差对渐近收敛性的影响

36. 对于每一种特殊型矩阵,我们已找到 A 的摄动 δA 的界,这个摄动与计算 $\det(A - zI)$ 时产生的误差等价. $\|\delta A\|_E$ 的界总是与 2^{-t} 成比例的,因此可以用足够高的精度运算使摄动尽可能小. 必须着重指出 δA 与 z 及计算 $\det(A - zI)$ 的算法有关.

如果用 λ_i 表示 A 的特征值,λ_i' 表示 $(A + \delta A)$ 的特征值,那么由特征值的连续性得知,λ_i' 适当排号后有

$$\lambda_i' \to \lambda_i, \quad 当 \ t \to \infty.$$

可是,除非 t 充分大,否则 $(A + \delta A)$ 的特征值与 A 的可能毫无共同之处. 特征值为 1, 2, $\cdots$, 20 的 Frobenius 型提供了这样的例子. 我们已看到(方程(5.3)),除非 2^{-t} 比 10^{-14} 小,否则摄动后矩阵的特征值简直不能认为是原矩阵的特征值的近似值.

区间分半法

37. 我们首先考虑用区间分半法确定实矩阵的实的单重特征值所受到的限制. 假定我们已经确定两点 a 和 b,$\det(A - zI)$ 在

这两点上的计算值符号相反. 对于一个指定的实值 z 计算 $\det(A - zI)$, 我们得到 $\det(A + \delta A - zI)$, 其中 δA 是实的, 并且

$$\det(A + \delta A - zI) = \prod_{i=1}^{n} (\lambda_i' - z). \qquad (37.1)$$

对于每一个压缩型我们已经给出 δA 的界, 并且对任何允许的 δA, 对应的每一个 λ_i' 都落在包含 λ_i 的连通区域内. 我们可以称这个区域为 λ_i 的不确定区域. 注意, 这个区域与 z 及计算 $\det(A - zI)$ 值的算法有关. 假定 z 充分大到使得包含 λ_p 的区域与别的区域分离. 在这种情况下, 当然所有 λ_p' 必定是实的, 并且包含 λ_p 的区域是实轴上的一个区间.

图 1 展示了一个典型的情况. 要研究的特征值是 λ_5, 它对所有满足有关界的摄动 δA 保持为实数. 其他的特征值性态如下.

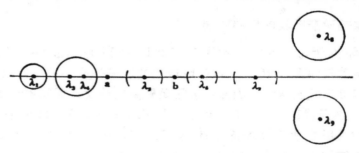

图 1

λ_1 是二重特征值, 对某个 δA, λ_1 变为复共轭对.

λ_3 和 λ_4 是很靠近的特征值, 对某个 δA 它们变为复共轭对.

λ_6 和 λ_7 是实的特征值, 并且保持为实的.

λ_8 和 λ_9 是复共轭对, 并且保持为复共轭对, 包含 λ_i 的区域的直径是它的条件的度量.

现在, 如果计算 $\det(A - zI)$ 在点 a, b 上的值, 我们得到一个正的和一个负的值, 而与 λ_i' 在它的区域内的位置无关. 如果我们反复地把区间分半, 那么对于任何不属于包含 λ_5 的区域的分点, 我们必定得到 $\det(A - zI)$ 的正确的符号. 因此, 和第五章 §41

完全一样，我们可以证明，或者是所有的分半区间真正包含 λ_s，或者是以某阶段起至少有一个分半区间端点属于包含 λ_s 的区域。如果这个区域是区间 $(\lambda_s - x, \lambda_s + y)$，那么显然在 k 步分半之后，最终的分半区间的中点属于区间

$$[\lambda_p - x - 2^{-k-1}(b - a), \lambda_p + y + 2^{-k-1}(b - a)]. \quad (37.2)$$

因为我们愿意用多少步就能用多少步，因此这个方法最终受区间 $(\lambda_s - x, \lambda_s + y)$ 的大小约束。

值得注意的是，我们一般不能期望小特征值的计算值相对误差小，也没有理由期望包含小零点的区域会比包含大零点的区域小。一般说来，我们能期望的最好结果是当特征值是良态时，相应的区域是 $2^{-t}\|A\|_E$ 数量级的。

逐次线性插值

38. 区间分半法不存在收敛性问题，并且可以认为这方法之所以成功全在于它不是利用函数值的数值。 例如，如果分半点 z 正好落在包含特征值 λ_p 的区域之外，那么计算的 $\det(A - zI)$ 的符号必定是正确的，但是它的相对误差可以任意大，这可以由 (37.1) 及 λ_p' 可以在 λ_p 的区域内任何地方这一事实看出。

另一方面，如果我们用逐次线性插值，我们有

$$z_{k+1} = z_k + f_k(z_k - z_{k-1})/(f_{k-1} - f_k). \quad (38.1)$$

初看起来，f_k 的相对误差大是严重的问题。 可是这只是一个错觉。如果计算的精度使得能确定特征值 λ_p 达到合理的精度，那么当 z_k 接近 λ_p 的区域时，z_k 和 z_{k-1} 是在 λ_p 的同一侧，并且从 §21 知，$|z_k - \lambda_p|$ 比 $|z_{k-1} - \lambda_p|$ 小得多。 如果 λ_i' 和 λ_i'' 分别是与在 z_k 和 z_{k-1} 计算对应的摄动后矩阵$(A + \delta A)$的特征值，我们有

$$z_{k+1} = z_k + (z_k - z_{k-1}) \prod_{i=1}^{n} (\lambda_i' - z_k) \Big/$$

$$\left[\prod_{i=1}^{n} (\lambda_i'' - z_{k-1}) - \prod_{i=1}^{n} (\lambda_i' - z_k) \right]$$

$$\approx z_k + (z_k - z_{k-1})(\lambda'_p - z_k)/[(\lambda''_p - z_{k-1}) - (\lambda'_p - z_k)],$$
$$(38.2)$$

因为

$$\lambda_i - z_k \approx \lambda''_i - z_k \quad (i \neq p). \qquad (38.3)$$

关系式(38.2)可以表示为如下形式:

$$z_{k+1} \approx z_k + (\lambda'_p - z_k)\Big/\Big[1 + \frac{\lambda''_p - \lambda'_p}{z_k - z_{k-1}}\Big]. \qquad (38.4)$$

这表明 z_{k+1} 十分靠近 λ'_p。通常, z_{k+1} 的精度比准确计算得到的低得多。如同(21.15)所示.准确计算使得 $\lambda_{k+1} - \lambda_p$ 是 $(z_k - \lambda_p) \cdot (z_{k-1} - \lambda_p)$ 的数量级。尽管这样,我们的论证说明,直到我们得到的值属于不确定区域前,迭代值一直在改进,即使用区间分半法也不能得到更好的结果。

达到不确定区域后,情况就不令人满意了。 f 的计算值几乎准确地与 $z_k - \lambda'_k$ 成比例并且 λ'_k 随 z_k 变化。因此,对于在不确定区域内的 z_k, $\det(A - z_k I)$ 的计算值随着舍入误差的变化而起伏波动,而对任何这样的 z_k "期望"值却基本上是个常数。在§7的表2中对此有很好的说明,表中前五个 z_k 值都落在包围 $\lambda_p = 10$ 的不确定区域内。尽管第五个值与零点的距离是第一个值与零点的距离的 2^{19} 倍,但所有计算的函数值都是同样的数量级。现在,从(38.1)式我们看出,一次迭代得到的修正量是

$$(z_k - z_{k-1})[f_k/(f_{k-1} - f_k)].$$

对于在不确定区域内的 z_k 和 z_{k-1} 值,方括号内的量完全取决于舍入误差。它的值一般是 1 的量级(这是确实的,例如,对表2中的前五个中任一对 z_i 即是如此)。但是如果 f_{k-1} 与 f_k 异常靠近,那么所得的值将非常大。

39. 迭代的性态可以描述如下。在距离特征值充分远的点,计算的函数值相对误差小,并且每一步的修正量与准确的计算结果相近。随着与不确定区域的距离缩小,计算值的相对误差增大,虽然只要当前的值是在不确定区域之外,移动的方向是正确的。一旦达到不确定区域内,这种有规律的迭代校正就停止了。此后,虽

然两次接连的计算中舍入误差的坏的组合可能得出不确定区域之外的值，通常逐次的逼近值保持在不确定区域之内或不定区域附近。

对表 2 中的 z_k 值用计算值和"真"值执行有关的计算是有启发性的。注意，这些所谓的真值也并不是准确的值，因为它们有一次舍入误差，这是在表示有限的有效十进位时固有的误差。重要的是要认识计算值应正确到多少位，比如说，如果要特征值 $z=10$ 准确到 s 个二进位，那么当 $|z_k - 10|$ 是 2^{-p} 量级，计算 $f(z_k)$ 的值正确到 $s-p$ 位二进位是适宜的。这样每一步的修正量与准确计算的结果相比，所有 $s-p$ 位都是一致的。

在表 2 中，在 $z = 10 + 2^{-28} + 7 \times 2^{-42}$ 的值给出了约 15 位二进制有效数字。如果我取这一个值并用 $z = 10 + 2^{-18} + 7 \times 2^{-42}$ 作另一插值点执行一步线性插值，那么插值的结果有 28+15 位即 43 位正确的二进位。

多重的和病态靠近的特征值

40. 区间分半法不能用来确定偶数重的多重零点，然而逐次线性插值仍可以使用。可能想像这种方法确定的多重零点的精度必定受到严厉的限制，但是事实并不是这样。虽然收敛是慢的，但是最终可能达到的精度仍然只取决于不确定区域的大小，现在的情况是不如单重零点那样好。例如，对于二重特征值，关系式 (38.2) 变成

$$z_{k+1} \approx z_k + (z_k - z_{k-1})(\lambda'_p - z_k)^2 /$$
$$[(\lambda''_p - z_{k-1})^2 - (\lambda'_p - z_k)^2]. \qquad (40.1)$$

但是我们不能说 $z_k - \lambda_p$ 比 $z_{k-1} - \lambda_p$ 小得很多，因为即使计算准确，在每一次迭代中误差只缩小 1.62 倍[参见 (2.27)]。如果 λ'_p 和 λ''_p 分别落在 λ_p 的两侧，那么当 $z_k - \lambda_p$ 是不确定区域的直径的若干倍时，不稳定性就开始了。

如果重特征值是病态的，或者虽然特征值不是病态的但是计算行列式值的方法病态，那么不确定区域相当大。例如，如果我们

用显式的函数形式 $z^3 - 3z^2 + 3z - 1$，用嵌套法计算 $f(z)$，我们知道计算值是下述多项式的准确值．

$$(1 + \varepsilon_3)z^3 - 3(1 + \varepsilon_2)z^2 + 3(1 + \varepsilon_1)z - (1 + \varepsilon_4), \quad (40.2)$$

其中 ε_i 的界是 2^{-t} 量级的．系数的这种摄动可以导致零点的 $2^{-t/3}$ 量级的摄动(第二章§3)．因此，不确定区域的宽度是 $k2^{-t/3}$，k 是某个数量级为 1 的数．相应地，一旦我们达到某个 z，其误差为 $2^{-t/3}$ 量级，线性插值不能再稳步改善．可是如果把矩阵作为三对角线型来处理，计算下述矩阵的行列式

$$\begin{bmatrix} 1 & & \\ & 1 & \\ & & 1 \end{bmatrix} - zI. \quad (40.3)$$

那么，包含 $z = 1$ 的不确定区域的大小是 2^{-t} 数量级的，并且 $z=1$ 这个零点可以精确地确定(关于确定重数，见§57)．

41. 这个例子似乎是人为的．但是从秩的简单分析就得知有 r 重特征值，并且初等因子是线性的三对角线矩阵，其非对角线必有 $r - 1$ 个零元素．如果我们考虑的特征值只是运算精度的意义下相等而不是真的重零点，我们可以给出更加令人满意的例子．第五章的矩阵 W_{21}^+ 就是一个好的范例．尽管第二个特征值在运算精度意义下与最大的特征值是恒等的，但是用 30 位二进位尾数的运算作逐次线性插值后发现，大的零点正确到最后一位．在运算精度意义下为多重零点的类似的例子也已经解过，虽然收敛性极慢，但是最后可达到的精度很高．

其他的插值法

42. 对我们以前讨论过的其他插值方法也可建立类似的结果．在每一种情况下，达到极限精度的 z_k 是在不确定区域之内，或者很靠近不确定区域，并且在达到极限精度之后也开始有不稳定的危险．在最常用的 Muller 方法中，这个现象尤为显著．关于这个方法，最常见的现象是，一旦达到不确定区域之后，继续作的迭代得到的结果具有非常一致的精度，但是迟早总要出现大的

跳跃．在一些试验中，这种跳跃非常激烈，迭代会收敛到别的特征值！在程序库中，当然用限制修正量（§62）来防止这种现象发生．

有一点是值得特别提出的．人们可能认为，即使计算函数的方法使得不确定区域很小，Muller 方法也不能精确地定出重特征值．其理由如下．

例如，考虑多项式 $(z - 0.9876273416)^2$．如果我们在任意三个点准确地计算 $f(z)$ 并导出通过这三点的准确的多项式，我们得到

$$z^2 - 1.975246832z + 0.9754000118 \quad 31509056. \quad (42.1)$$

现在如果我们只用九位十进位数作计算，就不可能准确地得到这些系数，最好的情况下我们也必定在第九位有效数字上有舍入误差．通常这将导致零点有 $(10^{-9})^{1/2}$ 量级的误差．因此，即使我们直接从表达式 $(z - 0.98762\ 3416)^2$ 计算 $f(z)$，因而计算值的相对误差小，但是与这些值匹配的二次多项式必然给出比较差的结果．在更实际的情况中，在二重零点的邻域内，我们难以得到像这个很特殊的例子的那样高精度的函数值，因此通常的情况似乎更不利些．

这个论证有谬误，因为函数计算不是按这种方式执行的．如果我们用 Muller 方法（§20），在每次迭代中我们都是导出 z_k 的修正量．考虑从（20.6）导出的增量 $z_{k+1} - z_k$ 的表达式，我们有

$$
\begin{aligned}
z_{k+1} - z_k &= \lambda_{k+1}(z_k - z_{k+1}) \\
&= -2f_k\delta_k(z_k - z_{k-1})/\{g_k \pm [g_k^2 \pm 4f_k\delta_k\lambda_k \\
&\quad \cdot (f_{k-2}\lambda_k - f_{k-1}\delta_k + f_k)]^{\frac{1}{2}}\}. \quad (42.2)
\end{aligned}
$$

倘若计算是准确的，那么对于任何 z_{k-2}, z_{k-1}, z_k，方括号内的量都会是零．但是实际计算并不是这样，如果 f_k, f_{k-1}, f_{k-2} 的最大误差是 2^t 分之一，分母的值与真值至多差 $2^{\frac{t}{2}}$ 分之一，所以产生的修正量与准确计算的相差约 $2^{\frac{t}{2}}$ 分之一．因此，即使由于我们按照 $|z_k - \lambda_p| = O(2^{-r})$ 时计算值的误差为 2^{t-r} 分之一．这样的方式处理特征值 λ_p 而使得计算的 $f(z)$ 值的精度降低，逐次迭代实

际上继续改善精度直到相对误差只是 2^r 分之几． 这恰恰就是使用某种给出不确定区域的直径是 2^{-r} 量级的计算函数的方法确定良态的二重特征值的情况．

使用导数的方法

43. 通常使用一个或多个导数的方法的行为与插值法的很不相同．为了研究单特征值 λ_p 附近的极限情况，我们首先作一个假定，即在零点的邻域内计算的导数的相对误差小于函数的相对误差，这假定是很合理的．

为了说明方便，我们考虑 Newton 法（§25），因为对所有这样的方法舍入误差对极限性质的影响是大同小异的． 如果用 $\bar{f}_k$ 和 $\bar{f}'_k$ 分别表示 $f(z_k)$ 和 $f'(z_k)$ 的计算值，那么在一步的修正量是 $-\bar{f}_k/\bar{f}'_k$，而不是 $-f_k/f'_k$．我们写

$$\bar{f}_k = f_k(1 + \varepsilon_k), \quad \bar{f}'_k = f'_k(1 + \eta_k), \tag{43.1}$$

并且由上面的假定，在 λ_p 的邻域内有

$$|\eta_k| \ll |\varepsilon_k|. \tag{43.2}$$

因此，计算的修正量和真正的修正量之比实质上是 $\bar{f}_k$ 和 f_k 的比．用 §38 的记号，我们得到

$$\bar{f}_k/f_k = \prod_{i=1}^{n} (\lambda'_i - z_k) \Big/ \prod_{i=1}^{n} (\lambda_i - z_k)$$
$$\sim (\lambda'_p - z_k)/(\lambda_p - z_k). \tag{43.3}$$

只要 $|\lambda_p - z_k|$ 明显地大于 $|\lambda_p - \lambda'_p|$，即 z_k 明显地在不确定区域之外，计算的修正量的相对误差就小，但是这两个量趋近相同的量级时，相对误差就不再是小的． 如果在这个阶段，z_k 是 $\lambda_p + O(\theta)$，其中 θ 是小量，真正的修正量可能产生 z_{k+1}，它是 $\lambda_p + O(\theta^2)$，这里我们假定了函数的计算精度使不确定区域与 λ_p 到相邻的特征值的距离相比是小的． 因此，计算的修正量是 $\bar{f}_k[\lambda_p - z_k + O(\theta^2)]/f_k$，结果计算的 z_{k+1} 逼近 λ'_p．我们又一次发现计算的迭代值一直改进直到到达不确定区域为止．

以后它的行为与插值法的不同． 对于在不确定区域内的点

z_k 上，f' 的计算值的相对误差仍然比较小。因此，计算的修正量与真正修正量的比值几乎由 (43.3) 的右边准确地给出。同时，由于真正的修正量几乎准确地给出 $z_{k+1} = \lambda_p$，计算的修正量给出的 λ_p' 几乎准确。因此，迭代是在不确定区域内随机移动。

44. 我们的论证是以计算的导数的相对误差比函数值的小得多的假定为基础的，这个假定一般是对的，甚至对于多重特征值或十分靠近的特征值，对于在不确定区域外的 z 值，这个假定仍然成立。但对于不确定区域内的 z 值，对于这种特征值，这假定一般是不成立的。事实上，$f'(z)$ 的计算值可能变为零，而 $f(z)$ 不是零。

然而，§40 的评论同样适用于用导数的迭代法。甚至在矩阵有多重零点或者十分密集的零点时，只要相应的不确定区域小，零点的可达到的极限精度将是高的，只是收敛率受到影响。此外，如果我们能知道零点的重数，使用公式(25.9)或 (28.12) 可以给出高的收敛率。

接收零点的准则

45. 判定迭代法得到的一个值是否可以作为零点来接受，是一个相当困难的实际问题。我们先考虑一个简化的问题，假定计算不带舍入误差，使得迭代次数充分多步之后，零点 α 的精度可以达到任何规定的水平。

现在，在我们描述过的所有方法中，最后有

$$|z_{i+1} - \alpha| = O(|z_{i+1} - z_i|), \tag{45.1}$$

而对于单重零点，我们有更好的结果

$$|z_{i+1} - \alpha| = O(|z_{i+1} - z_i|). \tag{45.2}$$

因此，终止迭代的一个明显的准则是

$$|z_{i+1} - z_i| < \varepsilon, \tag{45.3}$$

其中 ε 是某个预先规定的"小"量。可是要注意，如果这个准则也要适用于包含多重零点的问题，ε 必须小于零点的最大允许误差。例如，如果 α 是一个 r 重的零点，我们使用的是 Newton 法，

那么最后有

$$\alpha \sim z_{i+1} + (r-1)(z_{i+1} - z_i).\qquad (45.4)$$

我们取的 ε 必须小,至少要小于我们规定的容限的 $(r-1)^{-1}$ 倍.

使用某个基于迭代过程中的相对改变量的准则是有吸引力的,例如

$$|(z_{i+1} - z_i)/z_i| < \varepsilon.\qquad (45.5)$$

这个准则用在收敛于 $z = \alpha \neq 0$ 的零点是令人满意的,但是如果 $\alpha = 0$,那么对单重零点,我们有

$$|(z_{i+1} - z_i)/z_i| \to 1.\qquad (45.6)$$

如果我们处理显式多项式,那么零特征值是很容易发现并且把它剔除. 因此,在这种情况下,如果所有非零特征值都是单重的,上述规则可以使用.

舍入误差的影响

46. 继续上节的分析没有什么意义,因为实际上舍入误差完全占了主导地位. 实际计算中用给定位数计算的任何零点,其精度受该零点的不确定区域限制,而且通常我们预先不知道这些区域的大小. 如果我们用准则(45.3),那么当我们选取的 ε 太小时,无论迭代多久,这准则总不能被满足. 反之,如果我们选的 ε 太大,我们会接受一个比最后能得到精度低得多的结果. 例如,在良定的多重零点的情况就是这样,因为对这些零点达到极限的过程是缓慢而持久的.

如果零点的不确定区域相当大,那怕最正当的要求也不能得到满足. 例如,我们用 Frobenius 型,其特征值是 $1, 2, \cdots, 20$,那么在 ACE 上执行单精度运算(约 14 位十进位). 当 $\varepsilon = 10^{-2}$,对于零点 $10, 11, \cdots, 19$ 迭代过程都不收敛. 事实上,这些特征值有很大的不确定区域,因此不可能发现何时迭代值是在特征值的领域内,除非我们用的运算精度比 14 位十进位更高.

一个理想的程序,应该能够在定出零点之前的杂乱无章的迭代过程中,判定什么时候必须用更高的精度运算. 另外,程序应该

设计成逐步改变运算精度，以便确定满足指定精度的特征值．实际计算中，要求一般没有这么高，可以用准则 (45.3)，ε 取某个适中的值．

47. Garwick 曾提出一个简单的策略，对于病态的零点能缩减不确定地迭代的危险，对于良态的零点则不牺牲可能达到的精度．他的思想是以下述的观察结果为根据的．当迭代值在向零点逼近时，从某一步起，差 $|z_{i+1} - z_i|$ 逐渐缩小，直到达到不确定区域为止．以后这个差就像我们以前描述过的那样毫无规律地变化．Garwick 建议，应该使用要求限制松一些形式为

$$|z_{i+1} - z_i| < \varepsilon \qquad (47.1)$$

的准则．当这准则被满足时，只要相邻的 z_i 的差值递减，就继续迭代．当最后我们达到一个值使得

$$|z_{r+2} - z_{r+1}| \geqslant |z_{r+1} - z_r|, \qquad (47.2)$$

我们就接受 z_{r+1} 值．

作为一个应用的例子，把 Newton 法用于零点是 1, 2, …, 20 的显式多项式．在 ACE 上用双精度运算（约 28 个十进位）并取 $\varepsilon = 10^{-6}$．对于每一个零点，迭代都达到了在相应的不确定区域之内．在 $z = 1$ 的零点，接受的近似值的误差约是 10^{-27}，而对于病态的零点 $z = 15$，接受的近似值的误差约 10^{-14}，因此都达到最佳的水平．

在设计能自动识别何时已达到极限精度的程序方面，似乎还没做过什么工作．在使用非规格化浮点运算的计算机上，这是不太困难的；因为从前面的讨论可知，只要计算的函数值有某些正确的有效数字，迭代就应该继续下去．一旦达到某个 z_i 值，这个值没有任何正确的有效数字，对所用的计算精度及算法就不可能区分 z_i 与函数零点的差别．

消除已计算的零点

48. 当我们已经接受 $f(z)$ 的一个零点时，我们希望以后的计算不要收敛于这个零点．如果我们用显式的特征多项式作计算，

那么当我们已接受了 α 后,就计算显式的商多项式 $f(z)/(z-\alpha)$. 类似地,如果我们接受了二次因子 z^2-pz-l, 我们可以计算商多项式 $f(z)/(z^2-pz-l)$. 这个方法通常称为降阶. 注意,从 (2.10)我们得到

$$f(z)/(z-\alpha) = \sum_{r=1}^{n} s_r(\alpha) z^{r-1}, \qquad (48.1)$$

其中 $s_r(\alpha)$ 是用嵌套乘法得到的在 $z=\alpha$ 的值,而用 §31 的记号有

$$f(z)/(z^2-pz-l) = \sum_{r=2}^{n} q_r z^{r-2}. \qquad (48.2)$$

实际上,计算的零点或二次因子通常都有误差,在降阶过程本身又发生误差. 因此有这样的危险,逐次计算的零点可能遭受到愈来愈多的精度损失. 的确,一般认为,在这方面降阶过程是极端危险的.

在 Wilkinson (1963b) 第二章,我给出了这个问题的十分详细的分析,这里只综述主要的结果.

如果在每次降阶之前,迭代继续进行直到计算精度达到极限为止,那么只要计算的零点大致是按绝对值递增的次序确定的,过程就不会逐步恶化. 在一般情况下,用计算的降阶多项式和原多项式进行迭代,计算的零点可能达到的精度只差一点. 另一方面,如果多项式的零点的数量级相差很大,一个大零点的近似值已被接受,而小零点还未确定,这时进行降阶就可能使精度受到严重损失. 即使原来的多项式的所有零点都是良态的, 它们对系数的小相对摄动并不敏感,但是这种现像似乎还是存在.

虽然降阶的危险比平常设想的小, 可是好像没有可靠的方法保证能大致上按绝对值递增的顺序确定零点,在 §55 中我们叙述不用显式降阶消除已计算的零点的方法.

Hessenberg 矩阵的降阶

49. 计算了一个零点之后, 从显式多项式可以导出一个包含

其余的 $(n-1)$ 个零点的显式多项式. 自然要问, 对于其他的压缩型是否存在类似的方法, 如果有, 方法是否稳定. 这个问题可以更明确地提出如下:

如果给定 n 阶 Hessenberg (三对角) 矩阵的一个特征值, 能否产生一个 $(n-1)$ 阶的 Hessenberg (三对角) 矩阵包含其余的 $(n-1)$ 个特征值?

我们先考虑 Hessenberg 矩阵. 设 λ_1 是上 Hessenberg 矩阵 A 的一个特征值, 不失其一般性, 总可以假定 A 的下次对角线元素不是零. 现在, 在 §11 描述的 Hyman 方法中取 $z = \lambda_1$, 我们发现这个方法确定了一个矩阵 M, 其形式为

$$M = \begin{bmatrix} 1 & & & & -x_1 \\ & 1 & & & -x_2 \\ & & \ddots & & \vdots \\ & & & \ddots & -x_{n-1} \\ & & & & 1 \end{bmatrix}. \tag{49.1}$$

它使得 $B = (A - \lambda_1 I) M$ 的最后一列的元素除了第一个与 $\det(A - \lambda_1 I)$ 成比例之外, 全都是零, 又因为 λ_1 是 A 的一个特征值, $\det(A - \lambda_1 I)$ 是零. 因此, 最后一列全是零. 注意, 除了最后一列之外, B 与 $(A - \lambda_1 I)$ 完全相同, 当 $n = 5$, B 的形式是

$$B = \begin{bmatrix} \times & \times & \times & \times & 0 \\ \times & \times & \times & \times & 0 \\ & \times & \times & \times & 0 \\ & & \times & \times & 0 \\ & & & \times & 0 \end{bmatrix}. \tag{49.2}$$

为了完成相似变换, 用 M^{-1} 左乘 B, 其效果是对于 i 从 1 到 $n-1$ 执行第 n 行的 x_i 倍加到第 i 行. 显然, Hessenberg 型和最后一列的零元素都不受影响, 结果 $M^{-1}(A - \lambda_1 I) M$ 也是 (49.2) 的形式. 因此 $M^{-1}(A - \lambda_1 I)M + \lambda_1 I$ 是如下形式:

$$\begin{bmatrix} \times & \times & \times & \times & \vdots & 0 \\ \times & \times & \times & \times & \vdots & 0 \\ & \times & \times & \times & \vdots & 0 \\ & & \times & \times & \vdots & 0 \\ \hdashline & & & \times & \vdots & \lambda_1 \end{bmatrix}. \tag{49.3}$$

显然,左上角的 $(n-1)$ 阶 Hessenberg 矩阵的特征值是 λ_1 以外的全部特征值.

50. 因为三对角矩阵是 Hessenberg 型的特殊情况,我们可以应用这个方法于这样的矩阵,用 M 右乘,其前 $(n-1)$ 列保持不变,现在(49.2)变为形式

$$\begin{bmatrix} \times & \times & & & 0 \\ \times & \times & \times & & 0 \\ & \times & \times & \times & 0 \\ & & \times & \times & 0 \\ & & & \times & 0 \end{bmatrix}. \tag{50.1}$$

用 M^{-1} 左乘,只改变第 $(n-1)$ 列使矩阵变为形式

$$\begin{bmatrix} \times & \times & & \times & 0 \\ \times & \times & \times & \times & 0 \\ & \times & \times & \times & 0 \\ & & \times & \times & 0 \\ & & & \times & 0 \end{bmatrix}. \tag{50.2}$$

左上角的 $(n-1)$ 阶矩阵不再是三对角矩阵,其最后一列全是非零元素. 因此,三对角型关于这种降阶法不是不变的.

把所得的矩阵看作由一个三对角矩阵加上最后一列非零元素构成的一个增广三对角线矩阵是比较方便的. 我们可以立刻看到,这种增广三对角矩阵关于这种降阶方法是保型的. 更确切地说,是 A_n 的降阶导出矩阵 C_n, A_n 和 C_n 的形式是

$$A_n = \begin{bmatrix} \times & \times & & & & & & \times \\ \times & \times & \times & & & & & \times \\ & & \times & \times & \times & & & \times \\ & & & \times & \times & \times & & \times \\ & & & & \times & \times & \times & \times \\ & & & & & \times & \times & \times \\ & & & & & & \times & \times \end{bmatrix},$$

$$C_n = \left[\begin{array}{ccccccc|c} \times & \times & & & & & \times & 0 \\ \times & \times & \times & & & & \times & 0 \\ & & \times & \times & \times & & \times & 0 \\ & & & \times & \times & \times & \times & 0 \\ & & & & \times & \times & \times & 0 \\ & & & & & \times & \times & 0 \\ \hline & & & & & & \times & \lambda_1 \end{array} \right]. \qquad (50.3)$$

因此,虽然三对角形形式不能保持,但是降阶矩阵的结构不会愈变愈复杂.

三对角矩阵的降阶

51. 我们已把三对角矩阵的降阶作为上 Hessenberg 型的一种特殊情况处理,但是如果在第一列而不是最后一列引入非零元素,那么这个方法与 §8 的有更紧密的关系。 我们用五阶矩阵作例子来说明它. 假定我们取原来的矩阵 A_n 为下述的形式

$$A_n = \begin{bmatrix} \alpha_1 & 1 & & & \\ \beta_2 & \alpha_2 & 1 & & \\ & \beta_3 & \alpha_3 & 1 & \\ & & \beta_4 & \alpha_4 & 1 \\ & & & \beta_5 & \alpha_5 \end{bmatrix}. \qquad (51.1)$$

设 λ_1 是 A_n 的特征值,我们用下述关系定义 $p_r(\lambda_1)$

$$p_0(\lambda_1) = 1, \quad p_1(\lambda_1) = \alpha_1 - \lambda_1,$$
$$p_r(\lambda_1) = (\alpha_r - \lambda_1)p_{r-1}(\lambda_1) - \beta_r p_{r-2}(\lambda_1) \quad (r = 2, \cdots, n). \qquad (51.2)$$

于是，如果我们取 M 为矩阵

$$M = \begin{bmatrix} 1 & & & & \\ -p_1(\lambda_1) & 1 & & & \\ p_2(\lambda_1) & & 1 & & \\ -p_3(\lambda_1) & & & 1 & \\ p_4(\lambda_1) & & & & 1 \end{bmatrix}, \quad (51.3)$$

我们就有

$$(A_n - \lambda_1 I)M = \begin{bmatrix} 0 & 1 & & & \\ 0 & (\alpha_2 - \lambda_1) & 1 & & \\ 0 & \beta_3 & (\alpha_3 - \lambda_1) & 1 & \\ 0 & & \beta_4 & (\alpha_4 - \lambda_1) & 1 \\ 0 & & & \beta_5 & (\alpha_5 - \lambda_1) \end{bmatrix},$$

$$(51.4)$$

因为 $p_n(\lambda_1) = 0$，所以 $(n, 1)$ 元素是零。因此，我们有

$$M^{-1}(A_n - \lambda_1 I)M + \lambda_1 I = \begin{bmatrix} \lambda_1 & 1 & & & \\ 0 & \alpha_2 + p_1(\lambda_1) & 1 & & \\ 0 & \beta_3 - p_2(\lambda_1) & \alpha_3 & 1 & \\ 0 & p_3(\lambda_1) & \beta_4 & \alpha_4 & 1 \\ 0 & -p_4(\lambda_1) & & \beta_5 & \alpha_5 \end{bmatrix}.$$

$$(51.5)$$

因此，在右下角的 $(n-1)$ 阶的降阶矩阵的第一列有额外的元素 $\pm p_r(\lambda_1)$。

用 $q_{r+1}(z)$ 表示 $(A_{n-1} - zI)$ 的 r 阶前主子式，我们有
$q_1(z) = 1$, $q_2(z) = (\alpha_2 - z)q_1(z) + p_1(\lambda_1)$,
$q_r(z) = (\alpha_r - z)q_{r-1}(z) - \beta_r q_{r-2}(z) + p_{r-1}(\lambda_1)$ $(r = 3, \cdots, n)$

$$(51.6)$$

我们可以看出，元素为 $p_r(\lambda_1)$ 的列几乎没有增加递推关系的复杂性。

为了执行在 A_{n-1} 找到第二个特征值 λ_2 之后的第二次降阶，用下述形式的矩阵右乘

$$\begin{bmatrix} 1 & & & \\ -q_2(\lambda_2) & 1 & & \\ q_3(\lambda_2) & & 1 & \\ -q_4(\lambda_2) & & & 1 \end{bmatrix}, \tag{51.7}$$

最后 $(n-2)$ 阶的降阶矩阵的形式是

$$\begin{bmatrix} \alpha_3+q_2(\lambda_2) & 1 & \\ -q_3(\lambda_2) & \alpha_4 & 1 \\ q_4(\lambda_2) & \beta_5 & \alpha_5 \end{bmatrix}. \tag{51.8}$$

因此降阶矩阵的主子式的递推关系从不比(51.6)复杂。

用旋转或稳定的初等变换降阶

52. Hessenberg 矩阵的降阶方法与 Hyman 方法有着紧密的关系，后者有很高的数值稳定性。 类似地，三对角矩阵的降阶与 §8 的简单的递推关系相关联，并且这些递推关系也是十分稳定的。

尽管如此，降阶方法并没有同样的数值稳定性。 可能认为产生不稳定的原因在于没有结合行列交换，如果结合行列交换或改用平面旋转方法可能得到稳定的降阶方法，现在我们来研究这个问题。

§14 已叙述了怎样逐次用平面 $(n-1,n)$, $(n-2,n)$, ···, $(1,n)$ 的旋转右乘把 Hessenberg 矩阵最后一列的最后 $(n-1)$ 个元素化为零。 当 $z=\lambda_1$ 时 (λ_1 是 A 的一个特征值)，变换后的矩阵的最后一列的第一个元素也是零（如果计算准确）。 因此，变换后的矩阵将是 (49.2) 的形式。 为了完成相似变换，我们用平面 $(n-1,n)$, $(n-2,n)$, ···, $(1,n)$ 旋转逐次左乘。 显然，每次左乘保持最后一列的零元素和左上角的 $(n-1)$ 阶矩阵为 Hessenberg 型不变，但是在平面 (r,n), $(r=n-1, ···, 2)$ 的旋转在位置 $(n, r-1)$ 中引入了非零元素。 因此，加上 $\lambda_1 I$ 之后矩阵的形式是

$$\begin{bmatrix} \times & \times & \times & \times & & 0 \\ \times & \times & \times & \times & & 0 \\ & \times & \times & \times & & 0 \\ & & \times & \times & & 0 \\ \hline \times & \times & \times & \times & & \lambda_1 \end{bmatrix}. \qquad (52.1)$$

矩阵中最后一行有非零元是无关要紧的，左上角的 $(n-1)$ 阶矩阵仍然有其余 $(n-1)$ 个特征值．因此，即使用旋转变换，Hessenberg 型关于降阶是保型的． 完全等价的降阶过程可以用非酉的初等变换实现，它也导出形如(52.1)的矩阵．

研究舍入误差的影响之前，我们先考虑同样的约化方法应用到三对角矩阵． 右乘结束时变换后的矩阵的形式显然是 (50.1)．我们要证明左乘的结果导致一个形如(52.1)的矩阵，也就是说，三对角矩阵通常变为满的 Hessenberg 矩阵． 我们用归纳法证明．假定用平面 (r, n) 的旋转左乘之后，矩阵的形式以 $n=7$，$r=4$ 为例，是

$$\begin{bmatrix} \times & \times & & & & & & 0 \\ \times & \times & \times & & & & & 0 \\ & \times & \times & \times & & & & 0 \\ & & \times & \times & \times & \times & & 0 \\ & & & \times & \times & \times & & 0 \\ & & & & \times & \times & & 0 \\ \hline 0 & 0 & \times & \times & \times & \times & & 0 \end{bmatrix}. \qquad (52.2)$$

下一个旋转是在平面 $(r-1, n)$，结果使得第 $r-1$ 行和第 n 行变为它们的线性组合． 因此，第 $r-1$ 行的第 $r+1$ 到第 $n-1$ 个元素一般要引进非零元. 第 n 行只在第 $r-2$ 个元素引进非零元. 初等的稳定的非酉变换也有类似的结果，但是 Hessenberg 矩阵中零元素占的比例还是相当大的． 如果原三对角矩阵是对称的，正交的降阶法能保持对称性，并且能证明保持其三对角型．这可证明如下．

因为得到的降价的矩阵最后一列是零，因此最后一行也必定是零．反过来，这意味着用平面 (r, n) 旋转左乘后，$(n, r+1)$，$(n, r+2), \cdots, (n, n-1)$ 元素必定已经是零．事实上仍然必须执行的运算仅仅是用

（第 n 行）$\cos \theta_i -$（第 i 行）$\sin \theta_i (i = r-1, \cdots, 1)$ (52.3)

代替第 n 行．因为原矩阵的下次对角线元线不会变为零，我们不会有 $\cos \theta_i = 0$．因为从 (52.2) 知，第 $r-1, \cdots, 1$ 的各行中第 $r+1, \cdots, (n-1)$ 位置上的元素是零，显然第 n 行的这些元素必定已经是零．由此可见，我们不在对角线以上引入非零元素，因此最后的矩阵是三对角线形．初等的稳定的非酉矩阵的降阶不保持对称性，也不保持三对角型．

降阶的稳定性

53. 现在，我们研究舍入误差对降阶本身以及对 λ_1 的影响．我们首先考虑用平面旋转的 Hessenberg 矩阵的降阶．

对于右乘来说，第三章 §20~§26 的一般性分析，立刻表明：如果 $R_{n-1, n}$，$R_{n-2, n}$，$\cdots$，$R_{1, n}$ 是对应于逐次计算矩阵的准确的平面旋转，那么最后的计算矩阵十分接近于 $A R_{n-1, n} R_{n-2, n} \cdots R_{1, n}$．这个分析也确认在位置 (n, n)，$(n-1, n)$，$\cdots$，$(2, n)$ 上引入了零元素．$(1, n)$ 位置上出现零元素，这在准确的计算中是得到保证的，可是它不是某个旋转的直接的结果，我们的一般性分析并不说明计算这个元素将是小的，即使 λ_1 准确到运算精度也是这样．我们容易构造矩阵使其特征值是良态的，右乘之后，计算的 $(1, n)$ 元素却十分大．因此，最后 $R_{1n}^{\mathrm{T}} R_{2n}^{\mathrm{T}} \cdots R_{n-1, n}^{\mathrm{T}} (A - \lambda_1 I) R_{n-1, n} \cdots R_{2n} R_{1n}$ 的形式是

$$\begin{bmatrix} \times & \times & \times & \times & \times & \vdots & \times \\ \times & \times & \times & \times & \times & \vdots & 0 \\ & \times & \times & \times & \times & \vdots & 0 \\ & & \times & \times & \times & \vdots & 0 \\ & & & & \times & \vdots & 0 \\ \hline \times & \times & \times & \times & \times & \vdots & \times \end{bmatrix}, \tag{53.1}$$

其中 $(1, n)$ 和 (n, n) 元素都不小.

类似地,用平面旋转使对称三对角矩阵降阶,最后计算的矩阵形如

$$\begin{bmatrix} \times & \times & & & & \underline{\times} \\ \times & \times & \times & & & 0 \\ & \times & \times & \times & & 0 \\ & & \times & \times & \times & 0 \\ & & & \times & \times & 0 \\ \underline{\times} & 0 & 0 & 0 & 0 & \underline{\times} \end{bmatrix}, \tag{53.2}$$

其中三个用横线标明的元素,在准确计算时应是零,但实际上可能相当大.

用初等的稳定的非酉变换降阶的情况与上述情况非常类似. 现在我们来说明,对这样的降阶在右乘之后 $(1, n)$ 不是零的情况与第五章 §56 讨论的现象是紧密相关的.

我们现在考虑下面的 21 阶矩阵 A

$$A = \begin{bmatrix} -10 & 1 & & & & & \\ 1 & -9 & 1 & & & & \\ & 1 & -8 & & & & \\ & & & \ddots & & & \\ & & & & \ddots & & \\ & & & & 1 & 8 & 1 \\ & & & & & 1 & 9 & 1 \\ & & & & & & 1 & 10 \end{bmatrix}, \tag{53.3}$$

显然,它与 W_{21}^+ 有相同的特征值.

$$\lambda_1 = 10.7461942$$

是一个特征值,有九位正确的有效数字. 我们用初等的稳定的非酉变换执行 $(A - \lambda_1 I)$ 的降阶.

第一步是比较 $(21, 20)$ 和 $(21, 21)$ 这两个元素的绝对值. 如果 $(21, 21)$ 的模比较大,我们交换第 21 列和第 20 列. 然后,我们从第 21 列减去第 20 列的某个倍数在 $(21, 21)$ 位置上产生一个零元

素. 我们马上看出, 这个运算完全与带交换的 Gauss 消去法用在矩阵 $(W_{\overline{21}} - \lambda_1 I)$ 上的第一步相同. 这两个过程始终保持一致, 但是要注意, 在 Gauss 消去法中任一阶段出现交换是对应于降阶过程不出现交换, 反之亦然. 当右乘做完之后, 第 20, 19, ···, 1 列恒等于 Gauss 消去法得到的第 1, 2···, 20 主行, 然而约化后的 $(A - \lambda_1 I)$ 的第 21 列等于 Gauss 消去法中得到的最后的主行, 结果应该为零的元素 (1, 21) 实际上变为 —20.6954139. 在第 $(21 - i)$ 列中的元素是在第五章表 10 中的 w_i, v_i 和 u_i.

关于降阶的总评述

54. 在第八章我们要叙述某些又经济又稳定的降阶方法, 但因为它们与该章的题目有密切的关系, 我们把它推迟到下一章讨论.

在本章描述的降阶技术总是不能完全令人满意. 为了保证降阶后的矩阵有其余的特征值, 一般我们不得不计算特征值精度达到过高水平, 同时在降阶过程中又要用高精度运算. 在显式多项式的情况, 只有按绝对值递增的次序确定零点才能避免这样做, 但是一般没有一个简单的方法保证能实现这个要求. 自然要问, 是否有其它的不用显式的降阶消除已计算零点的方法.

消除已计算的零点

55. 设 $f(z)$ 是以某种方式定义的多项式, 不必是显式的, 又设 $\lambda_1, \lambda_2, \cdots, \lambda_n$ 是它的零点. 如果前 r 个零点的近似值 $\lambda_1', \lambda_2', \cdots, \lambda_r'$ 已被接受, 那么我们用下述关系定义函数 $g_r(z)$,

$$g_r(z) \equiv f(z) \Big/ \prod_{i=1}^{r} (z - \lambda_i'). \qquad (55.1)$$

假如每一个 λ_i' 准确等于对应的 λ_i 的话, $g_r(z)$ 就是零点为 $\lambda_{r+1}, \cdots, \lambda_n$ 的 $(n - r)$ 次多项式. 可是, 即使 λ_i' 不准确, 函数 $g_r(z)$ 一般也有零点 $\lambda_{r+1}, \cdots, \lambda_n$. 事实上, 不管 λ_i' 的值的大小, 除非这些值中有些恰巧与 $\lambda_{r+1}, \cdots, \lambda_n$ 中某个的值重合, $g_r(z)$ 总

有这些零点. 假如我们能计算 $f(z)$ 在指定的 z 上的值, 那么只要用 $\Pi(z - \lambda'_i)$ 的计算值去除计算的 $f(z)$ 就得到 $g_r(z)$. 因此, 我们可以立刻应用任何一个只需函数值的方法计算 $g_r(z)$ 的零点.

用 Newton 法需要函数 $g_r(z)/g'_r(z)$ 的值, 但是因为我们有

$$g'_r(z)/g_r(z) = f'(z)/f(z) - \sum_{i=1} 1/(z - \lambda'_i), \quad (55.2)$$

因此只要我们能计算 $f(z)$ 及 $f'(z)$, 我们就能计算这个函数值. 最后, 关于需要 $g''_r(z)$ 的方法, 我们有

$$[g'_r(z)/g_r(z)]^2 - g''_r(z)/g_r(z) = [f'(z)/f(z)]^2 - f''(z)/f(z)$$
$$- \sum_{i=1}^{r} 1/(z - \lambda'_i)^2. \quad (55.3)$$

因此我们能计算迭代法需要的一切.

消除已计算的二次因子

56. 消除已计算的二次因子有一些类似的技术, 它们可用于 Bairstow 类型的方法. 假定我们已经接受了一个二次因子 $z^2 - Pz - L$. 假如它是准确的, 而且我们又能准确地计算显式多项式 $g(z) = f(z)/(z^2 - Pz - L)$ 的话, 那么 Bairstow 方法中每步的本质要求是计算一个剩余, 它是在 $g(z)$ 接连两次被尝试的二次因子 $z^2 - pz - l$ 除后的剩余. 因此, 需要直接由 $f(z)$ 本身的运算得到这些剩余的公式. 假定

$$f(z) \equiv T(z)(z^2 - pz - l)^2 + (cz + d)(z^2 - pz - l)$$
$$+ az + b, \quad (56.1)$$

a, b, c 是 §§31, 32 的量 q_1, q'_0, T_1, T'_0. 现在, 如果

$$g(z) \equiv V(z)(z^2 - pz - l)^2 + (c''z + d'')(z^2 - pz - l)$$
$$+ a''z + b'', \quad (56.2)$$

那么

$$(z^2 - Pz - L)[V(z)(z^2 - pz - l)^2$$
$$+ (c''z + d'')(z^2 - pz - l) + a''z + b'']$$
$$\equiv T(z)(z^2 - pz - l)^2$$

$$+ (cz + d)(z^2 - pz - l) + az + b. \qquad (56.3)$$

这个恒等式使我们能利用 a, b, c, d 表示 a'', b'', c'', d'', 因而从对应的 $f(z)$ 的剩余得到对应 $g(z)$ 的剩余.

按照 Handscomb (1962), 稍为改变记号, 我们可以表示这个结果为下述形式

$$
\begin{aligned}
&p' = p - P, && l' = l - L, \\
&f = pf' + l, && e = fl' - lp'^2, \\
&a' = al' - bp', && b' = bf - alp', \\
&c' = ce - a', && d' = de - b' - a'p', \\
&a''e = a', && b''e = b', \\
&c''e^2 = c'l - d'p', && d''e^2 = d'f - c'lp'.
\end{aligned}
\qquad (56.4)
$$

注意, 当 a, b 趋向于零的时候, a'' 和 b'' 也是趋于零. 此外, 因为 a, b 是最后二次收敛的, 因此对 a'', b'' 亦然. 所以, 即使接受的二次因子 $z^2 - Pz - L$ 很差, 我们仍然能真正地收敛于 $f(z)$ 的零点. 因为我们不要考虑 a, b, c, d 的任何常数倍数, 我们可以取

$$
\begin{aligned}
&a'' = a'e, && b'' = b'e, \\
&c'' = c'l - d'p', && d'' = d'f - c'lp'.
\end{aligned}
\qquad (56.5)
$$

显然, 从 a'', b'', c'', d'' 出发, 我们可以用同样的方式消除另一个二次因子, 依此类推.

关于消除零点方法的总评述

57. 初看起来, 这些方法是比较危险的, 例如, 函数 $g_r(z)$ 仍然有 $f(z)$ 的全部零点并且有一些极点 λ_i' ($i = 1, \cdots, r$), 这些极点很靠近对应的零点. 但是, 实际上我们是用 $g_r(z)$ 的计算值推算的, 而这些计算值又是从 $f(z)$ 的计算值得到的. 这些方法在实际应用中的基本特点是计算精度应始终一样.

现在我们考虑一个典型的 $g_r(z)$ 值的计算. $f(z)$ 的计算值是 $\prod\limits_{i=1}^{n} (z - \lambda_i)$, 其中 λ_i 是 λ_i 的不确定区域内的值, 这些值当然

与 z 有关. 已计算的零点 λ_i' 也是在不确定区域内,或者很靠近不确定区域. 因而,计算的 $g_r(z)$ 值是 $\prod_{i=1}^{n}(z-\bar{\lambda}_i)\Big/\prod_{i=1}^{r}(z-\lambda_i')$.
因此,当 z 不是太靠近 $\lambda_i(i=1,\cdots,r)$ 时,$g(z)$ 的计算值本质上是 $\prod_{i=r+1}^{n}(z-\bar{\lambda}_i)$. 因此,我们可以期望像精确地使用 $f(z)$ 的值那样,使用 $g_r(z)$ 的值得到余下的任何一个零点. 如果 z 在任一个 $\lambda_i(i=1,\cdots,r)$ 的邻域内,计算的值变化很大,再次收敛于某个零点的情况几乎不会发生. 自然我们必须避免在 $z=\lambda_i'$ 上计算函数值,这是容易办到的.

在这个论述中假定了 λ_i 是单重零点. 可是多重的或病态靠近的零点,也不会发生任何特殊的困难. 仅当不确定区域大时,结果的精度低. 实际上,此时不确定区域是大的;例如,对于显式多项式就是如此. 因此,如果 $f(z)$ 有一个二重零点 $z=\lambda_1=\lambda_2$,并且我们已计算了一个零点 λ_1',那么如果 z 是在 λ_1 的不确定域之外,$f(z)/(z-\lambda_1')$ 的计算值的性态就像在 $z=\lambda_1$ 的邻域内有一个单重零点的函数一样,在 ACE 上曾用这个消除零点方法计算了高达 5 重的零点,它们的误差都不大于不确定区域的大小.

我们注意到偶然接受了一个误差大的零点并不影响以后的计算零点的精度,但是如 λ_i' 已被接受但是它没达到极限的精度,那么我们可以希望过程再次收敛于一个真的达到极限精度的 λ_i 的近似值. 因为通常程序是设计成确定 n 次多项式的 n 个零点,接受了一个假的零点就意味着漏掉一个真零点.

消除方法的一个重要特点是独立地确定每一个零点. 计算的零点之和等于原矩阵的迹. 这一事实可以作为检验精确度的一个好的手段. 但是这对于许多消除方法是无用的. 时常会发生这样的情况,计算的零点之和是正确的,但是每一个零点与特征值毫无相似之处. 例如,用显式多项式降阶,即使我们在除了最后一步的各步中随机地接受某个值的零点(最后一步,是一次的多项式不用迭代就得到零点),容易看出它们的和也是正确的.

渐近收敛率

58. Newton 法 (§ 25) 和 Laguerre 方法 (§ 28) 应用于 $g_r(z)$ 时，保持二次收敛性和三次收敛性并不是一眼就能看出的. 现在我们证明事实上这是对的. 我们首先考虑 Newton 法，假定 $z = \lambda_{r+1} + h$，于是我们有

$$g_r'(z)/g_r(z) = \sum_{i=1}^{n} 1/(z - \lambda_i) - \sum_{i=1}^{r} 1/(z - \lambda_i')$$

$$= 1/h + \sum_{i=1}^{n}{}' 1/(z - \lambda_i) - \sum_{i=1}^{r} 1/(z - \lambda_i'), \quad (58.1)$$

其中 $\sum'$ 表示和数中没有 $i = r + 1$ 的项. 因此

$$g_r'(z)/g_r(z) = 1/h + A + O(h), \quad (58.2)$$

其中

$$A = \sum_{i=1}^{n}{}' 1/(\lambda_{r+1} - \lambda_i) - \sum_{i=1}^{r} 1/(\lambda_{r+1} - \lambda_i'), \quad (58.3)$$

这给出

$$z - g_r(z)/g_r'(z) = \lambda_{r+1} + Ah^2 + O(h^3). \quad (58.4)$$

对于 Laguerre 方法我们用公式

$$z_{k+1} = z_k - [(n-r)g_r(z_k)]/\{g_r'(z_k) \pm \{(n-r-1)^2[g_r'(z_k)]$$
$$- (n-r)(n-r-1)g_r(z_k)g_r''(z_k)\}\}^{\frac{1}{2}}. \quad (58.5)$$

我们仍然取 $z_k = \lambda_{r+1} + h$ 并使用(55.2)和(55.3)，可以验证

$$z_{k+1} - \lambda_{r+1} \sim \frac{1}{2} h^3 [(n-r-1)B - A^2]/(n-r-1),$$

$$(58.6)$$

其中 A 由(58.3)定义，B 由下式定义

$$B = \sum_{i=1}^{n}{}' 1/(\lambda_{r+1} - \lambda_i)^2 - \sum_{i=1}^{r} 1/(\lambda_{r+1} - \lambda_i')^2. \quad (58.7)$$

大范围的收敛性

59. 到现在为止，我们避开了怎样选取特征值的初始近似值

的问题．自然，如果我们从独立的方法得到了初始近似值，那么本章的方法是很合用的，实际上这些独立的方法最经常的是用作确定特征值的单独的工具．

当我们知道全部特征值都是实的，那么情况是令人十分满意的． 就 Laguerre 方法来说，我们知道从任何近似的初值开始都保证收敛于它相邻的零点． 一个简单的办法是对每个零点都取 $\|A\|_\infty$ 作为初始值，并使用 §55 讨论的消除零点的方法．这个简单的方法的全局收敛性是令人十分满意的，除非 A 有某些多重零点或病态靠近的零点．对于这种零点(28.12)意味着

$$z_{k+1} - \lambda_m \sim C(z_k - \lambda_m), \tag{59.1}$$

并且

$$z_{k+2} - \lambda_m \sim C(z_{k+1} - \lambda_m), \tag{59.2}$$

这给出

$$(z_{k+2} - z_{k+1}) \sim C(z_{k+1} - z_k). \tag{59.3}$$

记 $z_{k+1} - z_k = \Delta z_k$，我们有

$$\Delta z_{k+1}/\Delta z_k \sim C. \tag{59.4}$$

Parlett (1964) 认为，通常收敛于单重零点是很快的，因此如果从某一点起有

$$|\Delta z_{k+1}/\Delta z_k| \div |\Delta z_k/\Delta z_{k-1}| > 0.8, \tag{59.5}$$

那么可以假定这个被逼近的零点至少是二重的，并且(28.13)应该用 $r = 2$．Parlett 发现，迭代三次之后用这个规则是相当安全的．这个过程可继续去识别重数更高的零点．

如果我们用 Newton 法和 §55 叙述的消除方法，用 $\|A\|_\infty$ 作为各个零点的初值． 显然，我们以单调递降的次序得到特征值．最后，如果我们用逐次线性插值，并且以 (1.1) $\|A\|_\infty$ 和 $\|A\|_\infty$ 为初始值，我们也是以递降次序得到特征值． 后两个方法在大范围收敛性方面不如 Laguerre 方法好，并且似乎值得去尝试得到更好的初始值．因为以递降次序确定特征值，上一次计算的零点是下一个零点的上界，但是消除方法不能应用它． 对于 Newton 法的第二

步以后，可以用 $\frac{1}{2}(\lambda_m + \lambda_{m-1})$ 作为初始值. 对于逐次插值方法

可以用 $\frac{1}{3}(\lambda_{m-1} + 2\lambda_m)$ 和 $\frac{1}{3}(2\lambda_{m-1} + \lambda_m)$ 作初始值. 当 λ_{m-1} 等

于 λ_m 时，应该用 $\lambda_{m-2}, \cdots, \lambda_1$ 中第一个大于 λ_{m-1} 的值代替 λ_{m-1}；假如这样的值不存在，就用 $\|A\|_\infty$ 代替 λ_{m-1}. 值得注意的是，我们可以用任何一个已知的特征值的上界代替 $\|A\|_\infty$. 如果 A 是从原矩阵 A_0 经相似变换得到的，那么很可能发生 $\|A\|_\infty \gg \|A_0\|_\infty$，这时最好用 $\|A_0\|_\infty$. 最后的两个方法不仅以单调递降次序确定零点，而且以单调的方式收敛于各个零点.

当初始值比所有特征值都大很多时，无论 Newton 法或者是逐次线性插值的收敛速度都是相当慢的. 利用 Kahan 和 Maehly 独立发现的结果(未发表)可以减少迭代次数. 假定

$$x > \lambda_1 > \lambda_2 \geqslant \lambda_3 \geqslant \cdots \geqslant \lambda_n, \tag{59.6}$$

下一个近似值由 2 倍的 Newton 修正量给定为

$$\xi = x - 2f(x)/f'(x). \tag{59.7}$$

假定 $\mu_i(i = 1, \cdots, n-1)$ 表示 $f'(x)$ 的零点，并且使得

$$x > \lambda_1 > \mu_1 > \lambda_2 \geqslant \mu_2 \geqslant \lambda_3 \geqslant \cdots \geqslant \lambda_{n-1} \geqslant \mu_{n-1} \geqslant \lambda_n, \tag{59.8}$$

现在我们证明 $\xi > \mu_1$. 因为 $f'(x) = \Pi(x - \mu_i)$，显然对于 $x \geqslant \mu_1$，所有 f 的导数都是非负的. 因此，我们可以写

$$f(x) = f(\mu_1) + \sum_2^n b_r(x - \mu_1)^r \quad (b_r \geqslant 0), \tag{59.9}$$

并且有

$$\begin{aligned}
\xi - \mu_1 &= (x - \mu_1) - 2f(x)/f'(x) \\
&= (x - \mu_1) - 2\left[f(\mu_1) + \sum_2^n b_r(x - \mu_1)^r \right] \Big/ \\
&\qquad \sum_2^n r b_r(x - \mu_1)^{r-1} \\
&= \left[\sum_2^n (r-2)b_r(x - \mu_1)^r - 2f(\mu_1) \right] \Big/
\end{aligned}$$

$$\sum_{2}^{n} r b_r (x - \mu_1)^{r-1}. \qquad (59.10)$$

因为 $f(\mu_1) < 0$ 并且 $b_r \geqslant 0$，因此分子、分母都是由非负的项组成，所以 $\xi > \mu_1$。注意，我们只要求 λ_1 和 μ_1 都是实数，并且对于 $x \geqslant \mu_1$，f 的所有导数都是非负。这个证明适用于 $f(x) = x^{20} - 1$ 就是一个例子。

类似地，用逐次线性插值从大于 λ_1 的两个值 x_1 和 x_2 开始，我们可以应用线性插值给出的双重位移，得到的值不会小于 μ_1。这是因为如果 $x_1 > x_2$，线性插值法的修正量小于 Newton 法在点 x 上的修正量。

因此，我们可以安全地应用双重位移技术，如果特征值是一个单重的，迭代值不会小于 μ_1。迭代值是单调地递减直到得到小于 λ_1 的值为止。下一个位移将是正的，这时可以不再用双重位移。注意，这个证明对任何重数的特征值都是正确的。特别是如果 λ_1 是多重特征值，双重位移方法从不会给出小于 λ_1 的值，并且在舍入误差起主要作用之前收敛始终是单调的。Kahan 大大地推广了这个思想，并对于 Muller 方法取得了进一步的结果。

当 A 是对称的或拟对称的三对角矩阵时，我们可以由 Sturm 序列性质和区间分半法(第五章 §39)得到特征值分布的信息。因此，我们可以把区间分半法和本章的方法结合起来。Dekker (1962)提出了一个把区间分半法和逐次线性插值结合起来的很出色的方法。一旦发现一个区间内有零点，它就可用来确定该零点，这方法对任何实函数都适用。

复零点

60. 对于实的或复的矩阵的复零点，我们不再有任何有保证的收敛方法。通常 Laguerre 方法似乎有非常好的收敛性，但是 Parlett (1964) 已指出存在简单的多项式，用某些初始值开始，迭代是重复的无限循环。他考虑函数 $z(z^2 + b^2)$，$b > 0$，对这函数

$$z_{k+1} = z_k - 3z_k(z_k^2 + b^2)/[3z_k^2 + b^2 \pm 2b(b^2 - 3z_k^2)^{\frac{1}{2}}]. \qquad (60.1)$$

如果 $z_1 = 3^{-\frac{1}{2}}b$, 则有 $z_2 = -z_1$, $z_3 = z_1$, 其他的所有方法都可能出现这种死循环. 特别是只有 Muller 方法和 Laguerre 方法能够对实函数从实近似值产生复的迭代, 但也不能排除上述的死循环. 还存在一个复杂的情况是, 死循环是因为病态而不是所用方法的本质性失败. 在这种情况下, 用充分高的精度计算会排除死循环.

不可否认, 这些评论是对本章的各个方法的严厉批评. 小心谨慎的人可能不想用这些似乎碰运气才成功的方法, 但是我们记住这样的事实是有益的, 即对一般特征值问题还没有别的能保证以可接受的计算时间给出结果的方法. 据我们的经验, 基于本章的方法的程序是非常强有力的, 而且也属于精度最好的方法之列.

建议

61. 对于实矩阵, 我们使用的方法中最有效的是 Laguerre 方法和 Bairstow 方法的组合, 对于每一个零点先用 Laguerre 方法, 如果过程对于指定的迭代次数 k 得不到收敛就转用 Bairstow 方法. 实际计算中, k 的值我们已用到 32. 其实通常 Laguerre 方法仅要 4 到 10 次迭代就收敛. 我们采用 §55～§56 的消除方法, 而不用降阶方法.

如果矩阵是一般的形式的, 我们宁愿先把它化为 Hessenberg 型, 然后用它来计算函数值和导数值. 单精度计算几乎总能给出很满意的正确的数字, 这些数字不因原矩阵的元素摄动 2^t 分之几而改变. 作为通用方法, 除了下一章 Francis 的方法外, 这个方法已被证明比我们已经使用过的其它方法都优越.

我们也做过试验, 把矩阵进一步化为三对角型. 我们建议在化为三对角型的运算中, 在执行其函数值、导数值的计算中都要用双倍精度, 这是为了防止特征值的条件变坏. 对于阶数大于 16 的矩阵, 这种算法比单精度的用 Hessenberg 型的快, 并且除了极少数条件数严重恶化的情况外, 三对角矩阵给出更精确的结果. 因此, 我喜欢采用 Hessenberg 型可能是考虑得过于谨慎的缘故.

虽然,我们已经清楚地知道使用 Frobenius 型是危险的,它的条件可能比原矩阵坏得多,但是,我们发现这种方法的程序在阻尼机械或电力系统中产生的矩阵使用,一般是出乎意料地满意。 通常对应的特征多项式是良态的。 若是这样,这种以显式特征多项式为基础的方法是又快又准确。

复矩阵

62. 似乎很少有需要解复元素的一般矩阵问题。 对于在国立物理实验室中用本章的方法求解的几乎所有矩阵,采用了 Muller 方法。 原矩阵如果是一般形式,计算是对已约化成 Hessenberg 型的矩阵以单精度执行的。 可是有一些矩阵本身就是三对角型,对这种矩阵就用 §8 的方法,用单精度计算。 我们提出一组 8 个 105 阶(我们处理过的复矩阵中最高的阶)的复三对角矩阵来说明达到的精度,而后的分析表明任一个特征值的极大误差小于 $2^{-43}\|A\|_\infty$,这个精度是用 46 位二进位尾数运算达到的,每个特征值的平均迭代次数是 10 次。

在所有迭代的特征值程序中,在开始迭代之前都计算了特征值的上界,其中原矩阵的型与计算时使用的矩阵的型不同时,我们采用了原矩阵和约化后的矩阵的无穷范数中小的那个。 这范数给出了所有特征值的上界。 当迭代值超过这个范数时就用某个适当的值代替迭代值,完成这种替代的方式不是关键的,但是如果没有这种措施,当计算的迭代值远离特征值的不确定区域时就需要过多的迭代次数。 例如,对于多项式 $z^{20} - 1$,取 $z = \frac{1}{2}$,并使用 Newton 法就产生偏差,下一个近似值约是 $2^{19}/20$,而再回到有关的区域的迭代过程可能十分慢。

含有独立参数的矩阵

63. 从我们的评论可以看出,当特征值的近似值可从某个独立的来源得到时迭代法似乎最为有利。 有一个重要的情形,这种近似值的确可以得到. 这就是矩阵的元素都是参数 ν 的函数,并且需要了解某些特征值或全部特征值随着 ν 的变化的情况.

这种情形在讨论如下广义特征值问题时很常见,

$$\det[B_0(\nu) + \lambda B_1(\nu) + \cdots + \lambda^r B_r(\nu)] = 0. \qquad (63.1)$$

一个重要的例子是空气动力学中的"颤振"问题. 对这个问题,$r = 2$,而 ν 是飞机的速度,特征值实部为零时相应的 ν 值是颤振速度.

对于某个初始速度 ν_0,完全地解了这个特征值问题,并且对序列 $\nu_0, \nu_1, \cdots$ 追踪某些或全部特征值的历史. 如果逐次的 ν_i 之间的差保持充分小,每一个在 ν_i 的特征值就可用作 ν_{i+1} 对应的特征值的好的近似. 在 ACE 上的程序使用了 Muller 方法,程序中用带行列交换的 Gauss 消去法直接从 $B_0(\nu) + \lambda B_1(\nu) + \cdots + \lambda^r B_r(\nu)$ 得到函数值,实际计算已证明这个程序特别成功. 虽然从 $\lambda_s(\nu_i)$ 的差会得到更好的初始近似值,但是因为实际上总是需要收敛于 ν 的某个区间,我们没有必要作进一步的改进. 毫无疑问,逐次线性插值法也有获得好结果的能力,但是我们没有这方面的经验. ACE 的程序曾十分成功地解决了这样的广义特征值问题,B_i 是 6 阶复矩阵,r 等于 5,因而对于每一个 ν 都有 30 个特征值.

附注

Maehly (1954) 的论文引起了人们对 Laguerre 方法的兴趣. Parlett(1964)对这个方法在实际计算中的有效性作了详尽的分析. 我们认为,读者非常有必要仔细研究他的论文. 迭代法的实践经验揭示了一个重要问题,注意方法的一切细节,尤其是对待确定可达到的极限精度时,以及识别零点的多重性和病态,这些方面都是自动程序取得成功所必不可少的.

正当本书付印时,Traub (1964) 发表了一篇关于迭代法的出色的论文,其内容有用 Newton 插值多项式代替 Lagrange 插值多项式来改进 Muller 方法. 对二次插值,用通常的差商的记号我

们有

$$f(w) = f(w_i) + (w - w_i)f[w_i, w_{i-1}]$$
$$+ (w - w_i)(w - w_{i-1})f[w_i, w_{i-1}, w_{i-2}]$$
$$= f(w_i) + (w - w_i)\{f[w_i, w_{i-1}]$$
$$+ (w_i - w_{i-1})f[w_i, w_{i-1}, w_{i-2}]\}$$
$$+ (w - w_i)^2 f[w_i, w_{i-1}, w_{i-2}]$$
$$= f(w_i) + (w - w_i)p + (w - w_i)^2 q. \text{（比如说）}$$

这给出

$$w = w_i - 2f(w_i)/\{p \pm [p^2 - 4f(w_i)q]^{\frac{1}{2}}\},$$

因为 $f[w_i, w_{i-1}, w_{i-2}] = \{f[w_i, w_{i-1}] - f[w_{i-1}, w_{i-2}]\}/(w_i - w_{i-2})$，在每一步我们只要计算 $f[w_i, w_{i-1}]$。

第八章　*LR* 和 *QR* 算法

引言

1. 在第一章§42中我们已经证明了任何矩阵都可以用相似变换约化为三角型. 在§47又进一步证明可以用酉阵作为变换矩阵. 矩阵约化后得到它的特征多项式的零点. 因此, 实现这种约化的任何算法本质上一定是迭代方法.

根据第一章 § 48 的证明, 约化正规矩阵为三角型的酉变换实际上是把矩阵约化为对角型. 在实对称矩阵的情况, Jacobi 方法(第五章§3)实现了这种约化. 这个方法的基本技巧是用一系列初等正交变换逐步缩小对角线以上的元素构成的矩阵的范数. 由于变换保持矩阵的对称性, 因此, 对角线以下的元素构成的矩阵的范数同时缩小.

在正规矩阵的情况下, Jacobi 方法可以用相当简单的办法来推广 (Goldstine 和 Horwitz, 1959). 对一般矩阵, 人们自然也试图用类似的技巧把矩阵约化为三角型. 可惜, 尽管已作了许多努力, 但所得的算法实际上都比不上第六章和第七章描述的那些比较成功的方法.

在第七章 §49~§54 叙述的降阶法可实现把 Hessenberg 型矩阵约化为三角型, 但是, 它是数值不稳定的. 在第九章, 我们要叙述稳定的降阶方法, 它们可以通过相似变换把一般的矩阵约化为三角型.

本章我们研究 *LR* 和 *QR* 这两个算法. 第一个算法是 Rutishauser (1958)首创的. 他利用非酉变换约化一般矩阵为三角型, 在特征值问题这个领域, 我认为这是自动计算机问世以来最有意义的发展. 后来, 由 Francis 提出的 *QR* 算法与 *LR* 算法是密切相关的, 但 *QR* 算法是基于使用酉变换的. 在许多方面, 已证明解一般代数特征值问题的现有方法中，QR 方法是最有效的.

有复特征值的实矩阵

2. 对于有复共轭特征值的实矩阵，三角型的缺点是涉及复数域. 这里提出一个"改进的三角型"，为的是使实矩阵的研究可以保持在实数域内. 我们首先证明：如果 A 是实矩阵，它有特征值 $\lambda_1 \pm i\mu_1$, $\lambda_2 \pm i\mu_2$, ……, $\lambda_s \pm i\mu_s$, λ_{2s+1}, …, λ_n, 其中 λ_i, μ_i 是实数，那么存在的实矩阵 H 使得 $B = HAH^{-1}$,

$$
B = \begin{bmatrix}
X_1 & & & & & & P \\
 & X_2 & & & & & \\
 & & \ddots & & & & \\
 & & & X_s & & & \\
 & & & & \lambda_{2s+1} & & \\
 & & & & & \ddots & \\
 & & & & & & \lambda_n
\end{bmatrix}, \tag{2.1}
$$

在 B 的对角线上，X_r 为 2×2 矩阵且含有特征值 $\lambda_r \pm \mu_r$. 矩阵 B 的块对角线以下全是零. 这个矩阵的形式与三角型的差别仅仅是：对应的 s 个 2 阶方阵 X_r 下次对角线上有 s 个非零元素. 我们进一步证明 H 可以是正交矩阵.

证明的方法类似于第一章 §42，§47 的非酉变换和酉变换约化矩阵为三角型的方法. 这里的特点是引进了复共轭特征值. 参照第一章的证法，由归纳法可知：我们仅需证明存在矩阵 H_1 使得

$$
H_1 A H_1^{-1} = \begin{bmatrix} X_1 & P_1 \\ \hline & A_2 \end{bmatrix}. \tag{2.2}
$$

证明如下：令 $x_1 \pm iy_1$ 是对应特征值 $\lambda_1 \pm i\mu_1$ 的特征向量. 显然，x_1 与 y_1 线性无关，否则它们只能对应实特征值. 现在我们有

$$
A[x_1 \mid y_1] = [x_1 \mid y_1] \begin{bmatrix} \lambda_1 & \mu_1 \\ -\mu_1 & \lambda_1 \end{bmatrix} = [x_1 \mid y_1] \varLambda_1. \tag{2.3}
$$

假定我们能找到一个非奇异矩阵 H_1 使得

$$H_1[x_1 \mid y_1] = \begin{bmatrix} V_1 \\ --- \\ O \end{bmatrix}, \tag{2.4}$$

其中 V_1 是 2×2 非奇异矩阵. 于是从(2.3)得到

$$H_1 A H_1^{-1} H_1 [x_1 \mid y_1] = H_1 [x_1 \mid y_1] A_1, \tag{2.5}$$

从而

$$H_1 A H_1^{-1} \begin{bmatrix} V_1 \\ --- \\ O \end{bmatrix} = \begin{bmatrix} V_1 \\ --- \\ O \end{bmatrix} A_1. \tag{2.6}$$

因此,如果令

$$H_1 A H_1^{-1} = \begin{bmatrix} X_1 & P_1 \\ --- & --- \\ Q_1 & A_2 \end{bmatrix}, \tag{2.7}$$

等式 (2.6) 给出

$$X_1 V_1 = V_1 A_1, \quad Q_1 V_1 = 0. \tag{2.8}$$

这就证明了 Q_1 是零,并且 X_1 相似于 A_1,因而有特征值 $\lambda_1 \pm i\mu_1$. 由此可知,上述使等式 (2.4) 成立的 H_1 就是我们要构造的.

实际上,构造这样的 H_1 可以用实的稳定的初等非酉矩阵的乘积,也可以用实的平面旋转矩阵或实的初等 Hermite 矩阵的乘积. 如果把 x_1 和 y_1 分别看作一个 $n \times n$ 矩阵的第一列,第二列并且用 (Gauss) 主元消去法或用 Givens 方法或 Householder 方法使矩阵三角型化,这结论是很明显的.

不管是哪一种情况, V_1 都是如下形式,

$$\begin{bmatrix} \times & \times \\ 0 & \times \end{bmatrix}. \tag{2.9}$$

从 x_1 和 y_1 的线性无关性可知,这个矩阵是非奇异的.

LR 算法

3. Rutishauser 的算法以矩阵的三角分解为基础(第四章§36). Rutishauser (1958) 记

$$A = LR, \tag{3.1}$$

其中 L 是单位下三角型，R 是上三角型. 为了容易与 Rutishauser 的工在对比，在本章中我们用 R 代替了 U.

假定现在形成了矩阵 A 的某个相似变换 $L^{-1}AL$. 我们得到

$$L^{-1}AL = L^{-1}(LR)L = RL. \tag{3.2}$$

因此，如果先分解矩阵 A，然后把因子按相反的顺序相乘，就得到一个与 A 相似的矩阵. 在 LR 算法中，这个过程要反复进行. 现在我们把原矩阵记为 A_1，算法便由下式

$$A_{s-1} = L_{s-1}R_{s-1}, \quad R_{s-1}L_{s-1} = A_s \tag{3.3}$$

确定，显然 A_s 与 A_{s-1} 相似，因此由归纳法可知它相似于 A_1. Rutishauser 已经证明，当 $s \to \infty$ 时，在某些条件下得到

$$L_s \to I \text{ 并且 } R_s \to A_s \to \begin{bmatrix} \lambda_1 & & & X \\ & \lambda_2 & & \\ & & \ddots & \\ O & & & \ddots \\ & & & & \lambda_n \end{bmatrix}. \tag{3.4}$$

4. 在证明这个结论之前我们先来建立逐次迭代之间的关系，它以后要反复使用. 从 (3.3) 得

$$A_s = L_{s-1}^{-1}A_{s-1}L_{s-1}, \tag{4.1}$$

反复应用这个结果给出

$$A_s = L_{s-1}^{-1}L_{s-2}^{-1}\cdots L_2^{-1}L_1^{-1}A_1L_1L_2\cdots L_{s-1} \tag{4.2}$$

或

$$L_1L_2\cdots L_{s-1}A_s = A_1L_1L_2\cdots L_{s-1}. \tag{4.3}$$

由等式

$$T_s = L_1L_2\cdots L_s \text{ 和 } U_s = R_sR_{s-1}\cdots R_1 \tag{4.4}$$

定义的矩阵 T_s 和 U_s 分别是单位下三角型和上三角型. 考虑乘积 T_sU_s，可以得到

$$\begin{aligned} T_sU_s &= L_1L_2\cdots L_{s-1}(L_sR_s)R_{s-1}\cdots R_2R_1 \\ &= L_1L_2\cdots L_{s-1}A_sR_{s-1}\cdots R_2R_1 \\ &= A_1L_1L_2\cdots L_{s-1}R_{s-1}\cdots R_2R_1 \quad (\text{从}(4.3)) \\ &= A_1T_{s-1}U_{s-1}. \end{aligned} \tag{4.5}$$

重复应用上述结果得到

$$T_rU_r = A_1^r. \tag{4.6}$$

这就说明 T_rU_r 构成 A_1^r 的三角分解。

A_r 的收敛性证明

5. (4.6) 式是后面的论证中作为依据的基本结果。我们利用它来证明：如果 A_1 的特征值 λ_i 满足关系

$$|\lambda_1| > |\lambda_2| > \cdots > |\lambda_n|. \tag{5.1}$$

那么结论 (3.4) 通常是正确的。 在给出正式的证明之前，先考虑一个三阶矩阵的简单情形。为了简明起见，把右特征向量矩阵 X 表示为

$$X = \begin{bmatrix} x_1 & y_1 & z_1 \\ x_2 & y_2 & z_2 \\ x_3 & y_3 & z_3 \end{bmatrix}, \tag{5.2}$$

它的逆 Y 记为

$$X^{-1} = Y = \begin{bmatrix} a_1 & b_1 & c_1 \\ a_2 & b_2 & c_2 \\ a_3 & b_3 & c_3 \end{bmatrix}, \tag{5.3}$$

于是

$$F = A_1^r = X \begin{bmatrix} \lambda_1^r & & \\ & \lambda_2^r & \\ & & \lambda_3^r \end{bmatrix} X^{-1} \tag{5.4}$$

$$= \begin{bmatrix} \lambda_1^r x_1 a_1 + \lambda_2^r y_1 a_2 + \lambda_3^r z_1 a_3 & \lambda_1^r x_1 b_1 + \lambda_2^r y_1 b_2 + \lambda_3^r z_1 b_3 \\ \lambda_1^r x_2 a_1 + \lambda_2^r y_2 a_2 + \lambda_3^r z_2 a_3 & \lambda_1^r x_2 b_1 + \lambda_2^r y_2 b_2 + \lambda_3^3 z_2 b_3 \\ \lambda_1^r x_3 a_1 + \lambda_2^r y_3 a_2 + \lambda_3^r z_3 a_3 & \lambda_1^r x_3 b_1 + \lambda_2^r y_3 b_2 + \lambda_3^r z_3 b_3 \end{bmatrix}$$

$$\begin{bmatrix} \lambda_1^r x_1 c_1 + \lambda_2^r y_1 c_2 + \lambda_3^r z_1 c_3 \\ \lambda_1^r x_2 c_1 + \lambda_2^r y_2 c_2 + \lambda_3^r z_2 c_3 \\ \lambda_1^r x_3 c_1 + \lambda_2^r y_3 c_2 + \lambda_3^r z_3 c_3 \end{bmatrix}. \tag{5.5}$$

既然 T_rU_r 是 A_1^r 的三角分解，因此 T_r 的第一列的元素给定为

$$t_{11}^{(s)} = 1,$$
$$t_{21}^{(s)} = (\lambda_1^s x_2 a_1 + \lambda_2^s y_2 a_2 + \lambda_3^s z_2 a_3)/$$
$$(\lambda_1^s x_1 a_1 + \lambda_2^s y_1 a_2 + \lambda_3^s z_1 a_3), \tag{5.6}$$
$$t_{31}^{(s)} = (\lambda_1^s x_3 a_1 + \lambda_2^s y_3 a_2 + \lambda_3^s z_3 a_3)/$$
$$(\lambda_1^s x_1 a_1 + \lambda_2^s y_1 a_2 + \lambda_3^s z_1 a_3).$$

显然,若 $x_1 a_1 \neq 0$, 则

$$t_{21}^{(s)} = x_2/x_1 + O(\lambda_2/\lambda_1)^s \text{ 和}$$
$$t_{31}^{(s)} = x_3/x_1 + O(\lambda_2/\lambda_1), \tag{5.7}$$

并且一般而言 T_s 的元素总是趋向于在 X 的三角分解中所得到的对应的元素.

关于 T_s 的第二列的元素,我们得到

$$t_{22}^{(s)} = 1,$$
$$t_{32}^{(s)} = (f_{11}f_{32} - f_{12}f_{31})/(f_{11}f_{22} - f_{12}f_{21})$$
$$= \frac{(\lambda_1\lambda_2)^s (x_1 y_3 - x_3 y_1)(a_1 b_2 - a_2 b_1) + \cdots}{(\lambda_1\lambda_2)^s (x_1 y_2 - x_2 y_1)(a_1 b_2 - a_2 b_1) + \cdots} \tag{5.8}$$
$$= \frac{x_1 y_3 - x_3 y_1}{x_1 y_2 - x_2 y_1} + O\left(\frac{\lambda_3}{\lambda_2}\right)^s + \cdots,$$

这里需要条件

$$(a_1 b_2 - a_2 b_1)(x_1 y_2 - x_2 y_1) \neq 0. \tag{5.9}$$

从(5.8)看出,$t_{32}^{(s)}$ 的极限等于在 X 的三角分解中得到的对应的元素. 因此,我们已证实: 如果

$$X = TU, \tag{5.10}$$

那么只要 $x_1 a_1 \neq 0$, 并且 $(x_1 y_2 - x_2 y_1)(a_1 b_2 - a_2 b_1) \neq 0$, 就有

$$T_s \to T. \tag{5.11}$$

6. 在上述简单的情形中,我们业已证明: 只要 X 和 Y 的前主子式不是零,矩阵 T_s 趋向于特征向量矩阵 X 的三角分解得到的单位下三角矩阵. 现在我们对特征值各不相同的矩阵证明这个结论通常也正确. 记

$$T_s U_s = A^s = B, \tag{6.1}$$

从第四章 §19 指出的矩阵三角因子的元素的显式表达式得到,

$$t_{ii}^{(s)} = \det(B_{ji})/\det(B_{ii}), \tag{6.2}$$

其中 B_{ii} 表示 B 的前主子矩阵，B_{ji} 表示用 B 的第 i 行相应的元素代替 B_{ii} 的第 i 行的元素形成的矩阵。从关系式

$$B = A^s = X\mathrm{diag}(\lambda_i^s)Y \tag{6.3}$$

得到

$$B_{ji} = \begin{bmatrix} x_{11} & x_{12} & \cdots & x_{1n} \\ x_{21} & x_{22} & \cdots & x_{2n} \\ \vdots & \vdots & & \vdots \\ x_{i-1,1} & x_{i-1,2} & \cdots & x_{i-1,n} \\ x_{j1} & x_{j2} & \cdots & x_{jn} \end{bmatrix}$$

$$\times \begin{bmatrix} \lambda_1^s y_{11} & \lambda_1^s y_{12} & \cdots & \lambda_1^s y_{1i} \\ \lambda_2^s y_{21} & \lambda_2^s y_{22} & \cdots & \lambda_2^s y_{2i} \\ \vdots & \vdots & & \vdots \\ \lambda_n^s y_{n1} & \lambda_n^s y_{n2} & \cdots & \lambda_n^s y_{ni} \end{bmatrix}. \tag{6.4}$$

由（第一章 §15）对应的矩阵定理，$\det(B_{ii})$ 等于 (6.4) 右边的两个矩阵的对应的 i 行的子式的乘积之和，因此可以写出

$$t_{ii}^{(s)} = \frac{\sum x_{p_1 p_2 \cdots p_i}^{(j)} y_{p_1 p_2 \cdots p_i}^{(i)} (\lambda_{p_1}\lambda_{p_2}\cdots\lambda_{p_i})^s}{\sum x_{p_1 p_2 \cdots p_i}^{(i)} y_{p_1 p_2 \cdots p_i}^{(i)} (\lambda_{p_1}\lambda_{p_2}\cdots\lambda_{p_i})^s}, \tag{6.5}$$

其中 $x_{p_1 p_2 \cdots p_i}^{(j)}$ 是 X 的第 p_1, p_2, $\cdots$, p_i 列和第 $1, 2, \cdots$, $i-1$ 及第 j 行构成的 i 行子式，$y_{p_1 p_2 \cdots p_i}^{(i)}$ 是 Y 的第 $1, 2, \cdots$, i 列和第 p_1, $p_2, \cdots p_i$ 行构成的 i 行子式。

只要对应的系数不是零，在 (6.5) 的分子和分母中起主要作用的项是带有 $(\lambda_1\lambda_2\cdots\lambda_i)^s$ 的项。在分母中相应的项是

$$\det(X_{ii})\det(Y_{ii})(\lambda_1\lambda_2\cdots\lambda_i)^s, \tag{6.6}$$

其中 X_{ii} 和 Y_{ii} 是 i 阶前主子矩阵。

假若 $\det(X_{ii})\ \det(Y_{ii})$ 不是零，我们得到

$$t_{ii}^{(s)} \to \frac{\det(X_{ji})\ \det(Y_{ii})}{\det(X_{ii})\ \det(Y_{ii})} = \frac{\det(X_{ji})}{\det(X_{ii})}, \tag{6.7}$$

这就证明了 $T_s \to T$，这里

$$X = TU. \tag{6.8}$$

从 (4.3) 和 (4.4) 得

$$A_s = T_{s-1}^{-1} A_1 T_{s-1} \rightarrow T^{-1} A_1 T = U^{-1} X A X U^{-1}$$
$$= U \operatorname{diag}(\lambda_i) U^{-1}, \tag{6.9}$$

这证明了极限 A_s 是上三角型，其对角元是 λ_i。 根据关系 $L_s = T_{s-1}^{-1} T_s$ 和等式(6.5)，用初等的但很冗长的论证可以证明

$$l_{ij}^{(s)} = O(\lambda_i/\lambda_j)^s \quad (s \rightarrow \infty). \tag{6.10}$$

由此，利用关系式 $A_s = L_s R_s$ 以及 R_s 趋向于一个极限的事实可推演出

$$a_{ij}^{(s)} = O(\lambda_i/\lambda_j)^s \quad (s \rightarrow \infty) \quad (i > j). \tag{6.11}$$

因此，如果有某些特征值分隔不好，A_s 收敛于三角型就慢。 另一个(较简单)的证明在 §32 给出。 但这里证明是有启发性的。

7. 在建立上述结论的时候，或明或暗地作了下述假定：

(i) 所有特征值的绝对值不同。 注意，A 可以是复的，但不是有复共轭特征值的实矩阵(这种情形在§9讨论)。

(ii) 在每一阶段，三角分解都是可能的。 但容易构造一些矩阵不满足这个条件，并且它在别的方面没有什么特殊点。 例如

$$A = \begin{bmatrix} 0 & 1 \\ -3 & 4 \end{bmatrix}, \tag{7.1}$$

个这矩阵有特征值 1 和 3 但不存在三角分解。 注意，矩阵稍作修改，例如($A + I$)这个矩阵就可作三角分解，并且用这矩阵来讨论与用原矩阵讨论是一样的。

(iii) X 和 Y 的所有前主子式都不是零。 有些很简单的矩阵就满足不了这个条件。 形如

$$\begin{bmatrix} A_1 & O \\ O & A_2 \end{bmatrix} \tag{7.2}$$

的矩阵给出一些最明显的例子。 显然，在每一阶段，它保持这形式不变。 矩阵 A_1 和 A_2 有效地被独立处理。 在其极限矩阵中，左上角和右下角分别包含 A_1 和 A_2 的特征值，这与它们的相对大小无关。 考察 2×2 矩阵

$$\begin{bmatrix} a & \varepsilon_1 \\ \varepsilon_2 & b \end{bmatrix} \qquad (7.3)$$

是有益的,其中 $|b| > |a|$. 如果 ε_i 都是零,在 LR 算法中,这个矩阵保持不变,其极限矩阵的特征值 a 和 b 不按正确顺序出现. 特征向量矩阵是 $\begin{bmatrix} 0 & 1 \\ 1 & 0 \end{bmatrix}$,它的第一个主子式是零. 如果 ε_i 都不是零,而是小量,特征值将很靠近 a 和 b,其极限矩阵的特征值顺序正确,但是收敛得慢,甚至当 a 和 b 不是特别相近时也如此.

在这个例子中,当 $\varepsilon_1 = \varepsilon_2 = 0$ 时,矩阵的两部分是明显地完全"分离"的. 引进小量 ε_1 和 ε_2 起了"弱关联"的效果. 在比较复杂的例子中,开始可能是完全分离的,即对某个 i 有

$$\det(X_{ii})\det(Y_{ii}) = 0, \qquad (7.4)$$

但在 LR 过程中的舍入误差可能引进弱关联的效果.

正定 Hermite 矩阵

8. 当 A_1 是正定 Hermite 矩阵时,我们可以取消§7讨论中的限制. 现在我们有

$$A_1 = X \operatorname{diag}(\lambda_i) X^{\mathrm{H}}, \qquad (8.1)$$

其中 X 是酉阵, λ_i 是正实数. 因此,等式 (6.5) 变为

$$t_{ii}^{(s)} = \frac{\sum x_{p_1 p_2 \cdots p_i}^{(j)} \bar{x}_{p_1 p_2 \cdots p_i}^{(j)} (\lambda_{p_1} \lambda_{p_2} \cdot \cdots \cdot \lambda_{p_i})^s}{\sum |x_{p_1 p_2 \cdots p_i}^{(j)}|^2 (\lambda_{p_1} \lambda_{p_2} \cdot \cdots \cdot \lambda_{p_i})^s}. \qquad (8.2)$$

现在考虑满足条件 $x_{p_1 p_2 \cdots p_i}^{(j)} \neq 0$ 的集合 $p_1 p_2 \cdots p_i$. 设 $q_1 q_2 \cdots q_i$ 是集合中的一个成员,它使得 $\lambda_{q_1} \lambda_{q_2} \cdots \lambda_{q_i}$ 不小于其他任何的一个. 显然,分母中有 $(\lambda_{q_1} \lambda_{q_2} \cdots \lambda_{q_i})^s$ 的项占支配地位,至于分子,从我们对 $q_1 q_2 \cdots q_i$ 下的定义可知,不可能存在数量级大于 $(\lambda_{q_1} \lambda_{q_2} \cdots \lambda_{q_i})^s$ 的项,实际上这一项的系数还可能是零. 因此 $t_{ii}^{(s)}$ 的极限可能为零.

我们希望对 X 的主子式不作什么假定,因此不能断定极限 T_s 是从 X 的三角分解得到的矩阵. 也就不能如等式 (6.9) 那样进行

下去，但我们记

$$T_s \to T_\infty, \tag{8.3}$$

则得到

$$L_s = T_{s-1}^{-1} T_s \to T_\infty^{-1} T_\infty = I, \tag{8.4}$$

又得到

$$A_s = T_{s-1}^{-1} A_1 T_{s-1} \to T_\infty^{-1} A_1 T_\infty. \tag{8.5}$$

于是 A_s 趋向于一个极限，比如说，是 A_∞。

现在

$$R_s = L_s^{-1} A_s \to I T_\infty^{-1} A_1 T_\infty. \tag{8.6}$$

因此，R_s 趋向于与 A_s 的相同的极限。 因为对于所有 s，R_s 都是三角型，所以其极限必定是三角型。 由(8.5)它与 A_1 相似，A_1 的特征值必然按某种次序在其对角线上出现。 注意，重特征值或 X 的某些前主子式是零对证明都没有影响，但是 λ_i 不一定按绝对值递减顺序出现在 A_∞ 的对角线上。 此外，在下述情况中存在一个危险，当准确的计算会得到一个极限矩阵时，其特征值不按顺序出现，舍入误差的影响会破坏这个结果，可能造成以十分缓慢的速度收敛于一个特征值顺序出现的三角型矩阵。

复共轭特征值

9. 当 A_1 是实的但有一对或多对复共轭特征值时，显然 A_s 不能趋向于特征值分布在对角线上的三角型矩阵，因为所有 A_s 都是实的。 我们先考虑有一对复共轭特征值 λ_{m-1} 和 $\bar{\lambda}_{m-1}$ 的情况，其他的特征值，如果 $i < j$，则 $|\lambda_i| > |\lambda_j|$。 因为要作 §6 的推广，这里也假定 X 和 Y 没有一个前主子式是零。 从(6.5)看出

$$t_{ii}^{(s)} \to \det X_{ji} / \det X_{ii} \quad (i \neq m - 1), \tag{9.1}$$

这与从前的情况一样。 但是，对于 $i = m - 1$，在分母和分子中都存在项 $(\lambda_1 \lambda_2 \cdots \lambda_{m-2} \lambda_{m-1})^s$ 和 $(\lambda_1 \lambda_2 \cdots \lambda_{m-1} \bar{\lambda}_{m-1})^s$。 为了研究这些元素的渐近性质，引进一些简化符号表示 X 和 Y 的 $(m-1)$ 阶子式。我们记

$$p_j = \det \begin{bmatrix} x_{11} & x_{12} & \cdots & x_{1,m-1} \\ x_{21} & x_{22} & \cdots & x_{2,m-1} \\ \vdots & \vdots & & \vdots \\ x_{m-2,1} & x_{m-2,2} & \cdots & x_{m-2,m-1} \\ x_{j1} & x_{j2} & \cdots & x_{j,m-1} \end{bmatrix},$$

$$q_{m-1} = \det \begin{bmatrix} y_{11} & y_{12} & \cdots & y_{1,m-1} \\ y_{21} & y_{22} & \cdots & y_{2,m-1} \\ \vdots & \vdots & & \vdots \\ y_{m-1,1} & y_{m-1,2} & \cdots & y_{m-1,m-1} \end{bmatrix}. \tag{9.2}$$

X 的第 $(m-1)$ 列和第 m 列，Y 的第 $(m-1)$ 行和第 m 行是复共轭的，因此有

$$\bar{p}_j = \det \begin{bmatrix} x_{11} & x_{12} & \cdots & x_{1,m-2} & x_{1m} \\ x_{21} & x_{22} & \cdots & x_{2,m-2} & x_{2m} \\ \vdots & \vdots & & \vdots & \vdots \\ x_{m-2,1} & x_{m-2,2} & \cdots & x_{m-2,m-2} & x_{m-2,m} \\ x_{j1} & x_{j2} & \cdots & x_{j,m-2} & x_{im} \end{bmatrix},$$

$$\bar{q}_{m-1} = \det \begin{bmatrix} y_{11} & y_{12} & \cdots & y_{1,m-1} \\ y_{21} & y_{22} & \cdots & y_{2,m-1} \\ \vdots & \vdots & & \vdots \\ y_{m-2,1} & y_{m-2,2} & \cdots & y_{m-2,m-1} \\ y_{m1} & y_{m2} & \cdots & y_{m,m-1} \end{bmatrix}. \tag{9.3}$$

现在等式 (6.5) 给出

$$t_{j,m-1}^{(s)} \sim \frac{p_j q_{m-1}(\lambda_1 \lambda_2 \cdots \lambda_{m-1})^s + \bar{p}_j \bar{q}_{m-1}(\lambda_1 \lambda_2 \cdots \lambda_{m-2} \lambda_{m-1})^s}{p_{m-1} q_{m-1}(\lambda_1 \lambda_2 \cdots \lambda_{m-1})^s + \bar{p}_{m-1} \bar{q}_{m-1}(\lambda_1 \lambda_2 \cdots \lambda_{m-2} \bar{\lambda}_{m-1})^s}, \tag{9.4}$$

当 $s \to \infty$ 时，它不收敛. 我们可以表示 (9.4) 为形式

$$t_{j,m-1}^{(s)} \sim \frac{a_s p_j + \bar{a}_s \bar{p}_j}{a_s p_{m-1} + \bar{a}_s \bar{p}_{m-1}}. \tag{9.5}$$

由此可得

$$t_{j,m-1}^{(s+1)} - t_{j,m-1}^{(s)} \sim \frac{(p_{m-1} \bar{p}_j - \bar{p}_{m-1} p_j)(\bar{a}_{s+1} a_s - a_{s+1} \bar{a}_s)}{(a_{s+1} p_{m-1} + \bar{a}_{s+1} \bar{p}_{m-1})(a_s p_{m-1} + \bar{a}_s \bar{p}_{m-1})}$$

$$= P_s(p_{m-1}\bar{p}_i - \bar{p}_{m-1}p_i). \tag{9.6}$$

因此，T_{s+1} 与 T_s 的第 $(m-1)$ 列的差与分量为 $p_{m-1}\bar{p}_i - \bar{p}_{m-1}p_i$ 的固定的向量平行。由关于 p_i，$\bar{p}_i$，p_{m-1} 和 $\bar{p}_{m-1}$ 的行列式表达式，Sylvester 定理（例如参见 Gantmacher 1959a, Vol.1）给出

$$p_{m-1}\bar{p}_i - \bar{p}_{m-1}p_i = (x_{12\cdots m-2})(x_{12\cdots m}^{(i)}). \tag{9.7}$$

第一个因子与 i 无关，又因为

$$\lim t_{im}^{(s)} = x_{12\cdots m}^{(i)} / x_{12\cdots m}^{(m)}, \tag{9.8}$$

我们可得

$$t_{i,m-1}^{(s+1)} - t_{i,m-1}^{(s)} \sim Q_s t_{im}^{(s)}. \tag{9.9}$$

10. 至此我们已经证明，T_s 的列除了第 $(m-1)$ 列外全都趋向于某个极限。最后，T_{s+1} 和 T_s 的第 $(m-1)$ 列的差是 T_s 的第 m 列的若干倍。于是从 $T_{s+1} = T_s L_{s+1}$ 我们得到

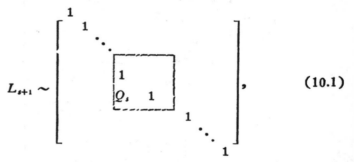

$$\tag{10.1}$$

其中元素 Q_s 是在位置 $(m, m-1)$. 从关系式 $T_{s+1}^{-1} = L_{s+1}^{-1} T_s^{-1}$ 看出，T_s^{-1} 的所有行除了第 m 行之外都趋向于某个极限；最后，T_{s+1}^{-1} 和 T_s^{-1} 的第 m 行的差是 $(m-1)$ 行的 $-Q_s$ 倍。因此，除了第 m 行，第 $(m-1)$ 列之外，$A_{s+1} = T_s^{-1} A_1 T_s$ 趋向于一个极限。现在从 A_{s+1} 的三角分解得到 L_{s+1}，并且从 L_{s+1} 的极限形式看出：A_{s+1} 的下次对角元素除了 $(m, m-1)$ 位置上的元素外都趋向于零，或者是 A_{s+1} 的某些对角元素趋于无穷。从 (9.4) 知 $t_{i,m-1}^{(s)}$ 可表示为下面的形式，

$$t_{i,m-1}^{(s)} \sim R\cos(s\theta + \alpha_i + \beta_{m-1}) / \cos(s\theta + \alpha_{m-1} + \beta_{m-1}). \tag{10.2}$$

除非 θ 可表示为 $d\pi/e$，d 和 e 是整数，否则右边的表达式会取任

意大的值;对 s 的其他无穷多种取值，表达式与 R 是同一个量级的．因此，我们能排除 A_{s+1} 的元素趋向于无穷的可能性．

11. 我们的分析可以明显地推广并得到如下结果:

设 A 是一个实矩阵,特征值编号为 $|\lambda_1| \geqslant |\lambda_2| \geqslant \cdots \geqslant |\lambda_n|$．用 λ_r 表示一个典型的特征值, λ_{c-1} 和 λ_c 代表复共轭对,则 $\lambda_c = \bar{\lambda}_{c-1}$．如果

(i) $|\lambda_i| > |\lambda_{i+1}|$(共轭对除外),

(ii) $\det(X_{ii})\det(Y_{ii}) \neq 0 \ (i = 1, 2, \cdots, n)$,

(iii) 在每一阶段 A_r 都可以三角分解,那么

(a) 除了 $a_{c,c-1}^{(s)}$ 以外 $a_{ij}^{(s)} \to 0 \ (i > j)$,

(b) $a_{rr}^{(s)} \to \lambda_r$,

(c) 除了在第 c 行和第 $(c-1)$ 列上的元素之外, $a_{ij}^{(s)} \ (j > i)$ 全都趋向于一个极限,

(d) 2×2 矩阵

$$\begin{bmatrix} a_{c-1,c-1}^{(s)} & a_{c-1,c}^{(s)} \\ a_{c,c-1}^{(s)} & a_{c,c}^{(s)} \end{bmatrix}$$

不收敛,但它们的特征值收敛于对应的 λ_{c-1} 和 λ_c,

(e) 除了第 $(c-1)$ 列外,元素 $t_{ij}^{(s)}$ 趋向于(6.7)给出的极限．
注意, LR 变换有效地约化实矩阵为 §2 讨论的那种型式．

12. 现在我们可以来评论 LR 算法作为一个实用的技术的价值．从下述理由来看,它似乎不是很有前途的．

(i) 有许多矩阵尽管它们的特征值问题是良态的，但并不存在三角分解,对过程不作某些修改, LR 算法不能处理这样的矩阵．还有更多类型的矩阵,其三角分解是数值不稳定的．在迭代过程中,数值不稳定性可以在任何一步发生,它使得计算的特征值精度遭受严重损失．

(ii) 计算量大．迭代每一步有 $\frac{2}{3}n^3$ 次乘法,其中一半是用在三角化,另一半用在右乘．

(iii) 下次对角线元素是否收敛于零,依赖于比值 $(\lambda_{r+1}/\lambda_r)$．

如果特征值分隔不好,收敛是很慢的.

显然,要 LR 算法与第六、七章叙述的最好的方法竞争必须根据上述意见进行修改.

引进交换

13. 在三角分解过程中, 在必要之处引进交换可以保持数值稳定性,在用相似变换约化矩阵为 Hessenberg 型时也使用过这样的技术. 现在我们对 LR 算法作类似的修改.

设 A 是任意一个矩阵,在第四章 §21,我们指出过存在矩阵 $I_{r,r'}$ 和 N_r,使得

$$N_{n-1}I_{n-1,(n-1)'}\cdots N_2 I_{2,2'} N_1 I_{1,1'}A = R, \tag{13.1}$$

其中 N_r 的所有元素都以 1 为界. 用

$$I_{1,1'}N_1^{-1}I_{2,2'}N_2^{-1}\cdots I_{n-1,(n-1)'}N_{n-1}^{-1}$$

右乘 R 就完成 A 的一个相似变换,于是我们得到

$$N_{n-1}I_{n-1,(n-1)'}\cdots N_2 I_{2,2'} N_1 I_{1,1'}AI_{1,1'}N_1^{-1}I_{2,2'}N_2^{-1}\cdots$$
$$I_{n-1,(n-1)'}N_{n-1}^{-1}$$
$$= RI_{1,1'}N_1^{-1}I_{2,2'}N_2^{-1}\cdots I_{n-1,(n-1)'}N_{n-1}^{-1}. \tag{13.2}$$

在特殊情况下不需要交换, 此时 $I_{r,r'} = I$ ($r = 1, 2, \cdots, n-1$). 在 (13.1) 中,A 前面的矩阵乘积是矩阵 L^{-1},它使得 $L^{-1}A = R$ 或者等价地 $A = LR$;在这种情况下,等式(13.2)右边的矩阵是 RL. 因此,对 LR 算法作如下的修改.

在每一步用带交换的(Gauss)消去法把矩阵 A_s 约化为上三角矩阵 R_s. 然后用约化时使用的因子的逆右乘 R_s.这样给出了矩阵 A_{s+1}. 计算量与原来的过程一样.

为了避免令人厌烦的复杂性,我们分析 A_1 与 A_2 的关系仅局限于 $n = 4$ 的情况,它可以直接推广到一般情形. 我们有

$$N_3 I_{3,3'}N_2 I_{2,2'}N_1 I_{1,1'}A_1 = R_1,$$
$$A_2 = \{N_3 I_{3,3'}N_2 I_{2,2'}N_1 I_{1,1'}\}A_1\{I_{1,1'}N_1^{-1}I_{2,2'}N_2^{-1}I_{3,3'}N_3^{-1}\}$$
$$= \{N_3 I_{3,3'}N_2(I_{3,3'}I_{3,3'})I_{2,2'}N_1(I_{2,2'}I_{3,3'}I_{3,3'}I_{2,2'})I_{1,1'}\}A_1$$
$$\times \{I_{1,1'}(I_{2,2'}I_{3,3'}I_{3,3'}I_{2,2'})N_1^{-1}I_{2,2'}(I_{3,3'}I_{3,3'})$$

$$\times N_2^{-1}I_{3,3'}N_3^{-1}\}, \qquad (13.3)$$

其中每个括号内的项均为 I. 因此记

$$I_{3,3'}I_{2,2'}N_1I_{2,2'}I_{3,3'} = \tilde{N}_1, \quad I_{3,3'}N_2I_{3,3'} = \tilde{N}_2, \qquad (13.4)$$

其中 $\tilde{N}_1$ 和 $\tilde{N}_2$ 具有与 N_1 和 N_2 相同的形式, 但是下次对角线元素次序被改变了. 重新组合因子后, (13.3) 给出

$$A_2 = \tilde{L}_1^{-1}\tilde{A}_1\tilde{L}_1, \quad \tilde{L}_1 = \tilde{N}_1^{-1}\tilde{N}_2^{-1}N_3^{-1},$$
$$\tilde{A}_1 = I_{3,3'}I_{2,2'}I_{1,1'}A_1I_{1,1'}I_{2,2'}I_{3,3'}. \qquad (13.5)$$

显然, $\tilde{L}_1$ 是单位下三角型矩阵, $\tilde{A}_1$ 是 A_1 经过行、列的适当置换得到的. 如果我们记

$$I_{3,3'}I_{2,2'}I_{1,1'} = P_1, \qquad (13.6)$$

其中 P_1 是一个置换矩阵, 那么

$$\tilde{A}_1 = P_1A_1P_1^T, \quad P_1A_1 = \tilde{L}_1R_1,$$
$$A_2 = R_1P_1^T\tilde{L}_1 = \tilde{L}_1^{-1}(P_1A_1P_1^T)\tilde{L}_1. \qquad (13.7)$$

数值例子

14. 用一个 3×3 矩阵作为修正过程的一个简单的数值例子, Rutishauser (1958) 曾用它来说明原来的 LR 过程不收敛. 矩阵 A_1 与对应的 λ_i 及矩阵 X 和 Y 给定为

$$A_1 = \begin{bmatrix} 1 & -1 & 1 \\ 4 & 6 & -1 \\ 4 & 4 & 1 \end{bmatrix}, \quad \begin{matrix} \lambda_1 = 5 \\ \lambda_2 = 2 \\ \lambda_3 = 1 \end{matrix}$$

$$X = \begin{bmatrix} 0 & -1 & -1 \\ 1 & 1 & 1 \\ 1 & 0 & 1 \end{bmatrix}, Y = \begin{bmatrix} 1 & 1 & 0 \\ 0 & 1 & -1 \\ -1 & -1 & 1 \end{bmatrix}. \quad (14.1)$$

X 的一阶前主子式是零, 因此不能保证原来的过程收敛, 或者虽然收敛但是极限矩阵中特征值不按正常顺序出现. 事实上, 在这种情况下, 用 §5 的简单分析可以证实 T_i 的元素发散. 在表 1 中, 列出了原来的 LR 过程前三步得到的结果, 从这些结果立刻得到 A_i 的形式.

表 1 也给出了用修正过程三步得到的结果, 第一步被详细地

表　1

简单的 LR 算法

$$
L_1 = \begin{bmatrix} 1 & & \\ 4 & 1 & \\ 4 & 0.8 & 1 \end{bmatrix} \qquad
L_2 = \begin{bmatrix} 1 & & \\ 20 & 1 & \\ 4 & 0.16 & 1 \end{bmatrix} \qquad
L_3 = \begin{bmatrix} 1 & & \\ 100 & 1 & \\ 4 & 0.032 & 1 \end{bmatrix}
$$

$$
A_2 = \begin{bmatrix} 1 & -0.2 & 1 \\ 20 & 6 & -5 \\ 4 & 0.8 & 1 \end{bmatrix} \qquad
A_3 = \begin{bmatrix} 1 & -0.04 & 1 \\ 100 & 6 & -25 \\ 4 & 0.16 & 1 \end{bmatrix} \qquad
A_4 = \begin{bmatrix} 1 & -0.008 & 1 \\ 500 & 6 & -125 \\ 4 & 0.032 & 1 \end{bmatrix}
$$

带交换的 LR 算法

第一步的详细情况

$$
1' = 2; \quad N_1 = \begin{bmatrix} 1 & & \\ -0.25 & 1 & \\ -1 & 0 & 1 \end{bmatrix}; \quad 2' = 2; \quad N_2 = \begin{bmatrix} 1 & & \\ 0 & 1 & \\ 0 & -0.8 & 1 \end{bmatrix};
$$

$$
R_1 = \begin{bmatrix} 4 & 6 & -1 \\ & -0.25 & 1.25 \\ & & 1 \end{bmatrix}; \quad A_2 = R_1 I_{12} N_1^{-1} N_2^{-1} = \begin{bmatrix} 6 & 3.2 & -1 \\ -1.25 & 1 & 1.25 \\ 1 & 0.8 & 1 \end{bmatrix}
$$

第二步和第三步

$$
A_3 = \begin{bmatrix} 5.167 & 3.040 & -1.000 \\ -0.174 & 1.833 & 1.042 \\ 0.167 & 0.160 & 1.000 \end{bmatrix} \qquad
A_4 = \begin{bmatrix} 5.032 & 3.008 & -1.000 \\ -0.033 & 1.968 & 1.008 \\ 0.032 & 0.032 & 1.000 \end{bmatrix}
$$

$$
A_\infty = \begin{bmatrix} 5 & 3 & -1 \\ 0 & 2 & 1 \\ 0 & 0 & 1 \end{bmatrix}
$$

列出了．在 A_1 约化为三角型时，第一行与第二行作了交换，这是仅有的一次交换．因此要从 R_1 得到 A_2，首先交换第 1 列和第 2 列，然后逐次用 N_1^{-1} 和 N_2^{-1} 乘．在后面的各步不需要交换，我们有效地使用原来的 LR 算法．矩阵 A_r 很快收敛于上三角型，容易看出，A_∞ 就是表中最后给出的矩阵．引进交换不但得到收敛性而且使得在极限矩阵中特征值按递减次序出现．

修改过程的收敛性

15. 我们给出的 LR 算法收敛性证明不能搬到修正过程去．

然而如果收敛于上三角型的情况确实发生，并且没有一个特征值是零，显然最后必定不要交换，因为下次对角元素趋向于零．在 §14 的例子中这当然是对的．

但我们确实不难构造出一个简单的例子，使原来的 LR 过程收敛，但修正过程却不收敛．例如考虑矩阵

$$A_1 = \begin{bmatrix} 1 & 3 \\ 2 & 0 \end{bmatrix}, \quad \lambda_1 = 3, \quad \lambda_2 = -2, \qquad (15.1)$$

我们得到

$$A_2 = \begin{bmatrix} 1 & 2 \\ 3 & 0 \end{bmatrix}, \quad A_3 = \begin{bmatrix} 1 & 3 \\ 2 & 0 \end{bmatrix} = A_1. \qquad (15.2)$$

在 A_1 和 A_2 的约化中都需要交换．因为 $A_3 = A_1$ 这过程是构成一个循环而不收敛．另一方面，原来的 LR 算法收敛，特征值按正常次序出现．

我们把这个问题放在§24，并且说明这个不收敛的例子并不像在这里看起来那么严重．在这里我们只是指出，数值稳定性是第一位的，修正算法一定要采用．

初始矩阵的预先约化

16. 关于 §12 中指出的第二个问题，在矩阵 A_1 只有很少零元的情况下，LR 算法是包含着不可容忍的巨大的工作量．如果 A_1 是关于 LR 算法不变的某种压缩型，那么工作量就将大大减少．

有两种主要型式满足这些要求，第一种是 Hessenbesg 型，它关于修正 LR 算法是不变的(因此，关于原来的 LR 算法更是不变的．)，第二种是中心线为主对角线的带型，它对于原来的算法，型不变，但对于修正的算法却不能保持原来型式．根据我的经验：仅仅对于这两种类型的矩阵，LR 算法是可行的．因为有好些稳定的方法化矩阵为上 Hessenberg 型，因此这不存在严重的局限．

上 Hessenberg 型的不变性

17. 我们首先证明上 Hessenberg 型关于修正算法确实是不变的. 我们曾讨论过用带交换的 Gauss 消去法约化上 Hessenberg 型为三角型(第四章 §33). 在约化的 r 步中, 选取的主元素仅落在第 r 行与第 $(r+1)$ 行之中, 并且在相关的矩阵 N_r 中(除单位对角元外)非零元是落在位置 $(r+1, r)$. 因此, 这矩阵 N_r 是 $M_{r+1,r}$ 型的[第一章 §40(vi)]. 我们需要证明给定为

$$A_2 = R_1 I'_{12} M_{21}^{-1} I'_{23} M_{32}^{-1} \cdots I'_{n-1,n} M_{n,n-1}^{-1} \qquad (17.1)$$

的矩阵 A_2 是上 Hessenberg 型. 这里 $I'_{r,r+1}$ 表示 $I_{r,r+1}$ 或是 I, 这是按照约化为三角型的第 r 步是否作了交换而定.

用归纳法证明. 假设矩阵

$$R I'_{12} M_{21}^{-1} I'_{23} M_{32}^{-2} \cdots I'_{r-1,r} M_{r,r-1}^{-1}$$

的前 $r-1$ 列是上 Hessenberg 型, 其余部分是三角型. 作为一个典型, $n = 6$, $r = 4$, 其形状是

$$
r-1 \left\{
\begin{array}{c}
\\ \\ \\ \\
\end{array}
\right.
\begin{bmatrix}
\times & \times & \times & \times & \times & \times \\
\times & \times & \times & \times & \times & \times \\
 & & \times & \times & \times & \times & \times \\
\hline
 & & & \times & \times & \times & \times \\
 & & & & \times & \times \\
 & & & & & \times
\end{bmatrix}, \qquad (17.2)
$$

$n-r+1 \left\{ \right.$

下一步是用 $I'_{r,r+1}$ 右乘. 若因子是 $I_{r,r+1}$, 那么交换第 r 列和第 $(r+1)$ 列, 否则不起作用. 所得的矩阵形如 (a) 或 (b) 如下:

$$
(a) = \quad
r-1 \left\{
\begin{array}{c}
\\ \\ \\
\end{array}
\right.
\begin{bmatrix}
\times & \times & \times & \times & \times & \times \\
\times & \times & \times & \times & \times & \times \\
 & & \times & \times & \times & \times & \times \\
\hline
 & & & \times & \times & \times & \times \\
 & & & \times & 0 & \times \\
 & & & & & \times
\end{bmatrix},
$$

$$
(b) = \begin{array}{l}r-1\left\{\begin{array}{l}\\ \\ \\ \\ \\ \\ \end{array}\right.\end{array}\left[\begin{array}{ccc|ccc}\times & \times & \times & \times & \times & \times \\ \times & \times & \times & \times & \times & \times \\ & \times & \times & \times & \times & \times \\ \hline & & \times & \times & \times & \times \\ & & & & \times & \times \\ & & & & & \times \end{array}\right],
$$ (17.3)

用 $M_{r+1,r}^{-1}$ 右乘的效果是第 $(r+1)$ 列的若干倍加到第 r 列，得到的矩阵形如 (c) 或形如 (d) 如下：

$$
(c) = \begin{array}{l}r\left\{\begin{array}{l}\\ \\ \\ \\ \\ \\ \end{array}\right.\end{array}\left[\begin{array}{cccc|cc}\times & \times & \times & \times & \times & \times \\ \times & \times & \times & \times & \times & \times \\ & \times & \times & \times & \times & \times \\ & & \times & \times & \times & \times \\ \hline & & & \times & 0 & \times \\ & & & & & \times \end{array}\right],
$$

$$
(d) = \begin{array}{l}r\left\{\begin{array}{l}\\ \\ \\ \\ \\ \\ \end{array}\right.\end{array}\left[\begin{array}{cccc|cc}\times & \times & \times & \times & \times & \times \\ \times & \times & \times & \times & \times & \times \\ & \times & \times & \times & \times & \times \\ & & \times & \times & \times & \times \\ \hline & & & \times & \times & \times \\ & & & & & \times \end{array}\right].
$$ (17.4)

在这两种情况下，矩阵的前 r 列是 Hessenberg 型，其余部分是三角型，在 (c) 中新加的零元没有什么作用. 这就建立了我们的结果.

在约化为三角型过程中，实质上有 $\frac{1}{2}n^2$ 次乘法，在右乘中有 $\frac{1}{2}n^2$ 次，在 LR 算法中一个完整的一步要 n^2 次乘法，而对于满阵是 $\frac{2}{3}n^3$ 次乘法。

行和列同时运算

18. Hessenberg 型的另一个好处是 A_s 的约化和右乘可以结合起来，对于一台有两级存贮器的计算机，第 s 步迭代仅需从外存传送一次 A_s 并以 A_{s+1} 代替。为了这样作，需要按列存贮 A_s。

我们注意到在约化中仅需 $(n-1)$ 个乘子 $m_{r+1,r}$ （$r=1$, $2,\cdots,n-1$），并且为了确定前 r 个乘子仅需矩阵 A_s 的第 1 列到第 r 列。我们就一个典型的大步来说明我们提出的技术。这一步开始时第 1 列到 $(r-1)$ 列已被计算，并覆盖在外存中 A_s 的对应的列上。A_{s+1} 的第 r 列还未算完，这部分被处理的列在高速存贮器内。元素 $m_{21},m_{32},\cdots,m_{r,r-1}$ 和指示在这一步计算这些元素时是否作交换的信息也在高速存贮器中。现在，典型的一步可以用通常的记号描述如下：

(i) 读第 $(r+1)$ 列到高速存贮器。

对 i 从 1 到 r 执行 (ii) 和 (iii)。

(ii) 在计算 $m_{i+1,i}$ 之前按照是否作了交换，对 $a_{i,r+1}$ 和 $a_{i+1,r+1}$ 进行交换或不进行。

(iii) 计算 $a_{i+1,r+1} - m_{i+1,i}\,a_{i,r+1}$ 并覆盖在 $a_{i+1,r+1}$ 上。完成后，第 $(r+1)$ 列已执行了约化 A_s 的前 r 行所包含的运算。

(iv) 若 $|a_{r+2,r+1}| > |a_{r+1,r+1}|$，交换这两个元素，然后计算 $m_{r+2,r+1} = a_{r+2,r+1}/a_{r+1,r+1}$。存 $m_{r+2,r+1}$ 并记录是否作了交换。用零代替 $a_{r+2,r+1}$。

第 $(r+1)$ 列现在是三角型矩阵的第 $(r+1)$ 列，这矩阵是在独立地完成约化中得到的。

(v) 如果在计算 $m_{r+1,r}$ 之前要作交换，那么，交换修改后的第 r 列和 $(r+1)$ 列（它们都在高速存贮器）。

(vi) 加 $m_{r+1,r} \times$ 第 $(r+1)$ 列到第 r 列。

当前第 r 列现在是 A_{s+1} 的第 r 列，可以记在外存。

上述组合过程给出的结果与原来的相同，甚至计及舍入误差也是这样，并且不增加运算量。注意，我们可以假定 A_s 的下次对

角元 $a_{r+1,r}$ 没有一个是零。因为若有零元，我们可以把矩阵分为两个或多个小的 Hessenberg 型矩阵来处理。因此，在 (iv) 步分母 $a_{r+1,r+1}$ 是非零的；因为在这一阶段执行除法时，$|a_{r+1,r+1}|$ 大于原来的 $|a_{r+2,r+1}|$ 和某些别的数。

收敛的加速

19. 虽然预先约化矩阵为 Hessenberg 型显著地减少了运算量，但修正的 LR 算法与以前的方法相比还是不经济的，除非我们能改善其收收敛率。

我们已看到对于一般矩阵，位于 $(i, j)(i > j)$ 上的元素粗略地按照 $(\lambda_i/\lambda_j)^s$ 趋向于零。对于 Hessenberg 型矩阵，仅在位置 $(r + 1, r)$ 上有非零次对角线元素。现在考察矩阵 $(A - pI)$。这个矩阵有特征值 $(\lambda_i - p)$，并且至少是对于原来的 LR 技术，$a_{n,n-1}^{(s)}$ 按 $\{(\lambda_n - p)/(\lambda_{n-1} - p)\}^s$ 趋向于零。如果 p 很接近 λ_n，元素 $a_{n,n-1}^{(s)}$ 就很快缩小。因此，用 $(A_s - pI)$ 比用 A_r 运算有利得多。

注意，在特殊情况下，p 等于 λ_n，如果修正过程被准确的计算执行的话，那么 $(n, n - 1)$ 元素在一次迭代之后就会变为零。为此，可以研究三角化过程，没有一个主元(三角型 R 的对角线元素)可能是零，除非是最后一个；因为在约化时，主元不是 $a_{r+1,r}$ 就是某个别的数，而我们假定 $a_{r+1,r}$ 不等于零。因此，从 $(A - \lambda_n I)$ 的行列式是零可知，最后一个主元是零，而三角型 R 的形式如下：

$$\begin{bmatrix} \times & \times & \times & \times & \times \\ & \times & \times & \times & \times \\ & & \times & \times & \times \\ & & & \times & \times \\ & & & & 0 \end{bmatrix}, \tag{19.1}$$

它的最后一行全是零.跟着的右乘运算仅仅是作列的组合,因此这迭代结束时,矩阵的形式是

$$\begin{bmatrix} \times & \times & \times & \times & \times \\ \times & \times & \times & \times & \times \\ & \times & \times & \times & \times \\ & & \times & \times & \times \\ & & & 0 & 0 \end{bmatrix}. \quad (19.2)$$

结合原点的移动

20. 对于 LR 算法的改进，上节的讨论给了我们启发。在第 s 步，三角分解对矩阵 $(A_s - k_s I)$，而不再对 A_s 进行，这里 k_s 是某个适当的值。因此，我们得到的矩阵序列的定义为

$$A_s - k_s I = L_s R_s, \qquad R_s L_s + k_s I = A_{s+1}. \quad (20.1)$$

我们有

$$\begin{aligned} A_{s+1} &= R_s L_s + k_s I = L_s^{-1}(A_s - k_s I)L_s \\ &\quad + k_s I = L_s^{-1} A_s L_s. \end{aligned} \quad (20.2)$$

因此，这些矩阵 A_s 全都与 A_1 相似。事实上，(20.2) 给出

$$\begin{aligned} A_{s+1} &= L_s^{-1} A_s L_s = L_s^{-1} L_{s-1}^{-1} A_{s-1} L_{s-1} L_s \\ &= L_s^{-1} \cdots L_2^{-1} L_1^{-1} A_1 L_1 L_2 \cdots L_s \end{aligned} \quad (20.3)$$

或

$$L_1 L_2 \cdots L_s A_{s+1} = A_s L_1 L_2 \cdots L_s. \quad (20.4)$$

上述的修正公式通常称为带原点移动和复原的 LR，因为在每一步移动都回到原处。为了编程序方便，有时用下述"非复原"方法。

$$A_s - z_s I = L_s R_s, \qquad R_s L_s = A_{s+1}, \quad (20.5)$$

这给出

$$\begin{aligned} A_{s+1} &= R_s L_s = L_s^{-1}(A_s - z_s I)L_s = L_s^{-1} A_s L_s - z_s I \\ &= L_s^{-1}(L_{s-1}^{-1} A_{s-1} L_{s-1} - z_{s-1} I)L_s - z_s I \\ &= L_s^{-1} L_{s-1}^{-1} A_{s-1} L_{s-1} L_s - (z_{s-1} + z_s)I. \end{aligned} \quad (20.6)$$

继续代入，我们有

$$\begin{aligned} A_{s+1} &= L_s^{-1} \cdots L_2^{-1} L_1^{-1} A_1 L_1 L_2 \cdots L_s - (z_1 + z_2 + \cdots + z_s)I \\ &= L_s^{-1} \cdots L_2^{-1} L_1^{-1} [A_1 - (z_1 + z_2 \\ &\quad + \cdots + z_s)I] L_1 L_2 \cdots L_s. \end{aligned} \quad (20.7)$$

因此，A_{s+1} 的特征值与 A_1 的差是 $\sum\limits_{i=1}^{s} z_i$。

回到恢复形式，我们有

$$L_1 L_2 \cdots L_{s-1}(L_s R_s) R_{s-1} \cdots R_2 R_1$$
$$= L_1 L_2 \cdots L_{s-1}(A_s - k_s I) R_{s-1} \cdots R_2 R_1$$
$$= (A_1 - k_s I)(L_1 L_2 \cdots L_{s-1} R_{s-1} \cdots R_2 R_1)$$
$$= (A_1 - k_s I)(A_1 - k_{s-1} I) L_1 L_2 \cdots$$
$$L_{s-2} R_{s-2} \cdots R_2 R_1$$
$$= (A_1 - k_s I)(A_1 - k_{s-1} I) \cdots (A_1 - k_1 I), \qquad (20.8)$$

因此记

$$T_s = L_1 L_2 \cdots L_s, \quad U_s = R_s \cdots R_2 R_1. \qquad (20.9)$$

我们看到，T_s, U_s 是 $\prod\limits_{i=1}^{s} (A_1 - k_i I)$ 的三角分解，(20.8) 的因子次序不起什么作用。这个结果以后要用到。

显然，我们可结合应用原点移动和交换技术。矩阵序列 A_s 中，任一个均与 A_1 相似，但是我们得不到类似于 (20.8) 这样简单的公式。

选择原点的移动

21. 实际计算中，我们的问题是怎样选择序列 K_s 使得收敛加快。如果特征值的模不相等，那么不管是实的还是复的，我们预料 $a_{n,n-1}^{(s)}$，$a_{nn}^{(s)}$ 分别趋向于零和 λ_n。因此，一旦 $a_{n,n-1}^{(s)}$ 变小或有迹象表明 $a_{nn}^{(s)}$ 收敛，我们就令 $k_s = a_{nn}^{(s)}$。实际上容易证明，当 $a_{n,n-1}^{(s)}$ 是 ε 数量级时，如果 $k_s = a_{nn}^{(s)}$，就得到

$$a_{n,n-1}^{(s+1)} = O(\varepsilon^2). \qquad (21.1)$$

一个有代表性的情况，当 $n = 6$ 时，$(A_s - a_{nn}^{(s)} I)$ 的形状如下述矩阵 (a) 所示。

$$
\begin{array}{cc}
\textbf{(a)} & \textbf{(b)} \\
\begin{bmatrix}
\times & \times & \times & \times & \times & \times \\
\times & \times & \times & \times & \times & \times \\
 & \times & \times & \times & \times & \times \\
 & & \times & \times & \times \\
 & & & \times & \times & \times \\
 & & & & \varepsilon & 0
\end{bmatrix}
&
\begin{bmatrix}
\times & \times & \times & \times & \times & \times \\
 & \times & \times & \times & \times & \times \\
 & & \times & \times & \times & \times \\
 & & & \times & \times & \times \\
 & & & & a & b \\
 & & & & \varepsilon & 0
\end{bmatrix}
\end{array}
\quad (21.2)
$$

$$
\textbf{(c)}
\begin{bmatrix}
\times & \times & \times & \times & \times & \times \\
 & \times & \times & \times & \times & \times \\
 & & \times & \times & \times & \times \\
 & & & \times & \times & \times \\
 & & & & a & b \\
 & & & & & -b\varepsilon/a
\end{bmatrix} \cdot
$$

现在考察用带交换的 Gauss 消去法约化 $(A_s - a_{nn}^{(2)}I)$ 为三角型. 当约化仅差一行未作的时候,矩阵是 (21.2) 中 (b) 表示的形状. 在第 $(n-1)$ 行中的元素 a 不是小量,除非 $a_{nn}^{(2)}$ 碰巧与 A_s 的 $(n-1)$ 阶前主子矩阵有特殊关系,比如这子矩阵的一个特征值正是"移动"量.因此,在最后一步不必作交换. 于是

$$
m_{n,n-1} = \varepsilon/a, \quad (21.3)
$$

三角型的形式就是 (21.2) 中 (c) 所示的.

现在转到右乘,当我们用除了 $I'_{n-1}M_{n',n-1}^{-1}$ 之外的全部因子右乘后,矩阵将是如下的 (a) 或 (b) 的形式

$$
\begin{array}{cc}
\textbf{(a)} & \textbf{(b)} \\
\begin{bmatrix}
\times & \times & \times & \times & \times & \times \\
\times & \times & \times & \times & \times & \times \\
 & \times & \times & \times & \times & \times \\
 & & \times & \times & \times & \times \\
 & & & a & 0 & b \\
 & & & & & -b\varepsilon/a
\end{bmatrix}
&
\begin{bmatrix}
\times & \times & \times & \times & \times & \times \\
\times & \times & \times & \times & \times & \times \\
 & \times & \times & \times & \times & \times \\
 & & \times & \times & \times & \times \\
 & & & \times & a & b \\
 & & & & & -b\varepsilon/a
\end{bmatrix}
\end{array}
\cdot \quad (21.4)
$$

它们对应于约化过程中计算 $m_{n-1,n-2}$ 之前作了交换或者没作交换．用第 n 列的 $m_{n,n-1}$ 倍加到第 $n-1$ 列，这通常不需要交换，这样完成了右乘．最终，矩阵形如下面 (a) 或 (b) 的形式．

(a)

$$\begin{bmatrix} \times & \times & \times & \times & & \times & & \times \\ \times & \times & \times & \times & & \times & & \times \\ & \times & \times & \times & & \times & & \times \\ & & \times & \times & & \times & & \times \\ & & & \times & & b\varepsilon/a & & b \\ & & & & & -b\varepsilon^2/a^2 & & -b\varepsilon/a \end{bmatrix}$$

(b)

$$\begin{bmatrix} \times & \times & \times & \times & & \times & & \times \\ \times & \times & \times & \times & & \times & & \times \\ & \times & \times & \times & & \times & & \times \\ & & \times & \times & & \times & & \times \\ & & & \times & (a+b\varepsilon)/a & & b \\ & & & & -b\varepsilon^2/a^2 & & -b\varepsilon/a \end{bmatrix}. \qquad (21.5)$$

因此，在复原移动之后得到

$$a_{nn}^{(s+1)} = a_{nn}^{(s)} - b\varepsilon/a, \quad a_{n,n-1}^{(s+1)} = -b\varepsilon^2/a^2. \qquad (21.6)$$

因而 $a_{nn}^{(s)}$ 确实收敛，并且 $a_{n,n-1}^{(s+1)}$ 是 ε^2 数量级，这正是我们所期望的结果．注意，约化时在某些其他步中作了交换产生的影响很小．

矩阵降阶

22. 通常，$a_{n,n-1}^{(s)}$ 一旦变小，它的值便很快变为零．当它已达到运算精度可忽略时，我们可以把它作零处理，而 $a_{nn}^{(s)}$ 当前的值就是一个特征值．其余的特征值是 $(n-1)$ 阶前主子矩阵的那些特征值，这个矩阵也是 Hessenberg 型，因此我们可以对这个比原矩阵低一阶的矩阵继续施行同样的方法．因为我们希望下次对角线元趋向于零，这时 $a_{n-1,n-2}^{(s)}$ 可能已经相当小，此时我们可以立刻令 k_s 等于 $a_{n-1,n-1}^{(s)}$．

对阶数逐渐递减的矩阵继续施行上述方法，可以把全部特征值一一找到. 对于每一个特征值的收敛过程的后期一般是二次收敛的. 此外,我们可以预料到,当计算了较后的特征值时,已经有了好的开始值.

这个降阶方法是十分稳定的. 事实上,特征值只有对于下次对角元敏感时才会受到严重影响. 由于我们假定了通常初始的 Hessenberg 型矩阵 A_1 是从一个满矩阵 A 约化来的, 如果特征值对于 A_1 的下次对角元的微小误差敏感,那么在 LR 算法开始之前早已损失了精度. 附加的危险仅仅是 A_1 的条件可能变坏. 这个问题在我们比较 LR 和 QR 算法时,在 §47 中再作评论.

关于收敛性的实际经验

23. 我们已试验了对 Hessenberg 型矩阵,使用 LR 算法(带交换的),以 $a_{nn}^{(s)}$ 的当前值作为原点移动. 自然,仅仅是用于只有实特征值的实的或复的矩阵. 显然,我们根本不清楚应该在什么时候开始采用这个移动值. 我们研究了下列方法的效果.

(i) 在每一阶段都移动 $a_{nn}^{(s)}$;

(ii) 仅当 $|1 - a_{nn}^{(s)}/a_{nn}^{(s-1)}| < \varepsilon$ 时使用移动,其中 ε 是某个容限(即当 $a_{nn}^{(s)}$ 已经"稳定"时使用移动);

(iii) 仅当 $|a_{n,n-1}^{(s)}| < \eta \|A_1\|_\infty$ 时使用移动,其中 η 也是某个容限.

通常,使用 (i) 收敛性已使人十分满意,并且这意味着: 采用 (ii),(iii) 容限应放宽.总之,方法 (ii) 取 $\varepsilon = \frac{1}{3}$ 是最有效的,对大部分作过试验的矩阵(阶数介于 5 与 32 之间),每个特征值平均迭代次数为 5 次左右,通常后一些的特征值迭代 1 次或 2 次就得到. 可是,我们遇到过一些矩阵,使用 (i),(ii) 或 (iii) 都不收敛. 显然,这是事实,例如: 2×2 矩阵

$$\begin{bmatrix} a & b \\ c & 0 \end{bmatrix}, \quad |b|, |c| > |a| \tag{23.1}$$

这是 §15 中讨论过的例子. 如果采用带交换的 LR,它逐次变为

$$\begin{bmatrix} a & c \\ b & 0 \end{bmatrix} \text{ 和 } \begin{bmatrix} a & b \\ c & 0 \end{bmatrix}. \tag{23.2}$$

显然,对于一切 s 有 $a_{nn}^{(s)} = 0$,而且选定所有的 $k_s = a_{nn}^{(s)}$ 是没有意义的.

因为如果收敛,$a_{n,n-1}^{(s)}$ 趋于零,因此也试验了移动值,

$$k_s = \frac{1}{2} a_{n,n-1}^{(s)} + a_{nn}^{(s)}, \tag{23.3}$$

这个移动值 $k_s \to a_{nn}^{(s)}$. 当选用 $k_s = a_{nn}^{(s)}$ 失败时,这个简单的经验方法几乎对全部情形都收敛. 可是,有些特征值相异的矩阵,即便是用上这些改进的移动技巧也还是不收敛. 下节我们描述一种业已证明十分有效的选择移动的策略.

改进的移动策略

24. 改进移动策略的一个启发是从考察有复共轭特征值的实矩阵得来的. 这种情况下极限矩阵不是严格的上三角型. 如果模最小的复共轭特征值对是 $(\lambda \pm i\mu)$,那么,迭代的矩阵最后变为形如 (a) 的形状:

$$\tag{24.1}$$

其中右下角 2×2 矩阵的特征值趋于相应的值. 另一种情况,若模最小的特征值有实值 λ,迭代就为 (24.1) 中 (b) 的形式. 假定对上述两种情况我们取 2×2 矩阵的特征值,那么在情况 (a),特征值趋于 $\lambda \pm i\mu$. 在情况 (b),较小的特征值趋于 λ. 明确这一点后,我们暂时不讨论复共轭特征值的情况.

对于特征值是实数的矩阵,我们建议这样选 k_s. 首先计算 A_s

的右下角 2×2 矩阵的特征值. 如果特征值是复共轭, 等于 $p_s \pm iq_s$, 那么取 $k_s = p_s$. 如果是实的, 等于 p_s 和 q_s, 那么当 $|p_s - a_{nn}^{(s)}| < |q_s - a_{nn}^{(s)}|$ 时, 取 $k_s = p_s$, 否则取 $k_s = q_s$.

如果原矩阵是复的, 那么通常相应的 2×2 矩阵有两个复特征值 p_s 和 q_s, 我们再比较 $|p_s - a_{nn}^{(s)}|$ 和 $|q_s - a_{nn}^{(s)}|$ 来决定移动值.

我们可以在每一个阶段使用按上述方法决定的移动值, 也可以等到这种移动已显示某种收敛的迹象时使用. 实际上, 迭代过程对这种选法反映并不灵敏. 当准则

$$|k_s/k_{s-1} - 1| < \frac{1}{2} \qquad (24.2)$$

满足时, 立刻把按上述办法指定的 k_s 作为移动, 则可获得最好结果.

现已证明这种技术平均收敛率是非常高的. 在复矩阵中已普遍使用. 值得注意的是, (23.1) 用这种移动选择法, (23.1) 的矩阵一次迭代就收敛. 因为这时相应 2×2 矩阵是满的, 这是不足为奇的, 但它暗示着: 这种移动选择法是具有较优的特性的.

复共轭特征值

25. 现在我们回到最小特征值是一对共轭复数的情况, 我们希望最后 2×2 矩阵的特征值将逼近这一共轭对. 假设在某阶段中, 这矩阵的特征值是 $p \pm iq$. 如果先用移动 $p - iq$, 后用移动 $p + iq$, 作了两步原来的 LR 算法, 这当然包含着复数运算, 但是我们现在要证明, 当计算是准确地执行时得到的第二个矩阵是实的. 记三个相关的矩阵为 A_1, A_2, A_3, 我们有

$$A_1 - (p - iq)I = L_1 R_1, \quad R_1 L_1 + (p - iq)I = A_2,$$
$$A_2 - (p + iq)I = L_2 R_2, \quad R_2 L_2 + (p + iq)I = A_3. \qquad (25.1)$$

应用 (20.8) 的结果, 我们得到

$$L_1 L_2 R_2 R_1 = [A_1 - (p - iq)I][A - (p + iq)I]. \qquad (25.2)$$

显然, 右边是实的. 现在只要这个实矩阵是非奇异的, 亦即只要 $p \pm iq$ 不是 A_1 的准确的特征值, 那么如果它的三角分解存在的

话，它是唯一的，其三角型因子显然也是实的。(25.2) 式表明 L_1L_2 和 R_2R_1 确实是三角型因子，因此，L_1L_2 必定是实的。又因为

$$A_3 = (L_1L_2)^{-1}A_1L_1L_2, \qquad (25.3)$$

所以 A_3 也是实的。

我们可以想像，如果执行了 LR 算法这两步，计算的矩阵 A_3 的虚数部分是微不足道的，可以取为实值。可是，实际上并不是这样，时常发现最后的矩阵有相当显著的虚部。这个方法是数值稳定的，计算的矩阵 A_3 的特征值逼近 A_1 的特征值（除非 A_1 的特征值是病态的），但正像以前经常看到的，并不保证计算所得到的矩阵逼近于准确计算得到的矩阵。

26. 为了看到这是如何发生的，我们考虑(26.1)中的 2×2 矩阵 A_1，它有特征值 λ 和 $\bar{\lambda}$。

$$A_1 = \begin{bmatrix} a & b \\ c & d \end{bmatrix}, \qquad A_2 = \begin{bmatrix} \lambda & b \\ 0 & \bar{\lambda} \end{bmatrix},$$

$$(A_2 - \lambda I) = \begin{bmatrix} 0 & b \\ 0 & \bar{\lambda} - \lambda \end{bmatrix}. \qquad (26.1)$$

如果用移动 λ 执行一步 LR 算法，那么 A_2 是如(26.1)式中表示那样，而 $(A_2 - \lambda I)$ 在第一列有两个零元。因此，它的三角分解不是唯一的。于是使用移动 $(\lambda + \varepsilon)$ 和 $(\bar{\lambda} + \varepsilon)$，其中 ε 是小量，那么，

$$A_2 - (\bar{\lambda} + \varepsilon)I = \begin{bmatrix} \varepsilon_1 & b \\ \varepsilon_2 & (\lambda - \bar{\lambda}) + \varepsilon_3 \end{bmatrix}, \qquad (26.2)$$

其中 ε_1，ε_2 和 ε_3 与 ε 是同一数量级的。如果计算是准确的，那么 A_3 将是实的。但 ε_1 和 ε_2 很小的误差将明显地改变 A_3。通常，使用七位数字的计算机，A_3 的虚部的大小是 $2^{-t}/\varepsilon$，这是不能忽略的，但是只要虚部被保留，特征值完全不会变。这里，使用准确的 λ 和 $\bar{\lambda}$ 仍然是有启发性的，在(26.1)的 $(A_2 - \lambda I)$ 三角分解中，L_2 可取为

$$\begin{bmatrix} 1 & 0 \\ m & 1 \end{bmatrix}, \qquad (26.3)$$

其中 m 是任意的. 最后矩阵 A_3 是

$$\begin{bmatrix} \lambda + mb & b \\ m[(\lambda - \bar{\lambda}) - mb] & \bar{\lambda} - mb \end{bmatrix}, \qquad (26.4)$$

它对于一切 m 值准确地相似于 A_1, 但它不是实矩阵, 除非选择 m 使得 $\bar{\lambda} - mb$ 是实的. 以准确的特征值作移动, 用准确的计算得出的这种不确定性, 对应于在实际的过程中 m 值是较差的情况. 这在表 2 中得到说明.

表 2

$$A_1 = \begin{bmatrix} 0.31257 & 0.61425 \\ -0.51773 & 0.41631 \end{bmatrix} \begin{matrix} \text{特征值}0.36444\pm0.56154i \\ \text{移动 } \lambda, \bar{\lambda} = 0.36442\pm0.56156i \end{matrix}$$

$$A_2 - \bar{\lambda}I = \begin{bmatrix} 0.00000 + 0.00004i & 0.61425 \\ -0.00003 - 0.00004i & 0.00004 + 1.12308i \end{bmatrix}$$

$$A_3 = \begin{bmatrix} -0.24983 - 0.10083i & 0.61425 \\ -1.11108 - 0.20167i & 0.97871 + 0.10083i \end{bmatrix}$$

A_1 的特征值是 $0.36444\pm0.56154i$, 使用的移动是 $0.36442\pm0.56156i$. 在 $(\bar{A}_2 - \lambda I)$ 的第一列中两个元素都很小, 但相对误差很大. 对于准确计算是实的矩阵 $\bar{A}_3$ 有了与实部相同数量级的虚部, 尽管此如, 其特征值与 A_1 的在运算精度内是相同的. 此外, 如果我们计算 $\bar{A}_3$ 的特征向量, 并利用计算的变换来确定 A_1 的特征向量, 所得的向量是 A_1 的相当精确的特征向量.

修正的 *LR* 算法的缺点

27. 在使用复共轭移动的讨论中, 我们忽略了交换. 通常, 如果包含交换, 准确的计算也不能保证 A_3 是实的. 然而, 如果交换仅仅在 A_1 变换到 A_2 时使用, 那么用 §13 的记号可得

$$P_1(A_1 - \lambda I) = \tilde{L}_1 R_1, \quad R_1 P_1^T \tilde{L}_1 + \lambda I = A_2,$$
$$A_2 = \tilde{L}_1^{-1}(P_1 A_1 P_1^T)\tilde{L}_1, \quad A_2 - \bar{\lambda}I = L_2 R_2, \tag{27.1}$$
$$R_2 L_2 + \bar{\lambda}I = A_3, \quad A_3 = L_2^{-1} A_2 L_2.$$

因此得出

$$\tilde{L}_1 L_2 R_2 R_1 = \tilde{L}_1(A_2 - \bar{\lambda}I)R_1 = (P_1 A_1 P_1^T - \bar{\lambda}I)\tilde{L}_2 R_1$$
$$= (P_1 A_1 P_1^T - \bar{\lambda}I)P_1(A_1 - \lambda I). \tag{27.2}$$

右边右乘 P^T 表明,最后的乘积是实的,可是我们不能保证 A_2 到 A_3 不需要交换.

即便我们假定没有复共轭零点（能先验地保证这样的状况是罕见的),修正算法仍然面临着数值稳定性方面的批评. 如第四章所指出的,即便使用了交换,三角分解的稳定性也不是无条件地得到保证的. 甚至假定每一特征值用不着四次以上的迭代,那么一个50阶矩阵就要迭代二百次. 上次对角线元素的量逐渐增大的危险也不能忽视(对角元趋向于特征值,下次对角元趋向于零). 经验表明,由这一个原因使精度损失并不是少见的.

QR 算法

28. 依照本书的一般处理的方式,自然要设法用初等酉变换去代替修正的 LR 算法中使用的稳定初等变换. 这直接引向 Francis (1961) 的 QR 算法. Francis 用因子分解为酉矩阵 Q 与上三角型矩阵 R 的乘积代替三角分解.

算法被定义为关系:

$$A_s = Q_s R_s, \quad A_{s+1} = Q_s^H A_s Q_s = Q_s^H Q_s R_s Q_s = R_s Q_s, \tag{28.1}$$

现在每一阶段使用了一个酉相似变换. 所要求的因子分解在第四章§46~§55已经讨论过,并证明了: 若 A_s 是非奇异的,这因子分解实质上是唯一的,并且如果取 R_s 的对角元为正实数,那么它的确是唯一的. 如果 A_s 是实的,那么 Q_s 和 R_s 也是实的. 这种因子分解有优点, A_s 的前主子式为零,不会像在通常的 LR 分解中那样引起过程中断.

逐次迭代满足的关系类似于 LR 变换导出的关系. 我们有

$$A_{s+1} = Q_s^H A_s Q_s = Q_s^H Q_{s-1}^H A_{s-1} Q_{s-1} Q_s$$
$$= (Q_s^H \cdots Q_2^H Q_1^H A_1 Q_1 Q_2 \cdots Q_s), \qquad (28.2)$$

由此得出

$$Q_1 Q_2 \cdots Q_s A_{s+1} = A_1 Q_1 Q_2 \cdots Q_s. \qquad (28.3)$$

所有的 A_s 都酉相似于 A_1, 如果记

$$Q_1 Q_2 \cdots Q_s = P_s, \qquad R_s R_{s-1} \cdots R_1 = U_s, \qquad (28.4)$$

那么

$$P_s U_s = Q_1 \cdots Q_{s-1} (Q_s R_s) R_{s-1} \cdots R_1$$

由 (28.3)

$$= Q_1 \cdots Q_{s-1} A_s R_{s-1} \cdots R_1 = A_1 Q_1 \cdots Q_{s-1} R_{s-1} \cdots R_1$$
$$= A_1 P_{s-1} U_{s-1}, \qquad (28.5)$$

因此

$$P_s U_s = A_1^s. \qquad (28.6)$$

这样就证明了 P_s 和 U_s 给出对应于 A_1^s 的因子分解. 如果取上三角型的对角元为正数, 那么因子分解是唯一的; 如果 R_s 是这样定的, 那么 U_s 也如此确定.

QR 算法的收敛性

29. 通常, 矩阵 A_s 趋向于上三角型, 它不需要 LR 算法收敛必不可少的那么多严格条件. 在详细讨论收敛性之前, 我们先叙述这两个方法的收敛性之间的一个小的差别.

若 A_1 是个上三角矩阵, 那么用 LR 算法, 我们有 $L_1 = I$, $R_1 = A_1$, 因此对于所有 s, 我们得到 $A_s = A_1$. 而对 QR 算法, 如果我们取定 R_s 的对角元是正数, 那么情形就不是这样. 事实上, 我们令

$$a_{ii} = |a_{ii}| \exp(i\theta_i), \qquad D = \mathrm{diag}[\exp(i\theta_i)], \qquad (29.1)$$

得到

$$A_1 = D(D^{-1}A_1), \quad A_2 = D^{-1}A_1 D. \qquad (29.2)$$

因此, 虽然 A_2 的对角元与 A_1 的相同, 但上次对角元素乘了一个模为 1 的复数, 于是显然我们不能期望 A_s 趋向于严格的极限, 除非

所有 λ_i 是实的并且是正的。 这个模为 1 的因子是不重要的，如果对某些酉对角型矩阵 D 渐近地成立 $A_{s+1} \sim D^{-1}A_sD$，我们就说 A_s "本质"上是收敛的。

像 §5 做法一样，我们首先研究 3×3 矩阵，其特征值为

$$|\lambda_1| > |\lambda_2| > |\lambda_3|,$$

使得 A_1^s 有(5.5)的形式。用带规格化的 Schmidt 正交化过程(第四章 §54)来考虑因子分解是方便的。P_s 的第一列是平衡后的第一列，它的 Euclid 范数为1，因此其分量按比例为

$$\lambda_1^s x_1 a_1 + \lambda_2^s y_1 a_2 + \lambda_3^s z_1 a_3 : \lambda_1^s x_2 a_1 + \lambda_2^s y_2 a_2 + \lambda_3^s z_2 a_3$$
$$: \lambda_1^s x_3 a_1 + \lambda_2^s y_3 a_2 + \lambda_3^s z_3 a_3. \qquad (29.3)$$

假定 a_1 是非零，这些元素最终按比例为 $x_1 : x_2 : x_3$。如果规定所有 R_i 的对角元都是正数，那么 P_s 的第一列渐近地为如下形式

$$(a_1/|a_1|)(\lambda_1/|\lambda_1|)^s(x_1, \ y_1, \ z_1)/$$
$$(|x_1|^2 + |y_1|^2 + |z_1|^2)^{1/2}. \qquad (29.4)$$

因此，它是"本质上"收敛于由矩阵 X 因子分解所得的酉矩阵的第一列。 如果 a_1 是零，但 a_2 不是零，那么 P_s 的第一列的分量最后比例为 $y_1 : y_2 : y_3$。在相应的 LR 方法中有类似的现象发生。

注意，x_1 为零对 QR 算法没有影响，而对 LR 算法会引起发散。对于一个指定的 s，LR 算法因 $\lambda_1^s x_1 a_1 + \lambda_2^s y_1 a_2 + \lambda_3^s z_1 a_3$ 变为零而"意外"地失败，而在 QR 算法中没有这种问题。

我们可以继续这个初等分析去了解 P_s 的第二列、第三列的这种渐近性态，但这比 LR 算法的更为冗长。 显然，我们可以期望 P_s 本质上收敛于 X 的酉因子。

收敛性的正式证明

30. 现在给出 P_s 的本质收敛性的正式证明。首先假定 A 的特征值编号满足关系

$$|\lambda_1| > |\lambda_2| > \cdots > |\lambda_n|, \qquad (30.1)$$

因为这样的 A_1 必定有线性初等因子，我们可写为

$$A_1^s = X \operatorname{diag}(\lambda_i^s) X^{-1} = XD^sY. \qquad (30.2)$$

定义矩阵 Q, R, L, U 为

$$X = QR, \quad Y = LU, \tag{30.3}$$

其中 R 和 U 为上三角型，L 是单位下三角型，Q 是酉矩阵，它们都与 s 无关。从 X 可知，R 非奇异。注意，QR 分解总是存在的，然而 Y 的三角分解仅当所有前主子式非零时才存在。我们有

$$A_1^s = QRD^sLU = QR(D^sLD^{-s})D^sU. \tag{30.4}$$

显然，D^sLD^{-s} 是单位下三角型矩阵，它的 (i, j) 元素对于 $i > j$ 给定为 $l_{ij}(\lambda_i/\lambda_j)^s$，因此我们可写为

$$D^sLD^{-s} = I + E_s, \text{ 其中当 } s \to \infty \text{ 时 } E_s \to 0, \tag{30.5}$$

等式 (30.4) 给出

$$A_1^s = QR(I + E_s)D^sU$$
$$= Q(I + RE_sR^{-1})RD^sU$$
$$= Q(I + F_s)RD^sU, \text{ 其中当 } s \to \infty \text{ 时,}$$
$$F_s \to 0. \tag{30.6}$$

现在 $(I + F_s)$ 可以因子分解为酉阵 $\tilde{Q}_s$ 和上三角型阵 $\tilde{R}_s$ 的乘积。因 $F_s \to 0$，$\tilde{Q}_s$ 和 $\tilde{R}_s$ 都趋向于 I。因此，最后得到

$$A_1^s = (Q\tilde{Q}_s)(\tilde{R}_sRD^sU). \tag{30.7}$$

第一个括号括起来的因子是酉矩阵，第二个因子是上三角型。只要 A_1^s 非奇异，它因子分解为这样的一个乘积，在本质上是唯一的，P_s 等于 $Q\tilde{Q}_s$，可能相差右乘一个对角酉矩阵。因此 P_s 在本质上收敛于 Q。如果我们规定 R_s 的对角元是正的，那么可以从 (30.7) 找到酉对角因子。记

$$D = |D|D_1, \quad U = D_2(D_2^{-1}U), \tag{30.8}$$

其中 D_1 和 D_2 是酉对角矩阵，$D_2^{-1}U$ 有正的对角元素（$\tilde{R}_s$ 和 R 已经有正对角元素）。从 (30.7) 我们得到

$$A_1^s = Q\tilde{Q}_sD_2D_1^s[(D_2D_1^s)^{-1}\tilde{R}_sR(D_2D_1^s)|D|^s(D_2^{-1}U)]. \tag{30.9}$$

在方括号内的矩阵是上三角型，其对角元为正，因此，$P_s \sim QD_2D_1^s$，这证明最终 Q_s 变为 D_1。

特征值的不同顺序

31. 上面的证明表明，只要 Y 的全部前主子式都不是零，我们不但得到本质收敛性，并且 λ_i 都正确地按顺序出现在对角线上。对于矩阵 X 没有类似的限制条件。从 3×3 矩阵来看，如果 a_1（即 Y 的第一个前主子式）是零，P_i 仍然趋向于一个极限。现在，我们对于 Y 的一些前主子式为零的一般情况建立这个结果。

尽管当 Y 的一个主子式为零时，没有三角分解，但总存在某个置换矩阵 P，使得 PY 可以三角分解。在第四章§21 已经说明，如何用选主元的办法去决定这样的 P。利用 Gauss 消去法，在每一阶段中选取最前面的一列中模最大的元素为主元。现在假设用另一种办法，在第 r 阶段，从位置 (r, r)，$(r+1, r)$，$\cdots$，(n, r) 中选第一个非零元素为主元，设是 (r', r) 元素，并把行安排为这样的顺序 r'，r，$r+1$，$\cdots$，$r'-1$，$r'+1$，$\cdots$，n。于是我们最后有

$$PY = LU, \tag{31.1}$$

其中 L 有一些零元素在对角线以下，它们的位置与置换矩阵 P 有关。因为 Y 非奇异，因此每一阶段的主元一定不是零。我们可以写出

$$A_1^i = XD^iY = XD^iP^{\mathrm{T}}LU = XP^{\mathrm{T}}(PD^iP^{\mathrm{T}})LU, \tag{31.2}$$

矩阵 PD^iP^{T} 是对角阵，其对角元是 λ_i^i，按不同的顺序出现，而 XP^{T} 由 X 的列置换得到。如果记

$$XP^{\mathrm{T}} = QR, \quad PD^iP^{\mathrm{T}} = D_3^i, \tag{31.3}$$

则

$$A_1^i = QRD_3^iLU = QR(D_3^iLD_3^{-i})D_3^iU. \tag{31.4}$$

因为元素 λ_i^i 在 D_3 中不按自然顺序出现，似乎 $D_3^iLD_3^{-i}$ 不会再趋向于 I。可是，如果用 λ_{i1}，λ_{i2}，$\cdots$，λ_{in} 表示 D_3 的对角元，那么 $D_3^iLD_3^{-i}$ 的 (p, q) 元素$(p > q)$是 $(\lambda_{ip}/\lambda_{iq})^i l_{pq}$，并且对 Y 选主元的方法确保当 $i_p < i_q$ 时，$l_{pq} = 0$。因此，我们可得 $D_3^iLD_3^{-i} = I + E_s$，其中当 $s \to \infty$ 时，$E_s \to 0$。所以，矩阵 P_s 本质上趋向于 XP^{T} 因子分解得到的矩阵 Q。

等模的特征值

32. 现在我们转向 A_1 有某些等模特征值，但全部初等因子都是线性的情况。假定 Y 的所有前主子式不为零，因为我们已弄清楚它们是零的影响。于是

$$A_1^i = XD^i LU. \tag{32.1}$$

设 $|\lambda_r| = |\lambda_{r+1}| = \cdots = |\lambda_i|$，其他的所有特征值模不等。在 $D^i LD^{-i}$ 对角线下的 (i, j) 元素是 $(\lambda_i/\lambda_j)^i l_{ii}$，因而趋向于零，除非

$$t \geqslant i > j \geqslant r, \tag{32.2}$$

但此时它保持模等于 l_{ii}。

当所有等模特征值是相等的时候，可以写出

$$D^i LD^{-i} = \tilde{L} + E_s \quad (E_s \to 0), \tag{32.3}$$

其中 $\tilde{L}$ 是一个固定的单位下三角矩阵，它除了满足关系式 (32.2) 的 (i, j) 元素之外等于 I，那些 (i, j) 元素等于 l_{ii}。如果记 $X\tilde{L} = QR$，就得到

$$\begin{aligned}
A_1^i &= QR(I + \tilde{L}^{-1} E_s) D^i U \\
&= Q(I + R\tilde{L}^{-1} E_s R^{-1}) RD^i U \\
&= Q(I + F_s) RD^i U \quad (F_s \to 0) \\
&= (Q\tilde{Q}_s)(\tilde{R}_s RD^i U), \tag{32.4}
\end{aligned}$$

其中 $\tilde{Q}_s, \tilde{R}_s$ 是 $(I + F_s)$ 的因子分解。因此，除了通常的酉对角右乘因子之外，P_s 趋向于 $X\tilde{L}$ 因子分解得到的矩阵 Q。注意，$X\tilde{L}$ 的列是 A_1 的独立特征向量组，因为它与 X 的差别仅仅是第 r 列到第 s 列变为它们本身的组合。因此对应线性初等因子的重特征值不影响收敛性。

当等模的特征值并不相等时，矩阵 $\tilde{L}$ 跟上述的形式相同，但现在下次对角线的非零元素不是固定的。如果

$$\lambda_i = |\lambda_i| \exp(i\theta_i),$$

那么

$$\tilde{l}_{ii} = l_{ii} \exp[is(\theta_i - \theta_j)]. \tag{32.5}$$

除了第 r 列到第 t 列之外，矩阵 $X\tilde{L}$ 是固定的。对于每一个 s 值，

这些列由 X 的对应的列的线性组合构成．所以，在 $X\tilde{L}$ 的 QR 分解中，Q 的所有列除了第 r 到第 t 列之外是固定的，第 r 列到第 t 列由 X 的酉因子的第 r 列到第 t 列的线性组合构成．因此，除了第 r 列到第 t 列之外，P_s 是本质收敛的．

最重要的情况是有实的和复的共轭特征值的实矩阵的情况．显然，像 §9，§10 那样，我们可以证明 A_s 本质趋向于上三角型矩阵．只是关联每一个复共轭对多了一个下次对角元．每个这样的元素对应一个 2×2 矩阵，它位于对角线上，其特征值收敛于相应的共轭对．

当矩阵有 r 个等模的复特征值，A_s 有一个 r 阶矩阵在对角线上，其特征值趋向于那 r 个值．作为一个简单的例子，考虑矩阵 A_1，

$$A_1 = \begin{bmatrix} 0 & 0 & 0 & 1 \\ 1 & 0 & 0 & 0 \\ 0 & 1 & 0 & 0 \\ 0 & 0 & 1 & 0 \end{bmatrix}, \quad \begin{matrix} Q_1 = A_1, \quad R_1 = I, \\[2mm] A_2 = R_1 Q_1 = A_1, \end{matrix} \tag{32.6}$$

它有特征值 $e^{\frac{1}{2}i\pi r} (r = 0, 1, 2, 3)$．这矩阵是关于 QR 算法不变的，因此总是保持着 4×4 矩阵在对角线上．这样的子块可能无法自动探测出来，尤其是我们事先不知道它的大小时．（见 §47，关于原点移位的影响）

LR 算法的另一个证明

33. 我们扼要叙述上面的证明 LR 算法的方法的修改形式．当 λ_i 互不相同时，有等式

$$A_1^s = XD^sY = L_X U_X D^s L_Y U_Y, \tag{33.1}$$

其中 $L_X U_X$ 和 $L_Y U_Y$ 是 X 和 Y 的三角分解．存在性要求 X 和 Y 的前主子式是非零．因此

$$\begin{aligned} A_1^s &= L_X U_X (D^s L_Y D^{-s}) D^s U_Y = L_X U_X (I + E_s) U_Y \quad (E_s \to 0) \\ &= L_X (I + F_s) U_X U_Y \quad (F_s \to 0). \end{aligned} \tag{33.2}$$

对于足够大的 s，矩阵 $(I + F_s)$ 肯定可以三角分解，但对小的 s

值，分解可能不存在．这是当某个 A_s 的主子式是零时发生的"偶然"失败的情况．这在 QR 算法中是不会遇到的．忽略这种可能性，我们看到按 §4 中的记号有 $T_s \to L_X$．由此得出结论：A_s 趋向于上三角型，λ_i 以正确的顺序出现在对角线上．

如果有一个（或多个）Y 的前主子式是零，总存在置换矩阵使得 PY 可作三角分解．仍用 $L_Y U_Y$ 表示，我们得到

$$A_1' = X D' P^T L_Y U_Y = (X P^T)(P D' P^T) L_Y U_Y. \qquad (33.3)$$

如果 $X P^T$ 可分解为 $L_X U_X$，也就是说，它的所有前主子式非零，那么我们能用通常的办法证明 $T_s \to L_X$ 和 A_s 趋向于三角矩阵，其对角元与 $D P^T$ 的相同．

34. 重特征值（对应线性因子）和等模特征值的处理类似于 QR 算法中所给出的．对前一种情况，当 $X P^T \tilde{L}$ 可三角分解时，过程收敛，其中 $\tilde{L}$ 是从 Y 的下三角因子按前面叙述的方式导出的一个固定矩阵．可是，A_1 是对称矩阵的情况特别有意义．现在我们得到 $X = Y^T$，并且如果我们选取 P 使得 PY 可三角分解，那么 $X P^T$ 也可以三角分解，因为它的前主子式与 PY 的前主子式是相等的，即都是非零．

如果没有等模特征值，正巧是矩阵 $X P^T$ 需要存在三角分解，而且看起来好像 LR 方法一定收敛．但是，我们必须记住，虽然对于充分大的 s，$(I + F_s)$ 有三角分解存在，可是对某个特殊的 s 值，它的三角分解可能失败．因此，特征值模不相等的对称矩阵，准确计算一定收敛，除非在前一阶段遇到偶然的失败．

如果 A_1 是对称正定的，我们能证明过程一定收敛而不管是否有重特征值．（因为全部特征值都是正的、等模的特征值必然相等）．容易证明，在这种情况下，任何时候都不会发生那种意外失败的现象．若记

$$PY = L_1 U_1, \quad X P^T = U_1^T L_1^T, \qquad (34.1)$$

那么如 §32 所述，要 LR 算法收敛，就要求 $X P^T \tilde{L}$ 有三角分解存在，这里 $\tilde{L}$ 是从 L 中删去对角线以下除了对应于 $P D' P^T$ 中相等的对角元的行、列以外的元素导出的．现在得到

$$(XP^{\mathrm{T}})\hat{L} = U_1^{\mathrm{T}}L_1^{\mathrm{T}}\hat{L}. \tag{34.2}$$

因此,必要的条件就是 $L_1^{\mathrm{T}}\hat{L}$ 应该可以三角分解,即它的所有前主子式应不是零. 应用有关的矩阵的定理,从 $\hat{L}$ 与 L_1 的关系得知,$L_1^{\mathrm{T}}\hat{L}$ 的每一个前主子式大于或等于1,这就证明了我们的结论.

QR 算法的实际应用

35. QR 算法的一步是要分解 A_s 为 Q_sR_s. 从理论上看,用 A_s 的列的 Schmidt 正交化来讨论是方便的,但事实上正如我们在第四章 §55 中所指出的,通常那样所产生的 Q_s 不是正交的. 这时正交相似变换的数值稳定性要受损失. 在实际上,我们常常确定矩阵 Q^s,使得

$$Q_s^{\mathrm{T}}A_s = R_s, \tag{35.1}$$

而不去确定 Q_s 本身. 矩阵 Q_s^{T} 不是定出其显式形式,而是用 Givens 或 Householder 三角化方法给出它的因子分解形式,或是平面旋转的乘积,或是初等 Hermite 矩阵的乘积. 然后用 Q_s^{T} 的各个因子的转置矩阵逐次右乘 R_s 得到 R_sQ_s. 在第三章 §26,§35,§45 我们业已证明,计算的 Q_s^{T} 的因子的乘积几乎是准确正交的,并且这样计算的 R_sQ_s 也很接近于用计算因子准确地乘得的矩阵. 因此,我们可以证明,计算的 A_{s+1} 逼近计算的 A_s 的准确的正交变换. (我们不能证明,计算的 A_{s+1} 逼近准确执行第 s 步得到的 A_s 的变换,确实,一般说来,这是不成立的.)

显然,工作量比 LR 变换还大. QR 算法仅当 A_1 是上 Hessenberg 型或是对称带型时才有实用价值. 我们首先考虑上 Hessenberg 型,并且假定其下次对角元没有一个是零,否则我们可以对低阶的 Hessenberg 型矩阵来讨论.

现在,我们证明 Hessenberg 型关于 QR 算法是不变的. 首先考虑 Givens 方法作 Hessenberg 矩阵的三角化. 显然,这是用平面 $(1,2)$, $(2,3)$, $\cdots$, $(n-1, n)$ 上的旋转得到的,仅需 $2n^2$ 次乘法. 用 Householder 方法代替 Givens 方法没有得到好处,因为三角化的每一大步只有一个元素要化为零,用旋转交换的转置右乘

所得的上三角型后,就像带交换的 LR 算法那样, Hessenberg 型又恢复了. QR 算法的一步有 $4n^2$ 次乘法,在带交换的 LR 算法中只有 n^2 次,但是对 QR 算法其收敛性是建立在更加坚固的基础上的.

正如带交换的 LR 算法那样,我们发现,如果我们按列存贮每一个 A_s ,那么分解和右乘可以结合起来,在每一步, A_s 从外存读入一次,然后被 A_{s+1} 所代替. 在内存需要 A_s 的两列和 $(n-1)$ 个转角的正弦、余弦的存贮空间,一共需要的最大存贮量约 $4n$ 个字.

原点移动

36. 原点移动有或者没有复原的方式在 QR 算法中也可以像 LR 算法一样引进. 有复原的过程定义为

$$A_s - k_s I = Q_s R_s, \qquad R_s Q_s + k_s I = A_{s+1}. \qquad (36.1)$$

我们可以像前面一样证明

$$A_s = (Q_1 Q_2 \cdots Q_{s-1})^T A_1 Q_1 Q_2 \cdots \cdots Q_{s-1} \qquad (36.2)$$

和

$$(Q_1 Q_2 \cdots Q_s)(R_s \cdots R_2 R_1)$$
$$= (A_1 - k_1 I)(A_1 - k_2 I) \cdots (A_1 - k_s I). \qquad (36.3)$$

这些原点移动在实际计算中是必需的.当 A_1 是实的并且知道有实特征值或者 A_1 是复矩阵时,我们可以完全像 §24 那样选取 k_s .在前一种情况,所有运算都是实的. 已经证明,使用根据同一原则确定的位移, QR 变换的迭代次数比修正的 LR 方法的迭代次数少得多.

当 A_1 是实的但有某些复共轭特征值时,那么,一般而言,在迭代的某一阶段在右下角的 2×2 矩阵将含有复共轭特征值 $\lambda, \bar{\lambda}$. 如果我们使用位移 λ 和 $\bar{\lambda}$ 作 QR 算法两步,那么这两步完成后准确的计算会给出一个实矩阵,虽然中间的矩阵会是复的.尽管我们现在没有在 §27 中提到的关于交换中的困难,但在实际计算中我们仍可发现最后的矩阵有不可忽视的虚部,并且特征值已经相当准确地被保持着. Francis 设计了一个巧妙地结合两步的方法,它可以完全避免复数运算。最终的矩阵必定是实的并且这方法与标准的 QR 算法一样稳定。在讨论这一方法之前,我们先描述两个别的策略,它们使计算工作量大大节省。这两个策略能用于 QR 和修正的 LR 算法,而对修正的 LR 算法来讨论最为简单。

A_s 的分解

37. 首先,我们虽然假定 A_1 的下次对角元是非零,但我们知道通常 A_s 的某些下次对角元趋向于零。在迭代过程中矩阵 A_s 可能有一个或几个十分小的下次对角元。如果这样的元素是充分小的,我们可以认为它是零并且分为更低阶的一些 Hessenberg 矩阵来处理。于是在矩阵

$$A_s = \begin{vmatrix} \times & \times & \times & \times & \times & \times \\ \times & \times & \times & \times & \times & \times \\ & \varepsilon & \times & \times & \times & \times \\ & & \times & \times & \times & \times \\ & & & \times & \times & \times \\ & & & & \times & \times \end{vmatrix} \approx \begin{bmatrix} B & C \\ \hline O & D \end{bmatrix} \quad (37.1)$$

中,若 ε 是充分小,我们可以找 D 的特征值,然后再找 B 的特征值。注意: C 没有用了。我们指出过,一般来说,原 Hessenberg 矩阵本身是以前计算得来的,因此当 ε 是小于原矩阵 A_1 的元素中的误差时,以零代替 ε 不会带来什么损失。 $2^{-t}\|A\|_\infty$ 数量级的数是一个适当的容限。

因此,在迭代的每一阶段,我们检查下次对角元。如果最后一个可忽略的下次对角元是在位置 $(r+1, r)$,我们可以对右下角的 $(n-r)$ 阶矩阵继续迭代,直到这个小矩阵的所有特征值都找到后再转回上面的矩阵。若 $r = n - 1$,下面的矩阵是一阶的,特征值就得到。这时我们可以去掉矩阵的最后一行、一列,即矩阵降了一阶。若 $r = n - 2$,下面的矩阵是 2 阶的,我们可解二次方

程得到它的特征值. 去掉最后的二行、二列,矩阵就降低二阶.

38. 第二点是 Francis (1961) 提出的方法的推广,考虑在位置 $(r+1, r)$, $(r+2, r+1)$ 上有小元素 ε_1 和 ε_2 的 Hessenberg 矩阵 A. 在 $n=6$, $r=2$ 的情况,这矩阵图示为

$$A = r\left\{\begin{bmatrix} \times & \times & \times & \times & \times & \times \\ \times & \times & \times & \times & \times & \times \\ \hline & \varepsilon_1 & \times & \times & \times & \times \\ & & \varepsilon_2 & \times & \times & \times \\ & & & & \times & \times & \times \\ & & & & & \times & \times \end{bmatrix}\right. = \begin{bmatrix} X & Y \\ \hline E & W \end{bmatrix}. \quad (38.1)$$

设 A 如(38.1)图示那样划分,其中 E 除了元素 ε_1 之外全是零. 我们证明,W 的任一个特征值 μ 也是矩阵 A' 的特征值,A' 与 A 的差别仅仅是在位置 $(r+2, r)$ 上差一个元素 $\varepsilon_1\varepsilon_2/(a_{r+1,r+1} - \mu)$.

事实上,因为 $(W - \mu I)$ 是奇异的,所以存在非零向量 x 使得

$$x^{\mathrm{T}}(W - \mu I) = 0. \quad (38.2)$$

x 的前两个分量满足关系

$$(a_{r+1,r+1} - \mu)x_1 + \varepsilon_2 x_2 = 0, \quad (38.3)$$

由此得到

$$\varepsilon_1 x_1 + [\varepsilon_1\varepsilon_2/(a_{r+1,r+1} - \mu)]x_2 = 0. \quad (38.4)$$

等式(38.2)和(38.4)意味着修改后的矩阵 $(A' - \mu I)$ 的最后$(n-r)$行是线性相关的,因此 μ 是 A' 的一个特征值. 若

$$\varepsilon_1\varepsilon_2/(a_{r+1,r+1} - \mu)$$

是可忽略的,那么 μ 实际上就是 A 的特征值. 假若 $a_{r+1,r+1} - \mu$ 不小,这小项 ε_1 和 ε_2 说明 W 能从矩阵的其余部分分离出来.

数值例子

39. 这个效果在表 3 中得到证明. 一个 6 阶矩阵在位置(3.2) 和(4.3)上元素是 10^{-5},右下角的 4 阶矩阵的特征值是 $\mu_1, \mu_2, \mu_3,$

μ_4，只有 μ_4 接近 a_{33}。因此，我们可以期望，整个矩阵有特征值 λ_1，λ_2, λ_3，它们与 μ_1, μ_2, μ_3 的差别是 10^{-10} 数量级。特征值 λ_4 与 μ_4 的差别约是 10^{-5} 数量级。特征值 λ_5 与 λ_6 没有匹配对象，当然它们很接近 3 阶前主子矩阵的特征值。

表 3

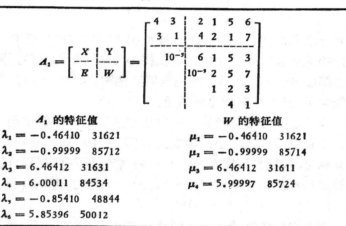

A_1 的特征值	W 的特征值
$\lambda_1 = -0.46410\ \ 31621$	$\mu_1 = -0.46410\ \ 31621$
$\lambda_2 = -0.99999\ \ 85712$	$\mu_2 = -0.99999\ \ 85714$
$\lambda_3 = 6.46412\ \ 31631$	$\mu_3 = 6.46412\ \ 31611$
$\lambda_4 = 6.00011\ \ 84534$	$\mu_4 = 5.99997\ \ 85724$
$\lambda_5 = -0.85410\ \ \ \ 48844$	
$\lambda_6 = 5.85396\ \ 50012$	

实际的方法

40. 用 LR 算法时，为了从这种现象中取得好处，我们这样来执行计算，每迭代一次，我们选定一个原点位移 k_s 供下一步使用，然后，对于 $r = 1, 2, \cdots, n-1$ 检验条件

$$a_{r+1,r}^{(s)}\ a_{r+2,r+1}^{(s)}/(a_{r+1,r+1}^{(s)} - k_s) < 2^{-t}\|A_1\| \qquad (40.1)$$

是否满足，并记 p 为满足条件的最大的 r 值。接着执行 $(A_s - k_s I)$ 的带交换的三角分解，它是从 $(p+1)$ 行开始而不再从第一行开始。这在位置 $(p+2, p)$ 上引进了一个元素 $a_{p+1,p}^{(s)}\ a_{p+2,p+1}^{(s)}/(a_{p+1,p+1}^{(s)} - k_s)$，第一步开始不用交换行列，根据我们的假定这个元素可以忽略。这样的部分三角分解完成后，矩阵对 $n = 6, p = 2$ 的情况，形式如下；

$$\begin{bmatrix} \times & \times & \times & \times & \times & \times \\ \times & \times & \times & \times & \times & \times \\ & \varepsilon_1 & \times & \times & \times & \times \\ & - & 0 & \times & \times & \times \\ & & & 0 & \times & \times \\ & & & & 0 & \times \end{bmatrix}. \qquad (40.2)$$

前 p 行没有被修改；"—"表示变换引进的可忽略的元素. 现在我们把相似变换作完. 显然，这仅仅涉及对包括右上角矩阵元素在内的第 $(p+1)$ 列到第 n 列的运算. 通常，条件 (40.1) 在第 s 步已经满足,那么在以后也将满足.

我们已经对带交换的 LR 方法叙述了上述计算过程，它可以立刻移植到 QR 算法上. 事实上,可以采用同样的准则,因为当这准则满足时，我们可以在第 $(p+1)$ 行开始作酉三角分解. 第一个转角是小的，在位置 $(p+2, p)$ 上引进的可忽略的元素是 $\varepsilon_1\varepsilon_2/[\,|a_{p+1,p+1}^{(s)} - k_s|^2 + \varepsilon_2^2\,]^{1/2}$.

至此我们能够结合上述两种技巧利用 $a_{p+1,p}^{(s)}$ 可忽略和

$$a_{p+1,p}^{(s)}\, a_{p+2,p+1}^{(s)}/(a_{p+1,p+1}^{(s)} - k_s)$$

可忽略而获益.

避免复共轭位移

41. 现在我们可以考虑有复共轭特征值的实矩阵了. 当前我们仅考虑用 QR 算法. 假定在第 s 步右下角二阶矩阵的特征值是 k_1, k_2，它们可能是实的,也可能是复共轭对. 不论是哪一种情况，让我们考虑用位移 k_1, k_2 作两步 QR 算法的效果. 为方便起见,把第 s 个矩阵改记为 A_1，于是得到

$$A_1 - k_1 I = Q_1 R_1, \quad R_1 Q_1 + k_1 I = A_2, \qquad (41.1)$$

$$A_2 - k_2 I = Q_2 R_2, \quad R_2 Q_2 + k_2 I = A_3, \qquad (41.2)$$

$$(Q_1 Q_2)(R_2 R_1) = (A_1 - k_1 I)(A_1 - k_2 I), \qquad (41.3)$$

$$A_3 = (Q_1 Q_2)^H A_1 Q_1 Q_2. \qquad (41.4)$$

假定 k_1, k_2 都不是准确的特征值,如果上三角矩阵的对角元是正

的,那么 QR 分解是唯一的.

(4.13)右边的矩阵总是实的,因此 Q_1Q_2 是实的,是从 $(A_1-k_1I)(A_1-k_2I)$ 的正交三角分解得到的. 我们记

$$Q_1Q_2 = Q, \quad R_2R_1 = R, \quad QR = (A_1-k_1I)(A_1-k_2I). \quad (41.5)$$

等式(41.4)说明实矩阵 Q,使得

$$A_1Q = QA_3. \quad (41.6)$$

现在,我们假定用其它方法确定一个正交矩阵 $\widetilde{Q}$,它的第一列与 Q 的相同,并且使得

$$A_1\widetilde{Q} = \widetilde{Q}B, \quad (41.7)$$

其中 B 是下次对角元都是正的 Hessenberg 型矩阵. 从第六章 §7 我们知道,这样的 $\widetilde{Q}$ 必定就是 Q,而 B 必定是 A_3. 我们提出,在任何阶段都不用复运算来确定 $\widetilde{Q}$ 和 B. 实际上,我们通过计算第一行与 Q^T 第一行相同且使得

$$\widetilde{Q}^T A_1 = B\widetilde{Q}^T \quad (41.8)$$

成立的 $\widetilde{Q}^T$ 来做到这一点. 现在从 (41.5) 我们有

$$Q^T(A_1-k_1I)(A_1-k_2I) = R, \quad (41.9)$$

因此, Q^T 是化 $(A_1-k_1I)(A_1-k_2I)$ 为上三角型的正交矩阵. 利用 Givens 方法作三角化, Q^T 是 $\frac{1}{2}n(n-1)$ 个平面旋转 R_{ij} 的乘积. 因此,我们可写出

$$Q^T = R_{n-1,n}\cdots R_{2,n}\cdots R_{2,3}R_{1,n}\cdots R_{1,3}R_{1,2}. \quad (41.10)$$

如果我们从右边 $R_{1,2}$ 开始形成这乘积,我们发现 Q^T 的第一行是 $R_{1,n}\cdots R_{1,3}R_{1,2}$ 的第一行,其余剩下的旋转再乘时是不会改变这一行的. 现在 $R_{1,2}$, $R_{1,3}$, $\cdots$, $R_{1,n}$ 完全由 $(A_1-k_1I)(A_1-k_2I)$ 的第一列确定,因此计算不涉及这矩阵的其它列. 这个第一列仅由三个元素组成,如果记为 x_1, y_1, z_1,那么

$$\begin{aligned}
x_1 &= (a_{11}-k_1)(a_{11}-k_2) + a_{12}a_{21}, \\
\cdot &= a_{11}^2 + a_{12}a_{21} - a_{11}(k_1+k_2) + k_1k_2, \\
y_1 &= a_{21}(a_{11}-k_2) + (a_{22}-k_1)a_{21}, \\
&= a_{21}(a_{11}+a_{22}-k_1-k_2), \\
z_1 &= a_{32}a_{21}.
\end{aligned} \quad (41.11)$$

因此，$R_{1,4}, R_{1,5}, \cdots, R_{1,8}$ 都是单位矩阵。而由 x_1, y_1, z_1 确定的 $R_{1,2}$ 和 $R_{1,3}$ 显然是实的。假设 $R_{1,2}$ 和 $R_{1,3}$ 由 x_1, y_1 和 z_1 计算得到，然后我们形成矩阵 C_1 为

$$R_{1,3} R_{1,2} A_1 R_{1,2}^T R_{1,3}^T = C_1. \tag{41.12}$$

在第六章 §7 中我们证明了：对于任一个实矩阵 C_1，存在一个正交矩阵 S_1，其第一列等于 e_1 并且使得

$$S_1^T C_1 S_1 = B, \tag{41.13}$$

其中 B 是上 Hessenberg 矩阵。这个矩阵 S_1 能用 Givens 方法或 Householder 的方法确定。因此

$$(S_1^T R_{1,3} R_{1,2}) A_1 (R_{1,2}^T R_{1,3}^T S_1) = B. \tag{41.14}$$

如果我们记 $(S_1^T R_{1,3} R_{1,2}) = \widetilde{Q}^T$，那么从 (41.14) 有

$$\widetilde{Q}^T A_1 = B \widetilde{Q}^T. \tag{41.15}$$

因为 S_1^T 的第一行是 e_1^T，$\widetilde{Q}^T$ 的第一行与 $R_{1,3} R_{1,2}$ 的第一行相同，而我们已证明 $R_{1,3} R_{1,2}$ 的第一行与 Q^T 的第一行相同。因此，B 必定是矩阵 A_3，它是用位移 k_1 和 k_2 作两步 QR 得到的矩阵。所以，我们有了一个导出 A_3 的方法，不管 k_1 和 k_2 是否是复数，都不涉及复数运算。

42. 现在我们指出，上述推导出的结果非常有效。在计算旋转 $R_{1,2}$ 和 $R_{1,3}$ 时，用到的乘法次数与 n 无关。计算它们以后，从 (41.12) 可以计算 C_1，用的乘法次数也与 n 无关。对于 $n = 8$ 的情况，C_1 的形状是

$$C_1$$

$$\begin{bmatrix}
\times & \times & \times & \times & \times & \times & \times & \times \\
\times & \times & \times & \times & \times & \times & \times & \times \\
\times & \times & \times & \times & \times & \times & \times & \times \\
\times & 0 & \times & \times & \times & \times & \times & \times \\
  &   &   &   & \times & \times & \times & \times & \times \\
  &   &   &   &   & \times & \times & \times & \times \\
  &   &   &   &   &   & \times & \times & \times \\
  &   &   &   &   &   &   & \times & \times
\end{bmatrix},$$

$$C_3$$

$$\begin{bmatrix}
\times & \times & \times & \times & \times & \times & \times & \times \\
\times & \times & \times & \times & \times & \times & \times & \times \\
 & \times & \times & \times & \times & \times & \times & \times \\
 & \times & \times & \times & \times & \times & \times & \times \\
 & \underline{\times} & \times & \times & \times & \times & \times & \times \\
 & \underline{\times} & 0 & \times & \times & \times & \times & \times \\
 & & & & & \times & \times & \times \\
 & & & & & & \times & \times
\end{bmatrix} \qquad (42.1)$$

用 0 表示的元素值消失并没有多大好处. C_1 不是一个完全的 Hessenberg 型, 由左乘、右乘引进的额外的非零元出现在第 1 列和第 2 列. 现在用 Givens 方法化 C_1 为 Hessenberg 型, 因为 C_1 已经几乎是一个 Hessenberg 型, 因此工作量比起 C_1 是满矩阵时要少得多.

通常(第六章, §2)有 $(n-2)$ 步, 在第 r 步中在第 r 列产生一些零元. 现在我们说明在第 r 步开始时, C_r 除了位置 $(r+2,\ r)$ 和 $(r+3, r)$ 有非零元之外是 Hessenberg 型. $(r+3, r+1)$ 元素是零, 但这并不带来好处. $n=8$, $r=3$ 的情况图示如 (42.1). 假定在第 r 步是那个样子, 我们用在 $(r+1, r+2)$, $(r+1, r+3)$ 平面上的旋转左乘消去 (42.1) 中用横线标明的两个元素. 这左乘运算破坏了 $(r+3, r+1)$ 的零元, 但没有引进其它的新的非零元. 接着用两个旋转变换的转置右乘. 先是第 $(r+1)$ 列和第 $(r+2)$ 列由它们的线性组合代替, 然后第 $(r+1)$ 列和第 $(r+3)$ 列也由它们的线性组合代替. 在 (42.1) 中, 我们用箭头指出在第 r 步中 C_r 被修改的行和列. 现在看出 C_{r+1} 的形式与 C_r 完全类同.

我们已叙述 A_1 预先变换为 C_1, 它好像与约化 C_1 需要的运算是不同的. 实际上, 如果 A_1 前面另外加上由 x_1, y_1, z_1 作元素构成的一列, 用 C_0 来表示这个增广矩阵, 其形式为

$$C_0 = \begin{bmatrix} x_1 & \times & \times & \times & \times & \times & \times & \times & \times \\ y_1 & \times & \times & \times & \times & \times & \times & \times & \times \\ z_1 & 0 & \times & \times & \times & \times & \times & \times & \times \\ & & & \times & \times & \times & \times & \times & \times \\ & & & & \times & \times & \times & \times & \times \\ & & & & & \times & \times & \times & \times \\ & & & & & & \times & \times & \times \\ & & & & & & & \times & \times \end{bmatrix} = \begin{bmatrix} x_1 & \vdots \\ y_1 & \vdots \\ z_1 & \vdots \\ 0 & \vdots \\ \cdot & \vdots & A_1 \\ \cdot & \vdots \\ \cdot & \vdots \\ 0 & \vdots \end{bmatrix} A_1. \quad (42.2)$$

那么从 C_0 到 C_1 的步骤与从 C_r 到 C_{r+1} 是完全一致的。从 A_1 到 A_3 有 $8n^2$ 个乘法，这与 QR 算法的两个实迭代所需相同。如果我们真正用复位移 k_1 和 k_2 执行 QR 算法两步需要的工作量为 $16n^2$ 个乘法。

用初等 Hermite 变换的双步 QR

43. 我们已描述使用 Givens 变换的双步 QR，因为它比较简单。对单个位移技术，Householder 方法没有优越性，但对于双位移技术却有相当多的效益。

我们用记号 $P_r = I - 2w_r w_r^T$，其中

$$w_r^T = (\underbrace{0, \ 0, \cdots, \ 0,}_{r-1} \times, \ \times, \cdots, \ \times). \quad (43.1)$$

我们说明能用下述方法导出 A_3。首先产生一个初等 Hermite 矩阵 P_1，使得

$$P_1 x = k e_1, \quad 其中 \quad x^T = (x_1, \ y_1, \ z_1, 0, \cdots, 0). \quad (43.2)$$

显然 w_1 仅有前三个分量是非零。

然后，我们计算矩阵 $C_1 = P_1 A_1 P_1$，其形状图示如下页：它与用平面旋转得到的矩阵 C_1 的形式几乎相同（参见 (42.1)），仅有的差别是在 $(4, 2)$ 位置上不再是零，但这是无关紧要的。

$$C_1 \qquad\qquad\qquad\qquad C_3$$

$$\begin{bmatrix} \times & \times & \times & \times & \times & \times & \times & \times \\ \times & \times & \times & \times & \times & \times & \times & \times \\ \times & \times & \times & \times & \times & \times & \times & \times \\ \times & \times & \times & \times & \times & \times & \times & \times \\ & & \times & \times & \times & \times & \times & \times \\ & & & \times & \times & \times & \times & \times \\ & & & & & \times & \times & \times \\ & & & & & \times & \times & \times \end{bmatrix}, \begin{bmatrix} \times & \times & \times & \times & \times & \times & \times & \times \\ \times & \times & \times & \times & \times & \times & \times & \times \\ & \times & \times & \times & \times & \times & \times & \times \\ & & \times & \times & \times & \times & \times & \times \\ & & & \times & \times & \times & \times & \times \\ & & & & \times & \times & \times & \times \\ & & & & & \times & \times & \times \\ & & & & & & \times & \times \end{bmatrix}.$$

$$(43.3)$$

接着用 Householder 方法化矩阵 C_1 为 Hessenberg 型,(第六章§3). 这个运算包含用矩阵 P_2, P_3, $\cdots$, P_{n-2} 逐次作左乘和右乘. 所得到的 Hessenberg 矩阵 B 是

$$P_{n-2}\cdots P_2 P_1 A_1 P_1 P_2 \cdots P_{n-2} = B, \qquad (43.4)$$

$P_{n-2}\cdots P_1$ 的第一列与 P_1 的相同,而 P_1 的第一列又与使 $(A - k_1 I)$ $(A - k_2 I)$ 三角化的正交矩阵的第一列相同. 因此 B 就是 A_3.

现在我们阐明用 P_r 左乘以前,当前的矩阵 C_{r-1}. 对于 $n = 8$, $r = 4$ 的情况是形如(43.3)图示的形式. 事实上, 假定 C_{r-1} 是这样,那么在第 $(r - 1)$ 列仅有二个元素要由 P_r 消去,因此对应的 w_r 仅仅第 r, $r + 1$, $r + 2$ 这三个元素是非零元. 用 P_r 左乘和右乘是第 r, $r + 1$, $r + 2$ 行、列由它们自己的线性组合所代替, 并消去 $(r + 1, r - 1)$ 和 $(r + 2, r - 1)$ 元素的过程. 这个矩阵 C_r 与 C_{r-1} 的形式相同,又因为 C_1 是我们所需要的形式,这就建立了我们的结论. 像§42那样, 在矩阵 A_1 前面加上由元素 x_1, y_1, z_1 组成的额外的一列,就能把最初的变换包含在统一的格式中.

计算的细节

44. P_r 的非零元由元素 $c_{r,r-1}^{(r-1)}$, $c_{r+1,r-1}^{(r-1)}$ 和 $c_{r+2,r-1}^{(r-1)}$ 决定,这里

用 x_r, y_r, z_r 表示这些元素,以前是用 x_1, y_1, z_1 表示的. P_r 的最简单的表示式已在第五章 §33 描述过. 它给定为

$$
\begin{aligned}
&P_r = I - 2p_r p_r^T / \|p_r\|_2^2, \\
&p_r^T = (0, \cdots, 0, 1, u_r, v_r, 0, \cdots, 0), \\
&S_r^2 = x_r^2 + y_r^2 + z_r^2, \ u_r = y_r/(x_r \mp S_r), \\
&v_r = z_r/(x_r \mp S_r) \\
&2/\|p_r\|_2^2 = 2/(1 + u_r^2 + v_r^2) = \alpha_r,
\end{aligned}
\tag{44.1}
$$

其中的符号选取要使得

$$
|x_r \mp S_r| = |x_r| + S_r.
\tag{44.2}
$$

这个计算方法保证 P_r 的正交性达到运算精度. 我们使用 P_r 的形式为

$$
P_r = I - p_r(\alpha_r p_r^T),
\tag{44.3}
$$

因为它利用了 p_r 的三个非零分量中的一个等于1的特点. 在这种方式下,从 A_1 到 A_3 包含的乘法量仅仅是 $5n^2$.

A_s 的分解

45. 在采用双步算法时也能利用 §37,§38 描述的两个技巧. 如果在任一阶段某个下次对角元对运算精度来说是零,显然是可以利用那两个技巧的. 在 A_s 有两个相邻的下次对角元是"小"的情况,修正不是很简单的. 如果 $a_{r+1,r}^{(s)}$ 和 $a_{r+2,r+1}^{(s)}$ 是充分小,我们希望从 P_{r+1} 开始变换而不是从 P_1. 类似于 (41.11),我们计算 x_{r+1}, y_{r+1}, z_{r+1} 如下:

$$
\begin{aligned}
x_{r+1} &= a_{r+1,r+1}^2 + a_{r+1,r+2} a_{r+2,r+1}, \\
&\quad - a_{r+1,r+1}(k_1 + k_2) + k_1 k_2, \\
y_{r+1} &= a_{r+2,r+1}(a_{r+1,r+1} + a_{r+2,r+2} - k_1 - k_2), \\
z_{r+1} &= a_{r+3,r+2} a_{r+2,r+1},
\end{aligned}
\tag{45.1}
$$

用它们和通常的方式确定 P_{r+1}. 对 $n=7$, $r=2$ 矩阵 P_{r+1} 和 A_r 给定如下：

$$P_3 = \left[\begin{array}{c|c} I & \\ \hline & I-2w_3w_3^{\mathrm{T}} \end{array}\right],$$

$$A_3 = \left[\begin{array}{cc|ccccc} \times & \times & \times & \times & \times & \times & \times \\ \times & \times & \times & \times & \times & \times & \times \\ \hline & \varepsilon_1 & \times & \times & \times & \times & \times \\ & & \varepsilon_2 & \times & \times & \times & \times & \times \\ & & & \times & \times & \times & \times \\ & & & & \times & \times & \times \\ & & & & & \times & \times \end{array}\right] = \left[\begin{array}{c|c} X & Y \\ \hline E & Z \end{array}\right], \quad (45.2)$$

其中用了 ε_1 和 ε_2 着重表示 $a_{r+1,r}$ 和 $a_{r+2,r+1}$ 是小的. 用 P_{r+1} 左乘保持前 r 行不变. 在 (45.2) 中用 E 表示的部分仅有一个非零元，通常在左乘之后，它有三个非零元，图示如下：

$$\left[\begin{array}{cc|ccccc} \times & \times & \times & \times & \times & \times & \times \\ \times & \times & \times & \times & \times & \times & \times \\ \hline \eta_1 & & \times & \times & \times & \times & \times \\ \eta_2 & & \times & \times & \times & \times & \times \\ \eta_3 & & \times & \times & \times & \times & \times \\ & & & \times & \times & \times \\ & & & & \times & \times \end{array}\right], \quad (45.3)$$

z 的第 $r+1$, $r+2$, $r+3$ 行已按照一般的方式修改. 我们要求 η_2 和 η_3 应该可忽略. 用 §44 的记号得到

$$\eta_1 = \varepsilon_1 - 2\varepsilon_1/(1 + u_{r+1}^2 + v_{r+1}^2),$$
$$\eta_2 = -2\varepsilon_1 u_{r+1}/(1 + u_{r+1}^2 + v_{r+1}^2), \quad (45.4)$$
$$\eta_3 = -2\varepsilon_1 v_{r+1}/(1 + u_{r+1}^2 + v_{r+1}^2).$$

从 (45.1) 我们看出，y_{r+1} 和 z_{r+1} 都有因子 $a_{r+2,r+1} = \varepsilon_2$，但通常 x_{r+1} 不是小的. 因此，u_{r+1} 和 v_{r+1} 都有因子 ε_2，并且 η_2 和 η_3 有因子 $\varepsilon_1\varepsilon_2$. 如果 ε_2 是充分小，η_1 就是 $-\varepsilon_1$. 不必准确地计算 η_2 和 η_3，

计算从第 $(r+1)$ 行开始的适当准则是

$$|\varepsilon_1(|y_{r+1}| + |z_{r+1}|)/|x_{r+1}| < 2^{-t}\|A_1\|_E. \qquad (45.5)$$

注意，ε_1 的符号必须改变以给出 η_1。

从我们叙述的两个方法，利用下次对角线上小元素得到的收益常常是很大的．但是，值得指出的是： 我们不应该认为这些手段仅仅是节省了迭代中的计算量． 如果下次对角元是非零，约化成的 Hessenberg 型是唯一的，并且当有一个下次对角元是可忽略的时候，只用下面的子矩阵是重要的．当它们是关联的，就意味着矩阵的上半部和下半部是弱耦合．如果上半部有某些特征值小于下半部的特征值，那么如果我们用原点位移为零作充分多次迭代，上半部的小特征值将"掉"到下半部的右下角来．但是这种弱耦合的情况收敛过程是慢的．应用我们已叙述的技巧避免了这种时间的浪费，但缺点是找到的特征值不能按绝对值的递增次序出现．

LR 的双位移技术

46. 不考虑交换，对于 *LR* 算法有类似的双位移技术． 与 (41.1) 到 (41.4) 类似的等式是

$$L_1L_2R_2R_1 = (A_1 - k_1I)(A_1 - k_2I),$$
$$A_1L_1L_2 = L_1L_2A_3. \qquad (46.1)$$

令 $L_1L_2 = L$，$R_2R_1 = R$，得到

$$LR = (A_1 - k_1I)(A_2 - k_2I),$$
$$A_1L = LA_3. \qquad (46.2)$$

我们利用这样的事实，即如果 $\tilde{L}$ 是一个单位下三角矩阵，它的第一列与 L 的相同，并且

$$A_1\tilde{L} = \tilde{L}B. \qquad (46.3)$$

这里 B 是上 Hessenberg 型，那么 $\tilde{L}$ 就是 L，而 B 就是 A_3（第六章 §11）．与 QR 的情况一样，我们实际找 $\tilde{L}^{-1}$ 的因子而不是 $\tilde{L}$ 本身．

我们计算 $(A_1 - k_1I)(A_1 - k_2I)$ 的第一列，并且像前面一样它仅有 (41.11) 中给出的三个非零元 x_1, y_1, z_1．然后确定了一个 N_1

类型的初等矩阵,它把这一列化为 e_1 的某个倍数. 显然, N_1^{-1} 的第一列就是 L 的第一列. 最后,由 $C_1 = N_1 A_1 N_1^{-1}$ 计算 C_1,并且用非酉初等矩阵 $N_2, N_3, \cdots, N_{n-2}$ (第六章 §8)化它为 Hessenberg 矩阵 B. 因此

$$N_{n-2} \cdots N_2 N_1 A_1 N_1^{-1} N_2^{-1} \cdots N_{n-2}^{-1} = B, \qquad (46.4)$$

矩阵 $N_1^{-1} N_2^{-1} \cdots N_{n-2}^{-1}$ 是单位下三角矩阵,其第一列与 N_1^{-1} 的相同, N_1^{-1} 的第一列又与 L 的相同. 由此, B 就是矩阵 A_2. 在约化的第 r 阶段,当前的矩阵与(42.1)图示的 Givens 约化的对应阶段形式完全相同. 因此,每个 N_r 除了最后一个之外,仅有两个非零元在对角线以下的 $(r+1, r)$ 和 $(r+2, r)$ 位置. 与 QR 一样,最初一步可以与其它的结合起来,总乘法量是 $2 \ n^2$ 数量级.

在任何阶段我们都可以引入交换, 即用 $N_r I_{r, r'}$ 代替每一个 N_i,包括 N_1. 现在这方法是在较脆弱的理论基础之上. 通常交换连续发生在较早的行和列,即便是某些其他的特征值几乎被找到也是如此. 尽管这样,实际计算中我们已发现,用双位移技术进行计算是相当满意的. 但是,用我们已叙述的方法检查可忽略的下次对角元和相邻的小下次对角元是绝对必要的.

对 LR 算法和 QR 算法的评述

47. 现在,我们可以比较 LR 和 QR 算法应用于 Hessenberg 矩阵时的相对优劣,我们认为,执行这个酉变换的情况比以前面临选择酉变换的场合要强有力得多. 带有交换的 LR 算法的收敛性是不够满意的,并且需要的变换数量非常之大,这可能使得矩阵的条件逐渐变坏,非对角元的大小可能稳步增加. 另一方面,对 QR 算法,用第三章 §45 的方法容易证明, A_s 准确地酉相似于 $(A_1 + E_s)$,其中 E_s 是小的. 例如,可证明在能用有内积累加的浮点运算的地方都用这种运算,则有 $\|E_s\|_E < K s n 2^{-t} \|A_1\|_E$. 此外,已证实 QR 需要的迭代次数总小于 LR 的.

用右下角 2×2 矩阵确定位移, 以及包括检查小下次对角元

的双位移 QR 算法,在我所用过的通用程序中是最好的. 鉴于它的重要性,去处理一两个有关收敛性的错误概念是值得的.

在 §32 中我们已经指出,当 A_1 有 r 个等模特征值时,如果不用位移,那么在迭代的每一阶段,都可能有一个 r 阶的方块在对角线上. 这一点可能给我们一个印象,总是很难发现它. 但事实上,一旦结合原点位移,这极少是真的. 例如,下述矩阵都是用标准的双位移 QR 方法解的.

(i)

$$\begin{bmatrix} -1 & -1 & -1 & -1 & -1 \\ 1 & 0 & 0 & 0 & 0 \\ & 1 & 0 & 0 & 0 \\ & & 1 & 0 & 0 \\ & & & 1 & 0 \end{bmatrix}$$

(ii)

$$\begin{bmatrix} 0 & -1 & -1 & 0 & -1 \\ 1 & 0 & 0 & 0 & 0 \\ & 1 & 0 & 0 & 0 \\ & & 1 & 0 & 0 \\ & & & 1 & 0 \end{bmatrix}$$

(iii)

$$\begin{bmatrix} 0 & 0 & 0 & 0 & -1 \\ 1 & 0 & 0 & 0 & 0 \\ & 1 & 0 & 0 & -1 \\ & & 1 & 0 & -1 \\ & & & 1 & 0 \end{bmatrix}$$

(iv)

$$\begin{bmatrix} 0 & 0 & 0 & 0 & -1 \\ 1 & 0 & 0 & 0 & -\frac{1}{2} \\ & 1 & 0 & 0 & -1 \\ & & 1 & 0 & -1 \\ & & & 1 & -\frac{1}{2} \end{bmatrix}$$

$$\begin{bmatrix} -\dfrac{1}{2} & -1 & -1 & -\dfrac{1}{2} & -1 \\ 1 & 0 & 0 & 0 & 0 \\ & 1 & 0 & 0 & 0 \\ & & 1 & 0 & 0 \\ & & & 1 & 0 \end{bmatrix} \tag{47.1}$$

虽然矩阵 (i),(ii) 和(iii) 的每个特征值的模都是 1,但是每个特征值的平均迭代次数都小于 3. 用标准的方法确定原点位移使得修改后的矩阵没有等模特征值,因而不再有困难发生. 这对于 (32.6)的矩阵则不然. 它的特征方程是 $\lambda^5 + 1 = 0$,这个矩阵关于 QR 是不变的,并且用通常的方法确定的位移是两个零. 可是,如果我们随便取一个位移作一次迭代就会收敛. 更进一步,如果 $(\lambda^5 + 1)$ 是某个矩阵特征方程的因子,这并不表示 QR 算法不能分离这因子的零点. 只要其它因子使得非零位移被使用,收敛就会实现. 第二个矩阵提供了这样的例子,特征方程是 $(\lambda^3 + 1)(\lambda^2 + 1)$,但一次迭代之后,通常的方法决定了非零的位移. 在迭代次数总共 12 次之后,五个特征值全都准确地达到十进制12位.

多重特征值

48. 现在我们转到多重特征值. §32 的论述证明,初等因子是线性的多重特征值,不影响收敛速度. 有时这是制造非议并引起下述的论证.

设矩阵 A_1 有初等因子 $(\lambda - a)$,$(\lambda - a)$ 和 $(\lambda - b)$,其中 a 和 b 接近 1 和 3,又假定在某一阶段 A_r 给定为

$$A_r = \begin{bmatrix} 3 & 1 & 2 \\ \varepsilon_1 & 1 & 2 \\ \varepsilon_2 & \varepsilon & 1 \end{bmatrix}, \tag{48.1}$$

可以验证，LR 算法一步得到矩阵为

$$A_{r+1} \approx \begin{bmatrix} 3 & & 1 & 2 \\ \dfrac{1}{3}\varepsilon_1 + \dfrac{2}{3}\varepsilon_2 & & 1 & 2 \\ \dfrac{1}{3}\varepsilon_3 & & \varepsilon_3 + \dfrac{1}{3}\varepsilon_2 & 1 \end{bmatrix}. \tag{48.2}$$

（QR 算法给出大致相同的结果）。明显地，$(3，2)$ 元素不满足收敛性．

上述论证中的谬误是：如果 A_1 的初等因子是线性的，它不会产生这样的 A_r．$(A - aI)$ 的秩必定是 1，因此 $(2，3)$ 元素必定满足关系 $(3 - a)a_{23} - 2\varepsilon_1 = 0$，结果 a_{23} 必定接近等于 ε_1．假若考虑到 A_r 中的元素必定存在的关系就会发现在下对角的元素确实每次迭代缩小 $\dfrac{1}{3}$ 倍．使用位移给出更高的收敛率（参见 §54 对于对称矩阵的讨论）．

如果 A_1 有非线性初等因子，那么通常 LR 算法不能收敛于上三角型，因此矩阵

$$A_1 = \begin{bmatrix} a & 0 & 0 \\ 1 & a & 0 \\ 0 & 1 & a \end{bmatrix} \tag{48.3}$$

关于传统的 LR 算法是不变的，并且当 $|a| > 1$ 时即便用了交换也是如此．（这矩阵是下三角型 1 这一点对设计成去检测上三角型出现的方法没有什么意义．）

然而，QR 算法给出收敛性．事实上，我们可以证明，对于 Jordan 型是 (48.3) 的 A_1 那样的任何矩阵都收敛．事实上，有

$$A_1 = X \begin{bmatrix} a & 0 & 0 \\ 1 & a & 0 \\ 0 & 1 & a \end{bmatrix} Y = XJY,$$

$$A_1^s = X \begin{bmatrix} a^s & & 0 & & 0 \\ \binom{s}{1} a^{s-1} & a^s & & 0 \\ \binom{s}{2} a^{s-2} & \binom{s}{1} a^{s-1} & & a^s \end{bmatrix} Y. \qquad (48.4)$$

因此若 $Y = LU$，我们得到

$$A_s^1 = X \begin{bmatrix} 0 & 0 & 1 \\ 0 & 1 & 0 \\ 1 & 0 & 0 \end{bmatrix}$$

$$\times \begin{bmatrix} \binom{s}{2} a^{s-2} + \binom{s}{1} l_{21} a^{s-1} + l_{31} a^s & \binom{s}{1} a^{s-1} + l_{32} a^s & a^s \\ \binom{s}{1} a^{s-1} + l_{21} a^s & a^s & 0 \\ a^s & 0 & 0 \end{bmatrix} U$$

$$= XPK_s U. \qquad (48.5)$$

现在，如果我们记

$$K_s = L_s U_s, \qquad (48.6)$$

从 K_s 的形式显然有 $L_s \to I$。因此

$$A_1^s = XPL_s U_s U = XP(I + E_s) U_s U，\quad \text{其中 } E_s \to 0. \quad (48.7)$$
这表明按通常的方式，在 QR 算法中乘积 $Q_1 Q_2 \cdots Q_s$ 本质上趋向于 XP 的 QR 因子分解所得的矩阵。如果我们写

$$XP = QR, \qquad (48.8)$$

那么

$$A_s \to Q^T A_1 Q = Q^T XJX^{-1} Q = RP^T JPR^{-1}, \qquad (48.9)$$

并且

$$P^{\mathrm{T}}JP = \begin{bmatrix} a & 1 & 0 \\ 0 & a & 1 \\ 0 & 0 & a \end{bmatrix}. \qquad (48.10)$$

这证明了 A_s 趋向于一个上三角矩阵.

显然,这个论证可以推广到任何次数的初等因子和象 §30～§32 那样包括 A_1 有复合的 Jordan 型的情况.

收敛速度取决于 a/s 趋于零的速率. 显然,如果 a 是小的,那么极限很快达到. 当 a 充分小时,对 (48.3) 的矩阵两次迭代是足够的. 实际上我们可以期望,使用位移意味着需要迭代的次数非常少. 作为说明的例子,我们取如下的矩阵 A_1:

$$A_1 = \begin{bmatrix} -5 & -9 & -7 & -2 \\ 1 & 0 & 0 & 0 \\ & 1 & 0 & 0 \\ & & 1 & 0 \end{bmatrix},$$

$$\det(A_1 - \lambda I) = (\lambda + 1)^3 (\lambda + 2), \qquad (48.11)$$

这里有一个三次的初等因子. 用双位移 QR 算法,并用十二位十进制有效数字作计算仅需 11 次迭代. 当然,这个矩阵是病态的,A_1 的元素改变 ε 数量级,特征值将改变 $\varepsilon^{1/3}$ 数量级. 重特征值有 10^{-4} 数量级的误差,而单特征值的误差为 10^{-12} 数量级. 对于这个计算的精度,我们必须把这些看作是"最好的可能"的结果. 对于一些有非线性初等因子的大矩阵双位移程序,可能比较慢地到达位移的较准确的值,同时在开头收敛会十分慢.

严格地说,我们的上 Hessenberg 矩阵永不会有对应于线性初等因子的重特征值,因为我们假定了所有下次对角元素都是非零,因而对于任何 λ 值,$(A - \lambda I)$ 的秩是 $n - 1$. r 重特征值必定对应于一个 r 次的初等因子. 可是,如第五章 §45 指出的,存在有极靠近的特征值的矩阵,其下次对角线元素都不小. 假定小扰动不会产生非线性初等因子,收敛性是十分像初等因子是线性的多重特征值的情况.

从上述讨论可以清楚看出,把位移技术结合进去,人们可以期望 QR 对几乎所有矩阵都极其有效,我们的经验也证实了这是完全正确的.

降阶法的特殊用途

49. 我们的下一个问题最好是通过把 QR 过程主要看作一种降阶法来引进. 如果 λ_1 是一个准确的特征值的话,那么对 $(A_1 - \lambda_1 I)$ 作一步准确的 QR 过程就会产生一个矩阵,其最后一行是零,而且我们可以降阶. 现在我们假定有一个 λ_1 的值,它准确到运算精度,执行一步 QR 后我们能否立刻降阶呢?

这个问题的答案是一个"否"字. 事实上,我们构造了一个十分良态矩阵,对这个矩阵在位移复原之前,变换后的矩阵中 (n, n) 元素不但不是零,而且是整个矩阵中最大的元素 1. 矩阵 W_{21}^+ 便是这样的一个好例子. 在第五章 §56 中,我们已经讨论过 $W_{21}^+ - (\lambda_1 + \varepsilon) I$ 的三角化,并且看到当 ε 是 10^{-7} 数量级时,三角型的最后一个元素是大于 21 的.

初看起来,这是很吓人的,可能使人感到要怀疑方法的数值稳定性. 可是这种不安是没有根据的. 算法的变换总是准确地相似于一个与原矩阵很接近的矩阵. 因而能保持特征值. 如果我用同样的位移继续迭代就能降阶. 在实际上,两次迭代还不够的例子是罕见的. 例如,对矩阵 W_{21}^+ 两次迭代得到的矩阵,其 $(21,20)$ 和 $(21,21)$ 元素在运算精度之内都是零. 我们可以把它与第七章 §53 讨论的降阶法对照,那里应该是零的量不能达到零是致命的.

对称矩阵

50. 适合于 LR 和 QR 算法的另一类矩阵(参见 §35)是带状对称矩阵. 集中讨论这类矩阵之前,我们先考虑一般的对称矩阵. 我们立刻可以发现 QR 算法保持其对称性,因为

$$A_2 = Q_1^T A_1 Q_1, \tag{50.1}$$

但 LR 算法通常却不然. 这是一个不幸,因为对称性在计算上会得

到很大的节省.

若 A_1 是正定的,可用对称的平方根分解(第四章 §42) 来修正 LR 算法. 用 $\tilde{A}$ 表示所得矩阵,我们有

$$A_1 = L_1 L_1^T, \quad L_1^T L_1 = \tilde{A}_2 = L_1^{-1} A_1 L_1 = L_1^T A_1 (L_1^{-1})^T. \quad (50.2)$$

显然,$\tilde{A}_2$ 是对称的,并因为它相似于 A_1,因此它也是正定的. 因此,这个过程可以继续下去,并可证明

$$\tilde{A}_s = L_{s-1}^{-1} \cdots L_1^{-1} A_1 L_1 \cdots L_{s-1} = L_{s-1}^T \cdots$$
$$L_1^T A_1 (L_1^{-1})^T \cdots (L_{s-1}^{-1})^T, \quad (50.3)$$

并且

$$L_1 L_2 \cdots L_s L_s^T \cdots L_1^T = A_1^s, \quad (50.4)$$

或

$$(L_1 L_2 \cdots L_s)(L_1 L_2 \cdots L_s)^T = A_1^s. \quad (50.5)$$

在第四章 §43, §44,我们业已看到,Cholesky 分解不但工作量减半,而且有很高的数值稳定性,又不必交换行列. 如果 A_1 不是正定的,Cholesky 分解导致复数,并且数值稳定性不再有保证. 通常 A_2 甚至不是 Hermite 矩阵(仅仅是复对称),当然它仍然有实特征值,因为它相似于 A_1. 于是,如果

$$A_1 = \begin{bmatrix} 1 & 1 \\ 1 & 0 \end{bmatrix}, \quad \text{那么} \quad \tilde{A}_2 = \begin{bmatrix} 2 & i \\ i & -1 \end{bmatrix}. \quad (50.6)$$

LR 算法与 *QR* 算法的关系

51. QR 算法和 Cholesky LR 算法是密切相关的. 事实上,我们有

$$(Q_1 Q_2 \cdots Q_s)(R_s \cdots R_2 R_1) = A_1^s. \quad (51.1)$$

因此

$$(R_s \cdots R_2 R_1)^T (Q_1 Q_2 \cdots Q_s)^T (Q_1 Q_2 \cdots Q_s)(R_s \cdots R_2 R_1)$$
$$= (A_1^s)^T A_1^s = A_1^{2s}, \quad (51.2)$$

或者

$$(R_s \cdots R_2 R_1)^T (R_s \cdots R_2 R_i) = A_1^{2s},$$

但由 (50.5) 得

$$(L_1 L_2 \cdots L_{2s})(L_1 L_2 \cdots L_{2s})^{\mathrm{T}} = A_1^{2s}. \tag{51.3}$$

因此,我们有 A_1^{2s} 的两个 Cholesky 分解,因为它们必定相同,我们得到

$$L_1 L_2 \cdots L_{2s} = (R_s \cdots R_2 R_1)^{\mathrm{T}}. \tag{51.4}$$

现在 (50.3) 给出

$$\tilde{A}_{2s+1} = (L_1 L_2 \cdots L_{2s})^{\mathrm{T}} A_1 [(L_1 L_2 \cdots L_{2s})^{\mathrm{T}}]^{-1}, \tag{51.5}$$

而从定义 QR 算法的关系式我们得到

$$\begin{aligned}
A_{s+1} &= R_s \cdots R_1 A_1 (R_s \cdots R_1)^{-1} \\
&= (L_1 L_2 \cdots L_{2s})^{\mathrm{T}} A_1 [(L_1 L_2 \cdots L_{2s})^{\mathrm{T}}]^{-1} \\
&= \tilde{A}_{2s+1}.
\end{aligned} \tag{51.6}$$

因此,用 Cholesky LR 第 $(2s + 1)$ 次得到的矩阵等于用 QR 第 $(s + 1)$ 次得到的矩阵。(这个结论对于非对称矩阵不成立,但这也许是 QR 的更高效的表示。)

这证明适用于 A 是正定矩阵或非正定矩阵(只要不是奇异的,否则 A_1^s 的三角分解不唯一)。现在,如果 A_1 是实的,QR 算法总是给出实的迭代。因此 Cholesky LR 算法对 $\tilde{A}_{2s+1}$ 必定给出实的矩阵,甚至 $\tilde{A}_{2s}$ 是复的也是如此。例如,对于 (50.6) 矩阵有

$$\tilde{A}_3 = \begin{bmatrix} \dfrac{3}{2} & -\dfrac{1}{2} \\[2mm] -\dfrac{1}{2} & -\dfrac{1}{2} \end{bmatrix}. \tag{51.7}$$

更重要的一点是对 QR 算法,2 范数、Euclid 范数都不变,并且任

表 4

$$A_1 = \begin{bmatrix} 10^{-3}(0.1000) & 10^{0}(0.9877) \\ 10^{0}(0.9877) & 10^{0}(0.1471) \end{bmatrix} \quad L_1 = \begin{bmatrix} 10^{-1}(0.1000) & 0 \\ 10^{2}(0.9877) & 10^{2}(0.9877)i \end{bmatrix}$$

$$\tilde{A}_2 = \begin{bmatrix} 10^{4}(0.9756) & 10^{4}(0.9756)i \\ 10^{4}(0.9756)i & 10^{4}(0.9756) \end{bmatrix} \quad L_2 = \begin{bmatrix} 10^{2}(0.9877) & 0 \\ 10^{2}(0.9877)i & 10^{0}(0.6979)i \end{bmatrix}$$

$$\tilde{A}_3 = \begin{bmatrix} 0 & 10^{2}(-0.6893) \\ 10^{2}(-0.6893) & 10^{0}(-0.4871) \end{bmatrix}$$

$$\text{准确的 } \tilde{A}_3 = \begin{bmatrix} 0.1473 & 0.9877 \\ 0.9877 & -0.0001 \end{bmatrix}$$

何一个 A_s 都没有一个元素变大．关于这一点，当 A_1 不是正定时，Cholesky LR 算法是不成立的．$\tilde{A}_2$ 的元素可以很大，但到 $\tilde{A}_3$ 必定又转回到正常大小．在表 4 中给出一个不稳定例子，在这例子中 $\|A_2\|_E$ 远大于 $\|A_1\|_E$．虽然计算的 $\tilde{A}_3$ 是实的，但其特征值精度受到严重损失．我们给出一个较精确的 $\tilde{A}_3$ 用来作为比较．

Cholesky LR 算法的收敛性

52. 当 A_1 是正定时，不管特征值性质如何，$\tilde{A}_s$ 都趋向于对角矩阵．对于正定矩阵，我们已经证明 QR 算法总是收敛的．由于 Cholesky LR 算法与 QR 算法关系已建立，前者的收敛性就被保证．下述证明不依赖于这种关系．

设 A_{rs} 和 L_{rs} 表示 $\tilde{A}_s$ 和 L_s 的前主子式．从关系 $\tilde{A}_s = L_s L_s^T$ 得到

$$A_{rs} = (L_{rs})^2. \tag{52.1}$$

另一方面，从关系式 $\tilde{A}_{s+1} = L_s^T L_s$ 和有关的矩阵的定理，$A_{r,s+1}$ 等于由 L_s^T 的前 r 行及 L_s 的前 r 列构成的相应的 r 阶子式的乘积之和．现在对应的子式相等，因为对应的矩阵是互为转置的．因此，$A_{r,s+1}$ 由平方和给出．可是一个项是 L_{rs}^2，因此

$$A_{r,s+1} \geq A_{rs} \tag{52.2}$$

所以，每个 $\tilde{A}_s$ 前主子式随 s 递增，又因它们显然是有界的，因此趋向于一个极限．由此立刻可得 A_s 的所有非对角元趋向于零．由类似于 §33，§34 的论证可证明：当特征值相异并且极限的对角矩阵的特征值以递减次序出现时，$\tilde{a}_{ij}^{(s)}$ 趋于零，当 $i > i$ 时，以比率 $(\lambda_j/\lambda_i)^{\frac{1}{2}s}$ 趋向于零·当 $i > j$ 时，以比率 $(\lambda_j/\lambda_i)^{\frac{1}{2}s}$ 趋向于零．

当算法应用于相同的对称矩阵时，比较 Cholesky LR 算法与标准的 LR 算法是有意义的．如果 $A_1 = \tilde{L}_1 \tilde{L}_1^T$，$A_1 = L_1 R_1$，那么假定 A_1 非奇异，必有

$$L_1 = \tilde{L}_1 D_1, \quad R_1 = D_1^{-1} \tilde{L}_1^T, \tag{52.3}$$

其中 D_1 是某个对角矩阵．因此，

$$\tilde{A}_2 = \tilde{L}_1^T \tilde{L}_1, \quad A_2 = R_1 L_1 = D_1^{-1} \tilde{L}_1^T \tilde{L}_1 D_1 = D_1^{-1} \tilde{A}_2 D_1. \quad (52.4)$$

类似地，如果

$$\tilde{A}_2 = \tilde{L}_2 \tilde{L}_2^T, \quad A_2 = L_2 R_2 = D_1^{-1} \tilde{L}_2 \tilde{L}_2^T D_1, \quad (52.5)$$

那么从三角分解的本质上的唯一性，必有

$$L_2 = D_1^{-1} \tilde{L}_2 D_2, \quad R_2 = D_2^{-1} \tilde{L}_2^T D_1, \quad (52.6)$$

其中 D_2 是某个对角矩阵. 因此

$$\tilde{A}_3 = \tilde{L}_2^T \tilde{L}_2,$$

$$A_3 = R_2 L_2 = D_2^{-1} \tilde{L}_2^T D_1 D_1^{-1} \tilde{L}_2 D_2 = D_2^{-1} \tilde{A}_3 D_2. \quad (52.7)$$

我们可以看出，在每一步是用一个对角相似变换从 $\tilde{A}_s$ 得到 A_s. 我们可以写

$$A_s = D_{s-1}^{-1} \tilde{A}_s D_{s-1}. \quad (52.8)$$

注意，即便 A_1 不是正定的，这也是正确的. 虽然在这种情况下，对于偶数 s 矩阵 D_{s-1} 是复的，并且可能达到某一状态，A_s 不能作三角分解.

在正定的情况下，我们知道 $\tilde{A}_s$ 最终变成对角型，而 A_s 只是上三角型. D_s 的元素最终达到 $(\lambda_i)^{-\frac{1}{2}s}$ 数量级.

53. 我们可以把原点位移结合在 Cholesky LR 算法中，但如果我们要保证所有元素都保持为实数以及过程数值稳定，那么应选择位移 k_s 使得在每一阶段 $(A_s - k_s I)$ 都是正定的. 另一方面，为了使得收敛快，希望选取 k_s 尽可能接近最小特征值 λ_n. 与 Hessenberg 型相比较，这个 k_s 的选择是比较困难的问题. 在 QR 算法中没有这样的问题，而且我们完全不必关心正定性.

QR 算法的三次收敛性

54. 原点位移的最简单选法是 $k_s = a_{nn}^{(s)}$. 我们要证明，通常对于 QR 算法，这种选法对于模最小的特征值最终给出三次收敛性，而不管它是否为多重特征值. 假定

$$\lambda_n = \lambda_{n-1} = \cdots = \lambda_{n-r+1},$$
$$|\lambda_1| \geqslant |\lambda_2| \geqslant \cdots \geqslant |\lambda_{n-r}| > |\lambda_{n-r+1}|, \quad (54.1)$$

如果我们记

$$A_s = \begin{array}{c} {}^{n-r} \end{array} \left\{ \left[\begin{array}{c|c} F_s & G_s \\ \hline G_s^T & H_s \end{array} \right], \right. \tag{54.2}$$

那么从 §32 中的一般理论可知,当不使用位移时,G_s 趋向于零矩阵,F_s 的特征值 $\lambda_i'(i=1, 2, \cdots, n-r)$ 趋向于对应的 λ_i,而 H_s 的特征值

$$\lambda_i''(i=n-r+1, \cdots, n)$$

趋向于 λ_n. 假定过程已达某个阶段,这时候

$$A_s = \left[\begin{array}{c|c} F_s & \varepsilon K_s \\ \hline \varepsilon K_s^T & H_s \end{array} \right], \quad \|K_s\|_E = 1, \tag{54.3}$$

$$|\lambda_i' - \lambda_n| > \frac{2}{3}|\lambda_{n-r} - \lambda_n|(i=1, 2, \cdots, n-r),$$

$$\varepsilon < \frac{1}{3}|\lambda_{n-r} - \lambda_n|. \tag{54.4}$$

现在我们知道 $(A_s - \lambda_n I)$ 的秩总是 $n-r$,而从(54.4)知 $(F_s - \lambda_n I)$ 的秩也是 $n-r$. 因此,我们必有

$$H_s - \lambda_n I - \varepsilon^2 K_s^T (F_s - \lambda_n I)^{-1} K_s = 0. \tag{54.5}$$

这给出

$$H_s = \lambda_n I + \varepsilon^2 K_s^T (F_s - \lambda_n I)^{-1} K_s = \lambda_n I + M_s. \tag{54.6}$$

矩阵范数的一个简单运算证明了

$$\|M_s\|_E \leqslant \varepsilon^2 \|K_s\|_E^2 \|(F_s - \lambda_n I)^{-1}\|_2$$

$$\leqslant \varepsilon^2 / \frac{2}{3}|\lambda_{n-r} - \lambda_n| = \frac{3}{2}\varepsilon^2 / |\lambda_{n-r} - \lambda_n|$$

$$< \frac{1}{6}|\lambda_{n-r} - \lambda_n|. \tag{54.7}$$

这些结果说明 H_s 的非对角元的模是 ε^2 数量级,而 H_s 的每一个对角元与 λ_n 的差是 ε^2 数量级. 特别是

$$|a_{nn}^{(s)} - \lambda_n| < \frac{3}{2}\varepsilon^2 / |\lambda_{n-r} - \lambda_n| < \frac{1}{6}|\lambda_{n-r} - \lambda_n|. \tag{54.8}$$

并得到

$$|\lambda_i' - a_{nn}^{(s)}| > |\lambda_i' - \lambda_n| - |\lambda_n - a_{nn}^{(s)}|$$

$$> \frac{1}{2} |\lambda_{n-r} - \lambda_n| \quad (i = 1, 2, \cdots, n - r), \quad (54.9)$$

$$|\lambda_i'' - a_{nn}^{(s)}| < |\lambda_i'' - \lambda_n| + |\lambda_n - a_{nn}^{(s)}|$$

$$< 3\varepsilon^2/|\lambda_{n-r} - \lambda_n| \quad (i = n - r + 1, \cdots, n). \quad (54.10)$$

现在我们研究用位移 $a_{nn}^{(s)}$ 作一步 QR 的影响。因为 $\lambda_n - a_{nn}^{(s)}$ 是 ε^2 数量级,而 $\lambda_i' - a_{nn}^{(s)}(i = 1, 2, \cdots, n - r)$ 与 ε 无关,从一般的收敛性理论(参见 §19)得知,我们可以期望 εK_s^T 的元素被乘上一个数量级是 ε^2 的因子,但这对给出明确的证明是有益的。设 P_s 是正交矩阵,它使得 $P_s(A_s - a_{nn}^{(s)}I)$ 是上三角型,记

$$P_s = \left[\begin{array}{c|c} Q_s & R_s \\ \hline S_s & T_s \end{array} \right], \quad A_{s+1} = P_s(A_s - a_{nn}^{(s)}I)P_s^T$$

$$+ a_{nn}^{(s)}I = \left[\begin{array}{c|c} F_{s+1} & G_{s+1} \\ \hline G_{s+1}^T & H_{s+1} \end{array} \right]. \quad (54.11)$$

我们得到

$$O = S_s(F_s - a_{nn}^{(s)}I) + \varepsilon T_s K_s, \quad (54.12)$$

和

$$G_{s+1}^T = [\varepsilon S_s K_s + T_s(H_s - a_{nn}^{(s)}I)]R_s^T, \quad (54.13)$$

因此

$$\|G_{s+1}\|_E \leqslant \varepsilon \|S_s\|_E^2 + \|T_s\|_E\|S_s\|_E\|H_s - a_{nn}^{(s)}I\|_2$$

$$(\text{因为 } \|R_s\|_E = \|S_s\|_E). \quad (54.14)$$

由 (54.12) 和 (54.10)

$$\|S_s\|_E = \varepsilon \|T_s K_s(F_s - a_{nn}^{(s)}I)^{-1}\|_E$$

$$\leqslant \varepsilon \|T_s\|_E \max |(\lambda_i' - a_{nn}^{(s)})^{-1}|$$

$$< 2\varepsilon \|T_s\|_E/|\lambda_{n-r} - \lambda_n|. \quad (54.15)$$

因此最后得到

$$\|G_{s+1}\|_E \leqslant 4\varepsilon^3 \|T_s\|_E^2/|\lambda_{n-r} - \lambda_n|^2 + 2\varepsilon\|T_s\|_E^2 \max |\lambda_i''$$

$$- a_{nn}^{(s)}|/|\lambda_{n-r} - \lambda_n|$$

$$< 10\varepsilon^3 \|T_s\|_E^2/|\lambda_{n-r} - \lambda_n|^2$$

$$< 10r\varepsilon^3/|\lambda_{n-r} - \lambda_n|^2, \quad (54.16)$$

这就建立了三次收敛性。注意,这意味着所有 r 个重特征值被同时找到,可见重特征值并不是坏因素而是有利条件。

实际计算中,我们使用位移的时刻远比我们证明中说的早,通常 $a_{nn}^{(s)}$ 有一位二进位稳定就立刻使用.

Cholesky *LR* 中的原点位移

55. 现在转到 Cholesky *LR*,我们注意到,如果

$$(A_s - K_sI) = L_sL_s^\mathsf{T},\qquad (55.1)$$

那么由 (50.3) 得

$$\det(A_1 - k_sI) = \det(A_s - k_sI) = (\Pi_{ii}^{(s)})^2.\qquad (55.2)$$

因此每次分解,对于值 $\lambda = k_s$ 可以计算 $\det(A_1 - \lambda I)$. 若 k_s 和 k_{s-1} 都小于 λ_n,那么因为

$$\det(A_1 - \lambda I) = f(\lambda) = \Pi(\lambda_i - \lambda).\qquad (55.3)$$

显然,如果

$$k_{s+1} = [f(k_s)k_{s-1} - f(k_{s-1})k_s]/[f(k_s) - f(k_{s-1})],\quad(55.4)$$

就有 $k_{s+1} < \lambda_n$,并且

$$\lambda_n - k_{s+1} < (\lambda_n - k_s) \text{ 和 } (\lambda_n - k_{s-1}).\qquad (55.5)$$

一旦我们得到 k_1 和 k_2 都小于 λ_n,那么就能产生一个序列,所有的值都小于 λ_n,但收敛于 λ_n. 若 A_1 是正定的,可以取 $k_1 = -2^{-\frac{1}{2}t}\|A_1\|$, $k_2 = 0$,以后所有的 k_i 都是正的. 注意,在运算精度意义上,当 $k_s = \lambda_n$ 我们就不必继续迭代. 一旦第 n 行和第 n 列的非对角元素可以忽略,我们就可停止迭代并降阶. 如果在每一步都保持 $\displaystyle\prod_{i=1}^{n-1} l_{ii}^{(s)}$ 的最后两个值,我们能在降阶后计算一个好的初始位移.

如果没有重的或病态的很靠近的特征值,这个技术是十分简单并且非常有效的.

Cholesky 分解失败

56. Rutishauser (1960) 已建议一个最终得到三次收敛的原点位移的选择方法. 它是基于对选取的 k_s 大于 λ_n 时发生的中断所作的分析. 为了研究这点,我们略去下标 s. 若记

$$A - kI = LL^{\mathsf{T}}, \quad A = \begin{array}{c} p\{ \end{array} \left[\begin{array}{c|c} F & G \\ \hline G^{\mathsf{T}} & H \end{array} \right],$$

$$L = \left[\begin{array}{c|c} M & O \\ \hline N & P \end{array} \right], \tag{56.1}$$

那么

$$MM^{\mathsf{T}} = F - kI, \quad MN^{\mathsf{T}} = G,$$
$$NN^{\mathsf{T}} + PP^{\mathsf{T}} = H - kI. \tag{56.2}$$

假定分解过程已作到 M, N 都已确定,但在设法确定 P 的第一个元素时遇到负数开方,由 (56.2) 我们得

$$PP^{\mathsf{T}} = H - kI - G^{\mathsf{T}}(F - kI)^{-1}G = X, \tag{56.3}$$

而我们的假定是 x_{11} 是负的. 设 τ 是 X 的代数值最小的特征值,从我们上述对 X 的假定,显然这是负的. 我们要断定 $(A - kI - \tau I)$ 是正定的. 换句话说,如果我们重新用位移 $(k + \tau)$ 代替 k 开始运算,我们就能够完成约化变换.

显然,因为 τ 是负的,我们至少可以运算到先前那一步,并且有关的矩阵 P 现在满足关系

$$PP^{\mathsf{T}} = H - kI - \tau I - G^{\mathsf{T}}(F - kI - \tau I)^{-1}G$$
$$= (X - \tau I) + G^{\mathsf{T}}(F - kI)^{-1}G$$
$$\quad - G^{\mathsf{T}}(F - kI - \tau I)^{-1}G = Y. \tag{56.4}$$

我们必须证明, Y 是正定的. 现在因为 τ 是 X 的最小特征值, $(X - \tau I)$ 是非负定的. 令 Q 是一个正交矩阵,使得

$$F = Q^{\mathsf{T}}\mathrm{diag}(\lambda_i')Q. \tag{56.5}$$

因为我们假定了 $(F - kI)$ 可以分解,故 $\lambda_i' - k > 0 (i = 1, 2, \cdots, p)$,因此我们得到

$$G^{\mathsf{T}}(F - kI)^{-1}G - G^{\mathsf{T}}(F - kI - \tau I)^{-1}G$$
$$= G^{\mathsf{T}}Q^{\mathsf{T}}[\mathrm{diag}(\lambda_i' - k)^{-1} - \mathrm{diag}(\lambda_i' - k - \tau)^{-1}]QG$$
$$= S^{\mathsf{T}}\mathrm{diag}[-\tau/(\lambda_i' - k)(\lambda_i' - k - \tau)]S. \tag{56.6}$$

这对角矩阵的元素全是正的,因此 (56.6) 式右边的矩阵当然是非负定的,而且除非 S 和 G 有线性相关的行,否则它也必定是正定

的．Y 总是非负定的，并且一般说来是正定的．

为了利用这个结果，以下两点是重要的．首先要保证中断在很后的阶段才会发生，那时 X 是一个低阶矩阵（最好是一阶或二阶），而且其特征值容易计算出来．其次是保证 $k + \tau$ 很接近 λ_n．下一节我们讨论这个问题．

三次收敛的 *LR* 方法

57. 设 A_1 是 §54 中讨论过的那种矩阵，我们现在还假定它是正定的．假设已用 Cholesky *LR* 算法迭代到 A_s，它满足 (54.3) 和 (54.4) 的条件．从 (54.6) 我们知道，这时 H_s 的所有对角元与 λ_n 的差是 ε^2 数量级的量．假定我们用 $a_{nn}^{(s)} = \lambda_n + m_{nn}^{(s)}$ 作为我们的原点位移，这样分解必定遭到失败，因为对称矩阵的任何一个对角元都超过它的最小特征值．可是，由 (54.9) 得知，在 $(n - r + 1)$ 步之前是不会失败的．在这一步有关的矩阵给定为

$$
\begin{aligned}
X &= H_s - (\lambda_n + m_{nn}^{(s)})I - \varepsilon^2 K_s^{\mathrm{T}}(F_s - a_{nn}^{(s)}I)^{-1}K_s \\
&= \lambda_n I + \varepsilon^2 K_s^{\mathrm{T}}(F_s - \lambda_n I)^{-1}K_s - (\lambda_n + m_{nn}^{(s)})I \\
&\quad - \varepsilon^2 K_s^{\mathrm{T}}(F_s - a_{nn}^{(s)}I)^{-1}K_s,
\end{aligned}
$$

由 (54.6)

$$
\begin{aligned}
&= -m_{nn}^{(s)}I + \varepsilon^2 K_s^{\mathrm{T}}[(F_s - \lambda_n I)^{-1} \\
&\quad - (F_s - a_{nn}^{(s)}I)^{-1}]K_s,
\end{aligned} \tag{57.1}
$$

这是一个 r 阶矩阵．如果 τ 是 X 的一个最小特征值，§56 的论证表明，$a_{nn}^{(s)} + \tau$ 是一个可靠的位移．现在，我们证明它非常接近 λ_n．记

$$
X = -m_{nn}^{(s)}I + Y,
$$

我们得到

$$
\|Y\|_E \leqslant \varepsilon^2 \|(F_s - \lambda_n I)^{-1} - (F_s - a_{nn}^{(s)}I)^{-1}\|_2. \tag{57.2}
$$

因为在右边的两个矩阵有相同的特征向量组，我们可得

$$
\begin{aligned}
\|Y\|_E &\leqslant \varepsilon^2 \max |1/(\lambda_i' - \lambda_n) - 1/(\lambda_i' - a_{nn}^{(s)})| \\
&= \varepsilon^2 \max |(a_{nn}^{(s)} - \lambda_n)/(\lambda_i' - \lambda_n)(\lambda_i' - a_{nn}^{(s)})| \\
&\leqslant \varepsilon^2 \left[\frac{3}{2}\varepsilon^2 \bigg/ (\lambda_{n-r} - \lambda_n)\right]\left[3/(\lambda_{n-r} - \lambda_n)^2\right].
\end{aligned}
$$

由 (54.8),(54.9) 和 (54.4) 得到

$$= \frac{9}{2} \varepsilon^4 / (\lambda_{n-r} - \lambda_n)^3. \qquad (57.3)$$

因为 τ 等于 $-m_{nn}^{(s)}$ 与 Y 的最小特征值之和,所以

$$a_{nn}^{(s)} + \tau = \lambda_n + m_{nn}^{(s)} - m_{nn}^{(s)} + Y \quad \text{的最小特征值} \qquad (57.4)$$

即

$$|a_{nn}^{(s)} + \tau - \lambda_n| \leqslant \|Y\|_E \leqslant \frac{9}{2} \varepsilon^4 / (\lambda_{n-r} - \lambda_n)^3. \qquad (57.5)$$

现在我们能进行类似于 §54 的一个直接的分析来证明: 如果我们对 $A_s - (a_{nn}^{(s)} + \tau)I$ 作一次迭代,那么 $\|G_{s+1}\|_E$ 是 ε^3 数量级。我们把它留作练习。一般的理论证明了 G_s 缩减的倍数是

$$|[\lambda_n - (a_{nn}^{(s)} + \tau)]/[\lambda_{n-r} - (a_{nn}^{(s)} + \tau)]|^{\frac{1}{2}}$$

的数量级,即 ε^2 数量级。由于 G_s 是 ε 数量级,因此这就建立了我们的结果。

58. 我们已研究了最小特征值是多重的情况,在实际中当 r 是 1 或 2 时,方法是最适合的,因为这时最小的特征值 τ 很容易找到。

要确定我们是否已达到了应用这个方法是有利的阶段不是一件容易的事情,实际上必须以经验作基础来判断。下面是一个用于单重特征值的主要策略。

用任一适当方式,例如像 §55 的方法,确定正位移直到 $(a_{nn}^{(s)} - k_{s-1})$ 比 A_s 其它的所有对角元小得多,并且最后的行、列的非对角元是小的。然后我们取 $a_{nn}^{(s)}$ 作为下次的位移,这分解就失败,如在失败点留下的矩阵阶数大于 2,我们是改变方法太早了(注意,如果特征值重数确实大于 2,那么失败总是很早出现)。Rutishauser 和 Schwarz (1963) 已经研究了一个应用这个方法的巧妙的策略,我们建议读者参阅他们的论文。

也许值得提出的是,对 Cholesky *LR* 应用"非复位方法"要更简单些。元素 $a_{nn}^{(s)}$ 在每一步给我们关于收敛性的重要信息。因为 A_s 是通过计算 $L_{s-1}^T L_{s-1}$ 形成的,它至少是非负定的。如果 $a_{nn}^{(s)} < \varepsilon$,那么这时降阶对每个特征值产生的误差都小于 ε。事实

上,如果 $(n-1)$ 阶前主子矩阵的特征值是 λ_i',则

$$\lambda_1 > \lambda_1' > \cdots > \lambda_{n-1} > \lambda_{n-1}',$$

$$\lambda_1' + \cdots + \lambda_{n-1}' + \varepsilon = \lambda_1 + \cdots + \lambda_n, \tag{58.1}$$

$$(\lambda_1 - \lambda_1') + \cdots + (\lambda_{n-1} - \lambda_{n-1}') = \varepsilon - \lambda_n > 0.$$

由此得到我们的结论。注意,当最后一行最后一列的非对角元素充分小时,不管 $a_{nn}^{(2)}$ 是否小都可以降阶,$a_{nn}^{(2)}$ 小的情况仅当位移选得好的时候才会出现。

带状矩阵

59. 对于一般对称矩阵,工作量是过高的,而对带状矩阵

$$a_{ij} = 0 \quad (|i-j| > m) \quad (2m+1 \ll n) \tag{59.1}$$

则不是这样。我们首先考虑 Cholesky LR 算法,显然它保持带型不变(对于非对称矩阵参见 § 66),并且在每一步 L_s 的元素是

$$l_{ij}^{(s)} = 0 \quad (i-j > m), \tag{59.2}$$

因此 A_s 虽然在一般的行中有 $2m+1$ 个非零元,但 L_s 仅有 $m+1$ 个。

有若干执行分解法和安排存储的办法。如果希望充分利用内积累加的优点,下述方法是最方便的。

用一个新方式记 A 的元素是方便的,它可以充分利用矩阵的带状和对称的全部优点。我们用 $n=8$,$m=3$ 的例子来说明这一点。

A 的上三角形部分

$$\begin{bmatrix}
a_{10} & a_{11} & a_{12} & a_{13} & & & & \\
 & a_{20} & a_{21} & a_{22} & a_{23} & & & \\
 & & a_{30} & a_{31} & a_{32} & a_{33} & & \\
 & & & a_{40} & a_{41} & a_{42} & a_{43} & \\
 & & & & a_{50} & a_{51} & a_{52} & a_{53} \\
 & & & & & a_{60} & a_{61} & a_{62} \\
 & & & & & & a_{70} & a_{71} \\
 & & & & & & & a_{80}
\end{bmatrix},$$

$$\begin{bmatrix} a_{10} & a_{11} & a_{12} & a_{13} \\ a_{20} & a_{21} & a_{22} & a_{23} \\ a_{30} & a_{31} & a_{32} & a_{33} \\ a_{40} & a_{41} & a_{42} & a_{43} \\ a_{50} & a_{51} & a_{52} & a_{53} \\ a_{60} & a_{61} & a_{62} & 0 \\ a_{70} & a_{71} & 0 & 0 \\ a_{80} & 0 & 0 & 0 \end{bmatrix}.$$

A 是以矩形 $n \times (m+1)$ 数组存储。在上面的存储数组右下角被零填充，如果分解象我们描述的那样进行，这些元素可以任意提供。虚线表示 A 的一列元素。上三角形 $U = L^{\mathrm{T}}$ 用与 A 的上半部相同的形式产生。它可以覆盖在 A 上，但如果我们考虑到使用的位移大于 λ_n 时，我们不能这样作。因为分解要失败，并且我们必须重新开始。

60. U 的元素逐行产生，第 i 行的元素计算如下：

(i) 确定 $p = \min(n-i, m)$.

然后对于 j 从 0 到 p 的值执行 (ii) 和 (iii)。

(ii) 确定 $q = \min(m-j, i-1)$.

(iii) 计算 $x = a_{ij} - \sum\limits_{k=1}^{q} (u_{i-k,k})(u_{i-k,i+k})$. 如果 $q = 0$, 式中的和是零.

若 $j = 0$, 则 $u_{i0} = (x - k_s)^{\frac{1}{2}}$ (如果 $x - k_s$ 是负的，k_s 是太大了).

若 $j \neq 0$, 则 $u_{ij} = x/u_{i0}$.

例如，对 $i = 5$, $m = 3$, $n = 8$, 我们有

$$\begin{aligned} u_{50}^2 &= a_{50} - u_{41}u_{41} - u_{32}u_{32} - u_{23}u_{23} - k_s, \\ u_{50}u_{51} &= a_{51} - u_{41}u_{42} - u_{32}u_{33}, \\ u_{50}u_{52} &= a_{52} - u_{41}u_{43}, \\ u_{50}u_{53} &= a_{13}. \end{aligned} \tag{60.1}$$

引入量 p, q 是为了处理末端的影响.

现在我们必须计算 (UU^T+k_sI), 计算的矩阵要覆盖在原来的矩阵 A 上, 如果 U 已经覆盖在原来的 A 上, 这是不会发生任何困难的, 因为到计算新的 a_{ij} 时, 已不再需要 A 的第 i 行元素, 计算如下:

(i) 确定 $p = \min(n - i, m)$.

然后对 i 的值从 0 到 p 执行 (ii) 和 (iii).

(ii) 确定 $q = \min(m - j, n - i - j)$.

(iii) 计算 $x = \sum_{k=0}^{q} u_{i,j+k} u_{i+j,k}$.

若 $j = 0$, 则 $a_{i0} = x + k_s$.

若 $j \neq 0$, 则 $a_{ij} = x$.

作为例子, 当 $i = 5$, $m = 3$, 有

$$
\begin{aligned}
a_{50} &= u_{50}u_{50} + u_{51}u_{51} + u_{52}u_{52} + u_{53}u_{53} + k_s, \\
a_{51} &= \qquad\qquad u_{51}u_{60} + u_{52}u_{61} + u_{53}u_{62}, \\
a_{52} &= \qquad\qquad\qquad\qquad\ u_{52}u_{70} + u_{53}u_{71}, \\
a_{53} &= \qquad\qquad\qquad\qquad\qquad\qquad\ u_{53}u_{80}.
\end{aligned}
\tag{60.2}
$$

在有两级存储装置的计算机上分解和复合可以结合起来. 当计算 U_s 的第 i 行时, A_s 的第 i 行和 U_s 的第 $i-1, i-2, \cdots, i-m$ 行必须在主存. 一旦计算了 U_s 的第 i 行, 立即可计算 A_{s+1} 的 $i-m$ 行. 如果我们考虑使用的 k_s 值要引起中断, 我们仍然不能那样做.

61. 假如我们采用 §56 的 Rutishauser 的技术, 我们必须检验每一个失败. 如果失败在 $i = n$ 时发生, 那么当前的 x 值就是下次的位移. 如果失败发生在 $i = n - 1$, 我们必须计算 (56.3) 式的 2×2 矩阵 X. 我们得到

$$
\begin{aligned}
x_{11} &= \text{当前的 } x \text{ 值}, \\
x_{12} &= a_{n-1,1} - u_{n-2,1}u_{n-2,2} - u_{n-3,2}u_{n-3,3} - \\
&\quad \cdots - u_{n-m,m-1}u_{n-m,m}, \\
x_{22} &= a_{n,0} - u_{n-2,2}^2 - u_{n-3,3}^2 - \cdots - u_{n-m,m}^2,
\end{aligned}
\tag{61.1}
$$

我们需要这个 2×2 矩阵的较小的一个特征值. 如果失败发生较早, 那么利用留下来的矩阵的特点是不方便的.

在分解和复合过程中都有大约 $\frac{1}{2}nm^2$ 个乘法. 如果 $m \ll n$,
这时远比满矩阵需要的少. 在第四章 §40 我们已看到, Cholesky
分解的误差是很小的. 例如,使用内积累加的浮点运算,我们得到

$$L_sL_s^{\mathrm{T}} = A_s + E_s, \quad |e_{ij}^{(s)}| \leqslant \frac{1}{2}2^{-t}, \tag{61.2}$$

其中 E_s 是形式相同的带型矩阵.

类似地,

$$A_{s+1} = L_s^{\mathrm{T}}L_s + F_s, \quad |f_{ij}^{(s)}| < \frac{1}{2}2^{-t}, \tag{61.3}$$

其中 F_s 仍是带形的. 从这些结果容易看出,在每一个特征值中由
一个完整的变换引进的极大误差是 $(2m + 1)2^{-t}$. 如果 A_1 被平衡
使得 $\|A_1\|_{\infty} < 1$,那么所有 $|A_s|$ 的元素都以 1 为界. 注意, 如结
果我们比较计算的 A_s 和准确的 A_s,我们可能误认为特征值的精
度是很低的(例如,参见 Rutishauser 1958, p. 80).

带状矩阵的 QR 分解

62. QR 算法保持带状不变并不十分明显. QR 分解产生的
矩阵 R,其带宽是 $2m + 1$,而不是像 Cholesky LR 分解那样是
$m + 1$. 如果我们使用 Householder 方法作三角化(第四章, §46)
需要 $n - 1$ 个初等 Hermite 矩阵 $P_1, P_2, \cdots, P_{n-1}$,对应于 P_i 的向
量 w_i 仅在位置 $i, i + 1, \cdots, i + m$ 上有非零元(当然, 较后的 w_i
例外). 对 $n = 8$,$m = 2$ 的情况,矩阵 $P_2P_1A_s$ 和 R_s 给定为

$$P_2P_1A_s = \begin{bmatrix} \times & \times & \times & \times & \times & & & \\ 0 & \times & \times & \times & \times & \times & & \\ 0 & 0 & \times & \times & \times & \times & & \\ & 0 & \times & \times & \times & \times & & \\ & & \times & \times & \times & \times & \times & \\ & & & \times & \times & \times & \times & \times \\ & & & & \times & \times & \times & \\ & & & & & \times & \times & \times \end{bmatrix},$$

$$P_{n-1} \cdots P_1 A_s = R_s$$

$$\begin{bmatrix} \times & \times & \times & \times & \times & & & \\ & \times & \times & \times & \times & \times & & \\ & & \times & \times & \times & \times & \times & \\ & & & \times & \times & \times & \times & \times \\ & & & & \times & \times & \times & \times \\ & & & & & \times & \times & \times \\ & & & & & & \times & \times \\ & & & & & & & \times \end{bmatrix}. \qquad (62.1)$$

在前者，用 0 表示由 P_1 和 P_2 引进的零．现在，研究用 P_1 右乘，右乘后矩阵的第 1 列到第 $n+1$ 列由它们的线性组合代替．因此，$R_s P_1$ 表示为

$$R_s P_1$$

$$\begin{bmatrix} \times & \times & \times & \times & \times & & & \\ \times & \times & \times & \times & \times & \times & & \\ \times & \times & \times & \times & \times & \times & \times & \\ & & & \times & \times & \times & \times & \times \\ & & & & \times & \times & \times & \times \\ & & & & & \times & \times & \times \\ & & & & & & \times & \times \\ & & & & & & & \times \end{bmatrix},$$

$$R_s P_1 P_2 P_3$$

$$\begin{bmatrix} \times & \times & \times & \times & \times & & & \\ \times & \times & \times & \times & \times & \times & & \\ \times & \times & \times & \times & \times & \times & \times & \\ & \times & \times & \times & \times & \times & \times & \times \\ & & \times & \times & \times & \times & \times & \times \\ & & & & & \times & \times & \times \\ & & & & & & \times & \times \\ & & & & & & & \times \end{bmatrix}. \qquad (62.2)$$

以后用 $P_2, \cdots, P_{n-1}$ 右乘，保持第 1 列不变，因此 A_{s+1} 在这列有 $m+1$ 个元素。继续做下去可看出 A_{s+1} 在每一列对角线以下仅有 m 个元素（当然，最后 m 列除外）。可是，我们知道，最后的矩阵是对称的。因此，对于 $j > i + m$，在位置 (i, j) 上的元素必定是零。

显然，为了计算 A_{s+1} 的下三角部分，我们仅用在位置 (i, j) 上的元素，$j = i, i+1, \cdots, i+m$。因此，在计算 R_s 时，我们只需在每行中产生前 $m+1$ 个非零元。

63. 为了利用这特点和对称性的结构，我们需要一些辅助存储空间。为简单起见，假定我们开始计算 A_{s+1} 之前已计算了 R_s。通过考虑具体的一步来描述三角化最为简单。因此，我们集中讨论 $n = 8$，$m = 2$ 情况中 A_s 的三角化的第 4 大步。这一步开始时的矩阵形状为

A_s 和 R_s

$$
\begin{bmatrix}
r_{10} & r_{11} & r_{12} \\
r_{20} & r_{21} & r_{22} \\
r_{30} & r_{31} & r_{32} \\
a_{40} & a_{41} & a_{42} \\
a_{50} & a_{51} & a_{52} \\
a_{60} & a_{61} & a_{62} \\
a_{70} & a_{71} & \times \\
a_{80} & \times & \times
\end{bmatrix},
\qquad
\begin{matrix}
W_s \\
\begin{bmatrix}
w_{10} & w_{11} & w_{12} \\
w_{20} & w_{21} & w_{22} \\
w_{30} & w_{31} & w_{32}
\end{bmatrix}
\end{matrix},
\qquad (63.1)
$$

辅助存储

$$
\begin{bmatrix}
y_{40} & y_{41} & y_{42} & y_{43} & 0 \\
z_{50} & z_{51} & z_{52} & z_{53} & 0 \\
a_{42} & a_{51} & (a_{60} - k_s) & a_{61} & a_{62}
\end{bmatrix}.
$$

矩阵 W_s 由矩阵 P_i 对应的向量 w_i 构成。对于一般情况，辅助存储

器需要 $2m+1$ 个元素的向量 $m+1$ 个。 在我们的情况，第 4 大步开始时，它就包含了用 $y_{40},\cdots,y_{43}$ 和 $z_{50},\cdots,z_{53}$ 表示的行向量，它们是部分地作了处理的第 4 行和第 5 行。 在(63.1)中显示的存储安排是在整个矩阵的右下角尚未三角化时得到的存储安排。这样，向量 y 和 z 的下标表明了相对于对角线的不同位置。 第 4 步是：

(i) 传送 A_s 的整个第 6 行到辅助存储并结合所示的位移（注意，A_s 的全部有关行仍然可以得到）。

(ii) 从元素 y_{40},z_{50},a_{42} 计算向量 W_4。 (对于一般情况，w_4 有 $m+1$ 个非零元。)存储 w_4 作为 w_s 的第 4 行。

(iii) 用 P_4 左乘。 这个变换影响的元素只是在辅助存储中那些元素。 这个左乘(而不是存储)的结果在(63.2)中指出。 仅仅 R 的第 4 行前 3 个元素需要计算。

$$P_4 \times \begin{bmatrix} y_{40} & y_{41} & y_{42} & y_{43} & 0 \\ z_{50} & z_{51} & z_{52} & z_{53} & 0 \\ a_{42} & a_{51} & (a_{50}-k_s) & a_{61} & a_{62} \end{bmatrix}$$

$$= \begin{bmatrix} r_{40} & r_{41} & r_{42} & - & - \\ 0 & y_{50} & y_{51} & y_{52} & y_{53} \\ 0 & z_{60} & z_{s1} & z_{62} & z_{63} \end{bmatrix}. \qquad (63.2)$$

产生的 R_s 的第 4 行覆盖在 A_s 的第 4 行上(注意，仅仅前 3 个元素被产生)，而产生的元素 y_{5i},z_{6i} 覆盖在辅助存储中 y 和 z 的位置上。 因此，在 (iii) 完成后，算法的阶段置为第 5 大步。 当然通常存在结束的效果。 因为对 QR 算法，我们并不打算因分解失败再重新开始，我们总可以把 R_s 覆盖在 A_s 上。

64. 现在我们转到复合的问题，A_{s+1} 逐行产生并覆盖在 R_s 上。实际上，我们只产生 A_{s+1} 的每列对角线以下的元素，并转为 A_{s+1} 对应的行的对角线以上的元素。这样就利用了 A_{s+1} 的对称性，并且节省了计算量。

我们叙述计算 A_{s+1} 的第 4 行的步骤。 对于一般情形辅助存储是一个 $(m+1) \times (m+1)$ 数组。 在我们现在的情况，在第 4

大步开始时用 $\tilde{y}_{40}$ 和 $\tilde{z}_{50}$, $\tilde{z}_{51}$（符号～表示这些量与（63.1）的无关）表示的列向量已在辅助存储中,用数组表示如下:

$$\begin{bmatrix} \tilde{y}_{40} & \tilde{z}_{50} & r_{42} \\ \tilde{y}_{41} & \tilde{z}_{51} & r_{51} \\ 0 & 0 & r_{60} \end{bmatrix} \times \text{``}P_4\text{''} = \begin{bmatrix} a_{40} & - & - \\ a_{41} & \tilde{y}_{50} & \tilde{z}_{60} \\ a_{42} & \tilde{y}_{51} & \tilde{z}_{61} \end{bmatrix}. \qquad (64.1)$$

第 4 大步如下:

(i) 传送 R_s 第六列的元素 r_{42}, r_{51}, r_{60} 到辅助存储,如(64.1)所示.

(ii) 用 "P_4" 右乘在辅助存储中的 3×3 矩阵. "P_4" 是 P_4 的子矩阵,它是 w_4 的函数. 所得的矩阵的第一列给出 A_{s+1} 的第 4 行的相应的元素. 另外两列为下一大步提供向量 $\tilde{y}$ 和 $\tilde{z}$. 注意,只执行用 P_4 右乘涉及的一部分计算.

现在分解和复合显然能结合起来. 在我们的例子中,一旦 R_s 的前三行计算后就有充分的信息确定 A_{s+1} 的第一行. 在一般情况下,在分解之后可以复合 m 行,并且这样做后我们不必存储整个 w_s,而仅需要存储最后的 m 个向量 w_i. 由于我们仅对小带宽矩阵推荐使用 QR（和 LR）算法,需要的辅助存储量与 A_s 相比是微小的. 有意义的是,如果分解和复合结合起来,那么 QR 需要的存储量小于有失败的分解的 Cholesky 算法.

误差分析

65. 利用对称性时,我们假定了那些用准确计算应是零的元素 $a_{ij}(m < j - i \leqslant 2m)$ 可以忽略. 验证这个假定的合理性是重要的,幸而这已被第三章 §45 的普遍性分析包括了. 如果 $\bar{R}_s$ 是计算的矩阵(对角线以下是准确的零),又 P_1, P_2, $\cdots$, P_{n-1} 是准确的 Hermite 矩阵,它们对应于逐次计算的约化矩阵,那么我们有

$$\tilde{R}_s = (P_{n-1} P_{n-2} \cdots P_1) A_s + E_s, \qquad (65.1)$$

其中 E_s 是元素为小量的矩阵. 事实上,我们仅仅计算 $\bar{R}_s$ 的一部分,但我们使用了与计算整个 $\bar{R}_s$ 该用的完全相同的算术运算.

现在我们用计算的初等 Hermite 矩阵 $\bar{P}_i$ 逐个乘计算的 $\bar{R}_s$.

不计任何可能产生的舍入误差，所得的矩阵 $\overline{A}_{s+1}$ 的每一列肯定其对角线之下仅有 m 个元素。假如作了全部计算的话，我们的一般分析证明：计算的 $\overline{A}_{s+1}$ 应满足关系

$$\overline{A}_{s+1} = \overline{R}_s P_1 \cdots P_{n-1} + F_s$$

$$= P_{n-1} \cdots P_1 A_s P_1 \cdots P_{n-1} + E_s P_1 \cdots P_{n-1} + F_s, \quad (65.2)$$

其中 F_s 是元素为小量的矩阵。事实上，我们仅按这种方式计算了 $\overline{A}_{s+1}$ 的下半部。然后根据对称性结出了我们的整个矩阵 $\overline{A}_{s+1}$。显然，我们得到

$$\|G_{s+1}\|_E \equiv \|\overline{A}_{s+1} - P_{n-1} \cdots P_1 A_s P_1 \cdots P_{n-1}\|_E$$

$$\leqslant 2^{\frac{1}{2}} [\|E_s P_1 \cdots P_{n-1}\|_E + \|F_s\|_E] \quad (65.3)$$

$$= 2^{\frac{1}{2}} [\|E_s\|_E + \|F_s\|_E].$$

对于有累加的浮点计算可以证明，对某个常数 K，有

$$\|G_{s+1}\|_E \leqslant Km2^{-t}\|A_1\|_E, \quad (65.4)$$

因此我们可以希望得到很高的精度。在一步 QR 中的工作量大约为一步 Cholesky 的三倍；虽然我们业已看到（§51），不用位移时一步 QR 等价于两步 Cholesky LR。用 QR，原点位移选择十分简单。如果取 $k_s = a_{nn}^{(s)}$，收敛性最后是三次的。选取 k_s 是右下角 2×2 阵的小的那个特征值能够得到更好的收敛性。通常，实际上仅需要极少次迭代。如果矩阵是正定并且用零作位移作一两步预先的迭代，通常可以按递增的顺序找到特征值，但一般情况下是不能保证这种顺序的。

如果使用 Rutishauser 的分解失败的处理办法，对 Cholesky LR 原点位移的选取是比较复杂的。尽管如此，这种方法还是很有效的。特征值总是按递增顺序出现，而这一点是重要的。因为带状矩阵经常产生于用有限差分逼近微分方程，并且仅仅是较小的特征值有意义。总之，Rutishauser 的技术似乎是更可取，但对这两种技术还要作进一步的讨论。

非对称带状矩阵

66. 如果用不带交换的传统的 LR 算法，带状能被保持。事

实上,还不必要求对角两边有一样多的元素. 但是,数值稳定性不再能保证. 以我们的见解,通常我们不能建议这样使用 LR 算法. 假定带交换的 LR 算法或者 QR 算法被使用,那么通常对角以上的带状逐渐被破坏.

A 是三对角矩阵的情形是特别令人感兴趣的. 我们对比下面产生的两个三对角矩阵序列 A_s 和 $\tilde{A}_s$, 第一个序列中我们从 A_1 开始并使用 LR(不作交换),其中每个 L_s 都是单位下三角型,第二个序列中我们从 DA_1D^{-1} 开始,其中 D 是某个对角矩阵,并使用别的类型的 LR 分解(也不作交换). §52 的论证表明了在对应的阶段有

$$\tilde{A}_s = D_s A_s D_s^{-1}, \tag{66.1}$$

其中 D_s 是某个对角矩阵. 现在如果我们记

$$A_s = \begin{bmatrix} \alpha_1^{(s)} & \beta_2^{(s)} & & \\ \gamma_2^{(s)} & \alpha_2^{(s)} & \beta_3^{(s)} & \\ & \ddots & \ddots & \ddots \\ & & \gamma_n^{(s)} & \alpha_n^{(s)} \end{bmatrix},$$

$$\tilde{A}_s = \begin{bmatrix} a_1^{(s)} & b_2^{(s)} & & \\ c_2^{(s)} & a_2^{(s)} & b_3^{(s)} & \\ & \ddots & \ddots & \ddots \\ & & c_n^{(s)} & a_n^{(s)} \end{bmatrix}, \tag{66.2}$$

那么从(66.1)我们得到

$$\alpha_i^{(s)} = a_i^{(s)}, \qquad \beta_i^{(s)} \gamma_i^{(s)} = b_i^{(s)} c_i^{(s)}. \tag{66.3}$$

因此,无论我们使用什么三角分解,对角元相同,对角线两侧的一对非对角元的乘积也相同,并且对于 A_1 的特征值问题占主导地位的也是这些量. 因此,如果我们选用 D, 使得

$$DA_1D^{-1} = \begin{bmatrix} \alpha_1 & 1 & & \\ \beta_2 & \alpha_2 & 1 & \\ & \ddots & \ddots & \ddots \\ & & \beta_n & \alpha_n \end{bmatrix}, \tag{66.4}$$

然后用 LR 分解,在每一步 L_s 是单位下三角型,那么就不存在实质上失去一般性的问题. 若记

$$\begin{bmatrix} \alpha_1^{(s)} & 1 & & & & \\ \beta_2^{(s)} & \alpha_2^{(s)} & 1 & & & \\ & \beta_3^{(s)} & \alpha_3^{(s)} & 1 & & \\ & & \ddots & \ddots & \ddots & \\ & & & \ddots & \beta_n^{(s)} & \alpha_n^{(s)} \end{bmatrix}$$

$$= \begin{bmatrix} 1 & & & & \\ l_2^{(s)} & 1 & & & \\ & l_3^{(s)} & 1 & & \\ & & \ddots & \ddots & \\ & & & l_n^{(s)} & 1 \end{bmatrix} \begin{bmatrix} u_1^{(s)} & 1 & & & \\ & u_2^{(s)} & 1 & & \\ & & u_3^{(s)} & 1 & \\ & & & \ddots & \ddots \\ & & & & u_n^{(s)} \end{bmatrix}, \quad (66.5)$$

那么我们得到

$$u_1^{(s)} = \alpha_1^{(s)}, l_i^{(s)} u_{i-1}^{(s)} = \beta_i^{(s)}, l_i^{(s)} + u_i^{(s)} = \alpha_i^{(s)}$$
$$(i = 2, \cdots, n),$$
$$u_i^{(s)} + l_{i+1}^{(s)} = \alpha_i^{(s+1)} \ (i = 1, 2, \cdots, n),$$
$$\beta_i^{(s+1)} = l_i^{(s)} u_i^{(s)} (i = 2, \cdots, n),$$
$$(66.6)$$

因此

$$u_i^{(s)} + l_{i+1}^{(s)} = \alpha_i^{(s+1)} = l_i^{(s+1)} + u_i^{(s+1)},$$
$$l_i^{(s)} u_i^{(s)} = \beta_i^{(s+1)} = l_i^{(s+1)} u_{i-1}^{(s+1)}. \quad (66.7)$$

这些等式表明：计算 $u_1^{(1)}, l_1^{(1)}$ 之后，所有后面的 $u_i^{(s)}, l_i^{(s)}$ 不用计算 $\alpha_i^{(s)}$ 和 $\beta_i^{(s)}$ 就可以确定。事实上，如果定义 $l_1^{(s)}$ 是零(对任何 s)，那么我有如下格式

$$\begin{matrix}
0 & & & & & \\
 & u_1^{(1)} & & & & \\
0 & & l_2^{(1)} & & & \\
 & u_1^{(2)} & & u_2^{(1)} & & \\
0 & & l_2^{(2)} & & l_3^{(1)} & \\
 & u_1^{(3)} & & u_2^{(2)} & & u_3^{(1)} & \ddots \\
 & & l_2^{(3)} & & l_3^{(2)} & & \ddots \\
 & & & u_2^{(3)} & & u_3^{(2)} & \ddots \\
 & & & & l_3^{(3)} & & \\
 & & & & & u_3^{(3)} & \ddots \\
\end{matrix} \quad (66.8)$$

其中每条上标为 s 的斜线可从它上面的斜线用等式 (66.1) 导出. 有关的元素是位于我们已标明的菱形的顶点. 熟悉 QD 算法的读者，会认出 $l_i^{(s)}$ 和 $u_i^{(s)}$ 数组就像 Rutishauser 的 $q_i^{(s)}$ 和 $e_i^{(s)}$ 数组. QD 算法对于计算半纯函数的零点的一般问题是更有意义的，这一问题的完整的讨论已超越本书的范围.

从我们目前的问题来看，QD 算法有一点不满意，因为它对应于不带交换的消去法. 然而，当 A_1 是正定时，我们知道如果全程使用 Cholesky 分解，那么数值稳定性是得到保证的. 如果我们记

$$\widetilde{A}_s = \begin{bmatrix} a_1^{(s)} & b_2^{(s)} & & \\ b_2^{(s)} & a_2^{(s)} & b_3^{(s)} & \\ & \cdot & \cdot & \cdot \\ & & b_n^{(s)} & a_n^{(s)} \end{bmatrix}, \tag{66.9}$$

那么这种情况下我们的分析表明 $a_i^{(s)}$ 和 $(b_i^{(s)})^2$ 与由 (66.3) 得到的 $\alpha_i^{(s)}$ 和 $\beta_i^{(s)}$ 是完全相同的. 似乎利用 $\alpha_i^{(s)}$ 和 $\beta_i^{(s)}$ 更适合于计算. 这意味着不用计算开平方并 获 得 Cholesky LR 的所有好处. 从 $\alpha_i^{(s)}$, $\beta_i^{(s)}$ 直接得到 $\alpha_i^{(s+1)}$ 和 $\beta_i^{(s+1)}$ 大概是最简单的想法，如果每步结合位移并用非复原的方法，这些等式变为

$$\left. \begin{array}{l} u_1^{(s)} = \alpha_1^{(s)} - k_s \\ l_i^{(s)} = \beta_i^{(s)}/u_{i-1}^{(s)}, \quad \alpha_{i-1}^{(s+1)} = u_{i-1}^{(s)} + l_i^{(s)} \\ u_i^{(s)} = \alpha_i^{(s)} - k_s - l_i^{(s)}, \quad \beta_i^{(s+1)} = l_i^{(s)} u_i^{(s)} \\ \alpha_n^{(s+1)} = u_n^{(s+1)} \end{array} \right\} (i = 2, \cdots, n). \tag{66.10}$$

只要在所有阶段，总位移小于最小特征值，所有 $\alpha_i^{(s)}$ 和 $\beta_i^{(s)}$ 将是正的，并且方法是稳定的. 在每一步只包含 $n - 1$ 个除法，$n - 1$ 个乘法.

在 QR 算法中同时分解和复合

67. Ortega 和 Kaiser (1963) 已经指出，一个类似的方法可以用 QR 技术从 A_s 得到 A_{s+1}，并且不必开平方. 这变换要求对称性但不要求正定性.

为避免上标 s，我们考虑从 A 通过下述关系来得到 $\widetilde{A}$，

$$A = Q_1 R_1, \quad R_1 Q_1 = \bar{A}, \tag{67.1}$$

这里略去了位移. 由 $n-1$ 个在平面 $(i, i+1)(i = 1, \cdots, n-1)$ 的旋转左乘实现把 A 化为 R. 如果我们记

$$A = \begin{bmatrix} a_1 & b_2 & & & \\ b_2 & a_2 & b_3 & & \\ & b_3 & a_3 & b_4 & \\ & & \ddots & \ddots & \ddots \\ & & & b_n & a_n \end{bmatrix}, \quad \bar{A} = \begin{bmatrix} \bar{a}_1 & \bar{b}_1 & & & \\ \bar{b}_2 & \bar{a}_2 & \bar{b}_3 & & \\ & \bar{b}_3 & \bar{a}_3 & \bar{b}_4 & \\ & & \ddots & \ddots & \ddots \\ & & & \bar{b}_n & \bar{a}_n \end{bmatrix},$$

$$R = \begin{bmatrix} r_1 & q_1 & t_1 & & \\ & r_2 & q_2 & t_2 & \\ & & r_3 & q_3 & t_3 \\ & & & \ddots & \ddots \\ & & & & r_n \end{bmatrix}, \tag{67.2}$$

用 c_i 和 s_i 表示第 i 次旋转的余弦和正弦, 那么

$$s_j = b_{j+1}/(p_j^2 + b_{j+1}^2)^{1/2}, \quad c_j = p_j/(p_j^2 + b_{j+1}^2)^{1/2}$$
$$(j = 1, \cdots, n-1), \tag{67.3}$$

其中

$$p_1 = a_1, \quad p_2 = c_1 a_2 - s_1 b_2,$$
$$p_j = c_{j-1} a_j - s_{j-1} c_{j-2} b_j \quad (j = 3, \cdots, n), \tag{67.4}$$

和 $\quad r_j = c_j p_j + s_j b_{j+1} \ (j = 1, \cdots, n-1), \ r_n = p_n,$

$$q_1 = c_1 b_2 + s_1 a_2, \quad q_j = c_j c_{j-1} b_{j+1} + s_j a_{j+1},$$
$$(j = 2, \cdots, n-1), \tag{67.5}$$

$$t_j = s_j b_{j+2} (j = 1, \cdots, n-2).$$

另一方面, 由复合我们得

$$\bar{a}_1 = c_1 r_1 + s_1 q_1, \quad \bar{a}_j = c_{j-1} c_j r_j + s_j q_j$$
$$(j = 2, \cdots, n-1), \tag{67.6}$$

$$\bar{a}_n = c_{n-1} r_n, \quad \bar{b}_{j+1} = s_j r_{j+1} (j = 1, \cdots, n-1).$$

如果引进量 γ_j, 其定义为

$$\gamma_1 = p_1, \quad \gamma_j = c_{j-1} p_j \quad (j = 2, \cdots, n), \tag{67.7}$$

那么由 (67.6) 和 (67.5) 我们得到

$$\bar{a}_j = (1 + s_j^2)\gamma_j + s_j^2 a_{j+1}, \quad \bar{a}_n = \gamma_n \quad (j = 1, \cdots, n-1),$$
$$\bar{b}_{j+1}^2 = s_j^2(p_{j+1}^2 + b_{j+2}^2) \quad (j = 1, \cdots, n-2), \tag{67.8}$$
$$\bar{b}_n^2 = s_{n-1}^2 p_n^2.$$

这时对 γ_j 和 p_j^2 我们有

$$\gamma_1 = p_1 = a_1, \quad \gamma_j = a_j - s_{j-1}^2(a_j + \gamma_{j-1}),$$
$$(j = 2, \cdots, n), \tag{67.9}$$
$$p_1^2 = a_1^2, \quad p_j^2 = \gamma_j^2/c_{j-1}^2 \quad \text{若} \quad c_{j-1} \neq 0$$
$$p_j^2 = c_{j-2}^2 b_j^2 \quad \text{若} \quad c_{j-1} = 0.$$

最后算法表示为下述式子

$$u_0 = 0, \quad c_0 = 1, \quad b_{n+1} = 0, \quad a_{n+1} = 0, \tag{67.10}$$
$$\gamma_i = a_i - u_{i-1},$$
$$p_i^2 = \gamma_i^2/c_{i-1}^2 \quad (\text{若} \quad c_{i-1} \neq 0)$$
$$\quad = c_{i-2}^2 b_i^2 \quad (\text{若} \quad c_{i-1} = 0),$$
$$\bar{b}_i^2 = s_{i-1}^2(p_i^2 + b_{i+1}^2) \quad (i \neq 1), \quad (i = 1, \cdots, n). \tag{67.11}$$
$$s_i^2 = b_{i+1}^2/(p_i^2 + s_{i+1}^2),$$
$$c_i^2 = p_i^2/(p_i^2 + b_{i+1}^2),$$
$$u_i = s_i^2(\gamma_i + a_{i+1}),$$
$$\bar{a}_i = \gamma_i + u_i.$$

注意，我们计算 s_i^2 和 c_i^2；因为若 c_i 是小量，我们不能用 $(1 - s_i^2)$ 去计算 c_i^2。 每次迭代要 $3n$ 个除法和 $2n$ 个乘法，但不用开平方。 $\bar{a}_i$ 和 $\bar{b}_i^2$ 是覆盖在 a_i 和 b_i^2 上。

对于一般对称带状矩阵，Cholesky LR 和 QR 都各有优点，我们难以作出选择。

缩小带宽

68. 如果只需要计算一般带状对称矩阵的少量特征值，§§59—64 的技术是很有效的。 要计算较多的特征值，也许先用变换把矩阵化为三对角型是值得的。 这可以用 Givens 方法或 Householder 方法，但在中间阶段，带宽增加。

Rutishauer (1963) 描述了两个分解用平面旋转和初等 Hermite 矩阵的有意义的约化方法,在所有阶段都使带对称形状保持. 我们仅给出用平面旋转的方法,并且在我们的讨论中只考虑上三角的元素.

假定带宽是 $(2m + 1)$,第一步进行的是消去 $(1, m + 1)$ 元素,同时第 2 行到第 n 行仍保持带宽 $(2m + 1)$. 总计要作 $p = [(n - 1)/m]$ 次旋转. 这里$[x]$表示 x 的整数部分. 因为在消去 $(1, m + 1)$ 元素时,旋转在较下的矩阵带外引进非零元. 新引进的非零元又要消去,计算过程表示如下:

消去的元素	旋转平面	额外产生的元素
$1, m + 1$	$m, m + 1$	$m, 2m + 1$
$m, 2m + 1$	$2m, 2m + 1$	$2m, 3m + 1$
$2m, 3m + 1$	$3m, 3m + 1$	$3m, 4m + 1$
$\cdots\cdots$	$\cdots\cdots$	$\cdots\cdots$
$(p - 1)m, pm + 1$	$pm, pm + 1$	无

现在矩阵第一行和列的带宽是 $(2m - 1)$,其余部分带宽是 $(2m + 1)$. 下一步是消去元素 $(2, m + 2)$,以同样的办法进行,需要 $[(n - 2)/m]$ 次旋转. 继续这样作下去,整个矩阵带宽逐渐变为$(2m - 1)$. 完全类似的过程可使带宽变为$(2m - 3)$,最后变为三对角型. 从带宽 $(2m + 1)$ 到 $(2m - 1)$ 的旋转次数是 $[(n - 1)/m] + [(n - 2)/m] + [(n - 3)/m] + \cdots$,近似于 $n^2/2m$,乘法次数约为 $4(m + 1)n^2/m$. 当 $m = 2$ 或 3 时,这方法最为适用.

附注

Von Neuman 和 Causey (1958),Greenstadt (1955)和 Lotkin (1956)提出了一类类似于 Jacobi 的方法,并建议用来把一般矩阵约化为三角型. 在 1961 年 Gatlinburg 矩阵会议上,Greenstadt 概述了直至当时的进展,并指出业已发展的这类方法不能令人满意.

Eberlein (1962) 根据对于任何矩阵 A 总存在一个相似变换 $B = P^{-1}AP$ 任意接近正规矩阵,提出了这个方法的修正. 在 Eberlein 的算法中 P 是一系列矩阵的乘积,这些矩阵是广义平面旋转而不再是酉矩阵. 迭代直到 B 达到在运算精度的意义上是正规矩阵为止，这方法的特点是其极限矩阵一般是 1×1，2×2 矩阵的直接和，从而得到特征值.

Eberlein 和 Rutishauser 独立发展了使用平面旋转和对角相似变换结合起来约化一般矩阵为正规型. 在每步的指导思想是压缩 Henrical 偏离正规性的部分 (第三章 §50)，在这方面的发展可能产生新的方法超过我们已经叙述过的，并且这似乎是最有希望的研究方向. 我给出的误差分析没有涉及这一类方法. 但是，可以期望它们是稳定的，因为逐次约化的矩阵趋向于一个正规矩阵，而后者有非常良态的特征值问题.

1955 年 Rutishauser 首先给出 LR 算法的报告，此后他稳步地发展和推广了这一理论，发表了一系列文章. 这里我力图用 Rutishauser 的文章的最新内容和我自己在国立实验室的经验给出一个说明. 我已包括了 Rutishauser 在他的原著中给出的收敛性证明. 这些证明是典型的并且别的人也采用了. 1959 年作者首先使用了适用于 Heassenberg 矩阵的有原点位移和带交换的 LR 算法. 主要是用在复矩阵上.

关于 QR 算法 Francis 的研究工作可追溯到 1959 年，但直到 1961 年才发表. 与此同时，Kublanovskaya (1961) 独立地发表了这个算法. 按照在这本书中我们的有关正交、非正交变换的平行处理，这方法是 LR 算法的一个自然的推广. 但 Francis 的文章中包括了比单纯的 QR 算法更多的内容. 结合原点复共轭位移和 §38 叙述的处理相邻的小下次对角元的两个技巧是 QR 算法不可缺少的重要组成部分.

在 §29～§32 中，QR 算法的收敛性证明是作者在写这一章时发现的. 依赖更复杂的行列式理论的证明已由 Kublanovaskaya (1961) 和 Householder (1964) 给出.

1963 年 Rutishauser 在一篇论文中描述了用平面旋转和初等 Hermite 矩阵缩小对称矩阵的带宽，文中还有以初等正交矩阵为基础的另一些有趣的变换.

第九章　迭　代　法

引言

1. 在这最后的一章中，我们研究通常称为迭代法的特征值问题的解法．专称这些方法为迭代法是不大恰当的，因为所有求特征值的方法实质上都是迭代的．本章的方法的特点是，寻求特征值时首先决定一个特征向量，或者在可能的情况下决定几个特征向量．读者可能已注意到，直到现在为止，我们还没有谈过非 Hermite 矩阵的特征向量的计算．原因是绝大多数计算特征向量的稳定的方法的是"迭代"类型的．值得注意的是，稳定的特征值计算方法未必导至稳定的特征向量计算方法．在三对角矩阵（第五章 §48～§52）的特征向量计算中，我们已注意到这个问题．

本章叙述的方法都不如以前各章的方法那样明确．虽然它们在概念上都十分简单，但是不容易使它们适合于自动程序的设计．识别非线性初等因子和决定对应的不变子空间的技术尤其是这样．实际上，如果预先知道出现非线性因子，那么处理它是很容易的．

上述的一般性评论有一个例外，就是 §47～§60 描述的逆迭代，这是一个计算特征向量的最有用的方法．

幂法

2. 除了特别说明之外，我们仅限于讨论含线性初等因子的矩阵．对于这样的矩阵 A，我们有

$$A = X\mathrm{diag}(\lambda_i)X^{-1} = X\mathrm{diag}(\lambda_i)Y^{\mathrm{T}} = \sum_{1}^{n} \lambda_i x_i y_i^{\mathrm{T}}, \quad (2.1)$$

其中 X 的列 x_i 和 Y^{T} 的行 y_i^{T} 分别是 A 的规格化的右和左特征向量，即

$$y_i^T x_i = 1. \tag{2.2}$$

因此

$$A^s = X \mathrm{diag}(\lambda_i^s) Y^T = \sum_1^n \lambda_i^s x_i y_i^T. \tag{2.3}$$

如果

$$|\lambda_1| = |\lambda_2| = \cdots = |\lambda_r| > |\lambda_{r+1}| \geqslant \cdots \geqslant |\lambda_n|, \tag{2.4}$$

在(2.3)的右边,表达式最终由 $\sum_1^r \lambda_i^s x_i y_i^T$ 支配。 这是一个重要结果,是本章的方法的基础。(我们已经看到,它也是第八章的 LR 和 QR 算法的基础。)

我们称特征值 $\lambda_1, \cdots, \lambda_r$ 为主导特征值,对应的特征向量称为主导特征向量.最常见的是 $r = 1$,这时 A^s 最终由 $\lambda_1^s x_1 y_1^T$ 支配。

大多数实用的技术都是以这种所谓幂法为基础,并且结合某种加强最大模特征值优势方法。 它们利用了这样的事实: 如果 $p(A)$ 和 $q(A)$ 是 A 的多项式,并且 $q(A)$ 是非奇异的,那么

$$p(A)\{q(A)\}^{-1} = X \mathrm{diag}\{p(\lambda_i)/q(\lambda_i)\} Y^T. \tag{2.5}$$

如果我们记

$$\mu_i = p(\lambda_i)/q(\lambda_i), \tag{2.6}$$

那么我们的目的是尽可能选多项式 $p(A)$ 和 $q(A)$,使得某一个 $|\mu_i|$ 比其他的大很多。

单个向量的直接迭代

3. 幂法的最简单的应用如下: 设 u_0 是一个任意的向量,又设序列 v_s 和 u_s 由下式定义

$$v_{s+1} = A u_s, \quad u_{s+1} = v_{s+1}/\max(v_{s+1}), \tag{3.1}$$

今后我们总是以 $\max(x)$ 表示向量 x 的模最大的元素。显然,我们有

$$u_s = A^s u_0 / \max(A^s u_0). \tag{3.2}$$

如果我们写

$$u_0 = \sum_1^n \alpha_i x_i, \tag{3.3}$$

那么不计规格化因子，u_s 给定为

$$\sum_1^n \alpha_i \lambda_i^s x_i = \lambda_1^s \left[\alpha_1 x_1 + \sum_2^n \alpha_i (\lambda_i/\lambda_1)^s x_i \right]. \qquad (3.4)$$

如果 $|\lambda_1| > |\lambda_2| \geqslant |\lambda_3| \geqslant \cdots \geqslant |\lambda_n|$，那么假定 $\alpha_1 \neq 0$，我们有

$$u_s \to x_1/\max(x_1) \text{ 和 } \max(v_s) \to \lambda_1. \qquad (3.5)$$

因此，这个过程同时提供了主导特征值及其对应的特征向量。 如果 $|\lambda_1/\lambda_2|$ 很接近 1，收敛是十分慢的。

如果有几个对应于主导特征值的独立的特征向量，收敛性不受影响，如果

$$\lambda_1 = \lambda_2 = \cdots = \lambda_r \text{ 和 } |\lambda_1| > |\lambda_{r+1}| \geqslant \cdots \geqslant |\lambda_n|, \quad (3.6)$$

我们有

$$A^s u_0 = \lambda_1^s \left[\sum_1^r \alpha_i x_i + \sum_{r+1}^n \alpha_i (\lambda_i/\lambda_1)^s x_i \right]$$

$$\sim \lambda_1^s \sum_1^r \alpha_i x_i. \qquad (3.7)$$

因此，迭代趋向于特征向量 $x_1, \cdots, x_r$ 张成的子空间内的某个向量，其极限与初始向量 u_0 有关。

原点移动

4. 最简单的 A 的多项式是 $(A - pI)$，其特征值是 $\lambda_i - p$. 适当地选择 p，过程便加速收敛于某一个特征向量。我们首先考虑 A 的全部特征值都是实的情况。显然，如果 $\lambda_1 > \lambda_2 \geqslant \cdots \geqslant \lambda_{n-1} > \lambda_n$，那么不管我们怎样选择 p，主导特征值或者是 $\lambda_1 - p$，或者是 $\lambda_n - p$. 要收敛于 x_1，p 的最优值是 $\frac{1}{2}(\lambda_2 + \lambda_n)$，收敛速度取决于

$$\{(\lambda_2 - \lambda_n)/(2\lambda_1 - \lambda_2 - \lambda_n)\}^s$$

趋向于零的速度。类似地，使过程收敛于 x_n，p 的最优值是

$$\frac{1}{2}(\lambda_1 + \lambda_{n-1}),$$

收敛性由量 $\{(\lambda_1 - \lambda_{n-1})/(\lambda_1 + \lambda_{n-1} - 2\lambda_n)\}^s$ 支配. 我们首先分析使用指定的 p 值的效果,后面再讨论如何决定这样的 p 值.

对于特征值的某些分布情况,这个简单的策略会十分有效.例如,一个六阶矩阵,$\lambda_i = 21 - i$,不用原点移动,迭代收敛于 x_1 的速度为 $(19/20)^s$.如果我们取 $p = 17$,那么特征值变为 $3, \pm 2, \pm 1$, 0,迭代仍然收敛于 x_1,但是速度是由 $(2/3)^s$ 支配. 为了得到指定精度的 x_1,没有加速的迭代次数大约是加速迭代的八倍. 类似地,如果取 $p = 18$,特征值变为 $\pm 2, \pm 1, 0, -3$,收敛于 x_6 的速度由 $(2/3)^s$ 支配.

遗憾的是,对于常见的分布情况,这个策略可能达到的最高收敛率不是令人十分满意的. 例如,假定

$$\lambda_i = 1/i \ (i = 1, \cdots, 20), \tag{4.1}$$

我们希望选 p 去得到 x_{20},p 的最优值是 $\frac{1}{2}(1 + 1/19)$,收敛率由

$(180/181)^s$ 支配,压缩向量的相对误差的 e^{-1} 倍大概需要 181 次迭代. 通常遇到的分布情况是 $|\lambda_{n-1} - \lambda_n| \ll |\lambda_1 - \lambda_n|$,对这样的分布尽管选取最优的 p 值,过程收敛于 x_n 仍然是慢的.

舍入误差的影响

5. 在考虑更复杂的加速技术之前,估计舍入误差的影响是重要的. 人们可能会认为,因为直接用 A 运算,即使 A 有病态特征向量问题,也总能达到高的精度, 但是事实并非如此. 如果我们在 §3 的方法中包括舍入误差的影响,那么由 k_{s+1} 表示 $\max(v_{s+1})$,我们得

$$k_{s+1}u_{s+1} = Au_s + f_s, \tag{5.1}$$

其中 f_s 通常是一个"小的"非零向量. 当 u_{s+1} 偏离准确的特征向量较远时,它很可能等于 u_s.

例如,考虑矩阵

$$A = \begin{bmatrix} 0.9901 & 10^{-3}(0.2000) \\ 10^{-3}(-0.1000) & 0.9904 \end{bmatrix}, \qquad (5.2)$$

其特征值和特征向量为

$$\lambda_1 = 0.9903, \quad x_1^{\mathrm{T}} = (1, 1),$$
$$\lambda_2 = 0.9902, \quad x_2^{\mathrm{T}} = (1, 0.5). \qquad (5.3)$$

如果我们取 $u_s^{\mathrm{T}} = (1, 0.9)$，准确的计算给出

$$v_{s+1}^{\mathrm{T}} = (0.99028, 0.89126), \quad u_{s+1}^{\mathrm{T}} = (1.0, 0.900008\cdots),$$
$$k_{s+1} = 0.99028. \qquad (5.4)$$

u_{s+1} 和 u_s 的分量之差小于 5×10^{-5}，因此如果我们用 4 位十进位浮点运算，计算的 u_{s+1} 好象是准确地等于 u_s。这样，过程保持不变。可以证明，差别大的向量 u_s 都显示出这个性质。

6. 如果 u_s 的模最大的分量是第 i 个，那么我们可以把 (5.1) 写为

$$k_{s+1}u_{s+1} = (A + f_s e_i^{\mathrm{T}})u_s. \qquad (6.1)$$

因此，我们有效地用 $A + f_s e_i^{\mathrm{T}}$ 而不是用 A 进行了准确的迭代。就这一步来说，我们的过程趋向于 $A + f_s e_i^{\mathrm{T}}$ 的特征向量(当然，A 有许多其它的摄动 F，使得 $(A + F)u_s = k_{s+1}u_{s+1}$)。实际上，计算 Au_s 的方法对于每一个特征向量都存在一个不确定的区域。一般来说，有规律地向某个真的特征向量逼近的迭代过程一旦达到不确定区域时就停止改进。

例如，如果用标准浮点运算计算 Au_s，由第三章 § 6(v)，我们得

$$fl(Au_s) = (A + F_s)u_s,$$
$$|F_s| < 2^{-t_1}|A|\,\mathrm{diag}(n + 1 - i). \qquad (6.2)$$

我们不能保证过程在达到 $(A + G)$ 的一个准确特征向量 u_s 之后继续进行，其中

$$|G| < 2^{-t_1}|A|\,\mathrm{diag}(n + 1 - i). \qquad (6.3)$$

虽然通常达到极限精度的 u_s 的误差比满足 (6.2) 的摄动产生的极大误差小得多。注意，在 (6.2) 中每一个 $|f_{ii}|$ 的界由 $2^{-t_1}(n+1-j) \cdot |a_{ii}|$ 给定，又因为它是直接与 $|a_{ii}|$ 成比例的，因此同第七章 § 15

那样，用 $D^{-1}AD$（其中 D 是任何对角矩阵）作迭代在主导特征值上可能达到的精度，与用 A 执行迭代仍是相同的.

在 §5 的例子中达到极限精度的 k_{s+1} 是一个 λ_1 的很好的近似值，尽管由它决定的向量是很不精确的. 这是因为该矩阵的特征值是良态的，但是特征向量是病态的，原因是特征值是靠近的. 当 λ_1 是病态特征值时，即 s_1 小时（第二章 §31），特征值可能达到的极限精度也就低.

例如考虑矩阵

$$\begin{bmatrix} 1 & 1 & 0 \\ -1+10^{-8} & 3 & 0 \\ 0 & 1 & 1 \end{bmatrix}, \qquad (6.4)$$

它有特征值 2 ± 10^{-4} 和 1. 如果我们取 $u_s^T=(1,1,1)$，那么

$$(Au_s)^T=(2,\ 2+10^{-8},\ 2). \qquad (6.5)$$

结果用 8 位尾数的浮点运算，过程一成不变，并给出 $\lambda=2$ 作为特征值.

7. 我们看出，在迭代中产生的舍入误差的影响与逐次相似变换产生的误差在本质上没有区别. 根据我们的经验，情况的确是这个样子. 例如，我们用标准浮点运算，对于主导特征向量迭代引入的误差，通常大于用初等 Hermite 矩阵以浮点累加的方式约化矩阵为 Hessenberg 型产生的误差.

对于 (5.2) 的矩阵，我们用适当的原点移动可能得到较准确的特征向量. 例如，我们有

$$A-0.99I=\begin{bmatrix} 10^{-3}(0.1000) & 10^{-3}(0.2000) \\ 10^{-3}(0.1000) & 10^{-3}(0.4000) \end{bmatrix}. \qquad (7.1)$$

这个矩阵有特征值 $10^{-3}(0.3)$ 和 $10^{-3}(0.2)$，这是一个特殊的例子. 一般当 $|\lambda_1-\lambda_2|\ll|\lambda_1-\lambda_n|$ 时，精确地计算 x_1 和 x_2 遇到的困难是根本性的，不能用上述那样简单的设想克服.

8. 还有另一个方面，其中舍入误差也有着深远的影响. 例如，假使我们有一个三阶矩阵，特征值的数量级是 1.0, 0.9 和 10^{-4}. 如果我们直接用 A 迭代，那么在 s 次准确的迭代计算之后，x_3 的成分

缩减了一个因子 10^{-4t}. 可是每一个 u_s 的分量舍入为 t 个二进位的效果是引入了 x_3 的成分,其大小通常为 $2^{-t}x_3$ 量级. 事实上,正常情况下将不会有任何一个 t 位的 x_1 的近似量含有 x_3 的成分,其值比这个数小很多. 这个评论的重要性在下一节将变得明显.

p 的变化

9. 在逐次迭代中改变 p 的值有很大的好处,如果我们用 $\sum \alpha_i x_i$ 表示当前的向量,那么在一次迭代之后,不计规格化因子,向量变为 $\sum \alpha_i (\lambda_i - p) x_i$. 如果 $p = \lambda_k$, x_k 的成分完全被消去;如果 p 靠近 λ_k, x_k 的成分就极大地被压缩. 假定我们已经达到某一阶段,这时

$$u_3 = \alpha_1 x_1 + \alpha_2 x_2 + \sum_{i=3}^{n} \varepsilon_i x_i, \quad |\varepsilon_i| \ll |\alpha_1|, |\alpha_2|, \quad (9.1)$$

并且我们对 λ_2 有某个估计值 λ_2'. 取 $p = \lambda_2'$, 我们有

$$(A - pI)u_s = \alpha_1(\lambda_1 - \lambda_2')X_1 + \alpha_2(\lambda_2 - \lambda_2')x_2$$

$$+ \sum_{3}^{n} \varepsilon_i(\lambda_i - \lambda_2')x_i. \quad (9.2)$$

如果 $|\lambda_2 - \lambda_2'| \ll |\lambda_1 - \lambda_2'|$, 虽然当对某个 $i > 2$, $|\lambda_i - \lambda_2'| > |\lambda_1 - \lambda_2'|$ 时, x_i 相应的成分对应于 x_1 的有所增加,然而 x_2 的成分相对于 x_1 的极大地缩减. 如果 ε_i 十分小,我们可以用 $p = \lambda_2'$ 执行若干次迭代,但是我们一定不要无限制地继续做下去,否则最终将由 x_n 的成分占优.

我们由实例来作说明,假定一个 4 阶矩阵有特征值 1.0, 0.9, 0.2, 0.1. 如果迭代没有原点移动,x_3 和 x_4 的成分很快消失,但是舍入误差不确定地阻止了它们减小. 假定用十位十进位运算, u_s 给定为

$$x_1 + 10^{-2}x_2 + 10^{-10}x_3 + 10^{-10}x_4. \quad (9.3)$$

在这个阶段,我们对 λ_2 有一个估计值 0.901. 如果我们以 $p = 0.901$ 执行 r 次迭代,那么有

$$(A - pI)^r u_s = (0.099)^r x_1 + 10^{-2}(-0.001)^r x_2$$

$$+ (-0.701)^r 10^{-10}x_3 + (-0.801)^r 10^{-10}x_4. \qquad (9.4)$$

x_2的成分很快减小。 但是我们必须记住,在规格化的 u_i 中舍入误差总是保持 x_2 的一个成分为 10^{-10} 数量级。取 $r = 4$,我们看到, u_{s+4} 大致与

$$10^{-4}(0.96)x_1 + 10^{-14}x_2 + 10^{-10}(0.24)x_3 + 10^{-10}(0.41)x_4$$

成比例,也就是与

$$x_1 + 10^{-10}(1.04)x_2 + 10^{-6}(0.25)x_3 + 10^{-6}(0.43)x_4 \qquad (9.5)$$

成比例。进一步用 $p = 0.901$ 迭代, x_2 的成分不再减小,而 x_3 和 x_4 的成分很快上升。如果我们现在取 $p = 0$, x_3 和 x_4 的成分很快消失,并且在 5,6 次迭代之后,向量本质上是

$$x_1 + 10^{-10}x_2 + 10^{-10}x_3 + 10^{-10}x_4. \qquad (9.6)$$

如果始终用 $p = 0$,从 (9.3) 开始大概要 200 次迭代才达到这个结果。当 λ_1 和 λ_2 越是靠近时,这样的方法优越性也就越大,但是要得到这个好处,需要有一个更接近 λ_2 的近似值。

p 的特别选择

10. 在国家物理实验室 (National Physical Laboratory) 的计算机上我们研制了一个特别的技术,其中 p 的值由操作员来选。 p 的值设置在手动开关上,每一次迭代开始由计算机读入。在每一次迭代之后,特征值的估计值 $[\max(v_s) + p]$ 显示在输出指示灯上。逐次迭代向量 u_s 以二进位形式在阴极射线管上显示。

这些程序的用法也许最好是以特殊的应用范围来说明。我们考虑特征值全是正、实的矩阵,并决定其主导特征值和特征向量。迭代开始用 $p = 0$。 如果收敛十分快,就没有必要用其他的 p 值,但是如果收敛不快,我们可以估计 u_s 的收敛速度。因为程序用定点运算,估计 u_s 的每一个二进位数字变得稳定需要多少次迭代,这是容易做到的。假定每一位数字要 k 次迭代,那么我们可以假定

$$(\lambda_2/\lambda_1)^k \approx \frac{1}{2}. \qquad (10.1)$$

取当前值 $[\max(v_s) + p]$ 作为 λ_1，我们有

$$\lambda_2 = [\max(v_s) + p]\left(\frac{1}{2}\right)^{1/k}, \qquad (10.2)$$

并且把这个 λ_2 近似值设置在输入开关上。 通常在以后的几次迭代中向量 u_i 显出十分高的收敛率，但是 x_n，x_{n-1}，$\cdots$ 的成分逐渐地起更大的作用，使 u_i 中已经稳定的数字开始受到干扰。

实际上，通常迭代可以安全地继续到 u_i 的几乎所有数字都发生改变，这时 x_n 的成分大概比 x_1 的成分稍大。 然后我们回过来取 $p = 0$，x_n，x_{n-1} 的成分又很快缩小。 如果 λ_1 和 λ_2 很靠近，为了得到准确的 x_1，这样的过程要重复若干次。 已经证明，这种方法对 λ_1 和 λ_2 不是非常接近的高阶矩阵是十分成功的。 实际上，值得推荐的 p 值是稍稍小于 (10.2) 给出的值，因为用小于 λ_2 的值比用大于 λ_2 的值更安全。

Aitken 的加速方法

11. Aitken (1937) 提出了一个加速向量收敛的方法，它有时很有效。 假定 u_s，u_{s+1}，u_{s+2} 是三个连续的迭代量，并且 u_s 实质上是 $(x_1 + \varepsilon x_2)$，其中 ε 是小量。 如果 x_1 和 x_2 都规格化使得 $\max(x_i) = 1$，那么对于充分小的 ε，u_s 的最大元素的位置通常与 x_1 的相同。 假定在 x_2 的这个位置上的元素是 k，因而 $|k| \leqslant 1$，那么

$$(x_1 + \varepsilon x_2)/(1 + \varepsilon k), \; (\lambda_1 x_1 + \varepsilon \lambda_2 x_2)/(\lambda_1 + \varepsilon k \lambda_2),$$
$$(\lambda_1^2 x_1 + \varepsilon \lambda_2^2 x_2)/(\lambda_1^2 + \varepsilon k \lambda_2^2) \qquad (11.1)$$

给出了 u_s，u_{s+1}，u_{s+2}。 现在我们考虑由

$$a_i = [u_i^{(s)} u_i^{(s+2)} - (u_i^{(s+1)})^2]/[u_i^{(s)} - 2u_i^{(s+1)} + u_i^{(s+2)}]$$
$$= u_i^{(s)} - [u_i^{(s)} - u_i^{(s+1)}]^2/[u_i^{(s)} - 2u_i^{(s+1)} + u_i^{(s+2)}] \qquad (11.2)$$

定义一个向量 a 的分量，其中 $u_i^{(s)}$ 表示 $u^{(s)}$ 的第 i 个分量。 用 (11.1) 代入，并记 $\lambda_2/\lambda_1 = r$，作些简化后，我们有

$$a_i = \frac{\varepsilon(1-r)^2(x_i^{(2)} - kx_i^{(1)})(x_i^{(1)} - \varepsilon^2 r^2 k x_i^{(2)})}{\varepsilon(1-r)^2(x_i^{(2)} - kx_i^{(1)})(1 - \varepsilon^2 k^2 r^2)} \qquad (11.3)$$

$$= [x_i^{(1)} - \varepsilon^2 r^2 k x_i^{(2)}]/[1 - \varepsilon^2 k^2 r^2], \qquad (11.4)$$

得出

$$a = x_1 + O(\varepsilon^2). \qquad (11.5)$$

因为 a_i 的分母和分子都有因子 ε，也许可以认为迭代过程将受到舍入误差的严重影响。但是事实并非如此，如果 u_s，u_{s+1} 和 u_{s+2} 有误差 2α，2β 和 2γ，那么忽略类似于 $2^{-\varepsilon}\varepsilon$ 的项，等式 (11.3) 变为

$$a_i =$$

$$\frac{\varepsilon(1-r)^2(x_i^{(2)} - k x_i^{(1)})(x_i^{(1)} - \varepsilon^2 r^2 k x_i^{(2)}) + x_i^{(1)} 2^{-t}(\alpha_i + \gamma_i - 2\beta_i)}{\varepsilon(1-r)^2(x_i^{(2)} - k x_i^{(1)})(1 - \varepsilon^2 k^2 r^2) + 2^{-t}(\alpha_i + \gamma_i - 2\beta_i)},$$

$$\qquad (11.6)$$

我们可写为

$$a_i = \frac{p x_i^{(1)} - \varepsilon^2 q x_i^{(2)}}{p - \varepsilon^2 q}, \qquad (11.7)$$

这显示出舍入误差的影响是微不足道的。

因此，当迭代进行到某个阶段，除了 x_1 和 x_2 外，所有特征向量都已消去时，Aitken 过程给出的向量比已导出的向量更加接近 x_1。可是，如果 λ_1 和 λ_2 不是明显分离，要使 x_3 的成分与 x_2 相比可以忽略，需要非常多次迭代。

设计一个有效的 Aitken 方法的自动程序是十分困难的。 在国家物理实验室我们设计了一个特别的程序，Aitken 过程由操作员控制，他可以由一个输入开关发出指示，在一次迭代结束时使用加速方法和通过观察向量迭代的性质，他可以判断加速法是否有利。一旦发现 Aitken 方法对确定当前的向量并无收益时则放弃。尽管自动程序设计是困难的，我们发现这种方式使用 Aitken 方法是十分有价值的。

复共轭特征值

12. 如果实矩阵的主特征值是复共轭对 λ_1 和 λ_1，迭代就不收敛。事实上，如果 x_1 和 $\bar{x}_1$ 是对应的特征向量，任一实向量 u_0 可以表示为

$$u_0 = \alpha_1 x_1 + \bar{\alpha}_1 \bar{x}_1 + \sum_3^n \alpha_i x_i. \qquad (12.1)$$

因此,我们有

$$A^s u_0 = r_1^s \left[\rho_1 e^{i(\alpha+s\theta)} x_1 + \rho_1 e^{-i(\alpha+s\theta)} \bar{x}_1 + \sum_3^n \alpha_i (\lambda_i/r_1)^s x_i \right], \qquad (12.2)$$

其中

$$\lambda_1 = r_1 e^{i\theta}, \quad \alpha_1 = \rho_1 e^{i\alpha}. \qquad (12.3)$$

$x_3, \cdots, x_n$ 的成分最终消失. 但是如果我们写

$$v_{s+1} = A u_s, \quad \max(v_{s+1}) = k_{s+1},$$
$$u_{s+1} = v_{s+1}/k_{s+1}, \qquad (12.4)$$

从 (12.2) 组显然 k_{s+1} 和 u_{s+1} 都不趋向于极限;如果我们用 $\xi_i e^{i\varphi_i}$ 表示 x_1 的第 i 个分量,等式 (12.2) 给出

$$(A^s u_0)_i \sim 2\rho_1 r_1^s \xi_i \cos(\alpha + \varphi_i + s\theta). \qquad (12.5)$$

因此, u_s 的分量的符号发生摆动.

如果 λ_1 和 $\bar{\lambda}_1$ 是 $\lambda^2 - p\lambda - q = 0$ 的根,我们有

$$(A^{s+2} - pA^{s+1} - qA^s) u_0 \rightarrow 0 (s \rightarrow \infty), \qquad (12.6)$$

或者

$$k_{s+1} k_{s+2} u_{s+2} - p k_{s+1} u_{s+1} - q u_s \rightarrow 0. \qquad (12.7)$$

因此,最终任何三次连续迭代是线性相关的. 由最小二乘法可以决定逼近 p 和 q 的值 p_s 和 q_s. 我们有

$$k_{s+1} k_{s+2} \begin{bmatrix} u_{s+1}^T & u_{s+2} \\ u_s^T & u_{s+2} \end{bmatrix} = \begin{bmatrix} u_{s+1}^T u_{s+1} & u_{s+1}^T u_s \\ u_s^T u_{s+1} & u_s^T u_s \end{bmatrix} \begin{bmatrix} p_s k_{s+1} \\ q_s \end{bmatrix}. \qquad (12.8)$$

当 p_s 和 q_s 趋向于极限 p 和 q 时, λ_1 和 $\bar{\lambda}_1$ 可以由关系

$$\mathcal{R}(\lambda_1) = \frac{1}{2} p, \quad \mathcal{J}(\lambda_1) = \frac{1}{2} (p^2 + 4q)^{\frac{1}{2}} \qquad (12.9)$$

决定.

13. 因为它们是从一个显式多项式方程得到的,当二根接近时,即在 $\mathcal{J}(\lambda_1)$ 是小量的情况下,从系数 p 和 q 确定 λ_1 和 $\bar{\lambda}_1$ 是不准确的. 也许认为,特征值的精度损失可归罪于原问题的病态,但是这不一定是对的.

例如，考虑矩阵 A：

$$\begin{bmatrix} 0.4812 & 0.0023 \\ -0.0024 & 0.4810 \end{bmatrix}. \tag{13.1}$$

特征值是 $0.4811 \pm 0.0023i$，并且可以验证它们对于矩阵 A 的元素的小摄动不大敏感．可是其特征方程

$$\lambda^2 - 0.9622\lambda + 0.23146272 = 0$$

的根，对它的系数的独立的改变非常敏感，因此，尽管用 §12 的方法很精确地决定了 p 和 q，但是所给出的特征值的虚部不准确．遗憾的是，在这种情况下，方程 (12.8) 恰巧是病态的．

矩阵 (13.1) 可作为一个好的说明．因为这是二阶的，我们可取任一个向量作为 u_s．如果取 $u_s^\mathrm{T} = (1, 1)$，那么用 4 位十进位运算，我们有

$$(Au_s)^\mathrm{T} = (0.4835, 0.4786),$$
$$(A^2 u_s)^\mathrm{T} = (0.2338, 0.2290). \tag{13.2}$$

因为只有两个分量，p 和 q 被唯一决定，并且我们有

$$0.2338 = 0.4835p + q,$$
$$0.2290 = 0.4786p + q,$$

得出

$$p = 0.9796, \quad q = -0.2398. \tag{13.3}$$

当然，准确的计算给出准确的 p，q．(13.3) 中的 p，q 值对于决定 λ_1 毫无用处．

复特征向量的计算

14. 当 $x_3, \cdots, x_n$ 的成分已经消失时，我们有

$$u_s = \alpha_1 x_1 + \bar{\alpha}_1 \bar{x}_1,$$
$$v_{s+1} = Au_s = \alpha_1 \lambda_1 x_1 + \bar{\alpha}_1 \bar{\lambda}_1 \bar{x}_1. \tag{14.1}$$

如果我们写

$$\alpha_1 x_1 = z_1 + iw_1, \quad \lambda_1 = \xi_1 + i\eta_1, \tag{14.2}$$

那么

$$u_s = 2z_1, \quad v_{s+1} = 2\xi_1 z_1 - 2\eta_1 w_1, \tag{14.3}$$

$$z_1 + iw_1 = \frac{1}{2} \left[u_s + i(\xi_1 u_s - v_{s+1})/\eta_1 \right]. \qquad (14.4)$$

不计规格化因子有

$$x_1 = \eta_1 u_s + i(\xi_1 u_s - v_{s+1}). \qquad (14.5)$$

若 η_1 小，则 u_s 与 v_{s+1} 几乎平行，因此向量 x_1 测定不准确，这一点在 §13 的例子中也得到了说明。注意，$(z_1 \vdots w_1)$ 是不变子空间(第三章 §63)，因为等式

$$A(z_1 + iw_1) = (\xi_1 + i\eta_1)(z_1 + iw_1), \qquad (14.6)$$

意味着

$$Az_1 = \xi_1 z_1 - \eta_1 w_1, \quad Aw_1 = \eta_1 z_1 + \xi_1 w_1. \qquad (14.7)$$

因为一个实特征值有一个实特征向量，即虚部为零的向量。可以设想，如果 η_1 小，规格化使 $\max(x_1) = 1 + i0$ 时，向量 x_1 的虚部将是小的。可是，这是不对的，除非存在一个接近 A 的矩阵，并且它有接近 $(\lambda - \lambda_1)^2$ 的实二次因子。例如

$$x_1^{\mathrm{T}} = (-0.0417 - i0.9782, 1 + i0). \qquad (14.8)$$

给出 (13.1) 的矩阵的规格化特征向量 x_1，我们得到这个矩阵的坏结果，并不是因为我们选择 u_s^{T} 为 $(1,1)$，几乎任一个向量都会给出同样坏的结果。

如果我们研究实矩阵有一个实主导特征值对应两个特征向量的情况，问题就清楚了。显然，我们不可能从一个简单的序列 u_0，u_1，u_2，$\cdots$ 得到这两个特征向量，我们仅能在一个恰当的子空间上得到一个向量。这是复共轭特征值对 $(\xi_1 \pm i\eta_1)$ 当 $\eta_1 \to 0$ 时相对应的情况，初等因子保持线性。

原点移动

15. 显然，用任何实的值 p，进行 $(A - pI)$ 的迭代不可能"分离"出一对复共轭特征向量。可是，如果取复值 p，用复向量迭代，那么 $(\lambda_1 - p)$ 和 $(\overline{\lambda_1} - p)$ 的模是不同的，有可能收敛于 x_1。现在每次迭代工作量增至二倍，但是这是很合理的，因为当找到 λ_1 和 x_1，就立即得到 $\overline{\lambda_1}$，$\overline{x_1}$。在这种情况下值得注意的是，用 §12 的

方法决定一对复共轭特征向量只要计算一个实向量所需的运算量.

我的经验是用复的移动不是十分好的，因而建议最好用 §12 的方法取实的移动，并且保持双精度的向量 u_t. 因为 A 的元素是单精度的，这样做需要的运算量仅仅是用单精度向量的两倍，从得到两个特征值的观点来看，这是一个十分合理的比例. 可以验证，如果 $|\eta_1| > 2^{-\frac{1}{2}t}\|A\|$，那么双精度向量完全能克服我们讨论过的病态，但是为获得全部的好处，我们必须继续迭代，直到其余的特征向量的成分为 2^{-2t} 量级，而不是 2^{-t} 数量级.

非线性初等因子

16. 当 A 有非线性初等因子时，我们用单个 Jordan 子矩阵 $C_r(a)$（第 1 章 §7）作为 A 来说明简单幂法的性质. 我们有

$$[C_r(a)]^s e_i = \binom{s}{i-1} a^{s-i+1} e_1 + \binom{s}{i-2} a^{s-i+2} e_2$$

$$+ \cdots + \binom{s}{1} a^{s-1} e_{i-1} + a^s e_i. \tag{16.1}$$

显然，当 $s \to \infty$ 时，e_1 的项占优，但是收敛慢，因为 (16.1) 的右边可写为

$$\binom{s}{i-1} a^{s-i+1} \left[e_1 + \frac{i-1}{s-i+2} a e_2 + \cdots \right], \tag{16.2}$$

方括号内的项渐近为

$$e_1 + \frac{i-1}{s} a e_2. \tag{16.3}$$

从任何向量 u_0 开始，最终确实收敛于唯一的向量 e_1，但是渐近收敛性比特征值不相同但分离不明显的情况慢，可是渐近收敛率可能使人迷惑. 如果 a 小，在 (16.3) 中 e_2 的项也小. 这个简易的评论对于逆迭代 (§53) 是重要的.

现在我们回到一般的情况，我们有

$$A^s = X C^s X^{-1}, \tag{16.4}$$

其中 C 是 Jordan 标准型. 如果 A 的主特征值是 λ_1, 它的初等因子是 r 次的, $C_r(\lambda_1)$ 是在 Jordan 型 C 中的第一个子矩阵, 那么对任何 u_0, 假若 $X^{-1}u_0$ 的前 r 个分量不全为零, 就有 $C^s X^{-1} u_0 \sim k_s e_1$. 因此

$$A^s u_0 \sim k_s x_1. \qquad (16.5)$$

通常, 对于实际使用来说, 这个收敛性是太慢了. 但是我们注意到, 对应于模较小的特征值 λ_i 的不变子空间的成分在 s 次迭代后, 缩小一个因子 $(\lambda_i/\lambda_1)^s$, 所以我们很早就保留了一个向量在对应于 λ_1 的子空间中. 在 §§32, 41, 53 中, 我们还要讨论非线性因子的情况.

同时决定几个特征值

17. §12 中的方法的基本特点是由一个迭代序列决定两个特征值. 特征值是复共轭的情况只是附带的, 这种方法可以扩展到决定几个实的或是复的特征值. 例如, 假定

$$|\lambda_1| \geqslant |\lambda_2| \geqslant |\lambda_3| \gg |\lambda_4| \geqslant \cdots \geqslant |\lambda_n|. \qquad (17.1)$$

在迭代向量中, x_4 到 x_n 的成分很快消失, 并且过程很快达到能用 $\alpha_1 x_1 + \alpha_2 x_2 + \alpha_3 x_3$ 表示. 如果用等式

$$(\lambda - \lambda_1)(\lambda - \lambda_2)(\lambda - \lambda_3) \equiv \lambda^3 + p_2 \lambda^2 + p_1 \lambda + p_0 \qquad (17.2)$$

定义数量 p_2, p_1, p_0, 那么

$$(A^3 + p_2 A^2 + p_1 A + p_0 I) u_s = 0 \qquad (17.3)$$

给出

$$- [A^3 u_s] = [A^2 u_s \vdots A u_s \vdots u_s] \begin{bmatrix} p_2 \\ p_1 \\ p_0 \end{bmatrix}. \qquad (17.4)$$

所以, p_i 可以用最小二乘法从 u_s 之后连续的四次迭代值得到.

当 $|\lambda_1|$, $|\lambda_2|$, $|\lambda_3|$ 靠近时, 这种方法是值得推荐的. 因为在这种情况下, 收敛于主导特征向量的迭代是慢的, 可是如果 λ_1, λ_2, λ_3 同号, 并且紧靠在一起, 那么不但相应的多项式是病态的, 而且决定 p_i 的方程也是病态的. 因此, 这个方法没有什么实用价值.

Krylov 方法(第 6 章 § 20)就是带有所有这些限制的这种方法，一般来说，在良态的情况下决定 r 个特征值需要 r 个独立的迭代向量组。在§36～§39 中我们讨论这种方法。

复矩阵

18. 如果矩阵 A 是复的，那么我们可以始终用复运算进行简单迭代，但是每一次迭代的运算量增至四倍。 可以用复的原点移动，但是选择这样的移动值一般是十分困难的. 通常，完全依靠 $(A - pI)$ 型矩阵的迭代来获得一个复矩阵的主导特征向量 是不适当的. 在§62 末我们再介绍另外的方法。

收缩法

19. 我们已经看到，在矩阵 A 是实的， 特征值也是实的情况下，可以用实的原点移动得到趋向于 λ_1 或是 λ_n 的收敛性。 在复矩阵的情况下，原则上用适当的原点移动使得许多特征值依次占优，但是通常很难实现。

自然要问，我们能否利用已知的 λ_1 和 x_1 去寻找别的 特征向量，并且避免再收敛于 x_1 的危险. 回答是肯定的，有一类这样的方法，其本质是用一个仅含有剩下的特征值的矩阵来代替 A. 我们称这类方法为收缩法.

最简单的方法是属于 Hotelling (1933)的方法. 它可用于对称矩阵 A_1 的特征值 λ_1 和特征向量 x_1 都是已知的情况，我们定义 A_2 为

$$x_1^T x_1 = 1, \quad A_2 = A_1 - \lambda_1 x_1 x_1^T, \tag{19.1}$$

从 x_i 的正交性，我们有

$$A_2 x_i = A_1 x_i - \lambda_1 x_1 x_1^T x_i = 0 \quad (i = 1) \tag{19.2}$$
$$= \lambda_i x_i (i \neq 1).$$

因此，A_2 的特征值是 $0, \lambda_2 \cdots, \lambda_n$, 对应的特征向量是 $x_1, x_2 \cdots x_n$, 原主导特征值 λ_1 已经化为零。

当 A_1 是非对称矩阵时，Hotelling (1933)也给出了收缩方法，

但是除了 x_1 之外，还要定出左特征向量 y_1。如果都规格化使得 $y_1^T x_1 = 1$，那么 A_2 决定为

$$A_2 = A_1 - \lambda_1 x_1 y_1^T. \tag{19.3}$$

从 x_i 和 y_i 的双正交性，我们有

$$A_2 x_i = A_1 x_i - \lambda_1 x_1 y_1^T x_i = 0 \qquad (i = 1) \tag{19.4}$$
$$= \lambda_i x_i \quad (i \neq 1).$$

这两个收缩方法的数值稳定性都不好，我们不推荐使用它们。

用相似变换的收缩法

20. 现在我们研究以 A_1 的相似变换为基础的收缩法。假定 H_1 是某个非奇异矩阵，使得

$$H_1 x_1 = k_1 e_1, \tag{20.1}$$

显然 $k_1 \neq 0$。我们有

$$A_1 x_1 = \lambda_1 x_1, \quad \text{给出} \quad H_1 A_1 (H_1^{-1} H_1) \, x_1 = \lambda_1 H_1 x_1. \tag{20.2}$$

等式 (20.1) 和 (20.2) 给出

$$H_1 A_1 H_1^{-1} e_1 = \lambda_1 e_1, \tag{20.3}$$

因此 $H_1 A_1 H_1^{-1}$ 的第一列必定是 $\lambda_1 e_1$。我们可以写

$$A_2 = H_1 A_1 H_1^{-1} = \left[\begin{array}{c|c} \lambda_1 & b_1^T \\ \hline O & B_2 \end{array} \right], \tag{20.4}$$

其中 B_2 是 $(n-1)$ 阶矩阵，显然有特征值 $\lambda_2, \cdots, \lambda_n$。为了寻找特征值 λ_2，我们可以用 B_2 进行。用 $x_2^{(2)}$ 表示 B_2 的对应的特征向量然后写出

$$\left[\begin{array}{c|c} \lambda_1 & b_1^T \\ \hline O & B_2 \end{array} \right] \left[\begin{array}{c} \alpha \\ \hline x_2^{(2)} \end{array} \right] = \lambda_2 \left[\begin{array}{c} \alpha \\ \hline x_2^{(2)} \end{array} \right] = \lambda_2 x_2^{(1)} \ (\text{比如说}), \tag{20.5}$$

我们有

$$(\lambda_1 - \lambda_2)\alpha + b_1^T x_2^{(2)} = 0. \tag{20.6}$$

最后，从 (20.4) 得到

$$x_2 = H_1^{-1} x_2^{(1)}. \tag{20.7}$$

因此，我们能够从 B_2 的特征向量容易地决定 A_1 的对应的特征向量。

在决定 B_2 的特征向量 $x_2^{(2)}$ 之后，我们用类似的方法定出 H_2，使得

$$H_2 x_2^{(2)} = k_2 e_1, \qquad (20.8)$$

得到

$$H_2 B_2 H_2^{-1} = \left[\begin{array}{c|c} \lambda_2 & b_2^T \\ \hline O & B_3 \end{array} \right], \qquad (20.9)$$

其中 B_3 是 $(n-2)$ 阶的，有特征值 $\lambda_3, \cdots, \lambda_n$。我们从 B_3 的特征向量 $x_3^{(3)}$ 可以决定 B_2 的特征向量 $x_3^{(2)}$，然后得到 $H_1 A_1 H_1^{-1}$ 的向量 $x_3^{(1)}$，因而最终得到 A_1 的特征向量 x_3。继续下去，我们可以找到 A_1 的全部特征值和特征向量。如果我们写

$$K_r = \left[\begin{array}{c|c} I_{r-1} & O \\ \hline O & H_r \end{array} \right], \qquad (20.10)$$

那么我们得到

$$K_r \cdots K_2 K_1 A_1 K_1^{-1} K_2^{-1} \cdots K_r^{-1} = \left[\begin{array}{c|c} T_r & C_r \\ \hline O & B_{r+1} \end{array} \right], \qquad (20.11)$$

其中 T_r 是上三角矩阵，对角元是 $\lambda_1, \cdots, \lambda_r$，$B_{r+1}$ 有特征值 $\lambda_{r+1}, \cdots, \lambda_n$。所以逐次收缩法给出了一个相似变换约化矩阵为三角型（第一章 §§42, 47）。

用不变子空间的收缩法

21. 在详细研究这种收缩法之前，我们讨论一个特殊情况。假设我们已定出 A 的一个不变子空间（第三章 §63），但是不一定是特定的一些特征向量。假定我们有矩阵 X，它有线性无关的 m 列，和一个 $m \times m$ 矩阵 M，使得

$$AX = XM. \qquad (21.1)$$

进一步假定 H 是非奇异矩阵，使得

$$HX = \left[\begin{array}{c} T \\ \hline O \end{array} \right], \qquad (21.2)$$

其中 T 是 $m \times m$ 非奇异矩阵（实际上通常是上三角型）。如果我们写

$$HAH^{-1} = \left[\begin{array}{c|c} B & C \\ \hline D & E \end{array} \right], \tag{21.3}$$

那么从关系

$$HAH^{-1}HX = HXM, \tag{21.4}$$

我们有

$$\left[\begin{array}{c|c} B & C \\ \hline D & E \end{array} \right] \left[\begin{array}{c} T \\ \hline O \end{array} \right] = \left[\begin{array}{c} T \\ \hline O \end{array} \right] M. \tag{21.5}$$

由此得

$$BT = TM \ \text{和} \ DT = 0. \tag{21.6}$$

从第二个关系式得 $D = O$，因此 A 的特征值是 B 的和 E 的特征值的全体。从 (21.6) 的第一个等式可知，B 的特征值又是 M 的特征值。

用稳定初等变换的收缩法

22. 现在我们回到已知单个特征向量 x_1 的情况，我们需要一个满足 (20.1) 的矩阵 H_1。我们可以用一个稳定的 $N_1 I_{1,1'}$ 形的乘积决定 H_1，其中 x_1 的最大模元素在 $1'$ 位置。假定 x_1 已规格化，使 $\max(x_1) = 1$，收缩法的步骤如下。

(i) 交换 A_1 的第 1 行和第 1′行，第 1 列和第 1′ 列。

(ii) 交换 x_1 的第 1 元素和第 1′元素，把所得的向量称为 y_1.

(iii) 对 i 从 1 到 n 计算

　　　　第 i 行＝第 i 行－(y_i × 第 1 行).

(iv) 对 i 从 2 到 n 计算

　　　　第 1 列＝第 1 列＋(y_i × 第 i 列).

实际上，步 (iv) 不必执行；因为我们已知第 1 列必定变成(λ_1, 0，$\cdots$，0)，所以在收缩法中仅有 $(n-1)^2$ 次乘法。注意，对这种收缩法，等式(20.4)中的 b_1^T 由 A_1 的第 1′行的元素组成，只是以明显的方式置换的 $a_{1'1'}$ 除外。此外，即使 A_1 是对称的，A_2 一般不保持对称性。

23. 当我们像在 §21 那样有一个不变子空间 X 时，我们希望

决定一个满足 (21.2) 的 H. 这又可用稳定的初等变换很方便地实现. 一个适当的 H 可以确定为乘积

$$N_m I_{m,m'} \cdots N_2 I_{2,2'} N_1 I_{1,1'}, \tag{23.1}$$

其中各个矩阵恰是对矩阵 X 施行交换的 Gauss 消去法可得到的矩阵 (它只有 m 列, 而不是 n 列, 但这是无关紧要的). 显然, 我们有

$$N_m I_{mm'} \cdots N_2 I_{2,2'} N_1 I_{1,1'} X = \begin{bmatrix} T \\ \hline O \end{bmatrix}, \tag{23.2}$$

其中 T 是上三角形的. 如果不需要交换, H 的形式是

$$\begin{bmatrix} L & O \\ \hline M & I_{s-m} \end{bmatrix}.$$

如果 X^T 是 $[U \vdots V]$, (23.2) 等价于

$$LU = T \quad \text{和} \quad MU + V = O. \tag{23.3}$$

HAH^{-1} 的计算有 m 步, 在第 r 步中, 用矩阵 $N_r I_{r,r'}$ 执行相似变换. 注意, 我们不必计算 (21.5) 中用 D 表示的收缩后的那部分矩阵, 因为我们已知它应该是零. 因为在开始收缩之前我们有了关于交换的全部信息, 我们知道 A 的那些行和列产生子矩阵 D. 很容易设计计算过程, 使得在决定 H (像所有交换的三角分解那样) 和计算收缩的矩阵中用内积累加.

24. 使用不变子空间的最普通的例子是发生在有复特征值对的矩阵. 如果我们用 §12 的方法, 那么在出现收敛之后, 任何两个接连的 u_s 和 u_{s+1} 组成一个不变子空间.

当复特征向量 $(z_1 + iw_1)$ 已经确定时, 这个收缩法有一个很有意义的特点. 假定 $(z_1 + iw_1)$ 已规格化, 使得 $\max(x_1) = 1 + 0i$. 当 $n = 5$, $1' = 3$ 时我们有

$$\begin{aligned} z_1^T &= (a_1 \quad a_2 \quad 1 \quad a_4 \quad a_5), \\ W_1^T &= (b_1 \quad b_2 \quad 0 \quad b_4 \quad b_5). \end{aligned} \tag{24.1}$$

第一次交换给出

$$\begin{bmatrix} 1 & a_2 & a_1 & a_4 & a_5 \\ 0 & b_2 & b_1 & b_4 & b_5 \end{bmatrix} = \begin{bmatrix} 1 & a_2' & a_3' & a_4' & a_5' \\ 0 & b_2' & b_3' & b_4' & b_5' \end{bmatrix}, \tag{24.2}$$

在 N_1 中我们有 $n_{j1} = a_j$. x 的第一列的约化保持第二列不受影响,第二列以后用 $N_2 I_{2,2'}$ 左乘独立地约化. 实际的效果是首先把 z_1 作为实特征向量处理并执行一次收缩,然后把 w_1(连同省略的零元)当作收缩后的矩阵的特征向量处理并执行另一次相应的收缩.

用酉变换的收缩法

25. 类似地,我们可以用酉变换实现收缩法. 在单个向量的情况下,等式 (20.1) 的矩阵 H_1 可选定为单个初等 Hermite 矩阵 $(I - 2ww^T)$,其中 w 通常没有零分量,或者选定为在平面 $(1,2)$,$(1,3),\cdots,(1,n)$ 上的旋转的乘积. 如果 x_1 是实的,这些矩阵是正交的.

如果用平面旋转,一次收缩大约有 $8n^2$ 次乘法;如果用初等 Hermite 矩阵,有 $4n^2$ 次乘法. 这给出通常的 2 比 1 的比率,平面旋转并没有什么益处. 可是,用初等 Hermite 矩阵的乘法量是稳定的非酉变换的四倍,在上述情况中比例已是 2 比 1,这是因为在收缩时用稳定非酉变换,我们实际上不必执行用 H_1^{-1} 后右乘. 在任何情况下,最后 $(n-1)$ 列保持不变,并且我们不用计算就置第一列为 $\lambda_1 e_1$. 虽然在酉变换中我们最后可令第一列为 $\lambda_1 e_1$,但是这样做节省不了多少计算量,因为在右乘时其他的列都要修改.

如果原矩阵是 Hermite 矩阵,那么收缩后的矩阵也是 Hermite 矩阵,并且形式为

$$\left[\begin{array}{c|c} \lambda_1 & O \\ \hline O & B_2 \end{array} \right],$$

其中 B_2 是 Hermite 矩阵. 收缩法可以用几乎与第五章 §30 描述 Householder 方法的第一步相同的方式实行(除了 w 第一个元素不是零之外). 有意思的是,Feller 和 Forsythe(1951) 首先描述这个用初等 Hermite 矩阵的收缩法,只是他们用的术语不同,可惜没有引起人们充分的注意(也许因为它只是该文中很多收缩法中的一个),否则在**数值分析的矩阵研究历史中可以导致更早**

更广泛地使用初等 Hermite 矩阵.

类似地,对于由 m 列张成的不变子空间,我们可以按照正交三角化(第四章 §46)中处理方阵的前 m 列一样对待它. 这需要 m 个初等 Hermite 矩阵,其向量 w_i 分别有 $0, 1, 2, \cdots, m-1$ 个零元,对应的矩阵 T 还是上三角型的. 关于实矩阵的一个复特征向量 $(z_1 + iw_1)$,我们用实的不变子空间 $(z_1 \vdots w_1)$,因而只用实(正交)矩阵,不涉及复运算.

数值稳定性

26. §22 和 §25 的收缩法都非常稳定. 假设向量 u_s 已被接受作为一个特征向量,并且 $\lambda = \max(Au_s)$ 作为特征值. 为了简化记号,这里省去足标 s,不失其一般性,我们假定 u_s 的极大模元素在第一个位置. 我们写出

$$A_1 u - \lambda u = \eta, \qquad (26.1)$$

并且假定 $\|\eta\|$ 与 $\|A\|$ 相比是小量. 可是,第三章的 (53.6) 和第二章 §10 证明,这并不意味着 u 一定是高精度的. 的确,如果有多于一个特征值接近 λ,这个 u 可能是一个精度很低的特征向量. 如果我们写

$$A_1 = \left[\begin{array}{c|c} a_{11} & a^T \\ \hline c & B_1 \end{array} \right], \quad u^T = (1 \vdots v^T), \text{ 其中 } |v_i| \leqslant 1, \quad (26.2)$$

那么

$$H_1 = \left[\begin{array}{c|c} 1 & O \\ \hline -v & I \end{array} \right]. \qquad (26.3)$$

现在用 A_2 表示计算的收缩矩阵,我们有

$$A_2 = \left[\begin{array}{c|c} \lambda & a^T \\ \hline O & B_2 \end{array} \right], \qquad (26.4)$$

其中只有 B_2 的元素是实际计算的. 例如,用定点计算,我们有

$$a_{ij}^{(2)} = a_{ij}^{(1)} - u_i a_{1j}^{(1)} + \varepsilon_{ij}^*, \quad |\varepsilon_{ij}| \leqslant \frac{1}{2} 2^{-t}$$

---

* 原文误为 ε_i. ——译者注

$$(1 < i, \ j \leqslant n), \tag{26.5}$$

由此得

$$B_2 = B_1 - va^T + F, \tag{26.6}$$

其中 F 是由 ε_{ij} 形成的矩阵. 现在考虑用计算的 A_2 定义的矩阵 $\tilde{A}_1$, 其关系是

$$\tilde{A}_1 = H_1^{-1} A_2 H_1 = \left[\begin{array}{c|c} \lambda - a^T v & a^T \\ \hline \lambda v - B_2 v - va^T v & B_2 + va^T \end{array} \right]$$

$$= \left[\begin{array}{c|c} \lambda - a^T v & a^T \\ \hline (\lambda I - B_1 - F)v & B_1 + F \end{array} \right]. \tag{26.7}$$

计算的 A_2 与 $\tilde{A}_1$ 有完全相同的特征值, 并且显然, $\tilde{A}_1$ 有 λ 和 u 作为准确的特征值和特征向量. 所以, 我们可以说, 计算的 A_2 是先寻找 $\tilde{A}_1$ 的一个准确特征值和特征向量, 然后实施准确的收缩得到的矩阵. 我们希望建立 $\tilde{A}_1$ 和 A_1 的关系, 记 $\eta^T = (\eta_1 ; \zeta)$, 等式 (26.1) 给出

$$a_{11} + a^T v - \lambda = \eta_1, \quad c + B_1 v - \lambda v = \zeta, \tag{26.8}$$

因而

$$\tilde{A}_1 = \left[\begin{array}{c|c} a_{11} - \eta_1 & a^T \\ \hline c - \zeta - Fv & B_1 + F \end{array} \right], \tag{26.9}$$

$$\tilde{A}_1 - A_1 = \left[\begin{array}{c|c} -\eta_1 & O \\ \hline -\zeta - Fv & F \end{array} \right], \tag{26.10}$$

可以得到

$$\|\tilde{A}_1 - A_1\|_\infty \leqslant \|\eta\|_\infty + \frac{1}{2}(n-1)2^{-t}. \tag{26.11}$$

假定剩余 η 是小量, 我们可以肯定, 即使 A_2 可能与用准确的 u 导出的矩阵差别很大, A_2 的特征值必定接近 A_1 的特征值(如果它们是良态的).

如果我们考虑一系列收缩, 那么存在一个危险, 就是逐次的 A_1 的元素可能逐步增大, 矩阵可能变得愈来愈病态. 早在使用一系列稳定的非酉变换时, 这一问题已引起我们的注意. 在目前这

一特殊情况下，这个危险似乎比在一般的情况下的小。实际上在每一次收缩时，我们只对 A_r 的右下角的矩阵 B_r 作计算，通常随着 r 增加 B_r 的条件改善，甚至对 A_r 不成立时也是如此。 一个收缩的例子是 A_r 有一个二次因子。如果忽略了舍入误差，每个 A_r 必定有二次因子，但是如果已找到它的一个特征值以后，B_r 就再没有二次因子了。 因此，特征值对其中剩下的一个的条件必定已被改善。

数值例子

27. 在表 1 中我们显示了一个三阶矩阵的收缩法。 从给出的

表 1

	A_1				x_1	x_2	x_3
0.987	0.400	−0.487		$\lambda_1 = 0.905$	1.000	1.0	1.0
−0.079	0.500	0.479		$\lambda_2 = 0.900$	0.143	1.0	−1.0
0.082	0.400	0.418		$\lambda_3 = 0.100$	0.286	1.0	1.0

$$u_1^T = [1.000 \quad 0.200 \quad 0.333] = \text{计算的 } x_1.$$

$$\eta_1^T = 10^{-3}[-0.171 \quad -0.498 \quad -0.171] = \text{剩余向量}$$

$$\text{计算的 } A_2 = \begin{bmatrix} 0.905 & 0.400 & -0.487 \\ 0 & 0.420 & 0.576 \\ 0 & 0.267 & 0.580 \end{bmatrix} \begin{matrix} \\ \lambda_2' = 0.900 \\ \lambda_1' = 0.100 \end{matrix}$$

$$\text{较准确的 } A_2 = \begin{bmatrix} 0.905 & 0.400 & -0.487 \\ 0 & 0.443 & 0.549 \\ 0 & 0.286 & 0.557 \end{bmatrix}$$

$$\tilde{A}_1 = \begin{bmatrix} 0.987 & 171 & 0.400 & 000 & -0.487 & 000 \\ -0.078 & 373 \ 800 & 0.500 & 000 & 0.478 & 000 \\ 0.082 & 187 \ 943 & 0.400 & 200 & 0.417 & 829 \end{bmatrix}$$

转置的计算的 B_2 的特征向量 $= [1.000, \ 0.833] = [x_2^{(2)}]^T$

$$\text{计算的 } A_2 = \begin{bmatrix} 0.905 & 0.400 & -0.487 \\ 0 & 0.900 & 0.576 \\ 0 & 0 & 0.100 \end{bmatrix}$$

计算的	x_1	x_2	x_3
	1.000	0.750	1.000
	0.200	1.000	−1.000
	0.333	0.958	1.000

特征值和特征向量可看出，λ_1 和 λ_2 是接近的。对于向量 u_s，虽然它的十进制第二位有误差，但是已被接纳为特征向量，并得出较准确的特征值和小剩余向量。计算的收缩矩阵与用准确计算的矩阵有本质上的差别，但是 λ_2 和 λ_3 已达到运算精度。向量 u 是 $\tilde{A}_1$ 的准确的特征向量，$\tilde{A}_1$ 的准确收缩给出计算的 A_2。因此，计算的 A_2 的特征值是 $\tilde{A}_1$ 的准确值。我们注意到，$\tilde{A}_1$ 十分接近 A_1。我们从计算的 A_2 中的 2×2 矩阵 B_2 决定第二个特征值。因为它有二个明显分离的特征值，其特征向量是好定的。因此，迭代确实导出 B_2 的较准确的特征向量。表中展示了计算的 A_3，并且最后给出 A_1 的三个计算的特征向量。计算的 x_2 是不准确的，不过这是我们预料到的。它的不准确性不能完全归罪于收缩法。它的精度不低于用原矩阵计算的 x_1。此外，计算的 x_1 和 x_2 张成的子空间是相当准确的。事实上，计算的 $x_2^{(2)}$ 与正确的 $x_2^{(2)}$ 在运算精度内是一致的，这是因为在 x_1，x_2 的子空间中第一个分量是零的向量是好定的。另一方面，用"很低精度"收缩得到的 x_3 也准确到运算精度。这也是我们预料中的，因为 x_3 是良态特征向量，在第一次收缩中产生的误差与用 $\tilde{A}_1$ 代替 A_1 作计算是等价的。

从 B_2 的特征向量得到 x_2，我们有

$$x_2 = \begin{bmatrix} 1.000 \\ 0.200 \\ 0.333 \end{bmatrix} + \alpha \begin{bmatrix} 0 \\ 1.000 \\ 0.833 \end{bmatrix}, \tag{27.1}$$

其中 α 由 Ax_2 和 $\lambda_2 x_2$ 的第一个元素相等来决定。这给出

$$\lambda_2 = \lambda_1 + \alpha(-0.005671) \quad \text{或者} \quad -0.005 = \alpha(-0.005671).$$

注意，α 是由两个小量的比来决定的。这一定是 A_1 有靠近的特征值但不接近有非线性因子的矩阵的情况。在极限的情况下，λ_1 和 λ_2 相等，但是 A_1 有线性因子，α 的系数（即 $a^T x_2^{(2)}$）是准确的零，这说明 α 是任意值，这正是我们预想的。当 A_1 有一个二次因子时，$a^T x_2^{(2)}$ 不是零，因此实际上 $x_2 = x_1$，因而我们仅得到一个特征向量，这向量 $x_2^{(2)}$ 给出在 A_1 的对应于该二次因子的子空间中的一个独立向量。

酉变换的稳定性

28. 可以设想，§25 的酉收缩法也是十分稳定的，并且不会发生逐次收缩的矩阵元素增大，矩阵愈变愈病态等危险.在这个分析中，没有新的内容.我们再次注意到，λ 和 u 是 $(A_1 - \eta u^T)$ 的准确的特征值和特征向量，因而第三章的一般性分析立刻就可应用.关于定点，有内积累加的计算分析已经由 Wilkinson (1962 b) 给出.

对于用浮点累加运算的初等 Hermite 收缩法，第三章 §45 的分析证明了计算的 A_r 与 $(A_1 + F_r)$ 准确相似，其中

$$\|F_r\|_E \leqslant \|\eta_1\|_2 + \|\eta_2\|_2 + \cdots + \|\eta_{r-1}\|_2$$
$$+ 2(r-1)(1+x)^{2r-4}x\|A_1\|_E, \qquad (28.1)$$

这里 $x = (12.36)2^{-t}$，而 η_i 是第 i 步的剩余向量.因此，只要我们迭代到剩余为小量，即使接受的特征向量不好，也能保证特征值好（在它们是良态情况下）.

显然，A_1 的对称性不变. 在分析上的一个明显的困难来自 $(A_1 - \eta u^T)$ 一般不是对称的，u^T 是其准确特征向量.可是，如果我们取 λ 是对应于 u 的 Rayleigh 商（第三章 §54），我们有 $\eta^T u = 0$，因此

$$(A_1 - \eta u^T - u\eta^T)u = \lambda u. \qquad (28.2)$$

在括号中的矩阵是准确对称的.

不计舍入误差，我们知道 A_i 的各个特征值的条件数在酉收缩下是不变的. 但是，这有一点误解，在每一步中我们不用整个矩阵 A_i 运算，而只用它的子矩阵 B_i，这里

$$A_i = \left[\begin{array}{c|c} T_{i-1} & C_{i-1} \\ \hline O & B_i \end{array} \right], \qquad (28.3)$$

T_{i-1} 是上三角矩阵，对角元是计算的特征值，如果 λ_k 是 B_i 的一个特征值，容易证明 λ_k 关于 B_i 的条件数 $\hat{s}_k$ 按模不小于 λ_k 关于 A_i 的条件数 s_k，所以也不小于关于 A_1 的. 事实上，如果

$$\left[\begin{array}{c|c} T_{i-1} & C_{i-1} \\ \hline O & B_i \end{array}\right]\left[\begin{array}{c} u \\ \hline v \end{array}\right] = \lambda_k \left[\begin{array}{c} u \\ \hline v \end{array}\right],$$

$$\left[\begin{array}{c|c} T_{i-1}^T & O \\ \hline C_{i-1}^T & B_i^T \end{array}\right]\left[\begin{array}{c} O \\ \hline w \end{array}\right] = \lambda_k \left[\begin{array}{c} O \\ \hline w \end{array}\right], \qquad (28.4)$$

那么

$$B_i v = \lambda_k v, \quad B_i^T w = \lambda_k w. \qquad (28.5)$$

这说明 $|\hat{s}_k| \geqslant |s_k|$。 因此，$B_i$ 的特征值一般地没有 A_i 的那样敏感，A_i 的额外增多的敏感性是由于在剩下的三个子矩阵中可能有摄动，虽然在 ACE 上的实验表明通常条件数逐步改善，我们却没有得到比非酉收缩更好的结果。

在非酉收缩中约有乘法 n^2 个，酉收缩要 $4n^2$ 个，而如果 A_1 是满矩阵，一次迭代约有 n^2 个乘法。 假如求每个特征向量要大量迭代，那么收缩的运算量只占总运算量的很小部分。 在这种情况下，我们有充分理由使用无条件地保证稳定的酉变换。

非相似变换的收缩法

29. 对于已经给定了一个特征向量 x_1 的情况，Wielandt (1944 b)描述了一个非相似变换的一般性收缩法。 假定 u_1 是任一个使得下式成立的向量

$$u_1^T x_1 = \lambda_1, \qquad (29.1)$$

考虑一个矩阵 A_2，其定义为

$$A_2 = A - x_1 u_1^T. \qquad (29.2)$$

我们有

$$A_2 x_1 = A x_1 - x_1 u_1^T x_1 = \lambda_1 x_1 - \lambda_1 x_1 = 0. \qquad (29.3)$$

因此，x_1 仍然是一个特征向量，但是对应的特征值变为零。 另一方面

$$\begin{aligned} A_2(x_i - \alpha_i x_1) &= A x_i - \alpha_i A x_1 - x_1 u_1^T x_i + \alpha_i x_1 u_1^T x_1 \\ &= \lambda_i x_i - x_1 u_1^T x_i \\ &= \lambda_i [x_i - (u_1^T x_i / \lambda_i) x_1] \quad (i = 2, \cdots, n). \qquad (29.4) \end{aligned}$$

因此，令 $\alpha_i = (u_1^T x_i / \lambda_i)$，我们看出，$\lambda_i$ 仍是特征值，所对应的特征

向量给定为

$$x_i^{(2)} = x_i - (u_1^T x_i / \lambda_i) x_1. \tag{29.5}$$

注意，n 个向量 x_1，$x_i^{(2)} (i \geqslant 2)$ 是独立的。事实上，如果

$$\beta_1 x_1 + \sum_{i=2}^{n} \beta_i [x_i - (u_1^T x_i / \lambda_i) x_1] = 0, \tag{29.6}$$

因为 x_i 是独立的，我们必定有 $\beta_i = 0 \ (i = 2, \cdots, n)$，因此 β_1 也是零。

Hotelling 的收缩法（§19）是这个方法当 u_1 取为 $\lambda_1 y_1$ 的特殊情况，y_1 是左特征向量，规格化为 $y_1^T x_1 = 1$，因为在 $y_1^T x_i = 0$ $(i \neq 0)$ 的这种情况下特征向量是不变的。

30. 在上节的一般方法中，我们已假定了 $\lambda_i \neq 0$，虽然这个条件可以用原点移动来保证，但是这是方法的一个缺点。考虑矩阵

$$A = \begin{bmatrix} 2 & 1 \\ 4 & 2 \end{bmatrix}, \ \lambda_1 = 4, \ \lambda_2 = 0,$$

$$x_1 = \begin{bmatrix} 1 \\ 2 \end{bmatrix}, \ x_2 = \begin{bmatrix} 1 \\ -2 \end{bmatrix}. \tag{30.1}$$

一个适当的向量 u 为 $u^T = [4, 0]$，并且我们有

$$A_2 = \begin{bmatrix} 2 & 1 \\ 4 & 2 \end{bmatrix} - \begin{bmatrix} 1 \\ 2 \end{bmatrix} [4, 0] = \begin{bmatrix} -2 & 1 \\ -4 & 2 \end{bmatrix}. \tag{30.2}$$

矩阵 A_2 有二次因子 λ^2，它比 A 病态得多。

现在假定 v_1 是某一个满足下式的向量

$$v_1^T x_1 = 1, \tag{30.3}$$

我们有 $v_1^T A x_1 = v_1^T \lambda_1 x_1 = \lambda_1$，并且 $v_1^T A$ 可以作为关系 (29.1) 中的 u_1^T。用这个向量 Wielandt 的方法给出

$$A_2 = A - x_1 v_1^T A. \tag{30.4}$$

现在特征向量是

$$x_i - (v_1^T A x_i / \lambda_i) x_1 = x_i - (v_1^T x_i) x_1$$
$$(i = 2, \cdots, n), \tag{30.5}$$

并且 λ_i 的值是零不再具有特殊意义。可以直接验证 $x_i - (v_1^T x_i) x_1$

$(i = 2, \cdots, n)$ 的确是 A_2 的特征向量．这显然不是相似变换，因为一般地 λ_1 是改变的．

如果规格化 x_1，使得 $\max(x_1) = 1$，并且元素 1 在位置 $1'$ 上，显然 v_1 的选取是 $e_{1'}$．这样我们得到

$$A_2 = A - x_1 e_{1'}^{\mathrm{T}} A. \tag{30.6}$$

显然，A_2 的第 $1'$ 行是零，同时 A 的第 i 行减去第 $1'$ 行的 x_i' 倍得到 A_2 的第 i 行．因此，$I_{1,1'} A_2 I_{1,1'}$ 与 §22 收缩法得到的矩阵相比，在右下角的 $n-1$ 阶矩阵中元素相同，因为 A_2 的第 $1'$ 行为零．所有对应 λ_i 的特征向量 $(i = 2, \cdots, n)$ 的第 $1'$ 分量都是零．从另一角度来看，这也是明显的，因为 A_2 的相应的特征向量是 $x_i - (e_{1'}^{\mathrm{T}} x_i) x_1$，用 A_2 迭代时我们显然可以略去第 $1'$ 列和第 $1'$ 行，只用 $(n-1)$ 阶的矩阵．

如果假定 $1' = 1$，以后的讨论就简化了．当 $i' \neq 1$ 时，只须作一点简单的修改．于是收缩矩阵 A_2 给定为

$$A_2 = A - x_1 e_1^{\mathrm{T}} A = (I - x_1 e_1^{\mathrm{T}}) A. \tag{30.7}$$

我们用 x_1，$x_2^{(2)}$，$x_3^{(3)}$，$\cdots$，$x_n^{(2)}$ 表示 A_2 的特征向量，其中 $x_i^{(2)}(i \geq 2)$ 的第一个分量是零．当找到 $x_2^{(2)}$ 之后，我们可以执行第二次收缩，并且又假定 $2' = 2$ 以便简化记号．因此我们有

$$A_3 = A_2 - x_2^{(2)} e_2^{\mathrm{T}} A_2 = (I - x_2^{(2)} e_2^{\mathrm{T}})(I - x_1 e_1^{\mathrm{T}}) A, \tag{30.8}$$

并且 A_3 的第 1 行，第 2 行全是零．

通常以显式形式执行收缩法是方便的，得到的是 $A_2, A_3, \cdots$，或者至少是在后面迭代使用的各个 $n-1$，$n-2$，$\cdots$ 阶的相应子矩阵．如果 A 十分稀疏，这样做是不经济的，因为 A_2 及其后的矩阵一般不再是这样稀疏了．如果一个大的稀疏矩阵只需要少数几个特征向量，通常最好的收缩矩阵是 (30.8) 的因子分解形式，例如用 A_3 迭代．我们知道，相应的特征向量的头两个分量都是零．因此，我们可以取初始向量 u_0 为这种形式，并且 u_s 始终保持这种形式．如果我们记 $A u_s = p_{s+1}$，那么我们先计算 q_{s+1}，其定义为

$$q_{s+1} = (I - x_1 e_1^{\mathrm{T}}) p_{s+1} = p_{s+1} - (e_1^{\mathrm{T}} p_{s+1}) x_1. \tag{30.9}$$

显然，q_{s+1} 是从 p_{s+1} 减去 x_1 的适当倍数消去了第一个元素后得到的，然后我们有

$$(I - x_2^{(2)}e_2^T)q_{s+1} = q_{s+1} - (e_2^T q_{s+1})x_2^{(2)*} = v_{s+1} \text{（比如说）}. \quad (30.10)$$

因此，v_{s+1} 是从 q_{s+1} 减去 $x_2^{(2)}$ 的倍数消去了第二个元素得到非规格化向量，当我们有 A_r 时，这个方法可以在一般的迭代步使用. 例如 $n = 6$，$r = 4$，我们有

$$[x_1 \vdots x_2^{(2)} \vdots x_3^{(3)}] = \begin{bmatrix} 1 & 0 & 0 \\ \times & 1 & 0 \\ \times & \times & 1 \\ \times & \times & \times \\ \times & \times & \times \\ \times & \times & \times \end{bmatrix}, \quad u_s = \begin{bmatrix} 0 \\ 0 \\ 0 \\ 1 \\ \times \\ \times \end{bmatrix},$$

$$Au_s = \begin{bmatrix} \times \\ \times \\ \times \\ \times \\ \times \\ \times \end{bmatrix}, \quad v_{s+1} = \begin{bmatrix} 0 \\ 0 \\ 0 \\ \times \\ \times \\ \times \end{bmatrix}, \quad (30.11)$$

并且 Au_s 必定被一个列运算而不是行运算消去过程简化为 v_{s+1} 形式，向量 v_{s+1} 然后规格化为 u_{s+1}，在 §34 中我们将看到这几乎就是 F. L. Bauer 提出的梯级迭代法.

用不变子空间的一般约化

31. 如果 X 是一个有 m 列的不变子空间，使得

$$AX = XM, \quad (31.1)$$

其中 M 是 $m \times m$ 矩阵. 又如果 P 是 $n \times m$ 矩阵，使得

$$P^T X = M. \quad (31.2)$$

那么我们得到 Wietandt 收缩的一般形式

───────────

* 原文误为 x_2^T.——译者注

$$A_2 = A - XP^{\mathrm{T}}, \tag{31.3}$$

显然

$$A_2 X = AX - XP^{\mathrm{T}}X = XM - XM = 0. \tag{31.4}$$

因此，X 的 m 个独立的列是 A_2 的对应于零特征值的全部特征向量（甚至 X 对应一个 m 次初等因子，这也成立）。另外，正如下面要证明的 A_2 的其余特征值与 A 的相同，证明的根据是一个简单的恒等式：

$$\det(I_n - RS) = \det(I_m - SR). \tag{31.5}$$

当 R 和 S 分别是任意的 $n \times m$ 和 $m \times n$ 矩阵时，它都成立。由 RS 的非零特征值与 SR 的非零特征值相同（第一章 §51）立即可得到 (31.5)。从 (31.1) 我们进一步看出

$$\lambda X - AX = \lambda X - XM, \tag{31.6}$$

给出

或者

$$(\lambda I_n - A)X = X(\lambda I_m - M)$$

$$X(\lambda I_m - M)^{-1} = (\lambda I_n - A)^{-1}X. \tag{31.7}$$

现在我们有

$$
\begin{aligned}
\det(\lambda I_n - A_2) &= \det(\lambda I_n - A + XP^{\mathrm{T}}) \\
&= \det(\lambda I_n - A)\det[I_n + (\lambda I_n - A)^{-1}XP^{\mathrm{T}}] \\
&= \det(\lambda I_n - A)\det[I_n \\
&\quad + X(\lambda I_m - M)^{-1}P^{\mathrm{T}}] \qquad 从\ (31.7) \\
&= \det(\lambda I_n - A)\det[I_m \\
&\quad + P^{\mathrm{T}}X(\lambda I_m - M)^{-1}] \qquad 从\ (31.5) \\
&= \det(\lambda I_n - A)\det[I_m \\
&\quad + M(\lambda I_m - M)^{-1}] \qquad 从\ (31.2) \\
&= \det(\lambda I_n - A)\lambda^m\det(\lambda I_m - M)^{-1}. \tag{31.8}
\end{aligned}
$$

这表明除了属于 M 的特征值用零代替之外，A_2 有 A 的其余的特征值。

32. Householder (1961) 讨论了 A_2 和 A 的不变子空间的关系，这是方程 (29.5) 的推广，并且它们也存在与该式中出现除数 λ_i 相类似的缺陷。现在我们只考虑实际使用的情况，此时比较容易得到比一般情况稍好的结果。

作为 (30.3) 的自然推广，设 Q 是使得

$$Q^T X = \dot{I}_m \tag{32.1}$$

的矩阵，那么由 (31.1) 我们得

$$Q^T A X = Q^T X M = M, \tag{32.2}$$

因此 $Q^T A$ 是等式在 (32.2)中一个适当的矩阵 P^T。 于是在这个情况下我们有

$$A_2 = A - X Q^T A = (I - X Q^T) A, \quad A_2 X = 0. \tag{32.3}$$

现在假定组成 Y 的 p 个向量与 X 的无关，但是它使得

$$AY = [X \vdots Y] \begin{bmatrix} S \\ \cdots \\ N \end{bmatrix} = [X \vdots Y] W \tag{32.4}$$

(注意，Y 不必是 A 的一个不变子空间，但是 (31.1) 和 (32.4) 表明 $[X \vdots Y]$ 是不变子空间.)现在考虑 $A_2(Y - XZ)$，其中 Z 是任何使得$(Y - XZ)$ 存在的矩阵，因为 $A_2 X = 0$，我们有

$$
\begin{aligned}
A_2(Y - XZ) &= A_2 Y = AY - X Q^T AY \\
&= [X \vdots Y] W - X Q^T [X \vdots Y] W \\
&= [X \vdots Y] W - [X \vdots X Q^T Y] W \\
&= (Y - X Q^T Y) N. \tag{32.5}
\end{aligned}
$$

如果我们取 $Z = Q^T Y$，等式(32.5)表明 $Y - X(Q^T Y)$ 是 A_2 的一个不变子空间. 从 X 和 Y 的独立性立即得到 X 和 $Y - X(Q^T Y)$的独立性；如果我们考虑一个特殊的应用，这个结果的意义就更明显了. 假定 A 有一个四次的初等因子 $(\lambda - \lambda_1)^4$，并且我们已找到第一级和第二级向量 x_1 和 x_2，但是未找到 x_3 和 x_4. 如果我们收缩它，那么由 (31.4)，矩阵 A_2 现在有相应于 x_1 和 x_2 的两个线性因子 λ, λ 和一个二次因子 $(\lambda - \lambda_1)^2$，这因子有第一级和第二级的向量，分别对应于收缩后的 x_3 和 x_4. 可是，在实际上，用 A 迭代很可能提供由 x_1, x_2, x_3, x_4 张成的整个空间，而不是仅仅由 x_1, x_2 张成的子空间.

实际应用

33. 对矩阵 Q 的唯一限制是它应满足等式(32.1),在理论上这有很大的选择自由,但实际计算中, Q 的选择方法是使计算量极小. 如果我们记 $Q^T = [J \vdots K]$ 和 $X^T = [U^T \vdots V^T]$,其中 J 和 U 是 $m \times m$ 矩阵,那么 Q 的可能的最简单的选择是

$$J = U^{-1}, \quad K = 0. \tag{33.1}$$

如果记

$$A = \left[\begin{array}{c|c} B & C \\ \hline D & E \end{array}\right], \quad 那么 \quad A_2 = \left[\begin{array}{c|c} B & C \\ \hline D & E \end{array}\right]$$

$$- \left[\begin{array}{c} U \\ \cdots \\ V \end{array}\right] [U^{-1} \vdots O] \left[\begin{array}{c|c} B & C \\ \hline D & E \end{array}\right], \tag{33.2}$$

得出

$$A_2 = \left[\begin{array}{c|c} O & O \\ \hline D - VU^{-1}B & E - VU^{-1}C \end{array}\right], \tag{33.3}$$

因此 A_2 的第 1 行到第 m 个是零. 其余的特征值是 $(E - VU^{-1}C)$ 的那些特征值.

在实际上,我们不会取 X 的前 m 行,而是用主元方法选取合适的 m 行. 我们可以验证这样做的结果,矩阵 $(E - VU^{-1}C)$(它是 A_2 的一部分,在后面的迭代中实际使用的)等于用 §23 的方法得到的收缩矩阵的相应部分.

然而,在执行收缩之前把不变子空间 X 化为标准的梯形是比较方便的,这个形式是由执行部分主元三角分解的相应部分得到的. 为了记号方便,我们忽略这主元,我们可写

$$X = TR, \tag{33.4}$$

其中 X, T 和 R 的形状为

$$R = \left[\begin{array}{ccc} \times & \times & \times \\ & \times & \times \\ & & \times \end{array}\right], \tag{33.5}$$

$$X = \begin{bmatrix} \times & \times & \times \\ \times & \times & \times \\ \times & \times & \times \\ \times & \times & \times \\ \times & \times & \times \\ \times & \times & \times \end{bmatrix}, \qquad T = \begin{bmatrix} 1 & 0 & 0 \\ \times & 1 & 0 \\ \times & \times & 1 \\ \times & \times & \times \\ \times & \times & \times \\ \times & \times & \times \end{bmatrix},$$

T 是 $n \times m$ 单位下梯形矩阵，R 是 $m \times m$ 上三角形矩阵. 显然，如果 X 是不变子空间，那么 T 也将如此. 因此，自起至终可用 T 代替 X. 因为对应 U 的 T 的子矩阵现在是 $m \times m$ 单位下三角形矩阵，所以 $(E - VU^{-1}C)$ 的计算特别简单.

如果 A 是稀疏的，我们可以把 (33.2) 改为形式，

$$A_2 = \left\{ I - \left[\begin{array}{c|c} I & O \\ \hline VU^{-1} & O \end{array} \right] \right\} A, \qquad (33.6)$$

这样做有时是比较经济的. 从 (33.3) 我们知道，A_2 的相应的不变子空间 Y 的前 m 行是零. 因此，如果用 A_2 迭代，我们可以从具有这种形式的 Y_0 开始，那么所有的 Y_s 也保持这个形式. 如果我们写

$$AY_s = \begin{bmatrix} K_s \\ M_s \end{bmatrix}, \qquad (33.7)$$

那么从 AY_s 减去 T 的这列的倍数消去了前 m 行就得到 $A_2 Y_s$，因为 T 是单位梯形矩阵，运算特别容易.

梯级迭代

34. 使用迭代和收缩方法的一个困难，是在每个阶段我们通常不知道当前的主导特征值是实的还是复的，其对应的初等因子究竟是不是非线性的. 我们用 n 个向量的完备组同时运算能克服这个困难. 取单位下三角形矩阵的列作为这 n 个向量可以保证其独立性. 如果在每个阶段我们用 L_s 表示 n 个向量形成的矩阵，这个过程变成

$$X_{s+1} = AL_s, \qquad X_{s+1} = L_{s+1}R_{s+1}, \qquad (34.1)$$

其中每个 L_s 是单位下三角形矩阵，并且每一个 R_s 是上三角形矩阵。如果令 L_0 为 I，那么我们有

$$L_s R_s = X_s = AL_{s-1}, \tag{34.2}$$

$$L_s R_s R_{s-1} = AL_{s-1}R_{s-1} = AAL_{s-2} = A^2 L_{s-2}, \tag{34.3}$$

$$L_s (R_s R_{s-1} \cdots R_1) = A^s L_0 = A^s. \tag{34.4}$$

因此，L_s 和 $R_s R_{s-1} \cdots R_1$ 是 A^s 的三角分解得到的矩阵。从第八章 §4 中知道，L_s 等于 LR 算法中得到的前 s 个下三角矩阵的乘积，而 R_s 等于同一算法中相应的上三角形矩阵。因此，我们知道（第八章 §6），如果所有特征值不等模，那么 $L_s \to L$，这个矩阵是从 A 的右特征向量矩阵的三角分解得到的。不要以为这方法与 LR 方法形式上类似，就意味着它也会像 LR 算法在实际计算中那样有用。

实用的 LR 方法的成功依赖于许多因素，其中上 Hessenberg 型的不变性（甚至使用变换）、原点移动的有效性和收缩过程的稳定性是最重要的。在梯级迭代中，如果取 A 是上 Hessenberg 型，取 L_0 是 I，那么虽然 L_1 仅仅有 $(n-1)$ 个非零的次对角元，但非零元素的数目在各个 L_i 中逐渐增长直到 L_{n-1}，我们得到一个满的下三角矩阵，从此开始 AL_i 是满矩阵了。

另一方面，如果取 A 是下 Hessenberg 型，那么在每一阶段 AL_i 也是下 Hessenberg 型。但是，虽然在 AL_i 的三角分解中只有 $\frac{1}{2} n^2$ 个乘法，然而计算 AL_i 需要 $\frac{1}{6} n^3$ 个乘法。在 AL_i 的分解中，行的交换破坏 Hessenberg 型，但列交换却不破坏 Hessenberg 型。然而和 LR 算法一样，引入交换就破坏了方法的理论根据，用 $(A - pI)$ 代替 A 来运算可以达到加速收敛的目的，同时 p 可以在迭代中改变，但由于还缺少一个真正有效的收缩方法，因而这方法远不如 LR。当我们确定 A 的一个小特征值 λ_i 时，我们不能自由选择 p，因为这可能使 $(\lambda_i - p)$ 成为 A 的一个主导特征值。

显然，我们不必使用全部 n 个向量组，我们可以用单位下梯形形成的 m 个向量来运算。用 T_s 表示这 m 个向量，过程变为

$$AT_s = X_{s+1}, \quad X_{s+1} = T_{s+1}R_{s+1}, \qquad (34.5)$$

其中 R_{s+1} 是 $m \times m$ 上三角形矩阵. 如果 A 的 m 个主导特征值的模不等, 则 $T_s \to T$, 这里 T 是由 m 个主导特征向量的梯形分解得到的矩阵. 更一般地, 如果

$$|\lambda_1| \geqslant |\lambda_2| \geqslant \cdots \geqslant |\lambda_m| > |\lambda_{m+1}|, \qquad (34.6)$$

那么 T_s 不一定趋向于一个极限, 但是它趋向于一个不变子空间 (第八章 §§32, 34). 这个方法是 F. L. Bauer(1957) 首先提出来的, 称为梯级迭代或者阶梯迭代.

如果 $|\lambda_1| \gg |\lambda_2|$, T_s 的第一列在少量迭代之后就收敛于 x_1, 这时我们计算 x_{s+1} 时, 在 T_s 中包括 x_1 是没什么作用的. 一般如果 T_s 的前 R 个向量已经收敛, 以后各步中我们不必用 A 乘这些向量, 我们可以写

$$T_s = [T_s^{(1)} \vdots T_s^{(2)}], \qquad (34.7)$$

其中 $T_s^{(1)}$ 由前 k 个向量组成. 这些向量都已收敛, 而剩下的未收敛的 $(m-k)$ 个向量组成 $T_s^{(2)}$. 现在我们用关系

$$X_{s+1} = [T_s^{(1)} \vdots AT_s^{(2)}] \qquad (34.8)$$

定义 X_{s+1}, 其中 $T_s^{(1)}$ 已经是梯形的, 但是 $AT_s^{(2)}$ 一般由 $(m-k)$ 个满向量组成. 然后, 把 X_{s+1} 直接化为梯形矩阵, 我们立刻知道这个方法与 §30 讨论的相同.

应该着重指出, 不一定前面的列先收敛; 例如, 如果 A 的四个主导特征值是 $1, 0.99, 10^{-2}, 10^{-3}$, 前两列很快张成对应于 x_1 和 x_2 的子空间, 因此第 3, 4 列先收敛, 第 1, 2 列分离为适当的特征向量则比较慢, 如果主导特征值对应非线性初等因子, 这个现象会更明显. 我们在 §41 给出数值例子.

复共轭特征值的精度确定

35. 前几节的讨论提出一个确定实矩阵 A 的复共轭特征值的方法. 当特征值虚部小时, 它也不会遭受任何精度的损失. (当然 A 接近一个有二次初等因子的矩阵的情况除外.) 我们先描述不选主元的过程, 在每一步我们用一对实向量 a_s 和 b_s 迭代, 这对向

量是标准梯形形式的,即

$$a_s^T = (1, \ \alpha_s, \ \times, \cdots, \ \times, \ \times),$$
$$b_s^T = (0, \ \ 1, \ \times, \cdots, \ \times, \ \times). \tag{35.1}$$

我们计算 c_{s+1} 和 d_{s+1},

$$c_{s+1} = Aa_s, \ \ d_{s+1} = Ab_s, \tag{35.2}$$

并写

$$c_{s+1}^T = (\beta_{s+1}, \ \gamma_{s+1}, \ \times, \cdots, \ \times, \ \times),$$
$$d_{s+1}^T = (\delta_{s+1}, \ \varepsilon_{s+1}, \ \ \times, \cdots, \ \times, \ \times), \tag{35.3}$$

约化 ($c_{s+1}, \ d_{s+1}$) 为标准梯形,我们得到下一对向量 $a_{s+1}, \ b_{s+1}$。

如果 A 的主导特征值是一对复共轭数 ($\xi_1 \pm i\eta_1$),那么最终

$$[c_{s+1} \vdots d_{s+1}] = [a_s \vdots b_s]M_s, \tag{35.4}$$

其中 M_s 是 2×2 矩阵,它随着 s 而改变,但是有固定的特征值 ($\xi_1 \pm i\eta_1$)。在每一步我们决定矩阵 M_s,使得

$$\begin{bmatrix} 1 & 0 \\ \alpha_s & 1 \end{bmatrix} M_s = \begin{bmatrix} \beta_{s+1} & \delta_{s+1} \\ \gamma_{s+1} & \varepsilon_{s+1} \end{bmatrix}, \tag{35.5}$$

并且从 M_s 的特征值得到 $\xi_1 \pm i\eta_1$ 的新近似值。

可以设想,如果 η_1 小,我们计算 M_s 的特征值时仍然会损失精度;但是如果 ($\xi_1 \pm i\eta_1$) 是 A 的良态特征值,这种损失不会产生。在这种情况下,我们会发现,$m_{11}^{(s)}$ 和 $m_{22}^{(s)}$ 很接近 ξ_1,并且 $m_{12}^{(s)}$ 和 $m_{21}^{(s)}$ 是小量。 事实上,在 η_1 趋向于零的极限情况,假若 A 没有二次因子 ($\lambda - \xi_1)^2$,$m_{12}^{(s)}$ 和 $m_{21}^{(s)}$ 都变为零,最后向量 a_s 和 b_s 或者 c_{s+1} 和 d_{s+1} 较精确地决定一个不变子空间。但是在 §14 中我们已经看出,决定两个独立的特征向量是一个病态的问题。 如果 M_s 的对应于 $\xi_1 + i\eta_1$ 的特征向量为

$$u_s^T = (\varphi_s, \ \phi_s), \tag{35.6}$$

那么 A 的对应的特征向量就是 ($\varphi_s a_s + \phi_s b_s$)。 自然,$u_s$ 应该规格化使得较大的 $|\varphi_s|$ 或 $|\phi_s|$ 是 1。

为了数值稳定,在约化 $[c_{s+1} \vdots d_{s+1}]$ 为梯级形的过程中选主元是必不可少的。 a_s 和 b_s 中单位元素通常不在前两个位置,何况这位置要随 s 变,但是应注意,决定矩阵 M_s 的是 c_{s+1} 和 d_{s+1} 的四

个元素，它们处于与 a_s，b_s 中单位元素的相同的位置．

这个方法包含的计算量是 §12 的两倍，在那里我们先从一个迭代向量序列去决定 $(\xi_1 \pm i\eta_1)$．

十分靠近的特征值

36. 一个非常类似的方法可用来很精确地决定一组良态的但是不明显分离的主导特征值．例如，假定实矩阵 A 有主导特征值 λ_1，$\lambda_1 - \varepsilon_1$，$\lambda_1 - \varepsilon_2$，$\varepsilon_i$ 是小量，如果我们用一组梯形的向量 a_s，b_s，c_s 迭代，并且记

$$[d_{s+1} \vdots e_{s+1} \vdots f_{s+1}] = A[a_s \vdots b_s \vdots c_s], \tag{36.1}$$

那么像在 §35 中那样处理，我们可以从 a_s，b_s，c_s 和 d_{s+1}，e_{s+1}，f_{s+1} 的适当的元素决定一个 3×3 矩阵 M_s，这矩阵 M_s 的特征值将分别趋向于 λ_1，$\lambda_1 - \varepsilon_1$，$\lambda_1 - \varepsilon_2$．如果 A 的特征值不是病态的，M_s 的特征值将很精确地确定．事实上，最后 M 的对角元素接近 λ_1，并且所有非对角元素与 ε_i 的量级相同．

正交化方法

37. 现在我们转到另一个抑制主导特征向量（或者特征向量）的方法．最简单的使用例子是对实对称矩阵．假定 λ_1 和 x_1 已经决定，于是 $Ax_1 = \lambda_1 x_1$．我们知道，剩下的特征向量与 x_1 正交，因此使向量与 x_1 正交可以抑制该向量中 x_1 的成分．这就给出了如下定义的迭代过程

$$v_{s+1} = Au_s, \quad w_{s+1} = v_{s+1} - (v_{s+1}^T x_1) x_1,$$
$$u_{s+1} = w_{s+1}/\max(w_{s+1}), \tag{37.1}$$

这里假定了 $\|x_1\|_2 = 1$．显然，u_s 趋向于次主导特征向量，如果 A 的第二个特征值也等于 λ_1，那么它趋向于对应 λ_1 且与 x_1 正交的特征向量．

显然，除了 $|\lambda_1| \gg |\lambda_2|$ 以外，不一定要每一次迭代都施行与 x_1 正交化，而且当 A 是高阶时，正交化所占的工作量是微小的．

我们可以把这个方法推广到已知 x_1，x_2，$\cdots$，x_r 求 x_{r+1} 的

过程。相应的迭代过程定义为

$$v_{s+1} = Au_s, \quad w_{s+1} = v_{s+1} - \sum_1^r (v_{s+1}^T x_i) x_i,$$

$$u_{s+1} = w_{s+1}/\max(w_{s+1}). \tag{37.2}$$

由 (37.1) 我们得

$$w_{s+1} = v_{s+1} - (v_{s+1}^T x_1) x_1 = Au_s - x_1(u_s^T A x_1)$$
$$= Au_s - \lambda_1 x_1 (u_s^T x_1)$$
$$= Au_s - \lambda_1 x_1 (x_1^T u_s)$$
$$= (A - \lambda_1 x_1 x_1^T) u_s. \tag{37.3}$$

因此，不计舍入误差，这个方法给出的结果与 Hotelling(§19)的相同。

关于非对称矩阵也有类似的方法，但是需要计算左特征向量 y_1 和右特征向量 x_1。如果规格化使得 $x_1^T y_1 = 1$，我们可以用下述迭代过程：

$$v_{s+1} = Au_s, \quad w_{s+1} = v_{s+1} - (v_{s+1}^T y_1) x_1,$$

$$u_{s+1} = w_{s+1}/\max(w_{s+1}). \tag{37.4}$$

因为左、右特征向量是双正交的，w_{s+1} 中 x_1 的成分被抑制。显然，我们也可以推广到 r 个特征向量已经决定的情况。

正交化的梯级迭代

38. 在梯级迭代中，我们用几个向量同时迭代，而在每一步把它们约化为标准的梯形，它们的独立性被保持了。有一个类似的方法是用 Schmidt 正交化方法（第四章 §54）或它的等价方法保持向量的独立性。我们首先考虑，用 n 个向量同时迭代的情况. 如果用 Q_s 表示在每一步由这些向量形成的矩阵，那么过程变为

$$AQ_s = V_{s+1}, \quad V_{s+1} = Q_{s+1} R_{s+1}, \tag{38.1}$$

其中 Q_{s+1} 的列正交，R_{s+1} 是上三角形矩阵。因此

$$AQ_s = Q_{s+1} R_{s+1}. \tag{38.2}$$

又当我们取 $Q_0 = I$ 时，我们有

$$A^s = Q_s(R_s R_{s-1} \cdots R_1). \tag{38.3}$$

(38.3)式表明，Q_s 和 $(R_s R_{s-1} \cdots R_1)$ 是 A^s 正交三角化得到的矩阵，与 QR 算法(第八章 § 28)作比较表明，Q_s 等于 QR 算法决定的前 s 个正交矩阵的乘积。因此，如果 $|\lambda_i|$ 全不相等，Q_s 本质上趋向于一个极限，这是特征向量矩阵 X 的正交三角化得到的矩阵，R_s 的对角元素趋向于 $|\lambda_i|$。在更一般的情况下，有某些特征值模相等，Q_s 的对应的列可能不趋向于一个极限，但是它们最后张成一个适当的子空间。像 §34 那样，我们告戒读者，这一节的方法形式上与 QR 算法等价，并不意味着它导致同等有效的实际方法。

上 Hessenberg 型的不变性和自动的和稳定的收缩方法是 QR 算法成功的实质性因素，在这个正交化方法中没有任何类似的方便的东西。(比较在 §34 末对梯级迭代的相应的讨论.)

39. 我们可以用 Householder 方法进行正交化(第四章§ 46)，这时我们在每一步得到转置 Q_s^T 而不是 Q_s 本身。Q_s 是 $(n-1)$ 个初等 Hermite 矩阵的乘积 $P_{n-1}^{(s)} P_{n-2}^{(s)} \cdots P_1^{(s)}$，用这些术语，这方法变为

$$AP_1^{(s)} P_2^{(s)} \cdots P_{n-1}^{(s)} = V_{s+1}, \quad P_{n-1}^{(s+1)} \cdots P_2^{(s+1)} P_1^{(s+1)} V_{s+1} = R_{s+1}. \quad (39.1)$$

如果全部 $|\lambda_i|$ 不相同，$|R_s|$ 的对角线元素收敛，并且在这个阶段我们可以从 $P_i^{(s)}$ 计算当前的 Q_s。在较早的阶段不必计算 Q_s。当有些 $|\lambda_i|$ 相等时，$|R_s|$ 的对应元素可能不收敛，并且不可能分辨在 Q_s 的一些列张成适当的子空间这一意义下的极限何时达到。

我们已经描述了 Q_s 是 n 列的情况，那是为了着重说明方法与 QR 算法的关系。事实上，没有理由说明，我们不能用较少的列来运算。如果 Q_s 有 r 列，这方法仍然用方程(37.1)来表示。但是，现在 R_s 是 $r \times r$ 的上三角形矩阵，一个特别有意义的情况是 $r=2$，主导特征值是复共轭对 $(\xi_1 \pm i\eta_1)$ 的情况，这时 Q_s 的列最后的是两个正交向量，它们张成有关的子空间。即使 η_1 小，这个方法也可用于较精确地决定 $(\xi_1 + i\eta_1)$ 和不变子空间。在每一步我们可以写

$$V_{s+1} = Q_s M_s, \quad (39.2)$$

其中 M_s 是 2×2 矩阵，从 Q_s 的列的正交性有

$$M_s = Q_s^\mathrm{T} V_{s+1}. \tag{39.3}$$

M_s 的特征值趋向于 ($\xi_1 \pm i\eta_1$)，并且当 η_1 小而特征值是良态的，我们会发现 $m_{12}^{(s)}$ 和 $m_{21}^{(s)}$ 是 η_1 数量级，因此 ($\xi_1 \pm i\eta_1$) 被较精确地决定。

双迭代

40. Bauer（1958）曾提出 §36 方法的一个推广，称为双迭代。在这方法中可以同时找到全部 x_i 和 y_i。在每一步中都保持两组 n 个向量，它们分别构成矩阵 X_s 和 Y_s 的列。两个矩阵 P_{s+1} 和 Q_{s+1} 定义为

$$P_{s+1} = AX_s, \quad Q_{s+1} = A^\mathrm{T} Y_s, \tag{40.1}$$

并从它们导出两个矩阵 X_{s+1} 和 Y_{s+1}。这两个矩阵的列被选取成双正交的，决定 X_{s+1} 和 Y_{s+1} 的第 i 列的关系式是

$$x_i^{(s+1)} = P_i^{(s+1)} - r_{1i}x_1^{(s+1)} - r_{2i}x_2^{(s+1)} - \cdots - r_{i-1,i}x_{i-1}^{(s+1)},$$
$$y_i^{(s+1)} = q_i^{(s+1)} - u_{1i}y_1^{(s+1)} - u_{2i}y_2^{(s+1)} - \cdots - u_{i-1,i}y_{i-1}^{(s+1)}. \tag{40.2}$$

这里选择 r_{ki}，u_{ki}，使得

$$(y_k^{(s+1)})^T x_i^{(s+1)} = 0, \quad (x_k^{(s+1)})^T y_i^{(s+1)} = 0$$
$$(k = 1, \cdots, i-1). \tag{40.3}$$

显然，我们有

$$P_{s+1} = X_{s+1}R_{s+1}, \quad Q_{s+1} = Y_{s+1}U_{s+1}, \tag{40.4}$$

其中 R_{s+1}，U_{s+1} 是由 r_{ki} 和 u_{ki} 形成的单位上三角形矩阵。由双正交性我们得

$$Y_{s+1}^\mathrm{T} X_{s+1} = D_{s+1}, \tag{40.5}$$

其中 D_{s+1} 是对角形矩阵，如果我们取 $X_0 = Y_0 = I$，我们有

$$A = X_1 R_1, \quad AX_s = X_{s+1}R_{s+1},$$
$$A^\mathrm{T} = Y_1 U_1, \quad A^\mathrm{T} Y_s = Y_{s+1}U_{s+1}, \tag{40.6}$$

这给出

$$A^s = X_s R_s \cdots R_2 R_1, \quad (A^\mathrm{T})^s = Y_s U_s \cdots U_2 U_1. \tag{40.7}$$

因此

$$A^{2s} = (Y_s U_s \cdots U_2 U_1)^T X_s R_s \cdots R_2 R_1$$
$$= (U_1^T U_2^T \cdots U_s^T) D_s (R_s \cdots R_2 R_1), \qquad (40.8)$$

这表明单位下三角形矩阵 $U_1^T U_2^T \cdots U_s^T$ 是对应于 A^{2s} 的三角分解的下三角矩阵。我们已经看到，在 LR 算法中 $L_1 L_2 \cdots L_{2s}$ 是 A^{2s} 的三角分解得到的矩阵(第八章，§4)，因此

$$U_s^T = L_{2s-1} L_{2s}. \qquad (40.9)$$

所以，LR 算法的结果立刻转到了双迭代。特别是如果$|\lambda_i|$不同，$U_1^T U_2^T \cdots U_s^T$ 趋向于 X 的三角分解给出的矩阵，因此 $U_s \to I$。类似地，$R_s \to I$。实际上，通常在每一步 X 和 Y 的列规格化使得 $\max(x_i^{(s)}) = \max(y_i^{(s)}) = 1$。因此，在 $|\lambda_i|$ 不同的情况下，$X_s \to X$ 和 $Y_s \to Y$。双迭代一步的效果等于 LR 的两步。当有某些$|\lambda_i|$ 相等，X_s 和 Y_s 的对应的列趋向于相应的不变子空间。如果 A 是对称的，这两个 X_s 和 Y_s 恒等。这个方法本质上变成了 §37 的方法。因为在每一步，X_s 的列本身是正交的。这一事实相当于对称矩阵的 LR 算法的两步等价于 QR 算法的一步。

为了显示方法与 LR 和 QR 算法的关系，我们已经考虑 X_s 和 Y_s 是 n 个向量的情况，但是这个方法显然可以用在 X_s 和 Y_s 列数 r 从 1 到 n 的情况，使用的关系式也相同，只是此时 R_s 和 U_s 是 $r \times r$ 矩阵。通常这个方法提供 r 个主导左特征向量和右特征向量(或者不变子空间)。

数值例子

41. 为了提醒我们注意在使用上一节的方法中发生的问题，这里给出一个简单的数值例子。在表 2 中显示梯级迭代(§34)和 §38 的正交化方法的应用。取 A 为 3×3 矩阵，其初等因子是 $(\lambda + 1)^2$ 和 $(\lambda + 0.1)$。

在梯级迭代的应用中，三角化过程用了主元，每一步的主元位置保持固定。在 A 的特征值是实的情况下，除了开始几步可能变化之外，这不变性是确定的。注意，L_s 的第二列很快趋向于极限。这个极限向量的第一个分量是零，并且向量落在对应于二次因子

表 2

$$A$$

$$\begin{bmatrix} -2.1 & -1.2 & -0.1 \\ 1 & 0 & 0 \\ 0 & 1 & 0 \end{bmatrix}$$ 　$\lambda_1 = \lambda_2 = -1$ 初等因子 $(\lambda+1)^2$, $(\lambda+0.1)$
　$\lambda_3 = -0.1$

x_1	x_2	x_3		y_1	y_2	y_3
1	-2	0.01		1.0	1	1
-1	1	-0.1		1.1	0.1	2
1	0	1		0.1	0	1

x_1 和 x_2 形成 A 的一个不变子空间. x_1 是特征向量.

y_1 和 y_2 形成 A^T 的一个不变子空间. y_1 是一个特征向量.

梯级迭代

$$AI$$ 　　　　$$L_1$$ 　　　　$$R_1$$

$$\begin{bmatrix} -2.1 & -1.2 & -0.1 \\ 1 & 0 & 0 \\ 0 & 1 & 0 \end{bmatrix} \rightarrow \begin{bmatrix} 1 & \cdot & \cdot \\ -0.476 & -0.571 & 1 \\ 0 & 1 & \cdot \end{bmatrix} \begin{bmatrix} -2.1 & -1.2 & -0.1 \\ \cdot & \cdot & -0.048 \\ \cdot & 1 & 0 \end{bmatrix}$$

注意主元行分别在位置 1, 3, 2 并保持这位置

$$AL_1$$

$$\begin{bmatrix} -1.529 & 0.585 & -1.200 \\ 1.000 & 0 & 0 \\ -0.476 & -0.571 & 1.000 \end{bmatrix} \rightarrow$$

$$L_2$$ 　　　　　　　$$R_2$$

$$\begin{bmatrix} 1 & \cdot & \cdot \\ -0.654 & -0.509 & 1 \\ 0.311 & 1 & \cdot \end{bmatrix} \begin{bmatrix} -1.529 & 0.585 & -1.200 \\ \cdot & \cdot & -0.086 \\ \cdot & -0.753 & 1.373 \end{bmatrix}$$

$$AL_2$$

$$\begin{bmatrix} -1.346 & 0.511 & -1.200 \\ 1.000 & 0 & 0 \\ -0.654 & -0.509 & 1.000 \end{bmatrix} \rightarrow$$

$$L_3$$ 　　　　　　　$$R_3$$

$$\begin{bmatrix} 1 & \cdot & \cdot \\ -0.743 & -0.502 & 1 \\ 0.486 & 1 & \cdot \end{bmatrix} \begin{bmatrix} -1.346 & 0.511 & -1.200 \\ \cdot & \cdot & -0.097 \\ \cdot & -0.757 & 1.583 \end{bmatrix}$$

$$AL_3$$

$$\begin{bmatrix} -1.257 & 0.502 & -1.200 \\ 1.000 & 0 & 0 \\ -0.743 & -0.502 & 1.000 \end{bmatrix} \rightarrow$$

$$L_4 \qquad\qquad R_4$$

$$\begin{bmatrix} 1 & \cdot & \cdot \\ -0.796 & -0.500 & 1 \\ 0.591 & 1 & \cdot \end{bmatrix} \quad \begin{bmatrix} -1.257 & 0.502 & -1.200 \\ \cdot & \cdot & -0.101 \\ -0.799 & 1.709 \end{bmatrix}$$

正交化方法

$$AI$$

$$\begin{bmatrix} -2.1 & -1.2 & -0.1 \\ 1 & 0 & 0 \\ 0 & 1 & 0 \end{bmatrix} =$$

$$Q_1 \qquad\qquad R_1$$

$$\begin{bmatrix} -0.903 & -0.196 & -0.395 \\ 0.430 & -0.414 & -0.789 \\ 0 & -0.889 & -0.474 \end{bmatrix} \quad \begin{bmatrix} 2.326 & 1.084 & 0.090 \\ \cdot & 1.125 & 0.020 \\ \cdot & \cdot & 0.038 \end{bmatrix}$$

$$AQ_1$$

$$\begin{bmatrix} 1.380 & 0.820 & 1.824 \\ -0.903 & -0.196 & -0.395 \\ 0.430 & -0.414 & -0.789 \end{bmatrix} =$$

$$Q_2 \qquad\qquad R_2$$

$$\begin{bmatrix} 0.810 & 0.425 & 0.402 \\ -0.530 & 0.235 & 0.816 \\ 0.252 & -0.875 & 0.425 \end{bmatrix} \quad \begin{bmatrix} 1.704 & 0.664 & 1.488 \\ \cdot & 0.664 & 1.373 \\ \cdot & 0 & 0.087 \end{bmatrix}$$

$$AQ_2$$

$$\begin{bmatrix} -1.090 & -1.087 & -1.866 \\ 0.810 & 0.425 & 0.402 \\ -0.530 & 0.235 & 0.816 \end{bmatrix} =$$

$$Q_3 \qquad\qquad R_3$$

$$\begin{bmatrix} -0.748 & -0.523 & -0.439 \\ 0.556 & -0.159 & -0.806 \\ -0.364 & 0.837 & -0.388 \end{bmatrix} \quad \begin{bmatrix} 1.458 & 0.964 & 1.322 \\ \cdot & 0.700 & 1.595 \\ \cdot & \cdot & 0.098 \end{bmatrix}$$

$$AQ_3$$

$$\begin{bmatrix} 0.940 & 1.205 & 1.928 \\ -0.748 & -0.523 & -0.439 \\ 0.556 & -0.159 & -0.806 \end{bmatrix}$$

的子空间内. 第一列趋向于对应 $\lambda = -1$ 的唯一的特征向量，但是收敛当然是慢的（§16）. 因为 A 是三阶的，主元的位置一旦固定，最后一列就固定，但是 $r_{23}^{(j)}$ 很快趋向 λ_3. $r_{23}^{(j)}$ 收敛并且 L_j 的第二列立刻趋于真的极限,而第一列却未收敛,这一事实给出了强烈的暗示:矩阵有一个非线性初等因子. (假如我们有两个相等的线性初等因子的话,两列都应趋于极限,而如果有复共轭特征值的话,都不会趋于极限.)可以验证 L_s 的第一列和第二列形成一个不变子空间,因为 AL_s 的前二列和 L_3 的前二列几乎线性相关. 事实上,由最小二乘法我们有

$$\begin{bmatrix} -1.257 & 0.502 \\ 1.000 & 0 \\ -0.743 & -0.502 \end{bmatrix} - \begin{bmatrix} 1 & 0 \\ -0.743 & -0.502 \\ 0.486 & 1.000 \end{bmatrix} \times$$

$$\begin{bmatrix} -1.257 & 0.502 \\ -0.132 & -0.743 \end{bmatrix} = 10^{-3} \begin{bmatrix} 0 & 0 \\ -0.215 & 0 \\ -0.098 & -2.972 \end{bmatrix}. \quad (41.1)$$

从 (41.1) 中的 2×2 矩阵求出特征值,特征方程是

$$\lambda^2 + 2.000\lambda + 1.000215 = 0, \quad (41.2)$$

但是决定这些特征值当然是一个病态的问题. 我们回想 §13 的例子,情况也是这样.

现在讨论正交化方法. 我们发现 Q_s 的第三列趋于一个极限,这是与对应二次因子的子空间正交的向量,这个向量应该是 $[6^{-\frac{1}{2}}, 2.6^{-\frac{1}{2}}, 6^{-\frac{1}{2}}]$. 但在我们的例子中它不像人们预想的那样准确,这是因为我们用 Schmidt 正交化代替初等 Hermite 正交化. 在这个例子中,由计算正交于前两列的(唯一)向量容易得到较精确的第三列,前两列中没有一列迅速趋向极限,第一列是缓慢地趋向于对应 $\lambda = 1$ 的唯一的特征向量. 事实上,不计规格化因子,Q_s 的第一列与 L_s 的第一列相同,第二列同样慢地趋于 2 维空间中与上述特征向量正交的向量,元素 $r_{32}^{(s)}$ 很快趋于 $|\lambda_3|$.符号可以从 Q_s 的第三列每一次迭代改变一次符号来推断.

我们没有像梯级迭代中那样的出现非线性因子的明确指示,但是第三个向量的收敛性表明,其它两个向量已张成 2 维空间,我们从 Q_3 和 AQ_3 的几乎线性相关的前两列决定对应的特征值. 按照最小二乘法,我们有

$$\begin{bmatrix} 0.940 & 1.205 \\ -0.748 & -0.523 \\ 0.556 & -0.159 \end{bmatrix} - \begin{bmatrix} -0.748 & -0.523 \\ 0.556 & -0.159 \\ -0.364 & 0.837 \end{bmatrix} \times$$

$$\begin{bmatrix} -1.320 & -1.134 \\ 0.090 & -0.683 \end{bmatrix} = 10^{-3} \begin{bmatrix} -0.290 & -0.441 \\ 0.230 & -1.093 \\ 0.190 & -0.105 \end{bmatrix}. \quad (41.3)$$

2×2 矩阵的特征方程是

$$\lambda^2 + 2.003\lambda + 1.003620 = 0. \quad (41.4)$$

我们又遇到一个确定特征值的病态问题.

矩阵有共轭特征值而没有非线性因子时, 梯级迭代有一个令人不满的弱点, 那就是在迭代过程中主元的位置始终在改变, 按模比复特征值小的实特征值对应的向量不趋向极限, 因为它的零元素不是在固定的位置. 然而, 如果我们不使用主元素策略, 有时数值会严重不稳. 正交化方法没有这个弱点.

在矩阵有非线性因子的情况下, 双正交迭代是比较差的. X'_i 和 Y_i 的第一列分别缓慢地趋于 x_1 和 y_1, 而这两个向量是正交的 (第一章 §7), 因此从 §40 的 r_{ki} 和 u_{ki} 的定义, 后面的列的双正交化过程变得愈来愈数值不稳了.

Richardson 改进方法

42. Richardson(1950) 提出了一个方法, 在已知特征值的好的近似值时, 这个方法可以用来计算对应给出近似值的特征值的特征向量. 其结果是基于下述考察. 假如特征值已准确地知道, 并且

$$u = \Sigma \alpha_i x_i \quad (42.1)$$

是一个任意的向量, 那么

$$\prod_{i \neq k} (A - \lambda_i I)u = \alpha_k \prod_{i \neq k} (\lambda_k - \lambda_i)x_k, \quad (42.2)$$

所有其它成分都被消去. 因此, 我们可以依次得到每一个特征向量, 如果我们有了一个较精确的近似值, λ'_i, 而不是准确的值, 那

么用 $(A - \lambda'_i I)$ 左乘便可极快地削减 x_i 的成分.

虽然这似乎是一个十分有力的工具，但是对于某些特征值分布情况，以我们描述的方式直接使用它，会令人很失望. 考虑一个矩阵， 有特征值 $\lambda_r = 1/r$ $(r = 1, 2, \cdots, 20)$， 我们要决定 x_{20}. 假定 $\lambda'_1 = 1 - 10^{-10}$， $\lambda'_2 = 1/r$ $(r = 2, \cdots, 20)$，并且可以准确地执行计算，如果用 $\prod\limits_{i \neq 20} (A - \lambda'_i I)$ 左乘任意向量 u，那么除了 x_1 和 x_{20} 之外，所有成分都被消去，它们分别变为

$$\alpha_1 10^{-10} \left(1 - \frac{1}{2}\right)\left(1 - \frac{1}{3}\right) \cdots \left(1 - \frac{1}{19}\right) x_1$$
$$= \alpha_1 (10^{-10}/19) x_1 \tag{42.3}$$

和

$$\alpha_{20} \left(\frac{1}{20} - 1 + 10^{-10}\right)\left(\frac{1}{20} - \frac{1}{2}\right)\left(\frac{1}{20} - \frac{1}{3}\right)$$
$$\cdots \left(\frac{1}{20} - \frac{1}{19}\right) x_{20} \approx -\alpha_{20}(20)^{-19} x_{20}, \tag{42.4}$$

x_1 的成分相对于 x_{20} 的成分来说实际上增大了 10^4 倍以上. 假如我们用 $(A - \lambda_i I)$ 执行三次初始迭代且计算是准确地执行的话，那么 x_1 的成分会削减一个因子 10^{-30}. 但是，舍入误差使得任何成分不能压缩到低于 $2^{-t} x_i$ 太多. 当已知比较精确的特征值时，我们常常可以决定一个整数 r 使得 $\prod\limits_{i \neq k} (A - \lambda'_i I)^r u$ 给出一个相当精确的 x_k, 但是通常我们发现 Richardson 方法的应用范围有点令人失望.

矩阵平方法

43. 我们可以直接形成矩阵的乘幂序列代替对任意 u_0 形成序列 $A^s u_0$，其优点是一旦计算了 A^s，只要一次矩阵乘法就得到 A^{2s}，因此我们可以建立序列 $A, A^2, A^4, \cdots, A^{2s}$，并且有

$$A^{2^s} = \Sigma \lambda_i^{2^s} x_i y_i^T = \lambda_1^{2^s} \left\{ x_1 y_1^T + \sum_i^n (\lambda_i/\lambda_1)^{2^s} x_i y_i^T \right\}. \tag{43.1}$$

当 $|\lambda_i|$ 不相同时，矩阵的幂由项 $\lambda_1^{2^r} x_1 y_1^T$ 占优，结果所有行变得平行于 y_1，所有列平行于 x_1，收敛速度取决于 $(\lambda_2/\lambda_1)^{2^r}$ 趋向于零的速度。因此，即使 $|\lambda_1|$ 和 $|\lambda_2|$ 是不明显分离的，也仅要很少次迭代。

通常，逐次的矩阵 A^{2^r} 的元素很快增大或者很快减小，即使用浮点运算也发生上溢或下溢。这个现象可以通过引入 2 的幂作比例因子，平衡每一个矩阵来避免。幂次的选取是使得矩阵元素的模有指数为零。这样作不会引入附加的舍入误差。用矩阵的乘方和简单的幂法在运算精度范围内消去 $x_2 y_2^T$ 的成分所需的迭代次数，分别取决于

$$|\lambda_2/\lambda_1|^{2^r} < 2^{-t} \text{ 和 } |\lambda_2/\lambda_1|^t < 2^{-t}. \tag{43.2}$$

如果 A 的零元素不太多，在矩阵平方的迭代中一步的运算量约是简单的方法的 n 倍。如果

$$t \log 2 / \log |\lambda_1/\lambda_2| > n \log_2 \{ t \log 2 / \log |\lambda_1/\lambda_2| \}, \tag{43.3}$$

矩阵平方法比较有效。对于一个给定分离度的矩阵，和充分大的 n，矩阵平方总是不利的。反之，固定 n，如果 λ_2 和 λ_1 的分离充分小，矩阵的平方比较有效。当 A 是对称的，所有矩阵的幂也对称。所以，在矩阵平方中可利用对称性，但是简单的迭代方法中并不能从对称性取得好处。

例如，如果 $|\lambda_2/\lambda_1| = 1 - 2^{-10}$，$t = 40$，消去 x_2 的成分到运算精度需要矩阵平方法的 15 步或者简单方法的 28000 步。因此，矩阵平方法对于 2000 阶以下更有效。对于 100 阶矩阵，矩阵平方法的效率几乎是简单方法的 20 倍。

可是这样的比较有一点使人误解，原因有两点：

(i) 我们不太可能执行简单方法 28000 步而不应用某种加速收敛的方法，但是矩阵平方的方法中加速技术的应用不太方便；

(ii) 实际上大于 50 阶的绝大多数矩阵都是十分稀疏的，通常矩阵平方破坏稀疏性，因此上述关于两个方法需要的工作量的简单估计是不切合实际的。

数值稳定性

44. 就主导特征值和主导特征向量来说，矩阵平方法是一个十分精确的方法，尤其是当内积能作累加时更是这样。如果有多于一个特征向量对应于模数大的一个或几个特征值，考察一下会发生什么现象是有意义的。如果我们记

$$A = [a_1 \vdots a_2 \vdots \cdots \vdots a_n]，那么 A^{2^s} = A^{2^{s-1}}[a_1 \vdots a_2 \vdots \cdots \vdots a_n].$$
$$(44.1)$$

现在每一个向量 a_k 都用 x_i 表示，因此如果我们有一个实的主导特征值对应 r 个独立的特征向量，这 r 个向量都以 A^2 的列来表示。另一方面，如果 A 有 λ_1 和 $-\lambda_1$ 作为主导特征值，最终 A^{2^s} 的每一列由一个向量构成，它落在对应的两个特征向量张成的子空间内。在任何情况下取得 A 的特征值的最好方法是用简单幂法从 A^{2^s} 的独立的列向量得到。

因为随着 A 的幂增高，形成特征值的分离度稳定地改善。这样看来，矩阵平方与简单幂法和收缩结合起来对我们是有吸引力的。在这个结合的方法中，我们应对比较适中的值 r 计算 $A^{2^r} = B_r$，然后对 B_r 用简单幂迭代。这个方法的弱点是模比较小的特征值比较难以用 B_r 表示。事实上，我们有

$$A^{2^s} = \lambda_1^{2^s} \left\{ x_1 y_1^T + \sum_2^n (\lambda_i/\lambda_1)^{2^s} x_i y_i^T + O(2^{-t}) \right\}, \quad (44.2)$$

其中 $O(2^{-t})$ 表示舍入误差的影响。如果 $|x_k| < \frac{1}{2}|\lambda_1|$，$x_k y_k^T$ 那一项当 $s = 6$ 时已经小于舍入误差，从 B_6 得不到 x_k 和 λ_k 的任何有效数字。可是，在 r 步矩阵平方之后结合简单的迭代来寻找主导特征值是最经济的方法。在若干个其它的特征值接近主导特征值的情况下，用简单迭代和收缩可以从 B_r 十分精确地决定这些特征值。例如，如果矩阵的特征值以递减次序给定为

$$1.00, \ 0.99, \ 0.98, \ 0.50, \ \cdots, \ 0.00,$$

那么在 6 步矩阵平方后，所有特征值除了前三个之外都实际上消

去了，这三个分别变为 $1, (0.99)^{64}, (0.98)^{64}$. 三个对应的特征向量在 B_r 中得到充分表达，并且能用简单迭代和收缩相当精确地得到。因为现在它们是十分明显地分离的，只需要少量的迭代就能得到好结果。

Chebyshev 多项式的使用

45. 假定我们知道特征值 λ_2 到 λ_n 都落在某个区间 (a, b) 内，而 λ_1 在区间之外，为了构造有效的迭代格式，我们希望决定一个 A 的矩阵函数 $f(A)$，使得 $|f(\lambda_1)|$ 与 $|f(\lambda)|$ 在区间 (a, b) 上的极大值的比值尽可能的大。如果我们只讨论多项式函数，那么 Chebyshev 多项式就是这个问题的解。

用变换

$$x = [2\lambda - (a + b)]/(b - a) \qquad (45.1)$$

把区间 (a, b) 变为 $(-1, 1)$，那么 n 次多项式

$$f_n(\lambda) = T_n(x) = \cos(n\cos^{-1}x) \qquad (45.2)$$

满足了我们的要求。因此，如果我们用关系式

$$B = [2A - (a + b)I]/(b - a) \qquad (45.3)$$

定义 B，最有效的 s 次多项式是 $T_s(B)$。因为 Chebyshev 多项式满足递推关系

$$T_{s+1}(B) = 2BT_s(B) - T_{s-1}(B). \qquad (45.4)$$

因此，从任意向量 v_0 开始，我们可以由下述关系形成向量 $v_s = T_s(B)v_0$, $s = 1, 2, \cdots$.

$$T_{s+1}(B)v_0 = 2BT_s(B)v_0 - T_{s-1}(B)v_0, \qquad (45.5)$$

$$v_{s+1} = 2Bv_s - v_{s-1}. \qquad (45.6)$$

每一次迭代只要一次乘法计算量，不比简单迭代的多。显然，对应 λ_n 的特征向量可以用类似的方法获得。

关于用正交多项式计算特征向量有大量的文献。这种方法对于计算从有限差分逼近偏微分方程产生的大稀疏矩阵的小特征值有着广泛的应用。一般说来，方法的成功与否相当关键地取决于实际过程的具体处理。读者可参阅 Stiefel(1958) 和 Engeli(1959)

等人的论文.

关于直接迭代的总评述

46. 我们已经讨论了用 A 本身或者 $(A - pI)$ 的迭代方法,现在我们来评述这类方法. 所有这类方法都有一个明显的缺点. 这就是受收敛率的限制. 它们的主要优点是简单,并且如果不作显式收缩,就可以充分利用矩阵的稀疏性.

我发现它们最有用的应用领域,是决定大的稀疏矩阵的少量代数值极大或极小的特征值和对应的特征向量. 的确,对于十分大的稀疏矩阵,通常只有这类方法可以应用. 因为涉及约化矩阵为压缩型的方法,通常都会破坏稀疏性,并且花费的时间太多. 如果矩阵是稀疏的,并且非零元由某种系统的方式定义,常常可以避免矩阵全部元素存储在一起,而只要在每次迭代过程中产生所需要的元素. 如果需要多于一个特征向量,我们可以像§30 那样,不必以显式方式执行收缩.

使用若干向量(或者 n 个完全的向量组)的方法有极大的理论价值,因为这些方法与 LR 和 QR 算法有密切的关系. 实际上,虽然在知道(或者猜测)有非线性初等因子的情况下, 这些方法对于计算相应的不变子空间达到合理的精度是有用的. 但是值得大力推荐使用它们的情况似乎不太多.

有人建议,这类方法应该用于改进由相似变换方法得到的有舍入误差的特征值. 可是,正如我们已经指出的,用稳定性好的相似变换的方法是极好的. 但直接用 A 运算,方法的高度稳定性不象我们设想的那样好. 我们将在§54中讨论的方法,用于改进完全的特征系统比梯级迭代和有关的方法优越得多. 尽管如此,我的经验是: 一个算法的微小修改,有时会使它的效果十分显著地提高,梯级迭代、正交化方法和双迭代可能都是例证.

逆迭代

47. 我们已经指出, LR 和 QR 算法实际上依赖于幂法.但是似乎有点奇怪，这些方法能达到十分高的收敛率，而直接的幂法的主要弱点却是收敛慢。

在使用的原点移动 p 收敛于 λ_n 时，LR 和 QR 方法的收敛速度取决于 $[(\lambda_n - p)/(\lambda_{n-1} - p)]^s$ 趋向于零的速度。 在这个过程中，选取 p 作为 λ_n 的近似值。 如果我们用 $(A - pI)^{-1}$ 而不是 $(A - pI)$ 作幂法，我们能得到类似的高收敛率。 不计舍入误差，迭代过程定义为

$$v_{s+1} = (A - pI)^{-1}u_s, \ u_{s+1} = v_{s+1}/\max(v_{s+1}). \quad (47.1)$$

如果我们写

$$u_0 = \sum \alpha_i x_i, \quad (47.2)$$

不计规格化因子，我们有

$$u_s = \sum \alpha_i (\lambda_i - p)^{-s} x_i. \quad (47.3)$$

因此，如果 $|\lambda_k - p| \ll |\lambda_i - p|\ (i \neq k)$ 在 u_s 中 $x_i(i \neq k)$ 的成分随着 s 增加很快地缩减。 我们已经描述过这个方法用于对称三对角矩阵的特征向量计算。 但是因为它有重大的实际意义，我们现在对更一般的情况作进一步分析。

逆迭代的误差分析

48. 上节的论述表明，一般而言，p 愈靠近 λ_k，u_s 就愈快趋向 x_k。 可是，当 p 趋向 λ_k，矩阵 $(A - pI)$ 就变得愈来愈病态，直到 $p = \lambda_k$ 时， 它变成奇异的。 了解这一变化对迭代过程的影响是重要的。

实际上，矩阵 $(A - pI)$ 是用部分主元素法，分解为三角形因子的乘积 $L\tilde{U}$，并存储 L 和 U 的元素以及主元素的位置（第四章 §39）。 这表明，不计舍入误差有

$$P(A - pI) = LU, \quad (48.1)$$

其中 P 是某个置换矩阵。 用存储的信息，我们通过解两个三角形方程组

$$Ly = Pb \ \text{和} \ Ux = y, \quad (48.2)$$

可以有效地解方程 $(A - pI)x = b$。 除了给出数值稳定性之外，

交换不起作用. 舍入误差的效果是使我们得到

$$P(A - pI + F) = LU, \qquad (48.3)$$

并且计算的 x 满足

或者

$$P(A - pI + F + G_b) \; x = Pb$$
$$(A - pI + F + G_b)x = b, \qquad (48.4)$$

其中 F 和 G_b 是依赖于舍入误差的小元素矩阵(第四章 §63). 显然,矩阵 F 与 b 无关,但是 G_b 与 b 有关.

因此, 在得到三角分解之后, 我们可以按下述定义计算序列 u_s 和 v_s:

$$(A - pI + F + G_{u_s})v_{s+1} = u_s, \quad u_{s+1} = v_{s+1}/\|v_{s+1}\|_2. \quad (48.5)$$

这里为了分析方便,我们已经按2-范数规格化 u_{s+1}. 假如 G_{u_s} 是零的话,那么我们是用 $(A - pI + F)^{-1}$ 准确地迭代. 因而 u_s 趋向于 $(A + F)$ 的对应最接近于 p 的特征值的特征向量. 如果 $\|F\|/\|A\|$ 小,除非特征向量是病态的,这计算的向量的精度是高的. 像我们指出的那样,三角形方程组的计算解通常是异常的精确(第四章 §§61, 62). 这使得实际上在每一步 v_{s+1} 通常是非常接近方程

$$(A - pI + F)x = u_s$$

的解,并且迭代向量最终的确收敛于 $(A + F)$ 的特征向量.

49. 即使不利用三角形矩阵的这些特殊性质, 我们 也 能 证明: 除了 x_k 是病态的以外,不管 p 的值多么靠近 λ_k 或者实际上等于它,逆迭代法都给出好的结果. 我们写

$$p = \lambda_k + \varepsilon_1, \quad F + G_{u_s} = H, \quad \|H\|_2 = \varepsilon_2. \quad (49.1)$$

不失其一般性,假定 $\|A\|_2 = 1$,因此我们可写

$$(A - pI + H)v_{s+1} = u_s. \qquad (49.2)$$

现在我们证明,为了建立我们的结果,只要证明 v_{s+1} 是大的就够了. 由 (49.2) 我们得

$$(A - \lambda_k I - \varepsilon_1 I + H)v_{s+1}/\|v_{s+1}\|_2 = u_s/\|v_{s+1}\|_2, \quad (49.3)$$

$$(A - \lambda_k I)u_{s+1} = (\varepsilon_1 I - H)u_{s+1} + u_s/\|v_{s+1}\|_2 = \eta, \quad (49.4)$$

其中

$$\|\eta\|_2 < (|\varepsilon_1| + \varepsilon_2) + 1/\|v_{s+1}\|_2. \qquad (49.5)$$

这证明了,如果 $\|v_{s+1}\|_2$ 大,并且 ε_1 和 ε_2 小,那么 u_{s+1} 和 λ_k 导出的剩余小. 因而 u_{s+1} 是一个好的特征向量,除非 x_k 是病态的. 事实上,令

$$u_s = \sum \alpha_i x_i, \quad v_{s+1} = \sum \beta_i x_i, \qquad (49.6)$$

并且假定 $\|x_i\|_2 = \|y_i\|_2 = 1$,我们用 y_k^T 左乘方程 (49.2) 的两边得到

$$\varepsilon_1 \beta_k + y_k^T H v_{s+1}/s_k = \alpha_k. \qquad (49.7)$$

因此

$$|\alpha_k| \leqslant |\varepsilon_1| |\beta_k| + \varepsilon_2 \|v_{s+1}\|_2/|s_k|$$
$$\leqslant |\varepsilon_1| \|v_{s+1}\|_2/|s_k| + \varepsilon_2 \|v_{s+1}\|_2/|s_k|, \qquad (49.8)$$

这给出

$$\|v_{s+1}\|_2 \geqslant |\alpha_k s_k|/(|\varepsilon_1| + \varepsilon_2). \qquad (49.9)$$

代入 (49.5) 得到

$$\|\eta\|_2 < (|\varepsilon_1| + \varepsilon_2)(1 + 1/|\alpha_k s_k|). \qquad (49.10)$$

因此,假若 α_k 和 s_k 都不小,则剩余向量 η 小.

分析的总评述

50. 逆迭代有以下潜在的弱点:

(i) 因为 L 和 U 是用部分主元素方法得到的,有一个小小的危险,这就是 U 的元素可能比 A 的大得多. 在这种情况下,ε_2 会不是小量. 正如在第四章 §57 我们指出的,这是一个很小的危险,可以用完全主元素进一步减轻它,或是用初等 Hermite 变换作 $(A - pI)$ 的正交三角化把它消除. 我认为,这个危险是可以忽略的(参见 §54, §56).

(ii) 我们的分析不是实际证明成分 $\beta_k r_k$ 大,而是仅仅证明如果在 u_s 中 x_k 不缺少,那么 $\|v_{s+1}\|$ 大. 应该认识到,我们不能证明 β_k 大,除非对特征值分布作某些进一步的假定. 如果有一些特征值十分靠近 p,那么 $\|v_{s+1}\|$ 的"大"可能是从任一个对应的向量的大成分得来的. 这个弱点是不可避免的. 如果有其它特征值靠近

p，这意味着 x_k 是病态的，我们必定会在某些范围由此而受到损失．我们所能证明的是：当 $(\lambda_i - p)$ 不小，v_{s+1} 不能含有任何 x_i 的大的分量．因为(49.2)两边的 x_i 的分量相等，我们有

$$(\lambda_i - p)\beta_i + y_i^T H v_{s+1}/s_i = \alpha_i, \qquad (50.1)$$

$$|\beta_i| \leqslant \{\varepsilon_2 \|v_{s+1}\|_2/|s_i| + |\alpha_i|\}/|\lambda_i - p|. \qquad (50.2)$$

如果只有 λ_k 是靠近 p 的特征值，那么大的 v_{s+1} 意味着 x_k 的成分必定大．

(iii) 如果在初始向量 u_0 中，所有与紧靠 p 的 λ_i 对应的 x_i 成分非常小，那么舍入误差可能抑制它们的增长．因而我们永远得不到一个实质性地含有这些 x_i 的 u_s．似乎情况的确是这样的，但经验表明它并不是如此，如果 p 非常接近 λ_n，我们的经验表明：经一步迭代非常欠缺 x_k 成分的初始向量，所得的向量通常含有 x_k 的实质性的成分．

特征向量的进一步改进

51. 我已发现在我用来计算特征向量的方法中，逆迭代是最有效和精确的方法．为了表明它的效力，我们描述怎样用它给出精确到运算精度的结果．从我们的分析来看，用 $(A - pI)$ 的固定的三角分解进行运算，我们不能希望比得到方程 (48.3) 的矩阵 $(A + F)$ 的一个高精度的特征向量更好的结果．现在我们知道，对应于三角分解，矩阵 F 是非常小的．但是，如果其它特征值接近 λ_k，那么计算的 $(A + F)$ 的特征向量不可避免地含有相应的特征向量的成分，这些成分是不可忽略的．例如，如果 $\|A\| = O(1)$，$\lambda_1 = 1$，$\lambda_2 = 1 - 2^{-m}$，所有别的特征值都与这两者明显分离，计算的特征向量 u 本质上形如以下形式：

$$x_1 + \varepsilon x_2 + \sum_{3}^{n} \varepsilon_i x_i,$$

其中 ε 可能是 $2^m\|F\|/|s_2|$ 量级，并且 ε_i 是 $\|F\|/|s_i|$ 量级(第二章 §10)．

考虑仍然用同样的三角分解，同样的计算精度我们是否能得

到比 u 更精确的特征向量是有意义的．现在考虑方程
$$(A - pI)x = u \qquad (51.1)$$
的准确解．显然，我们有

$$x = \frac{x_1}{p - 1} + \frac{\varepsilon x_2}{p - 1 - 2^{-m}} + \sum_3^n \frac{\varepsilon_i x_i}{p - \lambda_i}. \qquad (51.2)$$

因此，如果 p 比 $1 - 2^{-m}$ 更靠近1，那么规格化的 x 包含的 x_2 成分比 u 的小得多．在第四章 §68，§69 中，我们讨论过高精度解方程组的问题，并且说明了如果有内积累加并且 $(A - pI)$ 不是过于病态，那么方程(51.1)能正确地求解，达到运算精度．

相应地我们提出一个本质上由两阶段组成的格式．第一阶段我们按下述定义计算序列 u_s

$$(A - pI)v_{s+1} = u_s, u_{s+1} = v_{s+1}/\max(v_{s+1}). \qquad (51.3)$$

这个迭代继续到 u_s 不再改进为止．重新令最后一次迭代为 u，这也是一个迭代过程，它与第一阶段的迭代有许多共同之处．可是它有完全不同的目的．

52. 考虑如何选取 p 以便得到最好的效果是很有意义的．p 被取得越接近 λ_1，第一阶段的 u 越迅速达到极限精度．事实上，如果我们取 $p = \lambda_1 + O(2^{-t})$，那么几乎两次迭代就达到极限精度．在这一阶段迭代与 $(A - pI)$ 的病态无关．现在转到第二阶段，我们发现，如果的确能高精度地解 $(A - pI)x = u$，那么又有了 p 尽可能接近 λ_1 的优点．因为这保证了在 x 中 x_2 的成分的相对量尽可能小．另一方面，取 p 越靠近 λ_1，$(A - pI)$ 变得越病态，x 收敛于 $(A - pI)x = u_1$ 的正确解越慢，直到最后 $(A - pI)$ 变得过分病态，不用更高的运算精度就不可能得到正确的解．

为了避免因病态特征值引起的复杂性，我们令 A 是对称矩阵使得全部特征值都有理想的条件．为方便起见，假定 $\|A\| = 1$，取 $\lambda_1 = 1, \lambda_2 = 1 - 2^{-10}, |\lambda_i| < 0.5 (i > 2), t = 48$．误差矩阵 F 的大小取决于舍入的过程．我们假定 $\|F\|_2 = n^{\frac{1}{2}} 2^{-48}$．如果用 λ_i' 和 x_i' 表示 $(A + F)$ 的特征值和特征向量，那么我们有

$$|\lambda_i' - \lambda_i| < n^{\frac{1}{2}}2^{-48}, \quad x_1' = x_1 + \sum_2^n \varepsilon_i x_i, \quad (52.1)$$

其中

$$|\varepsilon_2| < n^{\frac{1}{2}}2^{-48}/2^{-10} = n^{\frac{1}{2}}2^{-38},$$
$$|\varepsilon_i| < n^{\frac{1}{2}}2^{-48}/0.5 = n^{\frac{1}{2}}2^{-47}(i > 2). \quad (52.2)$$

只要 λ_1 比 λ_2 更明显地接近 p，那么在第一阶段迭代将收敛于 x_1'，仅仅是收敛的速度受影响，最终的精度不受损失。每一次迭代，x_2' 的成分相对于 x_1' 的成分缩小一个因子 $(\lambda_1' - p)/(\lambda_2' - p)$，其它的成分缩小得更快。现在我们估计两个不同 p 值结合的方法的效率。

(i) $p = 1 - 2^{-48}$。在第一阶段，x_2' 的分量与 x_1' 分量的比缩小一个倍数，这倍数小于

$$(n^{\frac{1}{2}} + 1)2^{-48}/[2^{-10} - (n^{\frac{1}{2}} + 1)2^{-48}].$$

除非 n 非常大，一般两次迭代几乎肯定是够的。在第二阶段，$(A - pI)$ 非常病态以至于我们完全不能解 $(A - pI)x = u$。

(ii) $p = 1 - 2^{-30}$。在第一阶段，x_2' 的分量与 x_1' 分量的比缩小一个倍数，这倍数小于

$$(2^{-30} + n^{\frac{1}{2}}2^{-48})/(2^{-10} - 2^{-30} - n^{\frac{1}{2}}2^{-48}).$$

因此，每一次迭代约得到 20 位二进位数字，通常三次迭代几乎肯定是足够的。在第二阶段的每一步中，$(A - pI)x = u$ 的解的相对误差压缩一个因子，这因子约是 $n^{\frac{1}{2}}2^{30}2^{-48} = n^{\frac{1}{2}}2^{-18}$。例如，$n = 64$，四次迭代确实得到这些方程解的正确舍入后的结果。准确解给定为

$$x = \frac{x_1}{\lambda_1 - p} + \sum_2^n \frac{\varepsilon_i x_i}{\lambda_i - p}, \quad (52.3)$$

规格化之后为

$$x = x_1 + \sum_2^n \eta_i x_i, \quad |\eta_2| < n^{\frac{1}{2}}2^{-38}2^{-20},$$
$$|\eta_i| < n^{\frac{1}{2}}2^{-47}2^{-30}(i > 2). \quad (52.4)$$

这表明计算的 x 几乎是 x_1 的正确的舍入的结果，并且特征向量

的病态和三角分解的误差全都已克服.

如果 λ_1 和 λ_2 比这个例子的更靠近,这样得到的向量 x 可能在运算精度范围内不是 x_1. 在这种情况下,第二阶段可以重复以便得到 $(A - pI)y = x$ 的较精确的解,等等. 如果

$$|\lambda_1 - \lambda_2| < 2n^{\frac{3}{2}}2^{-t},$$

不用更高的精度运算不可能分离出特征向量 x_1.

在 DEUCE 机上我们已经研制了这一技术的许多程序. 最完善的是从一些近似的特征值开始寻找复矩阵双精度的特征向量. 计算每一个特征向量时仅用单精度的三角分解! 用第四章§69 描述的技术可以决定双精度的向量. 因为如该节的第 (i) 部分指出的,在方程 $(A-pI)x = b$ 中可以用双精度的右端而不必执行任何双精度的运算. 这个 DEUCE 程序是一个杰作,在有大的高速存储的计算机上用真正的双精度计算也许会更经济. 但是这个程序使我们对逆迭代的性质有很深入的认识,它也提供了关于计算向量的精度可靠的指示. 有意义的是,这个可靠的估计可以从 λ_i 和 x_i 得到,而只需要有其它的特征值的粗略的估计.

非线性初等因子

53. 当 A 有非线性初等因子时,对一切 p 值,$(A - pI)^{-1}$ 也同样有非线性因子. 在§16 中我们已看出,对应非线性初等因子的主特征向量的收敛性是"慢"的. 乍一看来,使用逆迭代什么收获也得不到,但是事实上并非如此.

考虑简单的 Jordan 子矩阵

$$A = \begin{bmatrix} a & 1 \\ 0 & a \end{bmatrix}. \tag{53.1}$$

如果取 $p = a - \varepsilon$,我们有

$$(A - pI)^{-1} = \begin{bmatrix} \varepsilon^{-1} & -\varepsilon^{-2} \\ 0 & \varepsilon^{-1} \end{bmatrix}. \tag{53.2}$$

因为我们对常数因子不感兴趣,逆迭代实际上等价于矩阵

$$\begin{bmatrix} \varepsilon & -1 \\ 0 & \varepsilon \end{bmatrix} \tag{53.3}$$

的直接迭代. 当 s 小时,从任何一向量开始,一次迭代后我们立即得到逼近那唯一的特征向量的一个好的近似. 再迭代下去确实得不到本质上的改进.(这对应于 §16 的分析中 a 是小的情况.)

Hessenberg 矩阵的逆迭代

54. 我们讨论了用满矩阵的逆迭代,但是实际上更方便的是先寻找与原矩阵相似的压缩型 B 的特征向量,然后从它导出矩阵 A 的特征向量. 因为有许多稳定的方法约化矩阵为上 Hessenberg 型 H,我们先考虑这种形式.

在第四章 §33 中已经讨论过用部分主元素法作 Hessenberg 矩阵的三角分解. 因为用合乎 Gauss 消去法的术语来说,在约化中每步只有一个非零乘子,所以特别简单. 满矩阵的约化有 $\frac{1}{3}n^3$ 个乘法,而这种矩阵只有 $\frac{1}{2}n^2$ 个乘法,因为 L 仅仅包含 $(n-1)$ 个次对角线元素,求解 $Ly = Pb$(见方程 (48.2))只包含 n 个乘法. 所以,每一次迭代中约有 $\frac{1}{2}n^2$ 个乘法而满矩阵有 n^2 个乘法.

和第五章 §54 一样,我们不直接选定初始向量 u,而是假定它满足

$$Le = Pu, \tag{54.1}$$

其中 e 是元素全为 1 的向量. 因此,v_1 从求解 $Uv_1 = e$ 得到. 如果 p 十分靠近一个特征值,那么通常两次迭代就够了. 假如 p 是一个准确的特征值,并且分解是准确地实行的话,那么 U 的一个对角线元素(如果 H 没有次对角线元素是零,它就是最后一个)就会是零. 但是,实际上计算的对角线元素没有一个必定是小的. 如果 U 的一个对角元是零,它可以用 $2^{-t}\|H\|_\infty$ 代替,但是使用 §55 描述的技术是更经济的.

在这里我们指出,当 z 是一个准确的特征值并且计算是准确地执行时,用 Hyman 的方法(第七章 §11)得到的向量 x 是准确的特征向量. 可是,虽然 Hyman 方法决定特征值的过程是十分稳

定的,但是决定对应的特征向量时常是极不稳定的.在这方面不应用 Hyman 方法. 事实上,当 H 正巧是三对角形矩阵,用 Hyman 方法给出的向量精确地等于第五章 §48 的方法给出的向量,并且我们已经说明它为什么不稳定. 通过一个完全类似的分析,我们可以证明,当规格化的左特征向量 y_r 第一个分量小时,Hyman 方法给出的 x_r 的近似向量是不好的. 甚至用准确到运算精度的 λ_r 值,准确地执行 Hyman 方法也仍然如此.

退化情况

55. 当一个次对角线元素 $h_{i+1,i}$ 为零时,我们可以把 H 写为如下形式

$$H = \begin{bmatrix} H_1 & B \\ O & H_2 \end{bmatrix}, \tag{55.1}$$

其中 H_1, H_2 是 Hessenberg 型,于是 H 的特征值是 H_1 和 H_2 的全部特征值. 对应于 H_1 的特征值的特征向量由 H_1 的相应的特征向量在最后增添 $n-i$ 个零给出,因此涉及的计算量较小. 对应于 H_2 的特征值的特征向量一般没有特殊性,决定它的最经济的方法是逆迭代法.

如果 H 有 r 重的特征值,对应 r 个独立的特征向量,它必定至少有 $(r-1)$ 个零次对角线元素(参见第七章 §41). 尽管如此,H 可能有特征值在运算精度内相等而根本没有小的次对角线元素. 在这种情况下, H 的独立的特征向量可以用稍微不同的 p 值执行逆迭代得到,原理是与第五章 §59 的一样.

当 H 有非线性初等因子 $(\lambda - \lambda_1)^r$ 时,用不同的但接近 λ_1 的 p 值得到向量将十分靠近. 逆迭代不出现有重复的线性因子时保证我们获得独立的特征向量的"不稳定性"特征.通常,当 H 有一个二次因子时,计算的特征值是不相等的,但是差别仅是 $2^{-t/2}\|H\|$ 的数量级(参见第二章 §23). 用两个差别为 $2^{-t/2}$ 的量执行逆迭代决定特征向量 x_1 和 x_2,而 $(x_1 - x_2)$ 给出一个第二级主向量,但是它自然至多只有 $\frac{1}{2}t$ 位正确数字(参见第三章§63).

带形矩阵逆迭代

56. 在矩阵是三对角形的情况下，逆迭代更节省，这一点我们在第五章涉及对称矩阵时曾讨论过。因为没有利用对称的特点，其中的思想可以立即应用到非对称情况，除非实矩阵有某些复特征值。

正如第六章中所看到的，没有一个约化一般矩阵为三对角型的方法是无条件地保证数值稳定的。由于这个原因，当三对角形矩阵是从一般的矩阵经过中间的 Hessenberg 矩阵推导出来的时，我们建议从 Hessenberg 矩阵寻求特征向量，而不要从三对角型去找。此外，当 Hessenberg 矩阵的一个特征向量已经计算时，应该用直接迭代法改善特征值。因为由 Hessenberg 型约化为三对角型时如果有一点不稳定，那么结果就不够准确。我们着重指出：如果我们找到了三对角矩阵的特征向量，为了得到原矩阵的特征向量，我们在任何情况下都必须从它找 Hessenberg 矩阵的特征向量，所以找 Hessenberg 矩阵的特征向量是相当重要的。

在偏微分方程的特征值问题中有带宽大于 3 的带形矩阵，通常这种矩阵是对称正定的。但是因为我们必需用 $(A - pI)$ 运算，正定性不可避免地失掉，除非 p 接近最小的特征值。所以，在三角分解时必须使用行列交换，结果我们得到的是 $P(A - pI)$ 的分解，其中 P 是置换矩阵。如果我们写

$$P(A - pI) = LU, \tag{56.1}$$

那么容易验证：如果 A 的带宽是 $2(m + 1)$，则 L 的每一列对角元之下仅有 m 个非零元素（除了最后 m 列），U 的每一行有多至 $(2m + 1)$ 个非零元素。不用交换的算法是吸引人的，但是不合理，特别是计算中间的特征值更是如此。我们注意，不管 A 是不是对称矩阵，这些评论都是对的。

这个方法已经在 ACE 上用来找 1500 阶带宽为 31 的对称矩阵的某些特征向量。从一个适当的特征值开始的，使用 Rayleigh 商来使我们得到十分高精度的特征值，而基本上没增加工作量。

复共轭特征向量

57. 从误差分析的观点来看，实矩阵的复特征向量的计算是特别有意义的。假定 $(\xi_1 + i\eta_1)$ 是一个复特征值，x_1 是对应的特征向量，并且我们有一个 $(\xi_1 + i\eta_1)$ 的近似值 $\lambda = \xi + i\eta$，逆迭代可以用许多不同的方式执行：

（i）我们可以用

$$(A - (\xi + i\eta)I)w_{s+1} = z_s, \quad z_{s+1} = w_{s+1}/\max(w_{s+1}) \quad (57.1)$$

计算复向量 z_s 和 w_s 的向量序列。这里的全部计算在必要之处都要用复数运算。通常 w_s 趋向于一个复特征向量。

（ii）我们可以完全用实运算来执行，做法如下：我们记

$$w_{s+1} = u_{s+1} + iv_{s+1}, \quad z_s = p_s + iq_s$$

和 (57.1) 的第一个式子中实部和虚部分别相等，得出

$$(A - \xi I)u_{s+1} + \eta v_{s+1} = p_s, \quad\quad (57.2)$$

$$-\eta u_{s+1} + (A - \xi I)v_{s+1} = q_s, \quad\quad (57.3)$$

我们可以把它写为

$$C(\lambda) \begin{bmatrix} u_{s+1} \\ \hline v_{s+1} \end{bmatrix} = \begin{bmatrix} A - \xi I & \eta I \\ \hline -\eta I & A - \xi I \end{bmatrix} \begin{bmatrix} u_{s+1} \\ \hline v_{s+1} \end{bmatrix}$$

$$= \begin{bmatrix} p_s \\ \hline q_s \end{bmatrix}. \quad\quad (57.4)$$

这是 $2n$ 个变量的实方程组。

（iii）从 (57.2) 和 (57.3) 我们可以导出下式

$$[(A - \xi I)^2 + \eta^2 I]u_{s+1} = (A - \xi I)p_s - \eta q_s, \quad (57.5)$$

$$[(A - \xi I)^2 + \eta^2 I]v_{s+1} = \eta p_s + (A - \xi I)q_s. \quad (57.6)$$

这两个方程组的系数矩阵相同，都是实 n 阶方阵，因此仅需一次三角分解，并且只涉及 n 阶实方阵。

（iv）向量 u_{s+1} 和 v_{s+1} 可以由解 (57.5) 并利用 (57.2) 来决定，也可以由解 (57.6) 并利用 (57.3) 来决定。

如果 $(\xi + i\eta)$ 不是准确的特征值，在这四个方程中没有一个

系数矩阵是奇异的. 各个方程的解都是唯一的并且是恒等的. 至于它们在实际计算中有差别，这完全是舍入误差的结果. 值得注意的是，方法 (i)，(ii) 和 (iv) 能收敛于复特征向量，但是 (iii) 却不能.

58. 在给出误差分析之前，我们先确定各个方程的系数矩阵的特征向量.

我们把 $(A - \lambda I)$ 看作复域上的矩阵，它有特征值 $(\lambda_1 - \lambda)$ 和 $(\bar{\lambda}_1 - \lambda)$，有对应的特征向量 x_1 和 $\bar{x}_1$. 当 λ 趋向于 λ_1 时，第一个特征值趋向于零，但是第二个则不然. 因此一般而言 $(A - \lambda_1 I)$ 的秩是 $(n - 1)$.

矩阵 $B(\lambda) = (A - \xi I)^2 + \eta^2 I$ 是 A 的多项式，因此也有它们对应于特征值 $(\lambda_1 - \xi)^2 + \eta^2$ 和 $(\bar{\lambda}_1 - \xi)^2 + \eta^2$ 的特征向量 x_1 和 $\bar{x}_1$. 当 λ 趋向于 λ_1 时，这两个特征值都趋向于零. 因此一般而言 $B(\lambda_1)$ 的秩是 $(n - 2)$，因为它有两个独立的特征向量 x_1 和 $\bar{x}_1$.

现在转到 (57.4) 的矩阵 $C(\lambda)$，我们立即验证

$$
\left[\begin{array}{c|c} A - \xi I & \eta I \\ \hline -\eta I & A - \xi I \end{array} \right] \left[\begin{array}{c} x_1 \\ \hline \pm i x_1 \end{array} \right]
$$

$$
= [(\lambda_1 - \xi) \pm i\eta] \left[\begin{array}{c} x_1 \\ \hline \pm i x_1 \end{array} \right] \tag{58.1}
$$

和

$$
\left[\begin{array}{c|c} A - \xi I & \eta I \\ \hline -\eta I & A - \xi I \end{array} \right] \left[\begin{array}{c} \bar{x}_1 \\ \hline \pm i \bar{x}_1 \end{array} \right]
$$

$$
= [(\bar{\lambda}_1 - \xi) \pm i\eta] \left[\begin{array}{c} \bar{x}_1 \\ \hline \pm i \bar{x}_1 \end{array} \right]. \tag{58.2}
$$

因此，$C(\lambda)$ 有四个特征值 $(\lambda_1 - \xi) \pm i\eta$ 和 $(\bar{\lambda}_1 - \xi) \pm i\eta$，有四个对应的独立的特征向量. 于是我们有

$$
\left. \begin{array}{c} (\lambda_1 - \xi) - i\eta \to 0 \\ (\lambda_1 - \xi) + i\eta \to 0 \end{array} \right\} \text{当 } \xi + i\eta \to \lambda_1. \tag{58.3}
$$

这表明 $C(\lambda_1)$ 有两个零特征值对应两个独立的特征向量 $[x_1^T \vdots -ix_1^T]$ 和 $[\bar{x}_1^T \vdots i\bar{x}_1^T]$，因此 $C(\lambda_1)$ 的秩是 $2n - 2$。

误差分析

59. 从这些简单的结果我们能够很简便地看出，方法(iii)在实际计算中为什么会失败。当我们用有两个特征值很靠近零的任何矩阵作逆迭代时，所有向量的成分除了对应于这两个小特征值之外都很快缩减，所以迭代向量落在两个有关的特征向量张成的子空间内。在这空间中得到的特定的向量密切地依赖于精细的舍入误差，这向量甚至每次迭代都发生变化。

方法 (i) 没有什么有意义的特点，矩阵只有一个小特征值，迭代很快收敛于 x_1。全部运算是复的，但是在三角分解中只有 $\frac{1}{3} n^2$ 个复乘法，在每一次迭代中有 n^2 个复乘法。

在方法 (ii) 中每一步得到的向量 $[u_s^T \vdots v_s^T]$ 必定是实的，它收敛于由 $[x_1^T \vdots -ix_1^T]$ 和 $[\bar{x}_1^T \vdots i\bar{x}_1^T]$ 张成的子空间中的一个向量。因此，其形式必定是

$$\alpha[x_1^T \vdots -ix_1^T] + \bar{\alpha}[\bar{x}_1^T \vdots i\bar{x}_1^T].$$

所以它给出一个很满意的复向量：

$$(\alpha x_1 + \bar{\alpha}\bar{x}_1) + i(-i\alpha x_1 + i\bar{\alpha}\bar{x}_1) = 2\alpha x_1. \tag{59.1}$$

在方程 (iii) 中，向量 u_s 和 v_s 显然是实的，并且很快收敛于 x_1 和 $\bar{x}_1$ 张成的向量，因此，当其他的向量的成分已经消失时(当 λ 十分接近 λ_1 时，这种状态应该立刻呈现出来)，我们有

$$u_s = \alpha x_1 + \bar{\alpha}\bar{x}_1, \quad v_s = \beta x_1 + \bar{\beta}\bar{x}_1. \tag{59.2}$$

但是，我们没有理由期望 α 和 β 之间将有某种关系。由这个方法给出的复特征向量是

$$u_s + iv_s = (\alpha + i\beta)x_1 + (\bar{\alpha} + i\bar{\beta})\bar{x}_1, \tag{59.3}$$

并且这不是 x_1 的倍数，虽然 u_s 和 v_s 是实向量，它们张成的子空间与 x_1 和 $\bar{x}_1$ 的一样。但是向量 $(u_s + iv_s)$ 不是 x_1 的倍数，并且要得到后者还需要作进一步的计算。

在方法 (iv) 中，我们利用方程(57.2)确实得到与 u_{s+1} 配对的正确的实向量 v_{s+1}。 在极端的情况， 即 λ 在运算精度内等于 λ_1 时，我们发现方程(57.5)的解 u_{s+1} 大于 p_s 和 q_s，它们相差 $1/\|F\|$ 数量级的因子，其中 F 是 $(A - \xi I)^2 + \eta^2 I$ 的分解产生的误差矩阵。因此，在方程(57.2)中，p_s 是可忽略的，并且计算的 v_{s+1} 本质上满足

$$\begin{aligned}
\eta v_{s+1} &= -(A - \xi I)u_{s+1} \\
&= -(A - \xi I)(\alpha x_1 + \bar{\alpha}\bar{x}_1) \\
&= \alpha(\xi - \lambda_1)x_1 + \bar{\alpha}(\xi - \bar{\lambda}_1)\bar{x}_1,
\end{aligned} \tag{59.4}$$

然后由 (59.2) 得出

$$\eta(u_{s+1} + iv_{s+1}) = \alpha\eta x_1 + \bar{\alpha}\eta\bar{x}_1 + \alpha\eta x_1 - \bar{\alpha}\eta\bar{x}_1 = 2\alpha\eta x_1. \tag{59.5}$$

这表明 $(u_{+1} + iv_{s+1})$ 的确是 x_1 的倍数。

(iii) 不正确地给出 u_{s+1} 和 v_{s+1} 的关系这一事实在 2×2 矩阵的情况是相当明显的。事实上，容易看出，即使 $(p_s + iq_s)$ 是正确的特征向量，$(u_{s+1} + iv_{s+1})$ 可以是任意坏的。 这是因为在 2×2 的情况下 $B(\lambda_1) = 0$。 因此，如果我们用准确到运算精度的 λ 来计算 $B(\lambda)$，那么这个矩阵只是由舍入误差组成，所以它可用 $2^{-t}P$ 来表示，其中 P 是与 A^2 数量级相同的任意矩阵。 如果 $(p_s + iq_s)$ 是特征向量，那么(57.5)与(57.6)的右边分别是 $-2\eta_1 q_s$ 和 $2\eta_1 p_s$。 不计常数因子，我们有

$$u_{s+1} = -P^{-1}q_s, \quad v_{s+1} = P^{-1}p_s. \tag{59.6}$$

又因为矩阵 P 是任意的，我们不能期望 u_{s+1} 和 v_{s+1} 有正确的关系。

我们已经研究了 λ 准确到运算精度的极端情况. 当 $\|A\| = 1$，并且 $|\lambda - \lambda_1| \approx 2^{-k}$，那么即使在最有利的情况下，方法 (iii) 将给出形如 $(x_1 + \varepsilon\bar{x}_1)$ 的特征向量，其中 ε 是 2^{k-t} 数量级. 当 k 趋于 t，$\bar{x}_1$ 的成分变得与 x_1 的数量级相同。

数值例子

60. 在表 3 中我们说明用 §57 的方法 (ii)，(iii) 和 (iv) 计算

表　3

$$A = \begin{bmatrix} 0.59797 & 0.29210 & 0.15280 \\ -0.95537 & 0.75756 & -1.23999 \\ 0.50608 & 0.13706 & 0.40117 \end{bmatrix} \quad \lambda = 0.82197 + 0.71237i$$

L_1

$$\begin{bmatrix} 1.00000 & & & & & \\ 0.00000 & 1.00000 & & & & \\ -0.52972 & -0.14450 & 1.00000 & & & \\ 0.00000 & 0.00000 & 0.66104 & 1.00000 & & \\ 0.23446 & -0.43124 & -0.41157 & 0.40774 & 1.00000 & \\ 0.74565 & -0.06742 & -0.85798 & -0.68110 & 0.00000 & 1.00000 \end{bmatrix}$$

U_1

$$\begin{bmatrix} -0.95537 & -0.06441 & -1.23999 & 0.00000 & -0.71237 & 0.00000 \\ & -0.71237 & 0.00000 & -0.95537 & -0.06441 & -1.23999 \\ & & -1.07765 & -0.13805 & 0.36805 & 0.53319 \\ & & & 0.59734 & -0.10624 & -0.77326 \\ & & & & 0.00000 & 0.00001 \\ & & & & & 0.00000 \end{bmatrix}$$

(第一个解)×10⁻⁶	(第二个解)×10⁻⁶	规格化的第一个和第二个解
-0.19254	0.16158	$0.05538 - 0.37233i$
-3.47674	-3.80567	$1.00000 + 0.00000i$
0.32894	0.64769	$-0.09461 - 0.28763i$
·········	·········	
1.29451	1.47236	
0.00000	1.00000	
1.00000	1.00000	

$(A - \xi I)^2 + \eta^2 I$			b_1	b_2
0.35591	-0.06330	-0.46073	-0.49147	0.93327
-0.35200	0.06260	0.45568	-2.97214	-1.54740
-0.45726	0.08132	0.59192	-0.49003	0.93471

L_2 　　　　　　　　　　　U_2

$$\begin{bmatrix} 1.00000 & & \\ -1.28476 & 1.00000 & \\ -0.98901 & 0.00000 & 1.00000 \end{bmatrix} \begin{bmatrix} 0.35591 & -0.06330 & -0.46073 \\ & -0.00001 & -0.00001 \\ & & 0.00001 \end{bmatrix}$$

解 1（从方程(57.5)和 (57.2)得）	规格化的解 1
$-366219 - 228762i$	$0.05538 - 0.37234i$
$457966 - 1051690i$	$1.00000 + 0.00000i$
$-345821 - 32222i$	$-0.09461 - 0.28763i$

解 2(从方程 (57.6) 和 (57.3) 得)	规格化的解 2
$-41426 - 107670i$	$0.05540 - 0.37232i$
$266728 - 150935i$	$1.00000 + 0.00000i$
$-68649 - 62439i$	$-0.09461 - 0.28763i$
解 3(从方程(57.5)和(57.6) 得)	规格化的解 3 不是一个近似的特征向量
$-366219 - 107670i$	
$457966 - 150935i$	
$-345821 - 62439i$	

一个三阶实矩阵的复特征向量的结果.已经用准确到运算精度的 $\lambda = 0.82197 + 0.71237i$ 执行了逆迭代. 我们首先给出 (57.4) 的 6×6 实矩阵 $C(\lambda)$ 的有交换的三角分解. 用 L_1 和 U_1 表示它们三角形矩阵, U_1 的最后两个对角线元素是零. 这一事实最明显地表示 $C(\lambda)$ 有两个特征值十分靠近零. 在第一次迭代中, 我们开始可以取 e 作为右端进行向后回代. 显然, 我们可以取解的最后两个分量为任意大的值和任意的比例. 右端的分量实质上被忽略. 我们已经计算了两个解, 最后两个分量在一种情况下取为 0 和 10^6, 另一种情况下取为 10^6 和 10^6. 虽然这两个实解是完全不同的, 但是对应的规格化复特征向量在运算精度内都等于真正的特征向量.

接着我们给出 3×3 实矩阵 $B(\lambda)$ 的三角分解. 用 L_2 和 U_2 表示三角形矩阵, 在 U_2 中有两个对角线元素几乎是零. 这又一次明显地表示有两个十分接近零的特征值. 我们把 $(e + ei)$ 作为初始复向量执行了一步. 在方法 (iii) 中, 右端 $(A - \xi I)e - \eta e$ 和 $(A - \xi I)e + \eta e$ 分别记为 b_1 和 b_2, 由方法 (iv) 得到的向量都准确到最后一位数的 2 个单位. 用方法 (iii) 得到的向量完全不对, 那是 x_1 和 $\bar{x}_1$ 的一个组合.

广义特征值问题

61. 逆迭代方法立刻被推广到广义特征问题 (第一章 §30), 考虑最常见的情况就足够了, 这就是决定 λ 和 x, 使得

$$(A\lambda^2 + B\lambda + C)x = 0. \qquad (61.1)$$

因为这个情况等价于标准特征值问题

$$\begin{bmatrix} O & I \\ \hline -A^{-1}C & -A^{-1}B \end{bmatrix} \begin{bmatrix} x \\ \hline y \end{bmatrix} = \lambda \begin{bmatrix} x \\ \hline y \end{bmatrix}. \qquad (61.2)$$

一个相应的迭代过程为

$$\begin{bmatrix} -\lambda I & I \\ \hline -A^{-1}C & -A^{-1}B - \lambda I \end{bmatrix} \begin{bmatrix} x_{s+1} \\ \hline y_{s+1} \end{bmatrix} = \begin{bmatrix} x_s \\ \hline y_s \end{bmatrix}, \qquad (61.3)$$

其中 λ 是一个近似特征值. (为了方便起见, 我们省略了规格化.) 由方程 (61.3) 我们得

$$\begin{aligned} -\lambda x_{s+1} + y_{s+1} &= x_s, \\ -A^{-1}Cx_{s+1} - A^{-1}By_{s+1} - \lambda y_{s+1} &= y_s, \end{aligned} \qquad (61.4)$$

因此

$$-C(y_{s+1} - x_s) - \lambda By_{s+1} - \lambda^2 Ay_{s+1} = \lambda Ay_s, \qquad (61.5)$$

$$(\lambda^2 A + \lambda B + C)y_{s+1} = Cx_s - \lambda Ay_s. \qquad (61.6)$$

于是向量 y_{s+1} 和 x_{s+1} 可以分别从 (61.6) 和 (61.4) 计算. 这仅仅需要 $(\lambda^2 A + \lambda B + C)$ 的一次三角分解.

在 A, B, C 是参数 V 的函数, 并且希望探索 V 变化时特征值 $\lambda_1(V)$ 和对应的特征向量 $x_1(V)$ 的相应的变化情况时, 这个方法是非常有效的; 对于以前的各个 V 值, $\lambda_1(V)$ 和 $x_1(V)$ 可以用作它们的当前值的好的初始近似值.

近似特征值的变更

62. 到目前为止, 我们研究的逆迭代法对每一个特征值选用一个固定的近似值, 因而每决定一个特征向量只要一次三角分解. 当特征值的近似值十分逼真时, 这个方法是极其有效的. 收敛的速度很快以至于在利用当前所能得到的最佳近似值时涉及的额外的三角分解都不必要.

另一个途径是一开始就用逆迭代来定特征值. 当 A 是对称矩阵时, 一个方便的迭代过程定义为(参见第三章§54)

$$(A - \mu_s I)v_{s+1} = u_s,$$
$$\mu_{s+1} = v_{s+1}^T A v_{s+1}/v_{s+1}^T v_{s+1}, \qquad . \qquad (62.1)$$
$$u_{s+1} = v_{s+1}/(v_{s+1}^T v_{s+1})^{\frac{1}{2}}.$$

在每一步,用对应于当前的向量的 Rayleigh 商给出特征值的新的近似值. 容易证明,这个迭代过程在每一个特征向量的邻域内是三次收敛的. 我们假定

$$\mu_s = x_k + \sum{}' \varepsilon_i x_i, \qquad (62.2)$$

其中 $\sum{}'$ 表示不含下标 k 的各项的求和,于是

$$\mu_s = (\lambda_k + \sum{}' \lambda_i \varepsilon_k^2)/(1 + \sum{}' \varepsilon_i^2), \qquad (62.3)$$

因此

$$v_{s+1} = x_k/(\lambda_k - \mu_s) + \sum{}' \varepsilon_i x_i/(\lambda_i - \mu_s). \qquad (62.4)$$

不计规格化因子,我们有

$$\mu_{s+1} = x_k + (\lambda_k - \mu_s) \sum{}' \varepsilon_i x_i/(\lambda_i - \mu_s)$$
$$= x_k + \left\{ \frac{\sum{}'(\lambda_i - \lambda_k)\varepsilon_i^2}{1 + \sum{}' \varepsilon_i^2} \right\} \sum{}' \varepsilon_i x_i/(\lambda_i - \mu_s), \qquad (62.5)$$

所有系数除了 x_k 的之外都是 ε_i 的三次方.

对于非对称矩阵有一个类似的方法,每一步寻找一次近似的左、右特征向量. 这个方法由下列关系式定义

$$(A - \mu_s I)v_{s+1} = u_s, \quad (A - \mu_s I)^T q_{s+1} = p_s,$$
$$\mu_{s+1} = q_{s+1}^T A v_{s+1}/q_{s+1}^T v_{s+1}, \qquad (62.6)$$
$$u_{s+1} = v_{s+1}/\max(v_{s+1}), \quad p_{s+1} = q_{s+1}/\max(q_{s+1}).$$

$(A - \mu_s I)$ 的三角分解使我们能决定 v_{s+1} 和 q_{s+1}. 现在, μ_{s+1} 的当前值是对应于 q_{s+1} 和 v_{s+1} 的广义 Rayleigh 商(参见第三章 §58).

这个方法最后也是三次收敛的. 我们假定有

$$u_s = x_k + \sum{}' \varepsilon_i x_i, \quad p_s = y_k + \sum{}' \eta_i y_i, \qquad (62.7)$$

那么

$$\mu_s = (\lambda_k y_k^T x_k + \sum{}' \lambda_i \varepsilon_i \eta_i y_i^T x_i)/(y_k^T x_k + \sum{}' \varepsilon_i \eta_i y_i^T x_i). \qquad (62.8)$$

因此,不计规格化因子,我们有

$$u_{s+1} = x_k + (\lambda_k - \mu_s) \sum{}' \varepsilon_i x_i/(\lambda_i - \mu_s), \qquad (62.9)$$

$$p_{s+1} = y_k + (\lambda_k - \mu_s) \sum{}' \eta_i y_i/(\lambda_i - \mu_s). \qquad (62.10)$$

所有系数除了 x_k 和 y_k 的之外都是 ε_i 和 η_i 的三次方. 如果 λ_k 的条件数 $y_k^T x_k$ 小，三次收敛性的出现就推迟.

虽然往往是在达到三次收敛范围的时候运算精度限制了准确性再提高的可能性. 但极限的收敛率显然是十分令人满意的. 如果需要比较精确的特征值，它们可以通过小心地计算最后的 Rayleigh 商或者广义 Rayleigh 商得到. 通常，在这个阶段，准确的 Rayleigh 商的正确性超过单精度，如果我们计算

$$(A - \mu I)u_{s+1},$$

$$\mu_{s+1} = {}^*\mu_s + u_{s+1}^T(A - \mu_s I)u_{s+1}/u_{s+1}^T u_{s+1}, \qquad (62.11)$$

或者在非对称的情况下，计算

$$(A - \mu I)u_{s+1},$$

$$\mu_{s+1} = \mu_s + p_{s+1}^T(A - \mu_s I)u_{s+1}/p_{s+1}^T u_{s+1}. \qquad (62.12)$$

那么不用双精度就可相当精确地定出那些商. 向量 $(A - \mu_s I)u_{s+1}$ 应该用内积累加计算. 大量的相约会正常地发生，并且单精度的 $(A - \mu_s I)u_{s+1}$ 可用来决定 u_{s+1}.

Ostrowski (1958，1959) 在一系列的论文中已经给出这些方法的十分详尽的分析，读者参阅这些论文可以得到更丰富的知识.

决定左、右特征向量是费时的. 如果已知特征值的一个相当好的近似值 μ_s，那么简单的逆迭代的收敛性无论如何是合适的.直接迭代、逆迭代和收缩可以这样结合起来. 直接迭代可执行到取得一个相当好的 μ_s 值，并且附带得到一个好的近似特征向量为止，然后用这向量和固定的 μ_s 值开始用 $(A - \mu_s I)$ 作迭代. 最后当决定了特征向量以后就执行收缩. 当 A 是复矩阵时，这是一个特别有效的方法. 一个使用这个方法的极好的说明见 Osborne (1958).

特征系的改进

63. 作为我们最后的一个题目，我们考虑计算的特征系的改

---

* 原文误为 $-\mu_s$. ——译者注

进. 在 §51 中我们已经证明了用逆迭代通常可以确定对应于最接近指定的 p 的那个特征值的特征向量并达到任何指定的精度. 虽然在实际计算中这个方法关于计算的特征向量的精度方面是令人信服的,但不可能用它去得到一个严格的界.

在第三章 §59 ~ §64 中我们从理论的观点讨论了改善完全特征系的问题. 现在我们详细叙述一个利用该节的思想的实际方法. 在 ACE 上已编了定点运算的程序. 我们就用这种形式来描述它. 修改它为浮点计算是十分简单的.

假定用某些方法决定了一个近似的特征系. 我们用 λ_i' 和 x_i' 表示计算的特征值和特征向量,X' 表示特征向量矩阵,剩余矩阵 F 由下式定义

$$AX' = X'\mathrm{diag}(\lambda_i') + F,$$
$$(X')^{-1}AX' = \mathrm{diag}(\lambda_i') + (X')^{-1}F. \qquad (63.1)$$

我们假定 $\|F\| \ll \|A\|$,不然的话,λ_i' 和 x_i' 几乎不能看作是一个近似的特征系. 在 ACE 上,F 的每一列 f_i 是内积累加准确地计算的,所以 f_i 的分量都是双精度的. 虽然从我们关于 F 的假定看出,在每一个分量的第一个字中大部分数字都是零. 因而每一个向量 f_i 都表示为 $2^{-k_i}g_i$ 的形式,其中 k_i 的选取是使得 $|g_i|$ 的极大元素落在 $\frac{1}{2}$ 和 1 之间,换句话说,每一个 f_i 转换为规格化双精度块浮点向量.

到目前为止还没有发生舍入误差. 下一步,我们希望以此较方便地得到的精度去计算 $(X')^{-1}F$. 在 ACE 上用的是第四章 §69 描述的迭代法计算的,首先用带交换的方法执行 X' 的三角分解,然后用迭代法解每一个方程 $X'h_i = g_i$. 注意,在第四章描述的方法中采用了内积累加的单精度计算,但是正如我们所指出的,可以用双精度的右端. 只要 $n2^{-t}\|(X)^{-1}\| < \frac{1}{2}$,迭代过程收敛并且给出的方程 $X'h_i = g_i$ 的解 $\bar{h}_i$ 准确到运算精度. 如果我们令 $p_i = 2^{-k_i}/h_i$,那么我们有

$$(X')^{-1}AX' = \mathrm{diag}(\lambda_i') + P + Q = B, \qquad (63.2)$$

其中 P 的每一列 p_i 是已知的，并且是单精度块浮点向量的形式，矩阵 Q 不是明显已知的。 但是按照我们的假定，这个迭代过程给出准确舍入后的真解。 因此，我们有

$$\|q_i\|_\infty \leqslant 2^{-t-1}\|p_i\|_\infty. \qquad (63.3)$$

A 的特征值与 B 的准确地相等。

64. 现在我们可以用 Gerschgorin 定理（第二章 §13）决定 B 的特征值的位置。 因为 B 是按列平衡的，因此在 ACE 上把通常的 Gerschgorin 结果应用于 B^{T} 而不是 B 本身是方便的。 但是我们这里是用习惯的圆盘，可以直接引用先前的工作。 Gerschgorin 定理的直接应用证明 A 的特征值落在中心为 $\lambda_i' + p_{ii} + q_{ii}$，半径为 $\sum_{i \neq i} |p_{ii} + q_{ii}|$ 的圆盘内，但是这个结果通常是很弱的，在 ACE 上按下述方法使特征值的估计得到改善。

假定 λ_1' 的圆盘是孤立的，我们用 2^{-k} 乘 B 的第一行和用 2^k 乘第一列，其中 k 是使得第一个 Gerschgorin 圆盘仍然是孤立的最大整数。 按照我们的假定，$k \geqslant 0$，用这个 k 值，Gerschgorin 定理表明有一个特征值在中心为 $\lambda_1' + p_{11} + q_{11}$，半径为

$$2^{-k} \sum_{i \neq 1} |p_{1i} + q_{1i}|$$

的圆盘内，所以更必然有一个特征值落在中心 $\lambda_1' + p_{11}$，半径为

$$|q_{11}| + 2^{-k} \sum_{i \neq 1} (|p_{1i}| + |q_{i1}|)$$

的圆盘内。我们可以用它们的上界代替 $|q_{1i}|$，因为它们比 $|p_{1i}|$ 的平均水平小一个因子 2^{-t}。

下述考察提供一个很简单的选择适当的 k 的方法。 如果 k 显著地大于 1，那么第一个 Gerschgorin 圆盘的半径约为

$$2^{-k} \sum_{i \neq 1} |p_{1i}|,$$

而其它圆盘的半径逼近 $2^k |p_{i1}|$。 因此，在 ACE 上首先选一个满足

表　4

$$A$$

$$\begin{bmatrix} -0.05811 & -0.11691 & 0.51004 & -0.31330 \\ -0.04291 & 0.56850 & -0.07041 & -0.68747 \\ -0.01652 & 0.38953 & 0.01203 & -0.52927 \\ 0.06140 & 0.32179 & -0.22094 & -0.42448 \end{bmatrix}$$

x'_1	x'_2	x'_3	x'_4
0.38463	0.59641	1.00000	1.00000
0.91066	1.00000	0.74534	0.34879
0.67339	0.81956	0.46333	0.52268
1.00000	0.23761	0.61755	0.10392

λ'	$10^5 f_1$	$10^5 f_2$	$10^5 f_3$	$10^5 f_4$
−0.25660	−0.06427	0.32258	0.09052	−0.14193
0.32185	−0.22972	0.30806	−0.17442	0.13411
−0.10244	−0.19421	0.13829	−0.10132	0.05223
0.13513	−0.12232	0.05163	−0.09736	0.15437

$$L$$

$$\begin{bmatrix} 1.00000 & & & \\ 0.91066 & 1.00000 & & \\ 0.38463 & 0.64447 & 1.00000 & \\ 0.67339 & 0.84168 & -0.16525 & 1.00000 \end{bmatrix}$$

置换行 4，2，1，3 变为 1，2，3，4.

$$U$$

$$\begin{bmatrix} 1.00000 & 0.23761 & 0.61755 & 0.10392 \\ & 0.78362 & 0.18296 & 0.25415 \\ & & 0.64456 & 0.79624 \\ & & & 0.37037 \end{bmatrix}$$

$$10^5 P = (X')^{-1} F \text{ 的舍入后的形式}$$

$$\begin{bmatrix} -0.14241 & -0.31415 & -0.11093 & 0.18613 \\ -0.17215 & 0.29352 & -0.18228 & 0.07080 \\ 0.09990 & 0.52207 & 0.06180 & -0.04284 \\ -0.00672 & -0.25371 & 0.18010 & -0.21291 \end{bmatrix}$$ 元素 $|q_{ij}|$ 以 $\frac{1}{2} 10^{-10}$ 为界

根	允许的乘子	特征值		误差界
1	10^{-5}	−0.25660	14241	$10^{-10}(0.61121) + 2 \times 10^{-15}$
2	10^{-4}	0.32185	29352	$10^{-9}(0.42523) + 2 \times 10^{-14}$
3	10^{-5}	−0.10243	93820	$10^{-10}(0.66481) + 2 \times 10^{-15}$
4	10^{-5}	0.13512	78709	$10^{-10}(0.44053) + 2 \times 10^{-15}$

$A' + (X)^{-1}F$ 的第一个特征向量	A 的第一个特征向量
1.00000	0.38462 67268±12×10⁻¹⁰
10⁻⁵(0.29760)±4×10⁻¹⁰	0.91066 11902±15×10⁻¹⁰
10⁻⁵(−0.64801)±7×10⁻¹⁰	0.67339 17329±12×10⁻¹⁰
10⁻⁵(0.01716)±3×10⁻¹⁰	1.00000 00000

$$2^k|p_{i1}| < |\lambda_1' - \lambda_i'| \quad (i = 2, \cdots, n) \tag{64.1}$$

的最大整数为 k，这是一个十分简单的要求. 然后检查第一个圆盘是否孤立. 答案几乎都是肯定的. 如果该圆盘不孤立, 那么使 k 减小直到第一个圆盘孤立为止. 只要对应的 B 的 Gerschgorin 圆盘孤立, 用类似的方法可以依次决定每一个特征值.

数值例子

65. 在叙述关于特征向量的类似方法以前, 我们用一个简单的数值例子说明这种特征值方法. 在表 4 中近似的特征系 λ_i' 和 x_i' 准确地给出所显示的剩余向量 f_i, 这些向量都是以块浮点十进位形式表示的. 矩阵 X' 已经用带交换的三角分解给出矩阵 L 和 U, 也记录了行置换, 矩阵 P 是 $(X')^{-1}F$ 的正确舍入后的形式. 经常发生这样的情况, 同一个比例因子适用于 P 的每一列, 未知矩阵 Q 的元素是以 $\frac{1}{2}10^{-10}$ 为界的, 为了孤立每一个特征值采用了形如 10^{-k} 的因子.

按照条件(64.1), 算法的确在各个情况下都正确地给出 10^{-k} 的最优值, 对应的改进特征值的界已列出来了. 全部计算不管是否适当都是用有内积累加的五位十进位运算, 并且还能给出舍入误差的界, 通常它们是 10^{-10} 的数量级.

特征向量的改进

66. 如果 B 的特征向量是 u_i, 那么 A 的特征向量是 $X'u_i$. 因此, 要得到 A 的特征向量仅需寻找 B 的特征向量. 这些特征向量的计算和误差界的推导只是稍为更困难一些, 但是由于记号比较复

杂，我们仅用数值例子说明这个方法．假定我们有

$$B = \begin{bmatrix} 0.93256 & & \\ & 0.61321 & \\ & & 0.11763 \end{bmatrix}$$

$$+ \ 10^{-5} \begin{bmatrix} 0.31257 & 0.41321 & 0.21653 \\ 0.41357 & 0.21631 & -0.40257 \\ 0.31765 & 0.41263 & 0.71654 \end{bmatrix}$$

$$+ \ Q, \ |q_{ik}| < \frac{1}{2} \ 10^{-10}, \tag{66.1}$$

用特征值的技术可以证明第一个特征值 μ 满足

$$|\mu - 0.93256\ 31257| \leqslant 10^{-9}. \tag{66.2}$$

设 u 是对应的已规范化的特征向量，其模最大的元素是 1，这个分量必定是第一个．如果我们假定它是第二个（或第三个），那么从 $Bu = \mu u$ 的第二个（或第三个）方程立刻导出矛盾．

如果记 $u^T = (1,\ u_2,\ u_3)$，第二个和第三个方程给出

$$10^{-5}(0.41375) + q_{21} + (0.61321\ 21631 + q_{22})u_2$$
$$+ [-10^{-5}(0.40257) + q_{23}]u_3 = \mu u_2, \tag{66.3}$$

$$10^{-5}(0.31765) + q_{31} + [10^{-5}(0.41263) + q_{32}]u_2$$
$$+ (0.11763\ 71654 + q_{33})u_3 = \mu u_3. \tag{66.4}$$

因为 $|u_2|,\ |u_3| \leqslant 1$，由这些方程和 (66.2) 并使用很粗的估计给出

$$|u_2| <$$

$$\frac{10^{-5}(0.41375) + \frac{1}{2}\ 10^{-10} + 10^{-5}(0.40257) + \frac{1}{2}\ (10^{-10})}{\lambda_1' - \lambda_2' - \frac{1}{2}\ 10^{-10} - 10^{-9}}$$

$$< 3 \times 10^{-5}. \tag{66.5}$$

类似地，它们给出

$$|u_3| < 2 \times 10^{-5}. \tag{66.6}$$

现在用这些粗糙的界我们可以返回到方程 (66.3) 和 (66.4) 得到更接近 u_2 和 u_3 的近似值．更简单一些，我们把 (66.3) 改写为

$$\left(10^{-5}a \pm \frac{1}{2}\,10^{-10}\right) + \left(\lambda_2' \pm \frac{1}{2}\,10^{-10}\right) u_2$$

$$+ \left(10^{-5}c \pm \frac{1}{2}\,10^{-10}\right) u_3 = (\lambda_1' \pm 10^{-9}) u_2, \qquad (66.7)$$

其中 a 和 c 是 1 数量级的, 而量 $\pm 10^{-k}$ 显示了每个系数的不确定性. 由 (66.7) 我们得

$$u_2 = \frac{\left(10^{-5}a \pm \frac{1}{2}\,10^{-10}\right) + \left(10^{-5}c \pm \frac{1}{2}\,10^{-10}\right) u_3}{\lambda_1' - \lambda_2' \pm 10.5 \times 10^{-10}}. \qquad (66.8)$$

我们已知, u_3 落在 $\pm 2 \times 10^{-5}$ 之间. 取最坏的符号组合, 我们有

$$u_2 < \frac{10^{-5}a \pm \frac{1}{2}\,10^{-10} + 2 \times 10^{-5}\left(-10^{-5}c + \frac{1}{2}\,10^{-10}\right)}{\lambda_1' - \lambda_2' - 10.5 \times 10^{-10}}$$

$$< \frac{10^{-5}(0.41377)}{0.31935} < 10^{-5}(1.2957), \qquad (66.9)$$

$$u_2 > \frac{10^{-5}a - \frac{1}{2}\,10^{-10} - 2 \times 10^{-5}\left(-10^{-5}c + \frac{1}{2}\,10^{-10}\right)}{\lambda_1' - \lambda_2' - 10.5 \times 10^{-10}}$$

$$> \frac{10^{-5}(0.41373)}{0.31936} > 10^{-5}(1.2954). \qquad (66.10)$$

类似地,

$$10^{-5}(0.38982) > u_3 > 10^{-5}(0.38976). \qquad (66.11)$$

因此, 我们得出这样的结果, 第一个特征向量的每一个分量的误差界小于 2×10^{-9}.

在台式计算机上计算特征向量不是特别冗长, 但是这种计算令人厌烦. 因此, 我们只是计算了第一个特征向量. 我们给出 B 和 A 的第一个特征向量, 并且都带有误差界. 在这些向量的分量中, 误差界在十进制第 9 位都大于 $1\frac{1}{2}$ 个单位. 因此, 我们可以设想, 它们在本质上是高估的. 事实上, 在任一分量的第十位上的极大误差是 2. 没有非常详细的误差分析想避免这种过高的估计

是困难的。在一台像 ACE 这样的计算机上一个字有 48 位二进位，在 96 位上牺牲一些二进位数字是毫无关系的。通常最终的界比我们需要的精细得多。

复共轭特征值

67. 上一节的分析经过简单修改后可用于复矩阵。除了整个计算是在复域上进行之外，没有包含新的特点。当一个实矩阵有一对或几对复共轭特征值时，我们自然希望尽可能在实域上运算。这里用一个四阶矩阵为例说明一种适用的方法。这个矩阵有一对复共轭特征值，于是我们有

$$AX' = X' \begin{bmatrix} \lambda' & \mu' & & \\ -\mu' & \lambda' & & \\ & & \lambda_3' & \\ & & & \lambda_4' \end{bmatrix} + F, \qquad (67.1)$$

其中 X' 的前两列是计算的复特征向量的实部和虚部。和以前一样，我们可以计算一个矩阵 P，使得

$$(X')^{-1}AX' = \begin{bmatrix} \lambda' & \mu' & & \\ -\mu' & \lambda' & & \\ & & \lambda_3' & \\ & & & \lambda_4' \end{bmatrix} + P + Q, \quad (67.2)$$

其中 P 是明确知道的，并且对于 Q 的元素我们已给定它们的界。现在所有元素都是实的，如果我们令

$$D = \begin{bmatrix} 1 & 1 & & \\ i & -i & & \\ \hline & & 1 & \\ & & & 1 \end{bmatrix}, \qquad D^{-1} = \frac{1}{2}\begin{bmatrix} 1 & -i & & \\ 1 & i & & \\ \hline & & 2 & \\ & & & 2 \end{bmatrix}, \quad (67.3)$$

那么

$$D^{-1}(X')^{-1}AX'D = \begin{bmatrix} \lambda'+i\mu' & & & \\ & \lambda'-i\mu' & & \\ & & \lambda_3' & \\ & & & \lambda_4' \end{bmatrix}$$

$$+ D^{-1}PD + D^{-1}QD \qquad (67.4)$$

和

$$D^{-1}PD = \frac{1}{2} \times$$

$$\begin{bmatrix} p_{11}+p_{22}+i(p_{12}-p_{21}) & p_{11}-p_{22}-i(p_{12}-p_{21}) & p_{13}-ip_{23} & p_{14}-ip_{24} \\ p_{11}-p_{22}+i(p_{12}-p_{21}) & p_{11}+p_{22}-i(p_{12}-p_{21}) & p_{13}+ip_{23} & p_{14}+ip_{24} \\ \hdotsfor{4} \\ p_{31}+ip_{32} & p_{31}-ip_{32} & 2p_{33} & 2p_{34} \\ p_{41}+ip_{42} & p_{41}-ip_{42} & 2p_{43} & 2p_{44} \end{bmatrix},$$

$$(67.5)$$

两个关联的 Gerschgorin 圆盘的中心是

$$\lambda' + \frac{1}{2}(p_{11}+p_{22}) \pm i\left[\mu' + \frac{1}{2}(p_{12}-p_{21})\right],$$

而且这些是改进后的特征值. 和以前的作法一样，我们用 2^{-k} 乘第一行，用 2^k 乘第一列可以缩小第一个圆盘的半径. 与条件 (64.1)类似，我们现在选择 k 使得

$$\frac{1}{2}2^k|p_{11}-p_{22}+i(p_{12}+p_{21})| < 2|\mu'|,$$

$$\frac{1}{2}2^k|p_{i1}+ip_{i2}| < |\lambda' - \lambda_i + i\mu'| \quad (j > 2). \qquad (67.6)$$

重的和非常靠近的特征值

68. 到目前为止，对于那些与其余的特征值明显分离的特征值，我们所描述的方法给出了小的误差界. 随着两个或多个特征值之间的分离情况变坏，误差的界也变坏. 这些界可以用下述方法改善.

考虑矩阵 $(\Lambda' + \varepsilon B)$，其中 Λ' 是对角矩阵，Λ' 和 B 的元素的数量级是 1. 假定 Λ' 的前两个对角线元素 λ_1' 和 λ_2' 相差 ε 数量级. 我们划分矩阵为下述形式

$$\begin{bmatrix} \lambda_1' & & \\ & \lambda_2' & \\ \hline & & \Lambda_{n-2}' \end{bmatrix} + \varepsilon \begin{bmatrix} B_{22} & B_{2,n-2} \\ \hline B_{n-2,2} & B_{n-2,n-2} \end{bmatrix}. \qquad (68.1)$$

如果我们令

$$C_{22} = \begin{bmatrix} b_{11} & b_{12} \\ b_{21} & b_{22} + (\lambda_2^1 - \lambda_1') \varepsilon^{-1} \end{bmatrix}, \tag{68.2}$$

那么(68.1) 可以表示为

$$\begin{bmatrix} \lambda_1' & & \\ & \lambda_1' & \\ \hline & & \Lambda_{n-2}' \end{bmatrix} + \varepsilon \left[\begin{array}{c|c} C_{22} & B_{2,n-2} \\ \hline B_{n-2,2} & B_{n-2,n-2} \end{array} \right], \tag{68.3}$$

其中 C_{22} 的元素是 1 数量级的. 现在假定我们计算 C_{22} 的特征系,因此我们有

$$C_{22} X_{22} = X_{22} \begin{bmatrix} \mu_1 & \\ & \mu_2 \end{bmatrix} + \varepsilon G_{22}, \tag{68.4}$$

其中 G_{22} 是数量级为 1 的. 由此可得

$$X_{22}^{-1} C_{22} X_{22} = \begin{bmatrix} \mu_1 & \\ & \mu_2 \end{bmatrix} + \varepsilon H_{22}, \quad H_{22} = X_{22}^{-1} G_{22}. \tag{68.5}$$

我们还预料 H_{22} 的元素是 1 的数量级,除非 C_{22} 是一个病态的特征值问题. 因此,记

$$Y = \left[\begin{array}{c|c} X_{22} & O \\ \hline O & I \end{array} \right], \tag{68.6}$$

我们有

$$Y^{-1}(\Lambda' + \varepsilon B)Y = \left[\begin{array}{ccc} \lambda_1' + \varepsilon \mu_1 & & \\ & \lambda_1' + \varepsilon \mu_2 & \\ \hline & & \Lambda_{n-2}' \end{array} \right]$$

$$+ \varepsilon \begin{bmatrix} \varepsilon H_{22} & X_{22}^{-1} B_{2,n-2} \\ B_{n-2,2} X_{22} & B_{n-2,n-2} \end{bmatrix}. \tag{68.7}$$

第二个矩阵左上角的元素是 ε^2 数量级的,其他的元素是 ε 数量级的.

现在考虑一个特殊的例子. 假定矩阵 (68.7) 为

$$\begin{bmatrix} 0.92563\ 41653 & & \\ & 0.92563\ 21756 & \\ & & 0.11325 \end{bmatrix}$$

$$+ 10^{-5} \begin{bmatrix} 10^{-5}(0.23127) & 10^{-5}(0.31257) & \vdots & 0.31632 \\ 10^{-5}(0.41365) & 10^{-5}(0.41257) & \vdots & 0.21753 \\ \hline 0.28316 & 0.10175 & \vdots & 0.20375 \end{bmatrix}. \quad (68.8)$$

如果我们用 10^{-5} 乘前两行,用 10^{5} 乘前两列,那么 Gerschgorin 圆盘是

中心 0.92563 41653 23127, 半径 $10^{-10}(0.31257+0.31632)$;

中心 0.92563 21756 41257, 半径 $10^{-10}(0.41365+0.21753)$;

中心 0.11325 20375,　　　　半径 $(0.28316+0.10175)$.

现在三个圆盘互不相交,并且给出的前两个特征值的误差是 10^{-10} 数量级的. 在这个例子中,我们已忽略了对应于矩阵 Q 的误差矩阵. 联系我们过去的处理方法可知,这个矩阵的元素应是 10^{-10} 量级的,它对误差界的影响只是 10^{-10} 的量级.

通常,当有 r 个特征值互相非常接近时,通过解一个独立的 r 阶特征值问题,我们能够分辨这些特征值. 这过程的运算精度与整个问题的运算精度一样. 如果有两个或多个特征值实际上重合,其对应的圆盘将继续重叠. 但是误差界仍可以用同样方式得到改善.

对 ACE 程序的评述

69. 在 ACE 上我们已完成了几个实现刚才描述的方法的程序. 这些程序的精细程度是不一样的. 最精细的程序包含了这样一段程序,它比 §68 描述的方法更精确地分辨非常接近的特征值.

对于大多数矩阵,即使通常认为其特征值分离度特别坏的矩阵,误差的界也远比我们要求的小. 例如一个 15 阶的矩阵,元素是数量级为 1 的,特征值的分离度的数量级是 10^{-8}, 10^{-7}, 10^{-7}, 10^{-6}, 10^{-5}, 10^{-5}, 10^{-5}, 10^{-5}, 10^{-2}, 10^{-2}, 10^{-2}, 10^{-2}, 10^{-1}, 1, 所有的特征值和特征向量都被保证到十进制 17 位,其中绝大多数还能更好. 注意,对所有这些程序的实质性的限制是要求计算 $(X')^{-1}F$ 要正确到运算精度. 随着 X' 关于求逆的条件数趋向 $2^t/n$,这样的要求愈来愈难以满足. 当条件数达到这个值时,方法

失败了. 再进一步提高运算精度才能从本质上解决问题. 在 ACE 上仅当矩阵有极病态的特征值时才发生失败. 在这种情况下计算了改进的特征系之后, 把所有的值全都舍入为单精度, 然后再使用该程序. 这样使用时, 除了最后一步之外, 在其余步中为给出误差界所需的计算被省略了, 并且我们可以从比较差的特征系开始计算. 这个迭代法与 Magnier (1948), Jahn (1948) 和 Collar (1948) 的方法有许多共同之处.

在这些方法中计算由

$$(X')^{-1}AX' = \mathrm{diag}(\lambda_i') + P = B \qquad (69.1)$$

定义的矩阵 P 不必采用特别的措施去保证精度. A 的改进特征值取为 $(\lambda_i' + p_{ii})$, 而 B 的第 i 个特征向量 (第二章§6) 是

$$[p_{1i}/(\lambda_i' - \lambda_1'); p_{2i}/(\lambda_i' - \lambda_2'); \cdots; 1; \cdots;$$
$$p_{ni}/(\lambda_i^j - \lambda_n')]. \qquad (69.2)$$

于是, A 的改进的特征向量可按明显的方式确定.

上节的方法由 Wilkinson (1961a) 独立地发展的, 主要目的是希望用计算的手段建立一个严格的界. 应当着重指出: 当用我们讨论过的某个高精度方法决定了一个近似特征系时, 其误差通常与直接应用 (69.1) 和 (69.2) 产生的误差量级相同. 如果必须要得到改进的特征系, 对 ACE 程序中具体处理的那些细节予以关注是很重要的.

附注

以许多向量同时进行的迭代方法已在 Bauer (1957 和 1958) 的论文中描述了, 一般我是按照他的处理来叙述的. §38 的方法最近已由 Voyevodin (1962) 讨论. 本章的大量材料在 Householder 的书 (1964) 的第七章中也讨论过, 在许多情况中是用不同的观点来研究的.

梯级迭代、正交化方法和双迭代法都可以用逆矩阵执行. 关于梯级迭代我们有

$$AX_{s+1} = L_s, \quad X_{s+1} = L_{s+1}R_{s+1}.$$

显然，A^{-1} 不必明显给定，我们仅需要执行 A 的三角分解，如果 A 是 Hessenberg 矩阵，这是特别重要的．我们可以结合原点移动，但是对于每一个 p 都要进行 $(A - pI)$ 的三角分解．再者仍然有一个 §34 提到的弱点，即在决定一个 λ_i 的值之后不能自由选择 p．

参 考 文 献

AITKEN, A. C. , 1937, The evaluation of the latent roota and latent vectors of a matrix. *Proc. roy. Soc. Edinb.* **57**, 269 – 304.

ARNOLDI, W. E. , 1951, The principle of minimizod iterations in the solution of the matrix eigenvalue problom. *Quart. appl. Math.* **9**, 17 – 29.

BAIRSTOW, L. , 1914, The solution of algebraic equations with numerical coefficients. *Rep. Memor. Adv. Comm. Aero. , Lond.* , No. **154**, 51 – 64.

BAUER, F. L. , 1957, Das Verfahren der. Treppeniteration und verwandte Verfahren zur Lösung algebraischer Eigenwertprobleme. *Z. angew. Math. Phys.* **8**, 214 – 235.

BAUER, F. L. , 1958, On modern matrix iteration processes of Bernoulli and Graoffe type. *J. Ass. comp. Mach.* **5**, 246 – 257.

BAUER, F. L. , 1959, Sequential reduction to tridiagonal form. *J. Soc. industr. appl. Math.* **7**, 107 – 113.

BAUER, F. L. , 1963, Optimally scaled matrices. *Numerische Math.* **5**, 73 – 87.

BAUER, F. L. and FIKE, C. T. , 1960, Norms and exclusion theorems. *Numerische Math.* **2**, 137 – 141.

BAUER, F. L. and HOUSEHOLDER, A. S. , 1960, Moments and chataracteristic roots. *Numerische Math.* **2**, 42 – 53.

BELLMAN, R. , 1960, *Introduction to Matrix Analysis*, McGraw-Hill, New York.

BIRKHOFF, G. and MACLANE, S. , 1953, *A Survey of Modern Algebra* (revised odition). Macmillan, New York.

BODEWIG, E. , 1959, *Matrix Calculus* (second edition). Interscience Publishers, New York; North-Holland Publishing Company, Amsterdam.

BROOKER, R. A. and SUMNER, F. H. , 1956, The method of Lanczos for calculating the characteristio roots and vectors of a real symmetric matrix. *Proc. Instnelect. Engrs* B. 103 Suppl. 114 – 119.

CAUSEY, R. L. , 1958, Computing eigenvalues of non-Hermitian matrices by methods of Jacobi type. *J. Soc. industr. appl. Math.* **6**, 172 – 181.

CAUSEY, R. L. and GREGORY, R. T. , 1961, On Lanczos' algorithm for tridiagonalizing matrices. *SIAM Rev.* **3**, 322 – 328.

CHARTRES, B. A. , 1962, Adaptation of the Jacobi method for a computer with magnetic-tape backing store. *Computer J.* **5**, 51 – 60.

COLLAR, A. R. , 1948 Somo notes on Jahn's method for the improvement of approximate latent roots and vectors of a square matrix. *Quart. J. Mech.* **1**, 145 – 148.

COLLATZ, L. , 1948, *Eigenwertprobleme und Ihre Numerische Behandlung*. Chelsea, New York.

COURANT, R. and HILBERT, D. , 1953, *Methods of Mathematical Physics*, Vol. 1. Interscience Publishers, New York.

DANILEWSKI, A. , 1937, O cislennom resěnii vekovogo uravnenija, *Mat. Sb.* **2**(44), 169 – 171.

DEAN, P. , 1960, Vibrational spectra of diatomic chains. *Proc. roy. Soc. A.* **254**, 507 – 521.

DEKKER, T. J. , 1962, *Series AP 200 Algorithms*. Mathematisch Centrum. Amsterdam.

DURAND, E. , 1969, *Solutions Numeriques des Equations Algébriques*. Tome **1**. Masson, Paris.

DURAND, E. , 1961, *Solutions Numériques des Equations Algébriques*. Tome **2**. Masson, Paris.

EBERLEIN, P. J. , 1962, A Jacobi-like method for the automatic computation of eigenvalues and eigenvectors of an arbitrary matrix. *J. Soc. industr. appl. Math*. **10**, 74 - 88.

ENGELI, M. , GINSBURG, T. , RUTISHAUSER, H. and STIEFEL, E. , 1959, *Refined Iterative Methods for Computation of the Solution and the Eigenvalues of Self-Adjoint Boundary Val. Problems*. Birkhäuser, Basel/Stuttgart.

FADDEEV, D. K. and FADDEEVA, V. N. , 1963, *Vy cislitel'nye Metody Lineĭnoĭ Algebry*, Gos. Izdat. Fiz. Mat. Lit. , Moskow.

FADDEEVA, V. N. , 1959, *Computational Methods of Linear Algebra*. Dover, New York.

FELLER, W. and FORSYTHE, G. E. , 1951, New matrix transformations for obtaining characteristic vectors. *Quart. appl. Math*. **8**, 325 - 331.

FORSYTHE, G. E. , 1958, Singularity and near singularity in numerical analysis. *Amer. math. Mon*. **65**, 229 - 240.

FORSYTHE, G. E. , 1960, Crout with pivoting. *Commun. Ass. comp. Mach*. **3**, 507 - 508.

FORSYTHE G. E. and HENRICI, P. , 1960, The cyclic Jacobi method for computing the principal values of a complex matrix. *Trans. Amer. math. Soc*. **94**, 1 - 23.

FORSYTHE, G. E. and STRAUS, E. G. , 1955, On best conditioned matrices. *Proc. Amer. math. Soc*. **6**, 340 - 345.

FORSYTHE, G. E. and STRAUS, L. W. , 1955, The Souriau-Frame characteristic equation algorithm on a digital computer. *J. Maths Phys*. **34**. 152 - 156.

FORSYTHE, G. E. and WASOW, W. R. , 1960, *Finite-Difference Methods for Partial Differential Equations*. Wiley, New York, London.

FOX, L. , 1954, Practical solution of linear equations and inversion of matrices. *Appl. Math. Ser. nat. Bur. Stand*. **39**, 1 - 54

FOX, L. , 1964, *An Introduction to Numerical Linear Algebra*. Oxford University Press, London.

FOX, L. , HUSKEY, H. D. and WILKINSON, J. H. , 1948, Notes on the solution of algebraio linear simultaneous equations. *Quart. J. Mech*. **1**, 149 - 173.

FRANOIS, J. G. F. , 1961, 1962, The QR transformation, Parts I and II . *Computer J*. **4**, 265 - 271, 332 - 345.

FRANK, W. L. , 1958, Computing eigenvalues of complex matrices by determinant evaluation and by methods of Danilewski and Wielandt. *J. Soc. industr. appl. Math*. **6**, 378 - 392.

FRAZER, R. A. , DUNCAN, W. J. and COLLAR, A. R. , 1947, *Elementary Matrices and Some Applications to Dynamics and Differential Equations*. Mecmillan, New York.

GANTMACHER, F. R. , 1959a, *The Theory of Matrices*, translated from the Russian with revisions by the author. Vols. 1 and 2. Chelsea, New York.

GANTMACHER, F. R. , 1959b. *Applications of the Theory of Matrices*, translated from the Rusaian and revised by J. L. Bronner. Interscience, New York.

GASTINEL, N. , 1960, Matrices du second degré et normes générales on analyso numérique linéaire. Thesis, Univereity of Grenoble.

GERSCHGORIN, S. , 1931, Über die Abgrenzung der Eigenwerte einer Matrix. *Izu. Akad. Nauk SSSR. Ser. fiz. mat*. **6**, 749 - 754.

GIVENS, W. , 1953, A mothod of computing eigenvalues and oigenvectors suggested by classical results on symmotrio matrices. *Appl. Math. Ser. nat. Bur. Stand.* **29**, 117 – 122.

GIVENS, W. , 1954, Numerical computation of the characteristie values of a real symmetric matrix. Oak Ridge National Laboratory, *ORNL* – 1574.

GIVENS, W. , 1957, The characteristic value-vector problem. *J. Ass. comp. Mach.* **4**, 298 – 307.

GIVENS, W. , 1958, Computation of plane unitary rotations transforming a general matrix to triangular form. *J. Soc. industr. appl. Math.* **6**, 26 – 50.

GIVENS, W. , 1959, The inear equations problem. Applied Mathematics and Statistics Laboratories, Stanford University, *Tech. Rep.* No. 3.

GOLDSTINE, H. H. and HORWITZ, L. P. , 1959, A procedure for the diagonalization of normal matrices. *J. Ass. comp. Mach.* **6**, 176 – 195.

GOLDSTINE, H. H. , MURRAY, F. J. and VON NEUMANN, J. , 1959, The Jacobi method for real symmetric matrices. *J. Ass. comp. Mach.* **6**, 59 – 96.

GOLDSTINE, H. H. and VON NEUMANN, J. , 1951, Numerical inverting of matrices of high order, II . *Proc. Amer. math. Soc.* **2**, 188 – 202.

GOURSAT, E. , 1933, *Cours d' Analyse Mathématique*, Tome II (fifth edition). Gauthier Villars, Paris.

GREENSTADT, J. , 1955, A method for finding roots of arbitrary matrices. *Math. Tab.*, *Wash.* **9**, 47 – 52.

GREENSTADT, J. , 1960, The determination of the characteristic roots of a matrix by the Jacobi method. *Mathematical Methods for Digital Computers* (edited by Ralston and Wilf), 84 – 91. Wiley, New York.

GREGORY, R. T. , 1953, Computing eigenvalues and eigenvectors of a symmetric matrix on the ILLIAC. *Math. Tab.*, *Wash*, **7**, 215 – 220.

GREGORY, R. T. , 1958, Results using Lanczos' method for finding eigenvalues of arbitrary matrices. *J. Soc. industr. appl. Math.* **6**, , 182 – 188.

HANDSCOMB, D. C. , 1962, Computation of the latent roots of a Hessenberg matrix by Bairstow's method. *Computer J.* **5**, 139 – 141.

HINRIOI, P. , 1958a, On the speed of convergence of cyclic and quasicyclic Jacobi methods for computing eigenvalues of Hermitian matrices. *J. Soc. industr. appl. Math.* **6**, 144 – 162.

HENRICI, P. , 1958b, The quotient-difference algorithm. *Appl. Math. Ser. nat. Bur. Stand.* **49**, 23 – 46.

HENRICI, P. , 1962, Bounds for iterates, inverses, spectral variation and fields of values of non-normal matrices. *Numerische Math.* **4**, 24 – 40.

HESSENBERG, K. , 1941, Auflösung linearer Eigenwertaufgaben mit Hilfe der Hamilton-Cayleyschen Gleichung, Dissertation, Technische Hochschule, Darmstadt.

HÖFFMAN, A. J. and WIELANDT, H. W. , 1953, The variation of the spectrum of a normal matrix. *Duke Math. J.* **20**, 37 – 39.

HOTELLING, H. , 1933, Analysis of a complex of statistical variables into principal components. *J. educ. Psychol.* **24**, 417 – 441, 498 – 520.

HOUSEHOLDER, A. S. , 1958a, The approximate solution of matrix problems. *J. Ass. comp. Mach.* **5**, 205 – 243.

HOUSEHOLDER, A. S. , 1958b, Unitary triangularization of a nonsymmetric matrix. *J. Ass. comp. Mach.* **5**, 339 – 342.

HOUSEHOLDER, A. S. , 1958c, Generated error in rotational tridiagonalization. *J. Ass.*

comp. Mach. **5**,335 – 338.

HOUSEHOLDER, A.S. , 1961, On deflating matrices. *J. Soc. industr. appl. Math.* **9**,89 – 93.

HOUSEHOLDER, A.S. , 1964, *The Theory of Matrices in Numerical Analysis*. Blaisdell, New York.

HOUSEHOLDER, A.S. , and BAUER, F. L. , 1959, On certain methods for expanding the chsrecteristic polynomial. *Numerische Math.* **1**,29 – 37.

HYMAN, M.A. , 1957, Eigenvalues and eigenvectors of general matrices. *Twelfth National meceting A. C. M.* , *Houston*, *Texas*.

JACOBI, C. G. J. , 1846, Über ein leichtes Verfahren die in der Theorie der Säculärstörungen vorkommenden Gleichungen numerisch aufzulösen. *Crelle's J.* **30**,51 – 94.

JAHN, H. A. , 1948, Improvement of an approximate set of latent roots and modal columns of a matrix by methods akin to those of classical perturbation theory. *Quart. J. Mech.* **1**,131 – 144.

JOHANSEN, D.E. , 1961, A modified Givens method for the eigenvalue evaluation of large matrices. *J. Ass. comp. Mach.* **8**,331 – 335.

KATO,T. , 1949, the upper and lower bounds of eigenvalues. *J. phys. Soc. Japan* **4**,334 – 339.

KINCAID, W.M. , 1947, Numerical methods for finding characteristic roots and vectors of matrices. *Quart. appl. Math.* **5**,320 – 345.

KRYLOV, A.N. , 1931, O cislennom resenii uravnenija, kotorym v techniceskih voprasah opredeljajutsja castoty malyh kolebanii material'nyh sistom, *Izv. Akad. Nauk SSSR. Ser. fiz. mat.* **4**,491 – 539.

KUBLANOVSKAYA, V. N. , 1961, On some algorithms for the solution of the complete eigenvalue problem. *Zh. vych. mat.* **1**,555 – 570.

LANCZOS, C. , 1950, An iteration method for the solution of the eigenvalue problem of linear differential and integral operators. *J. Res. nat. Bur. Stand.* **45**,255 – 282.

LOTKIN,M. ,1956, Characteristic values of arbitrary matrices. *Quart. appl. Math.* **14**, 267 – 275.

MAGNIER, A. , 1948, Sur le calcul numérique des matrices. *C. R. Acad. Sci.* , *Paris* **226**,464 – 465.

MAEHLY,H. J. , 1954, Zur iterativen Auflösung algebraischer Gleichungen. *Z. angew. Math* , *Phys.* **5**,260 – 263.

MARCUS, M. , 1960, Basic theorems in matrix theory. *Appl. Math. Ser. nat. Bur. Stand.* **57**.

McKEEMAN, W. M. , 1962, Crout with equilibration and iteration. *Commun. Ass. comp. Mach.* **5**,553 – 555.

MULLER,D. E. , 1956, A method for solving algebraic equations using an automatic computer. *Math. Tab.* , *Wash.* **10**,208 – 215.

VON NEUMANN,J. and GOLDSTINE, H. H. , 1947, Numerical inverting of matrices of high order. *Bull. Amer. math. Soc.* **53**,1021 – 1099.

NEWMAN, M. , 1962, Matrix computations. *A Survey of Numerical Analysis* (edited by Todd), 222 – 254. McGraw-Hill, New York.

OLVER,F. W. J. , 1952, The evaluation of zeros of high-degree polynomials. *Phil. Trans. roy. Soc.* A,**244**,385 – 415.

ORTEGA, J. M. , 1963, An error analysis of Householder's method for the symmetric eigenvalue problem. *Numerieche Math.* **5**,211 – 225.

ORTEGA, J. M. and KAISER, H. F. , 1963. The LL^T and QR methods for symmetric tridiagonal matrices. *Computer J.* **6**, 99 – 101.

OSBORNE, E. E. , 1958, On acceleration and matrix deflation proceesee used with the power method. *J. Soc. industr. appl. Math.* **6**, 279 – 287.

OSBORNE, E. E. , 1960, On pre-conditioning of matrices. *J. Ass. comp. Mach.* **7**, 338 – 345.

OSTROWSKI, A. M. , 1957, Über die Stetigkeit von charakteristisohen Wurzeln in Abhängigkeit von den Matrizenelementen. *Jber. Deutsch. Math. Verein.* **60**, Abt. 1, 40 – 42.

OSTROWSKI, A. M. , 1958 – 59, On the convergence of the Rayleigh quotient iteration for the computation of characteristic roots and vectors. I , II , III , IV , V , VI , *Arch. rat. Mech. Anal.* **1**, 233 – 241; **2**, 423 – 428; **3**, 325 – 340; **3**, 341 – 347; **3**, 472 – 481; **4**, 153 – 165.

OSTROWSKI, A. M. , 1960, *Solution of Equations and Systems of Equations*. Academic Press, New York and London.

PARLETT, B. , 1964, Laguerre's method applied to the matrix eigenvalue problem. *Maths Computation* **18**, 464 – 485.

POPE, D. A. and TOMPKINS, C. , 1957, Maximizing functions of rotations—experiments concerning speed of diagonalization of symmetric matrices using Jacobi's method. *J. Ass. comp. Mach.* **4**, 459 – 466.

RICHARDSON, L. F. , 1950, A purification method for computing the latent columns of numerical matrices and some integrals of differential equations. *Phil. Trans. roy. Soc.* A, **242**, 439 – 491.

ROLLETT, J. S. and WILKINSON, J. H. , 1961, An efficient scheme for the codiagonalization of a symmetric matrix by Givens' method in a computer with a two-level store. *Computer J.* **4**, 177 – 180.

ROSSER, B. J. , LANCZOS, C. , HESTENES, M. R. and KARUSH, W. 1951. The separation of close eigenvalues of a real symmetric matrix. *J. Res. nat. Bur. Stand.* **47**, 291 – 297.

RUTISHAUSER, H. , 1953, Beiträge zur Kenntnis des Biorthogonalisierungs Algorithmus von Lanczos, *Z. angew. Math. Phys.* **4**, 35 – 56.

RUTISHAUSER, H. , 1955, Bestimmung der Eigenwerte und Eigenvektoren einer Matrix mit Hilfe des Quotienten-Differenzen-Algorithmus. *Z. angew. Math. Phys.* **6**, 387 – 401.

RUTISHAUSER, H. , 1957, *Der Quotienten-Differenzen-Algorithmus*. Birkhäuser, Basel/ Stuttgart.

RUTISHAUSER, H. , 1958, Solution of eigenvalue problems with the LR-transformation. *Appl. Math. Ser. nat. Bur. Stand.* **49**, 47 – 81.

RUTISHAUSER, H. , 1959, Deflation bei Bandmatrizen. *Z. angew. Math. Phys.* **10**, 314 – 319.

RUTISHAUSER, H. , 1960, Über eine kubisch konvergente Variante der LR Transformation. *Z. angew. Math. Mech.* **40**, 49 – 54.

RUTISHAUSER, H. , 1963, On Jacobi rotation patterns. *Proceedings A. M. S. Symposium in Applied Mathematics.* **15**, 219 – 239.

RUTISHAUSER, H. and SCHWARZ, H. R. , 1963 Handbook Series Linear Algebra. The LR transformation method for symmetric matrices. *Numerische Math.* **5**, 273 – 289.

SCHÖNHAGE, A. , 1961, Zur Konvergenz des Jscebi-Verfahrens. *Numerische Math.* **3**, 374 – 380.

STIEFEL, E. L. , 1958, Kernel polynomials in linear algebra and their numerieal applications. *Appl . Math . Ser . nat . Bur . Stand* . **49** , 1 – 22.

STRACHEY, C. and FRANCIS, J. G. F. , 1961, The reduction of a matrix to codiagonal form by eliminations. *Computer J* . **4** , 168 – 176.

TARNOVE, I. , 1958, Determination of eigenvalues of matrices having polynomial elements. *J . Soc . industr . appl . Math* . **6** , 163 – 171.

TAUSSKY, O. , 1949, A recurring theorem on determinants. *Amer . math . Mon* . **56** , 672 – 676.

TAUSSKY, O. , 1954, Contributions to the solution of systems of linear equations and the determination of eigenvalues. *Appl . Math . Ser . nat . Bur . Stand* . **39**.

TAUSSKY, O. and MARCUS, M. , 1962, Eigenvalues of finite matrices. *A Survey of Numerical Analysis* (edited by Todd) , 279 – 313. McGraw-Hill, New York.

TEMPLE, G. , 1952, The accuracy of Rayleigh's method of calculating the natural frequencies of vibrating systems. *Proc . roy Soc* . A. **211** , 204 – 224.

TODD, J. , 1949, The condition of certain matrices. I. *Quart . J . Mech* . **2** , 469 – 472.

TODD, J. , 1950, The condition of a certain matrix. *Proc . Camb . phil . Soc* . **46** , 116 – 118.

TODD, J. , 1954a, The condition of certain matrices. *Arch . Math* . **5** , 249 – 257.

TODD, J. , 1954b, The condition of the finite segments of the Hilbert matrix. *Appl . Ser . Math . nat . Bur . Stand* . **39** , 109 – 116.

TODD, J. , 1961, Computational problems concerning the Hilbert matrix. *J . Rcs . nat . Bur . Stand* . **65** , 19 – 22.

TRAUB, J. F. , 1964, *Iteratine Methods for the Solution of Equations* . Prentice-Hall. New Jersey.

TURING, A. M. , 1948, Rounding-off errors in matrix processes. *Quart . J . Mech* . **1** , 287 – 308.

TURNBULL, H. W. , 1950, *The Theory of Determinants, Matrices, and Invariants* . Blackie, London and Glasgow.

TURNBULL, H. W. and AITKEN, A. C. , 1932, *An Introduction to the Theory of Canonical Matrices* . Blackie, London and Glasgow.

VARGA, R. S. , 1962, *Matrix Iterative Analysis* . Prentice-Hall, New Jersey.

LE VERRIER, U. J. J. , 1840, Sur les variations séculaires des éléments elliptiques des sept planètes principales. *Liouville J . Maths* . **5** , 220 – 254.

VOYEVODIN, V. V. , 1962, A method for the solution of the complete eigenvalue problem. *Zh . vych . Mat* . **2** , 15 – 24.

WHITE, P. A. , 1958, The computation of eigenvalues and eigenvectors of a matrix. *J . Soc . industr . appl . Math* . **6** , 393 – 437.

WIELANDT, H. , 1944a, Bestimmung höherer Eigenwerte durch gebrochene Iteration. *Ber , B44 / J /37 der Aerodynamischen Versuchsanstalt Göttingen* .

WIELANDT, H. , 1944b, Das Iterationsverfahren bei nicht selbstadjungierten linearen Eigenwertaufgaben. *Math . Z* . **50** , 93 – 143.

WILKINSON, J. H. , 1954, The calculation of the latent roots and vectors of matrices on the pilot model of the ACE. *Proc . Camb . phil . Soc* . **50** , 536 – 566.

WILKINSON, J. H. , 1958a, The calculation of the eigenvectors of codiagonal matrices. *Computer J* . **1** , 90 – 96.

WILKINSON, J. H. , 1958b, The calculation of eigenvectors by the method of Lanczos, *Computer J* . **1** , 148 – 152.

WILKINSON, J. H. , 1959a, The evaluation of the zeros of ill-conditioned poly. nomials,

Parts I and II . *Numerische Math* . **1**, 150 – 180.

WILKINSON, J. H. , 1959b, Stability of the reduction of a matrix to elmost triangular and triangular forms by elementary similarity transformations. *J . Ass . comp . Mach* . **6**, 336 – 359.

WILKINSON, J. H. , 1960a, Housenolder's method for the solution of the algebraic eigenproblem. *Computer J* . **3**, 23 – 27.

WILKINSON, J. H. , 1960b, Error analysis of floating-point computation. *Numerische Math* . **2**, 319 – 340.

WILKINSON, J. H. , 1960c, Rounding errors in algebraio processes. *Information Proccssing* , 44 – 53. UNESCO, Paris; Butterworths, London.

WILKINSON, J. H. , 1961a, Rigorous error bounds for computed eigensystems. *Computer J* . **4**, 230 – 241.

WILKINSON, J. H. , 1961b, Error analysis of direct methods of matrix inversion. *J . Ass . comp . Mach* . **8**, 281 – 330.

WILKINSON, J. H. , 1962a, Instability of the elimination method of reducing a matr to tridiagonal form. *Computer J* . **5**, 61 – 70.

WILKINSON, J. H. , 1962b, Error analysis of eigenvalue techniques based on orthogonal transformations. *J . Soc . industr . appl . Math* . **10**, 162 – 195.

WILKINSON, J. H. , 1962c, Note on the quadratic convergence of the cyclic Jacobi process. *Numerische Math* . **4**, 296 – 300.

WILKINSON, J. H. , 1963a, Plane-rotations in floating-point arithmetic. *Proccedings A . M . S . Symposium in Applied Mathematics* **15**, 185 – 198.

WILKINSON, J. H. , 1963b, *Rounding Errors in Alyebraic Processes* , *Notes on Applied Scicnce No* . 32, Her Majesty's Stationery Office, London; Prentice-Hall, New Jersey.

ZURMÜHL, R. , 1961, *Matrizen und ihre technischen Anwendungen* , *Dritte* , *neubcarbeitele Auflage* . Springer-Verlag, Berlin; Göttingen; Heidelberg.